통합형 One Chips 기반의

임베디드 솔루션

남상엽 · 윤종호 · 정영준 · 하기종 · 손정만 공저

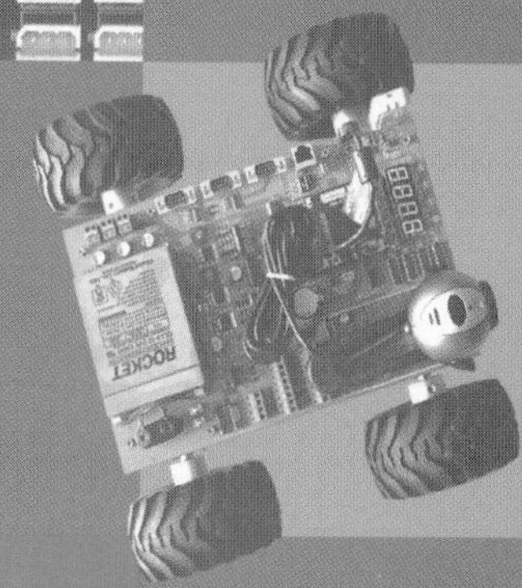

도서출판 상 학 당

머 리 말

임베디드 리눅스 및 임베디드 시스템이란 말은 이 분야에 관심있는 학생이나 개발자는 이제는 한번쯤은 들어 보았을 말이 되었다. 이제는 모든 제품들이 임베디드 시스템화 되어 가고 있다고 생각된다. 그리고 모든 제품의 기본 기술 중의 하나라고 생각이 된다. 임베디드 시스템에 OS를 올리는 것은 점점 기본으로 되고 있다. OS에 대표주자는 리눅스, MS Window일 것이다. 사용자가 선택한 CPU에 OS가 지원되지 않으면 개발에 어려움이 발생한다. 즉 선택한 CPU에, 리눅스 포팅되어 있는 SDK가 함께 제공되지 않으면 사용자가 리눅스 포팅이라는 어려움에 직면하게 된다. 즉, CPU 공급업체에서 OS를 지원하는 SDK 형태로 지원하지 않으면, 빠른 타임 투 마켓을 지원하기 힘든 제품이 되기 쉽다.

ETRAX 리눅스 CPU는 사용자 편리한 SDK 기본 패키지를 지원함으로써, ETRAX CPU 사용자는 디바이스 드라이버와 사용자 응용의 작업을 진행할 수 있도록 완벽한 SDK를 지원한다. ETRAX 1chip 리눅스 CPU를 사용한 임베디드 시스템은 Axis사의 RISC 1chip인 ETRAX 100LX MCM을 사용한 타깃 시스템이다.

ETRAX 100LX MCM은 충분한 플래시와 RAM을 가지고 있지만 개발자가 원할 경우 ETRAX 100LX MCM의 외부에 더 많은 플래시와 SDRAM을 추가할 수 있다. 그리고 고속 데이터 전송률을 실현하기 CPU와 DMA가 함께 통합되어 있어 더욱 간단한 제품의 설계가 가능하며, 프로그램 코드의 최적화로 필요한 프로그램 메모리가 일반적인 32비트 RISC 프로세서보다 30% 이상의 메모리 사용 절감 효과가 있다.

특히 OS를 포팅을 하다가 지쳐서 리눅스의 오픈 소스의 장점과 고마움을 알기도 전에 제품 개발을 포기하거나 최종 목적인 제품을 만드는 타이밍을 놓쳐버리는 경우를 많이 보았다. ETRAX 리눅스 CPU는 사용자로 하여금 쉽게 개발을 지원하도록 설계되어 있다. 최종 개발 패키지를 만드는데 어려움 없이 진행하도록 함으로써, 프로젝트 실패를 하지 않도록 구성되어 있으며, 초보자도 일주일 안에 개발을 진행할 수 있도록 되어 있다.

많은 사람들이 임베디드 리눅스를 이용하여 제품을 개발을 하지만 잘 만들어진 개발을 제품을 만들지는 못한다.

ETRAX 리눅스 CPU를 사용한 AXIS 제품군(Linux Device, Network Camera, Printer Server,

Document Server)은 세계 1등 제품으로 선택받고 있으며, 시장 점유 또한 1등을 유지하고 있다. 이 제품의 기본은 현재 제공되고 있는 SDK를 기반으로 만들어지고 있으며, 제공되는 SDK 기반에서 사용자가 원하는 네트워크 기반 제품을 만들 수 있도록 지원한다. 고성능의 100Mbit 네트워크를 위해 패킷 버스트 아키텍처를 도입하여 네트워크에 발생하는 부하를 CPU로 전달하지 않도록 설계되었으며, 이더넷 데이터 전송속도를 최대 200Mbit/s까지 지원한다. 특히 부트스트랩(bootstrap) 기능으로 메모리에 프로그램 코드를 담고 있지 않더라도 네트워크상에서 제품 부팅이 가능하며, 로직 분석 기능과 캐시 모니터링, 실시간 디버깅 기능 등을 가지고 있다.

ETRAX 100LX MCM은 기본적인 리눅스 커널과 glibc 라이브러리를 사용하기 때문에 개발자는 사용중인 리눅스 PC를 이용하여 매우 쉽게 애플리케이션을 포팅할 수 있다.

RCO 임베디스 시스템은 임베디드 리눅스뿐만 아니라 마이컴도 실습할 수 있도록 대표적인 마이컴들인 AVR, 8051, PIC 등도 포함하고 있으며, 82+ 개발자 보드의 GPIO를 제어하는 실습을 할 수 있도록 GPIO에 Character LCD, 7 - Segment, LED 등을 연결해 놓았다. ETRAX 82+ 개발자 보드는 개발자가 ETRAX 100LX MCM 칩을 이용하여 개발이 쉽도록 모든 상용 인터페이스가 포함된 보드로, 시스템 완성을 위한 고도의 개발 플랫폼을 제공한다.

따라서 RCO 임베디드 리눅스 시스템을 원활하게 사용하는 것이 필요해짐에 따라 '**통합형 One Chips 기반의 임베디드 솔루션**'을 구성하여 발간하게 되었다.

본 교재의 내용은 ETRAX 리눅스 CPU를 이용한 임베디드 MySQL, SQLite, CGI, FLASH, 및 다양한 응용을 구현할 수 있도록 IO 제어시스템 등의 예제를 현재에 사용하고 있는 기술로 구현되어 있고 임베디드의 기본 기술을 경험하도록 다음과 같이 구성하였다.

제1장은 one chip 리눅스 CPU소개 및 구성, 제2장은 임베디드 리눅스 소프트웨어 제3장은 개발환경 설치. 제4장 프로그램과 실행, 제5장은 RCO임베디드 시스템의 구조 및 사용, 제6장은 디바이스 드라이버, 제7장은 각종 응용 실습, 제8장은 마이컴 제어 실습으로 구성되어 있다.

끝으로 이 책을 집필하는 데 많은 도움을 주신 (주)알코정보통신(www.rcotel.co.kr)의 김신곤 대표님 그리고 영일교육시스템(www.yes01.co.kr)의 임직원 등 관계자 여러분과 도서출판 상학당의 관계자 여러분에게 감사의 마음을 전한다. 그리고 어려운 환경 속에도 묵묵히 이 책의 집필에 많은 도움을 준 서정호님에게 감사의 말을 전한다.

기존 임베디드 리눅스 개발환경이 다양하고 진보적인 발전을 하고 있지만 이 책이 보다 많은 임베디드 시스템 인력 양성에 힘이 되어주기 바란다.

저 자 씀

차 례

제1장
One Chip Linux CPU 소개 및 구조

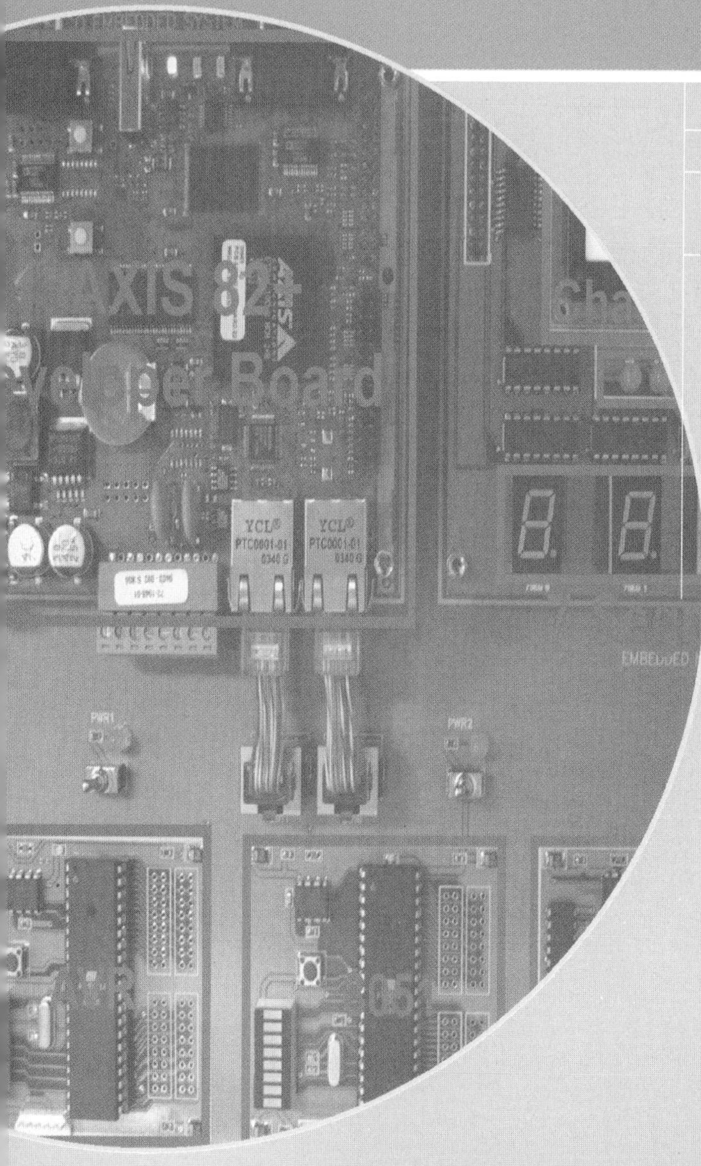

1.1 Axis 칩 개발의 역사

[그림 1-1] AXIS 통신사 로고

Axis 통신사는 1984년에 IBM 메인프레임과 프린터 프로토콜 컨버터 시장의 선두주자가 되는 것을 목표로 설립되었다. IBM과의 호환성을 위한 솔루션은 비용이 많이 들고, 신뢰성이 떨어졌고 용량이 커졌다. 그래서 Axis는 ASIC 설계를 통해 핵심 역량을 쌓아 올리기로 결정하였다. 이와 같은 결정은 낮은 시스템 비용과 기성품 기술사용의 쉬운 제공, 높은 네트워크 I/O 대역폭이 필요한 일을 위한 특화된 애플리케이션 제공 등으로 경쟁업체를 뛰어넘는 추가적인 이익을 가져다 주었다.

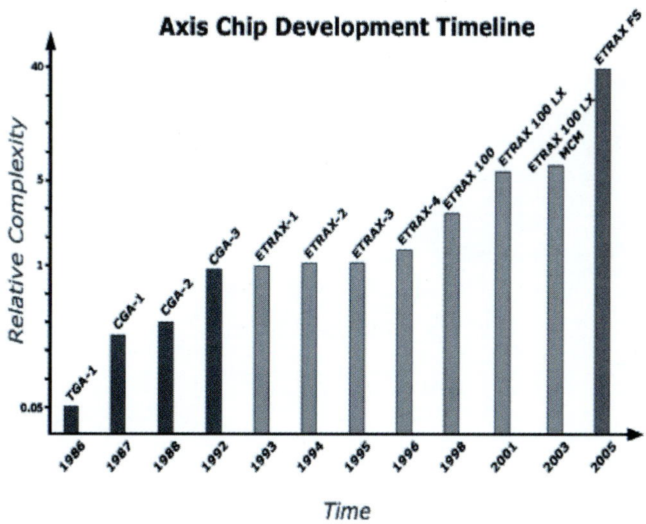

[그림 1-2] AXIS 칩 개발의 과정

- 1986 : TGA1 Communications Transceiver AS/400 communications transceiver
- 1987 : CGA1 RISC 메인프레임과 AS/400 200% 이상 비용효과와 성능이 향상된 통신제어기
- 1990 : CGA3 8/16-bit 6809 RISC와 CGA1 단일 칩 솔루션 첫번째 IBM에 연결된 SoC 솔루션
- 1993 : ETRAX(Ethernet, Token Ring, AXis) 32bit RISC, Ethernet, Token Ring and I/O－첫 번째 네트워킹 SoC 솔루션
- 1993~96 : 2, 3, 4－ETRAX 1의 향산된 솔루션 성능향상과 SCSI를 포함
- 1998 : ETRAX 100－증가된 100 MBit Ethernet. 100MIPS까지 성능이 향상되고 ATA와 광폭 SCSI가 추가됨
- 2000 : ETRAX 100LX－MMU 추가, USB, 동기 시리얼포트(Synchronous serial ports), SDRAM 제공
- 2003 : ETRAX 100LX MCM 2+8 – Package with ETRAX 100LX, Ethernet PHY, 2MB 플래시와 8MB SDRAM, later followed by a version with 4MB 플래시와 16MB SDRAM
- 2005 : ETRAX FS - Crypto 가속기, I/O 프로세서, 듀얼 고속 이더넷 제어기 200MIPS CPU

1.2 ETRAX 100LX MCM의 소개

[그림 1-3] ETRAX 100LX MCM

Axis는 디자인의 편리성을 1차 목표로 새로운 ASIC를 설계했으며, 새로운 ASIC은 전체 시스템 비용과 설계 주기와 생산 주기에서의 비용을 줄이도록 고려하였다.

개발자는 단지 리눅스를 위해 만들어진 ETRAX 100LX MCM에 전원을 넣으므로 넓은 범위의 입출력 옵션과 네트워크 접속이 되는 리눅스 컴퓨터를 가지게 된다.

막강한 ETRAX 100LX MCM은 개발자가 완벽하게 작고 비용 효과가 높은 임베디드 장치를 만들 수 있도록 한다. 그리고 ETRAX 100LX MCM은 고밀도 패키징(High Density Packaging ; HDP) 기술을 사용하고 있으며, 사용한 HDP 기술은 ETRAX 100LX, SDRAM, Flash 등을 한 패키지로 묶을 수 있도록 해준다.

MCM의 내부를 보게 되면 27×27mm 크기의 1개의 256핀 PBGA에 아래와 같은 컴포넌트들을 통합하였다.

① ETRAX 100LX SoC(System-On-Chip)

- 32Bit RISC CPU
- MMU(Memory Management Unit)
- 이더넷 제어기
- DMA(Direct Memory Access)(10채널)

- 4개의 비동기 직렬 포트(Asynchronous Serial Ports)
- 2개의 동기 직렬 포트(Synchronous Serial Ports)
- 2개의 USB 포트(v1.1)
- 2개의 병렬 I/O 포트
- 4개의 ATA 포트
- 2개의 일반 목적 포트
- SCSI(8비트 2개, 16비트 1개)
- 부트스트랩 프로그램 다운로드
- 타이머와 와치독 타이머
- 클록 발생기(내부 100 MHz 동작 주파수)
- 인터럽트 제어

② 4Mbyte의 플래시 메모리

- 4MB 통합 플래시
- 외부에 추가적으로 플래시의 증설 가능

③ 16Mbyte의 SDRAM 메모리

- 16MB SDRAM
- 16bit 인터페이스
- 32비트 인터페이스로 외부에 추가적으로 램 증설가능

④ Ethernet transceiver

- 10/100Mbit 이더넷 PHY
- 전이중(Full duplex) 모드 제공
- 속도 자동감지와 이중(duplex) 모드
- 긴 케이블은 성능을 제한한다.

⑤ 리셋 회로도

⑥ 55개의 수동 부품(저항들과 커패시터들)

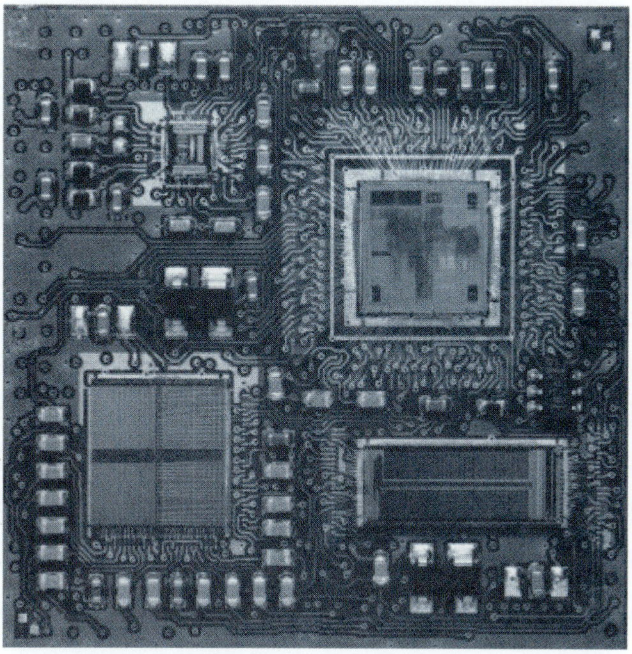

[그림 1-4] MCM 내부 표시

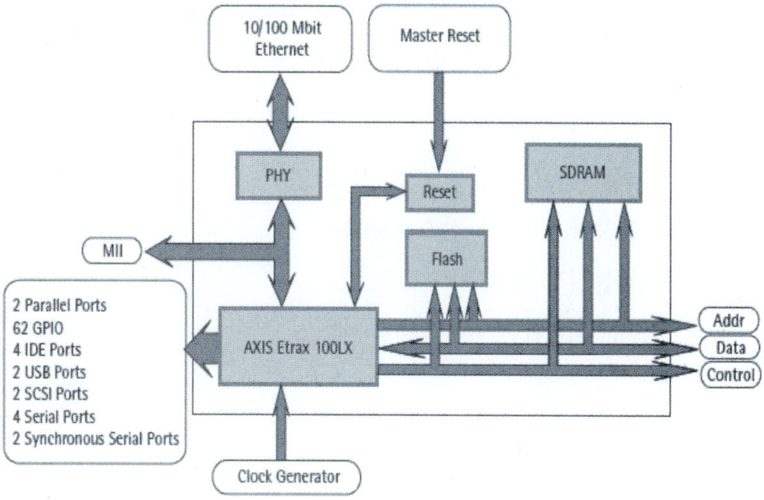

[그림 1-5] MCM 내부 구성도

ETRAX 100LX MCM은 충분한 플래시와 RAM을 가지고 있지만 개발자가 원할 경우 ETRAX 100LX MCM의 외부에 더 많은 플래시와 SDRAM을 추가할 수 있다. 그리고 고속 데이터 전송률을 실현하기 CPU와 DMA가 함께 통합되어 있어 더욱 간단한 제품의 디자인이 가능하며, 프로그램 코드의 최적화로 필요한 프로그램 메모리가 일반적인 32비트 RISC 프로세서보다 30% 이상의 메모리 사용 절감 효과가 있다.

고성능의 100Mbit 네트워크를 위해 패킷 버스트 아키텍처(packet burst architecture featuring a zero-copy network DMA structure)를 도입하여 네트워크에 발생하는 부하를 CPU로 전달하지 않도록 설계되었으며, 이더넷 데이터 전송속도를 최대 200Mbit/s(양방향 100Mbit/s)까지 지원한다. 특히 특허 등록된 부트스트랩(bootstrap) 기능으로 메모리에 프로그램 코드를 담고 있지 않더라도 네트워크상에서 제품 부팅이 가능하며, 로직 분석 기능(logic analyzer function)과 캐시 모니터링(cache monitoring), 실시간 디버깅(realtime debugging) 기능 등을 가지고 있다.

ETRAX 100LX MCM은 기본적인 리눅스 커널과 glibc 라이브러리를 사용하기 때문에 개발자는 사용 중인 리눅스 PC를 이용하여 매우 쉽게 애플리케이션을 포팅할 수 있다. 또한 개발자는 ETRAX 100LX MCM을 사용함으로써 다음과 같은 많은 이점을 얻을 수 있다.

- 개발시간 단축
- 제품 디자인시 발생할 리스크의 감소
- 전자파 간섭의 감소(EMC)
- 생산원가 절감
- BOM 절감(bill-of-materials)
- 생산력 증대
- 재고 부담 절감
- 초소형 제품 디자인

1.3 ETRAX LX MCM의 구조

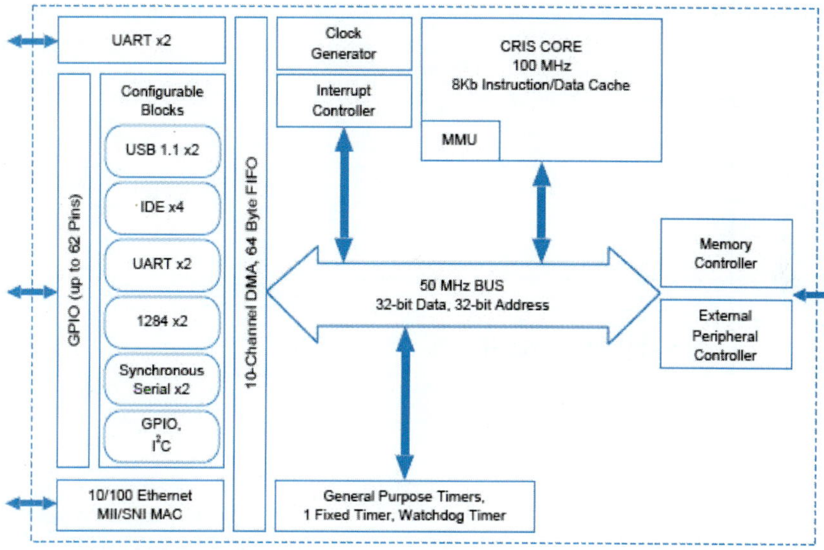

[그림 1-6] 블록 다이어그램

1. 레지스터

ETRAX 100LX은 14개의 32bit 일반 레지스터(General Registers ; R0-R13)와 1개의 32bit 스택 포인터(R14 or SP), 그리고 1개의 32bit 프로그램 카운터(R15 or PC)와 16개의 특별 레지스터(P0-P15)를 가지고 있다.

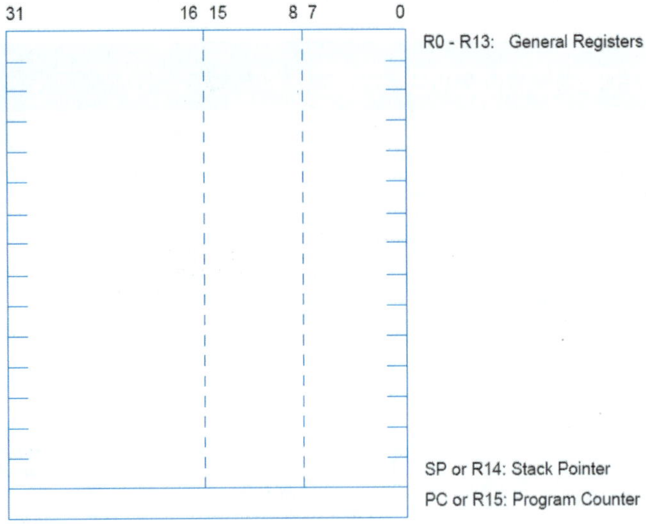

[그림 1-7] 일반 레지스터

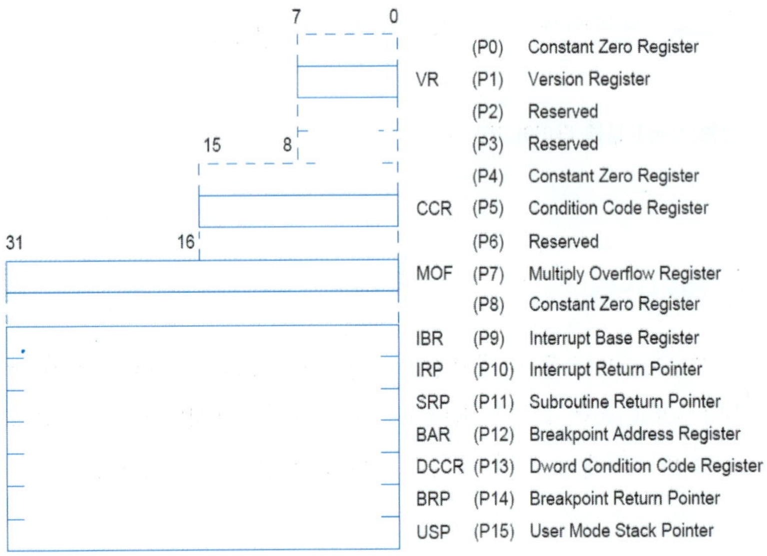

[그림 1-8] 특별 레지스터

2. MMU(Memory Management Unit)

ETRAX 100LX은 물리적인 메모리를 관리하기 위해 메모리 메니지먼트 유닛(MMU)을 포함하고 있다. ETRAX 100LX에서는 각각의 응용 프로그램을 위해 4GBytes까지의 가상 메모리가 이용 가능하며, 각각의 응용 프로그램은 다른 응용 프로그램과 구분되도록 MMU에 의해 별도의 주소공간이 주어진다.

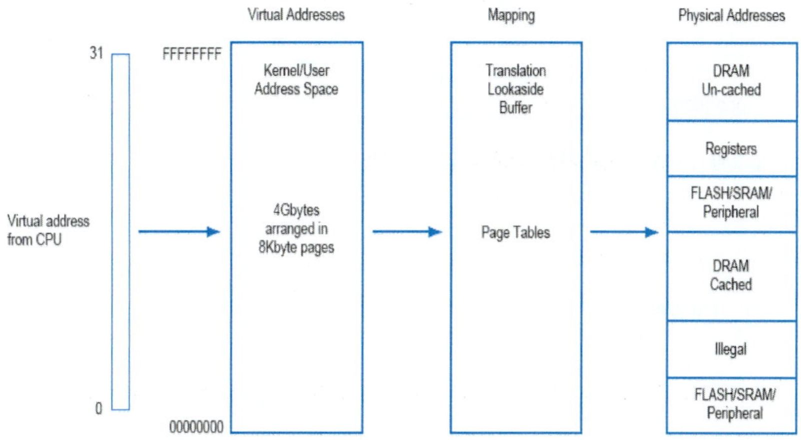

[그림 1-9] 커널과 유저의 가상 어드레스 공간

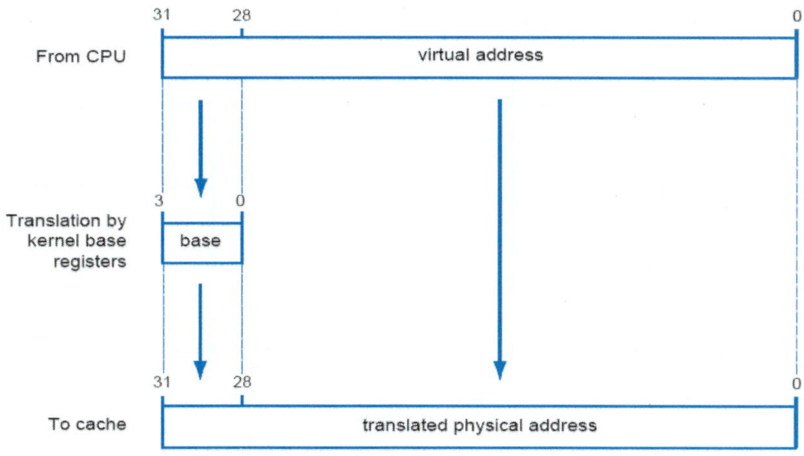

[그림 1-10] 선형 세그먼트 어드레스 번역

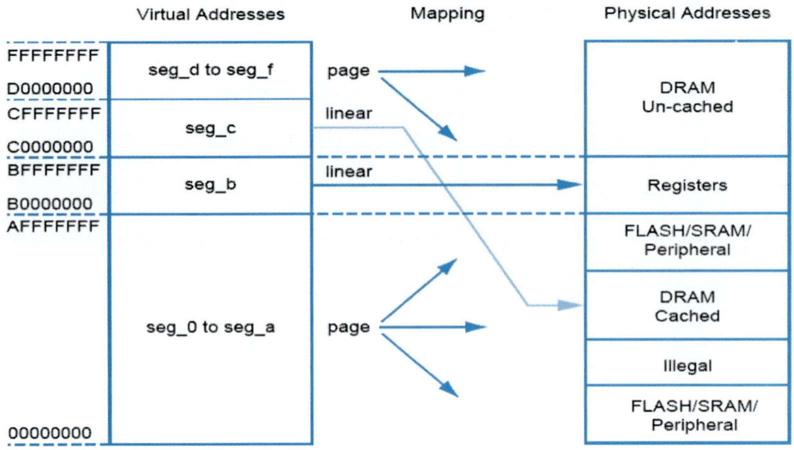

[그림 1-11] 커널 가상 메모리 맵의 예제

3. DMA

ETRAX 100LX은 외부에 있는 메모리의 한쪽에서 다른 쪽으로 데이터가 이동할 때나 외부에 있는 물리적인 인터페이스에서 데이터가 이동할 때 높은 데이터 전송률을 제공하기 위해 DMA(Direct Memory Access)를 사용하고 있다.

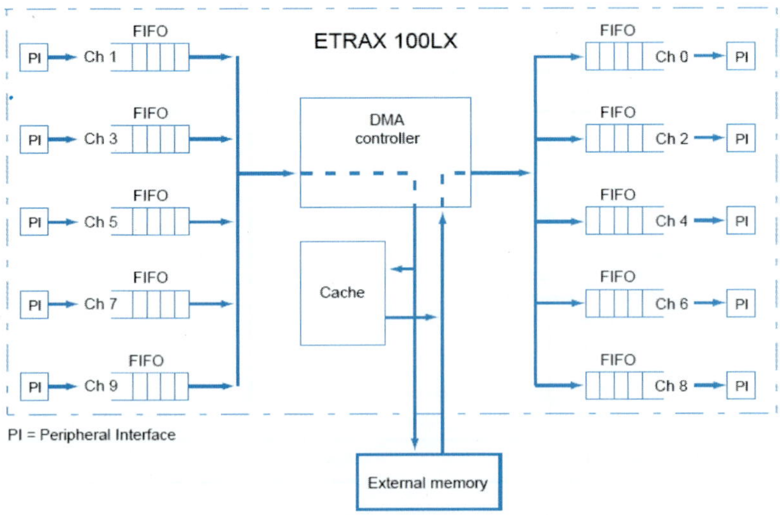

[그림 1-12] DMA 내부의 개요

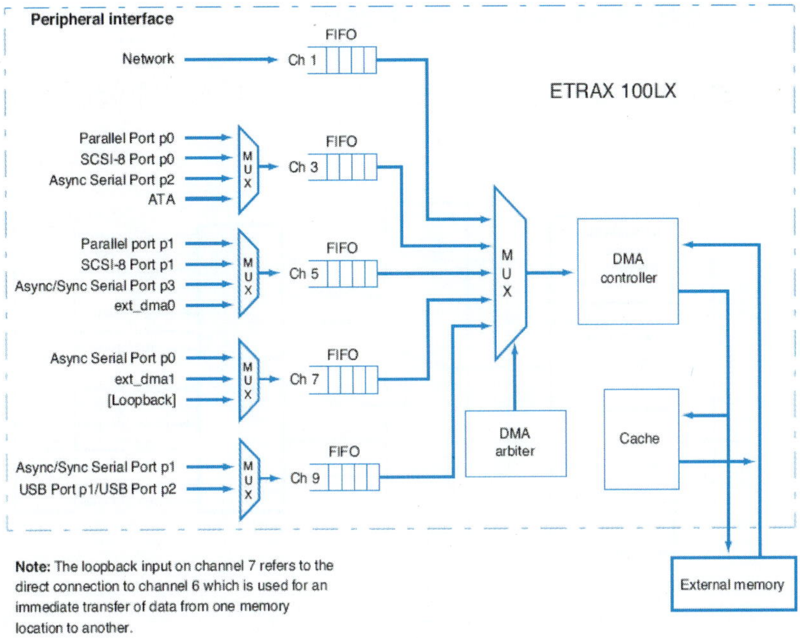

[그림 1-13] DMA 입력 채널

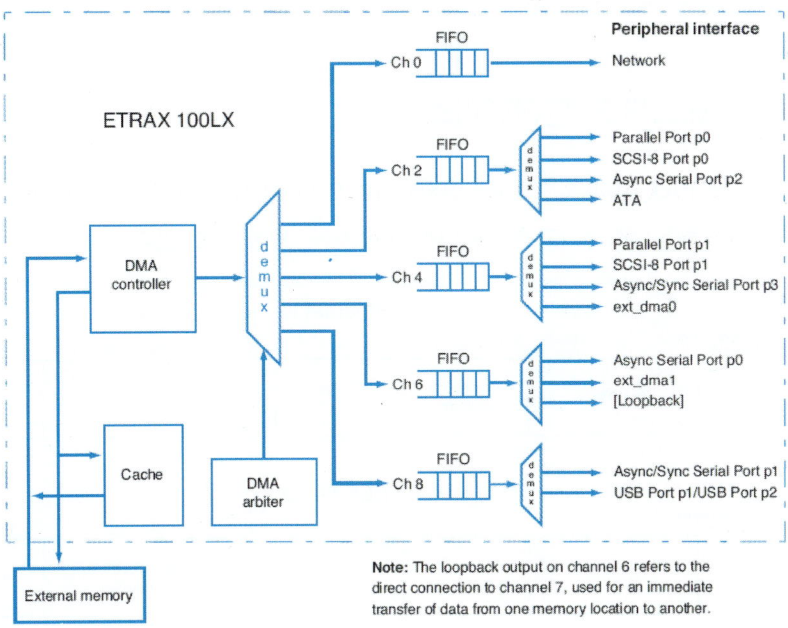

[그림 1-14] DMA 출력 채널

4. USB(Universal Serial Bus)

ETRAX 100LX은 1.1 버전을 지원하는 USB 인터페이스를 포함하고 있다.

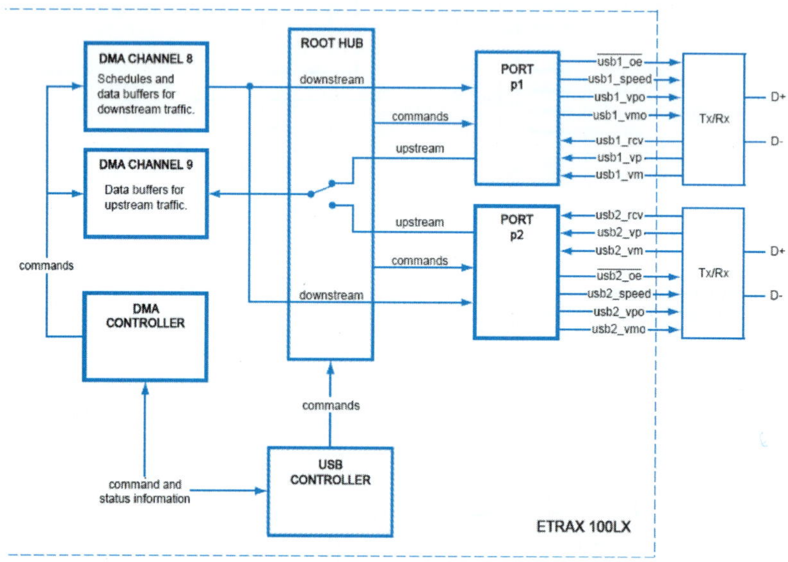

[그림 1-15] 기본 USB 구조

5. 네트워크 인터페이스

ETRAX 100LX은 10과 100Mbps 이더넷(IEEE 802.3과 이더넷 II) 프로토콜을 지원하는 온 칩 고속 이더넷 제어기를 포함하고 있다.

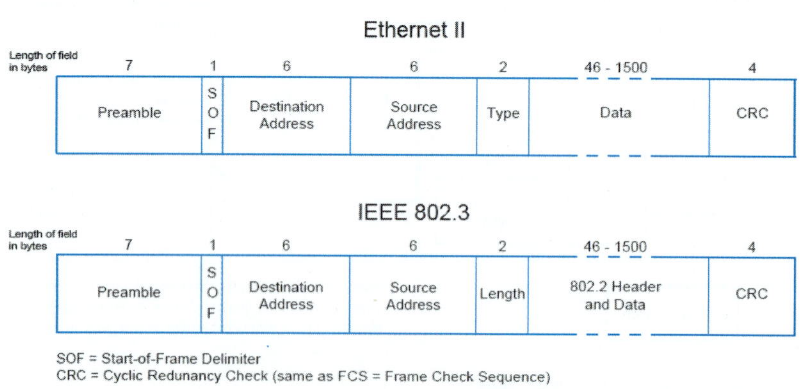

[그림 1-16] 이더넷과 IEEE 802.3 표준안의 프레임 구조

6. EIDE/ATA-2/ATA-3 인터페이스

ETRAX 100LX가 포함하고 있는 EIDE/ATA-2/ATA-3 인터페이스는 외부적인 회로 없이 4개의 ATA 버스를 지원한다.

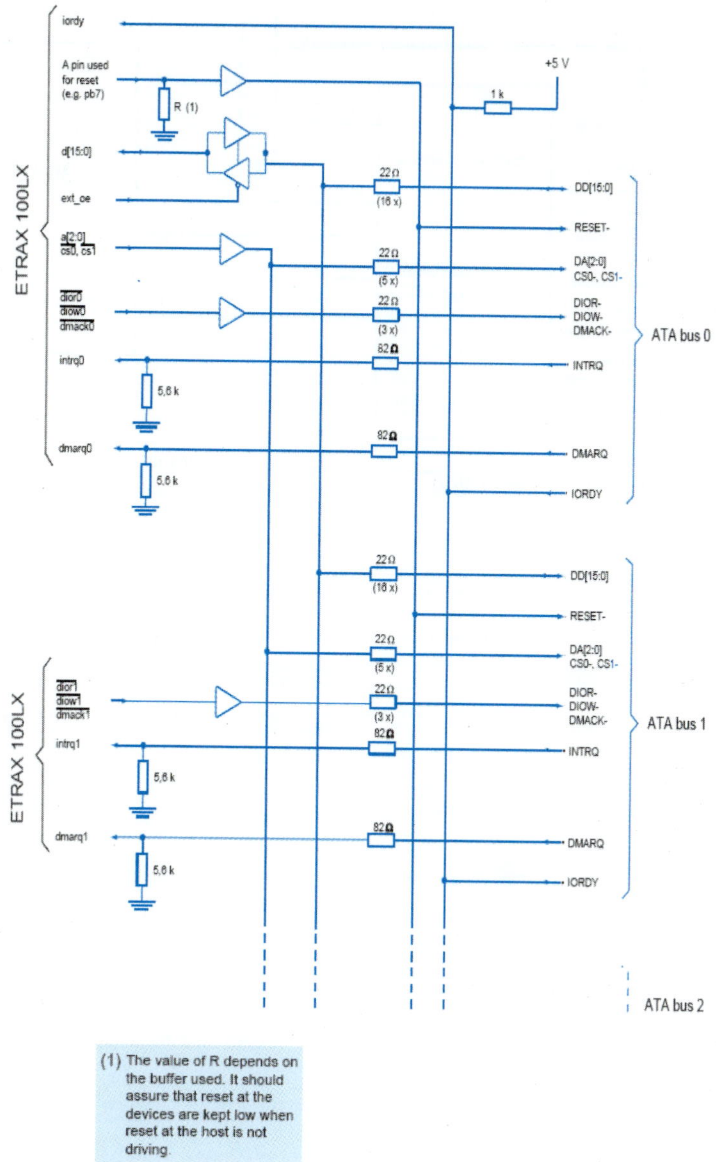

[그림 1-17] ATA 버스 연결 방법

7. 공유 RAM 인터페이스

공유 RAM 인터페이스는 외부에 있는 장치와 SRAM 사이에서 8Bit와 16Bit 전송을 관리한다. 데이터의 전송은 비동기 핸드세이크 프로토콜에 의해 제어된다.

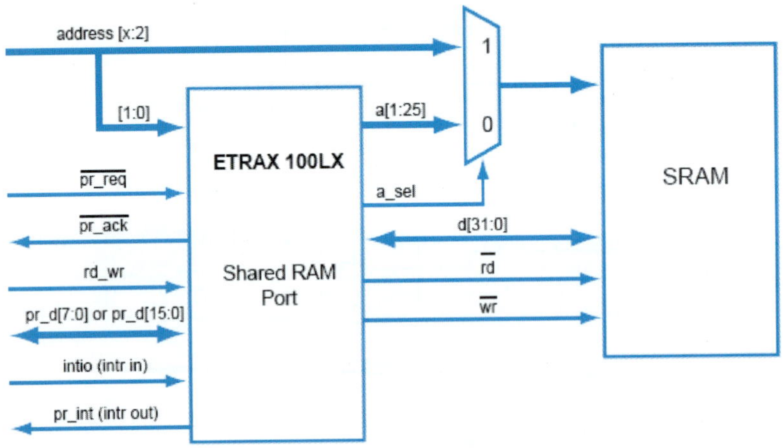

[그림 1-18] ATA 버스 연결 방법

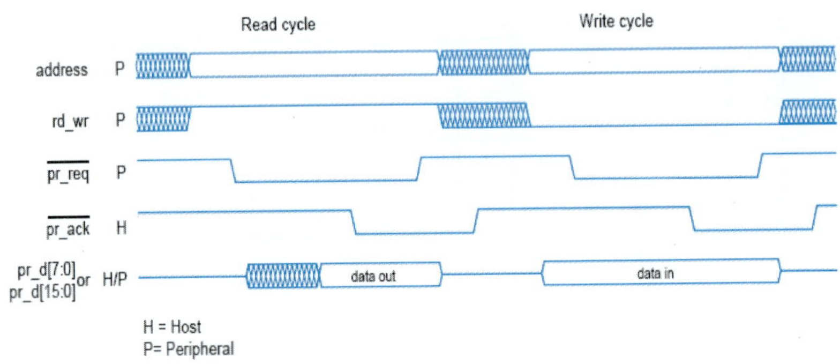

[그림 1-19] 공유 RAM 타이밍도

제2장

임베디드 리눅스 소프트웨어

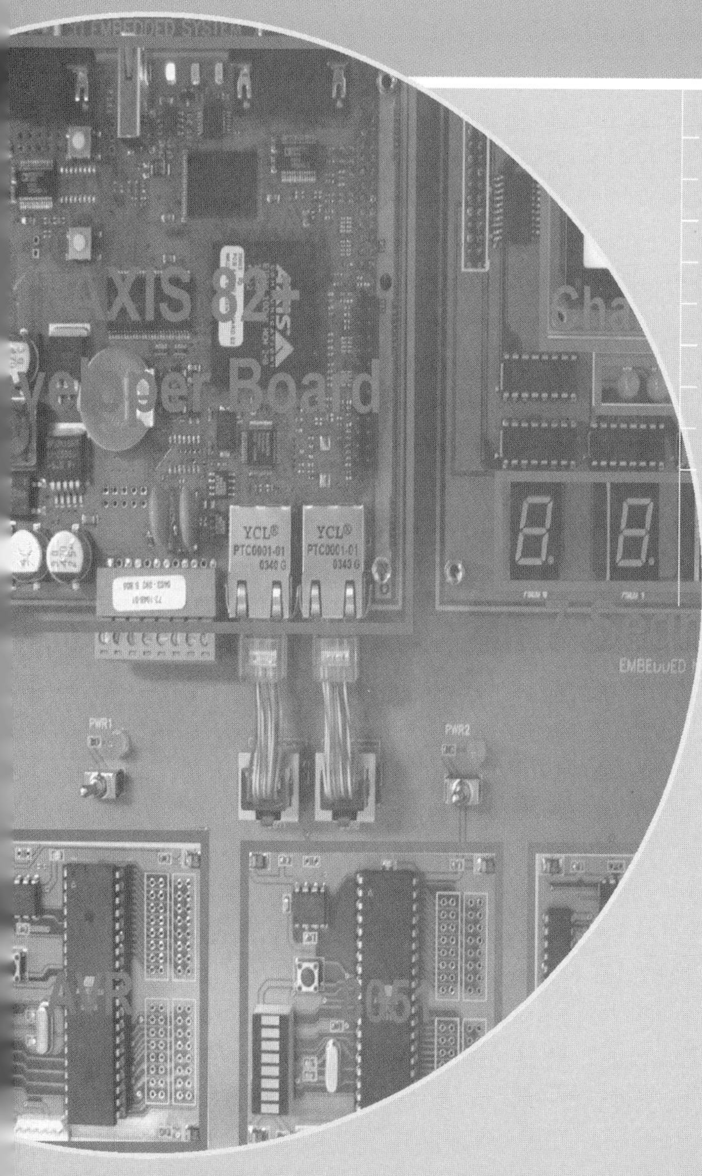

2.1 임베디드 소프트웨어의 개요

임베디드 소프트웨어란 임베디드 시스템에 탑재되는 소프트웨어를 말한다. 임베디드 시스템의 응용 분야가 다양해지면서, 예전에는 단순했던 임베디드 소프트웨어가 점점 더 복잡하고 다양한 기능을 처리하게 되었다.

임베디드 OS를 사용하는 이유는 인공위성이나 미사일 제어 등과 같이 오류에 견고한 시스템이나 실시간 시스템을 위해 최적화된 운영체제가 필요할 경우이다. 이러한 경우에는 다양한 목적의 범용적인 운영체제보다는 RTOS(Real Time Operating System)와 같은 임베디드 OS를 사용한다.

RTOS는 표준 하드웨어 환경이 정해져 있지 않다는 점이 윈도우나 유닉스 등 범용 운영체제와 커다란 차이이며, 이는 곧 응용 프로그램뿐만 아니라 운영체제 자체에 대해서도 사용자가 환경을 설정해야 하고, 때에 따라서는 포팅 노력이 요구된다는 뜻이다. 그리고 시스템의 하드웨어 자원, 특히 메모리 사용에 대해서 많은 제약이 따른다.

예를 들어 일반 OS에서 작동하는 응용 프로그램이 몇 백KB 메모리를 더 사용한다고 해서 무슨 큰 문제가 되는 것은 아니다. 그러나 임베디드 시스템에서는 메모리를 더 사용하면 그만큼 제품 단가가 올라가고, 특히 이동 환경에서는 제품의 크기와 전지의 사용 시간에도 직접적인 영향을 주게 된다.

RTOS는 실시간 처리에 대한 강력한 지원과 통합 개발 및 디버깅 환경을 지원한다. RTOS의 종류는 대단히 많이 있다. 대표적으로 화성 착륙선인 패스파인더(PathFinder)와 혼다에서 만든 로봇인 아시모(ASIMO)의 운영체제로 쓰인 윈드리버(WindRiver)의 VxWorks, ISI에서 개발해서 지금은 윈드리버에 통합된 pSOS, Mentor Graphics의 VRTX, 윈도우 CE 닷넷, 윈도우 XP 임베디드, 임베디드 리눅스 등이 있으며 교육용으로 만들어진 uC/OS-II가 있다.

2.2 임베디드 시스템의 운영체제

임베디드 시스템(embedded system)이라는 것은 통상적으로 일반적인 시스템과는 달리 특정한 작업만을 수행하도록 설계되며 초기의 임베디드 시스템은 비교적 아주 단순해서 특별한 운영체제가 필요 없이 사람이 순차적인 프로그램을 작성해서 실행하도록 되어 있고, 중간에 인터럽터가 발생되는 경우에만 그 순차적인 프로그램에서 잠시 벗어나는 정도였다. 이전의 임베디드 시스템들은 주로 간단하고 단순한 순차적인 작업에 관련되었기 때문에 굳이 운영체제(OS : Operation System)를 사용한다는 것은 낭비가 되었고 그럴 필요조차 없었다.

최근의 임베디드 시스템 분야에서는 그 시스템 자체가 상당히 커지게 되고, 네트워크나 멀티미디어가 시스템에 기본으로 포함되면서 임베디드 시스템이 해야 할 일들도 많아지고 복잡해졌기 때문에 순차적인 프로그램을 작성하기가 매우 어렵게 되었다.

따라서 임베디드 시스템에서는 운영체제의 개념이 필요하게 되었고, 임베디드 시스템의 특성상 실시간(real time)이라는 요소를 만족해야 하였으므로 실시간 운영체제가 임베디드 시스템에 도입되게 되었다.

지금도 실시간 RTOS를 채택하여 개발되는 제품들이 점점 늘어나고 있는 추세이며, 이제는 수많은 임베디드 시스템에서 그 목적에 맞게 실시간 운영체제와 함께 적절하게 사용되고 있는 실정이다.

그리고 임베디드 운영체제(embedded operation software)는 크게 다음과 같이 RTOS와 GPOS(General Purpose OS)로 분류할 수 있다.

1. RTOS(Real Time OS)

RTOS(실시간 운영체제)는 정해진 시간 내에 타깃 시스템이 결과를 출력하는 실시간 시스템을 말한다. 이는 주어진 작업을 빨리 처리하는 개념이 아니고 정해진 시간을 넘겨서는 안 된다는 개념이다 또한, RTOS에 사용되며 실시간 임베디드 시스템 응용에 적합할 수 있도록 시스템 응답속도(response speed), 인터럽트(interrupt), efficiency, scalability, portability 등에서 우수한 성능을 가지도록 설계된 운영체제를 말한다. RTOS는 실시간적 요소를 충족시키기 위해서 모듈화, 선점형 멀티 태스킹, 스케줄링, 통합 개발 환경 지원 등을 고려해야 한다.

실시간 시스템도 하드 실시간 시스템(hard real-time system)과 소프트 실시간 시스템(soft real-time system)으로 나눌 수 있다.

1) 하드 실시간 시스템

하드 실시간 시스템은 정해진 시간 내에 작업한 결과가 절대적으로 출력되어야 하는 시스템을 말하며, 이런 시스템의 예로는 전투기의 비행 제어 시스템이라든지 핵발전소의 제어 시스템, 인공위성의 제어 시스템 등 작업의 결과가 미리 정해진 시간 내에 도출되지 않으면 막대한 손실을 발생할 수 있는 치명적인 결과가 나오게 되는 경우이다.

2) 소프트 실시간 시스템

소프트 실시간 시스템은 정해진 시간 내에 작업의 결과가 나오지 않더라도 하드 실시간 시스템처럼 치명적인 결과를 양산하는 그런 시스템이 아닌 경우이다. 소프트 실시간 시스템은 정해진 범위를 넘는 시간 지연이 발생하더라도 그것이 시스템 에러(system error)가 되지는 않는다.

2. GPOS(General Purpose OS)

일반 OS는 현재 사용하고 있는 Window NT, Window 95/98/2000/XP, DOS, UNIX, Macintosh OS, OS/2 등으로 일반적인 응용 소프트웨어를 운영하기 위하여 설계된 운영체제를 말한다. 따라서 대용량의 메모리와 ROM영역을 필요로 하며, Local File System, Paged Virtual Memory를 관리할 수 있는 MMU(Memory Management Unit) 등이 필요하다. 실시간을 구현하는 데 있어서 응답속도(response speed), 인터럽트 핸들링(interrupt handling) 등에서 RTOS보다 우수하지 못하다.

그리고 대부분의 임베디드 시스템들은 그 자체에 맞도록 포팅(porting)된 운영체제를 가지고 있으며 이런 운영체제로서는 하나의 운영체제가 거의 독점하고 있다시피 한 PC용 운영체제 시장과는 달리 여러 종류의 독특한 특성을 가진 운영체제가 공존하고 있는 상황이다. Xinu, uC/OS와 같이 개인이나 학계 등에서 공개한 교육용 또는 평가용 운영체제를 채용하고 있는 몇몇 디바이스를 제외하고는 대부분 pSOS, VxWORKs와 같은 상용 운영체제를 구입해 내장하고 있으며 Cisco와 같은 일부 대형 통신장비 업체에서는 IOS와 같이 자신들이 직접 개발한 운영체제를 사용하고 있다.

이렇게 다양한 운영체제들이 존재하지만 이를 채택하여 개발할 때에는 많은 문제점이 상존하고 있다. 우선 교육용 운영체제를 채택하는 것은 무료로 공개되어 있는 경우가 거의 대부분이므로 가격적인 면에서 부담이 없고 구조가 간단하여 자체로 애플리케이션을 개발하기가 쉽다. 하지만 사용자층이 적거나 혹은 그 운영체제를 이용해 애플리케이션을 개발하는 데 어떤 대가도 지불하지 않았으므로 문제가 발생할 경우, 구체적으로 도움을 받거나 책임요소를 분명히 할 수가 없다.

즉, 운영체제 자체를 사용하는 데 있어 위험성이나 불안 요소를 안고 갈 수 밖에 없으며 이런 특성은 특히 제품의 성능과 안정성이 금전적인 손익과 직결되는 산업계에 있어 크게 환영받지 못하는 요인이 되고 있다.

따라서, 제품화되고 있는 대부분의 임베디드 시스템에는 상용 운영체제를 사용하고 있는 데 이런 운영체제들은 구입과 동시에 개발하는 해당 아키텍처에 대한 초기화 코드, 운영체제의 소스 코드와 개발 툴들이 함께 제공되므로 쉽게 애플리케이션 개발에 착수할 수 있다는 장점이 있다.

그리고 운영체제에 대한 지원체계가 확실하므로 문제가 발생할 경우 체계적인 지원을 신속하게 받을 수 있으며 또한 운영체제 자체의 성능이 보장되어 있으므로 안심하고 사용할 수 있다는 장점이 있다.

이런 많은 장점에도 불구하고 사용 운영체제는 가격적인 면과 확장성 면에서 상당한 제약을 가진다. 대부분의 상용 운영체제는 운영체제 자체만으로도 수천 달러 혹은 수만 달러에 달하는 가격을 가지며 게다가 개발 툴을 합치면 개인이나 학계, 중소업체에서 감당하기 힘든 금액이 소요된다. 뿐만 아니라 네트워크 기능을 위해 TCP/IP 스택, 특정 디바이스 드라이버, 특정 애플리케이션 등이 구입 옵션으로 제공되기 때문에 어떤 애플리케이션을 위한 네트워킹 디바이스를 만들기 위해서는 수만 불 이상의 엄청난 자금이 필요하다.

그 운영체제를 사용한 응용제품이 시장에 출시되어 이윤이 발생할 경우 일반적으로 제품 한 대당 일정한 규모 정도의 운영체제에 대한 라이선스(license)비가 책정되어 개발자의 부담은 가중된다. 또한, 상용 운영체제의 개발 툴 자체는 그 가격만큼이나 잘 정비되어 있고 개발자에게 뛰어난 기능들을 제공하지만 그 자체를 돌릴 수 있는 곳, 즉 개발을 위한 머신(machine)이 제한적이다.

대부분 특정 유닉스나 윈도우 기반의 운영체제 개발 툴을 위한 필요조건으로 요구하고 있으며 이는 개발자에게 또 다른 하나의 장벽이 될 수 있다.

그리고 이런 상용 운영체제 위에서 돌아가는 애플리케이션 코드를 만드는 경우 한 운영체제를 위해 개발된 코드는 쉽게 다른 운영체제를 위해 포팅될 수 없다. 결국 상용 운영체제는 상용인 만큼 성능과 개발을 위한 환경이 보장되지만 상당한 규모의 대가를 요구하고 그 확장성, 호환성에 있어서 미약한 면을 보이고 있으며 개발에 익숙하기 위해서는 많은 노력이 필요하다.

이러한 환경에서 임베디드 리눅스의 등장은 수 많은 문제점의 해결과 더불어 많은 이익을 개발자에게 가져다주었다. 여기서 사용되는 임베디드 리눅스란 일반적으로 PC의 운영체제로서 사용되는 GNU/Linux 시스템의 일반적인 명칭인 리눅스와는 차이가 있다.

PC에서의 리눅스는 운영체제의 기본 하부구조로서 리눅스 커널과 더불어 그 상위에서 유닉스 운영체제와 유사한 구조를 이루는 Glibc C 라이브러리 시스템과 이를 기반으로 한 수많은 조그만 유틸리티로 이루어져 있으며 이를 총괄적으로 통합해 리눅스 운영체제라 한다. 하지만 임베디드 리눅스는 기본적으로 특정 임베디드 애플리케이션에 맞도록 리눅스 커널의 크기와 성능을 최소, 최적화시켜 만들어낸 커널을 의미하며, 여기에 C 라이브러리나 유틸리티 등은 필요에 따라 추가되거나 교체되어 하나의 시스템을 만드는 형태가 된다. 이런 커널의 최소, 최적화에는 커널의 내부구조 변화도 가능하며 이를 극단화시키면 일반적인 상용 운영체제의 성능을 뛰어넘는 것도 가능하다. 결국 임베디드 리눅스는 개발자에게 시스템 개발에 있어서 금전적인 제약과 개발 환경에 적응 시간, 그리고 제품의 신뢰성에 대한 장벽을 넘을 수 있게 해주는 운영체제라 할 수 있다.

2.3 임베디드 운영체제의 기능

임베디드 운영체제는 임베디드 시스템이 가지는 특성 때문에 일반 운영체제와 구조는 다르지만 멀티태스킹, 태스크 스케줄링, 태스크 간의 통신, 메모리 관리, I/O, 인터럽터 및 TCP/IP와 같은 통신 프로토콜까지 대부분의 기능을 지원하고 있으며, 일반 운영체제와의 차이점은 시간제약의 차이, 신뢰성, 범용성과 특수성에 있다 할 것이다. 따라서 임베디드 운영체제는 구조적으로 일반 운영체제와는 구별되는 다음과 같은 특수한 기능을 제공하고 있다.

1. RAM 및 플래시 메모리 기반 파일 시스템

임베디드 시스템은 일반적으로 하드디스크를 사용하지 않는 시스템이 대부분이므로 RAM이나 플래시 메모리가 프로그램과 데이터 메모리로 사용된다. 따라서 이러한 반도체 메모리는 하드디스크에 비해 저장 용량이 현저히 부족하므로 파일의 저장, 관리, 삭제 및 부팅 등의 파일 시스템 기능은 일반 운영체제에 비해 축약된 파일관리를 위한 기능을 제공해야 하는 것이 특징이다.

2. 저전력 기능

임베디드 시스템은 이동용 기기가 대부분이므로 건전지를 전력원으로 사용하는 것이 일반적이다. 따라서 기기의 사용시간을 늘리기 위해 시스템의 전력소모를 최소로 관리하는 것이 필수적이므로 운영체제가 이러한 기능을 가지는 것이 당연하다. 따라서 임베디드 시스템에서 전력소모가 큰 장치로 LCD 및 LED 등의 디스플레이 장치들이 주 관심대상이 될 것이다.

3. 빠른 부팅 기능

일반적인 PC의 운영체제는 각종 하드웨어 진단 프로그램이 수행된 후에 부팅이 되므로 시스템 초기화에 상당한 시간이 소요된다. 그러나 임베디드 시스템의 경우는 부팅이 느리면 사용자의 불편이 증대되므로 꼭 필요한 기능만을 수행하는 것으로 부팅 기능이 축소되어 있다.

4. 유무선 통신 기능

임베디드 시스템은 정보가전기기의 비율이 급속도로 증가하고 있으므로 유무선 통신 기능에다 TCP/IP 등 인터넷 기능들이 필수적으로 장착되고 있다. 무선 LAN, 블루투스, GPS, 적외선 통신 모듈, RF, CDMA 등의 통신들이 제공된다.

5. XIP(eXecute in Place)

임베디드 시스템의 경우 일반적으로 메모리 용량이 작으므로 플래시 메모리에 있는 응용 프로그램을 주기억장치로 불러들여서 실행하는 것이 시스템에 부담이 되는 경우가 많다. 따라서 응용 프로그램을 저장된 플래시 메모리에서 바로 실행할 수 있는 기능을 제공하는 기능이 XIP 기능이다. 이 기능은 플래시 메모리에서 프로그램이 바로 실행되는 편리성이 있으나, 수행속도가 느리고, 플래시 메모리의 수명단축에 대한 단점이 있다.

6. 컴포넌트 기반 운영체제

임베디드 운영체제는 각종 타깃 디바이스에 따라서 메모리 사용을 최소화하기 위해 운영체제의 커널의 구성에서 필요한 부분만을 발췌하여 구성할 수 있는 기능을 제공한다. 이러한 기능을 제공하려면, 커널이 기능별로 모듈화가 되어 있어야 한다.

7. 다양한 입출력 장치 드라이버

임베디드 운영체제는 PC에서처럼 표준화된 규격의 하드웨어나 장치에 대해서 운용을 지원하는 것이 아니라, 그 응용 분야가 다양하므로 다양한 입출력 장치 드라이버를 제공하고 있다. GPS, LCD, CDMA, 블루투스, 무선LAN 등에 대한 장치 드라이버는 표준화되어 제공하고 있으며, 각 하드웨어의 응용에 따라서 필요할 경우 PC의 운영체제와 마찬가지로 제조사에서 하드웨어를 구동해 줄 수 있는 장치 드라이버를 만들어서 제공해야 한다.

2.4 임베디드 소프트웨어 개발환경

time-to-market이 생명인 임베디드 시스템 제조업자들은 임베디드 소프트웨어를 빨리 개발하여 프로젝트 기간을 단축하는 데 반드시 필요한 임베디드 소프트웨어 개발 환경을 강력히 원하고 있다.

임베디드 시스템은 대개 한정된 자원을 갖고 있기 때문에 임베디드 소프트웨어 개발 환경은 대개 호스트와 타깃으로 구성된다.

타깃에는 최소한의 개발 도구만 있고, 대부분의 도구는 자원이 풍부한 호스트에 존재한다. 임베디드 소프트웨어 개발 환경은 자원이 한정된 타깃에서 실행될 프로그램을 편리하고 빨리 개발할 수 있게 해야 한다.

임베디드 소프트웨어 개발 환경은 크게 타깃 이미지 생성 도구, 소프트웨어 개발 도구, 설계 자동화 도구, 테스트 자동화 도구의 네 분야로 구분된다.

1. 타깃 이미지 생성 도구

타깃 이미지 생성 도구는 임베디드 시스템이 동작하는 데 필요한 커널, 라이브러리, 유틸리티, 응용 프로그램들 중에서 개발자가 필요한 부분만 선택하면 최적화된 타깃 이미지를 생성해주는 도구이다. 이 도구의 예로는 MS의 플랫폼 빌더와 WinXPe 스튜디오, QNX의 시스템 빌더, Lineo의 타깃 위저드, 그리고 한국전자통신연구원에서 개발한 타깃 빌더가 있다.

타깃 이미지 생성 도구는 각 컴포넌트들 간의 의존성을 관리하므로, 개발자가 어떤 컴포넌트를 선택하면 그 컴포넌트의 실행에 필요한 컴포넌트들이 같이 선택된다. 예전에는 커널 컴포넌트들간의 의존성과 응용 프로그램들간의 의존성이 따로 관리되었으나, 근래에는 타깃 이미지를 구성하는 모든 컴포넌트들의 의존성이 통합적으로 관리된다. 타깃 이미지 생성 도구는 다양한 타깃 보드에 대한 BSP(Board Support Package)를 제공하여 개발자가 신속하게 타깃 이미지를 생성할 수 있도록 해준다.

근래에는 BSP보다 더 상위 수준인 임베디드 시스템의 응용 분야를 선택할 수 있다. 예를 들면, 개발자가 자동차 분야를 선택하면 이 분야의 임베디드 시스템이 공통적으로 필요로 하는 라이브러리와 유틸리티(예를 들면, CAN 지원 기능)를 포함한 타깃 이미지를 생성한다.

2. 소프트웨어 개발 도구

소프트웨어 개발 도구란 타깃에 내장되어 실행될 프로그램을 개발하는 데 필요한 도구이다. 가장 기본적인 것으로서 크로스 컴파일 툴체인과 디버거가 있다. 그리고, 타깃 모니터링 및 프로파일링 도구, 디바이스 드라이버 개발 툴킷, GUI 빌더도 중요한 소프트웨어 개발 도구이다.

그리고 더욱 편리한 개발을 위해서 위에서 언급한 개발 도구들이 통합개발환경(integrated development environment)으로 제공된다.

3. 설계 자동화 도구

설계 자동화 도구란 임베디드 소프트웨어를 개발할 때 시스템을 분석 설계하고 코드를 자동 생성한 후에 최종 시스템을 구축할 수 있도록 지원해 주는 기술로서 임베디드 소프트웨어 개발 프로세스 기술, 시스템 분석 및 모델링 기술, 소프트웨어 아키텍처를 기반으로 하는 임베디드 소프트웨어 개발 기술 등이 있다.

4. 테스트 자동화 도구

테스트 자동화 도구에는 화이트 박스, 블랙 박스, 회귀(regression), 유닛, 통합, 코드 범위, 오류 방지 테스트 등이 있다.

앞으로 임베디드 시스템의 응용 분야는 더욱 다양해지고 그 수요도 지속적으로 증가할 것이다. 이에 따라 임베디드 시스템을 적시에 개발하기 위하여 더욱 편리하고 기능이 풍부한 임베디드 소프트웨어용 개발 도구의 중요성이 대두된다. 특히, 임베디드 리눅스는 앞으로 가장 널리 쓰이게 될 임베디드 운영체제임에도 불구하고 만족할만한 개발 도구가 부족해서 개발이 시급한 분야이다.

국내에서는 2002년도에 한국전자통신연구원에서 임베디드 리눅스인 Qplus-용 통합개발환경으로 Esto를 개발하여 발표하였다. 2004년에는 기능이 더욱 강화된 이클립스 기반의 Esto가 이클립 컨퍼런스에서 발표되었다. Esto는 임베디드 리눅스뿐만 아니라 마이크로 운영체제와 나노 운영체제도 지원한다. 마이크로 운영체제는 Wind River의 VxWorks처럼 유저 모드와 커널 모드의 구분없이 단일한 주소 공간을 제공하고 경성 실시간 시스템을 지원한다.

나노 운영체제는 UC Berkeley의 TinyOS처럼 작은 센서에도 사용될 수 있는 초소형 운영체제이다.

임베디드 소프트웨어는 크기도 작아야 하지만, 전력 소모도 적어야 한다. 이를 위하여 개발 중인 임베디드 소프트웨어가 소모하는 전력을 측정해주는 도구가 Esto에 포함되어 있다. 실시간 프로그램의 경우 기존 디버거에서 하듯이 정지점에서 멈추게 되면 제대로 디버깅을 하기 어렵다. 이를 위하여 비정지 디버깅(non-stop debugging 또는 tracepoint debugging)을 지원하는 디버거도 Esto에 포함되어 있다.

이 외에도 앞으로 경성 실시간 시스템의 개발에 필요한 도구나 유비쿼터스 환경의 임베디드 소프트웨어의 개발을 도와주는 도구들을 추가 개발해 나가야 할 것이다.

2.5 임베디드 시스템 개발 환경

1. 임베디드 시스템 개발 환경의 개요

임베디드 시스템 개발시 전체 시스템의 가격이나 소비되는 전력을 낮추기 위해 하드웨어 및 소프트웨어의 많은 제한을 가하게 된다. 따라서 임베디드 시스템에 사용하는 OS는 일반적인 일반 OS보다는 시스템에 특화된 운영체제를 사용한다.

임베디드 시스템을 개발하기 위해선 기본적으로 다음과 같은 요소들이 갖춰져 있어야 한다. '호스트 PC'는 임베디드 시스템 개발을 위한 컴퓨터를 말하며, '타깃 PC(target PC)'는 실제 임베디드 시스템이 설치된 개발하고자 하는 하드웨어를 말한다.

호스트에는 개발을 위한 개발 툴, 개발된 응용 프로그램을 임시로 수행해볼 수 있는 타깃 시뮬레이터, 타깃과 연결되어 타깃에 개발된 이미지를 업로드하거나 타깃에 반응하는 디버그 에이전트를 통해 원격 디버깅을 할 수 있게 하는 타깃 서버가 설치되어 있다. 또한 타깃에는 호스트에서 만들어져서 설치된 여러 컴포넌트가 존재하는데 타깃을 부팅하기 위한 부트로더와 커널, 그리고 임베디드 응용 프로그램이 존재하게 된다.

호스트에 설치된 개발 툴에는 타깃에서 수행될 수 있는 바이너리를 생성하는 크로스 컴파일러가 존재하며 그 밖에 오류를 검색해주는 디버거 등으로 이루어져 있다.

2. 임베디드 시스템 개발 과정

임베디드 시스템 개발 과정은 대략적으로 부트로더 개발, 커널 및 파일 시스템 개발, 응용 프로그램 개발의 세 단계로 볼 수 있다

1) 부트로더 개발

부트로더는 타깃 보드에 전원이 인가되면 부트 롬으로부터 가장 먼저 수행되는 프로그램이다. 보통 부트로더는 OS의 커널을 로드하는 순수 로더로서의 기능

뿐만이 아니라 현재 레지스터나 메모리 값, 버스 상태 등을 살펴볼 수 있는 모니터 기능, 기초적인 네트워크 모듈을 내장해 네트워크를 통한 커널을 다운받아서 커널을 로드할 수 있는 기능을 포괄하고 있다. 부트로더는 보통 부트 롬에 내장되어 있으며 부트로더를 새로 작성하여 타깃에 설치하려면 호스트와 JTAG 인터페이스 혹은 기타 인터페이스를 통하여 설치할 수 있으며 이외의 방법에는 롬 라이터를 이용하여 롬에 구워서 설치할 수 있다.

대부분 상용 임베디드 OS에서는 부트 롬 부분을 앞서 잠깐 언급한 BSP라 불리는 패키지의 일부분으로 규정하고 있다. 반면 임베디드 리눅스의 경우는 규격화된 BSP가 존재하지 않으므로 하드웨어 벤더가 리눅스용 BSP를 제공하지 않을 경우 부트 롬 부분을 각 하드웨어 플랫폼에 맞게 작성해야 한다.

2) 커널 및 디바이스 드라이버 및 파일 시스템 개발

커널 및 디바이스 드라이버의 개발은 호스트의 임베디드 시스템 개발 툴에서 이뤄진다. 개발을 위해서는 개발자가 먼저 시스템에 대한 하드웨어 사양을 숙지해야 하며 이를 바탕으로 커널 및 디바이스 드라이버를 설정하게 된다. 이렇게 생성된 커널 및 디바이스 드라이버들은 부트 롬과 같이 하나의 이미지 파일 형태로 되어 부트 롬에 저장되거나 별도의 저장 장치에 파일 시스템을 통한 파일 형태로 구현된다.

만일 부트 롬의 용량이 작거나 기타 저장장치가 없는 경우 부트로더에서 네트워크 모듈을 통해 별도의 서버로부터 커널을 다운받아 부팅이 진행될 수도 있다. 특히 부트 롬이나 저장장치의 용량이 제한적일 경우는 커널 이미지 자체를 압축해 저장되는 것이 일반적이다.

3) 임베디드 응용 프로그램

임베디드 응용 프로그램은 앞에서 구현된 커널과 파일 시스템을 바탕으로 수행된다. 응용 프로그램의 개발은 커널과 마찬가지 방법으로 호스트에서 생성이 가능하며 호스트에 설치된 개발 툴의 크로스 컴파일러에 의해 타깃 보드에 맞는 바이너리가 생성되게 된다. 생성된 응용 프로그램의 실행은 임베디드 OS 개발 툴 내의 타깃 에뮬레이터나 실제로 타깃 보드에 옮겨서 실행이 가능하다. 또한 응용 프로그램은 네트워크를 이용한 원거리 디버깅을 이용하거나, JTAG 인터페이스를 이용한 디버깅을 통하여 에러를 확인해 볼 수 있다.

3. 임베디드 OS의 주요 개념

임베디드 시스템의 성능이 커지면서 기존에 간단한 펌웨어 형식으로 구현되었던 임베디드 프로그램이 점차 해야 할 일이 많아지고 복잡하게 된다. 이는 순차적인 프로그램으로는 해결하기 어려운 단계로 발전하고 결국 임베디드 시스템에도 운영체제의 개념이 필요하게 된다.

임베디드 시스템의 대부분 특성상 실시간이라는 요소를 만족해야 하는 점 때문에 많은 임베디드 OS는 RTOS의 속성을 가진다. 다음에 설명하는 주요 개념들은 여러분이 임베디드 OS를 이용해 임베디드 시스템을 개발하기 위하여 반드시 알아두어야 할 여러 개념 중 중요한 개념들을 선정하여 설명한 것이다.

1) 임베디드 환경의 파일 시스템

파일 시스템이란 저장장치에 파일을 관리하는 시스템을 말한다. 임베디드 시스템에서 주로 사용하는 저장장치는 보통 네트워크를 통한 외부 서버의 저장장치, 타깃 내의 일반 메모리 및 플래시 메모리 등을 말하며 각각 장치의 특성상 다른 파일 시스템이 올라가게 된다. 외부 서버로부터 저장 장치에 대한 파일 시스템으로는 NFS(Network File System)라는 것이 있는데, 이는 네트워크를 통해 마치 외부 서버의 파일 시스템을 로컬의 파일 시스템처럼 사용할 수 있게 해주는 파일 시스템이다.

일반 메모리에 대한 파일 시스템은 RAMFS(RAM File System)이라 하여 보통 부트 롬 내에 파일 시스템 이미지를 저장해두고 시스템 부팅시 일반 메모리에 그 파일들을 모두 복사한 다음 RAMFS를 통하여 파일을 유지 관리하는 파일 시스템이다. 단 일반 메모리에 구현돼 있으므로 타깃의 전원이 없어지면 그 내용이 소실된다.

플래시 메모리는 일반 메모리와는 다르게 전원이 나가도 그 내용이 보전되는 특성이 있으므로 한번 파일 시스템이 구현되면 그 내용이 보존되는 특징이 있다. 하지만 플래시 메모리의 특성상 기록 및 삭제의 횟수 제한이 있으므로 파일 시스템 내에서 이를 효율적으로 관리해주는 부분이 고려되어야 한다.

2) 스케줄러

임베디드 OS는 보통 태스크(task)라 불리는 프로그램 수행 단위를 가지게 된다. 보통 임베디드 시스템에서는 복수 개의 태스크가 동시에 수행되는 환경을 가지게 되며 이때 OS 내부의 스케줄러에 의해서 다음 번에 수행되어야 할 태스크를 선택하게 된다. 이때 사용되는 임베디드 OS의 스케줄링 알고리즘으로는 다양한 알고리즘이 나와 있지만 구현상의 문제 등으로 인해 실제 대부분의 임베디드 OS에서는 우선순위에 기반을 둔 스케줄링 알고리즘을 사용한다.

대표적인 우선순위 알고리즘으로 FIFO(First In First Out)와 라운드로빈 방식이 있다. FIFO의 알고리즘은 동일한 우선순위를 가진 태스크들 존재시 먼저 시작한 태스크가 종료될 때까지 다음 번 수행된 태스크가 스케줄링을 받지 못하는 스케줄링 알고리즘이며, 라운드로빈 방식은 동일한 우선순위를 가진 태스크들이 존재할 경우 각각 미리 정해진 타임 슬라이스(time-slice)만큼씩 차례로 스케줄링이 되는 알고리즘이다.

3) 프리엠티브 커널

프리엠티브 커널(preemptive kernel, 선점형 커널)은 어떤 태스크가 수행되고 있을 경우 커널이 강제로 그 태스크의 수행을 중지시키고 다른 태스크의 기능을 수행시킬 수 있는 능력을 지닌 커널을 말한다. 논프리엠티브(non-preemptive) 커널에 비해 인터럽트 잠복기(interrupt latency)가 조금 길어지는 단점이 있긴 하지만 대부분의 임베디드 OS에서 프리엠티브 커널을 채택하는 이유는 우선순위가 높은 태스크가 먼저 수행될 수 있다는 점 때문이다. 이는 결국 커널의 안정성을 높게 유지시킨다는 점에서 좋은 점이 될 수 있다.

4) 상호 배제

하나의 태스크가 한 자원을 점유하여 사용 중에 또 다른 태스크가 접근하여 사용 중인 자원에 무단으로 접근 시도 변경을 가한다면 곧 그 자원은 예측불허의 상황으로 치달을 수밖에 없다. 이런 부분을 임계 지역(critical section)이라 하며, 한 자원이 점유 중일 경우 나머지 자원들은 점유하고 있던 태스크가 자원을 모두 사용하고 사용권을 반환하기 전까지 모두 접근이 지연돼야 하는 지역을 말한다. 따라서 임계 지역은 상호 배제(mutual exclusion)로써 보호해야 하며 임베디드 OS는 상호 배제를 위해 인터럽트 활성화/비활성화(enable/disable)이나 세마포어의 기능으로 임계 지역을 보호할 수 있다.

5) 세마포어

세마포어(semaphore)는 1960년대 중반 Dijkstra가 고안한 메커니즘이다. 이는 태스크간에 상호 공유하는 변수이며, 임계 지역을 세마포어로 보호하면 태스크간 상호 배제를 구현할 수 있다. 기본적인 알고리즘은 먼저 세마포어 변수를 선언한 후 임계 지역 전에 세마포어를 얻기를 시도한다. 만일 아무도 세마포어 얻기를 시도하지 않았으면 바로 임계 지역에 들어갈 수 있으나 다른 태스크가 세마포어를 얻어서 임계 지역에 있으면 나중에 시도한 태스크는 세마포어를 풀어줄 때까지 블록 상태로 되게 된다. 이후 세마포어가 풀리면 블록된 태스크는 세마포어를 얻어 임계 지역에 진입할 수 있게 된다.

세마포어는 초기화 시 동시에 진입할 수 있는 개수를 명시할 수 있는데 그 개수가 하나인 세마포어에 대하여 바이너리 세마포어(binary semaphore)라 하며, 그 이상의 값을 명시하면 카운팅 세마포어(counting semaphore)라 한다.

6) 태스크 커뮤니케이션

임베디드 OS에서의 태스크들은 종종 서로 데이터를 교환해야 할 경우가 생기게 된다. 이럴 경우 태스크간 통신을 통하여 교환할 수 있으며 이 기능은 OS에서 지원하는 여러 도구들에 의해 수행이 된다. 대표적인 방법으로는 시스템 전역의 변수를 선언하여 사용하는 방법이 있으나 이 경우에는 변수 자체가 임계 지역이 되므로 인터럽트 활성화/비활성화이나 세마포어 등으로 상호 배제를 해야 한다. 그 밖의 방법으로는 큐, 파이프, 메일박스, 공유 메모리 등이 있으며 이들은 커널에 의해 자동으로 상호 배제가 이루어지므로 임계 지역이 보호된다.

7) JTAG

JTAG(Joint Test Access Group)는 IEEE 표준 1149.1-1990 Test Access Port and Boundary-Scan Architecture에 근거한 규격으로 CPU에서 직접 지원하는

디버깅을 위한 인터페이스로 현재 CPU의 상태를 점검하거나 프로그램의 디버깅, 플래시 메모리에 새로운 자료를 저장할 때 주로 사용한다.

8) 낮은 우선순위 역전 현상

낮은 우선순위(priority inversion)를 가진 태스크에 의해 높은 우선순위를 가진 태스크가 블록되어 수행이 되지 않는 현상을 말한다. 이러한 우선순위 역전 현상은 시스템의 스케줄 능력(schedul-ability)와 예측(predictability)을 떨어뜨려 결국 시스템을 불안정하게 만드는 원인이 되기도 한다. 일부 임베디드 OS에서는 OS 차원에서 우선순위 상속(priority inheritance)를 이용하여 해결하기도 하나, 가장 안전한 방법은 태스크들을 디자인할 경우 그러한 상황이 벌어지지 않도록 설계를 하는 것이다. 보통 이를 막기 위해 같은 세마포어를 쓰는 태스크들 사이에는 같은 우선순위를 주는 등의 방법을 사용한다.

9) 우선순위 상속 현상

우선순위 역전 현상을 피하는 방법으로, 예를 들면 태스크 T2가 특정 리소스를 점유하고 있는 상태에서 우선순위가 높은 T1이 같은 리소스에 접근할 경우 우선순위 역전, 현상이 나타난다. 이때 이 리소스를 대기하고 있는 가장 큰 우선순위인 T2의 우선순위만큼 T1이 우선순위를 상속(inheritance)받아서 그 우선순위의 값을 유지한 상태로 리소스를 점유하게 된다. 이후 해당 리소스를 모두 사용한 후에는 다시 원래의 T1의 우선순위 값으로 환원된다.

2.6 임베디드 운영체제의 종류

1. 무료 임베디드 시스템 OS

교육용의 목적으로 개발되어 소스가 무료이거나 특정 이유로 비영리 목적에는 무료이고, 영리 목적일 경우에도 거의 대가 없이 소스 코드를 사용할 수 있는 운영체제들은 다음과 같다.

1) Xinu

Xinu는 퍼듀 대학의 Douglas E. Comer가 교육용 목적으로 개발한 운영체제이다. 실제로 지금도 수많은 교육기관에서 이를 운영체제 학습을 위해 사용되고 있다. 최근 버전에서는 TCP/IP스택도 구현되어 많은 교육 기관에서 데이터 통신이나 컴퓨터 네트워크 과정에서 활용하고 있다. Xinu는 병렬 프로세싱, 메시지 패싱, 세마포어, 메모리 관리, 통일된 디바이스 I/O와 같은 세련된 운영체제적 특징을 가지고 있으면서 TCP/IP 스택도 가지고 있다. 또한, 교육용으로 제작된 것이라서 잘 정리된 레퍼런스 문서가 존재하며, Intel, Motorola, Sparc 등의 여러 CPU에 포팅되어 있다. 아주 간단하며 크기가 작으며 무료이기 때문에 이를 네트워크 디바이스용 운영체제로 사용해 장비를 제작하는 회사들도 있다.

2) uC/OS와 uC/OS-II

Jean J. Labrosse가 만든 POSIX((1) POSIX, Portable Operating Systems based on Unix1) 표준 호환의 실시간 운영체제이며, uC/OS-II는 그 다음 버전이다. 비영리 목적이라면 소스 코드를 홈페이지에서 무료로 다운받을 수 있고 라이선스 비용도 거의 무료에 가깝다. 상당히 저렴한 가격의 실시간 운영체제이기 때문에 많은 계측장비, 산업용 장비의 운영체제로 쓰이고 있다. uC/OS와 uC/OS-II는 4천 라인 정도의 C코드와 약간의 아키텍처에 의존적인 어셈블리 코드로 이루어져 있어 여러 CPU로의 포팅이 쉬우며 실제로 Intel, Motorola, ARM, Sparc, Hitachi SH 등의 32비트 CPU와 자일로그(Zilog)사의 Z80과 같은 8비트

CPU, 그리고 TI의 여러 DSP칩에도 포팅되어 있다. C 프리프로세스 매크로로 필요 없는 기능을 제거할 수 있는 스케일러빌러티를 제공하며 완전한 선점형(preemptive) 실시간 멀티태스킹을 할 수 있는 구조를 지니고 있다.

또한 여러 메일 박스, 큐, 세마포어와 같은 시스템 서비스를 제공한다. 하지만 TCP/IP 스택을 가지고 있지 않기 때문에 네트워크 디바이스용의 운영체제로 사용하기 위해서는 uC/OS, uC/OS-II용 스택을 판매하는 회사의 제품을 구매해야 한다는 단점이 있다.

3) eCOS

eCOS는 지금 레드햇에 합병된 시그너스사에서 만든 오픈 소스 실시간 운영체제로서 로열티가 없고 제조사에서 잘 정리된 지원체제를 가지고 있다는 장점이 있다. 리눅스가 탑재되지 못할 만큼 극히 제한된 임베디드 디바이스를 위해 제작되었으며, 프리스케일의 Power PC, Sparc, ARM, Mips 계열의 CPU로 포팅되어 있으며 커널 자체를 쉽게 특정 목적에 맞게 구성할 수 있는 GUI 툴이 제공된

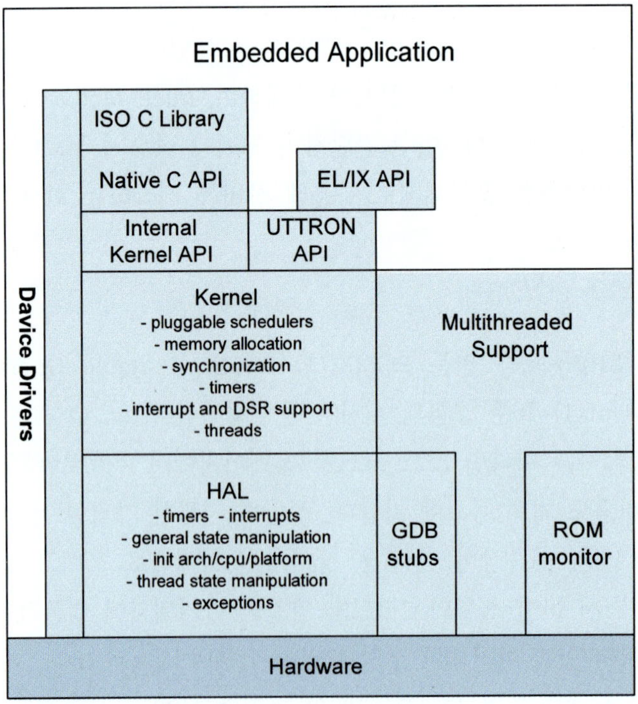

[그림 2-1] eCOS 구조

다. 애플리케이션 제작을 위한 자체 C 라이브러리와 리눅스 호환을 위한 EL/IX라는 리눅스 호환 API를 가지고 있어 EL/IX를 이용해 리눅스에서 프로그래밍한 애플리케이션을 수정 없이 eCOS에서 돌릴 수 있다.

이외에 ITRON 호환 실시간 라이브러리를 제공하며 TCP/IP 스택을 제공한다. 하지만 지금까지 TCP/IP 스택 자체가 베타(beta) 버전이기 때문에 네트워크 디바이스용 운영체제로서 안정성에 대한 검증이 이루어지지 않았다. 그리고 운영체제 자체는 오픈 소스지만 개발 툴과 지원체제를 이용하기 위해서는 상용 운영체제만큼의 부담이 든다.

[그림 2-1]은 eCOS의 구조를 보여준다.

2. 상용 임베디드 시스템 OS

상용 임베디드 운영체제의 수는 거의 100가지에 이르며 그 중에서 TCP/IP 스택을 자체적으로 가지거나 외부 회사를 통해 지원해 기본적인 네트워킹 기능을 보유한 운영체제만 해도 50가지가 넘는다. 하지만 자체적으로 지원되는 아키텍처의 수가 적어 네트워크 디바이스에 많이 사용되는 프리스케일, ARM, Mips 계열의 마이크로프로세스에는 개발자가 직접 포팅해야 하는 운영체제들과 상업적으로 그다지 성공하지 못한 운영체제들을 제외하면 현재의 네트워크 디바이스에 많이 사용되고 있는 운영체제들로는 다음과 같이 6종류가 있다.

1) pSOS+

pSOS는 윈드리버(WindRiver) 시스템즈로 합병된 미국의 인티그레이티드 시스템즈(Integrated Systems)에서 만든 임베디드 디바이스용 실시간 커널이다. 이를 이용한 운영체제를 pSOSystem이라 부른다. 이 커널은 기본적으로 클라이언트/서버의 구조로 소프트웨어 버스를 이용해 운영체제의 각 모듈간 통신을 수행한다.

모든 스레드(thread)들이 하나의 어드레스 스페이스를 공유하고 있으며, 따라서 컨텍스트 스위칭(context switching) 타임은 매우 적으나 서로 다른 스레드간의 메모리 보호가 이루어지지 않기 때문에 프로그래밍 테크닉이 시스템의 안정성에 영향을 준다. 이를 피하기 위해 메모리 보호와 관리를 위한 라이브러리를 따로 구입해야 한다.

멀티프로세스를 지원하기 위한 버전인 pSOS+m도 존재하며, 이 경우 프로세스간은 하나의 마스터와 다수의 슬레이브 관계를 요구하며 공유 메모리, 메모리 기반의 소프트웨어 버스 등의 방법을 통해 프로세스간의 통신을 하도록 되어 있다. 하지만 pSOS+m 커널은 인텔의 x86 계열만을 지원하며 마스터 / 슬레이브라는 구조 때문에 고장 방지 능력이 부족하다. pSOSystem은 멀티태스킹 RTOS로 각 태스크들은 우선순위를 가지고 있어 우선순위가 높은 태스크들의 작업 수행이 먼저 이루어진다.

따라서 선점형 스케줄링 방식을 따른다고 볼 수 있다. 만일 각 태스크들이 같은 우선순위를 가진다면 스케줄링 방식은 라운드 로빈(Round-robin)방식으로 바뀌게 된다. 태스크의 수는 총 256개이다. 우선순위 레벨은 256단계이며 스레드의 수는 메모리의 크기에 의해 제한된다. 그리고 태스크 관리, 세마포어, 메시지 큐, 시간 관리 및 타이머, 이벤트 및 비동기 시그널, 에러 처리, 동적인 메모리 저장관리, 다른 태스크들로부터의 코드나 데이터 보호 등의 서비스를 지원한다.

여러 개의 다른 실행 모드를 가지고 있는 CPU를 위해서 사용자 모드와 슈퍼바이저 모드를 제공하고 있다. 그리고 우선순위 FIFO와 우선순위 라운드 로빈의 두 가지 스케줄링 메커니즘을 가진다. MMU지원은 메모리 보호와 함께 옵션 사항이며 물리적 페이지 크기는 4KB이지만 가상 메모리를 지원하지 않는다.

외부 인터럽터 처리는 인터럽터된 스레드 내부 컨텍스트에 의해 처리됨으로 시스템 안정성을 위해서는 숙련된 프로그래밍 테크닉이 요구된다. 태스크 관리와 메모리 관리 기능이 부족하기 때문에 이를 위한 옵션 라이브러리들이 많이 제공된다.

네트워크 쪽으로는 TCP/IP를 비롯한 다양한 프로토콜 스택들이 유료로 선택 가능하며 FTP, Telnet, TFTP, NFS, HTTP 서버 등이 애플리케이션으로 존재한다.

pSOSystem은 커널을 중심으로 해서 여러 개의 소프트웨어 컴포넌트들로 구성되어 있다. 이들 소프트웨어 컴포넌트들은 각각의 독립적인 모듈로 되어 있으며 통합개발환경 툴로 pRISM+을 제공하고 있다. pSOSystem용 애플리케이션은 pRISM+라는 개발 툴을 이용하여 개발 가능하며 이 툴은 여러 유닉스 시스템과 윈도우 95/98, NT 등에서 운용할 수 있다. pRISM+는 코바를 하부구조로 가지고 있어 개발 툴 자체가 폭넓은 확장성을 가진다. 에디터로는 pROBE+라는 GUI 디버거를 제공한다. pSOSystem은 실시간 멀티태스킹 커널을 중심으로 여러 개의 소프트웨어 컴포넌트와 라이브러리를 두고 있다.

이런 컴포넌트와 라이브러리는 선택적으로 사용될 수 있다. 하부 구조에는 디바이스 드라이버와 칩과 각종 디바이스의 정보를 담고 있는 BSP(Board Support Package)가 있다. BSP를 따로 구별하는 이유는 만일 하드웨어가 변경될 경우 시스템 프로그램에 큰 변경없이 BSP만 수정하여 쉽게 처리할 수 있기 때문이다. 따라서 전체적으로 정리해 보면 BSP와 디바이스 드라이버의 바탕 위에 커널과 기타 필요한 컴포넌트들을 링크하고, 다시 그 위에 사용할 각종 태스크와 응용 프로그램을 제작하여 사용하는 것이다.

pRISM+는 pSOSystem 개발자가 좀더 용이한 개발을 위해 소스 코드 분석을 위한 툴과 컴파일러, 링커, 디버깅할 수 있는 툴을 제공하는 통합개발환경이다. 삼성전자가 pSOS+ 개발에 참여해 라이선스를 갖고 있어 잘 알려져 있다. 삼성전자의 휴대폰에 사용되어 왔으며, 각종 통신장비와 네트워크 장비에서 사용되고 있다.

[그림 2-2]는 pSOSystem의 구조를 보여준다.

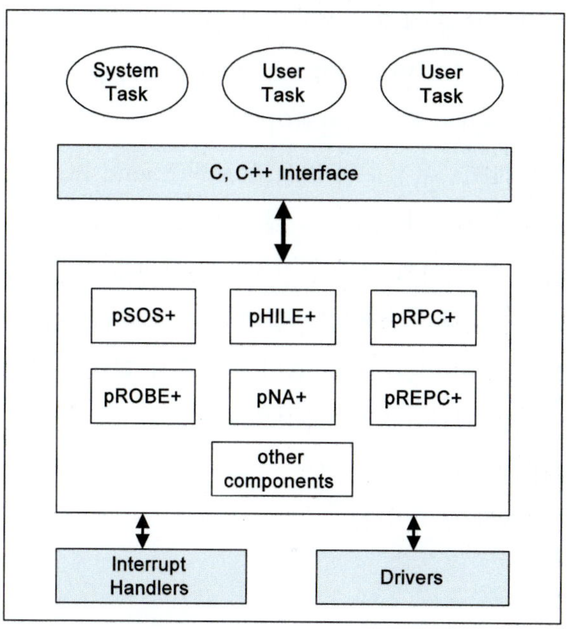

[그림 2-2] pSOS의 구조

2) QNX

QNX는 QNX 소프트웨어 시스템에서 만든 운영체제로서 마이크로커널과 그 상위에서 시스템 서비스를 하는 여러 프로세스들로 이루어진 클라이언트/서버 구조를 가진다.

QNX의 마이크로 커널은 스케줄링, 디스패칭, 기본 인터럽트 핸들링, IPC 라우팅과 같은 핵심 서비스들만을 가지고 있으며 그 외의 서비스는 유저 모드 프로세스들이 담당하고 있다. 이 프로세스들은 파일 시스템 매니저, 프로세스 매니저, 디바이스 매니저, 네트워크 매니저 등의 서버로 구성되어 있으며 클라이언트 개념의 애플리케이션 프로세스로부터 서비스 요청을 받아들여 동작하게 된다. 그리고 마이크로 커널과 시스템 서비스 서버들, 애플리케이션 프로그램들은 서로 다른 CPU 모드에서 동작하게 되어 있어서 구조적으로 안정성이 보장된다.

QNX는 메시지 기반의 운영체제이며 IPC도 메시지를 통해 이루어지고 애플리케이션과 시스템 서비스 프로세스간의 통신 역시 메시지를 통해 이루어진다. 이런 메시지 패싱 메커니즘은 네트워크 메시징으로 확장되며 이를 이용해 QNX는 완전한 고장 방지 능력과 분산운영체제로 검증받고 있다. QNX는 실제 프로세스 개념을 가지고 있다. 모든 프로세스는 자신의 메모리 영역을 가지고 있으며 이 때문에 애플리케이션에 대해 운영체제의 안정성을 확보하고 있다. 하지만 스레드의 개념은 가지고 있지 않다. QNX는 32개의 우선순위 레벨을 가지고 있으며 프로세스의 수는 2,000개로 제한되어 있다.

그리고 우선순위 FIFO, 우선순위 라운드 로빈(Round Robin), adaptive 세 종류의 스케줄링 정책을 가진다. QNX는 메모리 보호를 위해 반드시 MMU를 필요로 하며 4KB의 물리적 페이지 크기를 가지고 가상 메모리를 지원한다. 인터럽터 처리는 인터럽터 핸들러를 인스톨하는 형태로 처리되지만 이를 인스톨한 프로세스의 컨텍스트에서 이루어진다. 인터럽터 핸들링과 타이머 관련 옵션 라이버러리가 많이 제공된다. 네트워킹은 기본적으로 TCP/IP 스택이 제공되며 프로토콜이 그리 다양하지 못하다.

[그림 2-3]은 QNX의 구조이다.

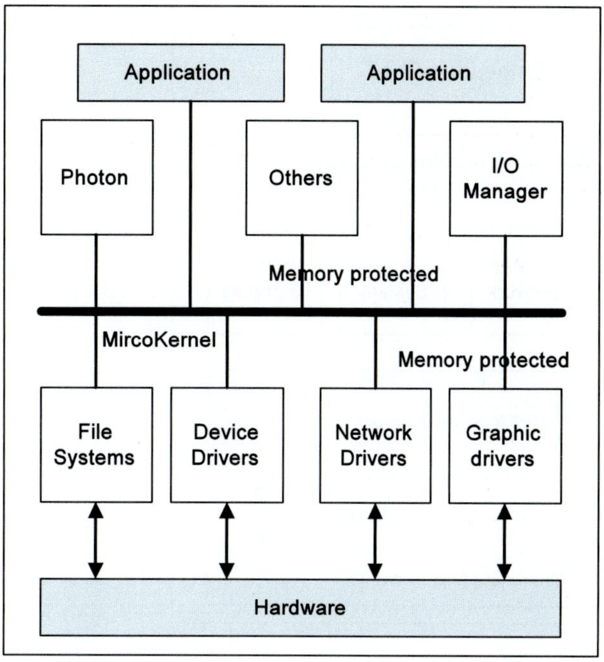

[그림 2-3] QNX의 구조

3) VRTX

VRTX는 멘토 그래픽스(Mentor Graphics)사에서 만든 실시간 운영체제(RTOS)로 극히 제약된 리소스를 가진 간단한 시스템을 위한 VRTXoc(on- chip)와 메모리 보호가 필요한 복잡한 시스템을 위한 VRTX SA(scalable architecture) 두 종류의 커널을 가진다. 커널상의 시스템 서비스가 모듈화 되어 있어 커널 크기를 필요에 맞게 줄일 수 있으며, 옵션으로 POSIX/ANSI 호환 라이버러리를 제공해 프로그램의 호환성을 높일 수 있고, MS-DOS 호환 파일 시스템을 제공한다.

기본적으로 TCP/IP 스택을 제공하며 유닉스와 비슷한 소켓 인터페이스를 가진다. SNMP와 TMN/CMIP 툴킷이 옵션으로 제공된다. 네트워킹, I/O, 파일 시스템은 스트림 기반으로 통합되어 있다. MMU를 제공하는 프로세스에 대해 MMU를 지원함으로써 시스템 안정성의 향상을 기대할 수 있다.

그리고 멀티태스킹 디버깅을 지원하는 XRAY 디버거가 제공된다. XRAY는 다수의 스레드를 동시에 추적해 실행 상태를 디스플레이할 수 있고 서로 다른 종류의 프로세스들에서 돌아가는 스레드들도 동시에 디버깅이 가능하다.

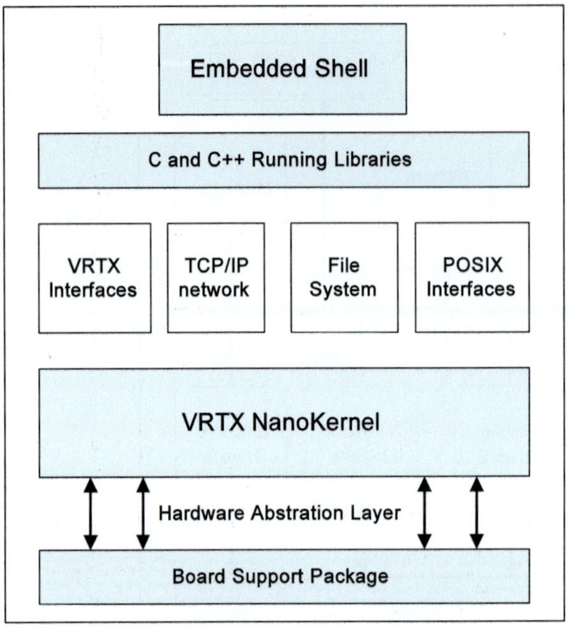

[그림 2-4] VRTX의 구조

또한, 여러 스레드간의 디버깅 명령을 동기화할 수 있어 통신이나 메시지 패싱과 같은 복잡한 문제에 대해 대응할 수 있고 결과적으로 멀티프로세스 시스템도 지원이 가능하다. [그림 2-4]는 VRTX의 구조를 보여준다.

4) VxWORKs

VxWORKs는 처음에 윈드리버 시스템즈에서 VRTX와 pSOSystem을 위한 개발환경과 네트워크 환경을 제공하기 위해 만들어졌다. 이런 시스템 밑에 윈드리버 시스템즈가 자신들의 마이크로 커널을 구현해 만든 것이다. 윈드리버의 RTOS인 VxWorks는 pSOSystem과 유사한 점이 많다. pSOSystem이 통합개발환경으로 pRISM+를 제공한다면 VxWorks는 토네이도를 제공한다. VxWORKs도 마이크로 커널 기반의 클라이언트/서버 구조의 운영체제로서 VxWORKs의 마이크로 커널은 Wind 마이크로 커널이라 불리는 것으로 멀티 태스킹, 스케줄링, 태스크간 동기화/통신, 메모리 관리 기능이 포함된 실시간 커널이다. VxWorks의 커널인 마이크로커널은 선점형 멀티태스킹이며 총 태스크의 단계는 256, 스케줄링 방식도 높은 우선순위를 가지는 태스크가 먼저 실행하는 방식을 지원한다.

만일 같은 우선순위를 가진다면 라운드로빈 방식의 스케줄링을 이용하는 것도 pSOSystem과 유사하다. 이외의 다른 기능들은 서비스 프로세스로 구현되어 있다. 모든 프로세스들은 커널과 같은 레벨의 특권을 가지고 모든 프로세스와 커널이 하나의 어드레스 영역을 공유하므로 시스템의 안정성이 약화될 수 있으나 옵션으로 VxVMI라는 보호 컴포넌트를 통해 커널과 사용자 프로세스간의 메모리 보호를 할 수 있다.

우선순위 레벨은 256단계를 지원하며 최대 태스크 수는 메모리 크기에 의해 제한된다. 스케줄링 정책은 POSIX와 Wind라는 우선순위 스케줄링 기법을 쓴다. MMU는 VxVMI 컴포넌트에 의해 지원되고 물리적 페이지 크기는 8KB이며 VxVMI 컴포넌트를 통해 가상 메모리를 지원한다. 인터럽트 핸들링은 해당 핸들러 컨텍스트에 의해 이루어진다. 옵션 라이브러리는 태스크 관리, 메모리 관리, 타이머 관련이 많이 존재한다. VxWORKs는 네트워크 관련 각종 프로토콜과 JVM, 각종 서버들, 네트워크 하드웨어 디바이스 드라이버들, 웹 브라우저들과 시스템 개발 환경을 함께 제공하는 토네이도(Tornado)라는 제품을 따로 가지고 있다. 이 패키지는 Tcl 기반으로 구현되어 있다.

이외에도 시스템을 시뮬레이션할 수 있는 유닉스 기반의 툴인 VxSim이 있다. VxWORKs는 다중 프로세스를 지원하지만 멀티 프로세스간 통신에 있어 하드웨어 구조의 영향을 많이 받는다. 또 하나 pSOSystem이 여러 개의 컴포넌트로 되어 있다고 하면 VxWorks는 200개 가량이 모듈을 지원하는 형식으로 되어 있어 개발자는 이들 필요한 모듈만 사용해서 시스템에 맞는 운영체제를 구성할 수 있다. VxWorks는 현대의 RTOS들이 지원하는 거의 모든 서비스를 지원하고 있다. 태스크간의 통신을 위해 세마포어와 메시지 큐, 공유 메모리, 소켓, 시그널 등을 제공하고, 표준 TCP/IP 네트워킹과 ROM이나 로컬 디스크, 네트워크로 부팅이 가능하게 되어 있다. 예를 들어 프로세스간 메시지 전송은 공유된 메모리 영역이 있을 때만 가능하며 이런 기능 또한 VxMP라는 추가구입 옵션 컴포넌트로서 존재한다.

소켓 기반의 통신을 지원하므로 소켓을 통해 멀티 프로세스간 통신을 해도 되지만 소켓은 자료구조를 지원하지 못하는 등의 문제로 인해 메시지 패싱에 비해 단점이 많다. 또한 TCP/IP 스택을 거쳐야 하므로 성능에 문제가 될 수도 있다. [그림 2-5]는 VxWORKs의 구조를 보여준다.

VxWorks의 구조는 크게 하드웨어에 의존하는 BSP, 디바이스 드라이브 영역

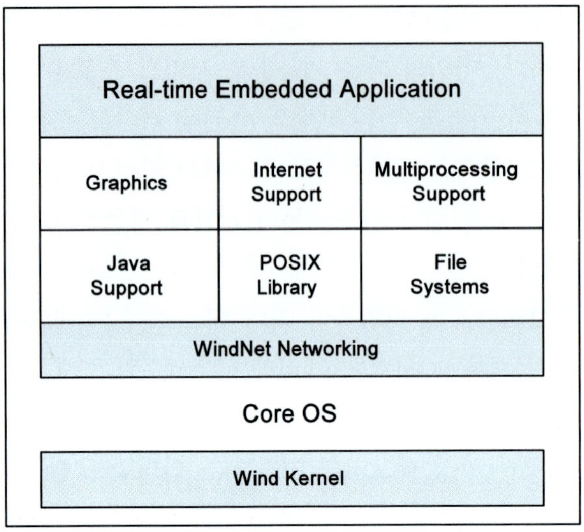

[그림 2-5] VxWORKs의 구조

과 하드웨어에 의존하지 않는 커널과 그에 따른 모듈, 그리고 애플리케이션 프로그램으로 나뉜다. 이것은 pSOSystem과 매우 유사한 부분이다. VxWorks의 토네이도는 교차 개발환경을 지원하는 통합개발환경이다.

5) Nucleus PLUS

Nucleus는 Accelerated Technology회사에서 개발한 실시간 운영 체제로서 그 중에서 네트워킹 디바이스 같이 복잡한 애플리케이션에 걸맞는 커널이 Nucleus PLUS이다. 이 커널내에는 네트워크 기능이 들어 있지 않으므로 Necleus NET라는 TCP/IP 스택을 따로 구입해야 네트워킹 디바이스에 사용가능하다.

Nucleus PLUS는 대부분의 코드가 ANSI C로 작성되어 있기 때문에 포팅이 용이하며 태스크간의 통신, 태스크 동기화, 메모리 관리, 타이머 관리 등의 기능과 다수의 디바이스 드라이버를 제공해 개발의 편이성을 제공하고 있다. Nucleus NET은 내부에 TCP/IP와 그 위의 수 많은 프로토콜을 소스 레벨에서 제공하며 Telnet, FTP, WWW 등의 애플리케이션을 제공한다.

Nucleus NET의 TCP/IP 스택은 그 크기가 60KB 정도이며 유닉스 소켓 인터페이스와 비슷한 인터페이스를 제공한다. Nucleus PLUS는 한 서비스 내에서 데이터끼리 각자의 메모리 영역을 침해하지 않도록 태스크마다 자신들이 가지고 있는 메모리 포인터들의 리스트를 관리함으로써 메모리 보호를 하게 된다. 하지만 아키텍처 자체가 하나의 어드레스 공간에서 모든 프로세스가 CPU의 슈퍼바이저 모드에서 돌아가므로 안정성에 문제가 있다. 이 방법은 태스크 스위칭이나 함수 콜에 있어 오브헤드가 작아진다는 장점은 있다.

Nucleus PLUS는 메일 박스, 큐, 파이프의 태스크 통신 메커니즘을 가지며 인터럽터 처리는 애플리케이션 컨텍스트에서 이루어진다. MMU는 아직 지원하지 못하며 따라서 가상 메모리도 지원하지 못한다.

6) Window CE

Window CE는 마이크로소프트사에서 개발한 임베디드 시스템용 운영체제이다.

마이크로소프트(이하 MS)는 임베디드 시장에 대한 공략을 위해 1996년 윈도우 CE를 발표했다. MS에서 제작된 기존의 윈도우 인터페이스에 모바일 네트워크 기능을 강화해 가전제품, PDA, 셋톱박스 등에 주로 사용되고 있다. 적외선 통신, 웹 브라우징 기능 이외에도 편리한 개발환경을 가지고 있으며 UI가 기존의 윈도우와 매우 유사하게 제작돼 있어 대부분의 사용자들은 별도의 학습 없이도 바로 사용이 가능하다. 또한 윈도우 CE 계열의 PDA는 흑백 및 컬러 디스플레이가 가능하며 동영상, WAV, MP3 등 멀티미디어 파일의 재생이 가능하여 PDA의 엔터테인먼트 기기화를 가져왔다.

또한 PC용의 윈도우 OS나 각종 오피스 프로그램들과 완벽한 호환이 가능해 기존의 데스크톱이나 노트북에서 가능하던 각종 애플리케이션들을 PDA에서도 그대로 사용할 수 있다는 이점이 있다. 그러나 제한적인 하드웨어를 가진 임베디드 시스템에 너무 많은 기능을 구현하려 했기 때문에 느린 실행 속도와 불편한 UI를 초래했다.

이를 개선해 MS는 2000년 4월 윈도우 CE 3.0을 개발하고 기존의 윈도우 CE와는 전혀 다른 것이라는 것을 강조하기 위해 그것을 포켓 PC(Pocket PC)라고 명명했다. 포켓 PC의 등장으로 기존 윈도우 CE에서 보여주었던 수행속도의 저하와 비효율적인 하드웨어의 활용 등의 문제점들이 보완됐다. 윈도우 PC는 사운드와 동영상 재생 및 컬러 디스플레이 구현 등 다양한 멀티미디어 기능을 기본적으로 제공하며 PC와의 호환성이 뛰어나다. 또한 포켓 인터넷 익스플로러를 기본으로 내장해 모바일 인터넷을 실현했다. 게다가 데스크톱과 거의 흡사한 UI를 갖춤으로써 윈도우에 익숙한 사용자들을 쉽게 끌어들이고 있다. 그럼에도 불구하고 PDA 업계에서 윈도우 CE의 시장점유율은 팜 OS에 미치지 못했다. 하지만 유명 PDA 업체들이 윈도우 CE 채용 제품들을 대거 출시함에 따라 점유율은 계속 증가 추세에 있다.

윈도우 CE는 성능이 상당히 우수하며, 특히 GUI환경과 많은 애플리케이션을 가지고 있어서 현재 널리 사용되고 있다. 멀티 태스킹 오퍼레이팅 시스템인 Windows CE는 32개에 달하는 동시 프로세스를 지원하고 각각의 프로세스는 애플리케이션의 단일 개체이다. 또한, 멀티 스레딩 지원은 각각의 프로세스가 다중 실행 스레드를 생성할 수 있게 한다. 스레드는 다른 부분들과 병행하여 실행되는 프로세스의 한 부분이며 스레드들은 독립적으로 실행한다. 그러나 각각의 스레드는 특별한 프로세스에 속하고 같은 메모리 공간을 공유한다.

스레드들의 총 수는 단지 사용 가능한 물리적인 메모리에 의해 제한된다. Windows CE는 최소의 프로세서 자원에서 스레드 동기화를 실현한다. 그리고, 다른 많은 오퍼레이팅 시스템과는 다르게 Windows CE는 스레드와 관련된 작업, 즉 스케줄링, 동기화, 자원관리 등을 다루는 것은 커널을 이용한다.

따라서, 애플리케이션은 다른 스레드 함수들로 프로세스나 스레드의 수행과 완료를 위한 폴(poll)이 필요하지 않다. Windows CE는 선점형이기 때문에 우선순위가 더 높은 프로세스나 스레드가 선점적인 실행을 해야 한다. 그것은 스레드 스케줄링을 위해 여섯 개 등급인 스레드 우선순위를 기초로 한 시분할 알고리즘을 사용한다.

Windows CE는 선택한 수의 네트워크 스택을 제공한다. 네트워크 통신들은 적외선 통신, 이더넷, 무선 통신을 포함한 여러 가지 하드웨어를 지원한다. 비록 네트워크 스택이 윈속 인터페이스를 통해 유일하게 접근할 수 있어도 Windows CE는 또한 내부적으로 윈속에 사용하고 윈속 연결을 설정하고 관리하는 섬세한 부분을 다루는 여러 가지 상위 레벨의 API들을 제공한다.

WinInet API는 FTP와 HTTP 1.0을 포함한 인터넷 브로우징 프로토콜들을 지원한다. 또한 Secure Sockets Layer(SSL) 2.0, Secure Sockets Layer(SSL) 3.0 그리고 Private Communication Technology(PCT) 1.0을 포함한 세 가지 보안 프로토콜의 접근을 제공한다. WinInet API는 Common Internet File System(CIFS) 리디렉터를 통한 원격 파일 시스템의 접근을 제공한다. 적외선 통

신을 위해 Windows CE 는 산업 표준 IrDA 프로토콜들을 사용하는 소켓 기반 적외선 통신이 가능한 윈속에서 확장된 IrSock을 지원한다.

Windows CE는 윈속으로써 네트워크 스택과 같은 레벨인 RAS 클라이언트를 제공한다. 인터넷을 위해 개발된 TCP/IP 프로토콜 그룹은 가장 복잡하고 넓게 알려진 네트워크 프로토콜이다. 그것은 광범위한 시스템에 의해 지원되고 Windows CE 네트워크 스택의 핵심을 형성한다. 많은 윈도우 기반 이동 장치들은 무선 통신을 사용할 수 있다. 그러나 전통적인 TCP/IP 스택은 유선 네트워크에서 효과적인 함수에 의해서 만들어지기 때문에 무선 기술에서는 불충분하게 동작할 수 있다.

그러나 Windows CE TCP/IP 스택은 무선 네트워킹을 위해 설정되게 디자인 되었다. 네트워크 스택의 기반에 있어서 Windows CE는 시리얼 연결 네트워크와 LAN을 위해 데이터 연결 계층을 지원한다.

많은 Windows CE 기반 장치들은 모뎀과 같은 시리얼 통신 연결을 사용하여 네트워크에 연결한다.

시리얼 연결 네트워크를 지원하기 위해 Windows CE는 많이 사용되는 Serial Line Internet Protocol(SLIP)과 Point-to-Point Protocol(PPP)를 구현하였다.

Password Authentication Protocol(PAP), Challenge Handshake Authentication Protocol(CHAP)과 Microsoft CHAP의 3가지 프로토콜들은 시리얼 연결 통신에 사용하고 있다. LAN 연결에 대한 지원은 Windows CE에서는 NDIS((2) NDIS, Network Driver Interface Specification2) 4.0으로 구현하였다. 그러나 단지 이더넷 미니 포트 드라이버들만 지원한다.

그리고 Windows CE를 여러 가지 다른 플랫폼의 사용자 입력 요구를 받아들일 수 있게 지정할 수 있다.

현재로 키보드, 입력 패널, 음성 그리고 스타일러스는 Windows CE를 기반으로 한 장치들의 사용자 입력 방법이다.

MS는 윈도우 CE 3.0의 소스 코드를 공개한 후 2002년 초 코드명 탈리스커(Talisker)로 알려졌던 윈도우 CE 닷넷과 윈도우 XP 임베디드를 공식 발표했다. MS는 윈도우 CE 닷넷을 Non-X86 프로세서 계열이거나 실시간이 요구되는 시스템에 대해서 권고를 하고 있으며 PC 운영체제인 윈도우 XP 프로페셔널의 컴포넌트 버전인 윈도우 XP 임베디드는 네트워킹과 서버 기능을 수행하는 시스템 개발에 권고를 하고 있다. 현재는 윈도우 CE 6.0이 출시된 상태이다.

2.7 임베디드 리눅스 시스템

1. 리눅스란?

리눅스는 운영체제이다. 운영체제란 하드웨어와 응용프로그램, 혹은 사용자 사이에서 시스템을 제어하고 운영하는 프로그램이다. 엄밀한 의미로 말하면, 리눅스는 프로세스 스케줄링, 가상 메모리, 파일 관리, 장치 입/출력이라는 기본적인 서비스를 제공하는 운영체제의 커널일 뿐이다.

초기의 리눅스는 핀란드 헬싱키 대학의 교수에 의해 개발된 유닉스 기반의 마이크로 커널 구조를 가지는 인텔 프로세스에서 동작하는 운영체제인 미닉스(Minix)를 이 대학 학생인 리누즈 토발즈(Linus Torvalds)가 수정하여 인터넷에 공개한데서부터 출발한다. 그 이후 리눅스는 전 세계의 해커들에 의해서 지속적으로 수정 보완되면서 급속히 발전하여 왔다.

또한 리처드 스톨만(Richard Stallman)에 의해 창시된 자유 소프트웨어 재단(FSF : Free Software Foundation)과 노선을 함께 하여 GNU GPL(General Public License)하에 커널 소스를 공개하여 오늘에 이르고 있다. 이러한 소스 코드 공개에 기초한 자유 소프트웨어 정신에 입각하여 리눅스는 해커들에 의해 급속한 진전을 이루었으며, 비로소 1994년 5월에 커널 버전(리눅스 커널 버전이 홀수(odd)이면 개발 버전, 짝수(even)이면 안정 버전임을 의미한다.) 1.0.0이 발표되었고 1996년 6월에는 커널 버전 2.0.0이 발표되었다. 그리고 2001년 1월에는 커널 버전 2.4.0이 발표되었다.

이제 리눅스는 저렴한 중소형 컴퓨터뿐만 아니라 서버급 컴퓨터에 널리 사용되고 있는 실정이다. 또한, 최근에는 크기를 현격히 줄여 임베디드 시스템에 리눅스가 포팅되어 임베디드 운영체제로 각광받고 있다.

리눅스는 유닉스 시스템의 표준 인터페이스로 자리잡고 있는 POSIX 표준을 따르고 있으나, 진정한 자유 소프트웨어를 구현하기 위해 유닉스 소스 코드 사용을 배제하고, 모든 소스를 새로 작성하였다. 초기의 리눅스는 i386 이상의 x86 CPU를 탑재한 PC에서 운영되는 것을 목표로 하였으나, 현재에는 Macintosh, SPARC, MIPS, Alpha f 머신 등에서 동작하는 최고의 이식성을 자랑하는 운영체제가 되었다.

리눅스는 진정한 개념의 멀티태스킹이 가능하고, 가상 메모리를 구현하며, 공유 라이브러리, 메모리 관리, TCP/IP 네트워킹과 유닉스 계열 시스템들이 가지는 특징들을 포함하는 공개 운영체제인 것이다.

리눅스는 상용 임베디드 OS보다는 실시간적 요소를 충족하지 못하고 윈도우 CE보다는 개발환경이 좋지는 않지만, 오픈소스에 라이선스 비용이 없기 때문에 커널 크기를 줄여 다양한 임베디드 시스템의 개발에 유리하다.

리눅스는 소스를 공개하는 오픈소스 정책을 따르는 관계로 관련 개발자가 세계 곳곳에 있어 현지의 응용 프로그램을 개발할 수 있는 개발자 층이 넓다는 것이 다른 OS들과 구별되는 큰 장점이다. 이에 따라 리눅스를 채용한 임베디드 시스템은 다른 제품에 비해 가격 경쟁력이 우수하고 다양한 응용 프로그램의 개발이 가능할 것으로 기대된다.

임베디드 리눅스는 소스 공개와 아울러 안정성, 신뢰성 및 성능의 확보에 따라 활용도가 급격히 증대되고 있으며, 레드햇, 몬타비스타, 리니오 등이 임베디드 리눅스 개발 및 기술 지원 사업에 주력하고 있다.

임베디드 리눅스 운영체제는 특정 애플리케이션에 맞도록 리눅스 커널을 최적화한 것이다. 이는 라이센스비가 무료이며, 커널 소스 또한 공개되며 현재 전 세계의 수많은 개발자들에 의해 지속적으로 업데이트되고 있다.

그러나 임베디드 리눅스는 열악한 개발환경에 따른 개발기간에 대한 부담과 라운드로빈 방식의 스케줄링을 하므로 실시간 시스템에는 적합하지 않다는 문제점을 가지고 있다. New Mexico Tech에서 기존 리눅스 커널에 실시간 기능을 추가한 RT-Linux를 개발했으며, 또한 오픈소스 진영에서는 임베디드 리눅스를 기반으로 한 표준화를 통해 시장 확대를 도모 중인데, 2000년에 애질런트, 알카텔, HP, IBM, 윈드리버, ARM, 모토롤라 등이 참여하는 세계 최대 규모의 임베디드 리눅스 컨소시엄(ELC : Embedded Linux Consortium)이 결성되어 임베디드 리눅스 및 실시간 운영체제 API 표준인 EL/IX(Em bedded Linux based on POSIX)를 기반으로 플랫폼 표준화를 추진하고 있다.

임베디드 운영체제 시장은 전통적인 RTOS 중심에서 다기능 임베디드 OS 중심으로 발전하는 추세에 따라 VxWorks, pSOS 등의 RTOS의 시장 성장률이 둔화되고 있으며, 전용 실시간 임베디드 시스템에서 높은 시장 점유율을 보였던 VxWorks, pSOS, VRTX와 같은 전통적인 RTOS는 2001년을 기점으로 시장 점유율이 하락하고 있다.

2003년에는 임베디드 리눅스, 임베디드 윈도우 CE 및 팜 OS 등의 임베디드 OS 시장이 기존의 RTOS 시장을 능가할 것으로 예측된다. 전통적인 RTOS의 시장 점유 하락으로 임베디드 OS 시장에서는 MS와 임베디드 리눅스가 시장 선점을 위해 치열한 각축을 벌일 것으로 예상된다.

2. 임베디드 리눅스의 장점

- 산학계에 걸친 수많은 사용자들로부터 지난 수년간 직접 사용되면서 검증된것들로 효율적이고 안정적이며 성숙된 내용을 가진다.
- 오픈 소스이기 때문에 소스 코드 자체가 공개되어 있고 이의 공급에 따른 로열티 자체가 없기 때문에 부담 없이 쉽게 자체 개발 아키텍처에 공급할 수 있다.
- 리눅스 커널 자체가 태생적으로 모듈 형식의 코드로 이루어져 있어 쉽게 최소, 최적화가 가능하다.
- 네트워킹 애플리케이션에 필수적인 TCP/IP, PPP, X.25, HDLC, FDDI 등의 네트워크 코드를 가지며 그 종류에 있어서도 다양하고 무료로 사용할 수 있어 개발에 용이하다.
- 네트워킹 디바이스에서 현존하는 거의 대부분의 프로세스에 포팅되어 있고 대부분의 컨트롤러를 위한 디바이스 드라이버가 제공되기 때문에 그 공급 영역 또한 방대하다.
- 사용자뿐만 아니라 개발자 그룹의 크기도 오픈 소스이면서도 개발을 위한 자체 툴과 라이브러리를 가지고 있는 현대적인 운영체제라는 특성에 맞물려 전세계적으로 거대한 수의 개발자들이 존재한다. 따라서 애플리케이션은 물론 자체 문서도 거의 모든 영역에 대해 상용 운영체제 못지 않게 잘 이루어져 있다.
- 이미 PC상에 리눅스 애플리케이션과 커널의 개발에 익숙한 사람들에게 있어 임베디드 리눅스는 자신에게 익숙한 환경을 제공하기 때문에 쉽게 임베디드 애플리케이션을 개발할 수 있게 해준다. 또한, 개발 툴은 어떤 운영체제나 아키텍처 상에도 포팅이 되어 있으므로 한번 개발 툴에 익숙해지면 개발 환경에 제약이 없어진다는 장점이 있다.
- 실시간을 지원하여 지금까지 상용 OS에 열세였던 실시간성을 크게 확보

하고 보다 다양한 분야에 공급을 할 수 있다.

3. 임베디드 리눅스의 단점

- 임베디드 리눅스 위에서 실행될 수 있는 애플리케이션이 상당히 부족한 실정이다. 따라서 임베디드 리눅스를 OS로 채택하고 이를 확산시키는 데 걸림돌이 되고 있는 실정이다.
- 임베디드 리눅스를 이용하여 장비개발시 개발환경에 접근하는 데 상당히 어렵다. 커널을 비롯하여 마이크로 프로세스, 네트워크, 각종 툴 등을 다루어야 하는 내용이 방대하므로 단시일 내에 전문적인 개발자 양성에 문제가 있다.

2.8 임베디드 리눅스 설정 및 설치

1. VMware 개요

VMware는 한 컴퓨터에서 서로 다른 운영체제를 실행할 수 있도록 해주는 가상 컴퓨터 프로그램이다. 예전에는 컴퓨터에 하나의 운영체제만 동작이 가능했지만 VMware와 같은 가상 컴퓨터 프로그램이 등장하면서 2개의 운영체제를 동시에 실행시키는 것이 가능하게 되었다. 하지만 실제로 컴퓨터에 운영체제를 설치할 때에 비해 속도가 많이 느리다는 단점과 메모리 용량과 CPU 속도가 두 개의 운영체제를 충분히 돌릴 수 있을 정도로 충분해야 한다.

2. VMware 설치과정

설치는 다음 과정을 따라 설치하면 된다.

〉 VMware 설치시 주의사항

VMware는 상용 프로그램이기 때문에 무료로 배포가 되지 않는다. 더 상세한 정보는 VMwate 사이트인 http://www.vmware.com/에서 확인할 수 있다.

또한, VMware를 설치한 후 리눅스를 설치하려면 다음과 같이 몇 가지 설정이 필요하다. 이는 윈도우의 네트워크를 공유하기 위한 방법과, 시리얼 및 프린터 포트를 VMware상에서 사용하기 위한 절차이다. 아래 과정은 리눅스를 설치하기 전 또는 설치를 완료한 후에 적용시켜도 상관없다.

① Window XP PC에 VMware를 설치하면 다음과 같은 화면이 생성된다.

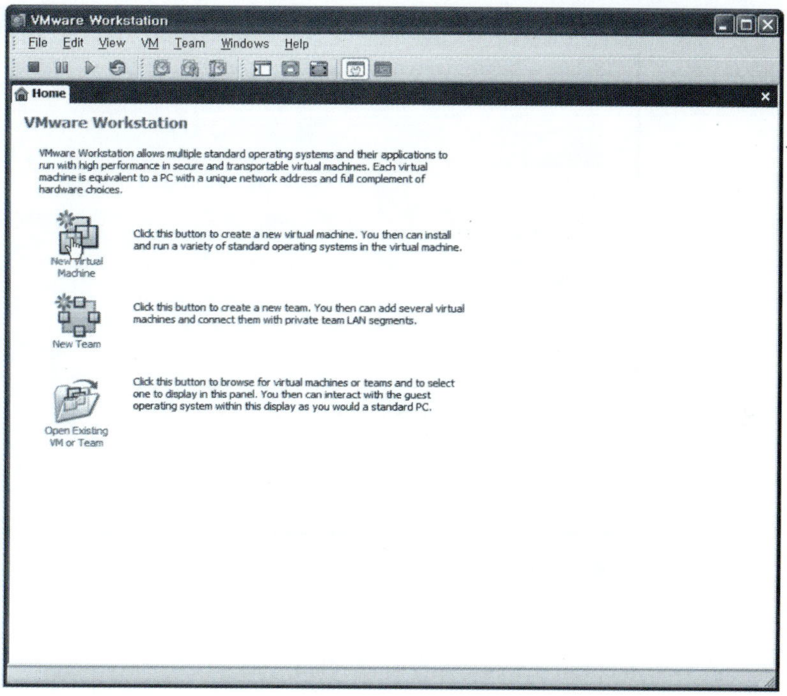
VMware Workstation
File Edit View VM Team Windows Help
Home
VMware Workstation
VMware Workstation allows multiple standard operating systems and their applications to run with high performance in secure and transportable virtual machines. Each virtual machine is equivalent to a PC with a unique network address and full complement of hardware choices.
New Virtual Machine
Click this button to create a new virtual machine. You then can install and run a variety of standard operating systems in the virtual machine.
New Team
Click this button to create a new team. You then can add several virtual machines and connect them with private team LAN segments.
Open Existing VM or Team
Click this button to browse for virtual machines or teams and to select one to display in this panel. You then can interact with the guest operating system within this display as you would a standard PC.

[그림 2-6] VMware 설치완료 화면

② 메뉴에서 File → New → Virtual Machine을 선택한다.

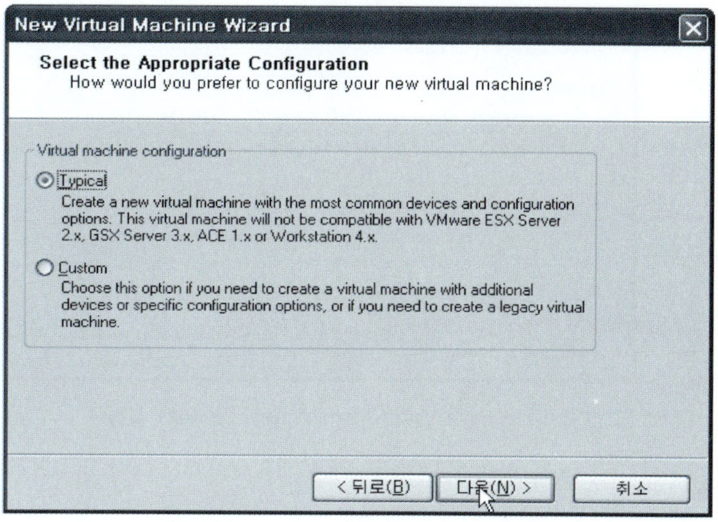
New Virtual Machine Wizard
Select the Appropriate Configuration
How would you prefer to configure your new virtual machine?
Virtual machine configuration
Typical
Create a new virtual machine with the most common devices and configuration options. This virtual machine will not be compatible with VMware ESX Server 2.x, GSX Server 3.x, ACE 1.x or Workstation 4.x.
Custom
Choose this option if you need to create a virtual machine with additional devices or specific configuration options, or if you need to create a legacy virtual machine.
< 뒤로(B)
다음(N) >
취소

[그림 2-7] VMware Virtual machine 구성 설정

③ Linux를 선택한다.

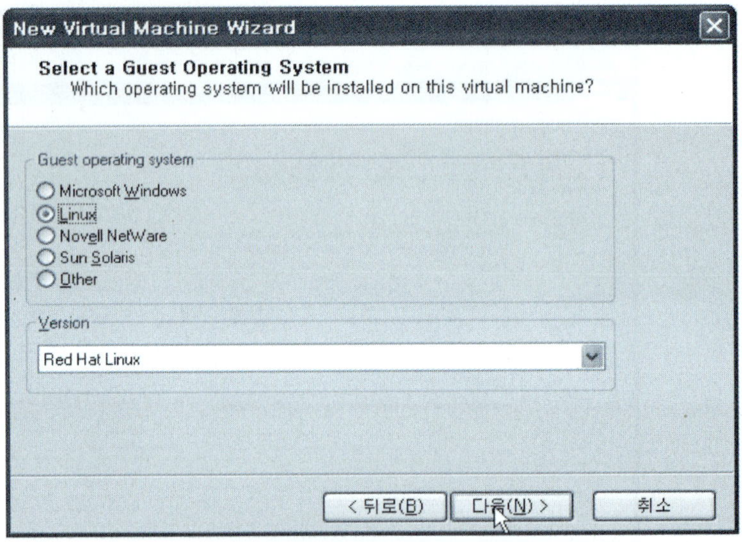

[그림 2-8] VMware Guest operating system 설정

④ Default Directory를 사용한다.

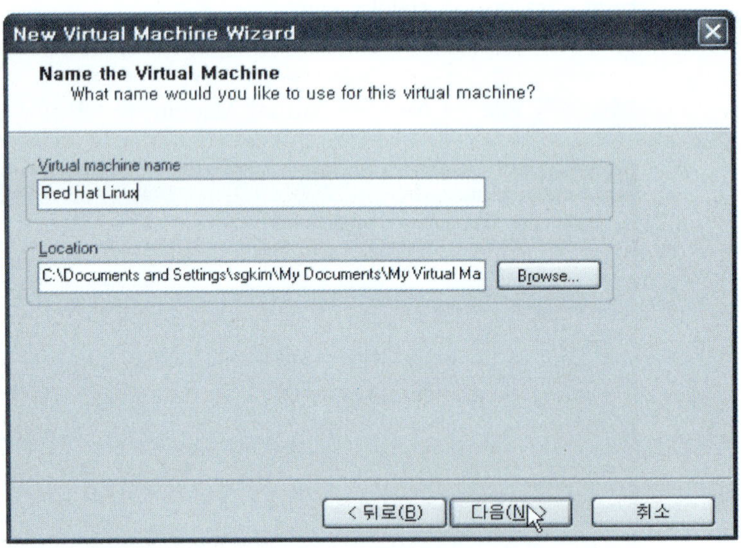

[그림 2-9] VMware Virtual Machine name 및 위치 설정

⑤ 일단 Use bridged networking을 선택한다.

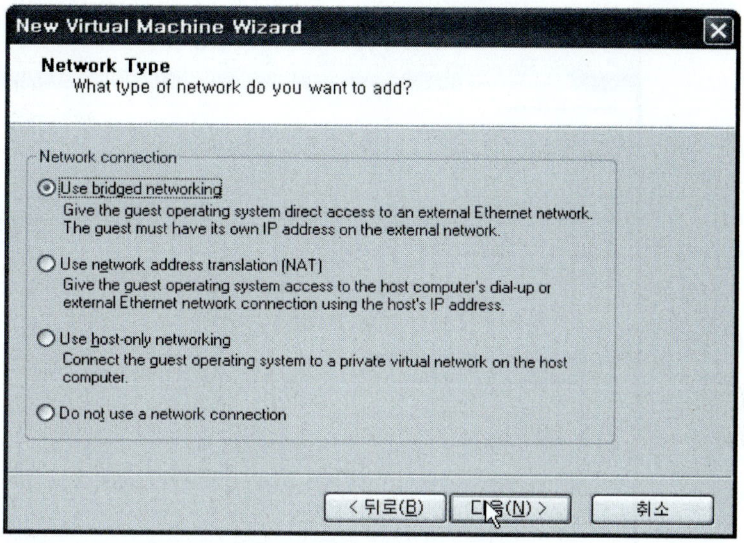
New Virtual Machine Wizard
Network Type
What type of network do you want to add?
Network connection
Use bridged networking
Give the guest operating system direct access to an external Ethernet network. The guest must have its own IP address on the external network.
Use network address translation (NAT)
Give the guest operating system access to the host computer's dial-up or external Ethernet network connection using the host's IP address.
Use host-only networking
Connect the guest operating system to a private virtual network on the host computer.
Do not use a network connection
< 뒤로(B)
다음(N) >
취소

[그림 2-10] VMware 네트워크 형태 설정

⑥ Disk Size를 20GB로 증가시키도록 한다.

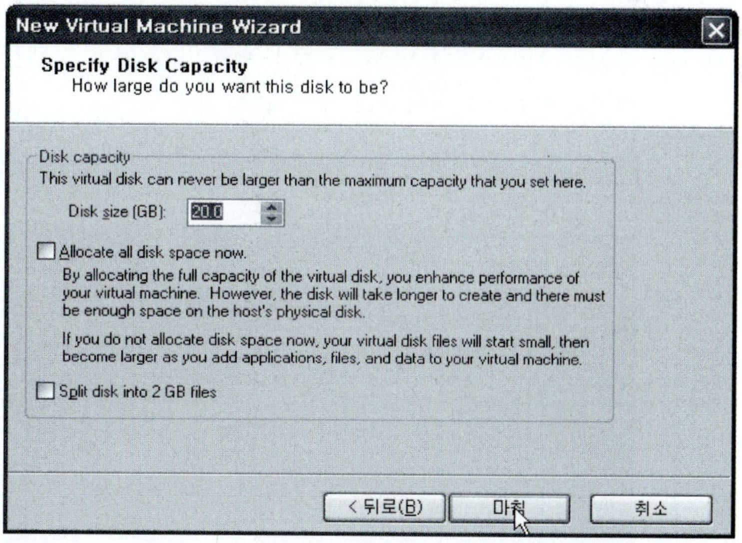
New Virtual Machine Wizard
Specify Disk Capacity
How large do you want this disk to be?
Disk capacity
This virtual disk can never be larger than the maximum capacity that you set here.
Disk size (GB): 20.0
Allocate all disk space now.
By allocating the full capacity of the virtual disk, you enhance performance of your virtual machine. However, the disk will take longer to create and there must be enough space on the host's physical disk.
If you do not allocate disk space now, your virtual disk files will start small, then become larger as you add applications, files, and data to your virtual machine.
Split disk into 2 GB files
< 뒤로(B)
마침
취소

[그림 2-11] VMware 디스크 크기 설정(20G)

⑦ 리눅스 설치를 위한 설정이 완료되면 VMwere를 시작한다.

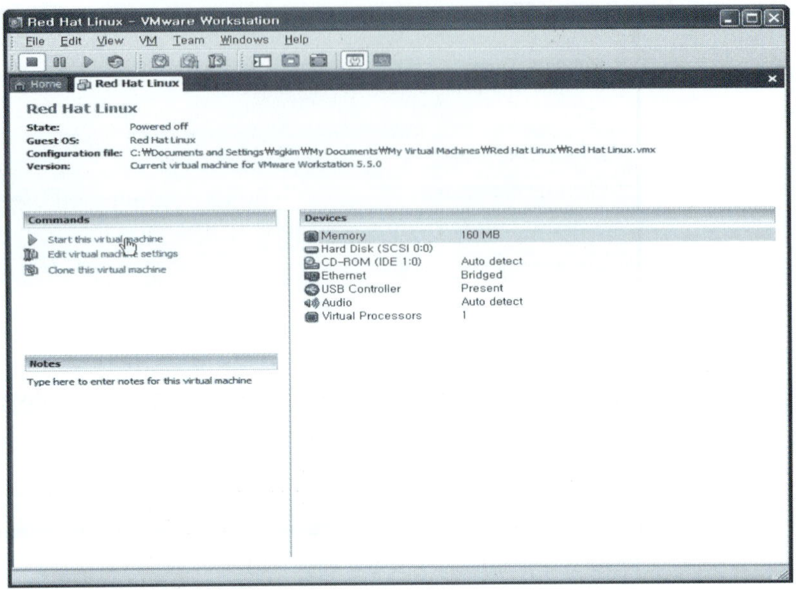

[그림 2-12] VMware 실행

⑧ 와우 리눅스 7.3 CD를 CD디스크에 넣고 부팅을 시도한다.

만약 VMware가 CD를 인식하지 못하는 경우 아래와 같은 에러를 발생하고, 리눅스 설치작업이 중단된다.

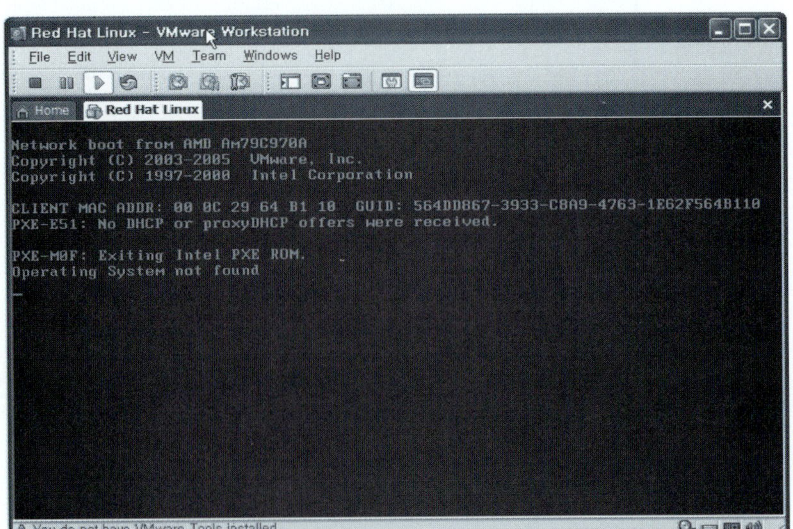

[그림 2-13] VMware가 CD를 인식하지 못하는 경우

⑨ Rad Hat Linux 탭에서 오른쪽 마우스 버튼을 누른 후 setting을 선택한다.

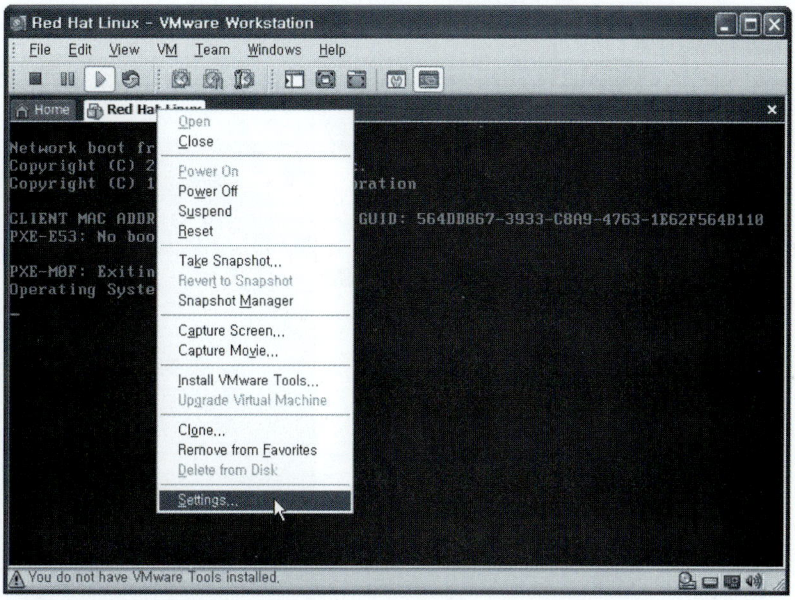

[그림 2-14] VMware 재설정

⑩ VMware가 CD-ROM을 인식할 수 있도록 Use physical drive 메뉴에서 컴퓨터에 설치되어 있는 CD-ROM의 드라이브명을 선택한다.

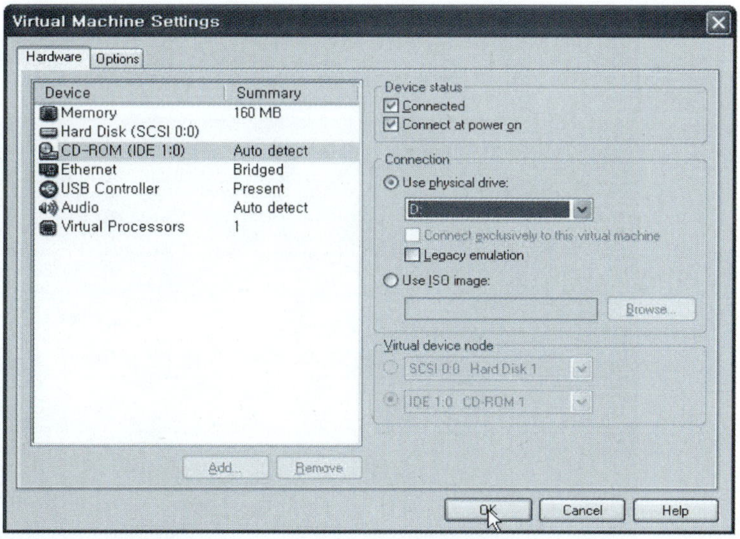

[그림 2-15] VMware가 CD-ROM인식을 위한 작업

⑪ 재설정 작업이 완료되었으면 Rad Hat Linux 탭에서 오른쪽 마우스 버튼을 누른 후 Reset을 선택한다.

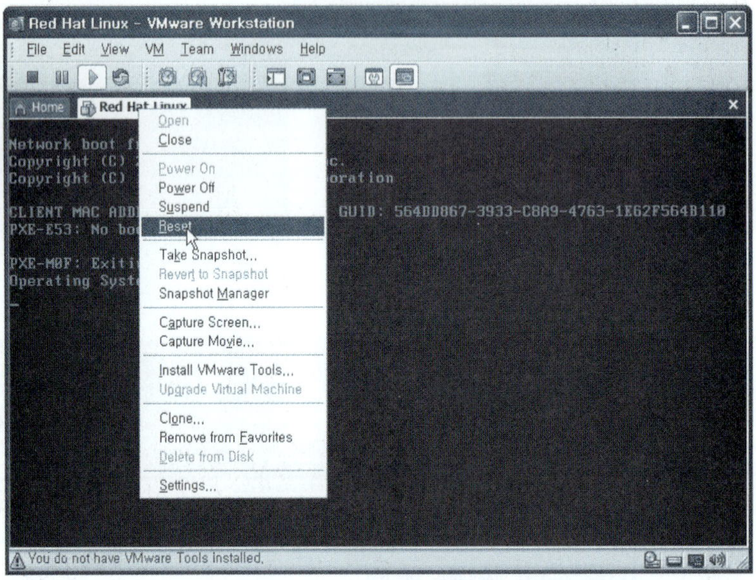

[그림 2-16] VMware 재설정

⑫ 본 화면이 나타나면 와우리눅스를 설치하기 위한 VMware 설정은 완료되었다.

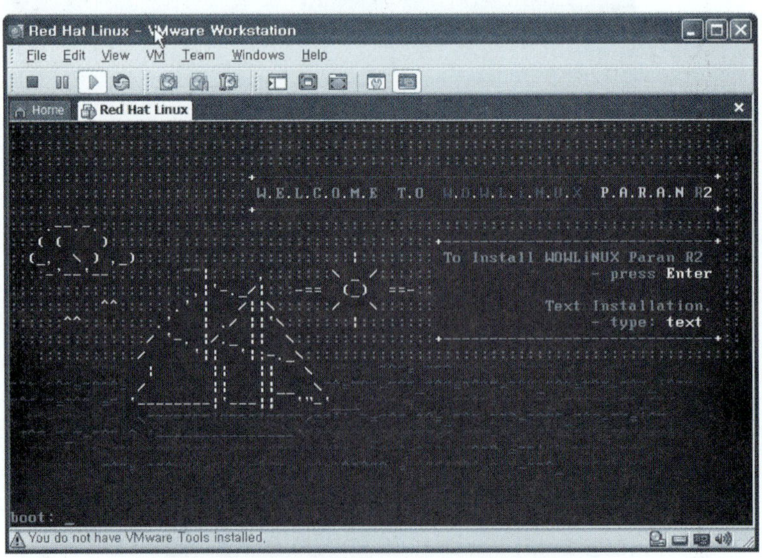

[그림 2-17] VMware 재설정 완료(리눅스 설치를 위한 작업 완료)

☞ **네트워크 공유** : VMware상의 리눅스에서 bootp, tftp를 사용하기 위해서는 다음과 같은 네트워크 공유 설정이 필요하다.

① 제어판에서 네트워크 연결을 선택한다.

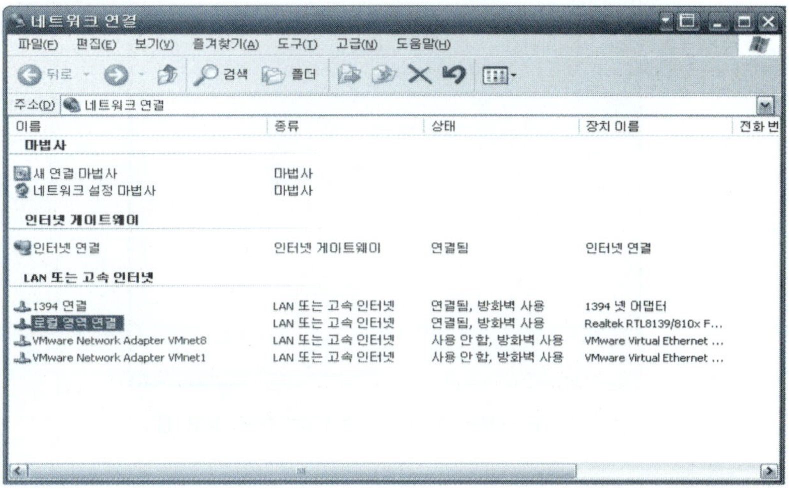

[그림 2-18] 네트워크 연결 창

② 타깃 보드와 연결된 네트원그 연결을 선택한 후 속성창으로 들어간다.

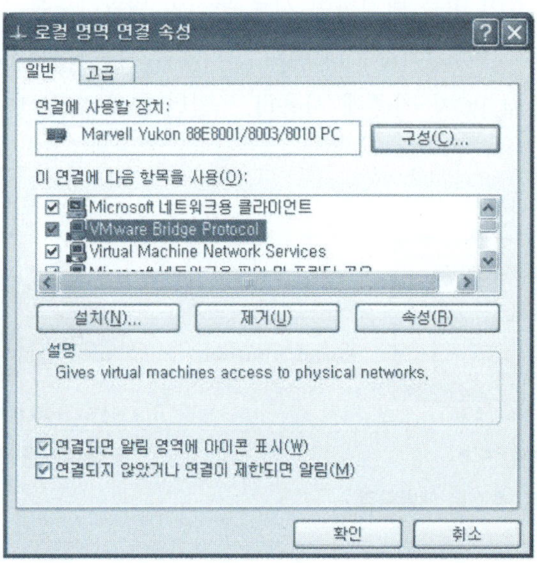

[그림 2-19] 로컬 영역 연결 속성 창

③ VMware Bridge Protocol을 선택한 후 0을 빈칸에 입력한다.

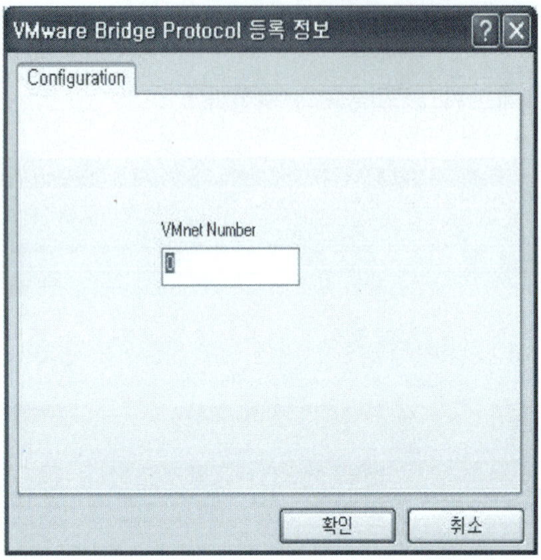

[그림 2-20] VMware Bridge Protocol 등록 정보 창

ETRAX 82+ Developer Board의 응용 실습 중에는 윈도우즈의 브라우저를 이용하여 타깃보드에 접속해야 하는 경우가 있다. 윈도우즈의 브라우저를 이용하여 타깃보드에 접속하기 위해서는 설정의 변경이 필요하다.

다음과 같이 IP를 변경하여 서로 통신이 원활하도록 설정을 변경한다. IP를 변경한 이후로는 Host PC에서 인터넷을 사용할 수 없다. 인터넷을 사용하려면 Host PC가 기존에 사용하고 있던 IP로 다시 변경을 해 주어야 한다.

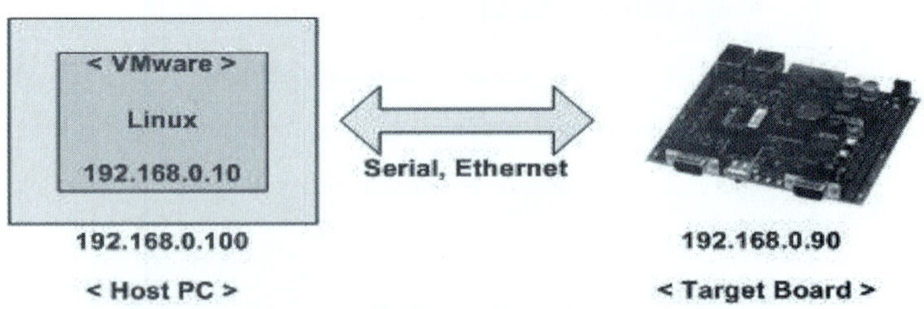

[그림 2-21] 호스트 개발환경

④ 인터넷 프로토콜(TCP/IP)을 선택한 후 속성을 누른다.

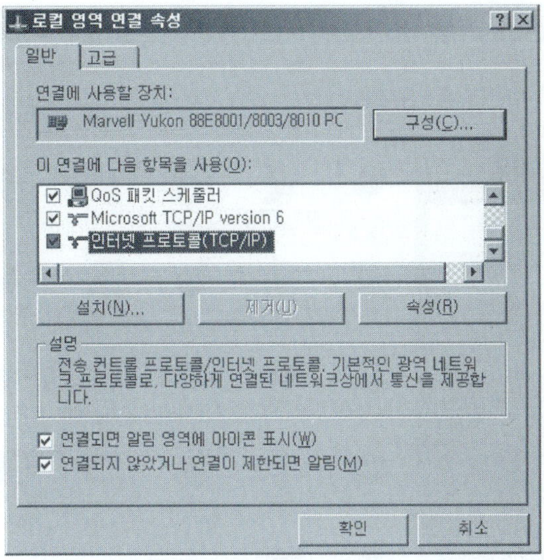

[그림 2-22] 로컬 영역 연결 속성 창

⑤ 아래와 같이 IP주소에 192.168.0.100, 기본 게이트웨이에 192.168.0.1을 입력한 후 확인을 누른다.

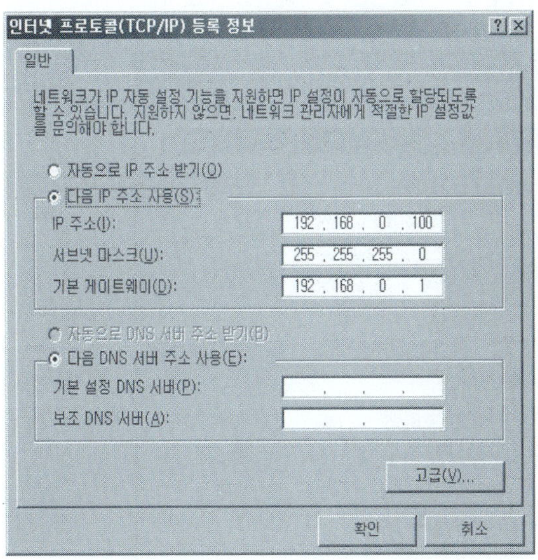

[그림 2-23] 인터넷 프로토콜(TCP/IP) 등록정보 창

⑥ 윈도우즈 제어판에서 방화벽을 선택한다.

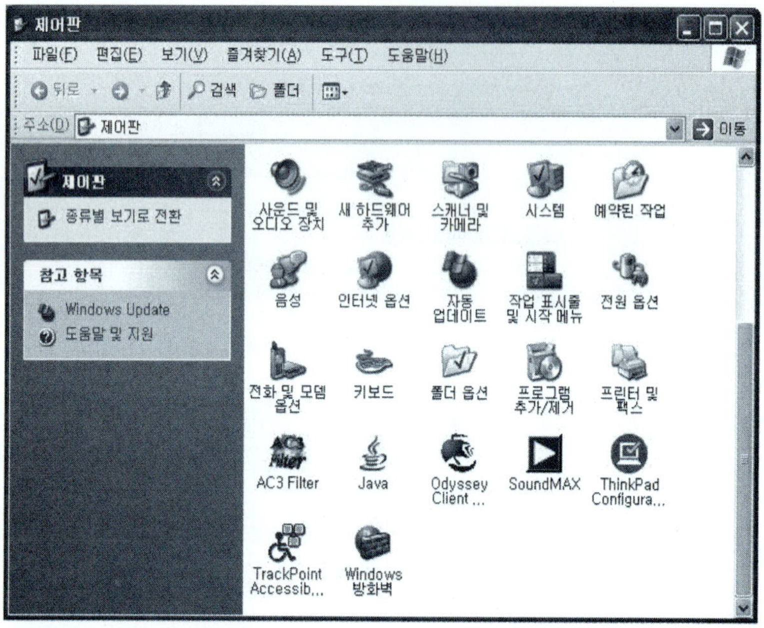

[그림 2-24] 제어판 창

⑦ 방화벽 설정에서 "사용 안 함"을 선택한다.

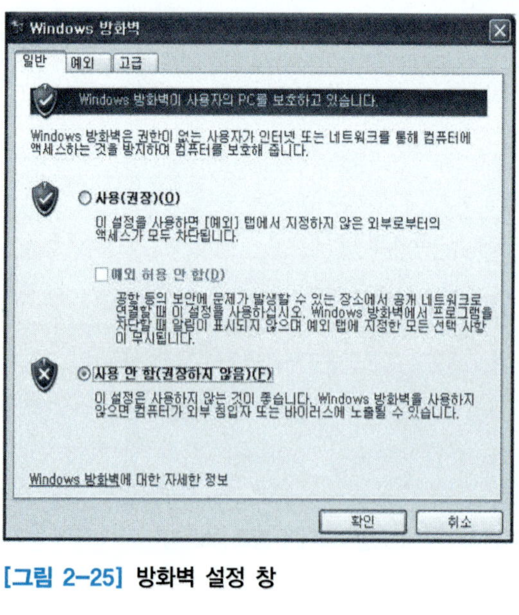

[그림 2-25] 방화벽 설정 창

⑧ 확인을 눌러 빠져나온다. 그런 다음 VMware를 실행시킨다.

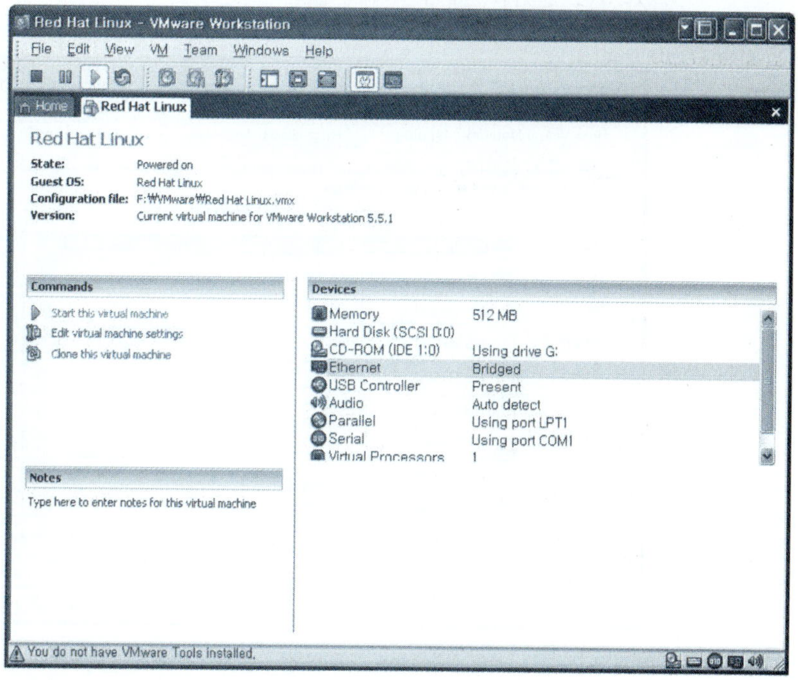

[그림 2-26] VMware 실행

⑨ 메뉴에서 Edit를 누른 후 Virtual Network Editor를 선택한다.

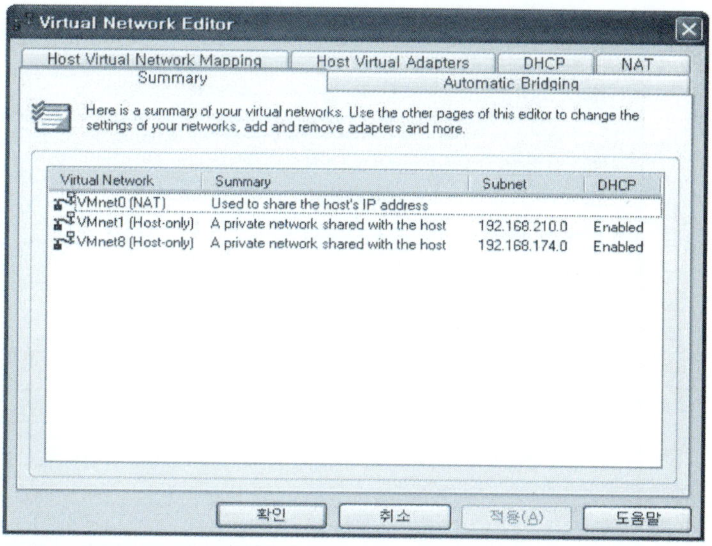

[그림 2-27] Virtual Network Editor 창

⑩ Host Virtual Network Mapping이라는 탭에서 VMnet0 부분의 디폴트값을 자신의 랜카드 패킷 스케줄러를 선택한다.

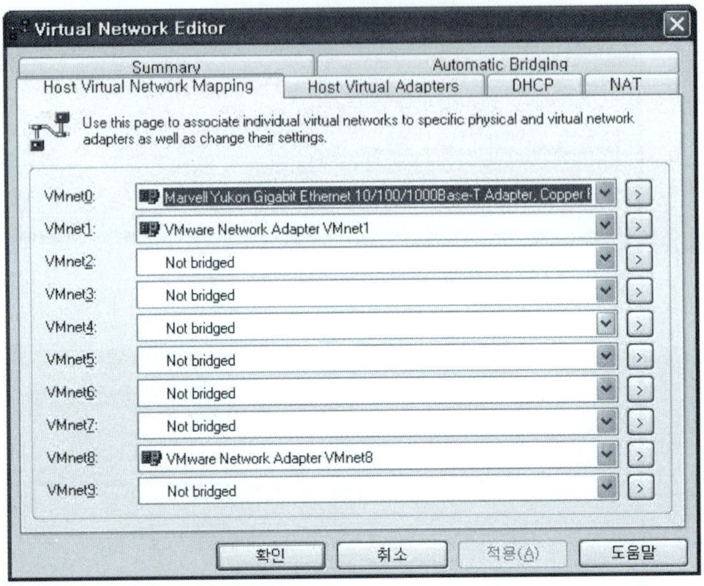

[그림 2-28] Virtual Network Editor 창

⑪ NAT탭으로 넘어가서 VMnet host에 디폴트 값을 VMnet8에서 VMnet0으로 바꾸고 밑부분의 Restart을 클릭한다.

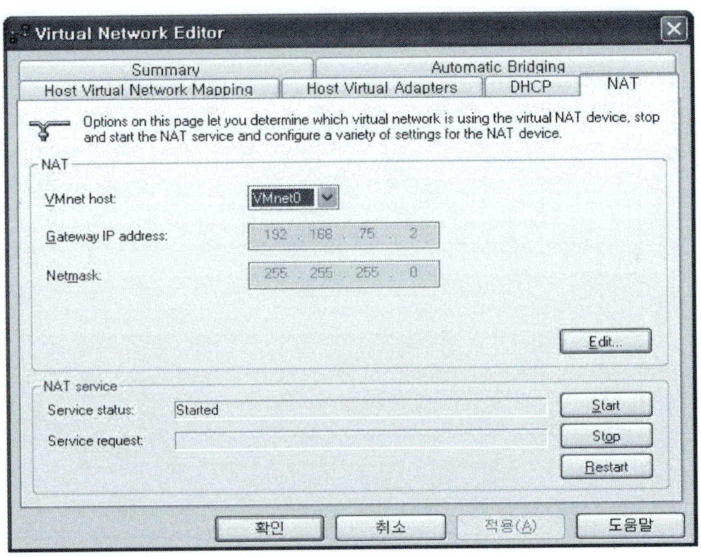

[그림 2-29] Virtual Network Editor

⑫ 위의 과정을 끝마치면 Summary탭에서 VMnet0이 Used to share the host's IP address로 변경된 것을 확인할 수 있다.

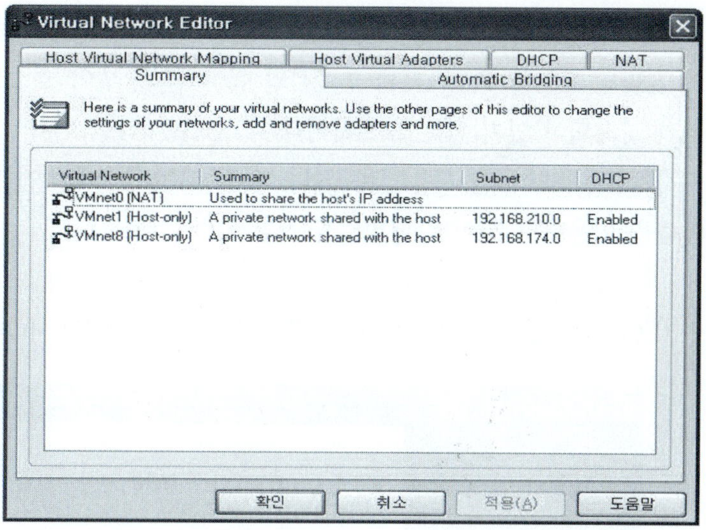

[그림 2-30] Virtual Network Editor

⑬ Ctrl-D 키를 눌러 VMware 설정창으로 들어간 후에 Ethernet를 선택한다. 기존의 NAT항목이 비활성화된 것을 확인하고 바로 위에 Bridged 항목이 제대로 선택되어 있는지 다시 한 번 확인한다.

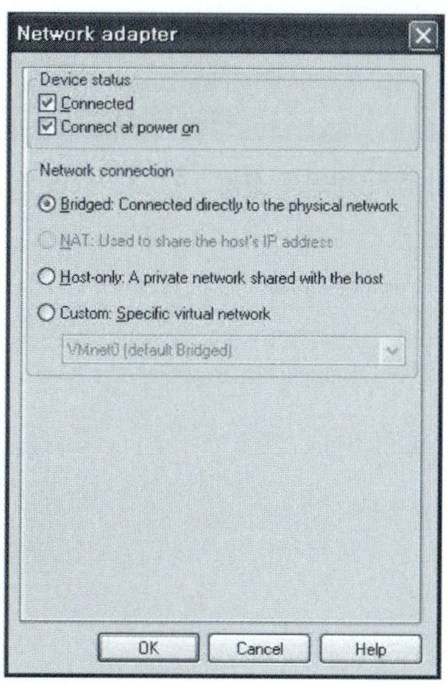

[그림 2-31] Network adapter

3. VMware 추가 설정

☞ 시리얼 및 프린터 포트 추가

VMware상의 리눅스에서 Minicom과 JTAG을 사용하기 위해서는 시리얼 포트와 프린터 포트를 VMware에 추가시켜 줘야 한다. 만약 호스트 PC가 시리얼 포트가 장착되어 있지 않는 노트북이나 데스크톱이라면 여기서 시리얼 포트를 추가시켜도 Minicom을 사용할 수 없다. 이럴 때는 윈도우상에서 USB to Serial 케이블을 이용하여 하이퍼 터미널을 사용해야 한다.

① Ctrl-D키를 눌러 VMware 설정창에서 왼쪽 하단에 Add를 클릭한다.

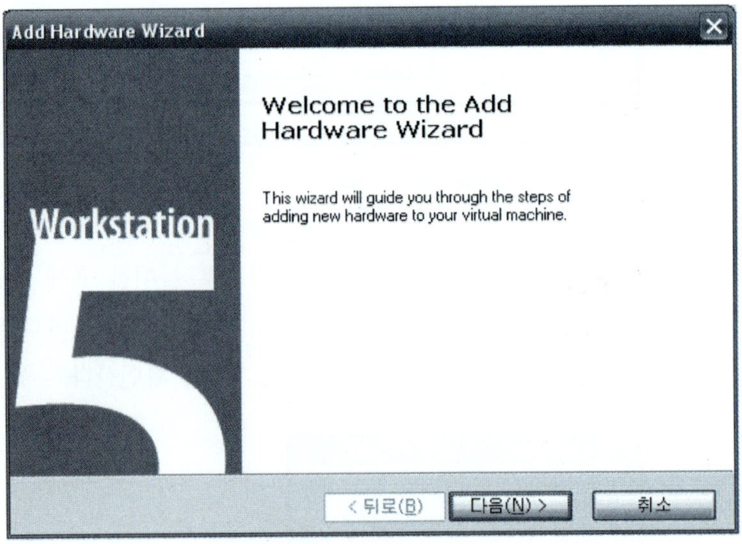

[그림 2-32] VMware 주변장치 추가 마법사 실행

② 다음 버튼을 눌러 주변장치 추가를 시작한다.

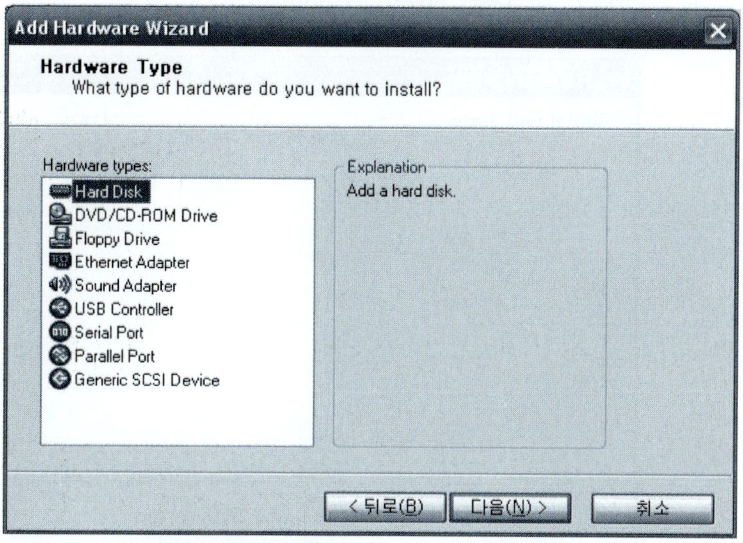

[그림 2-33] 주변장치 추가 마법사

③ 아래에서 3번째에 있는 Serial Port를 클릭한 후 오른쪽 하단에 다음 버튼을 누른다.

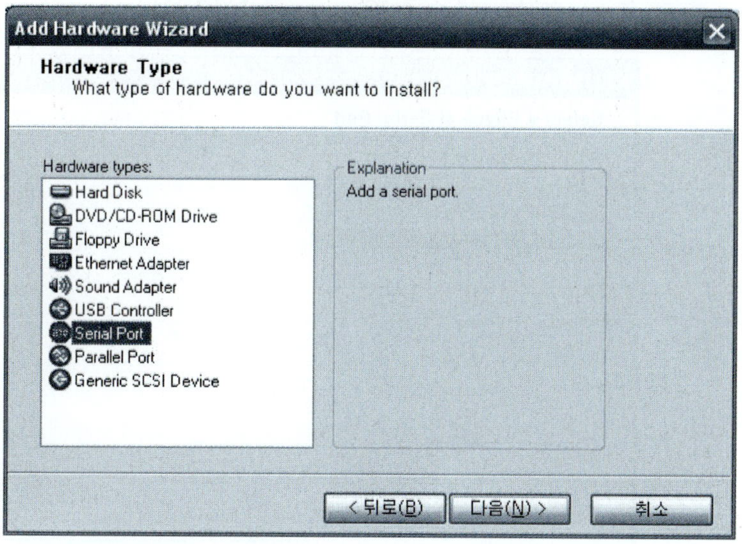

[그림 2-34] 시리얼 포트 선택

④ 시리얼 포트 타입 설정에서 최상단에 있는 호스트의 물리적 포트 사용을 선택한 후 다음 버튼을 누른다.

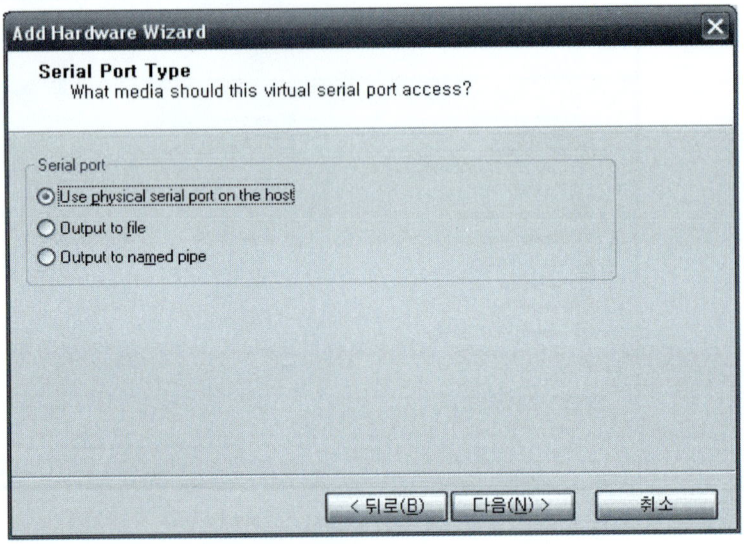

[그림 2-35] 시리얼 포트 타입 설정

⑤ 현재 윈도우가 사용하고 있는 포트번호를 선택한다. 기본적으로 COM1으로 설정된다. 마침을 누른 후 빠져나온다.

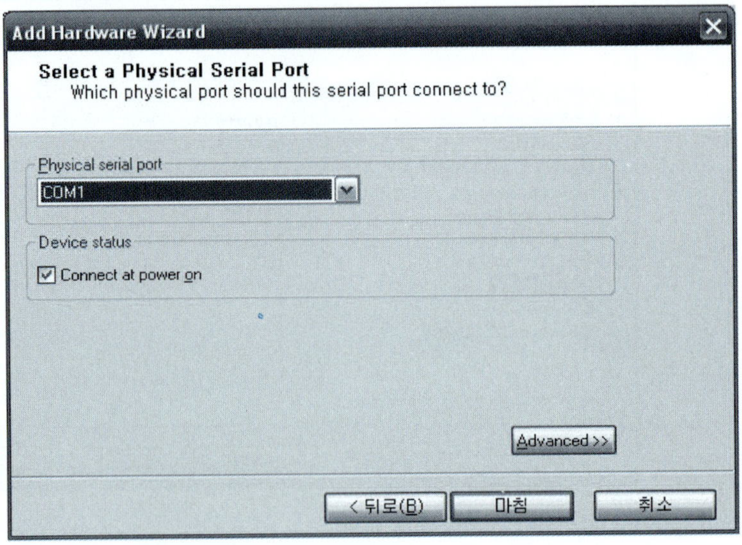

[그림 2-36] 물리적 시리얼 포트 번호 설정

⑥ 시리얼 포트 추가가 완료되면, 왼쪽에 그림과 같은 시리얼 포트가 추가된 것을 확인할 수 있다.

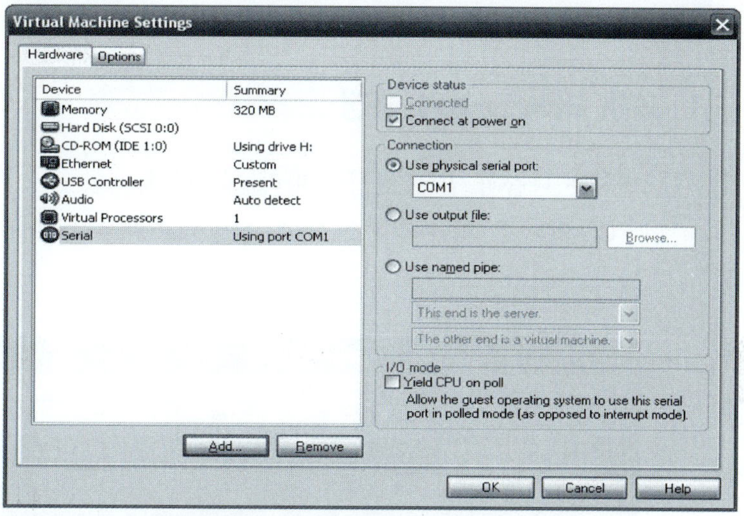

[그림 2-37] 시리얼 포트 추가 완료 화면

⑦ 프린터 포트 추가도 위와 같은 방법으로 수행한다. Ctrl-D키를 눌러 VMware 설정창에서 왼쪽 하단에 Add 버튼을 눌러 Parallel 포트를 선택한 후 위와 동일한 방법으로 프린터 포트를 추가시킨다. 아래 그림과 같이 나온다면, 프린터 포트가 올바르게 추가가 된 것이다.

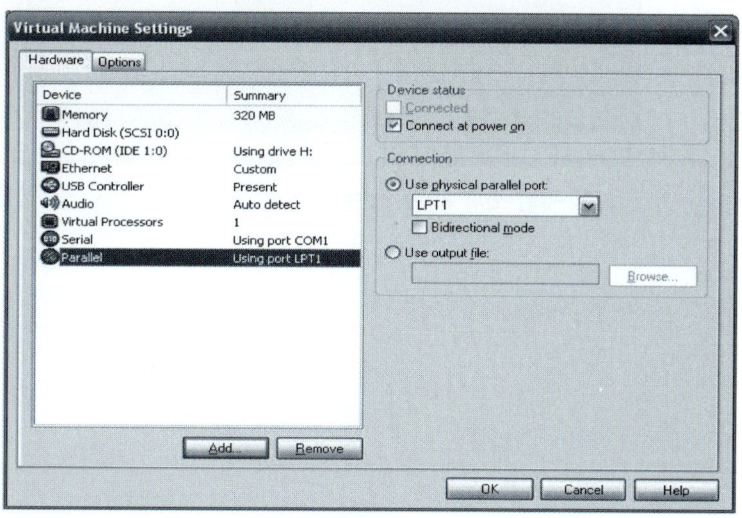

[그림 2-38] 프린터 포트 추가 완료 화면

2.9 와우 리눅스 설치

1. 와우 리눅스 설치 과정

① 설치는 다음과 같은 과정을 따라 설치한다.

CD-ROM을 와우 리눅스 7.3을 삽입하고 재부팅하면 다음과 같은 화면이 나타난다.

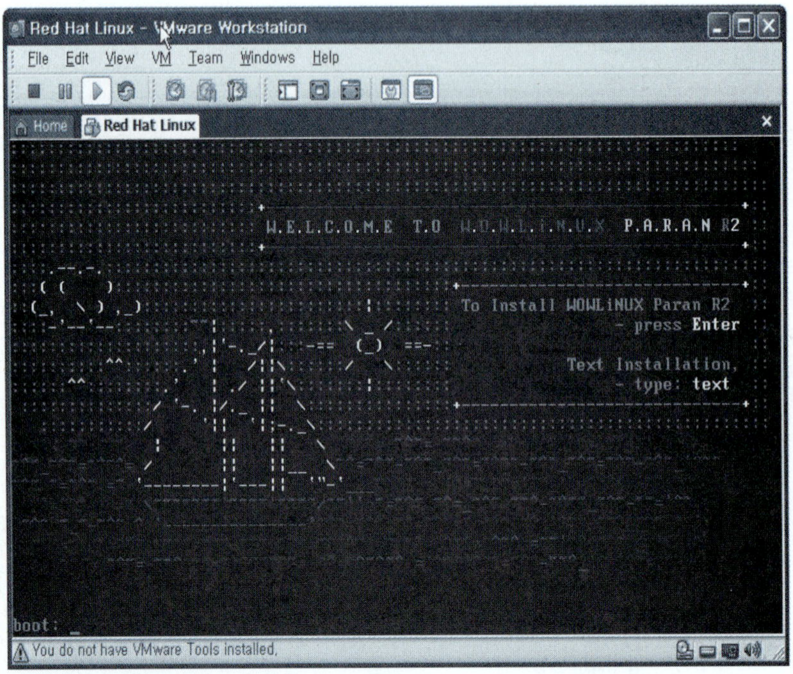

[그림 2-39] 와우 리눅스 화면

제 2 장

– 와우 리눅스 7.3 설치 화면

[그림 2-40] 와우 리눅스 7.3 설치화면

–설치 유형 선택

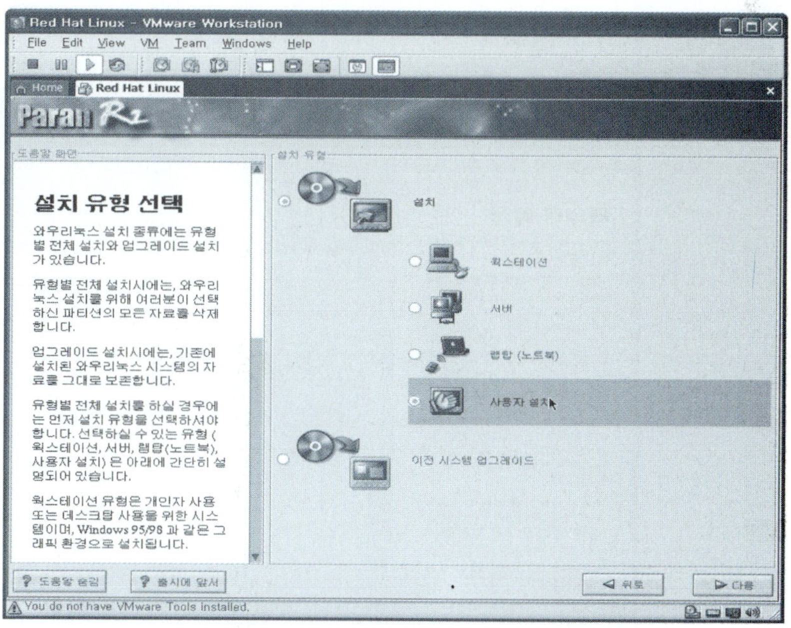

[그림 2-41] 설치 유형 선택(사용자 설치)

– 파티션 설정 방법 선택

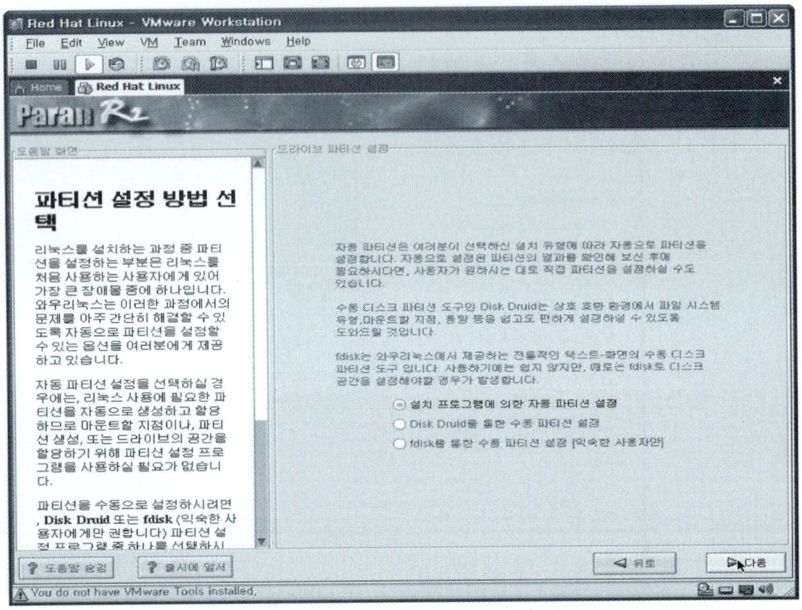

[그림 2-42] 파티션 설정 방법 선택(자동 파티션 설정 선택)

– 파티션 설정

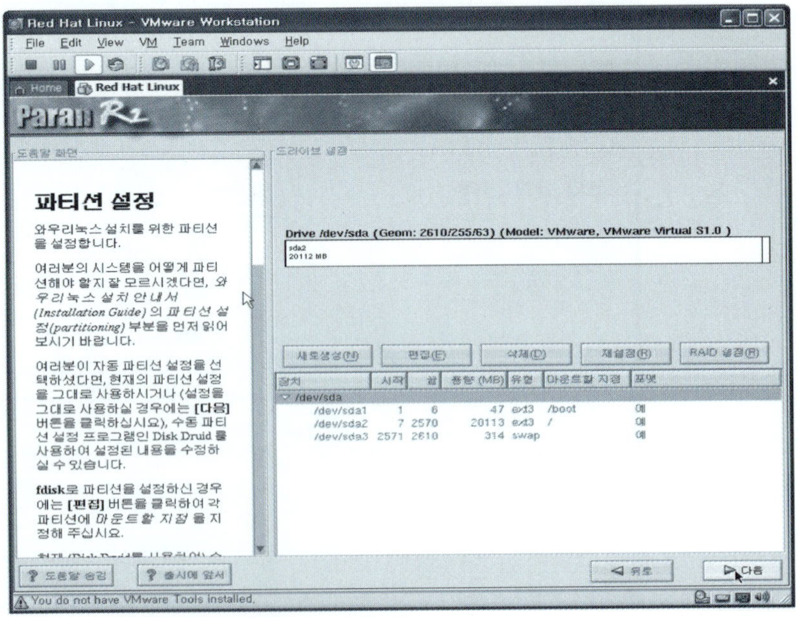

[그림 2-43] 파티션 설정 (매뉴얼 설정)

– 네트워크 IP 설정

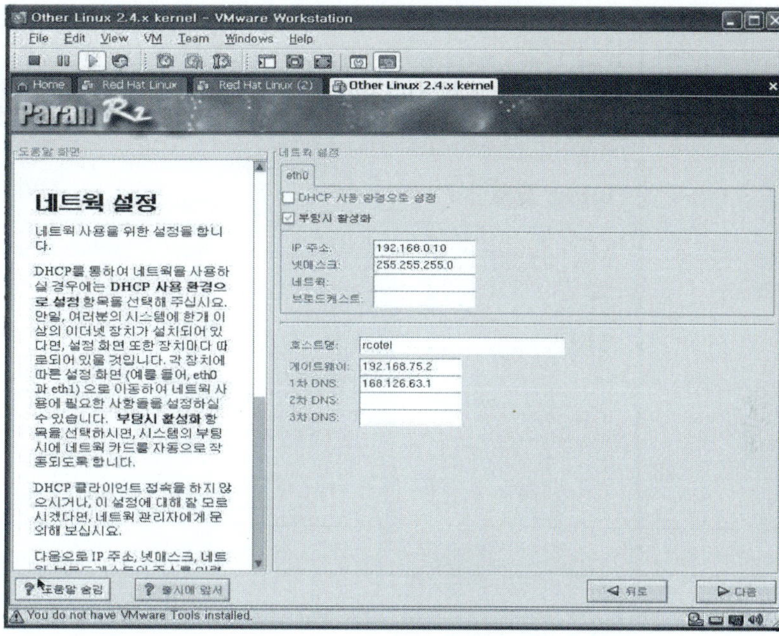

[그림 2-44] 네트워크 IP설정

② IP 주소에 192.168.0.10과 DNS에 168.126.63.1을 적어준다.

게이트웨이에는 VMware의 메뉴에서 Edit를 누른 후 Virtual Network Editor을 누른 후 NAT탭에서 VMnet0의 Gateway IP address를 적어준다.

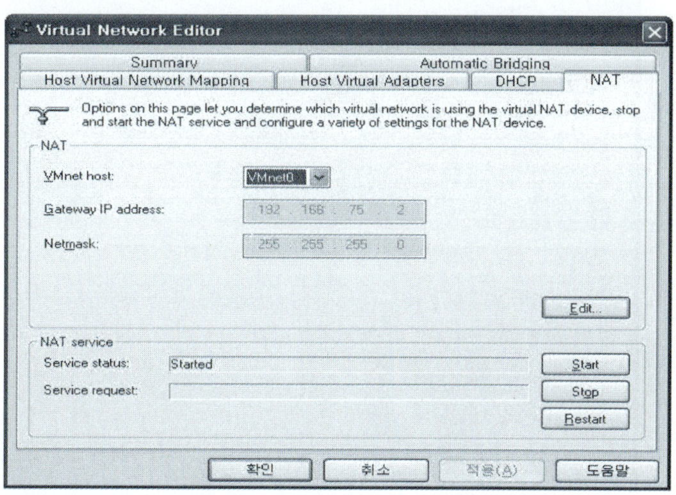

[그림 2-45] Virtual Network Editor

③ 개발용 서버의 경우 방화벽을 설치하지 않아야 한다.

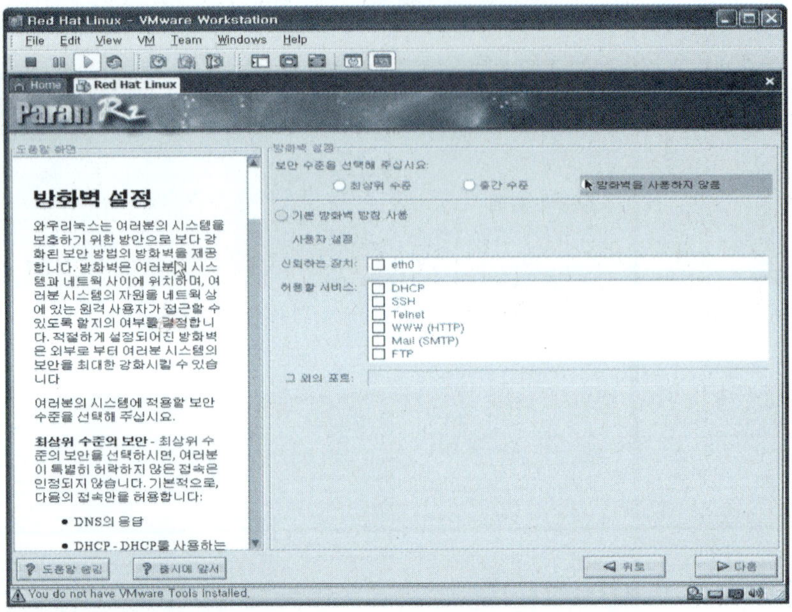

[그림 2-46] 방화벽 설정

④ 사용자 계정을 1개 추가하여 준다.

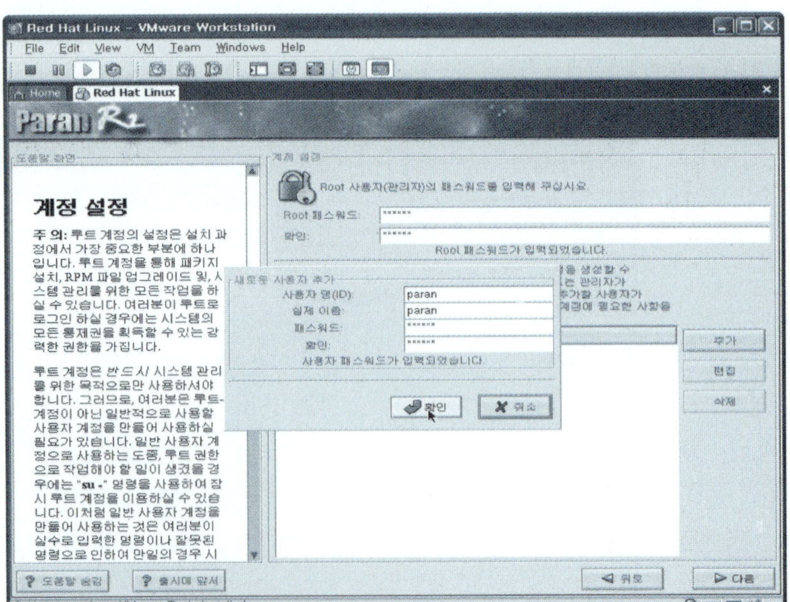

[그림 2-47] 네트워크 계정 설정

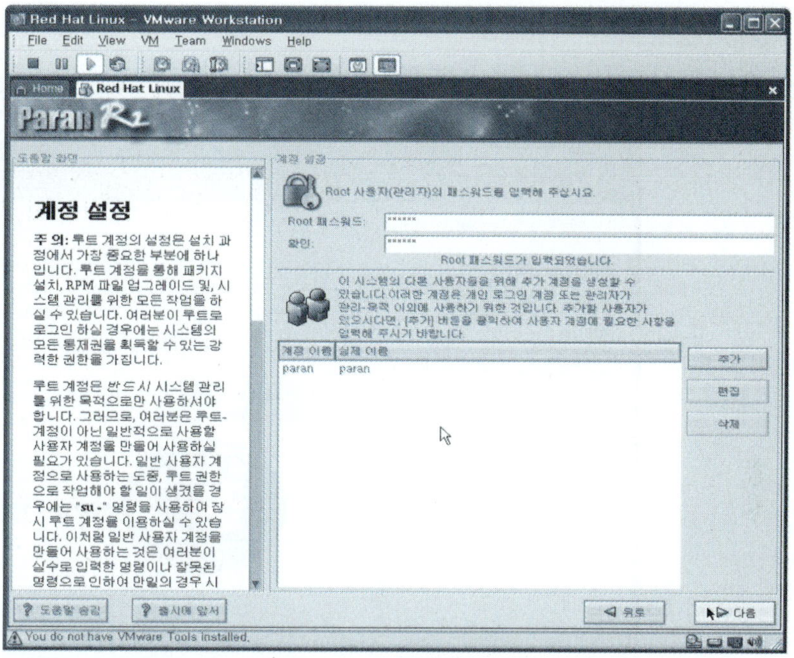

[그림 2-48] 계정 설정

⑤ 전부를 선택하여 설치를 시작한다.

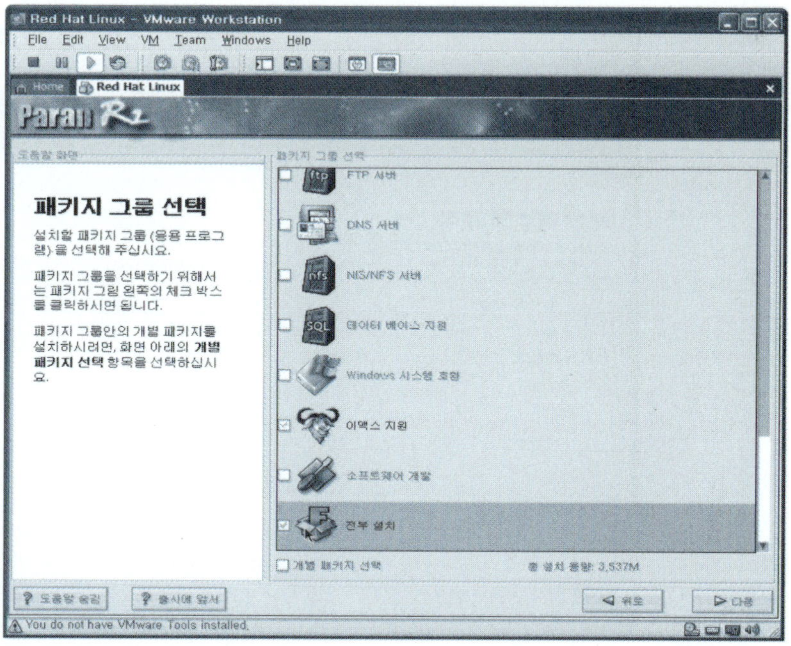

[그림 2-49] 패키지 그룹 선택

⑥ 패키지 설치가 시작된다.

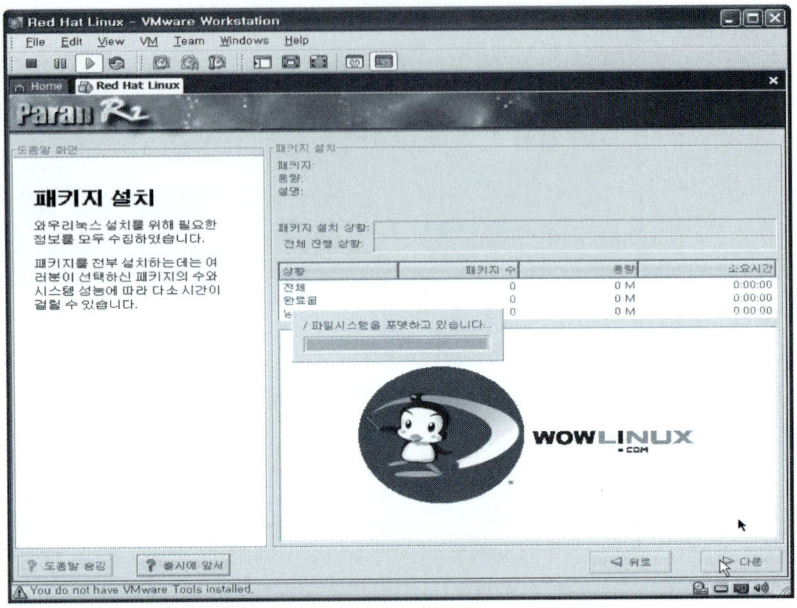
Red Hat Linux - VMware Workstation
File Edit View VM Team Windows Help
Home
Red Hat Linux
패키지 설치
와우리눅스 설치를 위해 필요한 정보를 모두 수집하였습니다.
패키지를 전부 설치하는데는 여러분이 선택하신 패키지의 수와 시스템 성능에 따라 다소 시간이 걸릴 수 있습니다.
WOWLINUX
You do not have VMware Tools installed.

[그림 2-50] 패키지 설치

⑦ 부팅 디스켓은 작성하지 않는다.

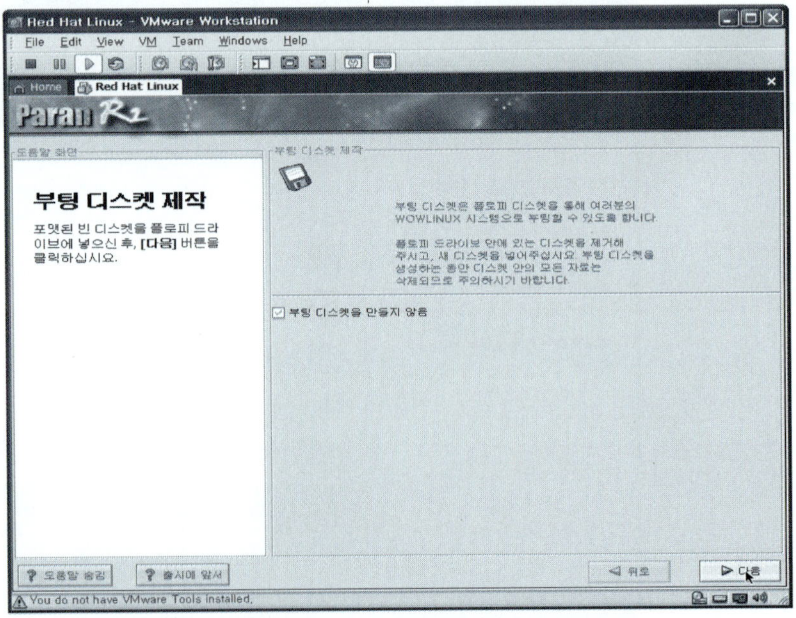
Red Hat Linux - VMware Workstation
File Edit View VM Team Windows Help
Home
Red Hat Linux
부팅 디스켓 제작
포맷된 빈 디스켓을 플로피 드라이브에 넣으신 후, [다음] 버튼을 클릭하십시오.
부팅 디스켓을 만들지 않음
You do not have VMware Tools installed.

[그림 2-51] 부팅 디스켓 제작

⑧ 적당한 해상도를 선택한 후 다음 버튼을 누른다.

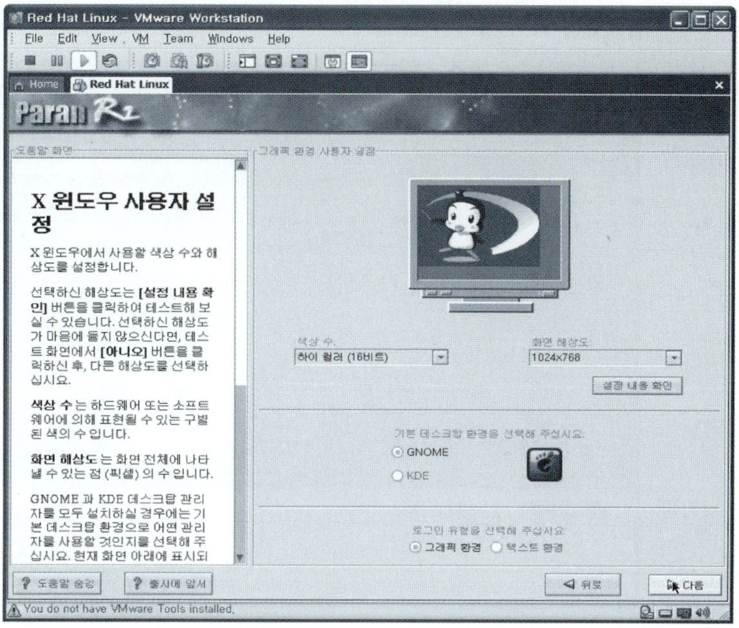
Red Hat Linux - VMware Workstation
File Edit View VM Team Windows Help
Home
Red Hat Linux
X 윈도우 사용자 설정
X 윈도우에서 사용할 색상 수와 해상도를 설정합니다.
선택하신 해상도는 [설정 내용 확인] 버튼을 클릭하여 테스트해 보실 수 있습니다. 선택하신 해상도가 마음에 들지 않으신다면, 테스트 화면에서 [아니오] 버튼을 클릭하신 후, 다른 해상도를 선택하십시오.
색상 수는 하드웨어 또는 소프트웨어에 의해 표현될 수 있는 구별된 색의 수 입니다.
화면 해상도는 화면 전체에 나타낼 수 있는 점 (픽셀) 의 수 입니다.
GNOME 과 KDE 데스크탑 관리자를 모두 설치하실 경우에는 기본 데스크탑 환경으로 어떤 관리자를 사용할 것인지를 선택해 주십시오. 현재 화면 아래에 표시되
하이 컬러 (16비트)
1024x768
GNOME
KDE
You do not have VMware Tools installed.

[그림 2-52] X 윈도우 사용자 설정

⑨ 종료 버튼을 눌러 리눅스 설치를 끝마친다.

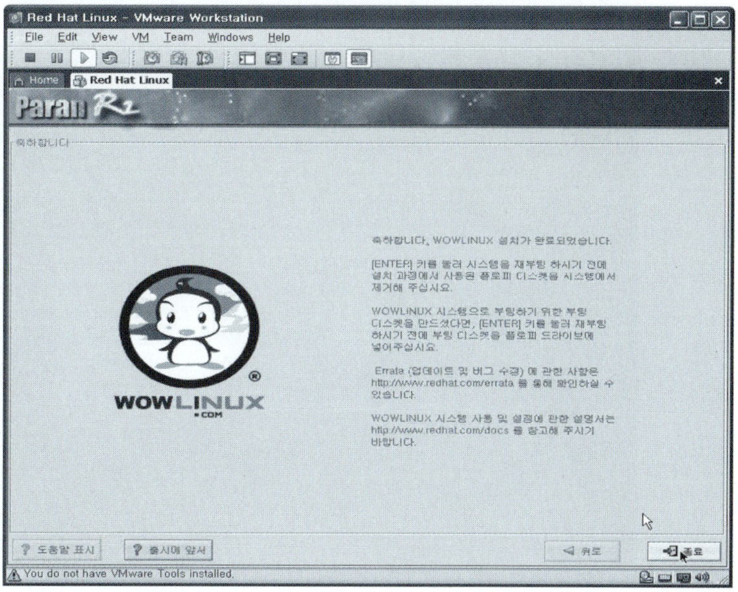
Red Hat Linux - VMware Workstation
File Edit View VM Team Windows Help
Home
Red Hat Linux
축하합니다. WOWLINUX 설치가 완료되었습니다.
[ENTER] 키를 눌러 시스템을 재부팅 하시기 전에 설치 과정에서 사용된 플로피 디스켓을 시스템에서 제거해 주십시오.
WOWLINUX 시스템으로 부팅하기 위한 부팅 디스켓을 만드셨다면, [ENTER] 키를 눌러 재부팅 하시기 전에 부팅 디스켓을 플로피 드라이브에 넣어주십시오.
Errata (업데이트 및 버그 수정) 에 관한 사항은 http://www.redhat.com/errata 를 통해 확인하실 수 있습니다.
WOWLINUX 시스템 사용 및 설정에 관한 설명서는 http://www.redhat.com/docs 를 참고해 주시기 바랍니다.
WOWLINUX
You do not have VMware Tools installed.

[그림 2-53] 와우 리눅스 설치 완료

⑩ 설치된 와우 리눅스를 부팅시킨다.

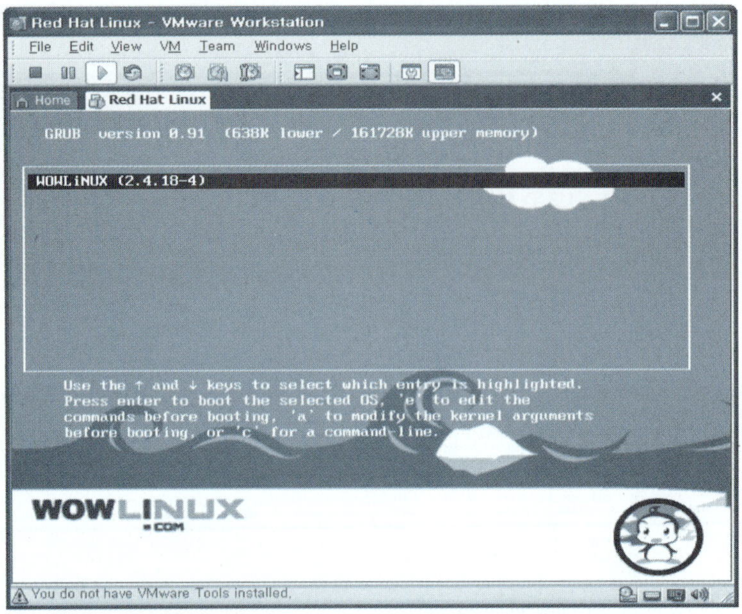
Red Hat Linux - VMware Workstation
File Edit View VM Team Windows Help
Home
Red Hat Linux
GRUB version 0.91 (638K lower / 161728K upper memory)
WOWLiNUX (2.4.18-4)
Use the ↑ and ↓ keys to select which entry is highlighted.
Press enter to boot the selected OS, 'e' to edit the
commands before booting, 'a' to modify the kernel arguments
before booting, or 'c' for a command-line.
WOWLINUX
.COM
You do not have VMware Tools installed.

[그림 2-54] 와우 리눅스 구동 화면

⑪ 설정된 계정으로 Login한다.

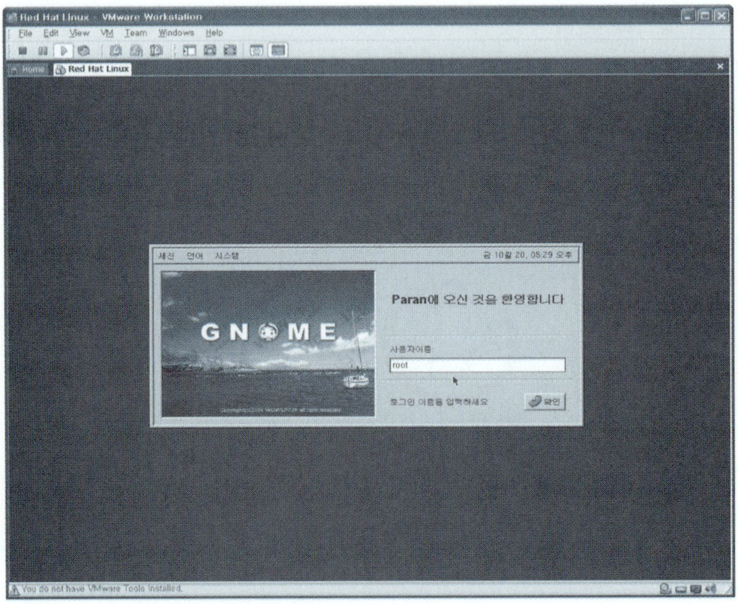
Red Hat Linux - VMware Workstation
File Edit View VM Team Windows Help
Red Hat Linux
GNOME
Paran에 오신 것을 환영합니다
root
You do not have VMware Tools installed.

[그림 2-55] 와우 리눅스 사용자 이름 입력

제3장
개발 환경 설치

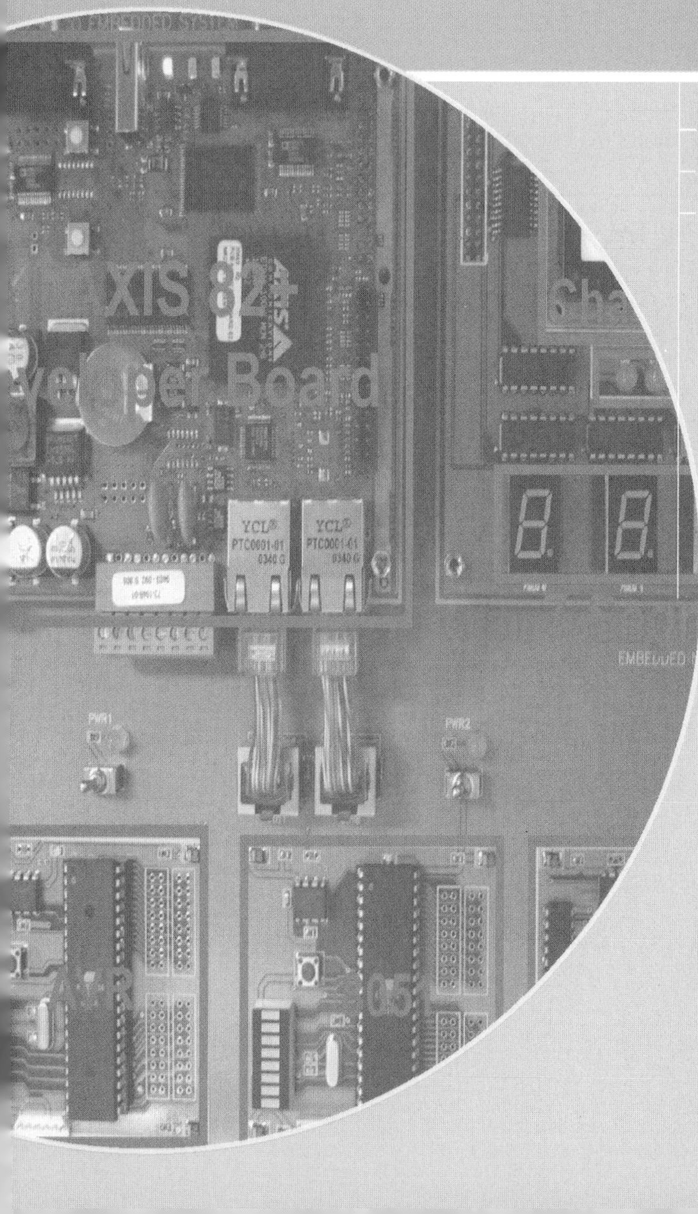

3.1 개발 환경 구축

1. 크로스 컴파일러 설치

크로스 컴파일러(Cross-Compiler)는 원시 프로그램의 번역이 이루어지는 컴퓨터와 번역된 기계어에 이용되는 컴퓨터가 서로 다른 기종의 컴퓨터일 때 사용하는 컴파일러로서 어떤 컴퓨터에서 동작하는 프로그램을 만들기 위해 다른 컴퓨터의 개발 환경을 사용해서 프로그램을 작성하는 경우에 사용된다. 동작 속도가 느린 컴퓨터, 완성되어 있지 않은 컴퓨터, 개발 환경 구축이 불가능한 컴퓨터용의 실행 프로그램을 만드는 경우 등에 사용한다.

① su - [user] 명령어로 root계정으로 로긴한다.

```
# su -l root
```

▶ su [-] [사용자 ID] [인수]

다른 사용자 계정으로 서브셸을 생성할 때 사용하는 명령어로 다른 사용자 계정으로 작업할 필요가 있을 때 사용한다. 옵션으로 하이픈(-)을 사용하면 새로운 셸로 로그인할 때 자신의 로그인 과정을 수행하고, 옵션이 주어지지 않으면 새로운 셸은 단지 셸 역할을 수행할 뿐이다.

root 사용자가 root가 아닌 다른 사용자 계정으로 변경할 경우 비밀번호를 입력하지 않아도 되지만 root가 아닌 다른 사용자가 다른 사용자 계정으로 변경을 하고자 할 때는 비밀번호를 입력해야 한다.

② 제공해준 CD를 CD롬 드라이브에 넣고 마운트한다.

```
# mount /dev/cdrom /mnt/cdrom
```

▶ mount [옵션] [장치명] [마운트 위치]

리눅스에서 논리적으로 어떤 파일 시스템을 시스템에 연결해 주는 작업을 하며 한 파일 시스템의 루트 디렉터리를 다른 디렉터리의 서브 디렉터리로 연결하기도 한다.

〈표 3-1〉 파티션 타입

구 분	파티션 타입
CD-ROM	iso9660
리눅스	ext2, ext3
윈도우	vfat
도스	MS-DOS

〈표 3-2〉 mount 명령어 옵션

옵 션	설 명
-t	특정 파일 시스템을 지정한다.
-r	읽기 전용으로 마운트한다.
-w	읽기 쓰기로 마운트한다.
-a	/etc/fstab에 등록된 모든 파일 시스템을 마운트한다.
-L label	label명을 가진 파티션을 해당 label명을 가지고 마운트한다.
-f	실제 시스템을 마운트하지 않고 마운트할 수 있는지 점검한다.
-v	자세한 출력 모드

③ 마운트한 후 마운트한 폴더로 이동하여 폴더 내의 모든 파일을 opt폴더에 복사한다.

```
# cd /mnt/cdrom/sdk/
# cp * /opt
```

▶ cd 디렉터리

현재 작업하는 디렉터리를 변경한다.

〈표 3-3〉 cd 명령어 옵션

옵 션	설 명
cd .	현재 디렉터리로 이동
cd ..	상위 디렉터리로 이동
cd ~	홈 디렉터리로 이동
cd -	이전 디렉터리로 이동

▶ cp [옵션] [파일명1] [파일명2]

파일을 현재의 위치나 다른 디렉터리로 복사한다.

〈표 3-4〉 cp 명령어 옵션

옵 션	설 명
-a	가능한 원 파일의 구조와 속성을 그대로 복사한다.
-b	복사할 때 덮어쓰게 되는 파일은 백업을 만든다.
-d	심벌릭 링크는 심벌릭 링크로 복사한다.
-f	파일과의 하드 링크 관계를 유지한다.
-i	복사시 같은 이름의 파일이 존재한다면 덮어쓸 것인가 확인한다.
-l	하드 링크를 만든다.
-P	원본 파일의 소유자, 그룹, 권한, 시간 기록을 그대로 복사한다.
-r	파일과 하위 디렉터리에 포함된 파일 모두를 복사한다.
-s	디렉터리가 아닌 파일의 심벌릭 링크를 만든다.
-u	파일의 정보를 갱신한다.
-x	다른 파일 시스템인 하위 디렉터리는 무시한다.

④ opt폴더에 들어가 파일들이 잘 복사되었는지 확인한다.

```
# cd /opt/
# ls
```

▶ ls[옵션] [파일명(들)]

파일 시스템의 파일 목록을 보여준다.

〈표 3-5〉 ls 명령어 옵션

옵 션	설 명
-a	(.)도트로 시작되는 이름을 가진 파일명도 전부 보여준다.
-C	가로 순서로 나열하여 출력한다.
-x	세로 순서로 나열하여 출력한다.
-d	현재 디렉터리에 대한 정보를 출력한다.
-l	각 파일들에 대한 소유자, 권한, 갱신일 등의 자세한 정보를 출력한다.
-s	파일이 얼마나 많은 디스크 블록을 차지하고 있는가를 보여준다.
-t	파일 갱신일 순서대로 정렬한다.
-u	액세스한 날짜 순서대로 정렬한다.
-c	inode가 마지막 바뀐 시간 순서대로 정렬한다.
-r	정렬된 순서의 역으로 출력한다.
-i	파일의 inode 번호를 보여준다.

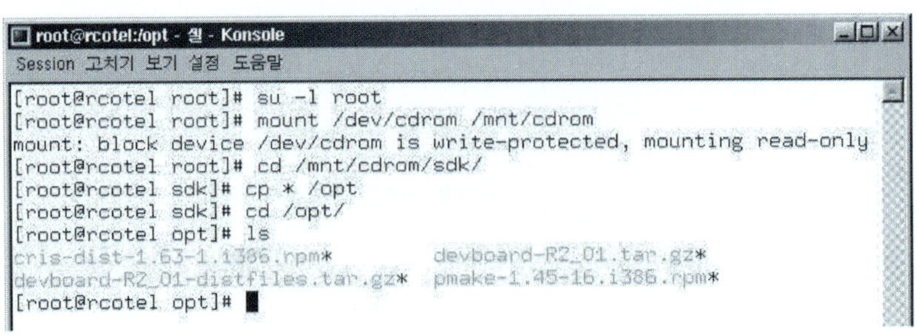
root@rcotel:/opt - 쉘 - Konsole
Session 고치기 보기 설정 도움말
[root@rcotel root]# su -l root
[root@rcotel root]# mount /dev/cdrom /mnt/cdrom
mount: block device /dev/cdrom is write-protected, mounting read-only
[root@rcotel root]# cd /mnt/cdrom/sdk/
[root@rcotel sdk]# cp * /opt
[root@rcotel sdk]# cd /opt/
[root@rcotel opt]# ls
cris-dist-1.63-1.i386.rpm* devboard-R2_01.tar.gz*
devboard-R2_01-distfiles.tar.gz* pmake-1.45-16.i386.rpm*
[root@rcotel opt]#

[그림 3-1] 마운트 명령 수행화면

⑤ opt폴더로 이동하여 rpm패키지를 설치하고 잘 설치되었는지 확인한다.

만일 기존의 패키지가 설치된 경우가 아니라도 U 옵션을 사용하면 새롭게 패키지를 설치하게 되므로 i보다는 U를 사용하도록 한다.

```
# cd /opt/
# rpm -U cris-dist-1.63-1.i386.rpm
# rpm -qa | grep cris
```


▶ rpm [옵션] [패키지명]

RPM(Redhat Package Manager)이라는 프로그램 설치 관리 도구가 등장하기 전까지 리눅스에서 프로그램을 설치하거나 업그레이드하는 것은 무척이나 힘든 일이었다. 그러나 RPM을 이용하면 프로그램의 설치, 제거, 업그레이드, 정보열람 등을 간편하게 할 수 있다. RPM은 어떤 프로그램에 필요한 파일들을 함께 묶어놓은 것으로 보통 패키지라고 하며, 확장자는 '.rpm'이다.

RPM 패키지 이름에 대해서 알아보면

☞ cris-dist-1.63-1.i386.rpm

RPM 패키지 이름에서 -는 각 필드를 구분하며 우선 맨 앞부분의 cris-dist는 패키지의 이름이고 두 번째 1.63은 패키지의 버전이다. 세 번째의 1은 패키지의 릴리즈 번호이다. 똑같은 프로그램으로 버전이 같다고 해도 이전에 만든 패키지를 다시 패키징을 하였다면 릴리지 번호를 올리게 된다. 네 번째의 i386은 어떤 시스템에서 쓰이는 패키지인지를 나타내는 것이다. i386이라면 PC계열을 나타내는 것이고 sparc라면 스팍 리눅스용, alpha라면 알파 리눅스용을 말하는 것이다.

- 패키지를 설치하려면 : rpm-ivh [패키지명]
- 패키지를 업그레이드하려면 : rpm-Uvh [패키지명]
- 패키지를 제거하려면 : rpm-evh [패키지명]

- 패키지가 설치되었는지 알아보기 위해서는 : rpm -q [패키지명]
- 설치된 패키지의 정보를 얻기 위해서는 : rpm-qi [패키지명]
- 패키지에 어떤 파일들이 속해 있는지 보려면 : rpm-ql [패키지명]
- 특정 파일이 속해 있는 패키지가 무엇인지 알아보려면 : rpm-qf [파일명]

〈표 3-6〉 -q와 함께 사용하는 패키지 질의 옵션

옵 션	설 명
–a	모든 패키지에 대하여 질문을 수행한다.
–f	〈파일〉을 포함하는 패키지에 대한 질문을 한다.
–p	패키지 파일에 대한 질문을 한다.
–i	패키지에 대한 대략적인 정보를 출력한다.
–R	패키지가 의존하고 있는 파일 또는 패키지 목록을 보여준다.
–l	패키지에 속한 파일들을 보여준다.
–s	패키지에 속한 파일들의 상태를 보여준다.
–d	문서 파일만 보여준다.
–c	설정 파일만 보여준다.
––scripts	설치, 제거 과정에 사용되는 셸 스크립트가 있다면 그 내용을 출력한다.

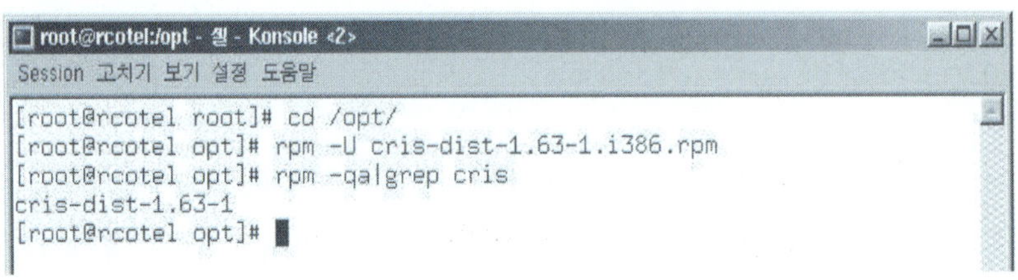
root@rcotel:/opt - 셸 - Konsole <2>
Session 고치기 보기 설정 도움말
[root@rcotel root]# cd /opt/
[root@rcotel opt]# rpm -U cris-dist-1.63-1.i386.rpm
[root@rcotel opt]# rpm -qa|grep cris
cris-dist-1.63-1
[root@rcotel opt]#

[그림 3-2] 크로스 컴파일러 설치화면

주의사항

※ rpm–qa|grep pmake 명령어를 이용하여 pmake가 설치가 되었는지 확인 후 설치가 되어 있지 않은 경우에 설치를 한다. 우리가 실습에 사용하고 있는 WOWLinux는 pmake가 기본으로 설치되어 있고 레드햇 계열의 리눅스들은 설치를 해주어야 한다.

```
# rpm -qa | grep pmake -> pmake 설치 확인하기
# rpm -U pmake-1.45-16.i386.rpm -> pmake 설치하기
```

2. SDK 설치

SDK(Software Development Kit)는 응용 프로그램의 개발을 간편하고 용이하게 하기 위해 프로그래머에게 유상이나 무상으로 제공되는 개발 도구로서 프로그래머들이 솔루션 개발시 자사의 응용 프로그램 인터페이스(API)를 채택하게 하기 위한 목적으로 대부분 무료로 제공된다. 개발 도구 및 라이브러리, 관련 도큐먼트, 개발 툴 등으로 구성된다.

① opt폴더로 이동한 후 먼저 devboard-R2_01.tar.gz 파일의 압축을 푼다.

```
# cd /opt/
# tar xvfz devboard-R2_01.tar.gz
```


▶ tar [옵션] [파일명]

tar는 기본적으로 테이프 백업을 하는 경우에 주로 사용하며, 하나 또는 그 이상의 파일이나 디렉터리를 포함할 수 있다. 이 파일에는 원래의 데이터 경로(디렉터리 경로)가 파일을 묶을 때에 어떻게 했느냐에 따라 상대주소일 수도 있고, 절대주소일 수도 있다. 이 명령은 원래는 백업에만 사용되었지만, 요즘은 여러 개의 파일이나 디렉터리를 하나의 파일로 묶는 용도로도 많이 사용된다.

〈표 3-7〉 tar 명령어 옵션

옵 션	설 명
-c	tar 파일을 생성할 때(여러 개의 파일을 하나의 파일로 묶을 때) 사용한다.
-d	tar 파일하고 해당 파일 시스템간의 차이점을 확인하고자 할 때 사용한다.
-r	tar 파일에 다른 파일들을 추가하고자 할 때 사용한다.
-t	tar 파일의 내용을 확인하고자 할 때 사용한다..
-f	tar 파일의 이름이나 디바이스 파일의 이름을 명시할 때 사용한다.
-p	tar 파일을 생성할 때 당시의 파일 퍼미션을 그대로 하여 풀어줄 때 사용한다.
-v	묶을 때나 풀어줄 때 파일들의 내용을 자세하게 보려고 할 때 사용한다.
-Z	compress로 압축파일을 사용할 때 압축이나 해제까지 한 번에 할 때 사용한다.
-z	gzip과 관련하여 압축이나 해제를 한꺼번에 하려고 할 때 사용한다.

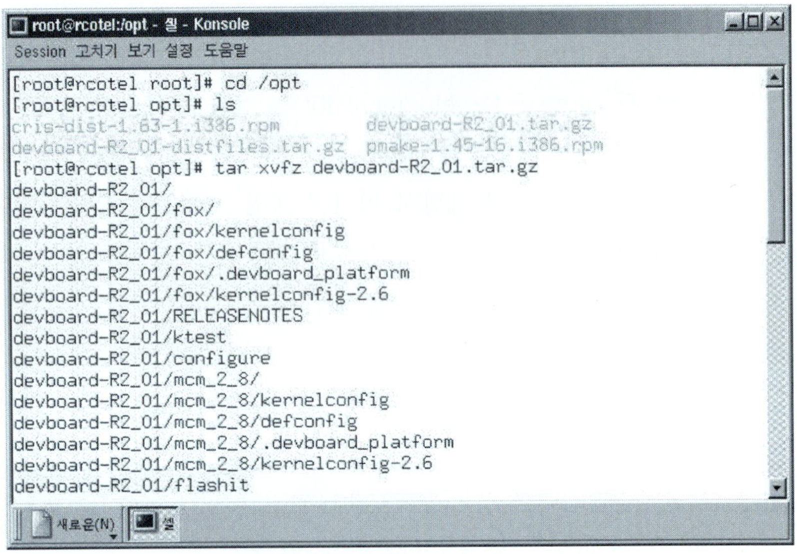
root@rcotel:/opt - 쉘 - Konsole
Session 고치기 보기 설정 도움말
[root@rcotel root]# cd /opt
[root@rcotel opt]# ls
cris-dist-1.63-1.i386.rpm devboard-R2_01.tar.gz
devboard-R2_01-distfiles.tar.gz pmake-1.45-16.i386.rpm
[root@rcotel opt]# tar xvfz devboard-R2_01.tar.gz
devboard-R2_01/
devboard-R2_01/fox/
devboard-R2_01/fox/kernelconfig
devboard-R2_01/fox/defconfig
devboard-R2_01/fox/.devboard_platform
devboard-R2_01/fox/kernelconfig-2.6
devboard-R2_01/RELEASENOTES
devboard-R2_01/ktest
devboard-R2_01/configure
devboard-R2_01/mcm_2_8/
devboard-R2_01/mcm_2_8/kernelconfig
devboard-R2_01/mcm_2_8/defconfig
devboard-R2_01/mcm_2_8/.devboard_platform
devboard-R2_01/mcm_2_8/kernelconfig-2.6
devboard-R2_01/flashit
새로운(N)
쉘

[그림 3-3] tar **명령 수행화면**

② 그 다음 devboard-R2_01-distfiles.tar.gz 파일의 압축을 푼다.

```
# tar xvfz devboard-R2_01-distfiles.tar.gz
```

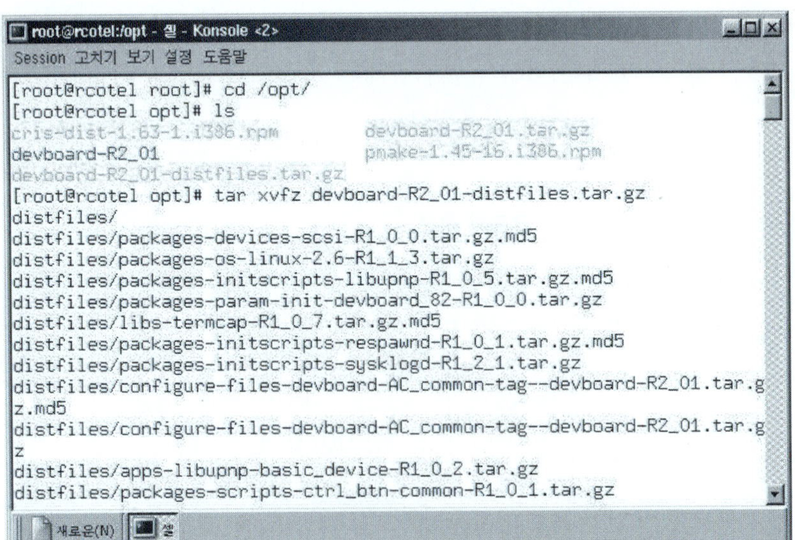
root@rcotel:/opt - 쉘 - Konsole <2>
Session 고치기 보기 설정 도움말
[root@rcotel root]# cd /opt/
[root@rcotel opt]# ls
cris-dist-1.63-1.i386.rpm devboard-R2_01.tar.gz
devboard-R2_01 pmake-1.45-16.i386.rpm
devboard-R2_01-distfiles.tar.gz
[root@rcotel opt]# tar xvfz devboard-R2_01-distfiles.tar.gz
distfiles/
distfiles/packages-devices-scsi-R1_0_0.tar.gz.md5
distfiles/packages-os-linux-2.6-R1_1_3.tar.gz
distfiles/packages-initscripts-libupnp-R1_0_5.tar.gz.md5
distfiles/packages-param-init-devboard_82-R1_0_0.tar.gz
distfiles/libs-termcap-R1_0_7.tar.gz.md5
distfiles/packages-initscripts-respawnd-R1_0_1.tar.gz.md5
distfiles/packages-initscripts-sysklogd-R1_2_1.tar.gz
distfiles/configure-files-devboard-AC_common-tag--devboard-R2_01.tar.g
z.md5
distfiles/configure-files-devboard-AC_common-tag--devboard-R2_01.tar.g
z
distfiles/apps-libupnp-basic_device-R1_0_2.tar.gz
distfiles/packages-scripts-ctrl_btn-common-R1_0_1.tar.gz
새로운(N)
쉘

[그림 3-4] tar **명령 수행화면**

③ 압축을 푼 후 distfiles폴더가 생성되었는지 확인한다.

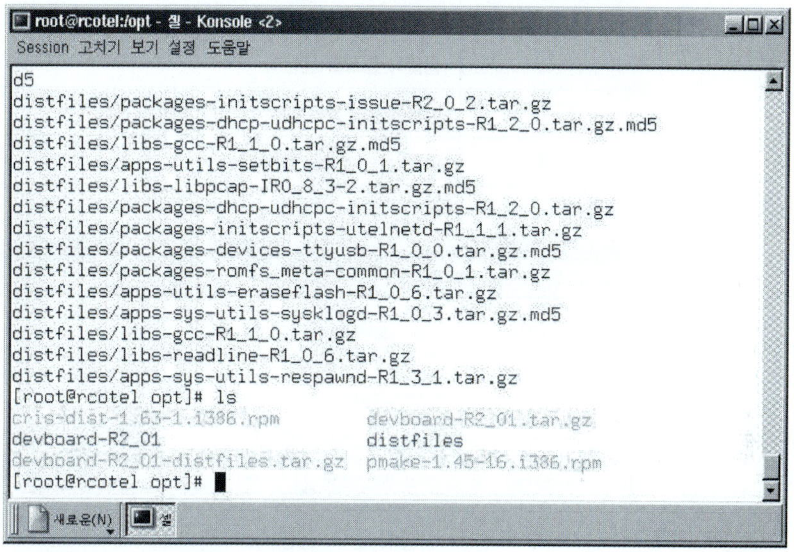
root@rcotel:/opt - 쉘 - Konsole <2>
Session 고치기 보기 설정 도움말
d5
distfiles/packages-initscripts-issue-R2_0_2.tar.gz
distfiles/packages-dhcp-udhcpc-initscripts-R1_2_0.tar.gz.md5
distfiles/libs-gcc-R1_1_0.tar.gz.md5
distfiles/apps-utils-setbits-R1_0_1.tar.gz
distfiles/libs-libpcap-IR0_8_3-2.tar.gz.md5
distfiles/packages-dhcp-udhcpc-initscripts-R1_2_0.tar.gz
distfiles/packages-initscripts-utelnetd-R1_1_1.tar.gz
distfiles/packages-devices-ttyusb-R1_0_0.tar.gz.md5
distfiles/packages-romfs_meta-common-R1_0_1.tar.gz
distfiles/apps-utils-eraseflash-R1_0_6.tar.gz
distfiles/apps-sys-utils-sysklogd-R1_0_3.tar.gz.md5
distfiles/libs-gcc-R1_1_0.tar.gz
distfiles/libs-readline-R1_0_6.tar.gz
distfiles/apps-sys-utils-respawnd-R1_3_1.tar.gz
[root@rcotel opt]# ls
cris-dist-1.63-1.i386.rpm devboard-R2_01.tar.gz
devboard-R2_01 distfiles
devboard-R2_01-distfiles.tar.gz pmake-1.45-16.i386.rpm
[root@rcotel opt]#
새로운(N) 쉘

[그림 3-5] distfiles폴더 생성 확인

④ /opt/devboard-R2_01폴더로 이동한 후 상위폴더에 있는 distfiles폴더의 심벌릭 링크를 devboard-R2_01폴더에 만든다.

```
# cd /opt/
# cd devboard-R2_01
# ln -s ../distfiles/
```

▶ ln[옵션] [링크시킬 파일이나 폴더] [링크로 만들어질 파일]

ln은 파일 사이에 링크를 만드는 명령이다. 리눅스에서 제공하는 링크는 2가지 형태의 심벌릭 링크와 하드 링크로 구분된다. 하드 링크는 하나의 파일을 여러 곳에서 연결하여 사용하며 링크된 파일들이 모두 같은 inode를 가지게 되므로 결국 같은 파일이다. 심벌릭 링크는 다른 파일이나 디렉터리를 가리키는 일종의 임시파일이다. 심벌릭 링크에서는 연결된 파일이 서로 다른 inode를 가지게 되므로 심벌릭 링크가 된 파일을 지워도 원본은 지워지지 않는다.

〈표 3-8〉 ln 명령어 옵션

옵 션	설 명
-s	심벌릭 링크를 만든다.
-n	파일이 존재하면 겹쳐 쓰기를 하지 않는다.
-f	파일이 존재해도 겹쳐 쓴다.

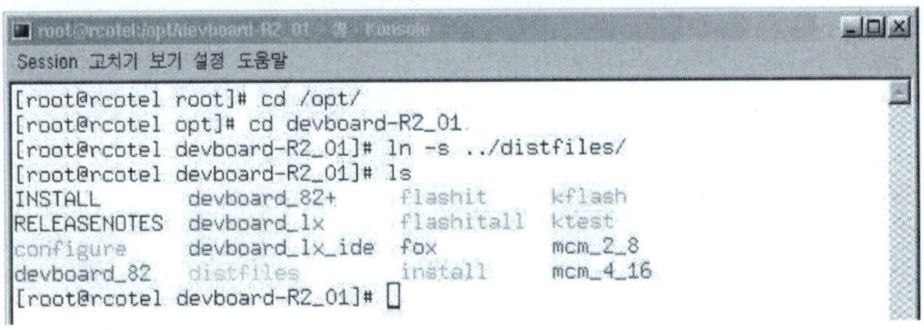
Session 고치기 보기 설정 도움말
[root@rcotel root]# cd /opt/
[root@rcotel opt]# cd devboard-R2_01
[root@rcotel devboard-R2_01]# ln -s ../distfiles/
[root@rcotel devboard-R2_01]# ls
INSTALL devboard_82+ flashit kflash
RELEASENOTES devboard_lx flashitall ktest
configure devboard_lx_ide fox mcm_2_8
devboard_82 distfiles install mcm_4_16
[root@rcotel devboard-R2_01]#

[그림 3-6] distfiles 심벌릭 링크 생성

3.2 이미지 생성

커널을 컴파일하면 fimage이라는 이미지 파일이 생성된다. 커널이란 운영체제의 핵심을 이루는 요소로서 컴퓨터 내의 자원을 사용자 프로그램이 사용할 수 있도록 관리하는 프로그램이다. 이런 커널의 역할은 사용자가 작동시키는 응용 프로그램과 하드웨어 간의 조정자 역할을 맡는다. 동시에 수행되는 여러 응용프로그램을 위해 메모리 관리를 해 주며 컴퓨터 자원을 배분하는 역할을 해 준다.

컴파일이란 컴파일러를 이용하여 프로그램 소스로부터 수행 가능한 바이너리 코드를 만드는 과정을 말한다. 리눅스 소스는 거의 대부분 C언어로 작성되었으며 약간의 어셈블리 코딩을 가지고 있다.

보통 다른 임베디드 시스템들은 시스템이 작동하기 위해서는 부트로더, 커널, 램디스크 등을 여러 번의 작업절차를 걸쳐 업로드시켜 주어야 하지만 우리가 실습하고 있는 장비는 한 번의 작업으로 시스템이 부팅되는 모습을 볼 수 있다. 또한, 생성된 이미지 파일의 크기를 보면 다른 임베디드 시스템을 위한 이미지 파일보다 무척 크기가 작음을 알 수 있다. 그만큼 소스들의 최적화가 잘 되어 있다는 것을 알 수 있다.

① SDK가 설치되어 있는 폴더로 이동한 후 인스톨을 실행한다.

```
# cd /opt/
# cd devboard-R2_01
# ./install
```

제 3 장

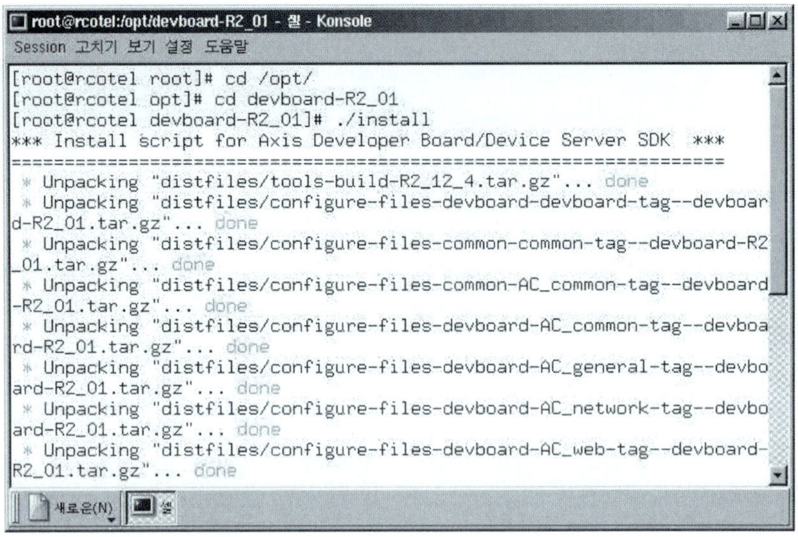
root@rcotel:/opt/devboard-R2_01 - 쉘 - Konsole
Session 고치기 보기 설정 도움말
[root@rcotel root]# cd /opt/
[root@rcotel opt]# cd devboard-R2_01
[root@rcotel devboard-R2_01]# ./install
*** Install script for Axis Developer Board/Device Server SDK ***
* Unpacking "distfiles/tools-build-R2_12_4.tar.gz"... done
* Unpacking "distfiles/configure-files-devboard-devboard-tag--devboard-R2_01.tar.gz"... done
* Unpacking "distfiles/configure-files-common-common-tag--devboard-R2_01.tar.gz"... done
* Unpacking "distfiles/configure-files-common-AC_common-tag--devboard-R2_01.tar.gz"... done
* Unpacking "distfiles/configure-files-devboard-AC_common-tag--devboard-R2_01.tar.gz"... done
* Unpacking "distfiles/configure-files-devboard-AC_general-tag--devboard-R2_01.tar.gz"... done
* Unpacking "distfiles/configure-files-devboard-AC_network-tag--devboard-R2_01.tar.gz"... done
* Unpacking "distfiles/configure-files-devboard-AC_web-tag--devboard-R2_01.tar.gz"... done
새로운(N) 쉘

[그림 3-7] install **화면**

② 인스톨이 진행되는 과정 중에 개발보드를 선택하는 메뉴에서 5번을 선택한다.

```
* Specify product (default: 1.devboard_82+) : 5
```

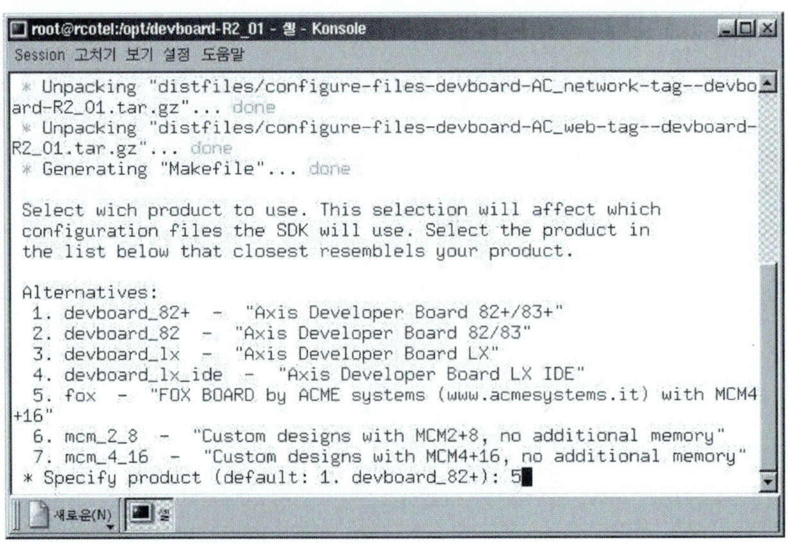
root@rcotel:/opt/devboard-R2_01 - 쉘 - Konsole
Session 고치기 보기 설정 도움말
* Unpacking "distfiles/configure-files-devboard-AC_network-tag--devboard-R2_01.tar.gz"... done
* Unpacking "distfiles/configure-files-devboard-AC_web-tag--devboard-R2_01.tar.gz"... done
* Generating "Makefile"... done
Select wich product to use. This selection will affect which
configuration files the SDK will use. Select the product in
the list below that closest resemblels your product.
Alternatives:
1. devboard_82+ - "Axis Developer Board 82+/83+"
2. devboard_82 - "Axis Developer Board 82/83"
3. devboard_lx - "Axis Developer Board LX"
4. devboard_lx_ide - "Axis Developer Board LX IDE"
5. fox - "FOX BOARD by ACME systems (www.acmesystems.it) with MCM4+16"
6. mcm_2_8 - "Custom designs with MCM2+8, no additional memory"
7. mcm_4_16 - "Custom designs with MCM4+16, no additional memory"
* Specify product (default: 1. devboard_82+): 5
새로운(N) 쉘

[그림 3-8] 사용자가 사용 중인 보드를 선택하는 화면

③ 본 명령을 통해 커널을 컴파일할 때 추가, 삭제하여야 할 것을 선택할 수 있는 메뉴가 출력되어 커널에서 필요 부분을 추가, 삭제할 수 있어 좀더 최적화된 커널을 만들 수 있다. 특별한 경우를 제외하고는 본 메뉴에서 수정이 필요치 않으나, 사용자에 따라 커널의 테스트를 원하면 바꾸어 가면서 컴파일을 진행할 수 있다.

※ 초보자는 기본사항으로 이미지를 생성하도록 하자.

초보자는 이번 과정은 넘어가고 다음 단계인 ④ /configure 명령을 실행하도록 하자.

- 사용자의 기호에 맞게 3가지 명령어 중 한 가지를 선택해 사용하면 된다.

- make config : 필요한 장치들을 차례대로 하나씩 지정할 수 있다.
- make menuconfig : 필요한 장치들을 메뉴 형식으로 지정할 수 있다.
- make xconfig : 필요한 장치들을 X-windows 환경에서 지정할 수 있다.

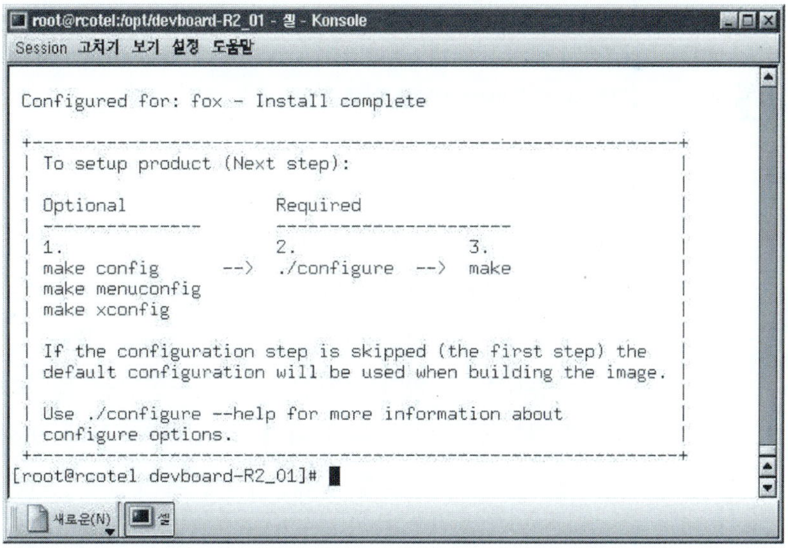
root@rcotel:/opt/devboard-R2_01 - 셸 - Konsole
Session 고치기 보기 설정 도움말
Configured for: fox - Install complete
To setup product (Next step):
Optional
Required
1.
2.
3.
make config --> ./configure --> make
make menuconfig
make xconfig
If the configuration step is skipped (the first step) the default configuration will be used when building the image.
Use ./configure --help for more information about configure options.
[root@rcotel devboard-R2_01]#
새로운(N)
셸

[그림 3-9] 컴파일 SETUP 화면

▶ make config

필요한 장치들을 차례대로 하나씩 지정할 수 있는 명령을 실행해 보자.

```
# make config
```

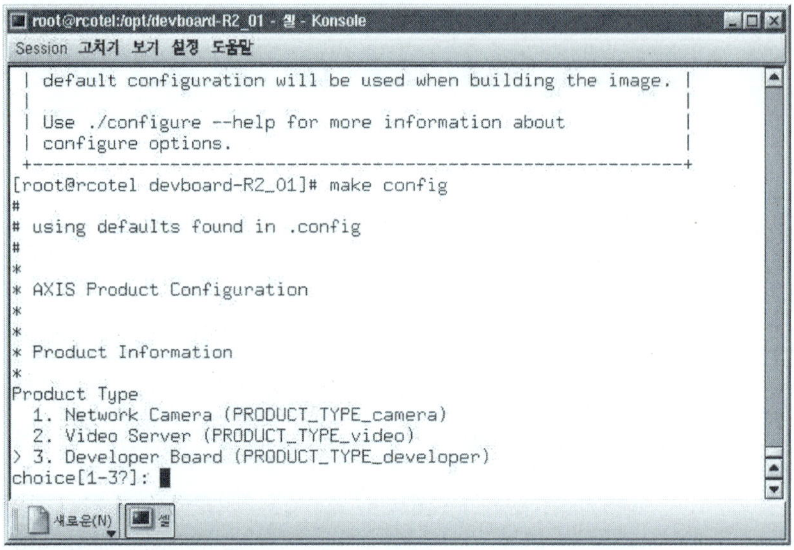
root@rcotel:/opt/devboard-R2_01 - 쉘 - Konsole
Session 고치기 보기 설정 도움말
| default configuration will be used when building the image. |
| Use ./configure --help for more information about |
| configure options. |
[root@rcotel devboard-R2_01]# make config
#
using defaults found in .config
#
*
* AXIS Product Configuration
*
*
* Product Information
*
Product Type
1. Network Camera (PRODUCT_TYPE_camera)
2. Video Server (PRODUCT_TYPE_video)
> 3. Developer Board (PRODUCT_TYPE_developer)
choice[1-3?]:
새로운(N)
쉘

[그림 3-10] make config **실행 화면**

▶ make menucongig

menuconfig를 사용하는 방법에 대해서 설명하자면, 메뉴방식의 화면에서 단축 글쇠와 방향키로 메뉴 사이를 옮겨 다닐 수 있다. "→"표시가 있는 곳에서 엔터키를 누르면 하위 메뉴가 열리고, 〈ESC〉를 두 번 누르면 프로그램을 종료할 수 있다. 〈?〉를 누르면 도움말을 볼 수 있으며, 〈Tab〉키를 누르면 컨트롤 사이를 옮겨 다닐 수 있다. 질문에 대해 Y는 커널에 포함, N은 제외를 뜻하고 설정 상태는 [ ] 안에 *(선택), 빈칸(제외)로 표시된다.

설정이 끝났으면 메인 메뉴에서 "Save Configuration to an Alternate File"을 선택하여 설정 내용을 .config라는 파일에 저장하고 저장된 파일을 읽어 들일 때에는 "Load an Alternate Configuration File"을 선택한다.

```
# make menuconfig
```

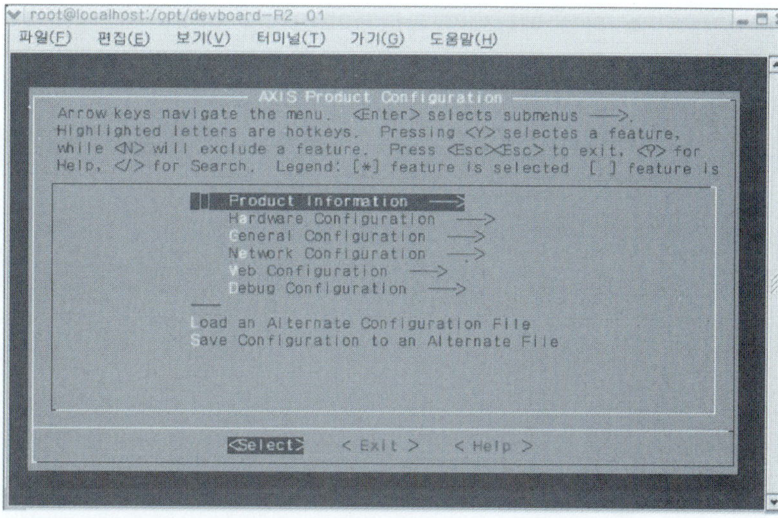
root@localhost:/opt/devboard-R2_01
파일(F) 편집(E) 보기(V) 터미널(T) 가기(G) 도움말(H)
AXIS Product Configuration
Arrow keys navigate the menu. <Enter> selects submenus --->.
Highlighted letters are hotkeys. Pressing <Y> selectes a feature,
while <N> will exclude a feature. Press <Esc><Esc> to exit, <?> for
Help, </> for Search. Legend: [*] feature is selected [ ] feature is
Product Information --->
Hardware Configuration --->
General Configuration --->
Network Configuration --->
Web Configuration --->
Debug Configuration --->
Load an Alternate Configuration File
Save Configuration to an Alternate File
<Select> < Exit > < Help >

[그림 3-11] AXIS Product Configuration 화면

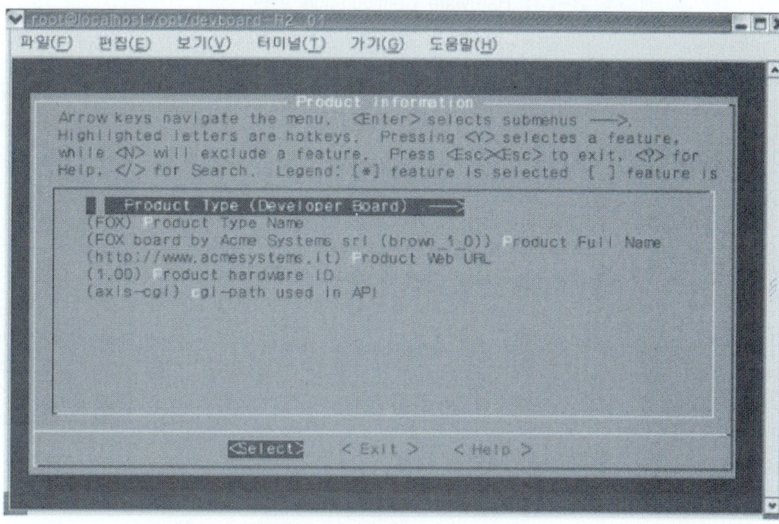
root@localhost:/opt/devboard-R2_01
파일(F) 편집(E) 보기(V) 터미널(T) 가기(G) 도움말(H)
Product Information
Arrow keys navigate the menu. <Enter> selects submenus --->.
Highlighted letters are hotkeys. Pressing <Y> selectes a feature,
while <N> will exclude a feature. Press <Esc><Esc> to exit, <?> for
Help, </> for Search. Legend: [*] feature is selected [ ] feature is
Product Type (Developer Board) --->
(FOX) Product Type Name
(FOX board by Acme Systems srl (brown_1_0)) Product Full Name
(http://www.acmesystems.it) Product Web URL
(1.00) Product hardware ID
(axis-cgi) cgi-path used in API
<Select> < Exit > < Help >

[그림 3-12] Product Information 설정 화면

- 다음 메뉴에서 파티션의 크기를 변경할 수 있다.

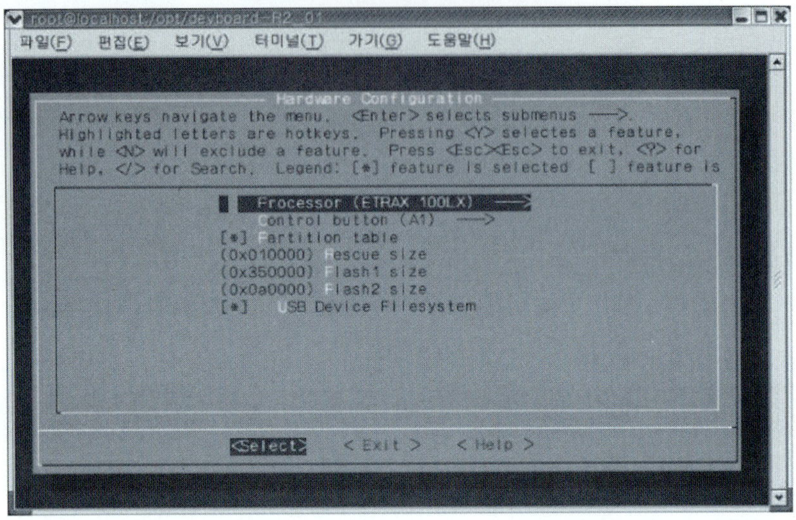

[그림 3-13] Hardware Configuration 화면

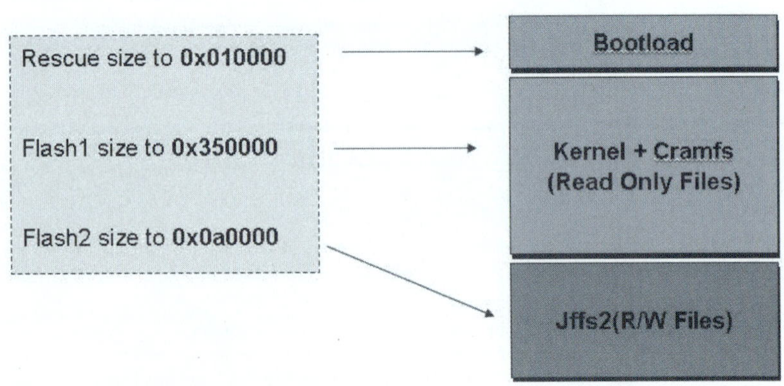

[그림 3-14] 파티션 구조

JFFS2(Journalling Flash File System)

임베디드 컴퓨터는 대개 하드디스크가 없지만, 최근에는 플래시 메모리가 기본적으로 탑재되어 있다. 따라서 플래시 메모리를 사용한 파일시스템의 구축이 필요하며, JFFS2는 플래시 메모리를 위한 파일 시스템의 일종이다. 파일 시스템으로 JFFS2를 사용하면, X image 등의 크기가 큰 파일들을 플래시 메모리에 저장하여 SDRAM의 여분을 늘릴 수 있다. JFFS2 파일 시스템은 MTD드라이버에 의해 플래시 메모리에서 구현되는 파일 시스템이다.

MTD(Memory Technology Devices)란 윈도우와 같은 운영체제에서 하드디스크와 같은 블록 디바이스를 접근할 때, FAT, FAT2, NTFS와 같은 파일 시스템을 사용하고, 리눅스에서는 EXT2, EXT3와 같은 파일 시스템을 사용하는 것처럼 메모리(ROM, RAM, FLASH)와 같은 장비에 접근할 때 사용하는 디바이스를 말한다.

- 다음 메뉴에서 커널이 다양한 기능을 지원할 수 있도록 설정할 수 있다.

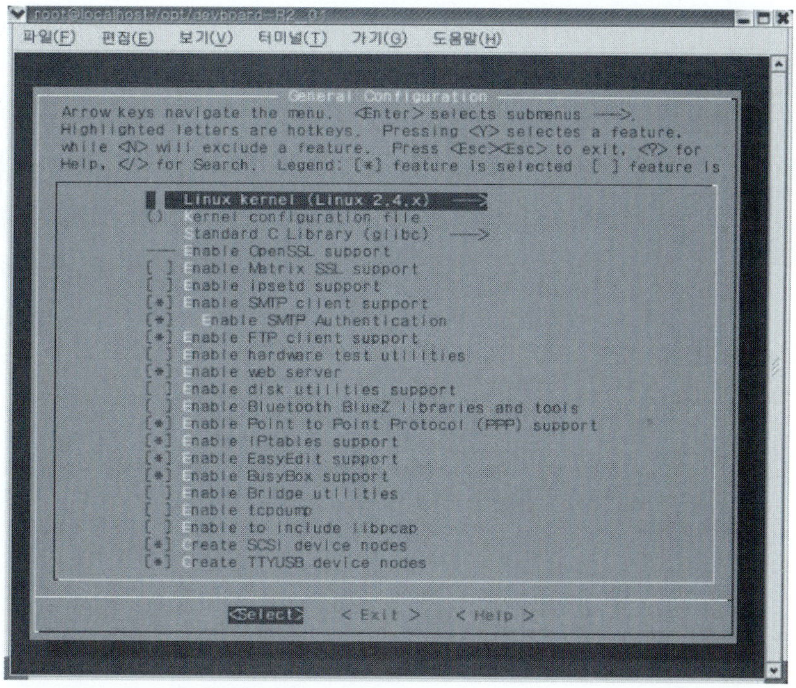

[그림 3-15] General Configuration **화면**

Standard C Library(glibc)

이 메뉴에서 glibc와 uClibc 2가지 종류의 C library를 선택할 수 있다.

glibc는 GNU C library를 뜻하며, C 언어 자체는 input/output, 메모리관리, 문자열 조작 등의 기능이 없고, stdio.h 헤더파일을 include해서 printf 함수를 가지고 출력을 하고, scanf 함수를 가지고 입력을 받을 수 있다. 그리고 malloc, free 함수가 있어야 메모리 관리를 할 수 있고, strcmp, strcat 등의 함수가 있어야 문자열을 조작할 수가 있다. 이러한 것들을 할 수 있도록 도와주는 C library 중에 GNU(GNU is not UNIX)에서 제공하는 library이다.

여기서 GNU는 하나의 프로젝트 그룹으로서 유닉스 호환 자유 소프트웨어를 제작해온 단체를 말한다.

uClibc는 작업환경이 일반 PC보다 비교적 협소한 임베디드 환경에서 사용할 수 있도록 glibc를 축소한 형태의 library이다.

Enable OpenSSL support

SSL(Secure Sockets Layer)는 웹서버 인증, 서버 인증이라고도 하며, 브라우저와 서버간의 통신에서 정보를 암호화함으로써 도중에 해킹을 통해 정보가 유출되더라도 정보의 내용을 보호할 수 있게 해주는 보안 솔루션이다.

SSL는 정보를 암호화하기 위하여 기본 단위들로 나누고 이를 구분하는 것을 담당하는 SSL Record Layer와 암호화 방법이나 키의 결정 및 협상을 담당하는 handshake layer로 구성되어 있다. SSL은 layer가 의미하듯이 TCP/IP 등의 네트워크 전송 서비스 위에 하나의 layer로 따로 구현한다. layer를 하나 더 올리는 대신 API를 기존의 socket과 유사하게 유지함으로써 텔넷이나 FTP와 같은 기존의 모든 TCP/IP 응용프로그램들을 SSL로 포팅하기 쉽게 해준다.

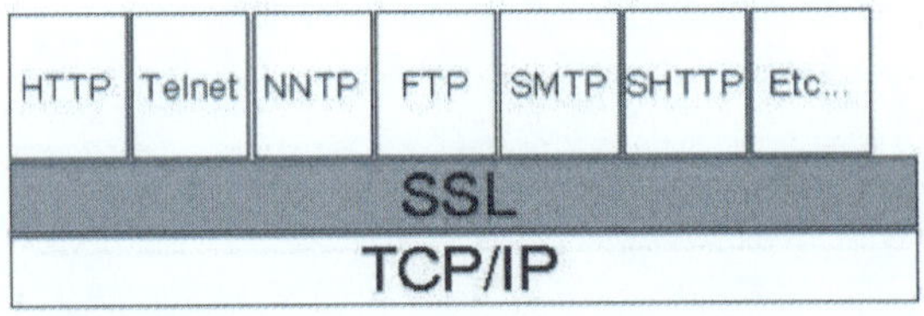

[그림 3-16] Secure Socket Layer

Enable ipsetd support

ipsetd는 ARP과 ping 명령어로 타깃 보드에 임시적으로 IP를 세팅할 때 필요한 application이다.

Enable SMTP client support

SMTP(Simple Mail Transfer Protocol)는 전자우편을 전송할 때 이용되는 표준 프로토콜로서 인터넷이 연결된 PC에서 전자우편을 보낼 때 사용하는 '아웃룩'과 같은 이메일 프로그램은 대부분 SMTP를 사용한다. 이렇게 보낸 전자우편은 해당 전자우편 프로그램에서 POP 또는 IMAP이란 프로토콜을 이용하여 수신할 수 있다. SMTP는 일반적으로 전자우편 클라이언트 프로그램에서 전자우편 서버로 보낼 때 사용된다.

▪ Enable FTP client support

FTP(File Transfer Protocol)는 인터넷상에서 근거리 시스템과 원격 시스템 사이의 파일 송수신을 위해 사용되는 프로토콜 또는 서비스를 말한다. 파일을 주고받는다는 측면에서는 전자메일과 비슷하게 느껴지기도 하지만 메시지를 주고받는 대상이 정해져 있는 전자메일과는 달리 FTP는 주로 파일을 제공하는 서버라는 주체가 있고, 이 서버에서 파일을 받아가는 클라이언트라는 사용자로 구분되어 메시지를 전달하는 방식이다.

▪ Enable hardware test utilities

하드웨어를 테스트할 수 있는 유틸리티의 사용 여부를 설정할 수 있다.

▪ Enable web server

웹 서버의 사용 여부를 설정할 수 있다.

▪ Enable disk utilities support

파티션과 파일 시스템을 관리하는 유틸리티의 사용 여부를 설정할 수 있다.

▪ Enable Bluetooth Bluez libraries and tools

Bluez는 리눅스 공식 Bluetooth stach이며, Bluetooth의 핵심 Layers와 Protocol을 제공한다.

▪ Enable Point to Point Protocol(PPP) support

PPP는 두 대의 컴퓨터가 직렬 인터페이스를 이용하여 통신을 할 때 필요한 프로토콜로서, 특히 전화회선을 통해 서버에 연결하는 PC에서 자주 사용된다. 예를 들면, 대부분의 ISP(Internet Server Provider)들은 자신들의 가입자를 위해 인터넷 PPP 접속을 제공함으로써, 사용자의 요구에 서버가 응답하고, 그 서버를 통해 인터넷으로 나아갈 수 있도록 하며, 사용자 요구에 따른 응답을 다시 사용자에게 보내주는 등의 일을 할 수 있도록 한다. PPP는 IP를 사용하며, 때로 TCP/IP 프로토콜 군의 하나로 간주한다. PPP는 OSI 참조모델과 비교하면 제 2계층에 해당하는 데이터링크 서비스를 제공한다. 본래 PPP는 컴퓨터의 TCP/IP 패킷들을 포장해서 그것들이 실제로 인터넷으로 보내질 수 있도록 서버로 전달한다.

Enable IPtables support

IPtables의 기능은 다음과 같다.

- **상태추적(Stateful Inspection) 기능** : 최근에 방화벽에서 제공하는 고급기능인 상태추적은 방화벽을 통과하는 모든 패킷에 대한 상태를 추적하여 메모리에 기억하고 있다가 기존의 연결을 가장하여 접근할 경우 메모리에 저장된 목록과 비교하여 적합하면 통과시키고 그렇지 않으면 거부하는 기능으로 지능화된 공격시도를 차단할 수 있는 고급기능 중의 하나이다.
- **향상된 매칭기능** : IPtables는 방화벽에서 기본적으로 제공하는 매칭정보인 패킷의 IP주소와 포트번호뿐만 아니라 추가로 다양한 매칭기능을 제공하는데, 현재의 연결상태, 포트목록, 하드웨어 MAC주소, 패킷 발신자의 유저나 그룹 또는 프로세서, IP헤더의 TOS 등 여러 가지 조건을 이용하여 세부적이고 복잡한 매칭 및 필터링이 가능하다.
- **향상된 로깅 기능** : 룰에 매칭하는 패킷에 대하여 원하는 대로 원하는 형식으로 쉽게 로그에 남길 수 있다. 이 기능을 통해서 로그분석이 간결해 진다.
- **포트포워딩(port forwarding) 기능 내장** : ipchains를 사용할 때는 NAT를 이용하기 위해서 별도로 분리되어 있던 ipmasqadm을 사용해야 했었지만, ipchains에는 NAT 기능이 자체 내장되어 있어서 NAT를 위해서 별도의 프로그램을 이용할 필요 없이 커널메뉴에서 선택만 해주면 iptables 만으로도 사용이 가능하다. 또한 NAT 등 포트포워딩뿐만 아니라 리눅스 서버 자체에 설치할 수도 있고 브리지 등 다양한 네트워크 구조를 지원하여 원하는 방식대로 네트워크를 구성할 수 있어 방화벽에 네트워크 구조를 맞추는 것이 아니라 네트워크 구조에 방화벽을 맞출 수 있다.

Enable EasyEdit support

EasyEdit라는 텍스트 에디터의 사용 여부를 설정할 수 있다.

Enable BusyBox support

BusyBox는 리눅스 상에서 자주 사용 되는 명령어들만 한데 모아서 압축해 놓은 '명령어 압축 파일'이다. 일반적인 리눅스에서 사용되는 각 명령어들만 모아 놓아도 그 크기가 굉장히 크므로 BusyBox에서는 각각의 함수들을 최소

사이즈로 다시 구현해 놓았다.

Enable Bridge utilities

- **Bridge 사용의 장점** : 커널에서 IP계층으로 전달 단계, 라우팅 테이블 검색 과정, 계층 2주소 변환 및 계층 2 프로토콜 재설정 과정을 생략한다. 단순한 브리지로 동작하므로 네트워크 구성의 변경 및 추가적인 IP Addressing 작업이 필요하지 않고, 기존에 사용하던 라우팅 프로토콜을 변경할 필요가 없다.
- **Bridge 사용의 단점** : 주소변환 NAT는 3계층에서 수행되는 작업이므로 NAT 사용이 불가능 하고, Split DNS는 2개의 IP를 통해 다른 네트워크의 질의에 대해 서로 다른 DNS에 질의 결과를 서비스하는 기능으로 브리지는 한 개의 IP만을 가지므로 Split DNS로 동작할 수 없다. 그리고 내부망 IP주소를 발신지로 하는 패킷들에 대한 외부망 패킷 유입을 차단하는 해킹방어 기능을 사용할 수 없다. 해킹방어 기능을 하기 위해서는 라우팅 테이블을 통해 판단을 하여야 하는데 라우팅 테이블이 없는 브리지에서는 불가능하다.

제 3 장

Enable tcpdump

tcpdump는 Lawrence Berkley Nation Lab의 Network Rearch Gruop에서 만든 것으로 네트워크의 패킷을 출력해 주는 프로그램이다. 주어진 조건식을 만족하는 네트워크 인터페이스를 거치는 패킷들의 헤더들을 출력해 주는 프로그램이다. 주로 지정된 상대방 호스트로부터 들어오는 패킷을 체크하는 데 사용한다.

Enable to include libpcap

패킷을 캡처하기 위한 도구로는 BPF(Berkeley Packet Filter), DLPI, NIT, SNOOP, SNIT, SOCK_PACKET, LSF(Linux Socket Filter), drain 등 운영체제별로 다양한 도구가 있다. 운영체제별로 패킷 캡처하기 위해 코드를 별도로 구성하는 것은 매우 번거로운 일이다. 따라서 이와 같은 다양한 도구들을 수용하는 Portable한 API가 개발되었고 이것이 바로 libpcap이다.

라이브러리 사용자는 운영체제의 각기 다른 datalink로의 접근 방법에 상관없이 libpcap를 이용하여 소기의 목적을 달성할 수 있다. libpcap을 이용한 대표적인 툴이 바로 tcpdump이다.

▪ **Create SCSI device nodes**

SCSI 디바이스 노드를 만들 수 있다.

▪ **Create TTYUSB device nodes**

TTYUSB 디바이스 노드를 만들 수 있다.

- 다음 메뉴에서 네트워크에 관련된 설정을 할 수 있다.

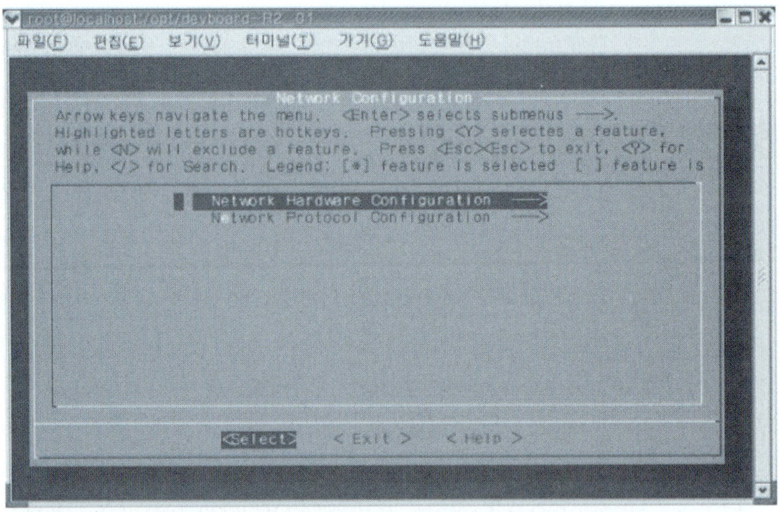
파일(F) 편집(E) 보기(V) 터미널(T) 가기(G) 도움말(H)
Network Configuration
Arrow keys navigate the menu. <Enter> selects submenus --->.
Highlighted letters are hotkeys. Pressing <Y> selectes a feature,
while <N> will exclude a feature. Press <Esc><Esc> to exit, <?> for
Help, </> for Search. Legend: [*] feature is selected [ ] feature is
Network Hardware Configuration --->
Network Protocol Configuration --->
<Select> < Exit > < Help >

[그림 3-17] Network Configuration 화면

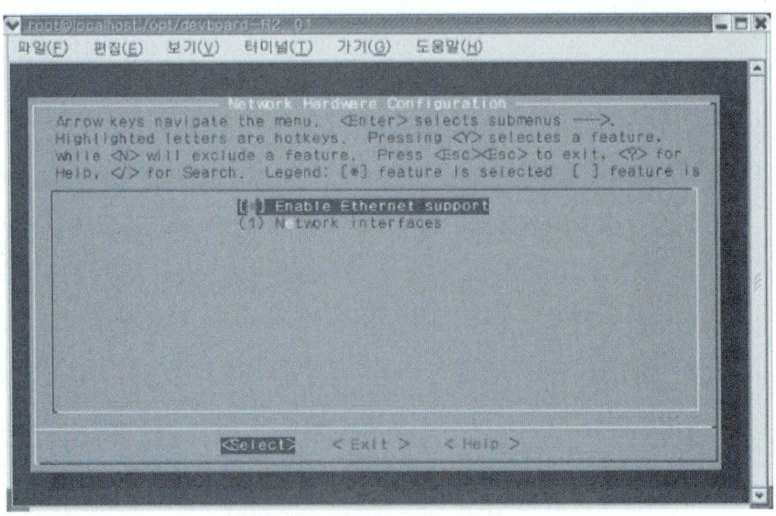
파일(F) 편집(E) 보기(V) 터미널(T) 가기(G) 도움말(H)
Network Hardware Configuration
Arrow keys navigate the menu. <Enter> selects submenus --->.
Highlighted letters are hotkeys. Pressing <Y> selectes a feature,
while <N> will exclude a feature. Press <Esc><Esc> to exit, <?> for
Help, </> for Search. Legend: [*] feature is selected [ ] feature is
Enable Ethernet support
(1) Network interfaces
<Select> < Exit > < Help >

[그림 3-18] Network Hardware Configuration 화면

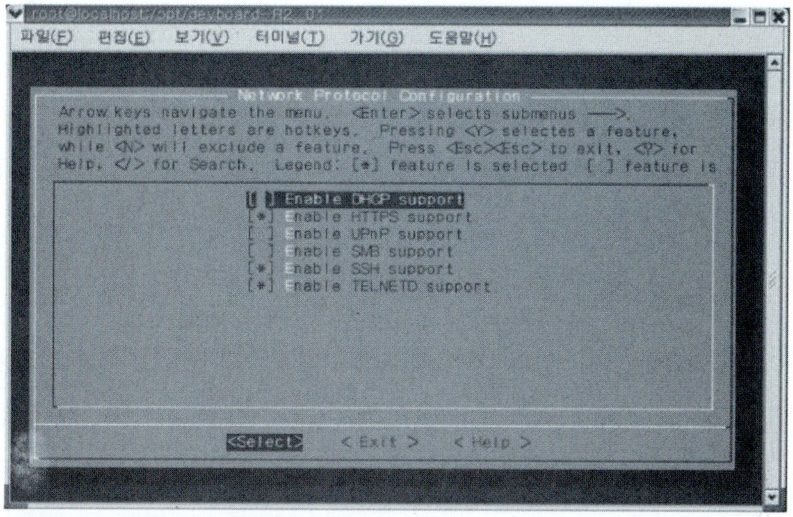
파일(F) 편집(E) 보기(V) 터미널(T) 가기(G) 도움말(H)
Network Protocol Configuration
Arrow keys navigate the menu. <Enter> selects submenus --->.
Highlighted letters are hotkeys. Pressing <Y> selectes a feature,
while <N> will exclude a feature. Press <Esc><Esc> to exit, <?> for
Help, </> for Search. Legend: [*] feature is selected [ ] feature is
[ ] Enable DHCP support
[*] Enable HTTPS support
[ ] Enable UPnP support
[ ] Enable SMB support
[*] Enable SSH support
[*] Enable TELNETD support
<Select> < Exit > < Help >

[그림 3-19] Network Protocol Configuration 화면

Enable DHCP support

DHCP(Dynamic Host Configuration Protocol)는 네트워크 관리자들이 조직 내의 네트워크상에서 IP 주소를 중앙에서 관리하고 할당해줄 수 있도록 해주는 프로토콜이다. 인터넷의 TCP/IP 프로토콜에서는 각 컴퓨터들이 고유한 IP주소를 가져야만 인터넷에 접속할 수 있다. 조직에서 컴퓨터 사용자들이 인터넷에 접속할 때, IP주소는 각 컴퓨터에 반드시 할당되어야만 하며, 만약 컴퓨터들이 네트워크의 다른 부분에 속한 장소로 이동되면 새로운 IP주소를 입력해야 한다. DHCP는 컴퓨터가 네트워크의 다른 장소에 접속되었을 때 자동으로 새로운 IP주소를 보내줄 수 있게 해주고 영구적인 IP 주소를 필요로 하는 웹서버에 대해서는 정적인 주소를 제공한다.

우리가 흔히 주위에서 볼 수 있는 DHCP 사용 예는 케이블모뎀으로 인터넷을 연결하는 경우이다. 케이블모뎀 회사의 DHCP서버에서 PC에 IP주소를 할당해 주는데 여기에 DHCP 프로토콜이 사용된다. 여기서 케이블모뎀 회사에는 DHCP 서버 프로그램이 작동하고 있고 개인 PC에는 DHCP 클라이언트 프로그램이 사용되는 것이다.

사용자가 인터넷을 연결했거나 또는 내부 네트워크에서 TCP/IP 프로토콜을 사용하고 있다면 모든 PC에는 최소 3가지(IP주소, 게이트웨이 주소, DNS 서버 주소) 정보를 입력해야 한다. 그런데 IP주소는 시스템마다 달라야 하고, 나머지 둘은 거의 변하지 않지만 어쨌든 바뀐다면 모든 시스템에서 설정을

바꾸어야 한다. 컴퓨터가 몇 대라면 별문제가 아니지만 수십 대라면 이런 작업을 해 주는 게 간단하지는 않다. 이때 DHCP 서버를 설치한다면 모든 시스템에서 IP주소 중복 문제를 걱정할 필요가 없다. 게이트웨이 주소나 DNS서버 주소가 변해도 PC마다 다시 지정할 필요가 없고 DHCP 서버에서만 변경하면 끝난다.

또 하나 본사와 사무소가 별도로 인터넷을 연결해 사용하는 경우 노트북 사용자가 다른 사무소에 출장을 가서 인터넷을 연결하려면 사무소마다 네트워크 설정을 바꾸어야 한다. 그런데 두 사무소에 모두 DHCP 서버를 설치했다면 노트북 사용자는 어느 사무소에 가서든 랜케이블만 꼽으면 바로 인터넷 사용이 가능해진다.

Enable HTTPS support

HTTPS는 월드 와이드 웹 통신 프로토콜인 HTTP의 보안이 강화된 버전으로 통신에서의 인증과 암호화를 위해 넷스케이프 커뮤니케이션즈 코퍼레이션이 개발했으며, 전자상거래에서 널리 쓰이고 있고, 소켓 통신에서 일반 텍스트를 이용하는 대신에, SSL이나 TLS 프로토콜을 통해 세션 데이터를 암호화한다. 따라서 데이터의 적절한 보호를 보장한다.

HTTPS의 기본 TCP/IP 포트는 443이고, HTTPS를 사용하는 웹페이지의 URL은 'http://' 대신 'https://'로 시작한다. 보호의 수준은 웹 브라우저에서의 구현 정확도와 서버 소프트웨어, 지원하는 암호화 알고리즘에 달려 있다.

Enable UPnP support

UPnP(Universal Plug & Play)는 마이크로소프트사가 1999년에 발표한 것으로, 개인용 컴퓨터(PC)나 인쇄기 등의 각종 주변 기기를 가정의 네트워크에 접속해 공유할 수 있도록 하는 기술로 일반 기기들이 자신의 고유한 IP 주소를 가지고 인터넷 프로토콜을 이용한 기기들 간의 통신이 가능하도록 TCP/IP, 동적 호스트 설정 통신 규약(DHCP) 등의 인터넷 관련 프로토콜을 사용하고, 그 구현은 확장성 생성 언어(XML)를 통해서 이루어진다. 기존의 플러그 앤 플레이는 PC에 주변 기기를 접속할 수 있는 것이지만 범용 플러그 앤 플레이는 이를 확장하여 홈 네트워크에서도 적용할 수 있도록 한 것이다.

Enable SMB support

SMB(Server Message Block)는 도스나 윈도우에서 파일이나 디렉터리 및 주변장치들을 공유하는 데 사용되는 메시지 형식이다. NetBIOS는 SMB 형식에 기반을 두고 있으며, 많은 네트워크 제품들도 SMB를 사용한다. 이러한 SMB 기반의 네트워크에는 랜매니저, Windows for Workgroups, 윈도우NT, 그리고 Lan Server 등이 있다. 서로 다른 운영체계 플랫폼 사이에 파일을 공유할 수 있도록 하기 위해 SMB를 사용하는 제품들도 많이 있다.

그 중 하나가 삼바(Samba)인데, 삼바는 SMB 프로토콜을 유닉스 컴퓨터에 구현한 프리웨어로서, 원래 국립 호주대학의 앤드루 트리젤이 유닉스용으로 개발하였다. 이것은 윈도우 클라이언트에서 유닉스 서버에 있는 파일이나 프린터를 공유할 수 있게 해준다. 예를 들면, 유닉스 서버에 있는 파일을 편집하기 위하여 텔넷으로 접속하는 대신에, 윈도우즈 사용자가 윈도우즈 익스플로러 내에 있는 드라이버에 연결함으로써 유닉스 컴퓨터상의 삼바 서버에 접속한 후, 윈도우용 에디터를 이용하여 그 파일을 편집할 수 있다.

Enable SSH support

SSH(Secure Shell)는 네트워크의 다른 컴퓨터에 로그인할 수 있으며, 원격 시스템에서 명령을 실행하고 다른 시스템으로 파일을 복사할 수 있도록 해주는 프로그램이다. 강력한 인증방법과 안전하지 못한 네트워크에서 안전하게 통신을 할 수 있는 기능을 제공해 줌으로써 사용자가 안전하게 통신하는 것을 지원한다.

또한, SSH는 두 호스트 간의 통신 암호화와 사용자 인증을 위하여 공개 열쇠 암호 기법을 사용하게 된다. 즉 telnet, rlogin, rcp 등과 비교해 보면 이들은 스니핑을 당하면 입력 문자 그대로 패킷이 쉽게 노출된다. 이에 반해 SSH는 이 모든 문자들을 암호화하여 비록 노출이 된다 하더라도 이해할 수 없는 암호화된 문자로 나타나게 된다. 또 IP 스푸핑, DNS 스푸핑 등으로부터 SSH를 사용하면 보호가 가능하다. 세션 하이젝킹(session hijacking)과 DNS 스푸핑을 방지해 주면서 원격 호스트에 로그인 하거나 호스트끼리 데이터를 복사하기 위해 사용될 수 있다.

일반 login 프로그램과 달리 패킷 전송시 암호화하기 때문에 원격 관리의 보안이 매우 안정적이다. SSH는 RSA공개키/개인키 방식을 이용하여 암호화하게 되는데 Secure ID, S/Key, Kerberos and TIS 역시 지원한다. 또한 X11서버와 연결도 지원하므로 접속한 서버의 X프로그램 또한 실행 가능하게 해준다. 그리고 파일 전송 및 sftp까지 지원을 하고 있으며, SOCKS도 지원한다. 현재는 SSH1과 SSH2가 나와 있는데 SSH1은 공개로 자유롭게 사용 가능하지만 SSH2는 비상업적인 경우에만 자유롭게 사용할 수 있는 라이센스 제한을 가하고 있다.

참고로 1995년에 설립된 SSH Communication Security Ltd.는 networking application에 암호학적 기법을 도입했으며 SSH Communication Security Ltd.는 인터넷상에서나 세계의 cryptographic products에 가장 많이 사용되어 오고 있고, strong security와 high efficiency로 이름이 알려졌으며 우리에게 여러 가지 환경에서 적응할 수 있도록 지원을 해준다. 이러한 모든 솔루션들의 기반은 암호학 알고리즘과 프로토콜이다.

Enable TELNETD support

TELNETD는 텔넷 서버 데몬을 말하며, 텔넷은 인터넷을 통하여 원격지의 호스트 컴퓨터에 접속할 때 지원되는 인터넷 표준 프로토콜로서, 인터넷 사용자는 텔넷을 이용하여 전 세계의 다양한 온라인 서비스를 제공받을 수 있다. 물론 다른 컴퓨터에 접속하려면 그 컴퓨터를 사용할 수 있는 사용자 번호와 비밀번호를 알고 있어야 한다.

이 텔넷 응용서비스가 매우 효과적인 이유는 거리에 관계없이 쉽게 원격 시스템에 접속할 수 있기 때문이다. 텔넷도 다른 TCP/IP 프로토콜의 인터넷 응용서비스들과 마찬가지로 모두 고유의 포트번호를 가지고 있는데 텔넷은 23번이라는 고유 포트번호를 가진다. 일반적으로는 이 번호를 사용하지만 특별한 게임이나 채팅 등의 서비스 제공이나 문제 해결을 위한 디버깅을 위해서 별도의 포트번호를 사용할 수도 있다.

Sample web pages

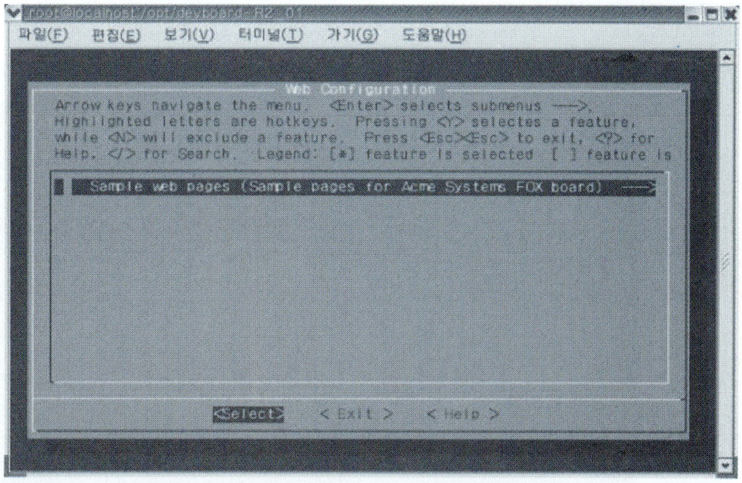
root@localhost:/opt/devboard-R2_01
파일(F) 편집(E) 보기(V) 터미널(T) 가기(G) 도움말(H)
Web Configuration
Arrow keys navigate the menu. <Enter> selects submenus --->.
Highlighted letters are hotkeys. Pressing <Y> selectes a feature,
while <N> will exclude a feature. Press <Esc><Esc> to exit, <?> for
Help, </> for Search. Legend: [*] feature is selected [ ] feature is
Sample web pages (Sample pages for Acme Systems FOX board) --->
<Select> < Exit > < Help >

[그림 3-20] Web Configuration **화면**

RCO board용 Sample web pages의 생성 여부를 설정할 수 있다.

Enable GDB server support

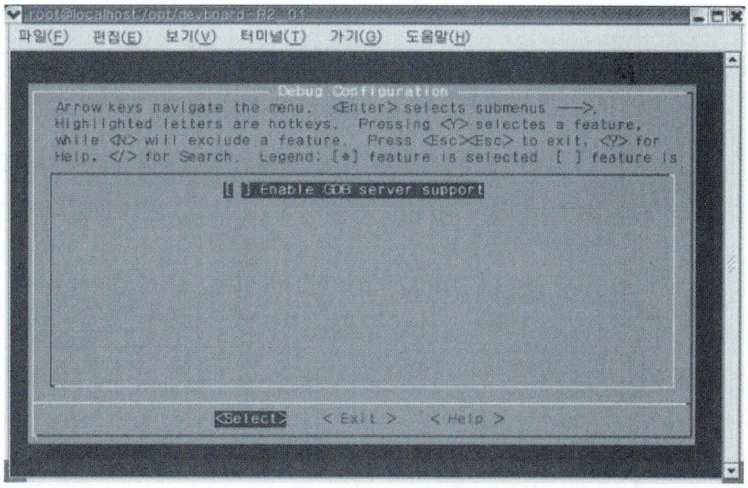
root@localhost:/opt/devboard-R2_01
파일(F) 편집(E) 보기(V) 터미널(T) 가기(G) 도움말(H)
Debug Configuration
Arrow keys navigate the menu. <Enter> selects submenus --->.
Highlighted letters are hotkeys. Pressing <Y> selectes a feature,
while <N> will exclude a feature. Press <Esc><Esc> to exit, <?> for
Help, </> for Search. Legend: [*] feature is selected [ ] feature is
[ ] Enable GDB server support
<Select> < Exit > < Help >

[그림 3-21] Debug Configuration **화면**

GDB(GNU DeBugger)를 사용하면 프로그램이 실행될 때의 내부 구조나 프로그램이 실행 중 충돌된 순간에 무엇이 일어났는지 알 수 있으며, 프로그램의 실행방식에 영향을 주는 조건을 지정하여 프로그램을 시작시킬 수 있으며, 프로그램을 변경하여 버그를 수정한 효과를 확인하고 계속 다른 버그에 대해 추적할 수 있다.

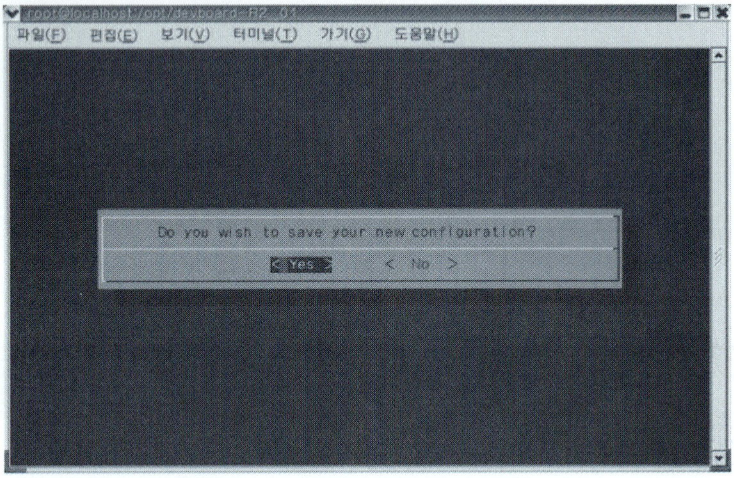
root@localhost:/opt/devboard-R2_01
파일(F) 편집(E) 보기(V) 터미널(T) 가기(G) 도움말(H)
Do you wish to save your new configuration?
< Yes >
< No >

[그림 3-22] Exit 화면

▶ make xconfig

필요한 장치들을 X-windows 환경에서 지정할 수 있는 명령을 실행해 보자.

```
# make xconfig
```

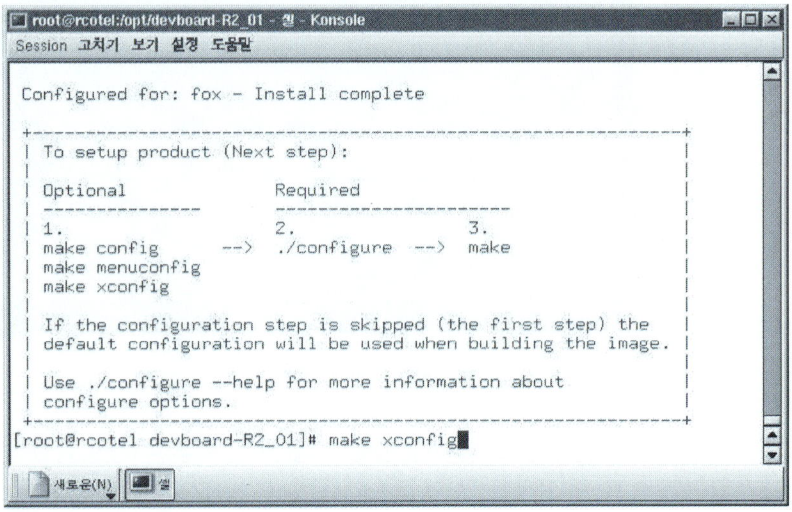
root@rcotel:/opt/devboard-R2_01 - 쉘 - Konsole
Session 고치기 보기 설정 도움말
Configured for: fox - Install complete
To setup product (Next step):
Optional
Required
1.
make config
-->
2.
./configure
-->
3.
make
make menuconfig
make xconfig
If the configuration step is skipped (the first step) the
default configuration will be used when building the image.
Use ./configure --help for more information about
configure options.
[root@rcotel devboard-R2_01]# make xconfig
새로운(N)
쉘

[그림 3-23] make xconfig 실행 화면

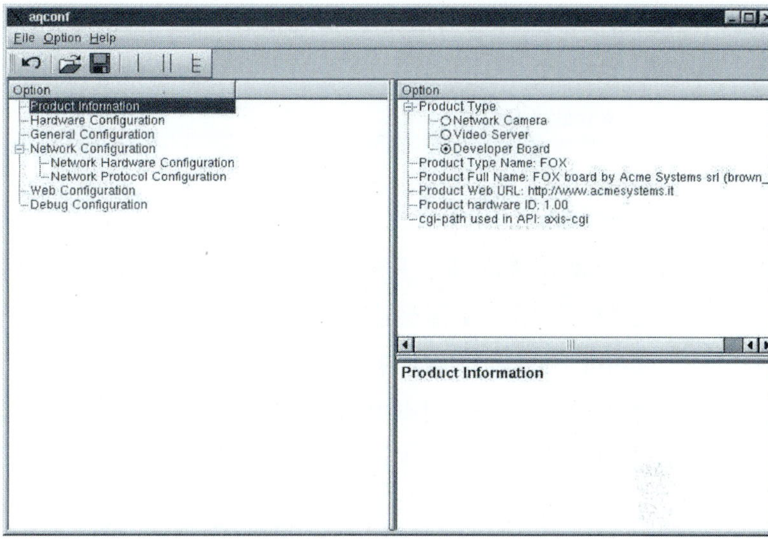

[그림 3-24] xconfig 실행 화면

④ 커널을 컴파일할 때 추가, 삭제하여야 할 것을 선택하였다면, 환경설정을 위해 configure를 실행한다.

```
# ./configure
```

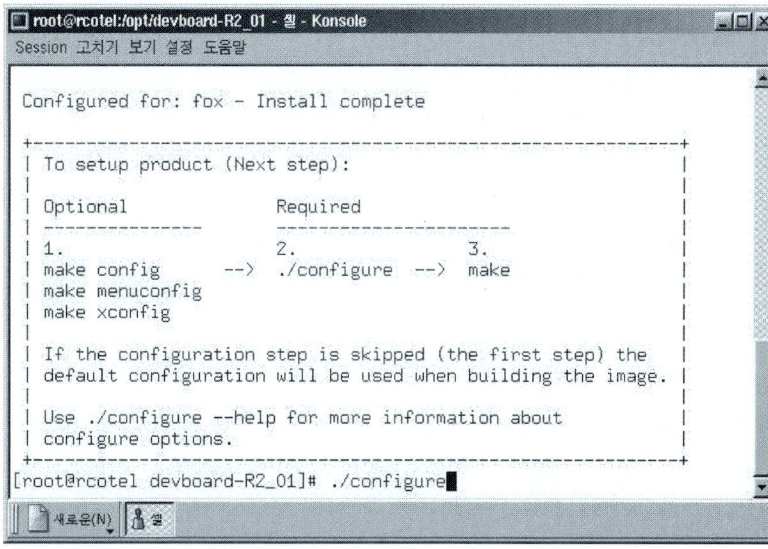

[그림 3-25] configure 실행 화면

⑤ 컴파일한다. 컴파일하는 데 상당한 시간이 소요된다.

```
# make
```

make

make 명령은 대상 디렉터리의 Makefile이라는 이름을 가지고 있는 파일을 참조하고, 거기에 설정되어 있는 컴파일 명령을 shell을 통해서 실행하는 명령이다. make 명령은 덩치가 큰 프로그램을 개발하고, 컴파일할 때 유용하게 쓰인다. make 명령 없이 일일이 컴파일 명령을 내리는 것이 불편하기는 하지만, 그것은 배치파일을 통해서도 얼마든지 해결할 수 있는 문제이다. 하지만 make 명령을 사용하는 진짜 이유는 컴파일 시간을 단축하기 위해서 이다. make 명령을 사용하면, 소스코드에서 수정이 일어난 파일에 대해서만 부분적으로 컴파일을 수행하기 때문이다. 또한 Makefile에 여러 가지 옵션을 지정해 놓으면, 필요에 따라 쉽게 원하는 형태의 작업을 할 수 있다.

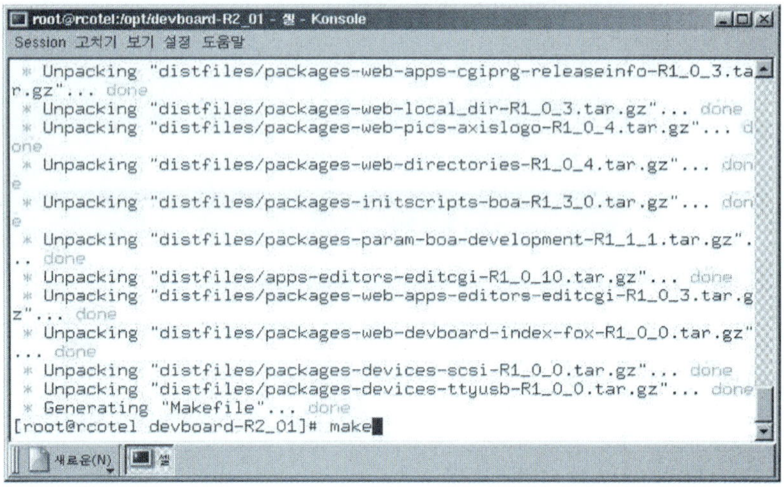
root@rcotel:/opt/devboard-R2_01 - 쉘 - Konsole
Session 고치기 보기 설정 도움말
* Unpacking "distfiles/packages-web-apps-cgiprg-releaseinfo-R1_0_3.tar.gz"... done
* Unpacking "distfiles/packages-web-local_dir-R1_0_3.tar.gz"... done
* Unpacking "distfiles/packages-web-pics-axislogo-R1_0_4.tar.gz"... done
* Unpacking "distfiles/packages-web-directories-R1_0_4.tar.gz"... done
* Unpacking "distfiles/packages-initscripts-boa-R1_3_0.tar.gz"... done
* Unpacking "distfiles/packages-param-boa-development-R1_1_1.tar.gz"... done
* Unpacking "distfiles/apps-editors-editcgi-R1_0_10.tar.gz"... done
* Unpacking "distfiles/packages-web-apps-editors-editcgi-R1_0_3.tar.gz"... done
* Unpacking "distfiles/packages-web-devboard-index-fox-R1_0_0.tar.gz"... done
* Unpacking "distfiles/packages-devices-scsi-R1_0_0.tar.gz"... done
* Unpacking "distfiles/packages-devices-ttyusb-R1_0_0.tar.gz"... done
* Generating "Makefile"... done
[root@rcotel devboard-R2_01]# make
새로운(N)
쉘

[그림 3-26] make 실행 화면

⑥ 컴파일 도중 etrax100boot setuid를 make하기를 원하느냐는 질문에 y를 선택한다.

```
Do you want to make etrax100boot setuid root now [yn]? :y
```

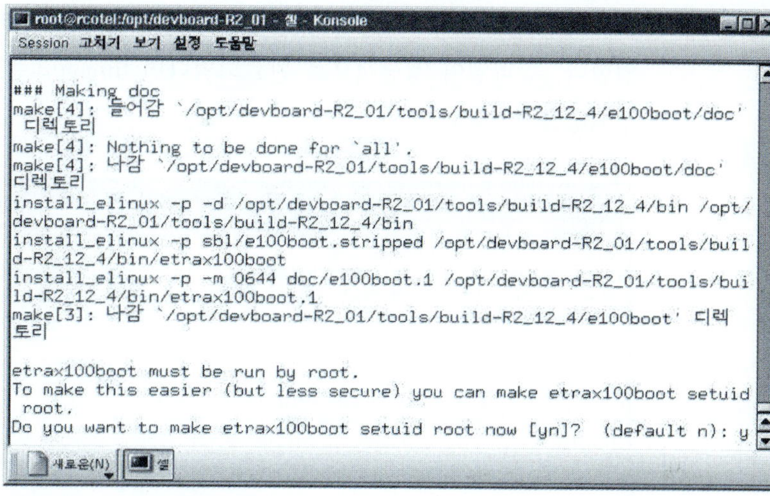
root@rcotel:/opt/devboard-R2_01 - 쉘 - Konsole
Session 고치기 보기 설정 도움말
Making doc
make[4]: 들어감 `/opt/devboard-R2_01/tools/build-R2_12_4/e100boot/doc' 디렉토리
make[4]: Nothing to be done for `all'.
make[4]: 나감 `/opt/devboard-R2_01/tools/build-R2_12_4/e100boot/doc' 디렉토리
install_elinux -p -d /opt/devboard-R2_01/tools/build-R2_12_4/bin /opt/devboard-R2_01/tools/build-R2_12_4/bin
install_elinux -p sbl/e100boot.stripped /opt/devboard-R2_01/tools/build-R2_12_4/bin/etrax100boot
install_elinux -p -m 0644 doc/e100boot.1 /opt/devboard-R2_01/tools/build-R2_12_4/bin/etrax100boot.1
make[3]: 나감 `/opt/devboard-R2_01/tools/build-R2_12_4/e100boot' 디렉토리
etrax100boot must be run by root.
To make this easier (but less secure) you can make etrax100boot setuid root.
Do you want to make etrax100boot setuid root now [yn]? (default n): y
새로운(N) 셸

[그림 3-27] 컴파일 진행 화면

⑦ 컴파일이 정상적으로 완료되면 아래와 같은 화면을 볼 수 있다.

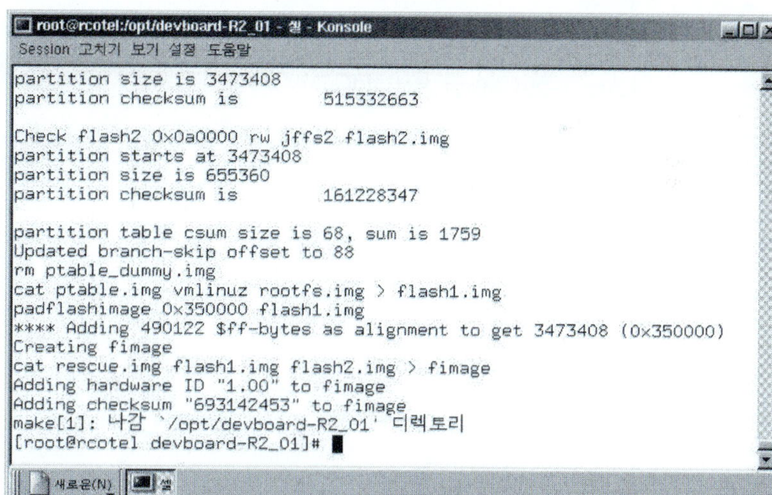
root@rcotel:/opt/devboard-R2_01 - 쉘 - Konsole
Session 고치기 보기 설정 도움말
partition size is 3473408
partition checksum is 515332663
Check flash2 0x0a0000 rw jffs2 flash2.img
partition starts at 3473408
partition size is 655360
partition checksum is 161228347
partition table csum size is 68, sum is 1759
Updated branch-skip offset to 88
rm ptable_dummy.img
cat ptable.img vmlinuz rootfs.img > flash1.img
padflashimage 0x350000 flash1.img
**** Adding 490122 $ff-bytes as alignment to get 3473408 (0x350000)
Creating fimage
cat rescue.img flash1.img flash2.img > fimage
Adding hardware ID "1.00" to fimage
Adding checksum "693142453" to fimage
make[1]: 나감 `/opt/devboard-R2_01' 디렉토리
[root@rcotel devboard-R2_01]#
새로운(N) 셸

[그림 3-28] 컴파일 완료 화면

⑧ 컴파일이 정상적으로 완료되었는지 /opt/devboard-R2_01폴더의 내용을 확인한다. 컴파일이 정상적으로 완료되었다면 fimage라는 이미지 파일이 생성되었을 것이다.

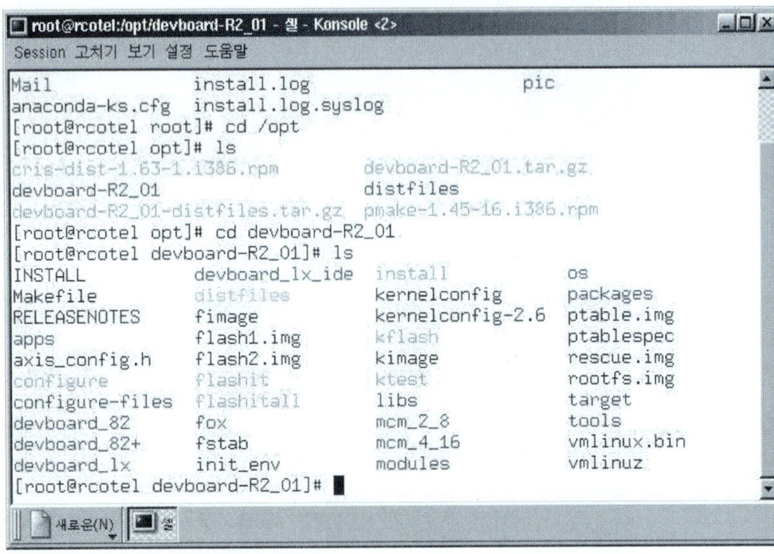
root@rcotel:/opt/devboard-R2_01 - 셸 - Konsole <2>
Session 고치기 보기 설정 도움말
Mail install.log pic
anaconda-ks.cfg install.log.syslog
[root@rcotel root]# cd /opt
[root@rcotel opt]# ls
cris-dist-1.63-1.i386.rpm devboard-R2_01.tar.gz
devboard-R2_01 distfiles
devboard-R2_01-distfiles.tar.gz pmake-1.45-16.i386.rpm
[root@rcotel opt]# cd devboard-R2_01
[root@rcotel devboard-R2_01]# ls
INSTALL devboard_lx_ide install os
Makefile distfiles kernelconfig packages
RELEASENOTES fimage kernelconfig-2.6 ptable.img
apps flash1.img kflash ptablespec
axis_config.h flash2.img kimage rescue.img
configure flashit ktest rootfs.img
configure-files flashitall libs target
devboard_82 fox mcm_2_8 tools
devboard_82+ fstab mcm_4_16 vmlinux.bin
devboard_lx init_env modules vmlinuz
[root@rcotel devboard-R2_01]#
새로운(N) 셸

[그림 3-29] fimage **생성 화면**

3.3 이미지 퓨징

리눅스 이미지 퓨징(image fusing)은 리눅스를 임베디드 시스템, 즉 타깃 보드에서 구동되도록 만든 실행 파일들을 시스템에 적재하는 과정을 말한다. 퓨징할 파일은 컴파일을 통하여 만들어진 fimage이라는 이미지 파일이다.

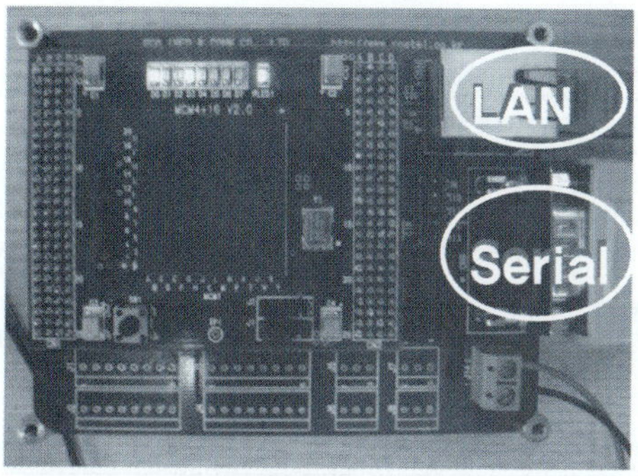

[그림 3-30] RCO 보드

칩에 이미지를 퓨징하기 위해서는 먼저 LAN포트에 크로스 케이블이 연결되어 있어야 한다. 시리얼 포트에는 시리얼 케이블을 연결한다. 크로스 케이블을 연결할 때는 윈도우즈의 작업 표시줄에 이더넷포트가 '연결됨'으로 되도록 신경 써서 연결한다.

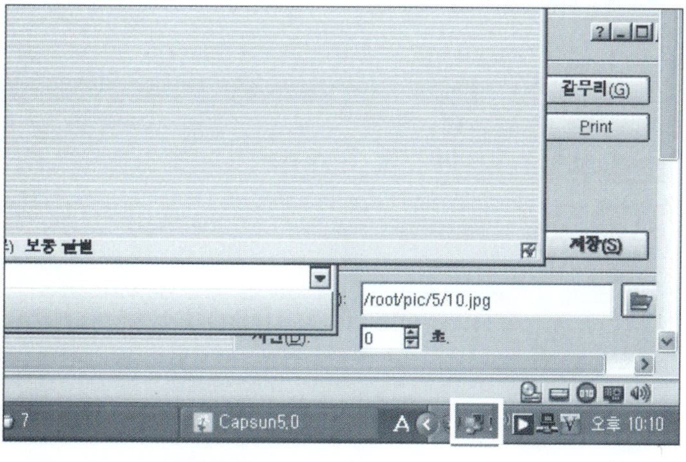

[그림 3-31] 작업 표시줄 화면

1. LAN을 이용한 이미지 퓨징

① 먼저 이미지를 퓨징하기 위한 환경을 설정해 주는 파일을 실행시킨다.

이 파일은 /opt/devboard-R2_01/tools/build/bin폴더와 /usr/local/cris/bin폴더를 PATH에 추가 시켜준다.

```
# . init_env
```

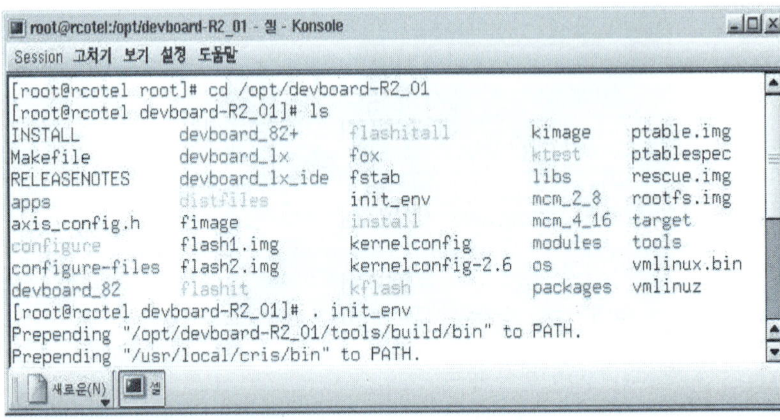
root@rcotel:/opt/devboard-R2_01 - 셸 - Konsole
Session 고치기 보기 설정 도움말
[root@rcotel root]# cd /opt/devboard-R2_01
[root@rcotel devboard-R2_01]# ls
INSTALL devboard_82+ flashitall kimage ptable.img
Makefile devboard_lx fox ktest ptablespec
RELEASENOTES devboard_lx_ide fstab libs rescue.img
apps distfiles init_env mcm_2_8 rootfs.img
axis_config.h fimage install mcm_4_16 target
configure flash1.img kernelconfig modules tools
configure-files flash2.img kernelconfig-2.6 os vmlinux.bin
devboard_82 flashit kflash packages vmlinuz
[root@rcotel devboard-R2_01]# . init_env
Prepending "/opt/devboard-R2_01/tools/build/bin" to PATH.
Prepending "/usr/local/cris/bin" to PATH.
새로운(N)
셸

[그림 3-32] init_env 실행 화면

② 이미지를 퓨징해주는 명령을 실행시킨다.

```
# boot_linux -F -i fimage
```

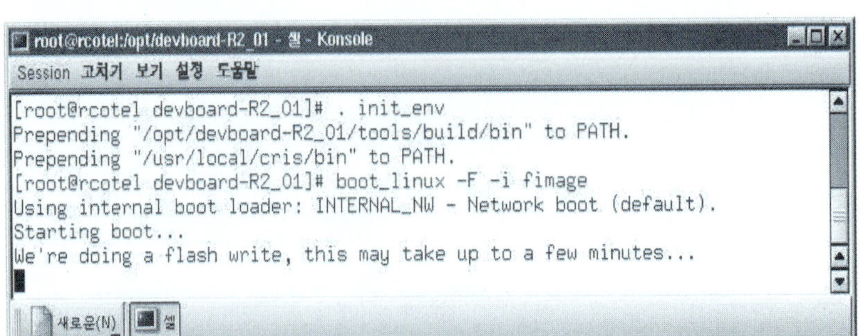
root@rcotel:/opt/devboard-R2_01 - 셸 - Konsole
Session 고치기 보기 설정 도움말
[root@rcotel devboard-R2_01]# . init_env
Prepending "/opt/devboard-R2_01/tools/build/bin" to PATH.
Prepending "/usr/local/cris/bin" to PATH.
[root@rcotel devboard-R2_01]# boot_linux -F -i fimage
Using internal boot loader: INTERNAL_NW - Network boot (default).
Starting boot...
We're doing a flash write, this may take up to a few minutes...
새로운(N)
셸

[그림 3-33] boot_linux 실행 화면

〈표 3-9〉 boot_linux 명령어 옵션

옵 션	설 명
-b 〈bootfile〉	퓨징하기 위한 boot image를 지정할 수 있다.
-d 〈device〉	퓨징할 때 사용할 네트워크 인터페이스를 지정할 수 있다. 기본은 eth0 이다.
-f	플래시 메모리의 0x10000 번지부터 이미지를 퓨징한다.
-F	플래시 메모리의 0x00000 번지부터 이미지를 퓨징한다.
-h	도움말을 표시한다.
-i 〈image〉	이미지 파일의 이름과 경로를 지정할 수 있다. 기본은 fimage 이다.
-o 〈offset〉	플래시 메모리에서 퓨징을 시작할 시점을 지정할 수 있다.
-O 〈offset〉	이미지 파일에서 어디부터 퓨징할 것인가 지정할 수 있다.
-p	etrax100boot command 의 결과를 표시한다.

③ 이미지 퓨징 명령을 실행시킨 후 아래와 같은 문구가 나오면 보드에 있는 J2점퍼를 오른쪽으로 이동시켜 끼운 후 SW1(RESET)를 한번 눌러준다.

```
We're doing a flash write, this may take up to a few minutes...
```

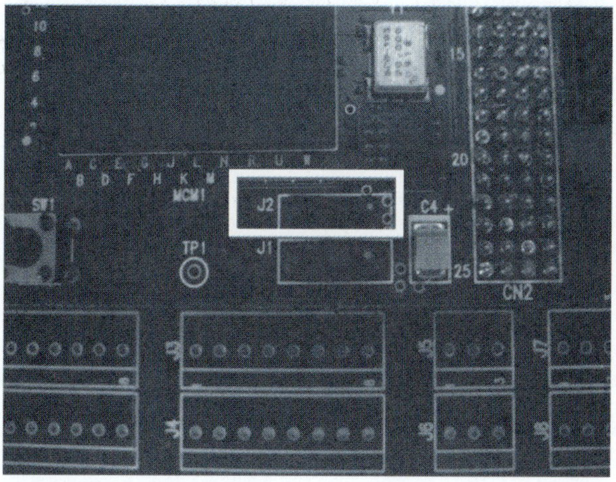

[그림 3-34] J2 점퍼 화면

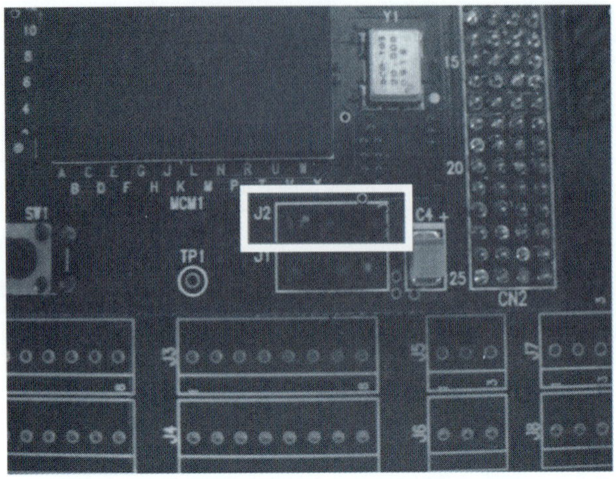
Y1
MCM1
SW1
J2
J1
TP1
C4
CN2

[그림 3-35] J2 점퍼 이동 화면

– 아래 화면은 이미지가 칩으로 퓨징되고 있는 과정이다.

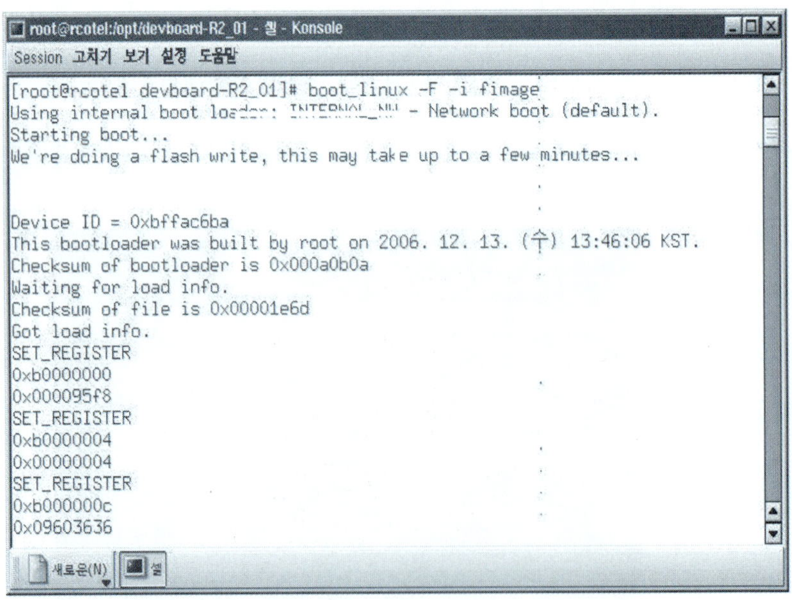
root@rcotel:/opt/devboard-R2_01 - 쉘 - Konsole
Session 고치기 보기 설정 도움말
[root@rcotel devboard-R2_01]# boot_linux -F -i fimage
Using internal boot lo
- Network boot (default).
Starting boot...
We're doing a flash write, this may take up to a few minutes...
Device ID = 0xbffac6ba
This bootloader was built by root on 2006. 12. 13. (수) 13:46:06 KST.
Checksum of bootloader is 0x000a0b0a
Waiting for load info.
Checksum of file is 0x00001e6d
Got load info.
SET_REGISTER
0xb0000000
0x000095f8
SET_REGISTER
0xb0000004
0x00000004
SET_REGISTER
0xb000000c
0x09603636
새로운(N)
쉘

[그림 3-36] 이미지 퓨징 진행 화면

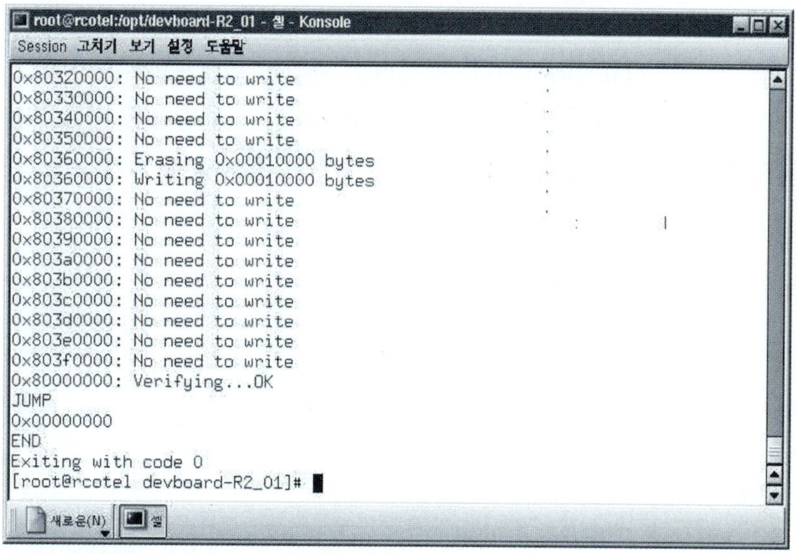
root@rcotel:/opt/devboard-R2_01 - 셸 - Konsole
Session 고치기 보기 설정 도움말
0x80320000: No need to write
0x80330000: No need to write
0x80340000: No need to write
0x80350000: No need to write
0x80360000: Erasing 0x00010000 bytes
0x80360000: Writing 0x00010000 bytes
0x80370000: No need to write
0x80380000: No need to write
0x80390000: No need to write
0x803a0000: No need to write
0x803b0000: No need to write
0x803c0000: No need to write
0x803d0000: No need to write
0x803e0000: No need to write
0x803f0000: No need to write
0x80000000: Verifying...OK
JUMP
0x00000000
END
Exiting with code 0
[root@rcotel devboard-R2_01]#
새로운(N)
셸

[그림 3-37] 이미지 퓨징 완료 화면

④ 이미지 퓨징이 끝났으면 보드는 재부팅이 된다.
재부팅이 되면 J2점퍼를 원래 위치대로 끼운다.

2. FTP를 이용한 이미지 퓨징

① 개발보드의 IP(192.168.0.90)로 ftp접속을 하여 fimage 이미지 파일을 업로드시킨다.

```
# ftp 192.168.0.90
Name (192.168.0.90:root): root ↵
Password : pass ↵
ftp> put fimage < flash_all or flash>
```

▶ ftp

ftp는 TCP/IP 네트워크에 연결되어 있는 컴퓨터 사이에서 파일을 전송하기 위한 간단한 수단이다. ftp 프로그램을 이용하여 다른 컴퓨터에 연결하고 나면 상대방 컴퓨터의 디렉터리에서 위 아래로 이동하고 디렉터리 목록을 보고 원격 컴퓨터에서 자신의 컴퓨터로 파일을 다운로드받거나 자신의 컴퓨터에서 원격 컴퓨터로 파일을 업로드할 수 있다. ftp 사용에도 소유권과 허가권이 적용되므로 파일이나 디렉터리에 대한 권한이 없으면 원격 시스템의 파일을 가져오거나 그곳에 파일을 가져다 놓을 수 없다.

〈표 3-10〉 ftp 명령어

명령어	설 명
ascii	전송모드를 ASCII모드로 설정한다.
binary	전송모드를 BINARY모드로 설정한다.
bell	명령어 완료시에 벨소리를 나게 한다.
bye	bye : ftp접속을 종료하고 빠져나간다.
cd	remote시스템의 디렉터리를 변경한다.(cd 디렉터리명)
cdup	remote시스템에서 한 단계 상위 디렉터리로 이동한다.
chmod	remote시스템의 파일 퍼미션을 변경한다.(chmod 755 index.html)
close	ftp접속을 종료한다.
delete	remote시스템의 파일을 삭제한다.(delete index.old)
dir	remote시스템의 디렉터리 내용을 디스플레이 한다.
disconnect	ftp접속을 종료한다.
exit	ftp접속을 종료하고 빠져 나간다
get	지정된 파일하나를 가져온다.(get index.html)
hash	파일전송 도중에 "#"표시를 하여 전송중임을 나타낸다.
help	ftp명령어 도움말을 볼 수 있다.
mdelete	여러 개의 파일을 한꺼번에 지울 때 사용한다.(mdelete *.old)
mget	여러 개의 파일을 한꺼번에 가져오려할 때 사용한다.
mput	한꺼번에 여러 개의 파일을 remote시스템에 올린다.(mput *.html)
open	ftp접속을 시도한다.(open 168.126.72.51 또는 open ftp.kornet.net)
prompt	파일전송시에 확인과정을 거친다. on/off 토글 (prompt)
put	하나의 파일을 remote시스템에 올린다.(put index.html)
pwd	remote시스템의 현재 작업디렉터리를 표시한다.
quit	ftp접속을 종료하고 빠져 나간다.
rstatus	remote시스템의 상황(version, 어디서, 접속ID등)을 표시한다.
rename	remote시스템의 파일명을 바꾼다.(remote [현재 파일명] [바꿀 파일명])
rmdir	remote시스템의 디렉터리을 삭제한다.(rmdir 디렉터리명)
status	현재 연결된 ftp세션모드에 대한 설정을 보여준다.

▶ put fimage flash

파일 시스템 중 읽기 전용 파티션의 내용만 업데이트한다.

▶ put fimage flash_all

기존의 flash 메모리에 있는 데이터들은 모두 삭제가 되고 새로운 이미지를rewrite시킨다.

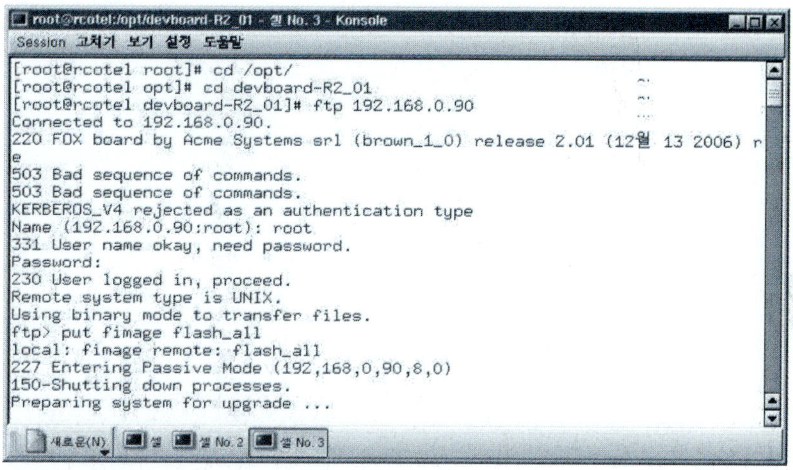
root@rcotel:/opt/devboard-R2_01 - 쉘 No. 3 - Konsole
Session 고치기 보기 설정 도움말
[root@rcotel root]# cd /opt/
[root@rcotel opt]# cd devboard-R2_01
[root@rcotel devboard-R2_01]# ftp 192.168.0.90
Connected to 192.168.0.90.
220 FOX board by Acme Systems srl (brown_1_0) release 2.01 (12월 13 2006) r
e
503 Bad sequence of commands.
503 Bad sequence of commands.
KERBEROS_V4 rejected as an authentication type
Name (192.168.0.90:root): root
331 User name okay, need password.
Password:
230 User logged in, proceed.
Remote system type is UNIX.
Using binary mode to transfer files.
ftp> put fimage flash_all
local: fimage remote: flash_all
227 Entering Passive Mode (192,168,0,90,8,0)
150-Shutting down processes.
Preparing system for upgrade ...
새로운(N) 쉘 쉘 No. 2 쉘 No. 3

[그림 3-38] 이미지 업로드 화면

② ftp를 이용한 이미지 업로드가 끝났으면 ftp에서 빠져 나온다.

```
ftp> quit
```

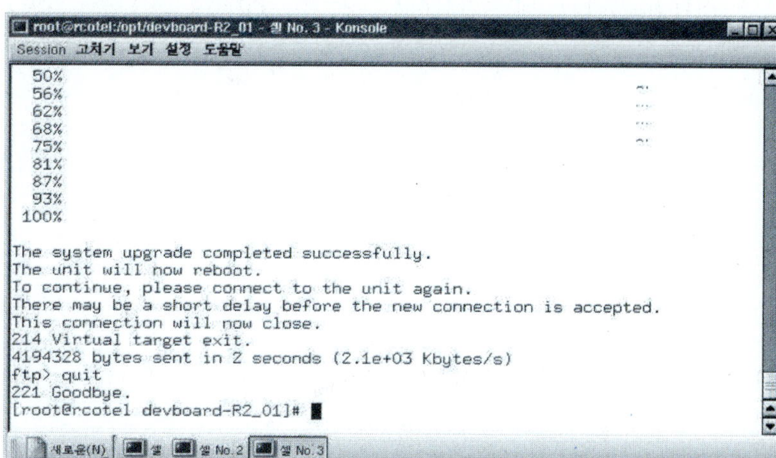
root@rcotel:/opt/devboard-R2_01 - 쉘 No. 3 - Konsole
Session 고치기 보기 설정 도움말
50%
56%
62%
68%
75%
81%
87%
93%
100%
The system upgrade completed successfully.
The unit will now reboot.
To continue, please connect to the unit again.
There may be a short delay before the new connection is accepted.
This connection will now close.
214 Virtual target exit.
4194328 bytes sent in 2 seconds (2.1e+03 Kbytes/s)
ftp> quit
221 Goodbye.
[root@rcotel devboard-R2_01]#
새로운(N) 쉘 쉘 No. 2 쉘 No. 3

[그림 3-39] 이미지 업로드 완료 화면

제4장
프로그램과 실행

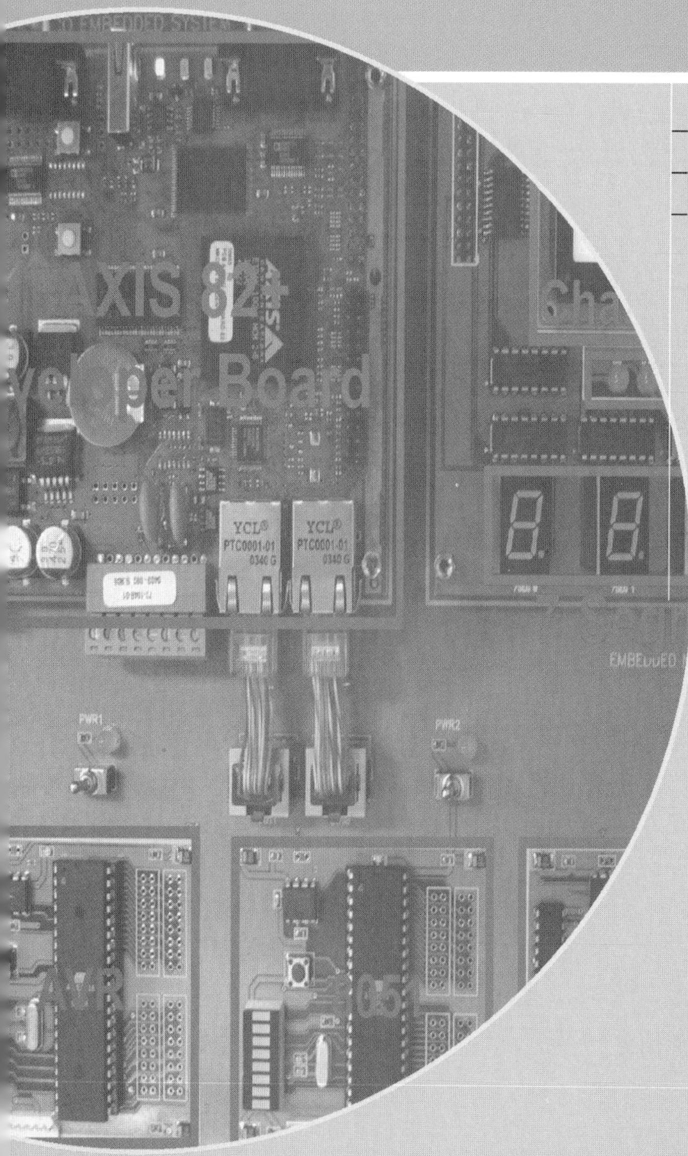

4.1 C Application

1. 소스 작성

① 먼저 소스 코드를 만들기 전에 환경을 설정해주는 파일을 실행시키고 apps 폴더로 이동한다.

```
# cd /opt/devboard-R2_01
# . ./init_env
# cd apps
```

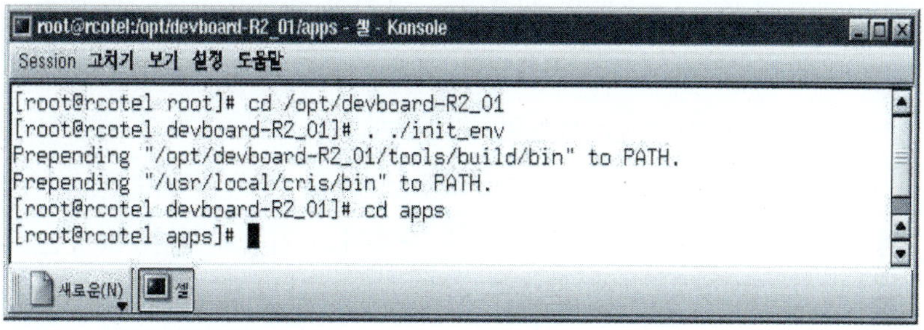

root@rcotel:/opt/devboard-R2_01/apps - 쉘 - Konsole
Session 고치기 보기 설정 도움말
[root@rcotel root]# cd /opt/devboard-R2_01
[root@rcotel devboard-R2_01]# . ./init_env
Prepending "/opt/devboard-R2_01/tools/build/bin" to PATH.
Prepending "/usr/local/cris/bin" to PATH.
[root@rcotel devboard-R2_01]# cd apps
[root@rcotel apps]#
새로운(N)
쉘

[그림 4-1] apps폴더 화면

② apps폴더로 이동한 후 helloworld폴더를 만든다.

helloworld폴더로 이동한 후 vi에디터를 이용하여 helloworld.c파일을 만든다.

```
# mkdir helloworld
# cd helloworld
# vi helloworld.c
```

▶ mkdir [옵션] 디렉터리

새로운 디렉터리를 만든다. Make directories를 의미한다.

〈표 4-1〉 mkdir 명령어 옵션

옵션	설명
-m	디렉터리를 만들 때 같이 사용하여 사용자 권한을 줄 수 있다.
-p	필요한 경우 상위 디렉터리를 생성한다.
--version	버전 정보를 보여준다.
--help	도움말을 보여준다.

▶ vi 편집기

vi 편집기는 visual display editor로서, 모든 유닉스 시스템에 들어 있다. 따라서 유닉스 시스템에서 문서나 파일 작업(생성, 수정, 삭제 등)을 하려면 vi 편집기를 사용할 수 있어야 한다. vi를 이용하여 작성되는 파일은 아스키(ascii) 파일 또는 텍스트(text) 파일이다. 이 파일은 유닉스 명령어인 cat, more, pg 등을 이용하여 파일의 내용을 읽을 수 있다. 따라서 전자메일의 메시지나 C 프로그램, Java 프로그램, HTML 파일, 셸 스크립트(shell script) 등을 작성할 수 있는 유닉스의 스크린 에디터(screen editor)이다.

vi는 DOS의 Edit나 Windows의 메모장과는 달리 작업과 관련된 메뉴가 나타나지 않으므로 자주 사용하는 기능에 대한 명령은 외워두는 것이 좋다. 또한, 커서를 원하는 위치로 이동시킬 때 마우스를 사용할 수 없다. 유닉스 시스템에서 사용할 수 있는 텍스트 편집기에는 vi 이외에도 emacs, pico, xedit, CDE text editor 등이 있다.

vi 작업을 하려면 필요에 따라 명령모드, 입력모드, 라스트라인 명령모드 다음 3가지 모드를 오가면서 작업을 해야 한다. 사용자는 항상 어느 모드에 있는지를 알아서 그 모드에 맞는 명령을 실행하여야 한다. vi를 시작하면 바로 명령모드로 동작하게 된다. 이 모드에서 모든 명령이 실행된다. 즉 커서 이동이나 원하는 문자열의 검색, 복사, 삭제 등과 같은 명령을 수행시킬 수 있다. 이 모드에서는 키를 입력해도 화면에 표시되지 않는다.

입력모드란 실제로 문서를 작성할 수 있는 모드로, 키보드에서 입력하는 모든 문자가 화면에 표시되는 모드이다. 입력을 하기 위해서는 명령 모드에서 입력 모드로 전환을 해야 하는데, 명령 모드에서 "i, I, a, A, o, O" 등의 입력 명령키를 누르면 입력 모드로 전환된다. 반대로 입력 모드에서 명령

모드로 전환하려면 〈Esc〉 키를 누르면 된다. Esc키는 여러 번 눌러도 상관없으며 여러 번 누르게 되면 '삑' 소리가 난다. 라스트라인 명령모드는 명령모드에서 ':'(콜론)을 입력하면 화면 맨 라스트 라인 첫 컬럼에 콜론이 나타나는데, 아래에서 설명하는 명령 중 콜론(:)과 함께 사용되는 명령을 실행할 수 있다. 예를 들면 파일을 저장하거나 vi를 종료할 때 라스트라인 명령모드에서 명령을 입력한다.

〈표 4-2〉 vi 편집기 시작하기

명 령	동 작
vi [파일명]	파일을 열거나 새로 작성한다.
vi	새로운 파일을 열고 나중에 파일 이름을 준다.
vi -r [파일명]	깨진 파일을 복구(recover)한다.
view [파일명]	파일을 읽기 전용(read-only)으로 연다.

〈표 4-3〉 명령모드에서 입력모드로의 전환

명 령	동 작
a	현재 커서가 위치한 문자 다음부터 입력
A	현재 커서가 위치한 라인의 마지막부터 입력
i	현재 커서가 위치한 문자 앞에 삽입
I	현재 커서가 위치한 라인의 처음부터 입력
o	현재 커서가 위치한 라인의 바로 다음 라인에 빈 라인을 만듦
O	현재 커서가 위치한 라인의 바로 위의 라인에 빈 라인을 만듦

〈표 4-4〉 커서 이동 명령

명 령	동 작
h	현재 위치에서 한 문자 앞으로 이동
j	현재 위치에서 한 라인 아래로 이동
k	현재 위치에서 한 라인 위로 이동
l	현재 위치에서 한 문자 뒤로 이동
〈Enter〉	커서를 다음 라인의 처음으로 이동

〈표 4-5〉 라인 내에서의 커서 이동 명령

명 령	동 작
^	현재 커서가 위치한 라인의 첫 컬럼(공백이나 탭이 아닌)으로 이동
$	현재 커서가 위치한 라인의 마지막으로 이동
w	커서가 다음 단어의 처음으로 이동(문장부호를 단어로 인식)
W	w와 같으나 문장부호는 단어로 인식하지 않음
b	커서가 이전 단어의 처음으로 이동(문장부호를 단어로 인식)
B	b와 같으나 문장부호는 단어로 인식하지 않음
e	커서가 다음 단어의 끝 문자로 이동(문장부호를 단어로 인식)
E	e와 같으나 문장부호는 단어로 인식하지 않음
참 고	위의 동작 설명 중 문장부호(punctuation)는 "!,〉, -, ." 등을 말한다. 즉 명령의 대소 문자의 차이는 이러한 문장부호를 단어로 인식하느냐의 차이이다. 문장부호가 이어져 있는 경우에는 이어져 있는 문장부호 모두를 하나의 단어로 간주한다.

〈표 4-6〉 현재 화면에서 커서 이동 명령

명 령	동 작
H	현재 화면의 첫 라인의 첫 컬럼으로 이동
M	현재 화면의 중간 라인의 첫 컬럼으로 이동
L	현재 화면의 맨 마지막 라인의 첫 컬럼으로 이동

〈표 4-7〉 화면 이동 명령

명 령	동 작
Ctrl-f(F)	한 화면 뒤로 이동
Ctrl-b(B)	한 화면 앞으로 이동
Ctrl-d(D)	반 화면 뒤로 이동
Ctrl-u(U)	반 화면 앞으로 이동
참 고	"Ctrl-F", "Ctrl-B" "Ctrl-D", "Ctrl-U" 앞에 숫자를 먼저 입력하면 화면을 숫자만큼 앞뒤로 이동할 수 있다.

〈표 4-8〉 지정된 라인으로 커서 이동 명령

명 령	동 작
3G	3 번째 라인으로 이동
1G	파일의 맨 첫 라인으로 이동
G	파일의 맨 라스트 라인으로 이동
:3	3 번째 라인으로 이동
참 고	각 라인의 번호를 보여주려면 ":set number"를 실행한다. 이 때 나타나는 번호는 실제로 본문에 삽입되는 것이 아니라 눈금자와 같이 편집에 참조를 위한 것이다.

〈표 4-9〉 marking 명령

명 령	동 작
ma	현재 위치를 'a' 로 마크
'a'	마크된 'a' 로 이동
'a	마크된 'a' 가 있는 줄 처음으로 이동

〈표 4-10〉 삭제 명령

명 령	동 작
x	커서가 있는 문자를 삭제
X	커서의 앞 문자를 삭제
dw	커서가 있는 단어를 삭제
3dw	3 단어를 삭제
dd	커서가 있는 라인을 삭제
3dd	커서가 있는 라인을 포함하여 아래 3 라인 삭제
D	커서의 현재 위치에서 그 라인 끝까지 삭제
dG	커서 위치부터 파일 끝까지 삭제
d1G	파일 처음부터 커서 위치까지 삭제
:5, 10d	5 번째 라인부터 10번째 라인까지 삭제
참 고	삭제된 내용은 버퍼에 저장되므로 삭제된 것은 삭제 직후에 바로 "u" (undo) 명령을 이용하여 다시 취소(원위치)시킬 수 있다. 버퍼는 임시 기억장치이므로 vi를 종료하면 버퍼의 내용도 없어진다.

〈표 4-11〉 라인 길이의 조정 명령

명 령	동 작
i 〈Enter〉	커서가 있는 현재의 문자부터 새로운 라인으로 분리
a 〈Enter〉	커서가 있는 현재의 문자 이후를 새로운 라인으로 분리
J	커서가 있는 현재의 라인과 다음 라인을 결합

〈표 4-12〉 문자열 검색 명령

명 령	동 작
/문자열	현재 커서 위치의 아래로 문자열을 검색
?문자열	현재 커서 위치의 위로 문자열을 검색
n 또는 /〈Enter〉	아래(같은) 방향으로 검색을 계속
N 또는 ?〈Enter〉	위(반대) 방향으로 검색을 계속
참 고	문자열을 찾을 수 없을 경우에는 "패턴이 없음"(pattern not found)이라는 메시지가 나타난다.

〈표 4-13〉 현재 라인에서 문자 치환 명령

명 령	동 작
r	현재 커서가 위치한 한 문자를 치환
R	현재 커서의 위치로부터 입력하는 대로 겹쳐서 치환
cw	커서 위치에서 그 단어의 끝까지 치환
3cw	커서 위치에서 3 단어를 치환
C	커서 위치에서 라인의 끝까지 치환
s	한 문자를 여러 문자로 치환
S	현재 커서가 위치한 라인 전체를 치환
~	현재 커서가 위치한 한 문자를 대문자는 소문자로, 소문자는 대문자로 변환
참 고	~는 7~과 같이 숫자와 함께 사용하면 편리하다. r과 ~는 명령 실행 후 명령모드를 계속 유지한다.

〈표 4-14〉 문자열 치환 명령

명 령	동 작
:1,6s/문자열1/문자열2/g	1 ~ 6번 라인까지 "문자열1"을 "문자열2"로 치환한다.
:1,$s/문자열1/문자열2/g	1 ~ 끝 라인까지 "문자열1"을 "문자열2"로 치환한다.
:1,.s/문자열1/문자열2/g	1 ~ 커서가 있는 라인까지 "문자열1"을 "문자열2"로 치환한다.
:%s/문자열1/문자열2/g	파일 전체에서 "문자열1"을 "문자열2"로 치환한다.
참 고	위의 명령어 중 맨 끝에 있는 "/g"는 global의 의미로 한 라인에 원하는 문자열이 여러 번 나오는 경우에 전부 치환을 하라는 의미이다. g를 붙여주지 않으면 한 라인에 원하는 문자열이 여러 개이면 처음 하나만 치환된다.

〈표 4-15〉 복사 및 붙여넣기 명령

명 령	동 작
Y 또는 yy	커서가 있는 현재의 라인을 버퍼에 저장
3Y 또는 3yy	커서가 있는 현재의 라인부터 3 라인을 버퍼에 저장
p	버퍼에 저장된 내용을 커서 앞에 출력
P	버퍼에 저장된 내용을 커서 뒤에 출력
:1,3 co 5	1 ~ 3번째 라인까지를 복사하여 5번째 라인 다음에 복사
:4,6 m 8	4 ~ 6번째 라인까지를 8번째 라인으로 이동
참 고	yy는 주로 p와 함께 많이 사용된다. 복사하기 및 붙여넣기는 UNIX 에서는 Yanking & Putting이라 하는데 PC에서의 Copy & Paste 개념과 같다.

〈표 4-16〉 실행 취소 또는 반복 명령

명 령	동 작
u	편집 버퍼를 수정했던 마지막 명령을 취소
U	현재의 라인에서 변경된 모든 것을 취소
:u	이전의 라스트 라인에서의 명령(last-line command)을 취소
.	편집 버퍼를 수정했던 마지막 명령을 반복

〈표 4-16〉 저장 및 종료하기 명령

명 령	동 작
:w	원래의 파일로 저장
:w 파일명	지정한 파일로 저장
:w 〉〉 파일명	지정한 파일의 끝에 추가
:q	수정한 파일을 저장하지 않고 vi를 종료
:q!	수정한 파일을 저장하지 않고 vi를 무조건 종료
:wq	수정한 파일을 저장하고 종료
:wq!	수정한 파일을 저장하고 vi를 무조건 종료
ZZ	수정한 파일을 저장하고 종료
참 고	ZZ명령의 경우 명령모드에서 사용하며, 반드시 파일명을 지정하고 vi를 실행한 경우에만 사용할 수 있으며, 만일 파일명이 지정되지 않은 경우에는 "현재 파일명 지정 안 됨"이라는 메시지가 나타나며 이때에는 ":wq 파일명" 이나 ":wq! 파일명"을 사용하여 파일을 저장한 후 종료할 수 있다.
	% view 파일명으로 연 파일은 수정이 되었을 때 ZZ으로 파일을 저장할 수 없다.

〈표 4-17〉 특정 라인을 별도의 파일로 저장 명령

명 령	동 작
:4,20 w 파일명	라인 4부터 라인 20까지를 지정된 파일명으로 저장
:4,20 w 〉〉 파일명	라인 4부터 라인 20까지를 지정된 파일의 뒤에 저장

〈표 4-18〉 사용자에 맞는 환경으로 설정하기 명령

명 령	동 작
:set nu	라인 번호를 보여준다.
:set nonu	라인 번호를 감춘다.
:set ic	찾을 때 대소문자를 구분한다.
:set noic	찾을 때 대소문자를 구분하지 않는다.
:set list	탭(tab)과 end-of-line과 같은 보이지 않는 문자를 보여준다.
:set nolist	탭(tab)과 end-of-line과 같은 보이지 않는 문자는 보여주지 않는다.
:set showmode	현재의 작업 모드를 보여준다.
:set noshowmode	현재의 작업 모드를 보여주지 않는다.
참 고	위의 :set list 명령은 탭의 경우 "^I"로, 라인 끝은 "$" 로 보여준다.

〈표 4-19〉 vi 작업 중 유닉스 셸 명령 실행 명령

명 령	동 작
:sh	유닉스 셸 나들이(다시 vi로 돌아오려면 exit을 입력)
:!명령어	vi를 중단하고 지정한 셸 명령어 실행
:!!	vi를 중단하고 바로 전에 실행한 셸 명령어 실행

〈표 4-20〉 데이터(다른 파일 전체나 명령 결과) 읽어 오기 명령

명 령	동 작
:r 파일명	지정한 파일의 내용을 현재 라인 다음에 삽입(끼워 넣기)
:25 r 파일명	지정한 파일의 내용을 25번째 라인 다음에 삽입(끼워 넣기)
:r !명령어	셸 명령어의 실행 결과를 현재 라인 다음에 삽입

〈표 4-21〉 다른 파일의 편집 명령

명 령	동 작
:e 파일명	지정한 파일을 불러옴
:e! 파일명	이전에 편집하던 파일을 저장하지 않고 불러옴

〈표 4-22〉 약어 사용 명령

명 령	동 작
:ab short long	short를 long에 대한 약어로 사용
:una short	short로 지정된 약어를 삭제
:ab	현재의 약어 목록을 표시
참 고	예를 들어, "computer network"이라는 단어를 자주 입력해야 할 때 이를 "cn"이라는 약자를 이용하여 입력하려면," :ab cn computer network "로 약어를 만든다. 그러면 독립된 단어로 "cn"이라고 입력하면 vi는 자동적으로 cn을 computer network으로 치환한다.

〈표 4-23〉 기타 명령

명 령	동 작
^L	현재의 화면을 다시 디스플레이(refresh)한다
참 고	위의 명령은 vi 편집 중에 다른 사람으로부터 메시지를 받았을 때 메시지를 다 읽고 편집하던 화면을 다시 정리할 때 유용하다. 무언가 화면이 좀 이상해졌다고 생각하면 사용한다.

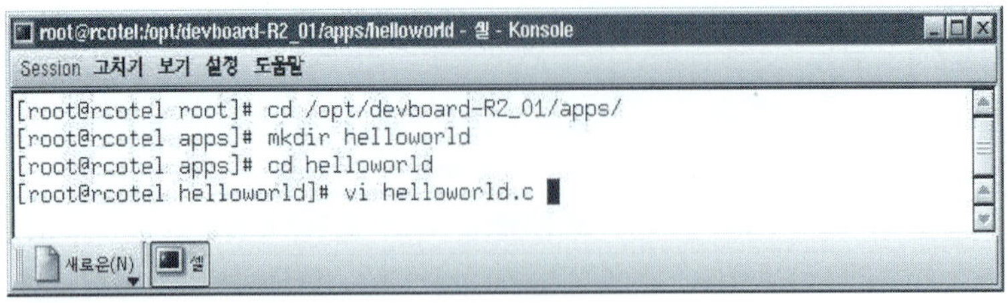
root@rcotel:/opt/devboard-R2_01/apps/helloworld - 쉘 - Konsole
Session 고치기 보기 설정 도움말
[root@rcotel root]# cd /opt/devboard-R2_01/apps/
[root@rcotel apps]# mkdir helloworld
[root@rcotel apps]# cd helloworld
[root@rcotel helloworld]# vi helloworld.c
새로운(N)
셸

[그림 4-2] vi에디터 실행 화면

③ 다음과 같이 소스를 작성한다.

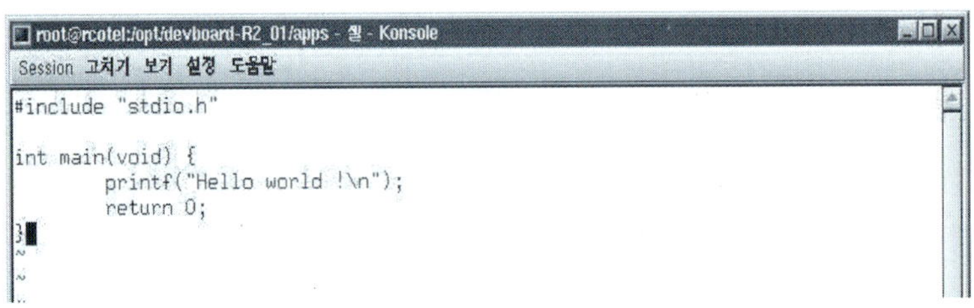
root@rcotel:/opt/devboard-R2_01/apps - 쉘 - Konsole
Session 고치기 보기 설정 도움말
#include "stdio.h"
int main(void) {
printf("Hello world !\n");
return 0;
}

[그림 4-3] vi에디터 화면

※ 소스코드를 직접 작성하지 않고 첨부된 CD에 들어 있는 소스코드를 그대로 복사하여 사용하면 편리하다. 단 소스코드를 복사한 후 복사한 파일들을 선택한 후 오른쪽 마우스를 클릭한 후 등록정보의 권한에서 쓰기를 체크해 준다.

이 작업을 해주어야만 소스수정이 가능해진다.

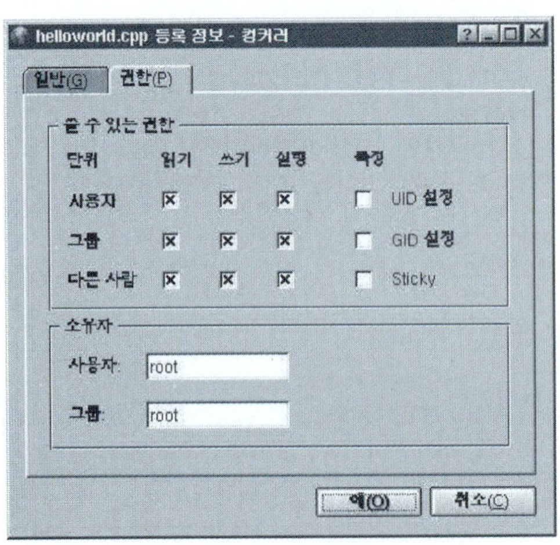
helloworld.cpp 등록 정보 - 컹커러
일반(G)
권한(P)
줄 수 있는 권한
단위
읽기
쓰기
실행
특정
사용자
UID 설정
그룹
GID 설정
다른 사람
Sticky
소유자
사용자:
root
그룹:
root
예(O)
취소(C)

[그림 4-4] helloworld.cpp 등록 정보 화면

2. helloworld.c 컴파일

① helloworld폴더로 이동한 후 vi에디터를 이용하여 Makefile파일을 작성한다. 첨부된 CD에 들어 있는 Makefile을 복사하여 사용하면 편리하다.

```
# cd /opt/devboard-R2_01/apps/helloworld/
# vi Makefile
```

▶ Makefile

object파일을 만들고 이들을 link시켜서 최종 실행 파일을 만들 때 프로그래머는 보통 어떤 소스를 필요로 하고, 어떤 헤더파일이 필요로 한지, 그리고 어떤 라이브러리를 필요로 하고 있는지, 최종적으로 만들어질 실행파일의 이름이 무엇인지를 알고 있어야 한다. 마찬가지로 make 역시 '컴파일 규칙'을 알아야 할 필요가 있다.

이러한 규칙을 정한 설정파일을 참조해야 하는데 보통 'Makefile'이라는 이름의 파일을 참조한다. Makefile에는 해당 소스를 컴파일할 때 어떤 컴파일러를 사용해야 하는지, 컴파일 후 어떤 실행파일(Target)을 만들어야 하는지, 각 object파일의 의존성 관계는 어떠한지, 컴파일시 어떤 헤더파일 디렉터리와 라이브러리를 참조할지 등에 대한 규칙을 담고 있다.

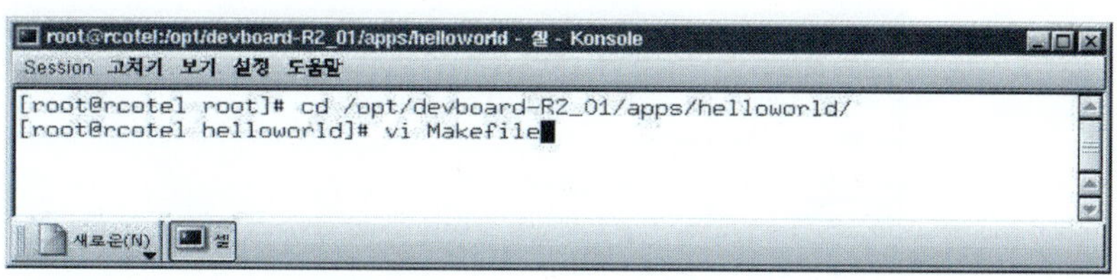
root@rcotel:/opt/devboard-R2_01/apps/helloworld - 셸 - Konsole
Session 고치기 보기 설정 도움말
[root@rcotel root]# cd /opt/devboard-R2_01/apps/helloworld/
[root@rcotel helloworld]# vi Makefile
새로운(N)
셸

[그림 4-5] vi에디터 실행 화면

– 다음은 Makefile 소스코드이다.

```
AXIS_USABLE_LIBS = UCLIBC GLIBC
include $(AXIS_TOP_DIR)/tools/build/Rules.axis
PROGS    = helloworld
```

```
INSTDIR = $(prefix)/mnt/flash/
INSTMODE          = 0755
INSTOWNER         = root
INSTGROUP         = root
OBJS = helloworld.o

all: $(PROGS) →make all했을 때 실행되는 부분(오브젝트 파일을 만든다.)
$(PROGS): $(OBJS)
     $(CC) $(LDFLAGS) $^ $(LDLIBS) -o $@
install:    $(PROGS) →make install했을 때 실행되는 부분
#   @echo Installing $(PROGS) in $(INSTDIR)
    $(INSTALL) -d $(INSTDIR)
    $(INSTALL) -m $(INSTMODE) -o $(INSTOWNER) -g $(INSTGROUP)
    $(PROGS) $(INSTDIR)
clean: →make clean 했을 때 실행되는 부분(컴파일시 생성된 오브젝트 파일
         을 제거한다.)
    rm -f $(PROGS) *.o core
```

언뜻 보면 셸스크립트 언어와 유사하다는 것을 알 수 있을 것이다. make에서는 make파일의 내용을 쉽고 간편하게 작성하도록 '매크로'를 제공한다. 매크로의 사용은 shell에서의 변수사용과 매우 비슷하다. 사용방법은 $(매크로명) 식으로 필요할 때 불러 쓰면 된다.

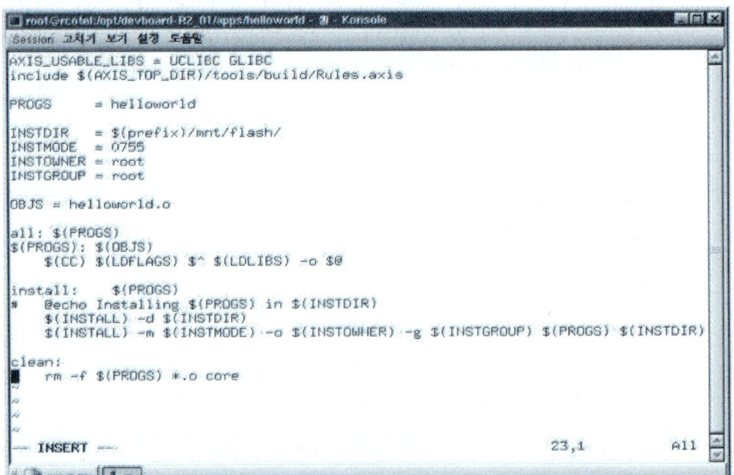
root@rcotel:/opt/devboard-R2_01/apps/helloworld - 셸 - Konsole
Session 고치기 보기 설정 도움말
AXIS_USABLE_LIBS = UCLIBC GLIBC
include $(AXIS_TOP_DIR)/tools/build/Rules.axis
PROGS = helloworld
INSTDIR = $(prefix)/mnt/flash/
INSTMODE = 0755
INSTOWNER = root
INSTGROUP = root
OBJS = helloworld.o
all: $(PROGS)
$(PROGS): $(OBJS)
$(CC) $(LDFLAGS) $^ $(LDLIBS) -o $@
install: $(PROGS)
@echo Installing $(PROGS) in $(INSTDIR)
$(INSTALL) -d $(INSTDIR)
$(INSTALL) -m $(INSTMODE) -o $(INSTOWNER) -g $(INSTGROUP) $(PROGS) $(INSTDIR)
clean:
rm -f $(PROGS) *.o core
-- INSERT --
23,1
All
새로운(N)
셸

[그림 4-6] Makefile파일 화면

② 일단 환경을 설정해주는 파일을 실행시킨 후 apps/hellowolrd폴더로 이동한다. 이동한 후 크로스 컴파일러를 이용하여 작성한 소스코드를 컴파일 한다.

```
# . ./init_env
# cd apps/helloworld/
# make cris-axis-linux-gnu
```

▶ make [target]

- make cris-axis-linux-gnu : glibc standard C library로 애플리케이션을 빌드한다.
- make cris-axis-linux-gnuuclibc : uClibc standard C library로 애플리케이션을 빌드한다.
- make host : Host 시스템을 위한 빌드를 한다.

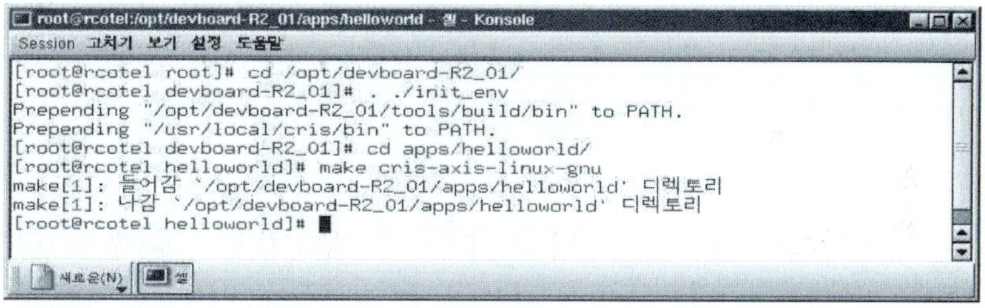
root@rcotel:/opt/devboard-R2_01/apps/helloworld - 셸 - Konsole
Session 고치기 보기 설정 도움말
[root@rcotel root]# cd /opt/devboard-R2_01/
[root@rcotel devboard-R2_01]# . ./init_env
Prepending "/opt/devboard-R2_01/tools/build/bin" to PATH.
Prepending "/usr/local/cris/bin" to PATH.
[root@rcotel devboard-R2_01]# cd apps/helloworld/
[root@rcotel helloworld]# make cris-axis-linux-gnu
make[1]: 들어감 `/opt/devboard-R2_01/apps/helloworld' 디렉토리
make[1]: 나감 `/opt/devboard-R2_01/apps/helloworld' 디렉토리
[root@rcotel helloworld]#
새로운(N)
셸

[그림 4-7] make cris-axis-linux-gnu 실행 화면

③ 컴파일한다.

```
# make
```

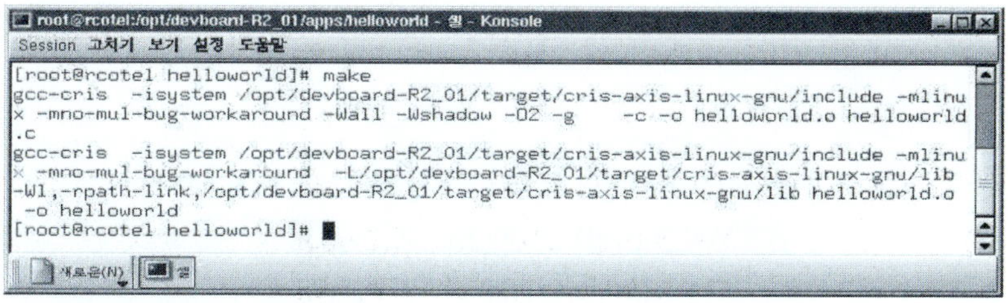
root@rcotel:/opt/devboard-R2_01/apps/helloworld - 셸 - Konsole
Session 고치기 보기 설정 도움말
[root@rcotel helloworld]# make
gcc-cris -isystem /opt/devboard-R2_01/target/cris-axis-linux-gnu/include -mlinu
x -mno-mul-bug-workaround -Wall -Wshadow -O2 -g -c -o helloworld.o helloworld
.c
gcc-cris -isystem /opt/devboard-R2_01/target/cris-axis-linux-gnu/include -mlinu
x -mno-mul-bug-workaround -L/opt/devboard-R2_01/target/cris-axis-linux-gnu/lib
-Wl,-rpath-link,/opt/devboard-R2_01/target/cris-axis-linux-gnu/lib helloworld.o
 -o helloworld
[root@rcotel helloworld]#
새로운(N)
셸

[그림 4-8] 컴파일 완료 화면

④ helloworld 실행파일이 잘 만들어졌는지 확인한다.

```
# ls -l
```

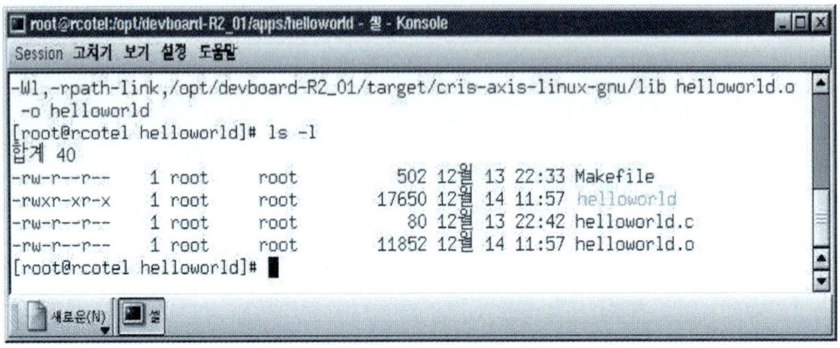
root@rcotel:/opt/devboard-R2_01/apps/helloworld - 쉘 - Konsole
Session 고치기 보기 설정 도움말
-Wl,-rpath-link,/opt/devboard-R2_01/target/cris-axis-linux-gnu/lib helloworld.o
-o helloworld
[root@rcotel helloworld]# ls -l
합계 40
-rw-r--r-- 1 root root 502 12월 13 22:33 Makefile
-rwxr-xr-x 1 root root 17650 12월 14 11:57 helloworld
-rw-r--r-- 1 root root 80 12월 13 22:42 helloworld.c
-rw-r--r-- 1 root root 11852 12월 14 11:57 helloworld.o
[root@rcotel helloworld]#
새로운(N)
쉘

[그림 4-9] helloworld폴더화면

3. SCP를 이용한 업로드 실행

SCP는 자신의 컴퓨터에서 원격의 컴퓨터, 또는 원격의 컴퓨터에서 자신의 컴퓨터로 간단하게 파일을 전송할 수 있는 프로그램으로, 리눅스 시스템 관리자가 자주 컴퓨터 간에 파일을 복사하거나 파일을 여러 컴퓨터로 전송한다고 할 때 ftp를 사용해도 되지만, SCP를 사용하면 많은 이점이 있다. SCP의 장점은 쉽게 스크립트에서 사용할 수 있는 점이다. 한 스크립트는 파일을 네트워크로 연결된 여러 리눅스 컴퓨터에 복사하고, 다른 스크립트는 리눅스 컴퓨터를 쉽게 백업할 수 있다.

파일을 리눅스 컴퓨터 100대로 복사한다고 가정해 보자. 직접 100번의 복사 명령어를 실행하는 것보다 스크립트를 작성하고 싶을 것이다. 스크립트에서 ftp를 사용하면 로그인할 때마다 암호를 물어보기 때문에 힘들다. 대신 scp를 사용하는 경우 원격 리눅스 컴퓨터가 암호를 물어보지 않도록 설정할 수 있다.

① SCP를 이용해 타깃보드의 /mnt/flash폴더로 helloworld파일을 업로드시킨다.

```
# scp helloworld root@192.168.0.90:/mnt/flash
Are you sure you want to continue connecting (yes/no)? yes
root@192.168.0.90's password: pass
```

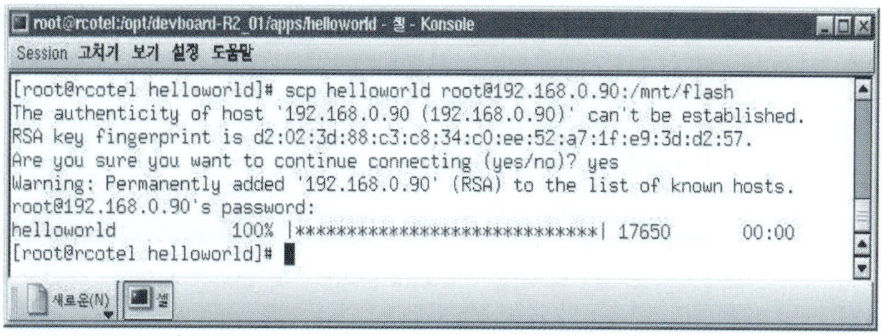
root@rcotel:/opt/devboard-R2_01/apps/helloworld - 쉘 - Konsole
Session 고치기 보기 설정 도움말
[root@rcotel helloworld]# scp helloworld root@192.168.0.90:/mnt/flash
The authenticity of host '192.168.0.90 (192.168.0.90)' can't be established.
RSA key fingerprint is d2:02:3d:88:c3:c8:34:c0:ee:52:a7:1f:e9:3d:d2:57.
Are you sure you want to continue connecting (yes/no)? yes
Warning: Permanently added '192.168.0.90' (RSA) to the list of known hosts.
root@192.168.0.90's password:
helloworld 100% |*****************************| 17650 00:00
[root@rcotel helloworld]#
새로운(N)
셸

[그림 4-10] scp 실행 화면

② Telnet를 이용하여 타깃보드에 원격 접속한다.

```
# telnet 192.168.0.90
axis login: root
password: pass
```

▶ telnet [아이피주소]

telnet은 원격 호스트에 접속하여 마치 내 컴퓨터를 사용하는 것처럼 터미널을 열어 명령을 실행하고 작업하게 하는 명령이다. telnet명령은 원격 호스트에서도 로컬 호스트에 로그인한 것처럼 명령을 실행할 수 있게 해주는 터미널 세션을 제공한다. telnet을 통해 호스트에 로그인하기 위해서는 해당 원격시스템에 유효한 사용자 이름과 암호를 알고 있어야 한다. 이런 식으로 사용자는 로컬 호스트에 로그인한 것처럼 일반 컴퓨터에서 전자우편을 점검하고, 파일을 편집하고 프로그램을 실행할 수 있다.

〈표 4-24〉 telnet 명령어 옵션

옵 션	설 명
telnet-d	디버그 모드로 실행한다.
telnet-n tracefile	추적을 켜고 추적 데이터를 tracefile에 저장한다.
telnet-l user	자동 로그인을 위해 사용자 이름을 원격 시스템으로 보낸다.

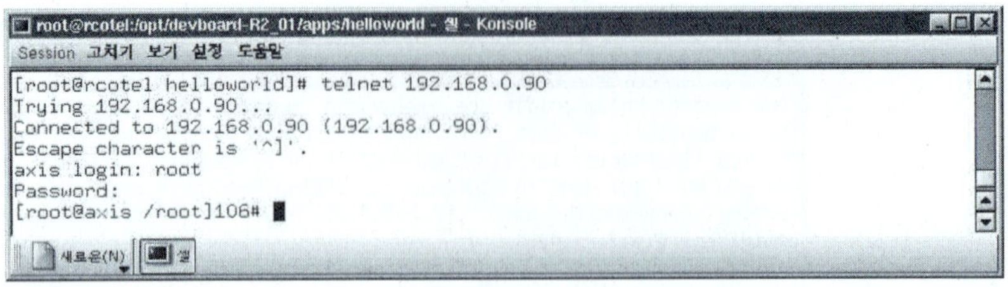
root@rcotel:/opt/devboard-R2_01/apps/helloworld - 쉘 - Konsole
Session 고치기 보기 설정 도움말
[root@rcotel helloworld]# telnet 192.168.0.90
Trying 192.168.0.90...
Connected to 192.168.0.90 (192.168.0.90).
Escape character is '^]'.
axis login: root
Password:
[root@axis /root]106#
새로운(N)
쉘

[그림 4-11] telnet을 이용하여 타깃보드에 접속한 화면

③ 타깃보드에 접속이 되면 /mnt/flash폴더로 이동하여 Upload한 파일을 실행시킨다.

```
# cd /mnt/flash/
# ls
# ./helloworld
# exit
```

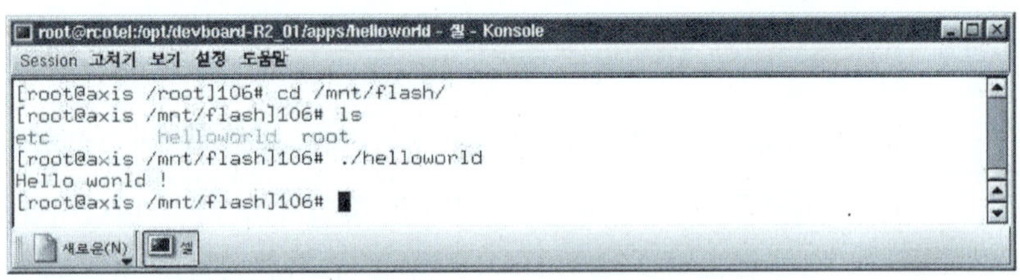
root@rcotel:/opt/devboard-R2_01/apps/helloworld - 쉘 - Konsole
Session 고치기 보기 설정 도움말
[root@axis /root]106# cd /mnt/flash/
[root@axis /mnt/flash]106# ls
etc helloworld root
[root@axis /mnt/flash]106# ./helloworld
Hello world !
[root@axis /mnt/flash]106#
새로운(N)
쉘

[그림 4-12] helloworld 실행 화면

④ 만약에 업로드한 파일이 퍼미션 문제로 실행이 되지 않을 때는 다음 명령을 실행한 후 다시 파일을 실행시킨다.

```
# chmod +x helloworld
```

▶ 퍼미션(소유관가 허가권) 관리

소유권과 허가권은 보안의 중심적인 개념으로서 제대로 알고 설정하지 않으면 보안에 커다란 문제가 발생할 수 있으므로 주의해야 한다. 일반적으로 잘못된 소유권과 허가권으로 인해서 발생하는 에러 메시지는 다음과 같으며 이것은 현재하고자 하는 작업에 대한 권한이 존재하지 않음이 의미한다.

☞ Permission denied

리눅스에는 다음과 같이 3가지의 허가권이 존재한다.

〈표 4-25〉 리눅스의 허가권 종류

종 류	내 용
읽기(read)	파일 또는 디렉터리의 내용을 볼 수 있도록 한다.
쓰기(write)	파일 또는 디렉터리의 내용을 변경(추가)하거나 지울 수 있도록 한다.
실행(execute)	파일을 실행할 수 있도록 하며 디렉터리의 파일정보를 볼 수 있도록 한다.

다음으로, 위의 허가권을 누가 사용할 것인가라는 문제가 남아 있다.

리눅스에는 소유자(user), 그룹(group), 타인(other)이라는 3가지 레벨의 허가권이 있다. 소유자는 일반적으로 특정파일을 생성한 사람이다. 그룹은 하나의 팀이 특정파일에 접근할 수 있는 것을 의미하고, 타인이란 리눅스 시스템에 접근 가능한 사람들 중 소유자나 그룹에 속하지 않은 모든 사람을 의미한다.

제 4 장

⑤ 다음 명령으로 파일의 소유권과 허가권을 살펴볼 수 있다.

```
# ls -al
```

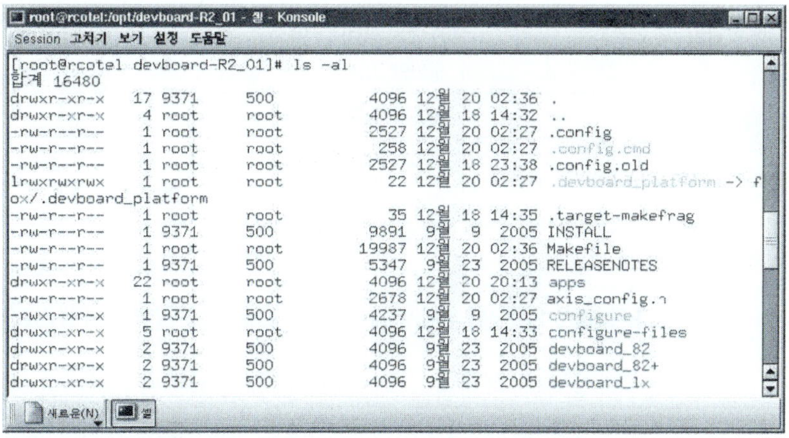
root@rcotel:/opt/devboard-R2_01 - 쉘 - Konsole
Session 고치기 보기 설정 도움말
[root@rcotel devboard-R2_01]# ls -al
합계 16480
drwxr-xr-x 17 9371 500 4096 12월 20 02:36 .
drwxr-xr-x 4 root root 4096 12월 18 14:32 ..
-rw-r--r-- 1 root root 2527 12월 20 02:27 .config
-rw-r--r-- 1 root root 258 12월 20 02:27 .config.cmd
-rw-r--r-- 1 root root 2527 12월 18 23:38 .config.old
lrwxrwxrwx 1 root root 22 12월 20 02:27 .devboard_platform -> f
ox/.devboard_platform
-rw-r--r-- 1 root root 35 12월 18 14:35 .target-makefrag
-rw-r--r-- 1 9371 500 9891 9월 9 2005 INSTALL
-rw-r--r-- 1 root root 19987 12월 20 02:36 Makefile
-rw-r--r-- 1 9371 500 5347 9월 23 2005 RELEASENOTES
drwxr-xr-x 22 root root 4096 12월 20 20:13 apps
-rw-r--r-- 1 root root 2678 12월 20 02:27 axis_config.ㄱ
-rwxr-xr-x 1 9371 500 4237 9월 9 2005 configure
drwxr-xr-x 5 root root 4096 12월 18 14:33 configure-files
drwxr-xr-x 2 9371 500 4096 9월 23 2005 devboard_82
drwxr-xr-x 2 9371 500 4096 9월 23 2005 devboard_82+
drwxr-xr-x 2 9371 500 4096 9월 23 2005 devboard_lx
새로운(N) 쉘

[그림 4-13] 퍼미션 화면

퍼미션은 총 10칸으로 이루어져 있으며, 각각 소유자와 그룹, 타인의 권한을 의미하며 각각의 허가권은 읽기권한(r), 쓰기권한(w), 실행권한(w)으로 구성되며, 해당 권한이 주어지지 않으면, "-"으로 나타낸다.

〈표 4-26〉 퍼미션의 구성

구 간	의 미
1칸	파일의 특징을 나타내며, 디렉터리(d), 링크파일(l), 스티키비트(s) 등에 쓰인다.
2칸 ~ 4칸	파일 소유자의 읽고 쓰고 실행하기(rwx)
5칸 ~ 7칸	파일 소유 그룹의 읽고 쓰고 실행하기(rwx)
8칸 ~ 10칸	그 외 사람들의 읽고 쓰고 실행하기(rwx)

파일의 권한은 8진수의 숫자 합 방식으로 나타낼 수 있다. 읽기는 4(read), 쓰기는 2(write), 실행은 1(execute)이다. 이들 숫자의 조합으로 생길 수 있는 조합은 다음과 같다. 그리고 8진수를 이용하는 방법은 각각 4, 2, 1의 숫자를 더한 값을 100단위는 소유자, 10단위는 그룹, 1단위는 타인으로 지정하여 사용한다.

〈표 4-27〉 8진수의 숫자 합 방식

8 진 수	의 미	합 방식
1	실행만 가능	1
2	쓰기만 가능	2
3	쓰기와 실행만 가능	2+1
4	읽기만 가능	4
5	읽기와 실행만 가능	4+1
6	읽기와 쓰기만 가능	4+2
7	읽기와 쓰기와 실행 모두 가능	4+2+1

▶ chmod [옵션] (u|g|o|a)(+|-|=)(r|w|x|s|t) [파일명] [디렉터리]

파일이나 디렉터리의 퍼미션(허가권)을 변경하거나 지정한다. 파일 퍼미션은 파일이나 디렉터리의 사용을 허가하거나 제한하는 데 사용하는 허가권을 말한다.

〈표 4-28〉 chmod 명령어 옵션

Access Class	설 명	Operator	설 명	Access Class	설 명
u	user의 퍼미션	+	퍼미션 추가	r	읽기 퍼미션
g	group의 퍼미션	−	퍼미션 삭제	w	쓰기 퍼미션
o	other의 퍼미션	=	퍼미션을 일치시킴	x	실행 퍼미션
a	user+group+other			s	SUID, SGID
S	user+group			t	sticky bit

〈표 4-29〉 chmod의 사용 방법

사용자	허가권	상징적 방법	절대적 방법
소유자	읽기	r	400
	쓰기	w	200
	실행	x	100
그 룹	읽기	r	40
	쓰기	w	20
	실행	x	10
타 인	읽기	r	4
	쓰기	w	2
	실행	x	1

〈표 4-30〉 chmod 명령의 예

명 령	소유자	그 룹	타 인	전체표기
chmod 754 [파일명]	rwx	r − x	r −−	rwxr − xr −−
chmod 644 [파일명]	rw −−	r −−	r −−	rw − r −−r −−
chmod 600 [파일명]	r − x	−−−	−−−	r − x−−−−−−

위처럼 절대적인 방법으로 표시하는 법은 해당 부분의 숫자들의 합으로 허가권을 변경하는 것이다. 예를 들어 소유자에게 읽기(400), 쓰기(200), 실행하기(100)의 권한을 부여하고, 그룹에게는 읽기(40)와 실행하기(10)의 권한을 부여한 후 타인에게는 읽기(4)의 권한만을 부여하게 되면 총 합이 754가 되며 이를 옵션에 적어주면 된다. 이를 ls -al 명령으로 확인하면 rwxr-xr-- 로 표기된다.

제 4 장

〈표 4-31〉 Sticky Bit, SetGID, SetUID

비트이름	표기값	설 명
Sticky Bit	1000	Sticky Bit는 모든 사용자가 쓸 수 있는 디렉터리에 적용하는 것으로 적용시 디렉터리 내에 있는 파일들을 임의대로 삭제할 수 없고, 오직 소유자만이 삭제, 변경권한이 있다. 리눅스에서는 /tmp 디렉터리가 대표적으로 Sticky Bit가 설정되어 있다. 다시 말하자면 다중 사용자가 공동작업을 하는 디렉터리는, 사용자들에게 파일을 작성하는 권한을 주는 것은 동시에 다른 사용자의 파일을 지울 수 있는 권한도 갖게 한다. 따라서 Sticky Bit를 설정하여 파일을 작성할 수 있지만 남의 파일을 지울수 없게 하는 것이다. * chmod o+t 파일명 : Sticky Bit의 적용 chmod o-t 파일명 : Sticky Bit의
SetGID	2000	SetGID는 실행권한을 소유그룹의 권한에 부여한다. 이것이 파일에 적용되면 다른 그룹이 이 파일의 소유그룹권한으로 실행을 하는 것과 같다.
SetUID	4000	SetUID는 타인이 소유자의 권한을 실행할 수 있도록 하는 것이다. 보안에 문제가 발생할 수 있기 때문에 사용에 유의해야 한다.

특수한 허가권은 다음처럼 사용되며, SetGID를 설정하게 되면 그룹권한의 실행부분에 x 대신 s가 보인다.

☞ chmod 2777 [파일명]

⑥ scp 명령을 실행시키다 보면 아래와 같은 경고를 볼 수도 있다.

```
# scp helloworld root@192.168.0.90:/mnt/flash
```

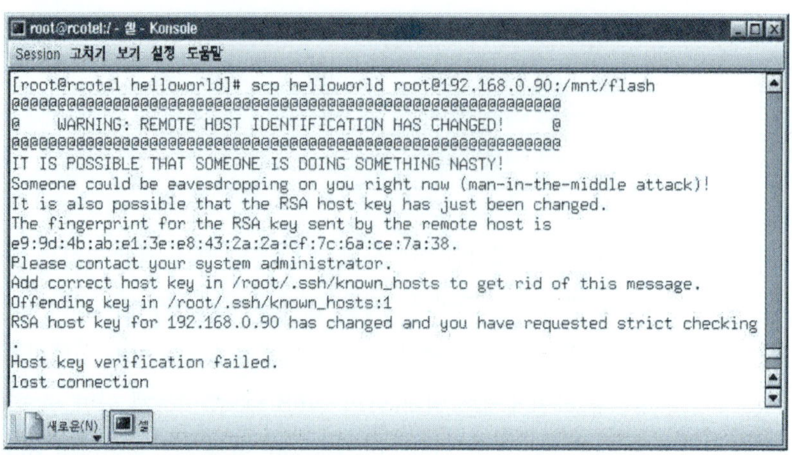
root@rcotel:/ - 셸 - Konsole
Session 고치기 보기 설정 도움말
[root@rcotel helloworld]# scp helloworld root@192.168.0.90:/mnt/flash
@@@
@   WARNING: REMOTE HOST IDENTIFICATION HAS CHANGED!   @
@@@
IT IS POSSIBLE THAT SOMEONE IS DOING SOMETHING NASTY!
Someone could be eavesdropping on you right now (man-in-the-middle attack)!
It is also possible that the RSA host key has just been changed.
The fingerprint for the RSA key sent by the remote host is
e9:9d:4b:ab:e1:3e:e8:43:2a:2a:cf:7c:6a:ce:7a:38.
Please contact your system administrator.
Add correct host key in /root/.ssh/known_hosts to get rid of this message.
Offending key in /root/.ssh/known_hosts:1
RSA host key for 192.168.0.90 has changed and you have requested strict checking
.
Host key verification failed.
lost connection
새로운(N) 셸

[그림 4-14] scp 실행 오류 화면

⑦ vi에디터를 이용하여 known_hosts파일을 열고 192.168.0.90으로 시작하는 구문을 모두 삭제한 다음 다시 scp명령을 실행시킨다.

```
# vi /root/.ssh/known_hosts
```

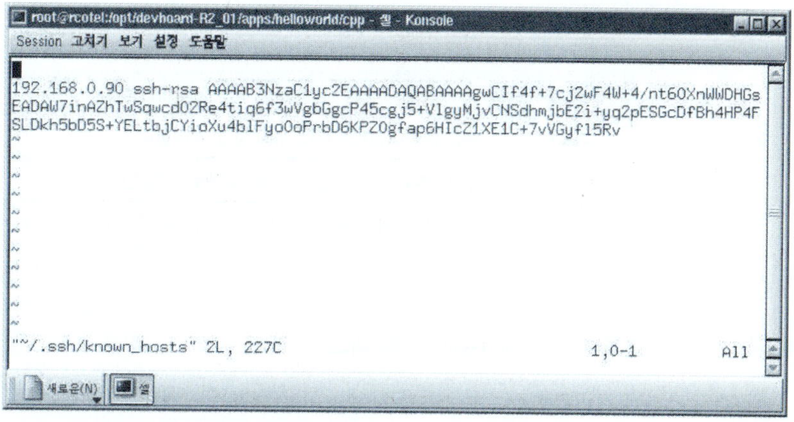
root@rcotel:/opt/devhoard-R2_01/apps/helloworld/cpp - 셸 - Konsole
Session 고치기 보기 설정 도움말
192.168.0.90 ssh-rsa AAAAB3NzaC1yc2EAAAADAQABAAAAgwCIf4f+7cj2wF4W+4/nt6OXnWWDHGs
EADAW7inAZhTwSqwcd02Re4tiq6f3wVgbGgcP45cgj5+VlgyMjvCNSdhmjbE2i+yq2pESGcDfBh4HP4F
SLDkh5bD5S+YELtbjCYioXu4blFyoOoPrbD6KPZ0gfap6HIcZ1XE1C+7vVGyf15Rv
"~/.ssh/known_hosts" 2L, 227C
1,0-1
All
새로운(N)
셸

[그림 4-15] known_hosts파일

4. NFS를 이용한 프로그램 실행

NFS(Network File System)는 1980년대에 썬마이크로시스템즈에서 처음 개발되었고, 현재 리눅스나 솔라리스와 같은 유닉스를 비롯하여 윈도95/98과 윈도 2000과 같은 운영체제에서 널리 사용되고 있다. 어떠한 시스템(클라이언트)에서 다른 시스템(서버)의 자원을 자신의 자원처럼 사용이 가능하도록 네트워크를 이용하여 만드는 가상 파일 시스템이다. 다시 말해 리눅스머신에서 윈도우 파티션을 마운트하여 사용하듯 NFS서버의 특정 디렉터리를 클라이언트에서 마운트하여 자신의 영역처럼 사용한다.

사용하는 프로토콜은 NLM(Network Lock Manager)와 NSM(Network Status Monitor)인데, 기능상 삼바와 비슷하지만 가장 큰 차이는 커널에서 NFS를 지원한다는 점이다. 그러나 이런 편리함 점에도 불구하고, 보안상 많은 취약점을 드러내고 있다. 가장 단적인 예로, 클라이언트인양 속여서 서버에 접속하게 되면 특정 디렉터리를 마음대로 조작할 수 있는 것이다. NFS는 Storage가 고가였던 시절 디스크가 없는 시스템을 지원하기 위하여 개발되었으나 Storage 및 컴퓨터의 성능이 좋아지면서 파일공유 및 파일서버를 위한 방법으로 사용되고 있다.

NFS는 클라이언트와 서버 2개의 부분으로 구성되며 서버는 자신의 데이터를 클라이언트와 공유한다. NFS를 사용하기 위해서는 다음과 같은 프로세스가 설정되고, 올바르게 동작하고 있어야 한다.

〈표 4-32〉 NFS서버 데몬

구 분	파티션 타입
nfsd	NFS 클라이언트로부터의 요청을 처리한다.
mountd	nfsd로부터 건네받은 요청을 실제로 실행한다.
portmap	NFS서버에서 이용하고 있는 포트를 NFS클라이언트가 사용할 수 있도록 해준다.

〈표 4-33〉 NFS클라이언트 데몬

구 분	파티션 타입
nfsiod	NFS서버로부터의 요청을 처리하는 NFS비동기 I/O 데몬

① NFS를 사용하기 위해서는 portmap과 nfs-util이 설치되어 있어야 한다. 리눅스 시스템은 대부분 portmap과 nfs-util들이 기본으로 설치가 되어 있다. 또한 NFS에 관련된 시스템 서비스가 부팅시에 자동으로 시작하도록 설정하기 위해서 ntsysv명령어를 사용하여야 한다. 그 다음 [*]nfs와 [*]portmap을 체크하고 빠져나온다.

```
# cd /usr/sbin/
# ntsysv
```

[그림 4-16] ntsysv 실행 화면

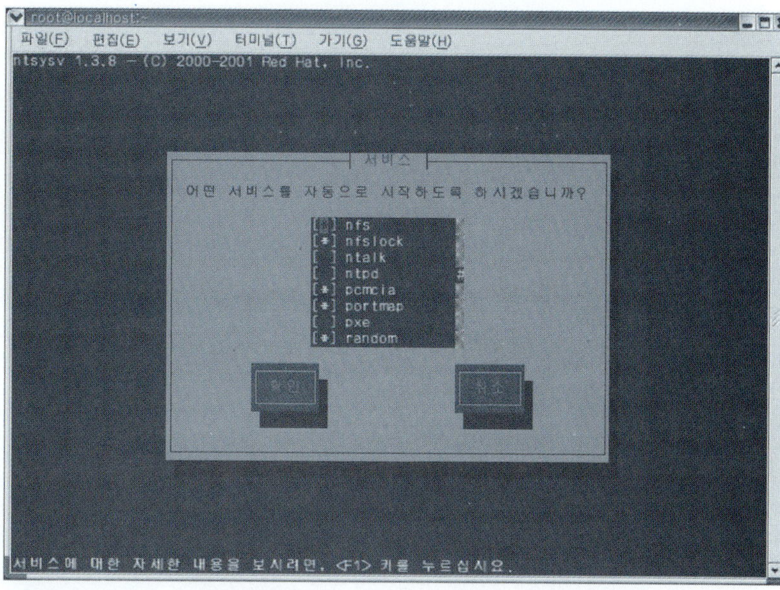

[그림 4-17] ntsysv **실행 화면**

② 우리는 처음 리눅스를 설치할 때 방화벽을 사용하지 않음을 선택하였다. 만약 방화벽이 설정되어 있는 경우, 외부 또는 내부와 이더넷을 통해 통신하기 위해서는 패킷 필터링에 관한 규칙을 일일이 설정해 주어야만 원하는 서비스에 대한 응답을 할 수 있으므로, 확실히 하기 위해 다시 한 번 방화벽을 제거해 주도록 한다.

```
# iptables -F
```

[그림 4-18] 방화벽 제거를 위한 명령 실행 화면

③ Host PC에 타깃보드와 마운트시 사용할 폴더를 만들어 준다.

```
# mkdir /nfs_resource
```

④ NFS를 이용하여 Application을 실행시키기 위해 앞에서 만든 helloworld라는 실행파일을 /nfs_resource폴더에 복사한다.

NFS를 이용하면 단지 /nfs_resource폴더에 파일을 넣으므로 타깃보드에서 동시에 파일이 실행 가능하다.

```
# cd /opt/devboard-R2_01
# cd apps/helloworld/
# cp helloworld /nfs_resource
```

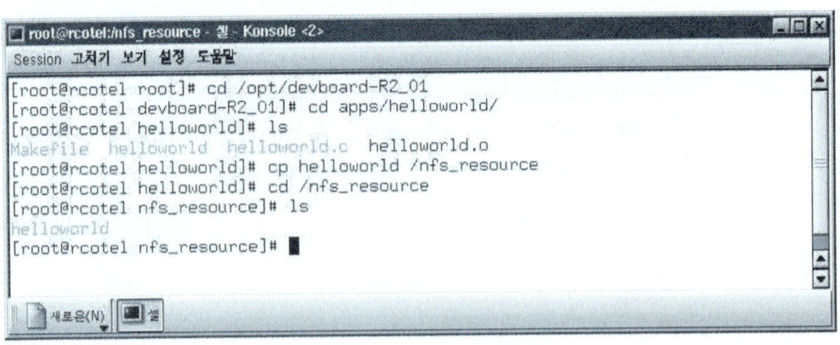
root@rcotel:/nfs_resource - 셸 - Konsole <2>
Session 고치기 보기 설정 도움말
[root@rcotel root]# cd /opt/devboard-R2_01
[root@rcotel devboard-R2_01]# cd apps/helloworld/
[root@rcotel helloworld]# ls
Makefile helloworld helloworld.c helloworld.o
[root@rcotel helloworld]# cp helloworld /nfs_resource
[root@rcotel helloworld]# cd /nfs_resource
[root@rcotel nfs_resource]# ls
helloworld
[root@rcotel nfs_resource]#
새로운(N)
셸

[그림 4-19] /nfs_resource폴더 내용

⑤ NFS서버는 /etc/exports의 내용을 읽어 어떤 호스트 마운트를 허가하고 어떤 제한을 주어야 하는지를 판단하게 된다. exports파일은 마운트될 디렉터리와 허가대상, 제한을 명시하며 또한 NFS클라이언트는 서버의 export파일을 사용하기 이전에 명확하게 허가된 파일 또는 디렉터리를 마운트해야 한다.

서버에서는 마운트를 허가해주기 이전에 인증을 거쳐 올바른 사용자인지를 판단하며 이를 magic cookie라고 한다. 리눅스는 BSD와 비슷한 동작을 취하게 되는데, 그 동작은 mount라는 클라이언트의 요청이 있으면, /etc/exports의 내용을 읽어 호스트에 접속을 허가하고 디렉터리에 제한을 두게 한다.

Vi에디터를 이용하여 exports 파일을 수정한다.

root@rcotel:/etc - 셸 - Konsole
Session 고치기 보기 설정 도움말
[root@rcotel root]# cd /etc
[root@rcotel etc]# vi exports
새로운(N)
셸

[그림 4-20] vi exports 실행 화면

exports파일을 다음과 같이 수정한다.

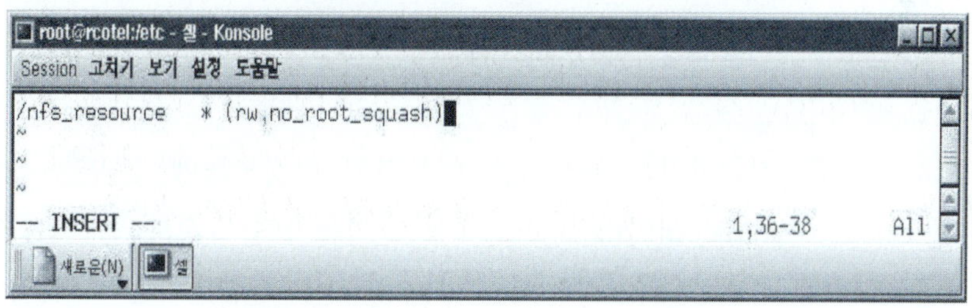
root@rcotel:/etc - 셸 - Konsole
Session 고치기 보기 설정 도움말
/nfs_resource * (rw,no_root_squash)
-- INSERT --
1,36-38 All
새로운(N)
셸

[그림 4-21] exports 파일 화면

▶ /nfs_resource * (rw,no_root_squash)

- /nfs_resource : Host PC에서 공유될 디렉터리를 말한다(위에서 만든 폴더).
- * : mount를 허가할 사용자를 말한다(*는 모든 사용자의 허가를 뜻한다).
- (rw,no_root_squash) : 속성을 뜻하며 아래 표를 참조한다.

〈표 4-34〉 설정 파일 옵션

옵 션	설 명
ro	클라이언트는 공유 디렉터리에 대해 읽기만 가능하다.
rw	클라이언트는 공유 디렉터리에 대해 읽기/쓰기가 가능하다.
root_squash	클라이언트의 관리자가 서버관리자의 권한을 가지지 않게 한다.
no_root_squash	클라이언트의 관리자가 서버관리자와 같은 권한을 가지게 한다.
insecure	인증되지 않은 액세스도 허용한다.

⑥ NFS설정이 완료되었으면, NFS 서비스를 재시작하도록 한다.
이것으로 Host PC의 NFS설정은 끝난다.

```
# service nfs restart
```

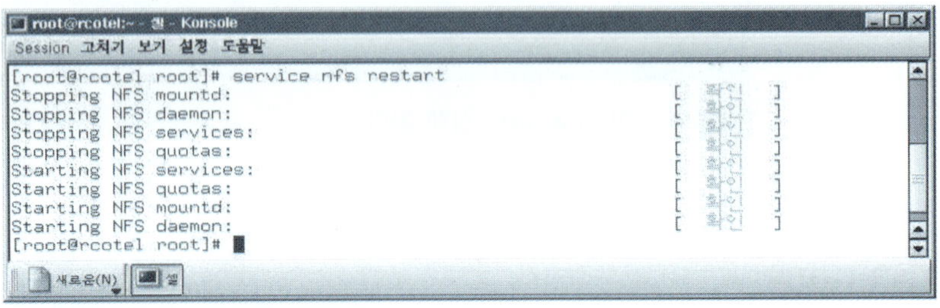
root@rcotel:~ - 쉘 - Konsole
Session 고치기 보기 설정 도움말
[root@rcotel root]# service nfs restart
Stopping NFS mountd: [확인]
Stopping NFS daemon: [확인]
Stopping NFS services: [확인]
Stopping NFS quotas: [확인]
Starting NFS services: [확인]
Starting NFS quotas: [확인]
Starting NFS mountd: [확인]
Starting NFS daemon: [확인]
[root@rcotel root]#
새로운(N)
쉘

[그림 4-22] nfs **서비스 재시작**

⑦ 지금까지는 Telnet을 이용하여 타깃보드에 접속을 하였지만 지금부터는 minicom이라는 프로그램을 이용하여 타깃보드에 접속한다.

먼저 타깃보드에 대한 명령과 작동결과를 모니터링하는 데 필요한 minicom이라는 리눅스상의 Text 기반 가상터미널을 실행시킨다. minicom은 Windows의 하이퍼터미널과 유사한 터미널 에뮬레이션 통신 프로그램이다. 텍스트방식이지만, 모뎀제어, 파일 업로드 다운로드, 다이얼링 디렉터리 등 통신에 필요한 중요한 기능을 포함하고 있다.

minicom을 사용하여 타깃보드와 Host PC 간의 통신을 하기 위해서는 포트명과 통신속도 등과 같은 사용 환경설정을 해주어야 한다. minicom 명령어에 -s 옵션을 주어 실행시킨다. 처음 설정해 줄 때만 -s옵션을 붙여주고 다음부터는 그냥 minicom으로 실행시킨다.

```
# minicom -s
```

root@rcotel:~ - 쉘 - Konsole <2>
Session 고치기 보기 설정 도움말
[root@rcotel root]# minicom -s
새로운(N)
쉘

[그림 4-23] minicom **실행 화면**

– minicom -s 명령을 실행하면 다음과 같은 화면을 볼 수 있다.

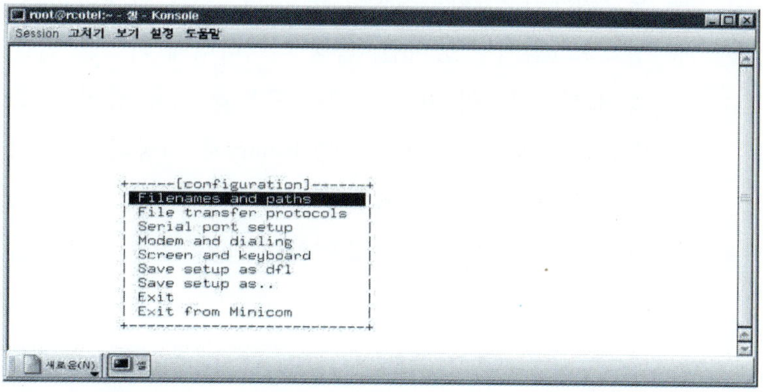

[그림 4-24] minicom -s **수행결과 화면**

– serial port setup 메뉴를 선택하면 다음과 같은 화면을 볼 수 있다.
타깃보드와 통신을 하기 위해서는 기본사항을 다음과 같이 변경하도록 한다.

- A - Serial Device : /dev/ttyS0(타깃보드를 COM1 포트에 연결했을 경우에는 ttyS0으로, COM2 포트에 연결했을 경우에는 ttyS1로 설정한다. 그러나 우리는 VMware에 리눅스를 설치하여 사용하기 때문에 무조건 ttyS0으로 설정한다.)
- B - Lockfile Location : /var/lock
- E - Bps/Par/Bits : 115200 8N1(통신속도와 패리티 비트를 설정한다.)
- F - Hardware Flow Control : No(하드웨어 흐름 제어를 설정한다.)
- G - Software Flow Control : No(소프트웨어 흐름 제어를 설정한다.)

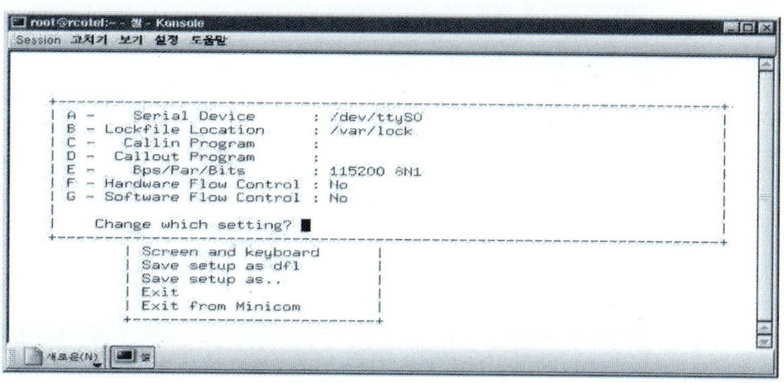

[그림 4-25] minicom **설정 화면**

리눅스는 멀티유저, 멀티태스킹 시스템으로 한 개의 통신포트를 다른 프로그램에서 동시에 사용할 수 있다. 이를 예방하기 위해서 통신포트를 특정프로그램이 사용하면, 특정 디렉터리에 파일을 만들어 포트가 사용중임을 표시한다. 이 파일 내에는 포트를 사용 중인 프로그램의 PID(Process IDentification)가 ASCII 또는 Binary로 저장되므로 다른 프로그램은 이 파일을 체크해서 해당 포트가 사용 가능한지를 알 수 있다. 이러한 파일을 lock파일이라 하며, 리눅스에서는 기본적으로 lock파일의 위치를 /var/lock로 사용한다.

- Save setup as dfl 메뉴를 선택하여 변경된 설정을 저장한다.

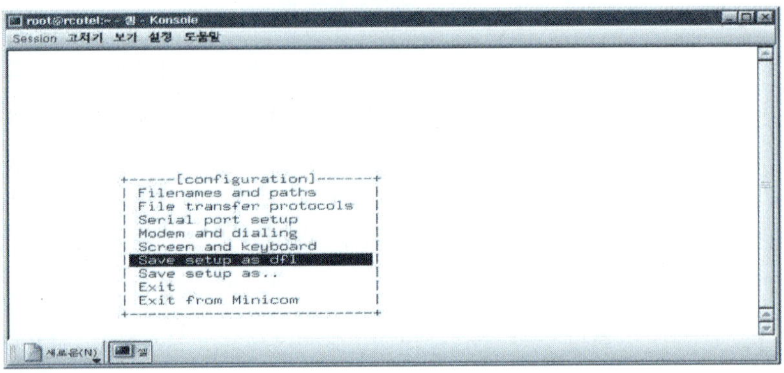

[그림 4-26] minicom 설정 화면

- Exit 메뉴를 선택하여 설정 화면에서 빠져나오면 다음과 같은 화면을 볼 수 있다. 이 상태에서 CTRL-A, Z를 차례대로 입력하면 그 다음과 같은 도움말 화면을 볼 수 있다.

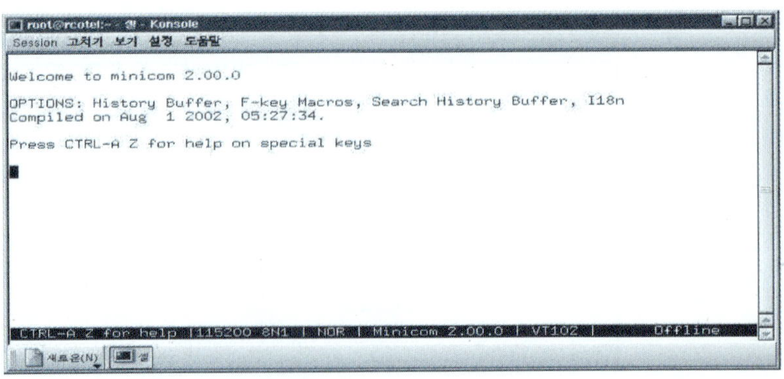

[그림 4-27] minicom 실행 화면

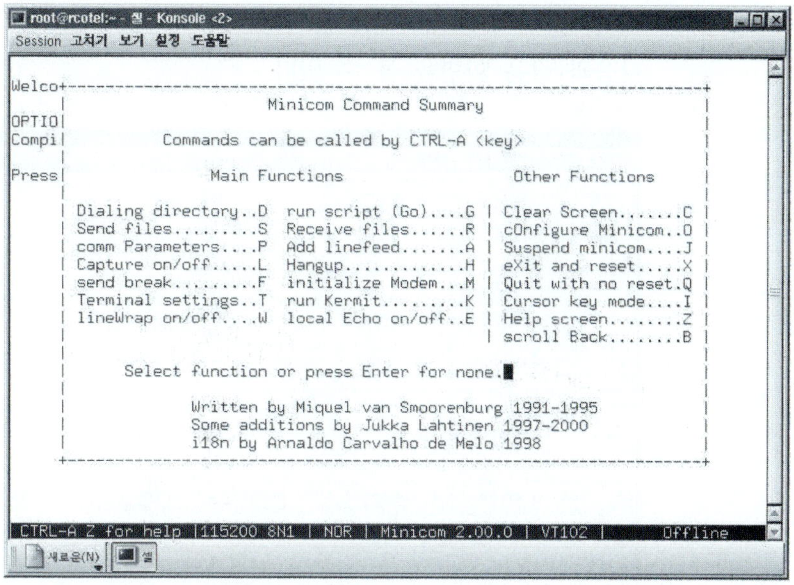

[그림 4-28] minicom 도움말 화면

〈표 4-35〉 minicom 명령어

명령어	설 명
S	하이텔 같은 곳에 파일을 업로드할 때 저쪽에서 zmodem을 가동하시오라고 나왔을 때 이 키를 누른 후 zmodem을 선택한다.
P	전송속도, 패리티 비트 등을 고칠 수 있다.
L	화면 내용을 파일로 저장할 때 사용하며, 토글키이다.
F	중단 신호를 모뎀으로 보낸다.
T	터미널 타입을 선택할 수 있다.(한글을 쓰려면 ansi로 지정한다.)
W	LineWrap on/off
G	스크립트 구동
R	파일을 다운로드할 때 사용한다.
H	전화를 끊는다.
M	모뎀을 초기화한다.
C	화면을 지움
O	Configuration메뉴가 나온다.
X	모뎀을 리셋하고 종료한다.
Q	모뎀의 리셋 없이 종료한다. 즉 전화 연결이 끊기지 않는다.
J	잠시 셸프롬프트 상태로 빠질 때 사용한다. 다시 돌아올 때는 셸에서 fg 명령을 쓴다.

제 4 장

타깃보드의 RESET 버튼을 한번 눌러주면 타깃보드가 재부팅이 되면서 다음과 같은 화면을 볼 수 있다.

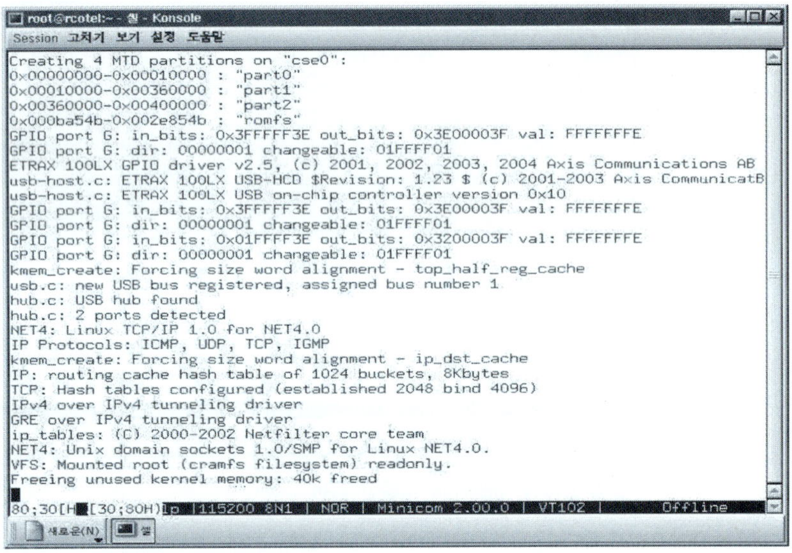
root@rcotel:~ - 쉘 - Konsole
Session 고치기 보기 설정 도움말
Creating 4 MTD partitions on "cse0":
0x00000000-0x00010000 : "part0"
0x00010000-0x00360000 : "part1"
0x00360000-0x00400000 : "part2"
0x000ba54b-0x002e854b : "romfs"
GPIO port G: in_bits: 0x3FFFFF3E out_bits: 0x3E00003F val: FFFFFFFE
GPIO port G: dir: 00000001 changeable: 01FFFF01
ETRAX 100LX GPIO driver v2.5, (c) 2001, 2002, 2003, 2004 Axis Communications AB
usb-host.c: ETRAX 100LX USB-HCD $Revision: 1.23 $ (c) 2001-2003 Axis CommunicatB
usb-host.c: ETRAX 100LX USB on-chip controller version 0x10
GPIO port G: in_bits: 0x3FFFFF3E out_bits: 0x3E00003F val: FFFFFFFE
GPIO port G: dir: 00000001 changeable: 01FFFF01
GPIO port G: in_bits: 0x01FFFF3E out_bits: 0x3200003F val: FFFFFFFE
GPIO port G: dir: 00000001 changeable: 01FFFF01
kmem_create: Forcing size word alignment - top_half_reg_cache
usb.c: new USB bus registered, assigned bus number 1
hub.c: USB hub found
hub.c: 2 ports detected
NET4: Linux TCP/IP 1.0 for NET4.0
IP Protocols: ICMP, UDP, TCP, IGMP
kmem_create: Forcing size word alignment - ip_dst_cache
IP: routing cache hash table of 1024 buckets, 8Kbytes
TCP: Hash tables configured (established 2048 bind 4096)
IPv4 over IPv4 tunneling driver
GRE over IPv4 tunneling driver
ip_tables: (C) 2000-2002 Netfilter core team
NET4: Unix domain sockets 1.0/SMP for Linux NET4.0.
VFS: Mounted root (cramfs filesystem) readonly.
Freeing unused kernel memory: 40k freed
80;30[H[30;80H)lp |115200 8N1 | NOR | Minicom 2.00.0 | VT102 | Offline
새로운(N) 쉘

[그림 4-29] 타깃보드 부팅 화면

주의사항

※ 우리는 VMware에 리눅스를 설치하여 개발환경을 구축하였다. 사용자들이 설치한 VMware의 버전과 리눅스의 버전에 따라 간혹 minicom 실행 후 키보드가 작동하지 않는 분들이 있을 수 있다. 그런 분들은 minicom 대신에 Windows에 내장되어 있는 하이퍼터미널 프로그램을 이용한다.

☞ 하이퍼터미널이 Serial포트를 사용하기 위해서는 VMware가 사용 중인 Serial 포트를 VMware에서 제거해 주어야 한다.

① 일단 실행중인 리눅스를 종료시킨 후 VMware에서 ■를 누른다.

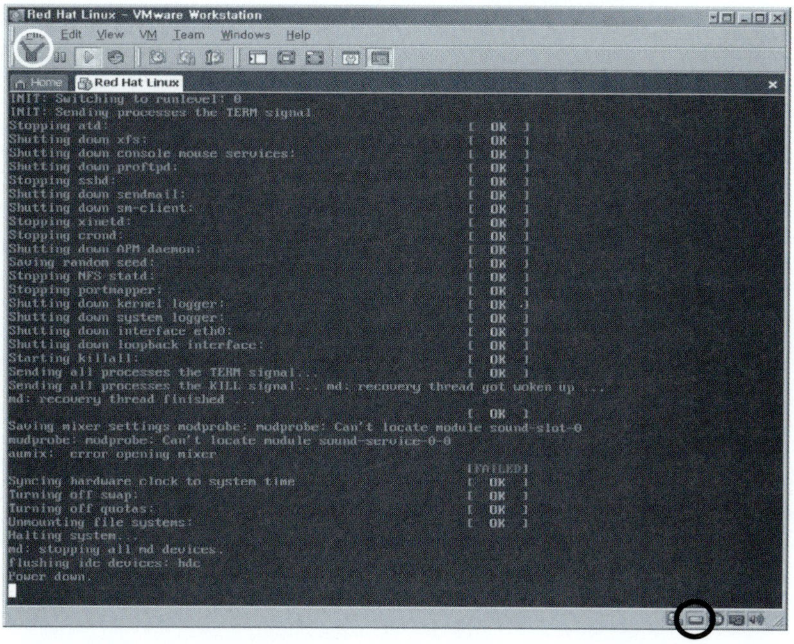

[그림 4-30] 리눅스 종료 화면

② Edit virtual machine settings를 누른다.

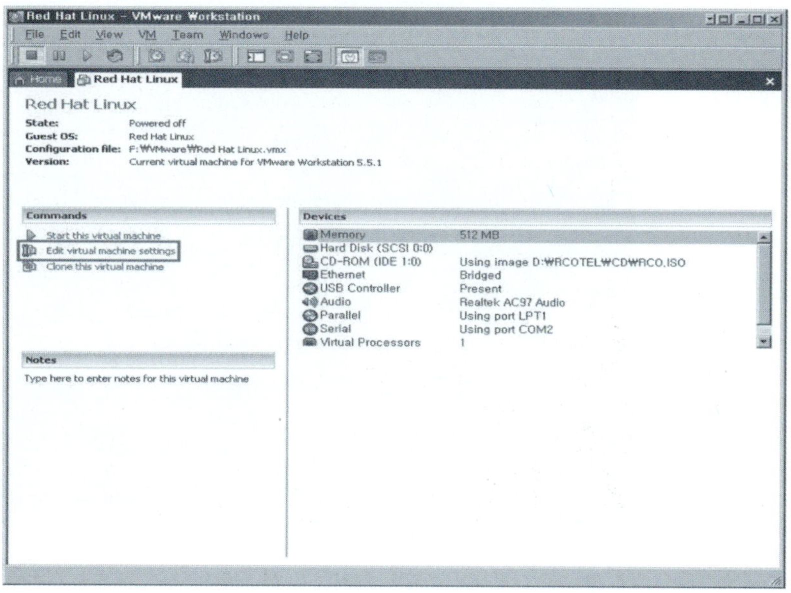

[그림 4-31] VMware 실행 화면

③ Serial을 선택한 후 Remove를 누른다. 설정화면에서 빠져나온다.

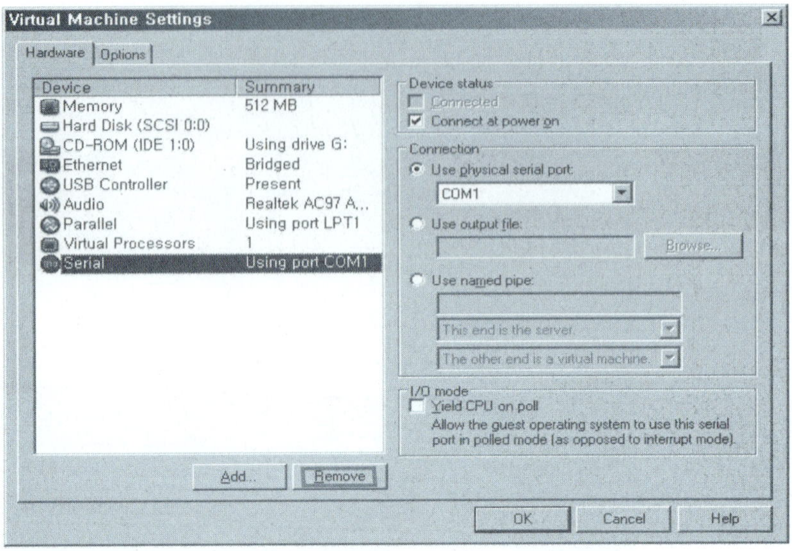

[그림 4-32] Virtual Machine Settings **화면**

④ 아래의 화면은 Serial포트를 제거하기 전의 화면으로 VMware 밑의 작업표시줄에 5개의 아이콘이 보인다.

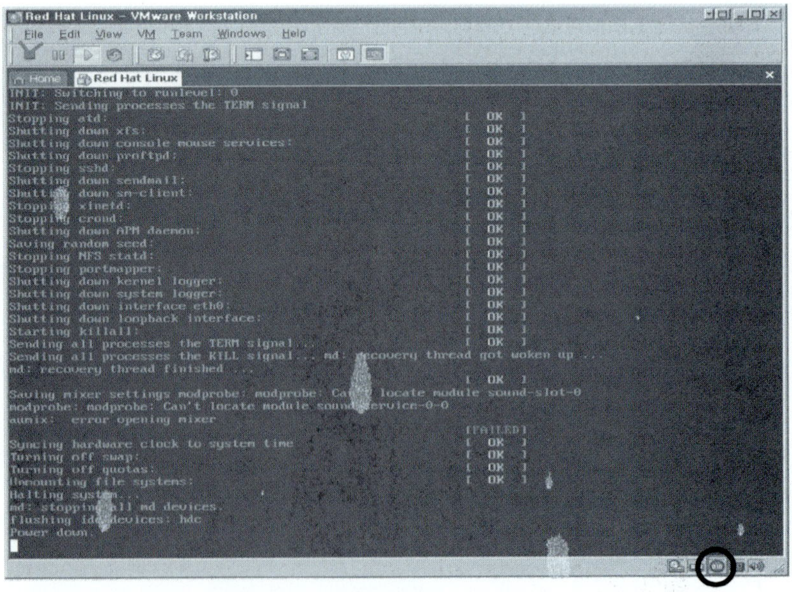

[그림 4-33] Serial **포트를 제거하기 전 화면**

⑤ 다시 리눅스를 부팅시킨다. 정상적으로 Serial포트가 제거되면, VMware 밑 작업표시줄에 4개의 아이콘이 보인다.

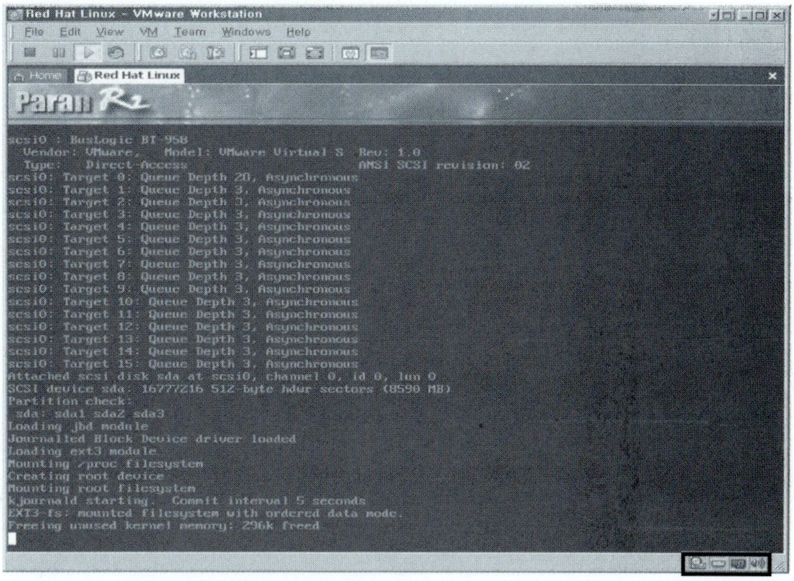

[그림 4-34] Serial 포트를 제거한 후 화면

⑥ VMware에서 Serial포트가 제거가 되었다면 이제 하이퍼터미널을 이용하여 타깃보드에 접속하도록 한다.

Windows의 보조프로그램에서 하이퍼터미널을 선택하면 아래와 같은 화면을 볼 수 있다. 새 연결에서 이름에 RCO를 입력한다.

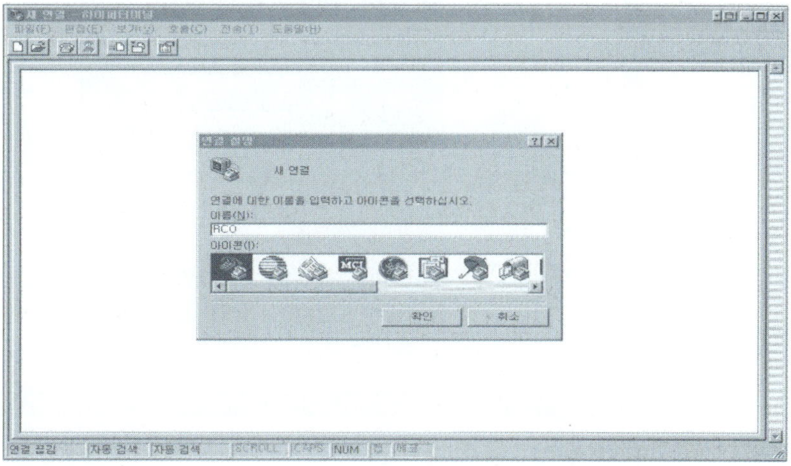

[그림 4-35] 연결 설명 창

⑦ 연결에 사용할 모뎀에 COM1을 선택한다.

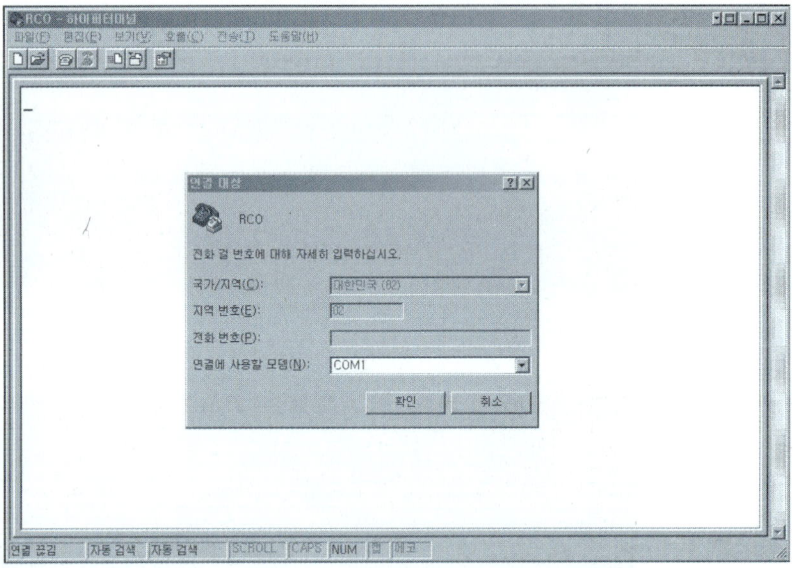

[그림 4-36] 연결 대상 창

⑧ 비트/초 : 115200, 데이터 비트 : 8, 패리티 : 없음, 정지 비트 : 1, 흐름 제어 : 없음 등으로 설정한다.

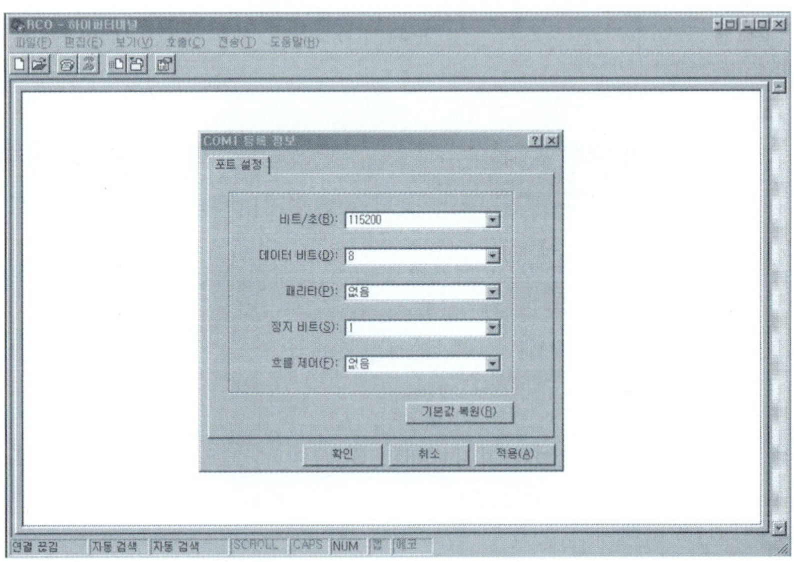

[그림 4-37] COM1 등록 정보 창

⑨ 타깃보드의 RESET 버튼을 한번 눌러주면 타깃보드가 재부팅이 되면서 아래와 같은 화면을 볼 수 있다.

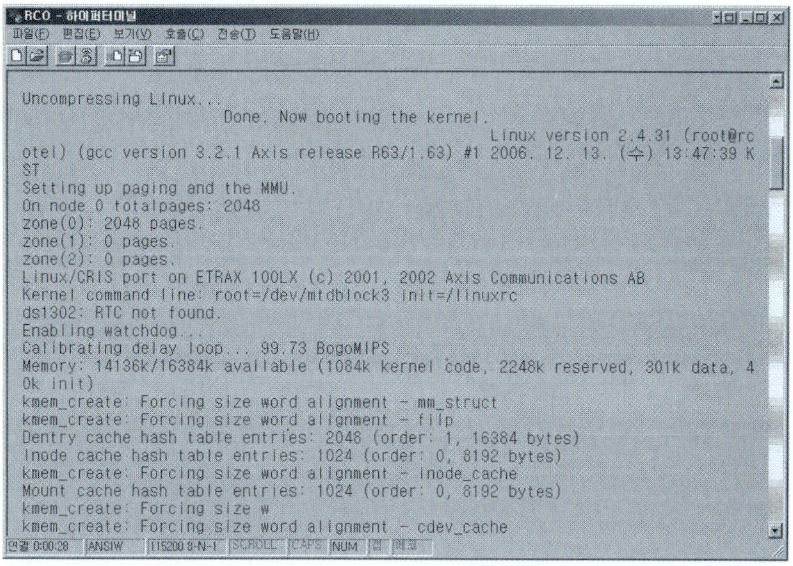
RCO - 하이퍼터미널
파일(F) 편집(E) 보기(V) 호출(C) 전송(T) 도움말(H)
Uncompressing Linux...
Done. Now booting the kernel.
Linux version 2.4.31 (root@rc
otel) (gcc version 3.2.1 Axis release R63/1.63) #1 2006. 12. 13. (수) 13:47:39 K
ST
Setting up paging and the MMU.
On node 0 totalpages: 2048
zone(0): 2048 pages.
zone(1): 0 pages.
zone(2): 0 pages.
Linux/CRIS port on ETRAX 100LX (c) 2001, 2002 Axis Communications AB
Kernel command line: root=/dev/mtdblock3 init=/linuxrc
ds1302: RTC not found.
Enabling watchdog...
Calibrating delay loop... 99.73 BogoMIPS
Memory: 14136k/16384k available (1084k kernel code, 2248k reserved, 301k data, 4
0k init)
kmem_create: Forcing size word alignment - mm_struct
kmem_create: Forcing size word alignment - filp
Dentry cache hash table entries: 2048 (order: 1, 16384 bytes)
Inode cache hash table entries: 1024 (order: 0, 8192 bytes)
kmem_create: Forcing size word alignment - inode_cache
Mount cache hash table entries: 1024 (order: 0, 8192 bytes)
kmem_create: Forcing size w
kmem_create: Forcing size word alignment - cdev_cache
연결 0:00:28 ANSIW 115200 8-N-1 SCROLL CAPS NUM

[그림 4-38] 타깃보드 부팅 화면

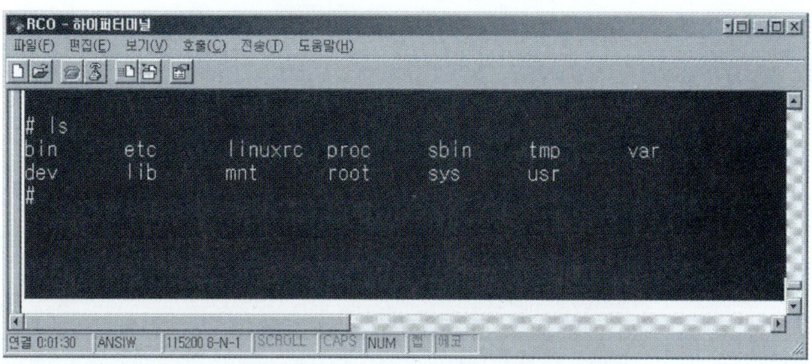
RCO - 하이퍼터미널
파일(F) 편집(E) 보기(V) 호출(C) 전송(T) 도움말(H)
ls
bin etc linuxrc proc sbin tmp var
dev lib mnt root sys usr
#
연결 0:01:30 ANSIW 115200 8-N-1 SCROLL CAPS NUM

[그림 4-39] 타깃보드 폴더 화면

⑩ 이제 모든 환경이 구축되었으면 하이퍼터미널을 이용해서 타깃보드에서 위에서 만든 Host PC의 /nfs_resource폴더에 NFS를 이용하여 마운트를 시켜본다.

일단 타깃보드와 Host PC 간에 통신이 가능한지 테스트해 본다.

우리는 리눅스를 설치할 때 Host PC의 IP를 192.168.0.10으로 주었다.

192.168.0.10은 Host PC의 IP이다.

제 4 장

```
# ping 192.168.0.10
```

▶ ping [옵션] 목적지 주소

외부 네트워크와 연결이 정상적으로 이루어졌는지 확인하는 명령어이다.

〈표 4-36〉 ping 명령어 옵션

옵 션	설 명
-b	broadcast주소에 ping을 사용할 수 있다.
-c count	count 횟수만큼 packet을 전송한다.
-i interval	interval 만큼의 시간에 한번씩 packet을 전송한다.
-n	숫자로만 출력한다.
-s packetsize	packet 크기를 정의하여 전송한다.
-t ttl	IP time to live를 결정한다.
-V	ping version 정보를 출력한다.

타깃보드와 Host PC 간의 연결이 정상적이라면 다음과 같은 화면을 볼 수 있다.

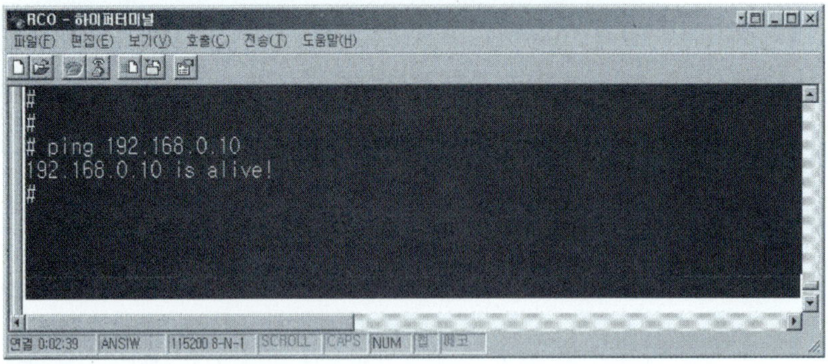

[그림 4-40] ping 실행 화면

⑪ mount명령을 이용하여 Host PC의 /nfs_resource폴더를 마운트한다.

```
# mount -t nfs -o nolock 192.168.0.10:/nfs_resource /mnt/flash
```

mount가 정상적으로 되었다면 다음과 같은 화면을 볼 수 있다.

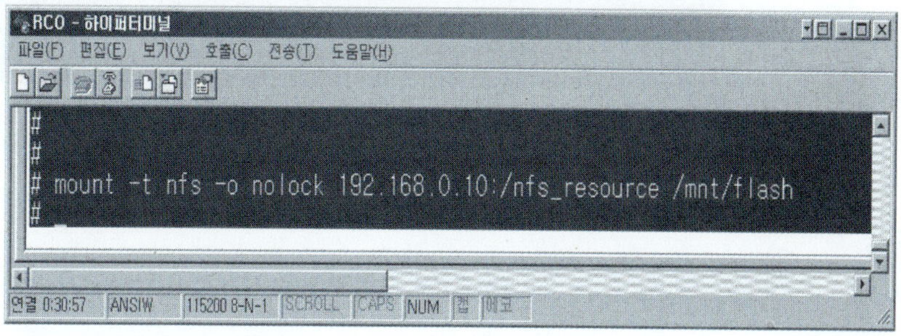
RCO - 하이퍼터미널
파일(F) 편집(E) 보기(V) 호출(C) 전송(T) 도움말(H)
#
#
mount -t nfs -o nolock 192.168.0.10:/nfs_resource /mnt/flash
#
연결 0:30:57 ANSIW 115200 8-N-1 SCROLL CAPS NUM

[그림 4-41] mount 완료 화면

⑫ /mnt/flash폴더로 이동하여 helloworld라는 파일이 있는지 확인 후 helloworld 파일을 실행시킨다.

```
# cd /mnt/flash
# ls
# ./helloworld
```

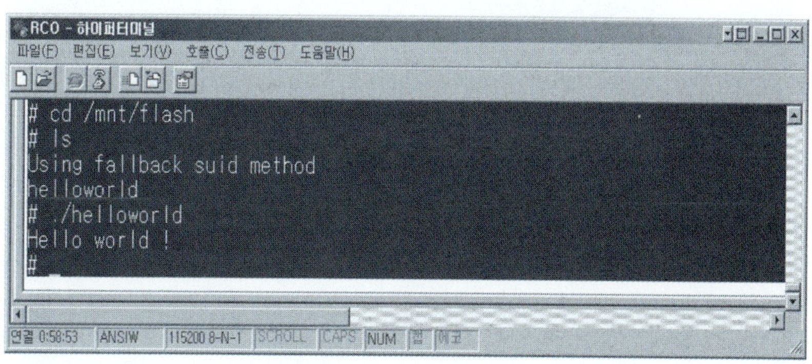
RCO - 하이퍼터미널
파일(F) 편집(E) 보기(V) 호출(C) 전송(T) 도움말(H)
cd /mnt/flash
ls
Using fallback suid method
helloworld
./helloworld
Hello world !
#
연결 0:58:53 ANSIW 115200 8-N-1 SCROLL CAPS NUM

[그림 4-42] helloworld 실행 화면

– 간혹 mount명령을 실행시켰는데 아래와 같은 에러 화면을 볼 수 있다.

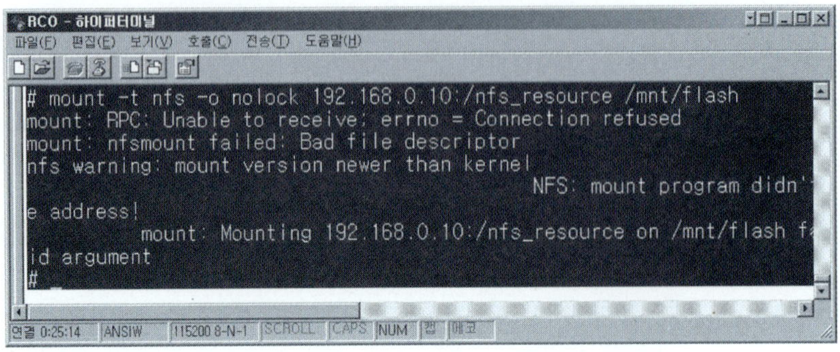
RCO - 하이퍼터미널
mount -t nfs -o nolock 192.168.0.10:/nfs_resource /mnt/flash
mount: RPC: Unable to receive; errno = Connection refused
mount: nfsmount failed: Bad file descriptor
nfs warning: mount version newer than kernel
NFS: mount program didn'
e address!
mount: Mounting 192.168.0.10:/nfs_resource on /mnt/flash f
id argument
#

[그림 4-43] 에러 발생 화면

– 위와 같은 에러화면을 보게 되면 Host PC에서 NFS 서비스를 재시작해 준다. 그런 다음 mount를 다시 시도하면 잘 작동이 되는 것을 알 수 있다.

```
# service nfs restart
```

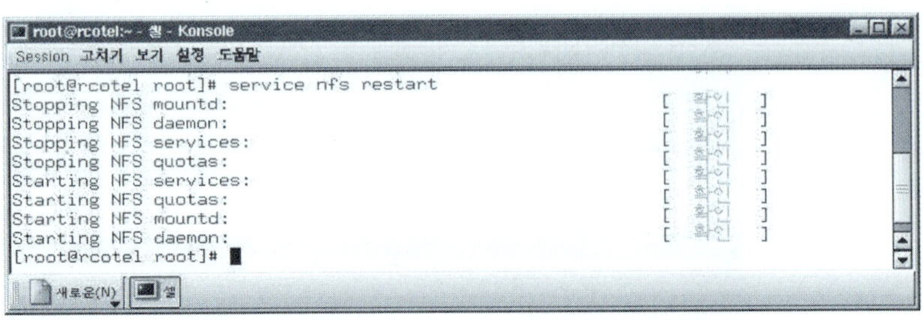
root@rcotel:~ - 셸 - Konsole
[root@rcotel root]# service nfs restart
Stopping NFS mountd:
Stopping NFS daemon:
Stopping NFS services:
Stopping NFS quotas:
Starting NFS services:
Starting NFS quotas:
Starting NFS mountd:
Starting NFS daemon:
[root@rcotel root]#

[그림 4-44] nfs 서비스 재시작

5. FTP를 이용한 프로그램 실행

① 업로드할 파일이 있는 해당 폴더로 이동한 후 FTP를 이용하여 타깃보드의 /mnt/flash폴더로 helloworld파일을 업로드시킨다.

```
# ftp 192.168.0.90
Name (182.168.0.90:root): root
Password: pass
```

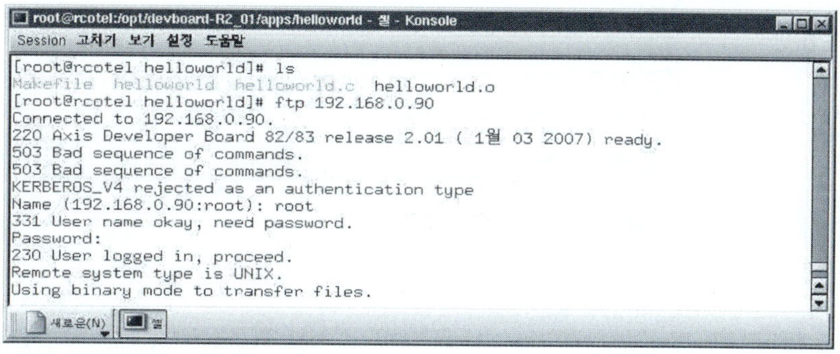
```
root@rcotel:/opt/devboard-R2_01/apps/helloworld - 쉘 - Konsole
Session 고치기 보기 설정 도움말
[root@rcotel helloworld]# ls
Makefile  helloworld  helloworld.c  helloworld.o
[root@rcotel helloworld]# ftp 192.168.0.90
Connected to 192.168.0.90.
220 Axis Developer Board 82/83 release 2.01 ( 1월 03 2007) ready.
503 Bad sequence of commands.
503 Bad sequence of commands.
KERBEROS_V4 rejected as an authentication type
Name (192.168.0.90:root): root
331 User name okay, need password.
Password:
230 User logged in, proceed.
Remote system type is UNIX.
Using binary mode to transfer files.
```

[그림 4-45] FTP 실행 화면

② 타깃보드의 /mnt/flash폴더로 이동한 후 파일을 업로드한다.

```
ftp> cd /mnt/flash
ftp> put helloworld
```

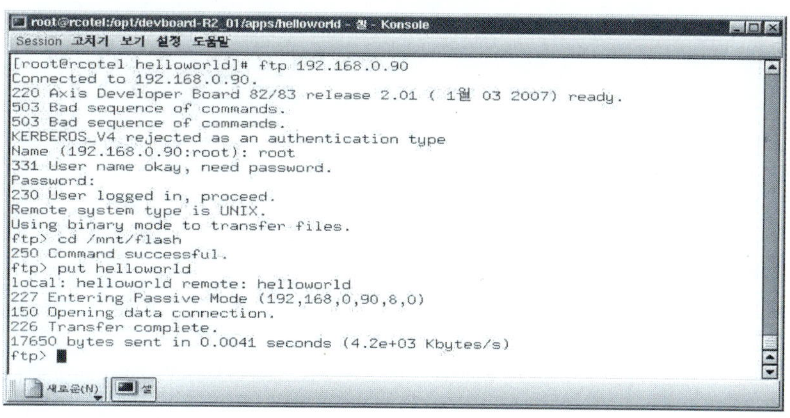
```
root@rcotel:/opt/devboard-R2_01/apps/helloworld - 쉘 - Konsole
Session 고치기 보기 설정 도움말
[root@rcotel helloworld]# ftp 192.168.0.90
Connected to 192.168.0.90.
220 Axis Developer Board 82/83 release 2.01 ( 1월 03 2007) ready.
503 Bad sequence of commands.
503 Bad sequence of commands.
KERBEROS_V4 rejected as an authentication type
Name (192.168.0.90:root): root
331 User name okay, need password.
Password:
230 User logged in, proceed.
Remote system type is UNIX.
Using binary mode to transfer files.
ftp> cd /mnt/flash
250 Command successful.
ftp> put helloworld
local: helloworld remote: helloworld
227 Entering Passive Mode (192,168,0,90,8,0)
150 Opening data connection.
226 Transfer complete.
17650 bytes sent in 0.0041 seconds (4.2e+03 Kbytes/s)
ftp>
```

[그림 4-46] 파일 업로드 화면

③ FTP를 종료한다.

```
ftp> quit
```

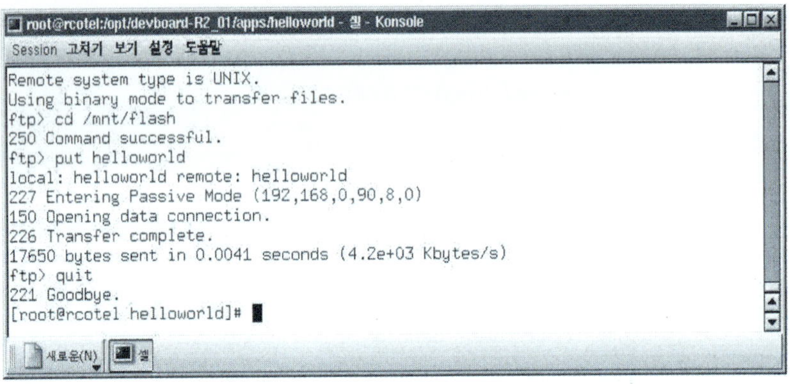
root@rcotel:/opt/devboard-R2_01/apps/helloworld - 셸 - Konsole
Session 고치기 보기 설정 도움말
Remote system type is UNIX.
Using binary mode to transfer files.
ftp> cd /mnt/flash
250 Command successful.
ftp> put helloworld
local: helloworld remote: helloworld
227 Entering Passive Mode (192,168,0,90,8,0)
150 Opening data connection.
226 Transfer complete.
17650 bytes sent in 0.0041 seconds (4.2e+03 Kbytes/s)
ftp> quit
221 Goodbye.
[root@rcotel helloworld]#
새로운(N)
셸

[그림 4-47] FTP 종료 화면

4.2 C++ application

1. 소스 작성

① 먼저 소스코드를 만들기 전에 환경을 설정해 주는 파일을 실행시키고 apps/ helloworld폴더로 이동한다. helloworld폴더로 이동한 후 cpp폴더를 만든다.

```
# cd /opt/devboard-R2_01
# . ./init_env
# cd apps/helloworld/
# mkdir cpp
```

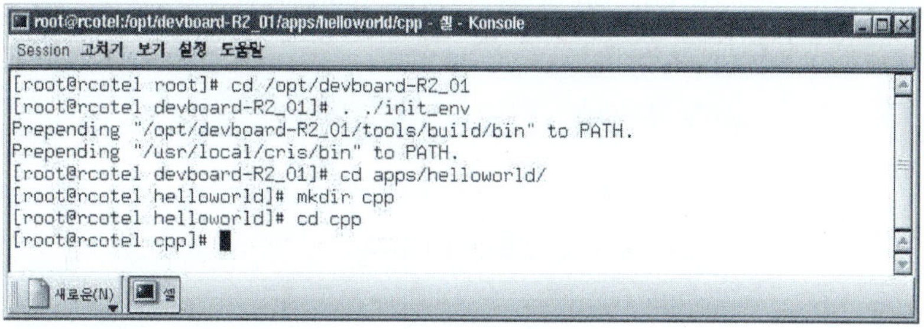
root@rcotel:/opt/devboard-R2_01/apps/helloworld/cpp - 쉘 - Konsole
Session 고치기 보기 설정 도움말
[root@rcotel root]# cd /opt/devboard-R2_01
[root@rcotel devboard-R2_01]# . ./init_env
Prepending "/opt/devboard-R2_01/tools/build/bin" to PATH.
Prepending "/usr/local/cris/bin" to PATH.
[root@rcotel devboard-R2_01]# cd apps/helloworld/
[root@rcotel helloworld]# mkdir cpp
[root@rcotel helloworld]# cd cpp
[root@rcotel cpp]#
새로운(N)
쉘

[그림 4-48] mkdir 실행 화면

② 만든 cpp폴더로 이동한 후 vi에디터를 이용하여 helloworld.cpp파일을 만든다.

```
# cd cpp
# vi helloworld.cpp
```

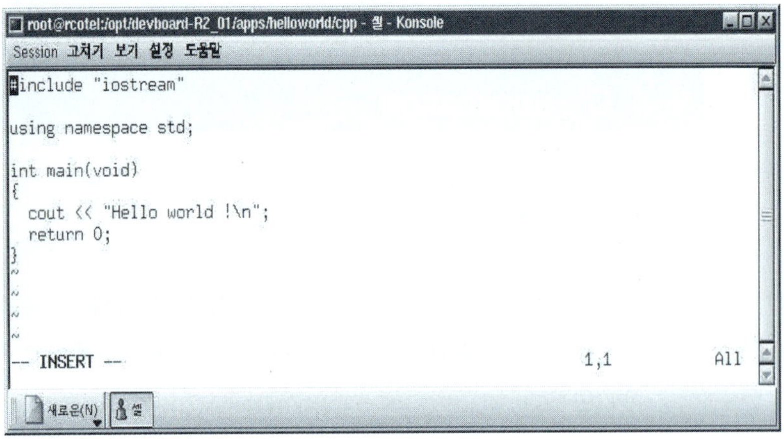
root@rcotel:/opt/devboard-R2_01/apps/helloworld/cpp - 쉘 - Konsole
Session 고치기 보기 설정 도움말
#include "iostream"
using namespace std;
int main(void)
{
cout << "Hello world !\n";
return 0;
}
-- INSERT --
1,1
All
새로운(N)
쉘

[그림 4-49] helloworld.cpp 파일 화면

2. helloworld.cpp 컴파일

① vi에디터를 이용하여 Makefile파일을 작성한다.

첨부된 CD에 들어 있는 Makefile을 복사하여 사용하면 편리하다.

```
# vi Makefile
```

```
AXIS_USABLE_LIBS = GLIBC
include $(AXIS_TOP_DIR)/tools/build/Rules.axis

PROGS       = helloworld
INSTDIR     = $(prefix)/mnt/flash/
INSTMODE    = 0755
INSTOWNER   = root
INSTGROUP   = root
OBJS        = helloworld.o
OPTIONS     = -static
all: $(PROGS)
$(PROGS): $(OBJS)
  $(CXX) $(OPTIONS) $(LDFLAGS) $^ $(LDLIBS) -o $@
```

```
install: $(PROGS)
  $(INSTALL) -d $(INSTDIR)
  $(INSTALL) -m $(INSTMODE) -o $(INSTOWNER) -g $(INSTGROUP)
  $(PROGS) $(INSTDIR)

clean:
  rm -f $(PROGS) *.o core
```

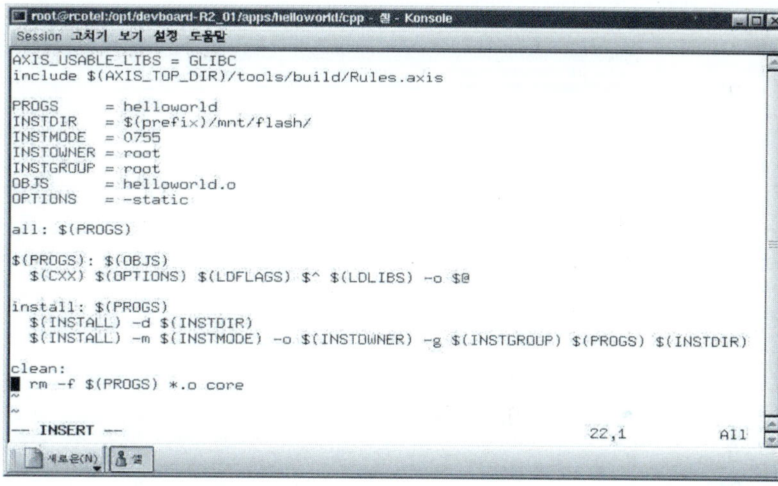
root@rcotel:/opt/devboard-R2_01/apps/helloworld/cpp - 셸 - Konsole
Session 고치기 보기 설정 도움말
AXIS_USABLE_LIBS = GLIBC
include $(AXIS_TOP_DIR)/tools/build/Rules.axis
PROGS = helloworld
INSTDIR = $(prefix)/mnt/flash/
INSTMODE = 0755
INSTOWNER = root
INSTGROUP = root
OBJS = helloworld.o
OPTIONS = -static
all: $(PROGS)
$(PROGS): $(OBJS)
$(CXX) $(OPTIONS) $(LDFLAGS) $^ $(LDLIBS) -o $@
install: $(PROGS)
$(INSTALL) -d $(INSTDIR)
$(INSTALL) -m $(INSTMODE) -o $(INSTOWNER) -g $(INSTGROUP) $(PROGS) $(INSTDIR)
clean:
rm -f $(PROGS) *.o core
-- INSERT --
22,1
All
새로운(N)
셸

[그림 4-50] Makefile파일 화면

② 이번에는 소스코드가 Host PC에서 실행되도록 컴파일해본다.
하지만 에러가 발생할 것이다.

```
# make host
```

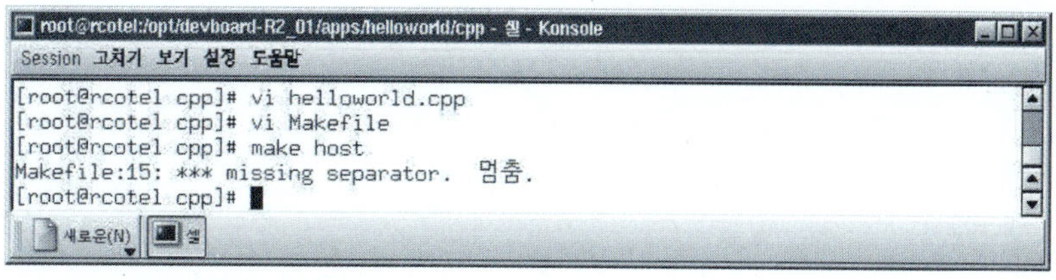
root@rcotel:/opt/devboard-R2_01/apps/helloworld/cpp - 셸 - Konsole
Session 고치기 보기 설정 도움말
[root@rcotel cpp]# vi helloworld.cpp
[root@rcotel cpp]# vi Makefile
[root@rcotel cpp]# make host
Makefile:15: *** missing separator. 멈춤.
[root@rcotel cpp]#
새로운(N)
셸

[그림 4-51] 컴파일 실행 화면

③ Makefile을 다시 열어 아래의 4줄의 빈칸들을 모두 없애고 Tab키를 이용하여 다시 빈칸을 만들어 준다.

```
$(CXX) $(LDFLAGS) $^ $(LDLIBS) -o $@
$(INSTALL) -d $(INSTDIR)
$(INSTALL) -m $(INSTMODE) -o $(INSTOWNER) -g $(INSTGROUP) $(PROGS)
$(INSTDIR)
rm -f $(PROGS) *.o core
```

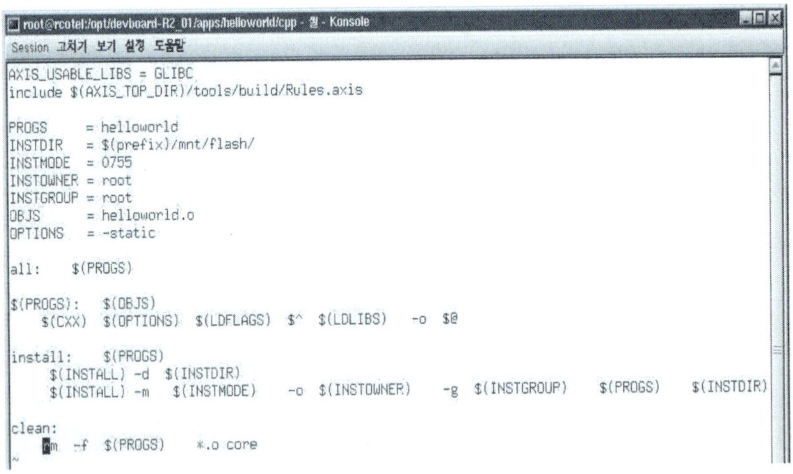

```
AXIS_USABLE_LIBS = GLIBC
include $(AXIS_TOP_DIR)/tools/build/Rules.axis

PROGS      = helloworld
INSTDIR    = $(prefix)/mnt/flash/
INSTMODE   = 0755
INSTOWNER  = root
INSTGROUP  = root
OBJS       = helloworld.o
OPTIONS    = -static

all:    $(PROGS)

$(PROGS):   $(OBJS)
	$(CXX)  $(OPTIONS)  $(LDFLAGS)  $^  $(LDLIBS)   -o  $@

install:    $(PROGS)
	$(INSTALL) -d  $(INSTDIR)
	$(INSTALL) -m   $(INSTMODE)    -o  $(INSTOWNER)    -g  $(INSTGROUP)    $(PROGS)    $(INSTDIR)

clean:
	rm  -f  $(PROGS)    *.o core
```

[그림 4-52] 수정된 Makefile파일 화면

④ 다시 컴파일한다.

```
# make host
# make
```

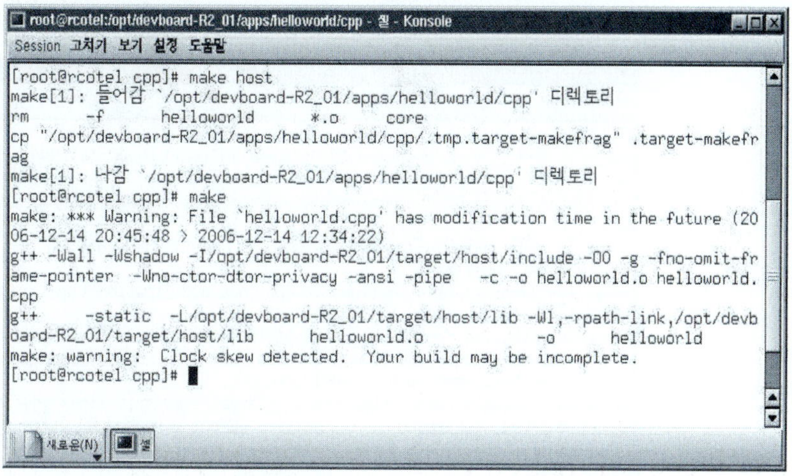
root@rcotel:/opt/devboard-R2_01/apps/helloworld/cpp - 셸 - Konsole
Session 고치기 보기 설정 도움말
[root@rcotel cpp]# make host
make[1]: 들어감 `/opt/devboard-R2_01/apps/helloworld/cpp' 디렉토리
rm -f helloworld *.o core
cp "/opt/devboard-R2_01/apps/helloworld/cpp/.tmp.target-makefrag" .target-makefrag
make[1]: 나감 `/opt/devboard-R2_01/apps/helloworld/cpp' 디렉토리
[root@rcotel cpp]# make
make: *** Warning: File `helloworld.cpp' has modification time in the future (2006-12-14 20:45:48 > 2006-12-14 12:34:22)
g++ -Wall -Wshadow -I/opt/devboard-R2_01/target/host/include -O0 -g -fno-omit-frame-pointer -Wno-ctor-dtor-privacy -ansi -pipe -c -o helloworld.o helloworld.cpp
g++ -static -L/opt/devboard-R2_01/target/host/lib -Wl,-rpath-link,/opt/devboard-R2_01/target/host/lib helloworld.o -o helloworld
make: warning: Clock skew detected. Your build may be incomplete.
[root@rcotel cpp]#
새로운(N) 셸

[그림 4-53] 컴파일 완료 화면

⑤ helloworld 실행파일이 만들어졌는지 확인한 후 Host PC에서 파일을 실행시킨다.

```
# ls
# ./helloworld
```

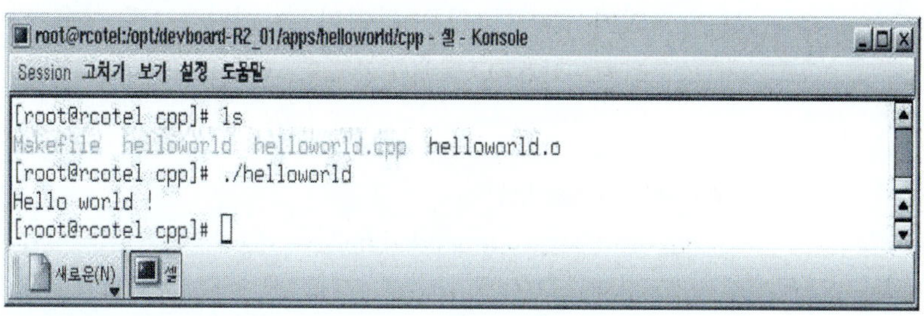
root@rcotel:/opt/devboard-R2_01/apps/helloworld/cpp - 셸 - Konsole
Session 고치기 보기 설정 도움말
[root@rcotel cpp]# ls
Makefile helloworld helloworld.cpp helloworld.o
[root@rcotel cpp]# ./helloworld
Hello world !
[root@rcotel cpp]#
새로운(N) 셸

[그림 4-54] helloworld 실행 화면

⑥ 이번에는 소스코드가 타깃보드에서 실행이 되도록 소스코드를 컴파일해 본다.

```
# make cris-axis-linux-gnu
# make
```

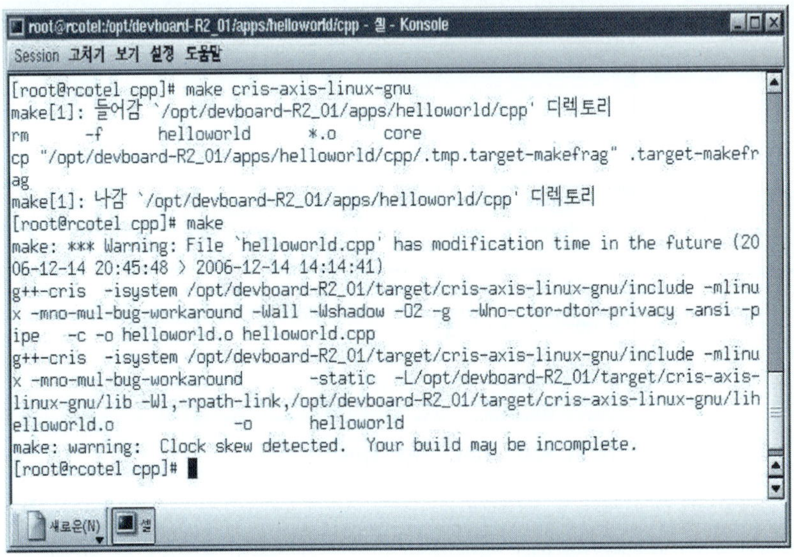
root@rcotel:/opt/devboard-R2_01/apps/helloworld/cpp - 쉘 - Konsole
Session 고치기 보기 설정 도움말
[root@rcotel cpp]# make cris-axis-linux-gnu
make[1]: 들어감 `/opt/devboard-R2_01/apps/helloworld/cpp' 디렉토리
rm -f helloworld *.o core
cp "/opt/devboard-R2_01/apps/helloworld/cpp/.tmp.target-makefrag" .target-makefr
ag
make[1]: 나감 `/opt/devboard-R2_01/apps/helloworld/cpp' 디렉토리
[root@rcotel cpp]# make
make: *** Warning: File `helloworld.cpp' has modification time in the future (20
06-12-14 20:45:48 > 2006-12-14 14:14:41)
g++-cris -isystem /opt/devboard-R2_01/target/cris-axis-linux-gnu/include -mlinu
x -mno-mul-bug-workaround -Wall -Wshadow -O2 -g -Wno-ctor-dtor-privacy -ansi -p
ipe -c -o helloworld.o helloworld.cpp
g++-cris -isystem /opt/devboard-R2_01/target/cris-axis-linux-gnu/include -mlinu
x -mno-mul-bug-workaround -static -L/opt/devboard-R2_01/target/cris-axis-
linux-gnu/lib -Wl,-rpath-link,/opt/devboard-R2_01/target/cris-axis-linux-gnu/lib
elloworld.o -o helloworld
make: warning: Clock skew detected. Your build may be incomplete.
[root@rcotel cpp]#
새로운(N)
셸

[그림 4-55] 컴파일 완료 화면

⑦ helloworld 실행파일이 잘 만들어졌는지 확인을 해 보면 타깃보드에 올리기에 파일 크기가 너무 큰 것을 알 수 있다. cris-strip를 이용해서 파일 크기를 줄이도록 한다. cris-strip 명령을 실행한 후 파일 크기를 다시 확인해 보면 크기가 줄어든 것을 확인할 수 있다. 그런 다음 위에서 실습했던 SCP, FTP, NFS를 이용하여 파일을 업로드시킨다.

```
# ls -al hellowolrd
# cris-strip --strip-unneeded helloworld
# ls -al hellowolrd
```

▶cris-strip --strip-unneeded [파일명]

relocations에 필요하지 않은 모든 심벌을 제거한다.

모든 프로그램이나 바이너리는 기본적으로 디버깅 심벌을 포함하여 컴파일된다. 이는 여러분이 프로그램이나 라이브러리를 디버거를 통해 실행할 수 있으며 디버거의 출력물이 좀더 사용자에서 편하게 된다는 것을 뜻한다. 이 디버깅 심벌들은 또한 프로그램이나 라이브러리의 크기를 매우 크게 한다. strip 프로그램으로 그 심벌들을 직접 제거할 수 있다. 디버깅 심벌이 파일의 크기에 어떠한 영향을 주는지 아래의 통계를 보면 쉽게 알 수 있다.

- 디버깅 심벌을 포함하여 정적으로 링크된 Bash 바이너리 : 2.3MB
- 디버깅 심벌 없이 정적으로 링크된 Bash 바이너리 : 645KB
- 디버깅 심벌을 포함하여 동적으로 링크된 Bash 바이너리 : 1.2MB
- 디버깅 심벌 없이 동적으로 링크된 Bash 바이너리 : 478KB
- 디버깅 심벌을 포함한 $LFS/usr/lib(glibc와 gcc 파일들) : 87MB
- 디버깅 심벌이 없는 $LFS/usr/lib(glibc와 gcc 파일들) : 16MB

root@rcotel:/opt/devboard-R2_01/apps/helloworld/cpp - 쉘 - Konsole
Session 고치기 보기 설정 도움말
[root@rcotel cpp]# ls -al helloworld
-rwxr-xr-x 1 root root 5673064 12월 14 14:14 helloworld
[root@rcotel cpp]# cris-strip --strip-unneeded helloworld
[root@rcotel cpp]# ls -al helloworld
-rwxr-xr-x 1 root root 556000 12월 14 14:17 helloworld
[root@rcotel cpp]#
새로운(N)
쉘

[그림 4-56] cris-strip 실행 화면

4.3 응용 프로그램을 패키지에 추가하기

1. 소스코드 작성

① 먼저 소스코드를 만들기 전에 환경을 설정해 주는 파일을 실행시키고 apps 폴더로 이동한다. apps폴더에서 hellomath폴더를 만들어준다.

```
# . ./init_env
# cd apps
# mkdir hellomath
```

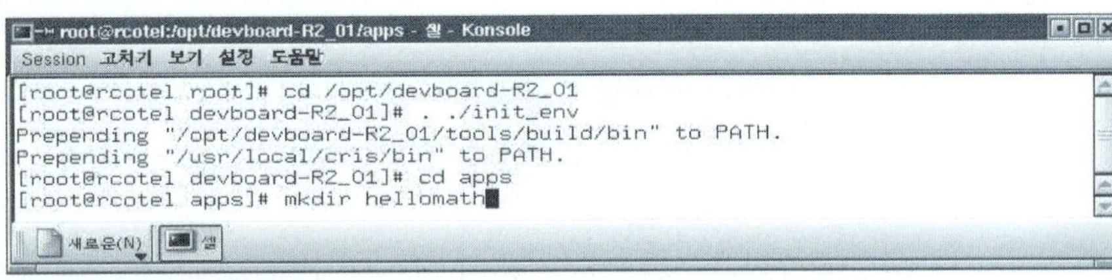
root@rcotel:/opt/devboard-R2_01/apps - 셸 - Konsole
Session 고치기 보기 설정 도움말
[root@rcotel root]# cd /opt/devboard-R2_01
[root@rcotel devboard-R2_01]# . ./init_env
Prepending "/opt/devboard-R2_01/tools/build/bin" to PATH.
Prepending "/usr/local/cris/bin" to PATH.
[root@rcotel devboard-R2_01]# cd apps
[root@rcotel apps]# mkdir hellomath
새로운(N) 셸

[그림 4-57] mkdir 실행 화면

② 만든 hellomath폴더로 이동한 후 vi에디터를 이용하여 hellomath.c파일을 만든다.

```
# cd hellomath
# vi hellomath.c
```

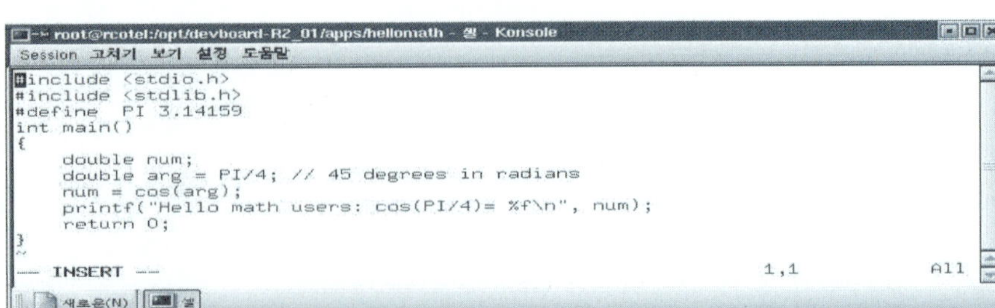
root@rcotel:/opt/devboard-R2_01/apps/hellomath - 셸 - Konsole
Session 고치기 보기 설정 도움말
#include <stdio.h>
#include <stdlib.h>
#define PI 3.14159
int main()
{
double num;
double arg = PI/4; // 45 degrees in radians
num = cos(arg);
printf("Hello math users: cos(PI/4)= %f\n", num);
return 0;
}
-- INSERT --
1,1
All
새로운(N) 셸

[그림 4-58] hellomath.c 파일 화면

2. Application 컴파일

① vi에디터를 이용하여 Makefile파일을 만든다.

```
# vi Makefile
```

```
AXIS_USABLE_LIBS = UCLIBC GLIBC
include $(AXIS_TOP_DIR)/tools/build/Rules.axis

PROGS          = hellomath

INSTDIR        = $(prefix)/mnt/flash/
INSTMODE       = 0755
INSTOWNER      = root
INSTGROUP      = root

OBJS           = hellomath.o

all: $(PROGS)
LDFLAGS += -lm
$(PROGS): $(OBJS)
$(CC) $(LDFLAGS) $^ $(LDLIBS) -o $@
install:       $(PROGS)
#  @echo Installing $(PROGS) in $(INSTDIR)
    $(INSTALL) -d $(INSTDIR)
    $(INSTALL) -m $(INSTMODE) -o $(INSTOWNER) -g $(INSTGROUP)
    $(PROGS) $(INSTDIR)
clean:
     rm -f $(PROGS) *.o core
```

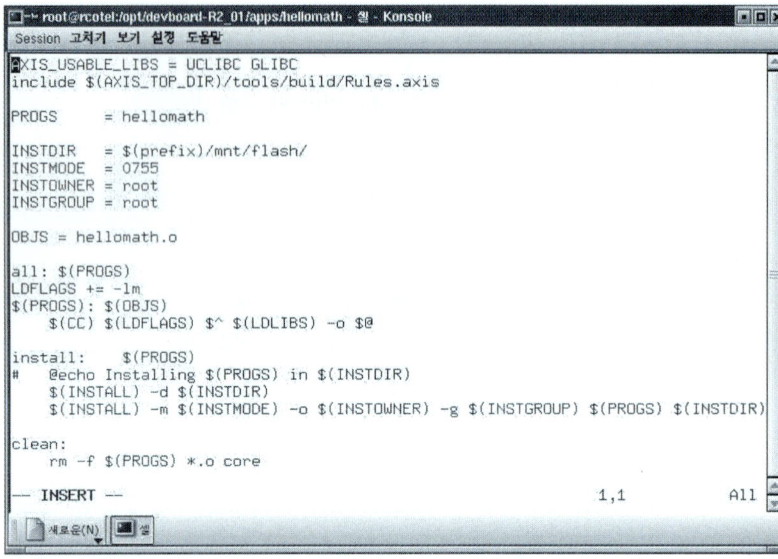
root@rcotel:/opt/devboard-R2_01/apps/hellomath - 쉘 - Konsole
Session 고치기 보기 설정 도움말
AXIS_USABLE_LIBS = UCLIBC GLIBC
include $(AXIS_TOP_DIR)/tools/build/Rules.axis
PROGS = hellomath
INSTDIR = $(prefix)/mnt/flash/
INSTMODE = 0755
INSTOWNER = root
INSTGROUP = root
OBJS = hellomath.o
all: $(PROGS)
LDFLAGS += -lm
$(PROGS): $(OBJS)
$(CC) $(LDFLAGS) $^ $(LDLIBS) -o $@
install: $(PROGS)
@echo Installing $(PROGS) in $(INSTDIR)
$(INSTALL) -d $(INSTDIR)
$(INSTALL) -m $(INSTMODE) -o $(INSTOWNER) -g $(INSTGROUP) $(PROGS) $(INSTDIR)
clean:
rm -f $(PROGS) *.o core
-- INSERT --
1,1
All
새로운(N)
쉘

[그림 4-59] Makefile파일 화면

② 일단 환경을 설정해주는 파일을 실행시킨 후 apps/hellomath폴더로 이동한다. 이동한 후 크로스 컴파일러를 이용하여 작성한 소스코드를 컴파일한다.

```
# . ./init_env
# cd apps/hellomath/
# make cris-axis-linux-gnu
```

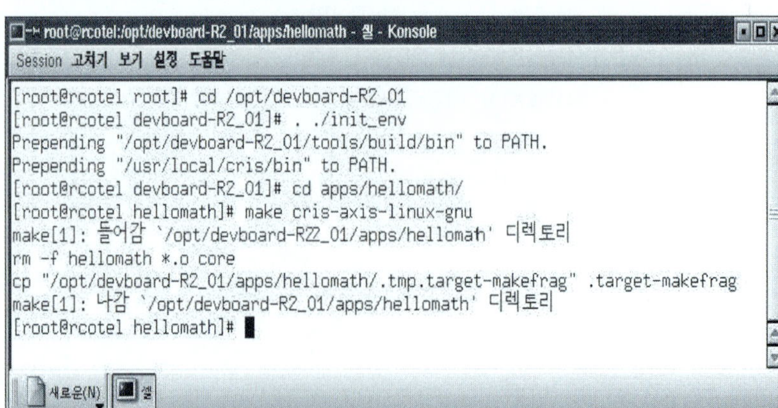
root@rcotel:/opt/devboard-R2_01/apps/hellomath - 쉘 - Konsole
Session 고치기 보기 설정 도움말
[root@rcotel root]# cd /opt/devboard-R2_01
[root@rcotel devboard-R2_01]# . ./init_env
Prepending "/opt/devboard-R2_01/tools/build/bin" to PATH.
Prepending "/usr/local/cris/bin" to PATH.
[root@rcotel devboard-R2_01]# cd apps/hellomath/
[root@rcotel hellomath]# make cris-axis-linux-gnu
make[1]: 들어감 `/opt/devboard-R2_01/apps/hellomath' 디렉토리
rm -f hellomath *.o core
cp "/opt/devboard-R2_01/apps/hellomath/.tmp.target-makefrag" .target-makefrag
make[1]: 나감 `/opt/devboard-R2_01/apps/hellomath' 디렉토리
[root@rcotel hellomath]#
새로운(N)
쉘

[그림 4-60] make cris-axis-linux-gnu 실행 화면

③ 컴파일한다.

```
# make
```

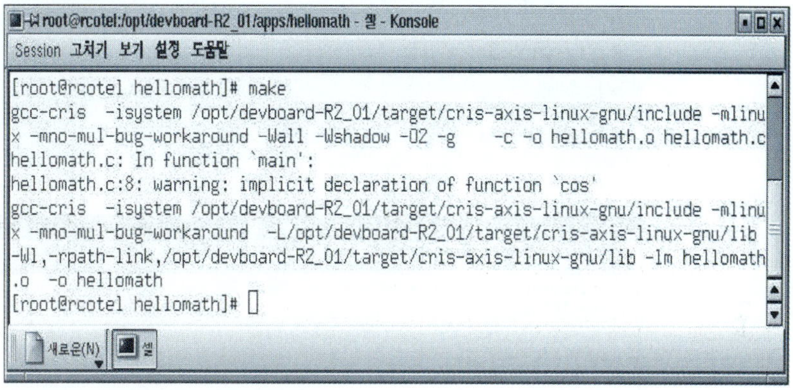
root@rcotel:/opt/devboard-R2_01/apps/hellomath - 셸 - Konsole
Session 고치기 보기 설정 도움말
[root@rcotel hellomath]# make
gcc-cris -isystem /opt/devboard-R2_01/target/cris-axis-linux-gnu/include -mlinux -mno-mul-bug-workaround -Wall -Wshadow -O2 -g -c -o hellomath.o hellomath.c
hellomath.c: In function `main':
hellomath.c:8: warning: implicit declaration of function `cos'
gcc-cris -isystem /opt/devboard-R2_01/target/cris-axis-linux-gnu/include -mlinux -mno-mul-bug-workaround -L/opt/devboard-R2_01/target/cris-axis-linux-gnu/lib -Wl,-rpath-link,/opt/devboard-R2_01/target/cris-axis-linux-gnu/lib -lm hellomath.o -o hellomath
[root@rcotel hellomath]#
새로운(N)
셸

[그림 4-61] 컴파일 완료 화면

3. SCP를 이용한 Upload 실행

① SCP를 이용하여 타깃보드의 /mnt/flash/폴더로 hellomath파일을 업로드시킨다.

```
# scp ./hellomath root@192.168.0.90:/mnt/flash/hellomath
Are you sure you want to continue connecting (yes/no)? yes
root@192.168.0.90's password: pass
```

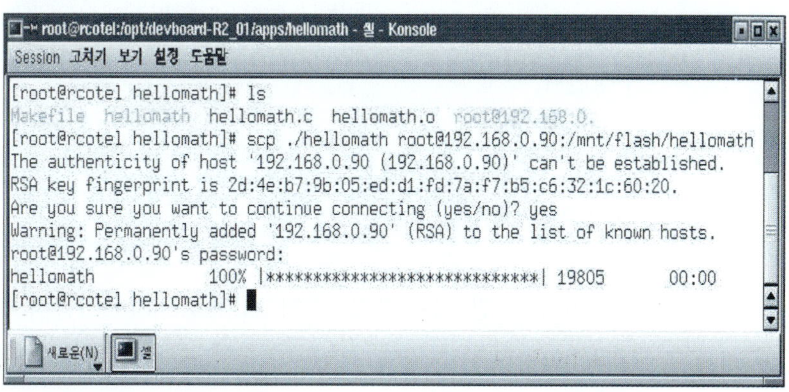
root@rcotel:/opt/devboard-R2_01/apps/hellomath - 셸 - Konsole
Session 고치기 보기 설정 도움말
[root@rcotel hellomath]# ls
Makefile hellomath hellomath.c hellomath.o root@192.168.0.
[root@rcotel hellomath]# scp ./hellomath root@192.168.0.90:/mnt/flash/hellomath
The authenticity of host '192.168.0.90 (192.168.0.90)' can't be established.
RSA key fingerprint is 2d:4e:b7:9b:05:ed:d1:fd:7a:f7:b5:c6:32:1c:60:20.
Are you sure you want to continue connecting (yes/no)? yes
Warning: Permanently added '192.168.0.90' (RSA) to the list of known hosts.
root@192.168.0.90's password:
hellomath 100% |*****************************| 19805 00:00
[root@rcotel hellomath]#
새로운(N)
셸

[그림 4-62] scp 실행 화면

② Telnet을 이용하여 타깃보드에 원격 접속한 후 업로드한 파일을 실행시킨다.

```
# telnet 192.168.0.90
axis login: root
password: pass
# cd //mnt/flash/
# ls
# ./hellomath
```

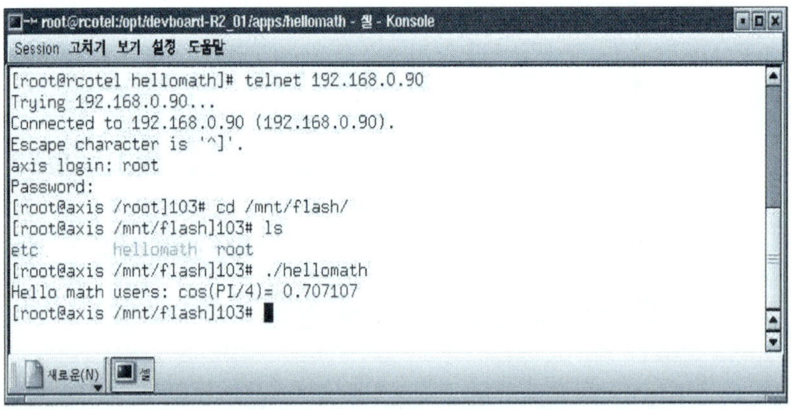
root@rcotel:/opt/devboard-R2_01/apps/hellomath - 셸 - Konsole
Session 고치기 보기 설정 도움말
[root@rcotel hellomath]# telnet 192.168.0.90
Trying 192.168.0.90...
Connected to 192.168.0.90 (192.168.0.90).
Escape character is '^]'.
axis login: root
Password:
[root@axis /root]103# cd /mnt/flash/
[root@axis /mnt/flash]103# ls
etc hellomath root
[root@axis /mnt/flash]103# ./hellomath
Hello math users: cos(PI/4)= 0.707107
[root@axis /mnt/flash]103#
새로운(N) 셸

[그림 4-63] telnet을 이용하여 타깃보드에 접속한 화면

4. Application을 package에 추가하기

① /opt/devboard-R2_01폴더로 이동한 후 vi에디터를 이용하여 Makefile을 수정한다.

```
# cd /opt/devboard-R2_01
# vi Makefile
```

이미지를 만드는 과정 중에 apps/hellomath폴더도 컴파일이 되도록 Makefile파일에서 밑에 2줄을 수정한 후 저장하고 빠져나온다.

```
packages/devices/ttyusb \
apps/hellomath
```

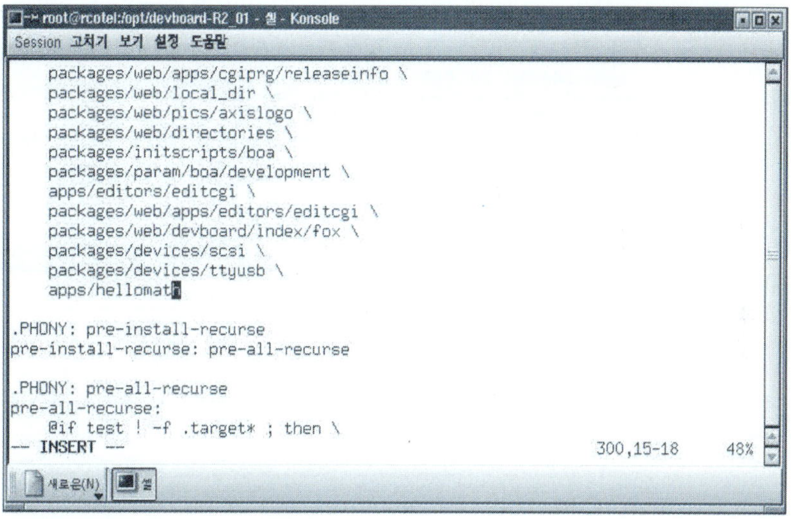
root@rcotel:/opt/devboard-R2_01 - 쉘 - Konsole
Session 고치기 보기 설정 도움말
packages/web/apps/cgiprg/releaseinfo \
packages/web/local_dir \
packages/web/pics/axislogo \
packages/web/directories \
packages/initscripts/boa \
packages/param/boa/development \
apps/editors/editcgi \
packages/web/apps/editors/editcgi \
packages/web/devboard/index/fox \
packages/devices/scsi \
packages/devices/ttyusb \
apps/hellomath
.PHONY: pre-install-recurse
pre-install-recurse: pre-all-recurse
.PHONY: pre-all-recurse
pre-all-recurse:
@if test ! -f .target* ; then \
-- INSERT --
300,15-18
48%
새로운(N)
쉘

[그림 4-64] Makefile파일 화면

② fimage을 만들기 위해 컴파일한다.

```
# cd /opt/devboard-R2_01
# . ./init_env
# make
```

root@rcotel:/opt/devboard-R2_01 - 쉘 - Konsole
Session 고치기 보기 설정 도움말
[root@rcotel root]# cd /opt/devboard-R2_01
[root@rcotel devboard-R2_01]# . ./init_env
Prepending "/opt/devboard-R2_01/tools/build/bin" to PATH.
Prepending "/usr/local/cris/bin" to PATH.
[root@rcotel devboard-R2_01]# make
새로운(N)
쉘

[그림 4-65] make 실행 화면

③ 컴파일이 완료되면, 이미지를 퓨징해주는 명령을 실행시킨다.

```
# boot_linux -F -i fimage
```

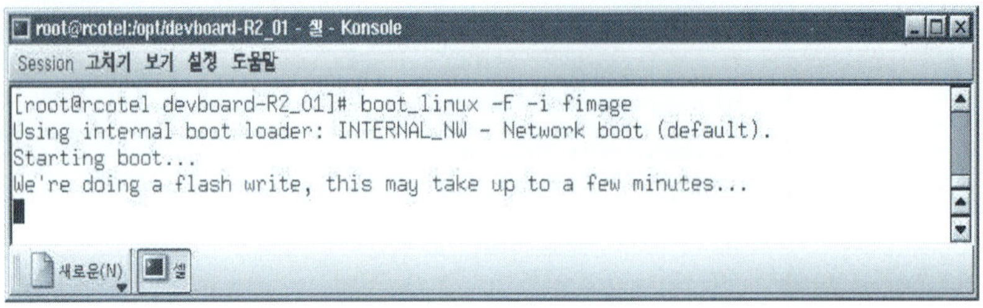
root@rcotel:/opt/devboard-R2_01 - 쉘 - Konsole
Session 고치기 보기 설정 도움말
[root@rcotel devboard-R2_01]# boot_linux -F -i fimage
Using internal boot loader: INTERNAL_NW - Network boot (default).
Starting boot...
We're doing a flash write, this may take up to a few minutes...
새로운(N)
셸

[그림 4-66] boot_linux 실행 화면

④ 이미지 퓨징이 되면, Telnet을 이용하여 타깃보드에 원격 접속한다.

```
# telnet 192.168.0.90
axis login: root
password: pass
```

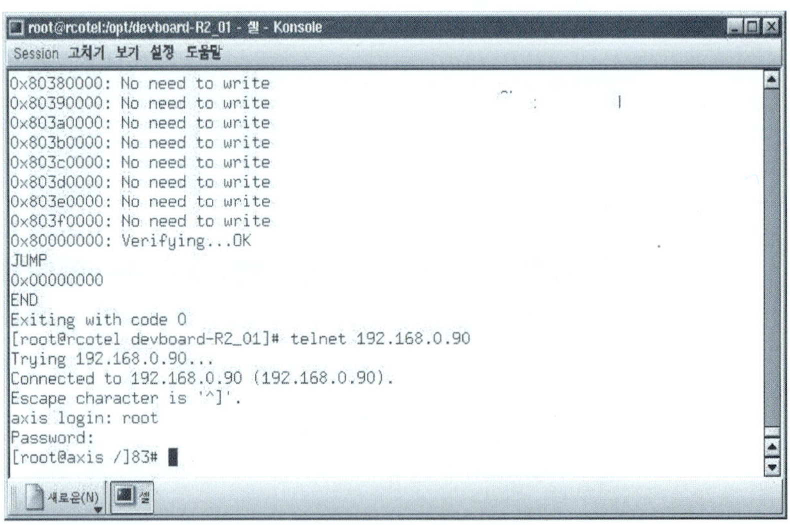
root@rcotel:/opt/devboard-R2_01 - 쉘 - Konsole
Session 고치기 보기 설정 도움말
0x80380000: No need to write
0x80390000: No need to write
0x803a0000: No need to write
0x803b0000: No need to write
0x803c0000: No need to write
0x803d0000: No need to write
0x803e0000: No need to write
0x803f0000: No need to write
0x80000000: Verifying...OK
JUMP
0x00000000
END
Exiting with code 0
[root@rcotel devboard-R2_01]# telnet 192.168.0.90
Trying 192.168.0.90...
Connected to 192.168.0.90 (192.168.0.90).
Escape character is '^]'.
axis login: root
Password:
[root@axis /]83#
새로운(N)
셸

[그림 4-67] telnet을 이용하여 타깃보드에 접속한 화면

⑤ 실행파일이 잘 적재되었는지 타깃보드의 /mnt/flash/폴더에 들어가 확인을 한다.

```
# cd /mnt/flash/
# ls
```

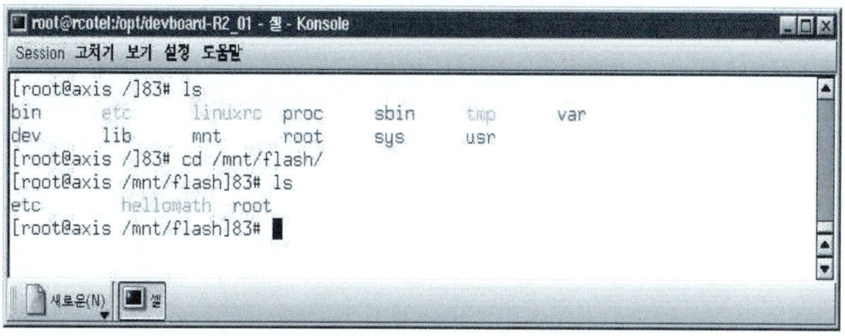
root@rcotel:/opt/devboard-R2_01 - 쉘 - Konsole
Session 고치기 보기 설정 도움말
[root@axis /]83# ls
bin etc linuxrc proc sbin tmp var
dev lib mnt root sys usr
[root@axis /]83# cd /mnt/flash/
[root@axis /mnt/flash]83# ls
etc hellomath root
[root@axis /mnt/flash]83#
새로운(N) 쉘

[그림 4-68] 타깃보드의 /mnt/flash/폴더

⑥ hellomath파일이 실행이 가능하도록 퍼미션을 조정해주고 파일을 실행시킨다.

```
# chmod +x hellomath
# ./hellomath
# exit
```

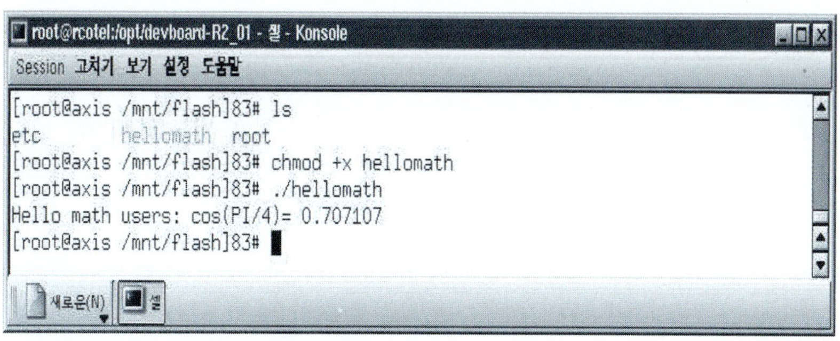
root@rcotel:/opt/devboard-R2_01 - 쉘 - Konsole
Session 고치기 보기 설정 도움말
[root@axis /mnt/flash]83# ls
etc hellomath root
[root@axis /mnt/flash]83# chmod +x hellomath
[root@axis /mnt/flash]83# ./hellomath
Hello math users: cos(PI/4)= 0.707107
[root@axis /mnt/flash]83#
새로운(N) 쉘

[그림 4-69] hellomath 실행 화면

제5장
RCO 임베디드 시스템의 구조 및 사용

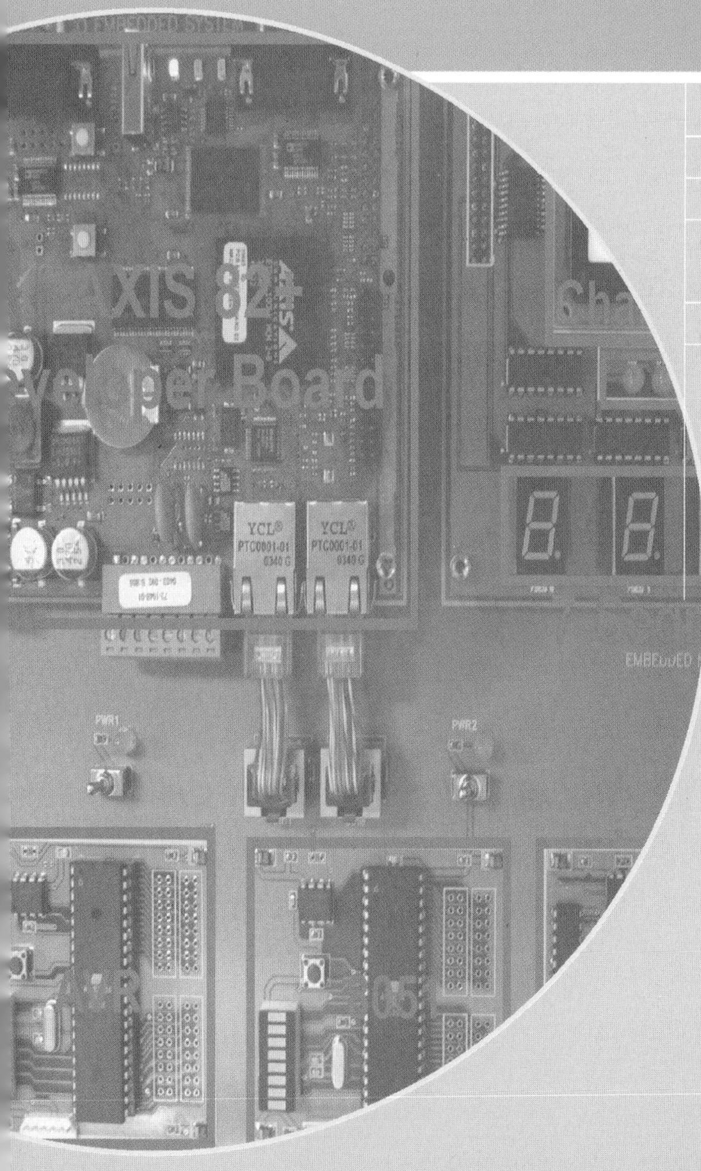

5.1 RCO 임베디드 시스템 구성

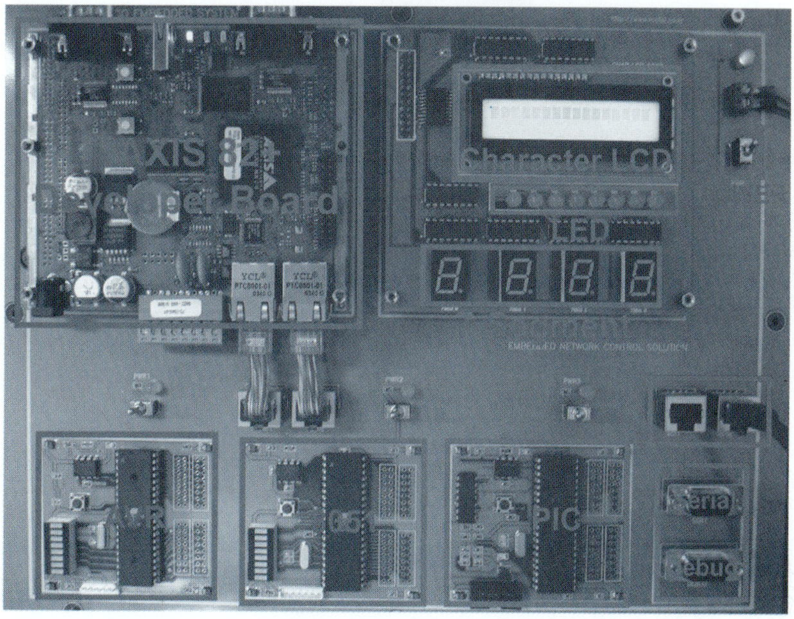

[그림 5-1] RCO 임베디드 시스템

RCO 임베디스 시스템은 임베디드 리눅스뿐만 아니라 마이컴도 실습할 수 있도록 대표적인 마이컴들인 AVR, 8051, PIC 등도 포함하고 있으며, 82+ 개발자 보드의 GPIO를 제어하는 실습을 할 수 있도록 GPIO에 Character LCD, 7 - Segment, LED 등을 연결해 놓았다.

5.2 ETRAX 82+ 개발자 보드 소개

[그림 5-2] ETRAX 82+ 개발자 보드

ETRAX 82+ 개발자 보드는 개발자가 ETRAX 100LX MCM 칩을 이용한 개발이 쉽도록 모든 상용 인터페이스가 포함된 보드로, 시스템 완성을 위한 고도의 개발 플랫폼을 제공한다.

ETRAX 82+ 개발자 보드의 특징을 살펴보면 아래와 같다.

- 하드웨어
  - 32Bit RISC 프로세서
  - 8Mbytes 플래시 메모리
  - 32Mbytes RAM
- 이더넷 네트워크 연결
  - RJ45를 이용한 10BaseT 이더넷 또는 100BaseTX 고속 이더넷 지원
- 시리얼 연결
  - 9핀 MALE D-SUB 커넥터가 2개의 RS-232 시리얼 포트에 연결되어 있다.

Pinout :			
1	CD	Carrier Detect	(Input)
2	RxD	Receive Data	(Input)
3	TxD	Transmit Data	(Output)
4	DTR	Data Terminal Ready	(Output)
5	GND	Ground	
6	DSR	Data Set Ready	(Input)
7	RTS	Request To Send	(Output)
8	CTS	Clear To Send	(Input)
9	RI	Ring Indicator	(Input)

- RS485/422 Terminal Block

  –한 개의 RS485/422 직렬 포트는 단일 SCREW 터미널 블록상에서 제공된다.

Pinout :	
1	AC Power
2	AC Power
3	GND
4	RS422 GND Connected to GND through 100 ohm resistor
5	RX/TX-A Use pin 5 and 6 for 2-wire RS-485
6	RX/TX-B Use pin 5 and 6 for 2-wire RS-485
7	TX-
8	TX+

- 병렬 포트와 일반 I/O
- USB 1.1 포트

  – 디바이스에 +5.0 VDC, 500mA를 제공할 수 있다.
- 응용 플래시 로딩

  – 고객의 리눅스 응용 프로그램은 FTP(File Transfer Protocol)를 사용한 네트워킹을 통하여 82+ 보드의 플래시에 로드될 수 있다.

5.3 ETRAX 82+ 개발자 보드 SDK 설치

3장과 4장의 실습들은 RCO 보드를 가지고 실습을 진행해 왔다. 그러나 5장부터는 ETRAX 82+ 개발자 보드로 실습을 진행할 것이다. 그래서 ETRAX 82+ 개발자 보드로 실습을 진행하려면 3장에서 설치했던 SDK를 ETRAX 82+ 개발자 보드에 맞도록 SDK를 다시 설치하는 작업을 해 주어야 한다.

① SDK가 설치되어 있는 폴더로 이동한 후 인스톨을 실행한다.

```
# cd /opt/
# cd devboard-R2_01
# ./install
```

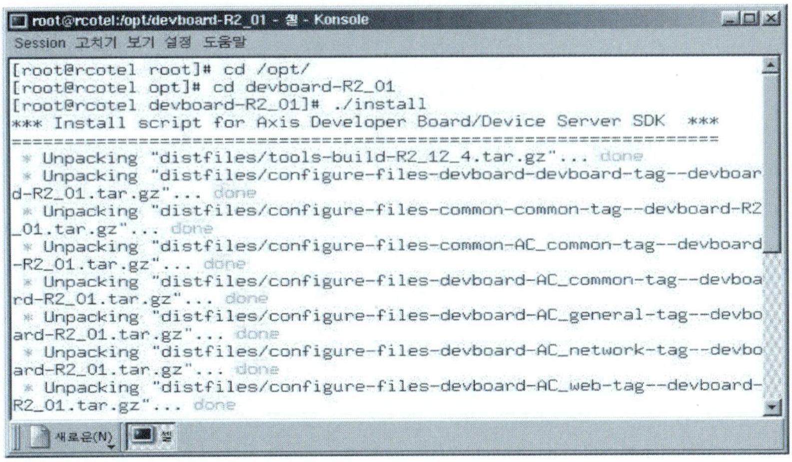
root@rcotel:/opt/devboard-R2_01 - 쉘 - Konsole
Session 고치기 보기 설정 도움말
[root@rcotel root]# cd /opt/
[root@rcotel opt]# cd devboard-R2_01
[root@rcotel devboard-R2_01]# ./install
*** Install script for Axis Developer Board/Device Server SDK ***
* Unpacking "distfiles/tools-build-R2_12_4.tar.gz"... done
* Unpacking "distfiles/configure-files-devboard-devboard-tag--devboard-R2_01.tar.gz"... done
* Unpacking "distfiles/configure-files-common-common-tag--devboard-R2_01.tar.gz"... done
* Unpacking "distfiles/configure-files-common-AC_common-tag--devboard-R2_01.tar.gz"... done
* Unpacking "distfiles/configure-files-devboard-AC_common-tag--devboard-R2_01.tar.gz"... done
* Unpacking "distfiles/configure-files-devboard-AC_general-tag--devboard-R2_01.tar.gz"... done
* Unpacking "distfiles/configure-files-devboard-AC_network-tag--devboard-R2_01.tar.gz"... done
* Unpacking "distfiles/configure-files-devboard-AC_web-tag--devboard-R2_01.tar.gz"... done
새로운(N) 쉘

[그림 5-3] 설치 화면

주의사항

3장에서는 RCO 보드용 SDK를 위해 5번을 선택하였지만 이제 타깃보드가 RCO 보드에서 ETRAX 82+ Developer Board로 변경되었기 때문에 1번을 선택한다.

② 인스톨이 진행되는 과정 중에 개발보드를 선택하는 메뉴에서 1번을 선택한다.

```
* Specify product (default: 1.devboard_82+).: 1
```

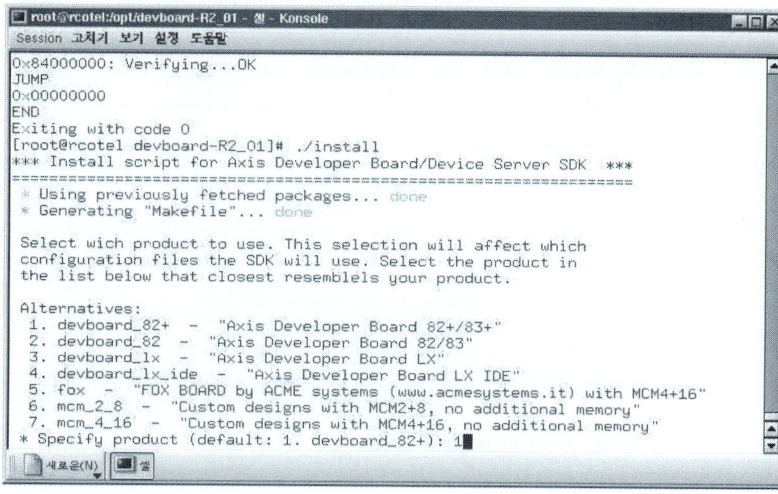
root@rcotel:/opt/devboard-R2_01 - 쉘 - Konsole
Session 고치기 보기 설정 도움말
0x84000000: Verifying...OK
JUMP
0x00000000
END
Exiting with code 0
[root@rcotel devboard-R2_01]# ./install
*** Install script for Axis Developer Board/Device Server SDK ***
* Using previously fetched packages... done
* Generating "Makefile"... done
Select wich product to use. This selection will affect which
configuration files the SDK will use. Select the product in
the list below that closest resemblels your product.
Alternatives:
1. devboard_82+ - "Axis Developer Board 82+/83+"
2. devboard_82 - "Axis Developer Board 82/83"
3. devboard_lx - "Axis Developer Board LX"
4. devboard_lx_ide - "Axis Developer Board LX IDE"
5. fox - "FOX BOARD by ACME systems (www.acmesystems.it) with MCM4+16"
6. mcm_2_8 - "Custom designs with MCM2+8, no additional memory"
7. mcm_4_16 - "Custom designs with MCM4+16, no additional memory"
* Specify product (default: 1. devboard_82+): 1
새로운(N)
쉘

[그림 5-4] 사용자가 사용 중인 보드를 선택하는 화면

③ configure를 실행한다.

```
# ./configure
```

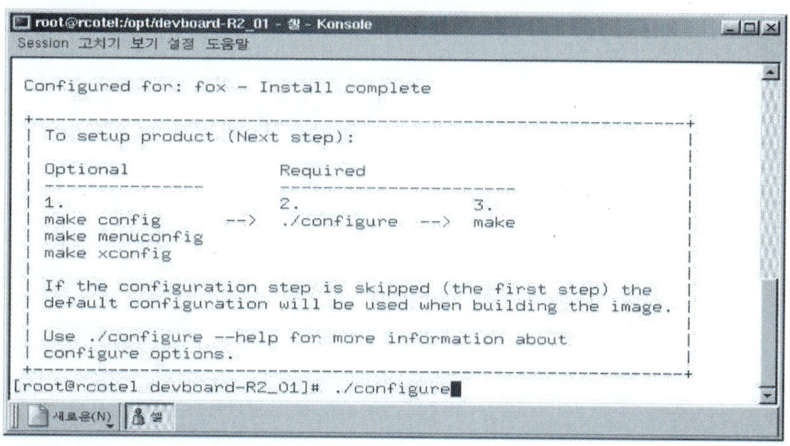
root@rcotel:/opt/devboard-R2_01 - 쉘 - Konsole
Session 고치기 보기 설정 도움말
Configured for: fox - Install complete
To setup product (Next step):
Optional
Required
1.
2.
3.
make config
-->
./configure
-->
make
make menuconfig
make xconfig
If the configuration step is skipped (the first step) the
default configuration will be used when building the image.
Use ./configure --help for more information about
configure options.
[root@rcotel devboard-R2_01]# ./configure
새로운(N)
쉘

[그림 5-5] configure 실행 화면

④ 컴파일한다. 컴파일하는 데 상당한 시간이 소요된다.

```
# make
```

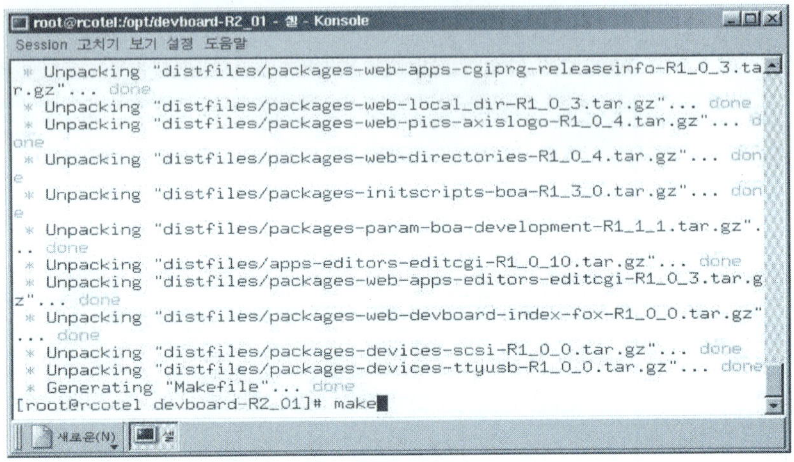
root@rcotel:/opt/devboard-R2_01 - 셸 - Konsole
Session 고치기 보기 설정 도움말
* Unpacking "distfiles/packages-web-apps-cgiprg-releaseinfo-R1_0_3.tar.gz"... done
* Unpacking "distfiles/packages-web-local_dir-R1_0_3.tar.gz"... done
* Unpacking "distfiles/packages-web-pics-axislogo-R1_0_4.tar.gz"... done
* Unpacking "distfiles/packages-web-directories-R1_0_4.tar.gz"... done
* Unpacking "distfiles/packages-initscripts-boa-R1_3_0.tar.gz"... done
* Unpacking "distfiles/packages-param-boa-development-R1_1_1.tar.gz"... done
* Unpacking "distfiles/apps-editors-editcgi-R1_0_10.tar.gz"... done
* Unpacking "distfiles/packages-web-apps-editors-editcgi-R1_0_3.tar.gz"... done
* Unpacking "distfiles/packages-web-devboard-index-fox-R1_0_0.tar.gz"... done
* Unpacking "distfiles/packages-devices-scsi-R1_0_0.tar.gz"... done
* Unpacking "distfiles/packages-devices-ttyusb-R1_0_0.tar.gz"... done
* Generating "Makefile"... done
[root@rcotel devboard-R2_01]# make
새로운(N) 셸

[그림 5-6] make 실행 화면

⑤ 컴파일 도중 etrax100boot setuid를 make하기를 원하느냐는 질문에 y를 선택한다.

```
Do you want to make etrax100boot setuid root now [yn]? :y
```

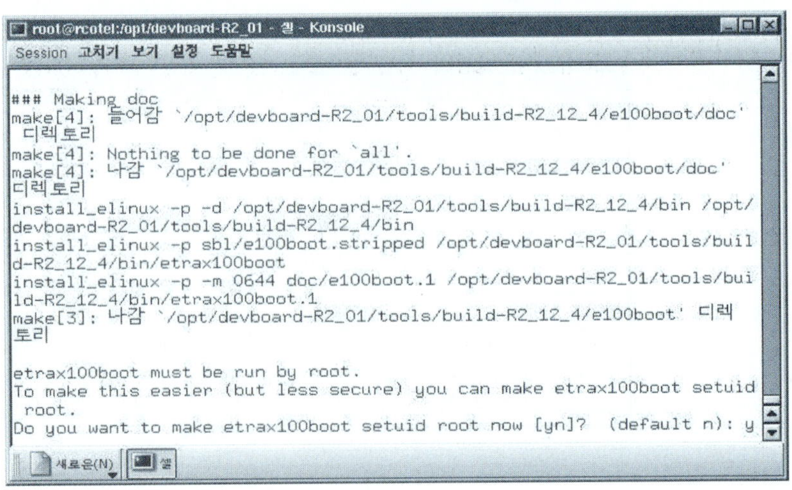
root@rcotel:/opt/devboard-R2_01 - 셸 - Konsole
Session 고치기 보기 설정 도움말
Making doc
make[4]: 들어감 `/opt/devboard-R2_01/tools/build-R2_12_4/e100boot/doc' 디렉토리
make[4]: Nothing to be done for `all'.
make[4]: 나감 `/opt/devboard-R2_01/tools/build-R2_12_4/e100boot/doc' 디렉토리
install_elinux -p -d /opt/devboard-R2_01/tools/build-R2_12_4/bin /opt/devboard-R2_01/tools/build-R2_12_4/bin
install_elinux -p sbl/e100boot.stripped /opt/devboard-R2_01/tools/build-R2_12_4/bin/etrax100boot
install_elinux -p -m 0644 doc/e100boot.1 /opt/devboard-R2_01/tools/build-R2_12_4/bin/etrax100boot.1
make[3]: 나감 `/opt/devboard-R2_01/tools/build-R2_12_4/e100boot' 디렉토리
etrax100boot must be run by root.
To make this easier (but less secure) you can make etrax100boot setuid root.
Do you want to make etrax100boot setuid root now [yn]? (default n): y
새로운(N) 셸

[그림 5-7] 컴파일 진행 화면

– 컴파일이 정상적으로 완료되면 아래와 같은 화면을 볼 수 있다.

```
partition size is 3473408
partition checksum is        515332663

Check flash2 0x0a0000 rw jffs2 flash2.img
partition starts at 3473408
partition size is 655360
partition checksum is        161228347

partition table csum size is 68, sum is 1759
Updated branch-skip offset to 88
rm ptable_dummy.img
cat ptable.img vmlinuz rootfs.img > flash1.img
padflashimage 0x350000 flash1.img
**** Adding 490122 $ff-bytes as alignment to get 3473408 (0x350000)
Creating fimage
cat rescue.img flash1.img flash2.img > fimage
Adding hardware ID "1.00" to fimage
Adding checksum "693142453" to fimage
make[1]: 나감 `/opt/devboard-R2_01' 디렉토리
[root@rcotel devboard-R2_01]#
```

[그림 5-8] 컴파일 완료 화면

⑥ 컴파일이 정상적으로 완료되었는지 /opt/devboard-R2_01폴더의 내용을 확인한다. 컴파일이 정상적으로 완료되었다면 fimage라는 이미지 파일이 생성되었을 것이다.

```
Mail                install.log                      pic
anaconda-ks.cfg     install.log.syslog
[root@rcotel root]# cd /opt
[root@rcotel opt]# ls
cris-dist-1.63-1.i386.rpm          devboard-R2_01.tar.gz
devboard-R2_01                     distfiles
devboard-R2_01-distfiles.tar.gz    pmake-1.45-16.i386.rpm
[root@rcotel opt]# cd devboard-R2_01
[root@rcotel devboard-R2_01]# ls
INSTALL             devboard_lx_ide  install           os
Makefile            distfiles        kernelconfig      packages
RELEASENOTES        fimage           kernelconfig-2.6  ptable.img
apps                flash1.img       kflash            ptablespec
axis_config.h       flash2.img       kimage            rescue.img
configure           flashit          ktest             rootfs.img
configure-files     flashitall       libs              target
devboard_82         fox              mcm_2_8           tools
devboard_82+        fstab            mcm_4_16          vmlinux.bin
devboard_lx         init_env         modules           vmlinuz
[root@rcotel devboard-R2_01]#
```

[그림 5-9] fimage 생성 화면

5.4 이미지 퓨징

① 칩에 이미지를 퓨징하기 위해서는 먼저 LAN포트에 크로스 케이블이 연결되어 있어야 한다. 시리얼 포트에는 시리얼 케이블을 연결한다.

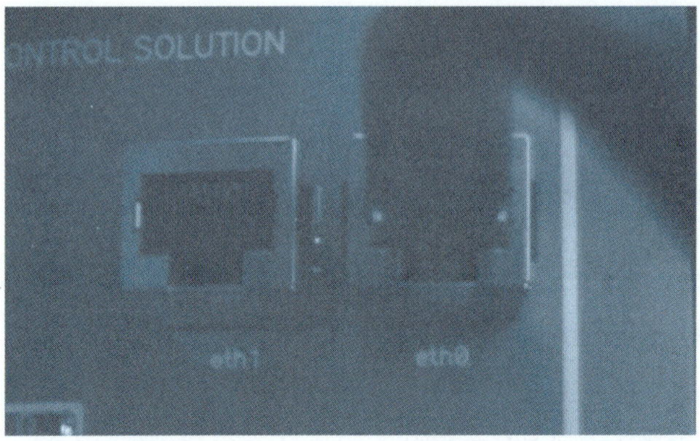

[그림 5-10] LAN 포트

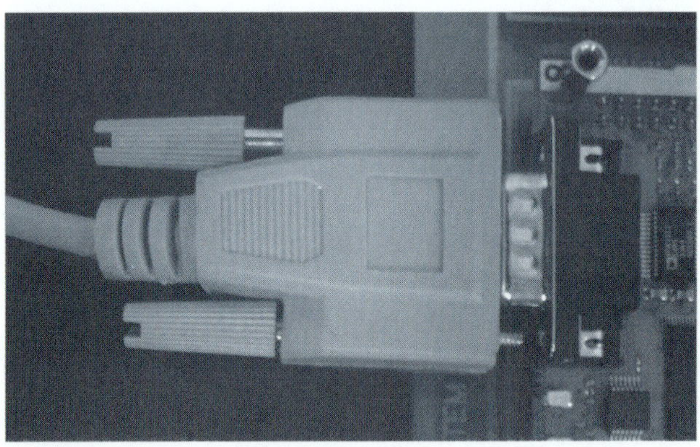

[그림 5-11] Serial 포트

② 먼저 이미지를 퓨징하기 위한 환경을 설정해 주는 파일을 실행시킨다.

이 파일은 /opt/devboard-R2_01/tools/build/bin폴더와 /usr/local/cris/bin폴더를 PATH에 추가시켜 준다.

```
# . init_env
```

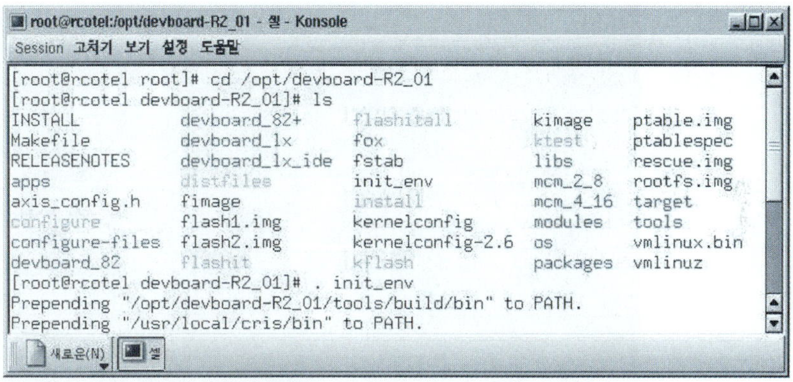

[그림 5-12] init_env 실행 화면

③ 이미지를 퓨징해주는 명령을 실행시킨다.

```
# boot_linux -F -i fimage
```

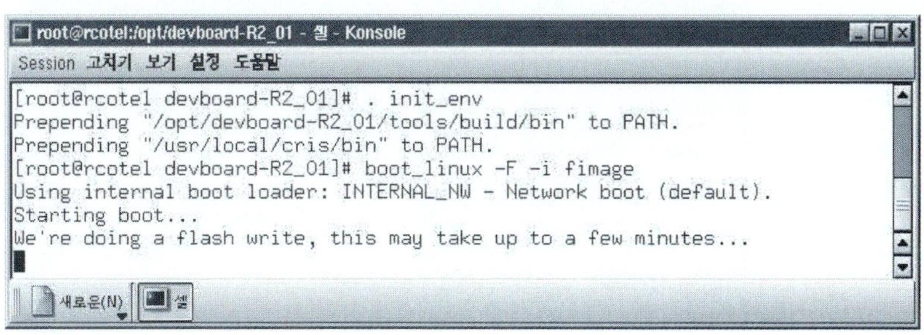

[그림 5-13] boot_linux 실행 화면

④ 이미지 퓨징 명령을 실행시킨 후 아래와 같은 문구가 나오면 보드에 있는 BOOT 버튼을 누른 상태에서 아래에 있는 RESET 버튼을 한번 눌러준다. 그다음 BOOT 버튼에서 손을 떼도록 한다.

```
We're doing a flash write, this may take up to a few minutes...
```

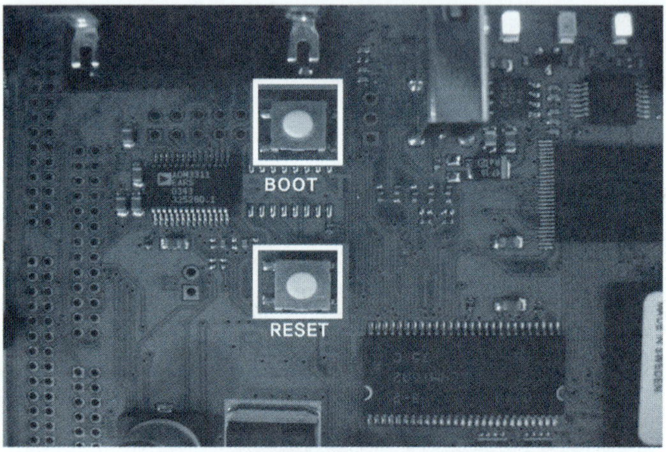
BOOT
RESET

[그림 5-14] BOOT RESET 버튼

– 이미지 퓨징이 끝났으면 보드는 자동으로 재부팅이 된다.

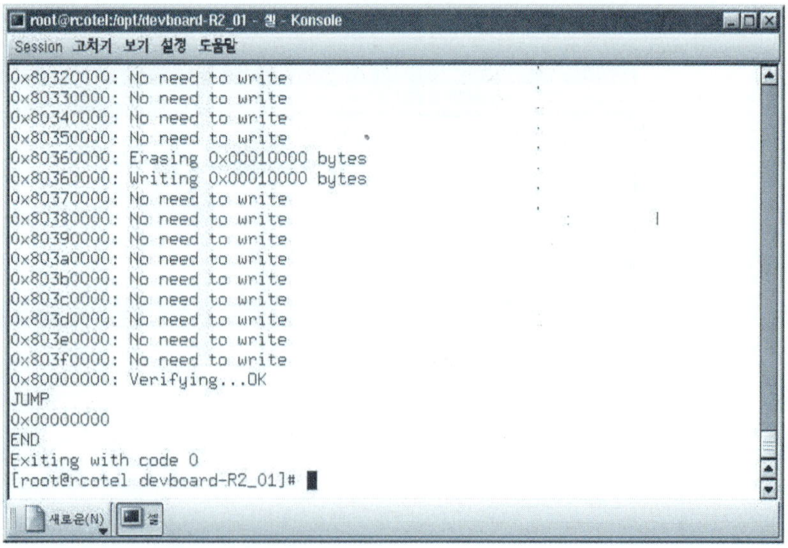
root@rcotel:/opt/devboard-R2_01 - 쉘 - Konsole
Session 고치기 보기 설정 도움말
0x80320000: No need to write
0x80330000: No need to write
0x80340000: No need to write
0x80350000: No need to write
0x80360000: Erasing 0x00010000 bytes
0x80360000: Writing 0x00010000 bytes
0x80370000: No need to write
0x80380000: No need to write
0x80390000: No need to write
0x803a0000: No need to write
0x803b0000: No need to write
0x803c0000: No need to write
0x803d0000: No need to write
0x803e0000: No need to write
0x803f0000: No need to write
0x80000000: Verifying...OK
JUMP
0x00000000
END
Exiting with code 0
[root@rcotel devboard-R2_01]#
새로운(N)
쉘

[그림 5-15] 이미지 퓨징 완료 화면

5.5 개발 환경 설정

윈도우즈에서 하이퍼터미널을 이용하여 보드에 접속한다. 보드에 새로운 이미지가 퓨징이 되고 부팅이 되면 아래와 같은 화면을 확인할 수 있다. 그러나 RCO 보드에 이미지를 퓨징했을 때와는 출력화면이 달라졌다는 것을 확인할 수 있다. 그 이유는 82 + 보드용 SDK는 DHCP라는 기능이 기본적으로 활성화가 되어 있다. 그래서 보드가 IP를 DHCP서버에서 받아오도록 요구하는 화면이다. 앞으로 우리는 실습을 위해 고정IP가 필요하다. 고정IP를 사용하기 위해 DHCP를 비활성화시키도록 한다.

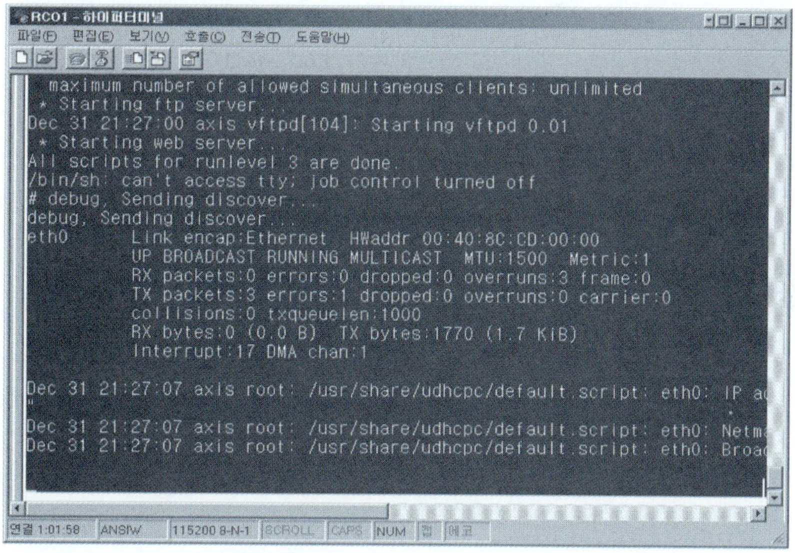
RCO1 - 하이퍼터미널
파일(F) 편집(E) 보기(V) 호출(C) 전송(T) 도움말(H)
maximum number of allowed simultaneous clients: unlimited
* Starting ftp server...
Dec 31 21:27:00 axis vftpd[104]: Starting vftpd 0.01
* Starting web server...
All scripts for runlevel 3 are done.
/bin/sh: can't access tty; job control turned off
debug, Sending discover...
debug, Sending discover...
eth0 Link encap:Ethernet HWaddr 00:40:8C:CD:00:00
UP BROADCAST RUNNING MULTICAST MTU:1500 Metric:1
RX packets:0 errors:0 dropped:0 overruns:3 frame:0
TX packets:3 errors:1 dropped:0 overruns:0 carrier:0
collisions:0 txqueuelen:1000
RX bytes:0 (0.0 B) TX bytes:1770 (1.7 KiB)
Interrupt:17 DMA chan:1
Dec 31 21:27:07 axis root: /usr/share/udhcpc/default.script: eth0: IP a
Dec 31 21:27:07 axis root: /usr/share/udhcpc/default.script: eth0: Netm
Dec 31 21:27:07 axis root: /usr/share/udhcpc/default.script: eth0: Broa
연결 1:01:58 ANSIW 115200 8-N-1 SCROLL CAPS NUM

[그림 5-16] 82+ 보드 부팅 화면

제 5 장

① 이 작업은 한 번만 해 주면 다음에 이미지 파일 만들 때는 작업해 준 설정이 자동으로 반영된다.

DHCP를 비활성화시키기 위해 먼저/opt/devboard-R2_01폴더로 이동한다.

```
# cd /opt/devboard-R2_01
```

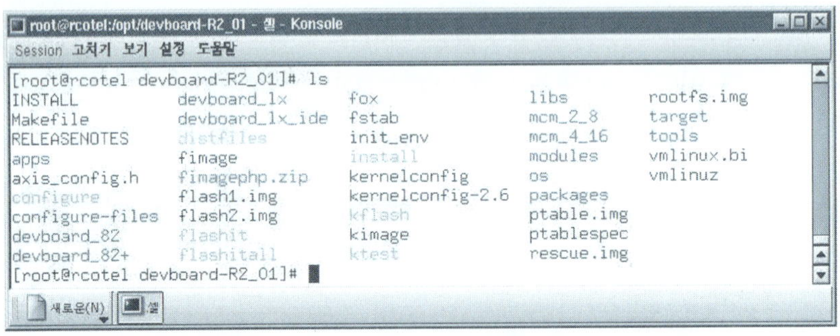
root@rcotel:/opt/devboard-R2_01 - 쉘 - Konsole
Session 고치기 보기 설정 도움말
[root@rcotel devboard-R2_01]# ls
INSTALL devboard_lx fox libs rootfs.img
Makefile devboard_lx_ide fstab mcm_2_8 target
RELEASENOTES distfiles init_env mcm_4_16 tools
apps fimage install modules vmlinux.bi
axis_config.h fimagephp.zip kernelconfig os vmlinuz
configure flash1.img kernelconfig-2.6 packages
configure-files flash2.img kflash ptable.img
devboard_82 flashit kimage ptablespec
devboard_82+ flashitall ktest rescue.img
[root@rcotel devboard-R2_01]#
새로운(N) 쉘

[그림 5-17] devboard - R2_01 폴더 화면

② 다시 packages/initscripts폴더로 이동한다.

```
# cd packages/
# cd initscripts/
```

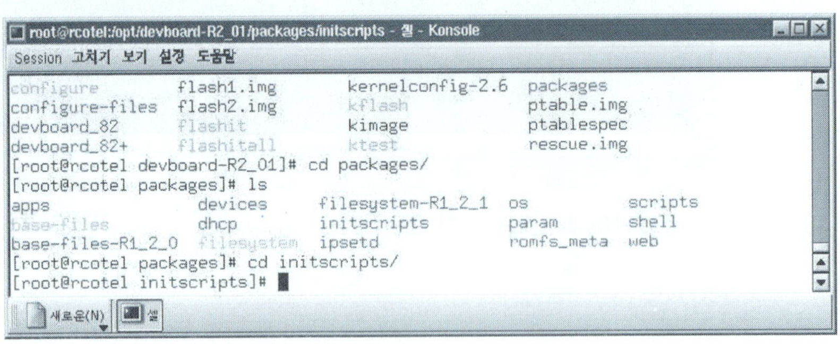
root@rcotel:/opt/devboard-R2_01/packages/initscripts - 쉘 - Konsole
Session 고치기 보기 설정 도움말
configure flash1.img kernelconfig-2.6 packages
configure-files flash2.img kflash ptable.img
devboard_82 flashit kimage ptablespec
devboard_82+ flashitall ktest rescue.img
[root@rcotel devboard-R2_01]# cd packages/
[root@rcotel packages]# ls
apps devices filesystem-R1_2_1 os scripts
base-files dhcp initscripts param shell
base-files-R1_2_0 filesystem ipsetd romfs_meta web
[root@rcotel packages]# cd initscripts/
[root@rcotel initscripts]#
새로운(N) 쉘

[그림 5-18] initscripts폴더로 이동한 화면

③ initscripts폴더의 내용을 확인한다.

```
# ls
```

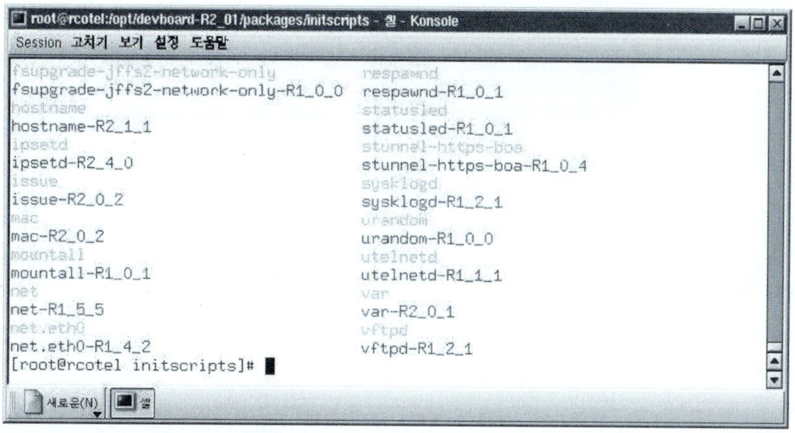
root@rcotel:/opt/devboard-R2_01/packages/initscripts - 쉘 - Konsole
Session 고치기 보기 설정 도움말
fsupgrade-jffs2-network-only
fsupgrade-jffs2-network-only-R1_0_0
hostname
hostname-R2_1_1
ipsetd
ipsetd-R2_4_0
issue
issue-R2_0_2
mac
mac-R2_0_2
mountall
mountall-R1_0_1
net
net-R1_5_5
net.eth0
net.eth0-R1_4_2
[root@rcotel initscripts]#
respawnd
respawnd-R1_0_1
statusled
statusled-R1_0_1
stunnel-https-boa
stunnel-https-boa-R1_0_4
sysklogd
sysklogd-R1_2_1
urandom
urandom-R1_0_0
utelnetd
utelnetd-R1_1_1
var
var-R2_0_1
vftpd
vftpd-R1_2_1
새로운(N)
쉘

[그림 5-19] initscripts폴더 화면

④ 다시 net.eth0폴더로 이동한 후 vi에디터를 이용하여 conf라는 파일을 편집한다.

```
# cd net.eth0
# vi conf
```

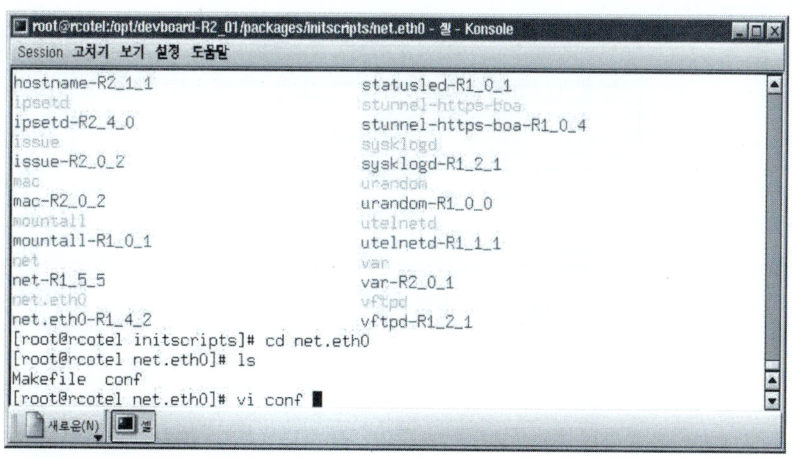
root@rcotel:/opt/devboard-R2_01/packages/initscripts/net.eth0 - 쉘 - Konsole
Session 고치기 보기 설정 도움말
hostname-R2_1_1
ipsetd
ipsetd-R2_4_0
issue
issue-R2_0_2
mac
mac-R2_0_2
mountall
mountall-R1_0_1
net
net-R1_5_5
net.eth0
net.eth0-R1_4_2
statusled-R1_0_1
stunnel-https-boa
stunnel-https-boa-R1_0_4
sysklogd
sysklogd-R1_2_1
urandom
urandom-R1_0_0
utelnetd
utelnetd-R1_1_1
var
var-R2_0_1
vftpd
vftpd-R1_2_1
[root@rcotel initscripts]# cd net.eth0
[root@rcotel net.eth0]# ls
Makefile conf
[root@rcotel net.eth0]# vi conf
새로운(N)
쉘

[그림 5-20] vi conf 실행 화면

제 5 장

⑤ 다음 두 줄을 주석처리해 준다.

```
#BOOTPROTO="dhcp"
#DHCP_CLIENT="/sbin/udhcpc -i eth0 -H $(hostname)"
```

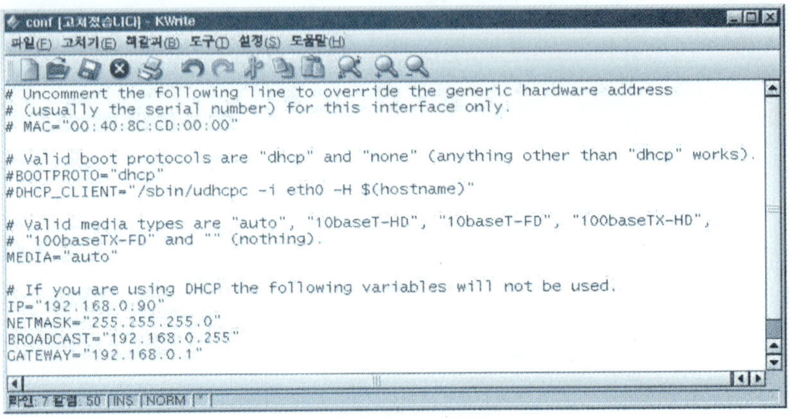
conf [고쳐졌습니다] - KWrite
파일(F) 고쳐기(E) 책갈피(B) 도구(T) 설정(S) 도움말(H)
Uncomment the following line to override the generic hardware address
(usually the serial number) for this interface only.
MAC="00:40:8C:CD:00:00"
Valid boot protocols are "dhcp" and "none" (anything other than "dhcp" works).
#BOOTPROTO="dhcp"
#DHCP_CLIENT="/sbin/udhcpc -i eth0 -H $(hostname)"
# Valid media types are "auto", "10baseT-HD", "10baseT-FD", "100baseTX-HD",
# "100baseTX-FD" and "" (nothing).
MEDIA="auto"
# If you are using DHCP the following variables will not be used.
IP="192.168.0.90"
NETMASK="255.255.255.0"
BROADCAST="192.168.0.255"
GATEWAY="192.168.0.1"
INS NORM

[그림 5-21] conf 파일 화면

⑥ /opt/devboard-R2_01폴더로 이동한 후 수정한 커널을 컴파일한다.

```
# cd /opt/devboard-R2_01
# . ./init_env
# make
```

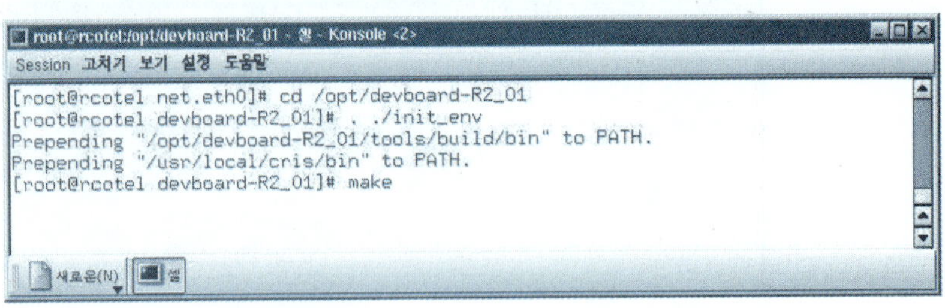
root@rcotel:/opt/devboard-R2_01 - 쉘 - Konsole <2>
Session 고쳐기 보기 설정 도움말
[root@rcotel net.eth0]# cd /opt/devboard-R2_01
[root@rcotel devboard-R2_01]# . ./init_env
Prepending "/opt/devboard-R2_01/tools/build/bin" to PATH.
Prepending "/usr/local/cris/bin" to PATH.
[root@rcotel devboard-R2_01]# make
새로운(N)
쉘

[그림 5-22] make 실행 화면

⑦ boot_linux -F -i fimage 명령을 한 번에 해주는 스크립트 파일인 flashitall 파일을 실행시킨다.

```
# ./flashitall
```

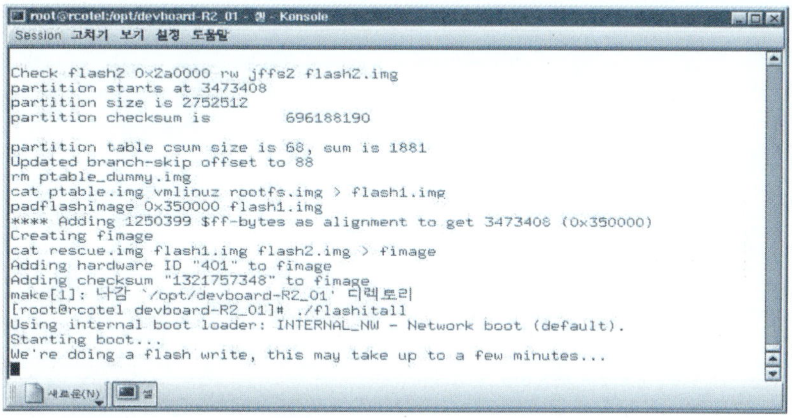

Check flash2 0x2a0000 rw jffs2 flash2.img
partition starts at 3473408
partition size is 2752512
partition checksum is 696188190
partition table csum size is 68, sum is 1881
Updated branch-skip offset to 88
rm ptable_dummy.img
cat ptable.img vmlinuz rootfs.img > flash1.img
padflashimage 0x350000 flash1.img
**** Adding 1250399 $ff-bytes as alignment to get 3473408 (0x350000)
Creating fimage
cat rescue.img flash1.img flash2.img > fimage
Adding hardware ID "401" to fimage
Adding checksum "1321757348" to fimage
[root@rcotel devboard-R2_01]# ./flashitall
Using internal boot loader: INTERNAL_NW - Network boot (default).
Starting boot...
We're doing a flash write, this may take up to a few minutes...

[그림 5-23] ./flashitall 실행 화면

⑧ 이미지 퓨징이 끝났으면 하이퍼터미널을 이용하여 보드에 접속하여 고정IP가 할당되었는지 확인한다.

```
# ifconfig eth0
```

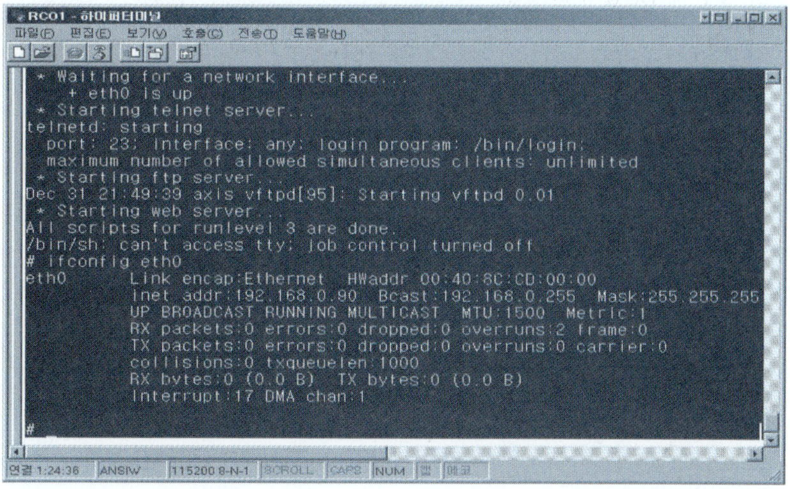

* Waiting for a network interface...
+ eth0 is up
* Starting telnet server...
telnetd: starting
port: 23; interface: any; login program: /bin/login;
maximum number of allowed simultaneous clients: unlimited
* Starting ftp server.
* Starting web server.
All scripts for runlevel 3 are done.
/bin/sh: can't access tty; job control turned off
ifconfig eth0
eth0 Link encap:Ethernet HWaddr 00:40:8C:CD:00:00
inet addr:192.168.0.90 Bcast:192.168.0.255 Mask:255.255.255
UP BROADCAST RUNNING MULTICAST MTU:1500 Metric:1
RX packets:0 errors:0 dropped:0 overruns:2 frame:0
TX packets:0 errors:0 dropped:0 overruns:0 carrier:0
collisions:0 txqueuelen:1000
RX bytes:0 (0.0 B) TX bytes:0 (0.0 B)
Interrupt:17 DMA chan:1

[그림 5-24] 고정IP 확인 화면

제6장
디바이스 드라이버

6.1 커널 모듈 프로그래밍

커널 모듈은 리눅스 시스템이 부팅이 된 후에 동적으로 로드, 언로드할 수 있는 커널의 구성요소이다. 따라서 커널을 다시 컴파일하거나 시스템을 리부팅하지 않고도 커널의 일부분을 교체할 수 있으며, 디바이스 드라이버, 파일 시스템, 네트워크 프로토콜 등이 모듈로 만들어져 제공된다. 또한 모듈은 컴파일한 커널 버전 정보가 들어가야 하며 이는 현재 실행되고 있는 커널 버전과 일치해야 한다. 만약 다르면 다음과 같은 에러가 발생한다.

```
# insmod quickcam.ko
Using quickcam.ko
insmod: kernel-module version mismatch
        quickcam.ko was compiled for kernel version
        while this kernel is version 2.4.31.
#
```

[그림 6-1] 커널 버전의 불일치로 일어나는 에러 화면

모듈 버전 정보는 〈/include/linux/module.h〉에 정의되어 있으며, 각 모듈 버전은 char __module_kernel_version[]에 변수로 지정되어 있다. insmod는 모듈 로딩시 현재 커널의 버전 정보와 항상 비교하며, 모듈의 버전 정보는 전체 모듈에서 하나만 존재해야 한다. 만약 소스가 여러 개인 경우라도 하나의 소스에만 모듈의 버전을 정의하고 나머지 소스에서는 〈/include/linux/module.h〉를 포함하기 전에 #define __NO_VERSION__을 통해 모듈의 버전을 정의하지 않도록 한다. 버전이 맞지 않더라도 insmod에 -f(force)옵션을 붙여 사용함으로써 버전이 맞지 않는 커널에도 모듈을 적재할 수 있다. 그러나 다행히 커널에 적재되었더라도 실행을 보장하지는 않는다.

제 6 장

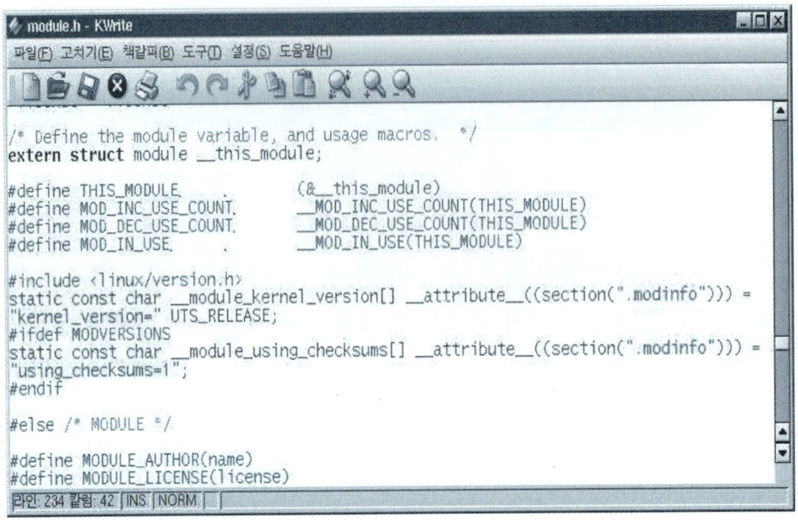
module.h - KWrite
파일(F) 고치기(E) 책갈피(B) 도구(T) 설정(S) 도움말(H)
/* Define the module variable, and usage macros. */
extern struct module __this_module;
#define THIS_MODULE (&__this_module)
#define MOD_INC_USE_COUNT __MOD_INC_USE_COUNT(THIS_MODULE)
#define MOD_DEC_USE_COUNT __MOD_DEC_USE_COUNT(THIS_MODULE)
#define MOD_IN_USE __MOD_IN_USE(THIS_MODULE)
#include <linux/version.h>
static const char __module_kernel_version[] __attribute__((section(".modinfo"))) =
"kernel_version=" UTS_RELEASE;
#ifdef MODVERSIONS
static const char __module_using_checksums[] __attribute__((section(".modinfo"))) =
"using_checksums=1";
#endif
#else /* MODULE */
#define MODULE_AUTHOR(name)
#define MODULE_LICENSE(license)
라인: 234 칼럼: 42 INS NORM

[그림 6-2] module.h 파일의 내용

① 먼저 소스코드를 만들기 전에 환경을 설정해주는 파일을 실행시키고 apps 폴더로 이동한다. apps폴더로 이동한 후 modulep폴더를 만든다.

```
# cd /opt/devboard-R2_01
# . ./init_env
# cd apps/
# mkdir modulep
```

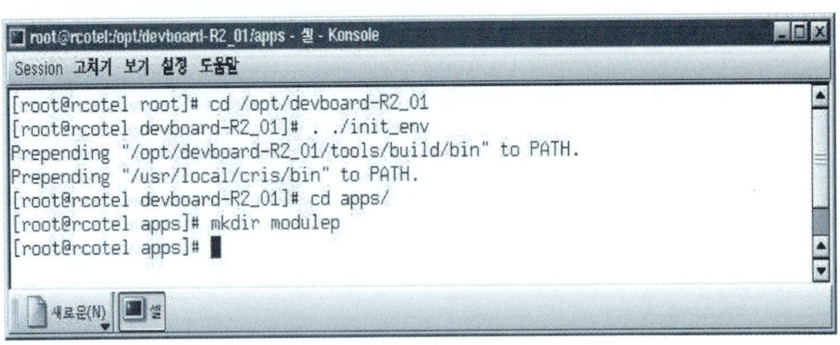
root@rcotel:/opt/devboard-R2_01/apps - 쉘 - Konsole
Session 고치기 보기 설정 도움말
[root@rcotel root]# cd /opt/devboard-R2_01
[root@rcotel devboard-R2_01]# . ./init_env
Prepending "/opt/devboard-R2_01/tools/build/bin" to PATH.
Prepending "/usr/local/cris/bin" to PATH.
[root@rcotel devboard-R2_01]# cd apps/
[root@rcotel apps]# mkdir modulep
[root@rcotel apps]#
새로운(N) 쉘

[그림 6-3] mkdir 실행 화면

② modulep폴더로 이동한 후 vi에디터를 이용하여 module-test.c파일을 만든다. 응용 프로그램에서 디바이스 드라이버를 열고 파일 연산을 하기 위해서는 file_operation 구조체가 정의되어 있어야 하지만, 여기에서는 디바이스 드라이버를 커널에 적재하고 제거하는 기능만 가진 모듈을 작성한다.

```
# cd modulep
# vi module-test.c
  #include <linux/kernel.h>
  #include <linux/module.h>
  int init_module(void)
  {               printk("<1> This is Module Test Program ... init..₩n");
                  return 0;
  }

  void cleanup_module(void)
  {               printk("<1> Module Test ...Cleanup..₩n");
  }
```

위의 소스코드는 모듈 프로그램을 커널에 적재하고 제거하는 기능만 가진 모듈을 작성한 것이다. 실행결과는 커널에 모듈이 로딩될 때에 "This is Module Test Program ... init.."라는 문자열이 출력되고, 언로딩될 때에 "Module Test ...Cleanup.." 라는 문자열이 출력된다.

커널에 대한 모듈 프로그램이 일반적인 응용 프로그램과 다른 점은, 모든 함수의 시작이라고 알고 있는 main()함수가 없고, 커널에 로딩(적재) 및 언로딩할 때 불리는 int init_module(void) 함수와 void cleanup_module()함수가 존재한다는 것이다.

즉, 한 개의 응용 프로그램은 처음부터 끝까지 한 개의 태스크를 수행하지만 한 개의 모듈은 앞으로 들어올 요청에 대응하는 루틴들을 커널에 등록 후 주함수는 신속하게 완료한다. 즉, init_module()함수는 모듈함수에 대한 미래의 요청에 대비하는 것이다.

init_module() 함수는 디바이스 드라이버 모듈을 register_chedev()를 이용하여 커널에 등록하고 사용할 I/O나 메모리 등을 request_region()을 통하여 커널에서 할당받고 초기화시키는 작업을 한다.

cleanup_module() 함수는 커널에서 할당받은 I/O나 메모리 등을 release_region()을 이용하여 해제하고 디바이스 드라이버를 unregister_chrdev()을 이용하여 커널에서 제거한다.

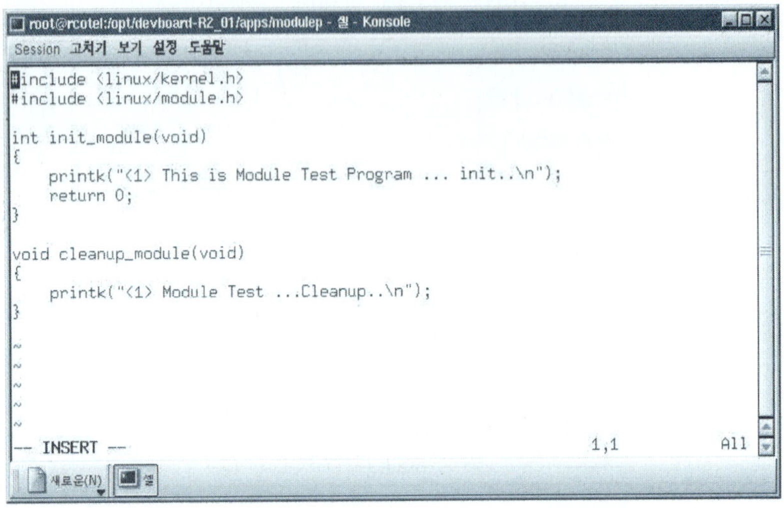
root@rcotel:/opt/devboard-R2_01/apps/modulep - 쉘 - Konsole
Session 고쳐거 보기 설정 도움말
#include <linux/kernel.h>
#include <linux/module.h>
int init_module(void)
{
printk("<1> This is Module Test Program ... init..\n");
return 0;
}
void cleanup_module(void)
{
printk("<1> Module Test ...Cleanup..\n");
}
-- INSERT --
1,1
All
새로운(N)
쉘

[그림 6-4] module-test.c 파일

③ vi에디터를 이용하여 Makefile파일을 작성한다.

```
# vi Makefile
```

```
AXIS_USABLE_LIBS = UCLIBC GLIBC
include $(AXIS_TOP_DIR)/tools/build/Rules.axis

SRCS     = module-test.c
OBJS     = module-test.o

#KERNELVER = $(shell uname -r)
#KERNELDIR=/usr/src/linux-$(KERNELVER)

KERNELDIR=$(AXIS_TOP_DIR)/os/linux
CC=cris-gcc
CFLAGS=-D__KERNEL__ -I$(KERNELDIR)/include ₩
```

```
-Wall -Wstrict-prototypes -Wno-trigraphs -O2 -fno-strict-aliasing -fno-common \
-fomit-frame-pointer -mlinux -pipe -DMODULE

all: $(OBJS)
module-test.o: $(SRCS)
	$(CC) $(CFLAGS) -c $^

clean:
	rm -rf *.o
```

〈표 6-1〉 컴파일 옵션

옵 션	설 명
-D__KERNEL__	헤더파일에게 이 소스가 사용자 모드가 아닌 커널모드에서 실행된다는 것을 알려준다.
-DMODULE	헤더파일에게 이 코드가 모듈임을 알려준다.
-I$(KERNELDIR)/include	커널 전용 헤더파일을 사용하기 위해 커널의 include를 연결시킨다.
-Wall	컴파일시 발생하는 경고 메시지를 보기 위해 사용한다.
-O2	최적화 단계(O2 이상을 사용하여 컴파일해야 한다.)
-o	디바이스 드라이버를 오브젝트 형태로 컴파일하기 위해 사용한다.
-c	결과를 실행파일로 만들기 위해 사용한다.

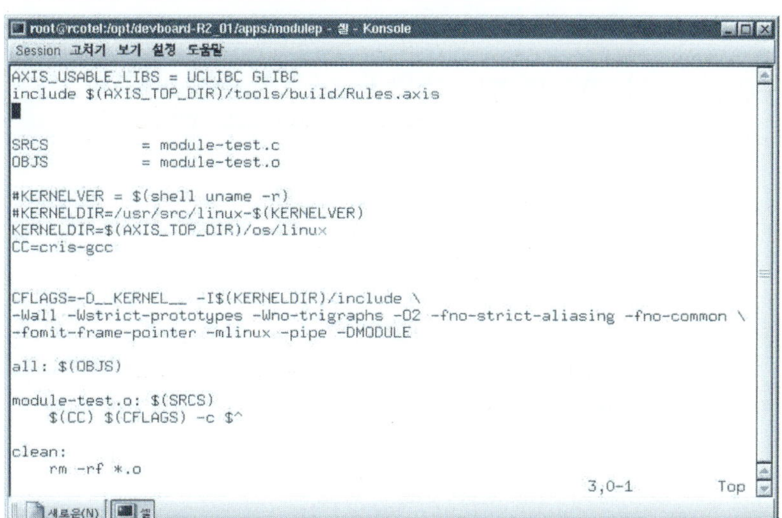
root@rcotel:/opt/devboard-R2_01/apps/modulep - 셸 - Konsole
Session 고치기 보기 설정 도움말
AXIS_USABLE_LIBS = UCLIBC GLIBC
include $(AXIS_TOP_DIR)/tools/build/Rules.axis
SRCS = module-test.c
OBJS = module-test.o
#KERNELVER = $(shell uname -r)
#KERNELDIR=/usr/src/linux-$(KERNELVER)
KERNELDIR=$(AXIS_TOP_DIR)/os/linux
CC=cris-gcc
CFLAGS=-D__KERNEL__ -I$(KERNELDIR)/include \
-Wall -Wstrict-prototypes -Wno-trigraphs -O2 -fno-strict-aliasing -fno-common \
-fomit-frame-pointer -mlinux -pipe -DMODULE
all: $(OBJS)
module-test.o: $(SRCS)
$(CC) $(CFLAGS) -c $^
clean:
rm -rf *.o
3,0-1 Top
새로운(N) 셸

[그림 6-5] Makefile 파일

제 6 장

④ 모듈 프로그램을 컴파일한다.

```
# make
```

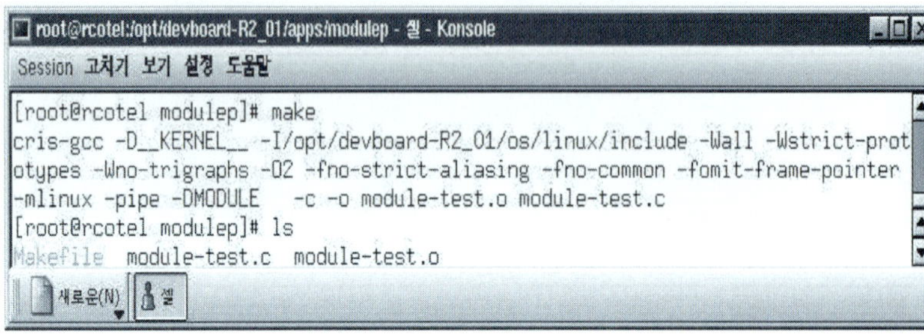
root@rcotel:/opt/devboard-R2_01/apps/modulep - 쉘 - Konsole
Session 고치기 보기 설정 도움말
[root@rcotel modulep]# make
cris-gcc -D__KERNEL__ -I/opt/devboard-R2_01/os/linux/include -Wall -Wstrict-prot
otypes -Wno-trigraphs -O2 -fno-strict-aliasing -fno-common -fomit-frame-pointer
-mlinux -pipe -DMODULE -c -o module-test.o module-test.c
[root@rcotel modulep]# ls
Makefile module-test.c module-test.o
새로운(N)
쉘

[그림 6-6] 컴파일 완료 화면

⑤ FTP를 이용하여 타깃보드의 /mnt/flash폴더로 module-test.o파일을 업로드 시킨다.

```
# ftp 192.168.0.90
Name (182.168.0.90:root): root
Password: pass
```

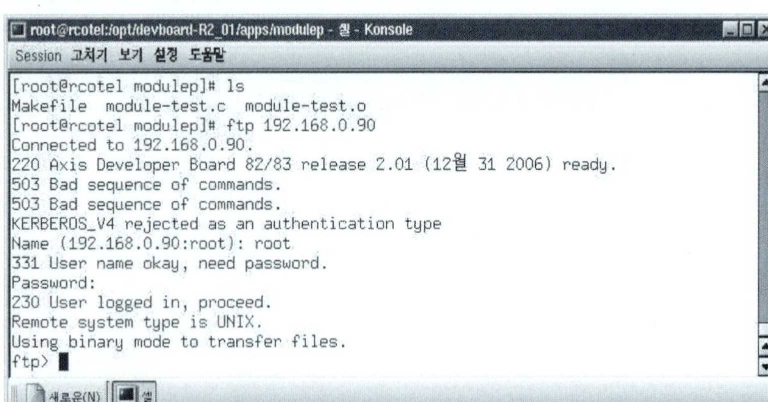
root@rcotel:/opt/devboard-R2_01/apps/modulep - 쉘 - Konsole
Session 고치기 보기 설정 도움말
[root@rcotel modulep]# ls
Makefile module-test.c module-test.o
[root@rcotel modulep]# ftp 192.168.0.90
Connected to 192.168.0.90.
220 Axis Developer Board 82/83 release 2.01 (12월 31 2006) ready.
503 Bad sequence of commands.
503 Bad sequence of commands.
KERBEROS_V4 rejected as an authentication type
Name (192.168.0.90:root): root
331 User name okay, need password.
Password:
230 User logged in, proceed.
Remote system type is UNIX.
Using binary mode to transfer files.
ftp>
새로운(N)
쉘

[그림 6-7] FTP 실행 화면

⑥ 타깃보드의 /mnt/flash폴더로 이동한 후 파일을 업로드한다.

```
# cd /mnt/flash
# put module-test.o
```

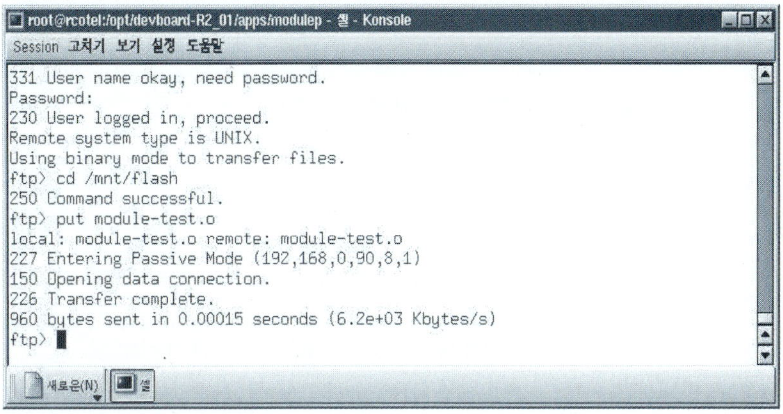
root@rcotel:/opt/devboard-R2_01/apps/modulep - 쉘 - Konsole
Session 고치기 보기 설정 도움말
331 User name okay, need password.
Password:
230 User logged in, proceed.
Remote system type is UNIX.
Using binary mode to transfer files.
ftp> cd /mnt/flash
250 Command successful.
ftp> put module-test.o
local: module-test.o remote: module-test.o
227 Entering Passive Mode (192,168,0,90,8,1)
150 Opening data connection.
226 Transfer complete.
960 bytes sent in 0.00015 seconds (6.2e+03 Kbytes/s)
ftp>
새로운(N)
쉘

[그림 6-8] 파일 업로드 화면

⑦ 하이퍼터미널을 이용하여 타깃보드에 접속한 후 /mnt/flash폴더에 파일이 잘 업로드가 되었는지 확인을 한다.

```
# cd /mnt/flash
# ls
```

AXIS - 하이퍼터미널
파일(F) 편집(E) 보기(V) 호출(C) 전송(T) 도움말(H)
#
#
ls
bin etc linuxrc proc sbin tmp var
dev lib mnt root sys usr
cd /mnt/flash
ls
etc module-test.o root
연결 7:03:46 ANSIW 115200 8-N-1 SCROLL CAPS NUM

[그림 6-9] /mnt/flash폴더

⑧ 작성한 module-test.o 모듈 프로그램을 커널에 로딩 한다. 커널에 모듈이 로드가 되면 "This is Module Test Program ... init.."라는 문구를 출력한다.

```
# insmod module-test.o
```

▶ insmod [옵션] [오브젝트 파일]

〈표 6-2〉 insmod 명령어

종 류	내 용
-f	현재 실행중인 커널과 모듈이 컴파일된 커널의 버전이 다르더라도 모듈을 로드한다.
-k	모듈에 auto-clean 플래그를 설정한다. 이 플래드는 커널에 의해 모듈이 일정시간동안 사용되지 않을 때 모듈을 삭제하기 위해 사용한다.
-m	로드 맵을 출력해서, 커널 패닉의 경우에 모듈을 디버그하기 쉽도록 한다.
-o	소스 오브젝트 파일의 베이스 이름에서 이름을 끌어내지 않고, 명시적으로 모듈의 이름을 호출한다.
-p	모듈이 성공적으로 로드될 수 있는지 검사한다. 이것은 모듈 경로로서 오브젝트 파일을 찾아내서 버전을 검사하고, 심벌을 분석한다.
-s	터미널 대신에 syslog에 모든 것을 출력한다.
-X, -x	각각 모듈의 외부 심벌의 전부를 전달하거나 전달하지 않는다.

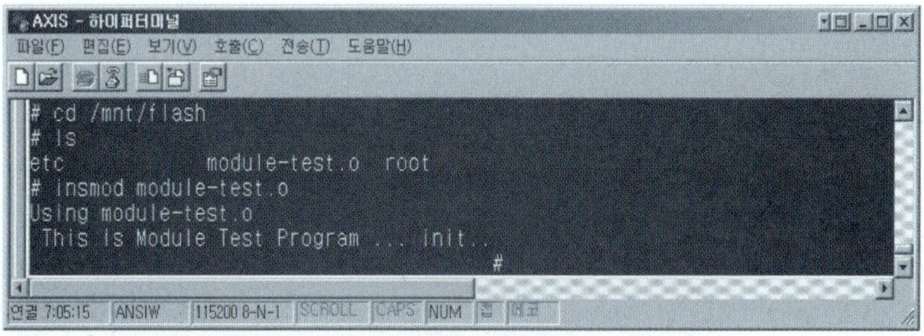
AXIS - 하이퍼터미널
파일(F) 편집(E) 보기(V) 호출(C) 전송(T) 도움말(H)
cd /mnt/flash
ls
etc module-test.o root
insmod module-test.o
Using module-test.o
This is Module Test Program ... init..
#
연결 7:05:15 ANSIW 115200 8-N-1 SCROLL CAPS NUM

[그림 6-10] 작성한 모듈을 커널에 로딩한 화면

⑨ 커널에 로드된 모듈의 목록을 보기 위해 lsmod 명령을 실행한다.

```
# lsmod
```

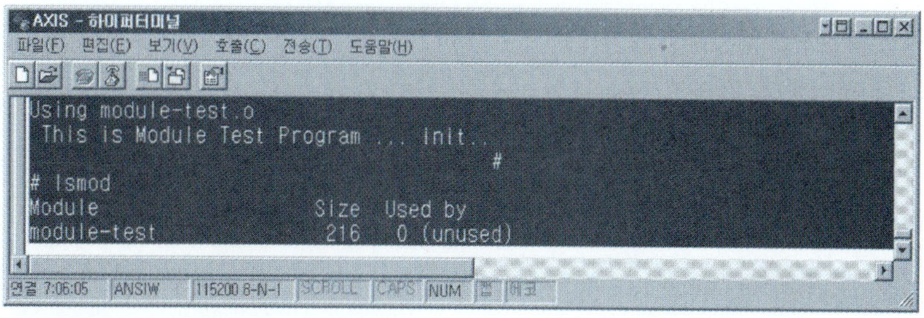
AXIS - 하이퍼터미널
파일(F) 편집(E) 보기(V) 호출(C) 전송(T) 도움말(H)
Using module-test.o
This is Module Test Program ... init..
#
lsmod
Module Size Used by
module-test 216 0 (unused)
연결 7:06:05 ANSIW 115200 8-N-1 SCROLL CAPS NUM

[그림 6-11] 커널에 로드된 모듈들

⑩ 커널에 로드된 모듈을 제거하기 위해 rmmod 명령을 실행한다. 커널에 로드된 모듈이 제거가 되면 "Module Test ...Cleanup.."라는 문구를 출력한다.

```
# rmmod module-test
```

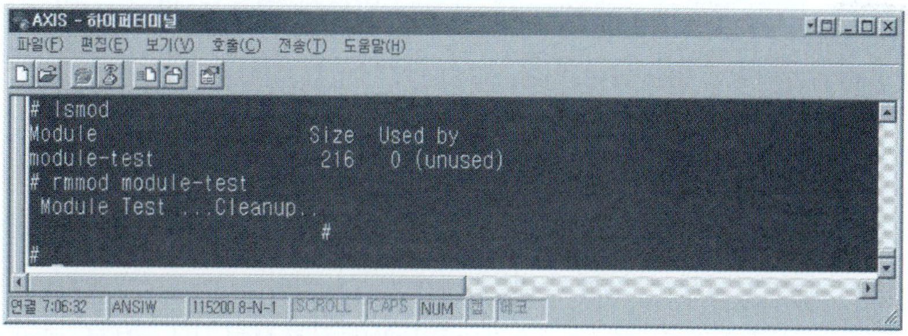
AXIS - 하이퍼터미널
파일(F) 편집(E) 보기(V) 호출(C) 전송(T) 도움말(H)
lsmod
Module Size Used by
module-test 216 0 (unused)
rmmod module-test
Module Test ...Cleanup..
#
#
연결 7:06:32 ANSIW 115200 8-N-1 SCROLL CAPS NUM

[그림 6-12] 커널에 모듈을 제거한 화면

6.2 문자 디바이스 드라이버

문자 디바이스(charter device driver)는 데이터 자료의 순차성을 지닌 장치로서 버퍼 캐시를 사용하지 않는다. 즉, 버퍼를 통하지 않고 데이터를 바로 읽고 쓸 수 있는 장치를 말한다. 문자 디바이스의 종류로는 터미널, 콘솔, 터치 스크린(touch screen), 키보드, 사운드카드, 스캐너, 프린터, 시리얼/패러럴, 마우스, 조이스틱 등이 있다.

1. 주번호와 부번호

문자 디바이스는 파일 시스템의 이름(또는 노드)을 통해 액세스되며, 대개 이들의 디바이스는 /dev 디렉터리 내에 있다. 블록 디바이스, 네트워크 디바이스도 마찬가지이다. 파일 시스템에 디바이스 노드를 만들려면 mknod 명령을 사용해야 하며, 디바이스 파일을 만들려면 수퍼유저로 접근해야 한다. 이 mknod 명령은 디바이스 이름과 디바이스 종류, 주번호(major number), 부번호(minor number) 등 3개의 추가 인자를 반드시 필요로 한다. 주번호는 커널에서 디바이스 드라이버를 구분하는 데 사용된다.

부번호는 디바이스 드라이버 내에서 필요한 경우 장치를 구분하기 위해서 사용된다. 즉, 하나의 디바이스 드라이버가 여러 개의 디바이스를 제어할 수 있다. 당연히 새로운 디바이스 드라이버는 새로운 주번호를 가져야 한다. Documentation/devices.txt에 모든 장치의 주번호가 정의되어 있다.

다음에서 /dev/hda1은 디바이스 이름이고, b는 블록 디바이스임을 의미한다. c이면 문자 디바이스임을 의미한다. 127은 주번호를 의미하고, 1은 부번호를 뜻한다. 부번호 값은 0~4095 사이의 값을 가져야 한다. 이는 12bit로 제한되어 있기 때문이다.

```
# mknod /dev/hda1 b 127 1
# ls al /dev/hda1
# brw-rw---- 1 root disk 3 1 Mar 25 12:00 /dev/hda1
```

리눅스 커널이 드바이스 드라이버를 호출할 때마다 드라이버에게는 어떤 디바이스가 대응되는지 알려준다. 주번호와 부번호는 결합되어 하나의 디바이스를 식별하기 위해서 사용되며, 결합된 디바이스 번호는 inode구조체의 i_rdev필드에 있다. 각 드라이버 함수는 inode 구조체 포인터를 인자로 받아들인다. 각 드라이버 함수는 inode i_rdev를 조사하여 디바이스 번호를 추출할 수 있다.

dev_t〈linux/types.h〉는 디바이스 장치의 주번호와 부번호를 표현하는 자료구조이다.

〈linux/kdev_t.h〉에 찾을 수 있는 다음의 매크로들을 사용할 수 있다.

- MAJOR(dev_t dev) : dev_t에서 주번호를 추출하는 매크로
- MINOR(dev_t dev) : dev_t에서 부번호를 추출하는 매크로
- MKDEV(int major, int minor) : 주번호와 부번호를 가지고 dev_t를 만드는 매크로

다음은 inode 구조체의 필드들이다.

```
struct inode {
    struct  list_head            i_hash;
    struct  list_head            i_list;
    struct  list_head            i_dentry;
    struct  list_head            i_dirty_buffers;
    unsigned  long               i_ino, i_version, i
    atomic_t                     i_count;
    kdev_t                       i_rdev;
    umode_t                      i_mode;
    uid_t                        i_uid;
    gid_t                        i_gid;
    ................................................
    time_t                       i_atime;
    unsigned  long               i_blksize, i_blocks;
    struct inode_operations      *i_op;
    struct file_operations       *i_fop;
}
```

2. 문자 디바이스 등록과 해제

임베디드 리눅스 시스템에 새로운 디바이스 드라이버를 추가하는 것은 하나의 주번호를 이 드라이버에 할당함을 의미한다. 주번호의 할당은 드라이버 초기화시에 /linux/fs.h에 정의된 다음의 디바이스 등록 함수를 호출함으로써 이루어진다.

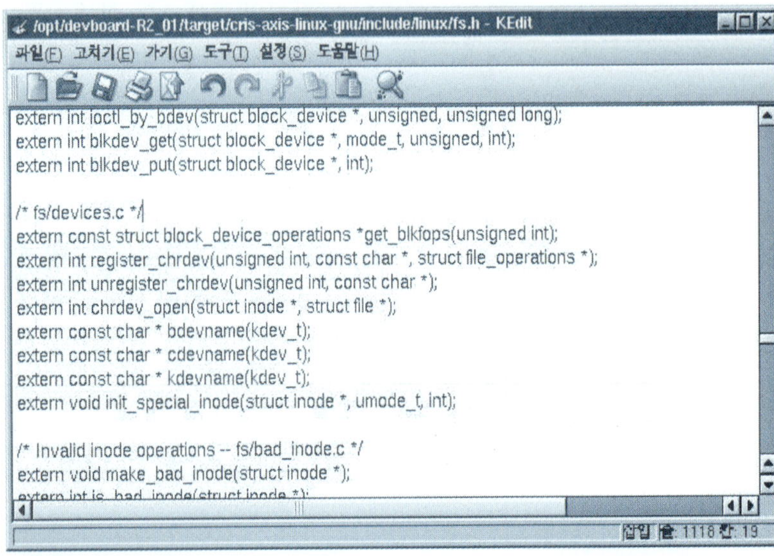
/opt/devboard-R2_01/target/cris-axis-linux-gnu/include/linux/fs.h - KEdit
파일(F) 고치기(E) 가기(G) 도구(T) 설정(S) 도움말(H)
extern int ioctl_by_bdev(struct block_device *, unsigned, unsigned long);
extern int blkdev_get(struct block_device *, mode_t, unsigned, int);
extern int blkdev_put(struct block_device *, int);
/* fs/devices.c */
extern const struct block_device_operations *get_blkfops(unsigned int);
extern int register_chrdev(unsigned int, const char *, struct file_operations *);
extern int unregister_chrdev(unsigned int, const char *);
extern int chrdev_open(struct inode *, struct file *);
extern const char * bdevname(kdev_t);
extern const char * cdevname(kdev_t);
extern const char * kdevname(kdev_t);
extern void init_special_inode(struct inode *, umode_t, int);
/* Invalid inode operations -- fs/bad_inode.c */
extern void make_bad_inode(struct inode *);
삽입 줄: 1118 칸: 19

[그림 6-13] fs.h파일 화면

```
extern int register_chrdev(unsigned int, const char *, struct file_operations *);
```

- **unsigned int** : Major번호로 만약 '0'값을 주면 Major번호 중 사용하지 않는 번호로 동적 할당한다.
- **const char *** : 디바이스 name. 즉 장치 이름이며, /proc/devices에 나타난다.
- **struct file_operations *** : 파일연산 함수
- **리턴 값** : 0이나 양수이면 정상, 음수이면 실패

① 타깃보드에 등록되어 있는 디바이스 드라이버를 살펴본다.

```
# cat /proc/devices
```

▶ cat [옵션] [파일명]

cat은 concatenate(사슬을 잇다, 연결하다)에서 이름이 유래되었으며, 이것은 파일의 내용을 화면에 출력하는 데 사용되기도 하며 파일을 다른 곳에 순차적인 스트림으로 보내기 위해 사용된다.

〈표 6-3〉 cat 명령어

옵 션	설 명
-b	공백 외의 글자가 있는 모든 행의 개수를 센다.
-e	제어 문자를 ^형태로 출력하면서, 각 행의 끝에 $를 추가한다.
-n	각 행을 출력하면서 행 번호를 함께 첨부한다.
-s	중복되고 겹치는 빈 행은 하나의 빈 행으로 처리한다.
-r	행 바꿈 문자를 제외한 제어 문자를 ^형태로 출력한다.
-u	유닉스 호환성을 위해 추가된 옵션으로서 무시된다.
-v	tab과 행 바꿈 문자를 제외한 제어 문자를 ^형태로 출력한다.
-E	각 행마다 끝에 $ 문자를 출력한다.
-T	^I로서 탭(tab)문자를 출력한다.

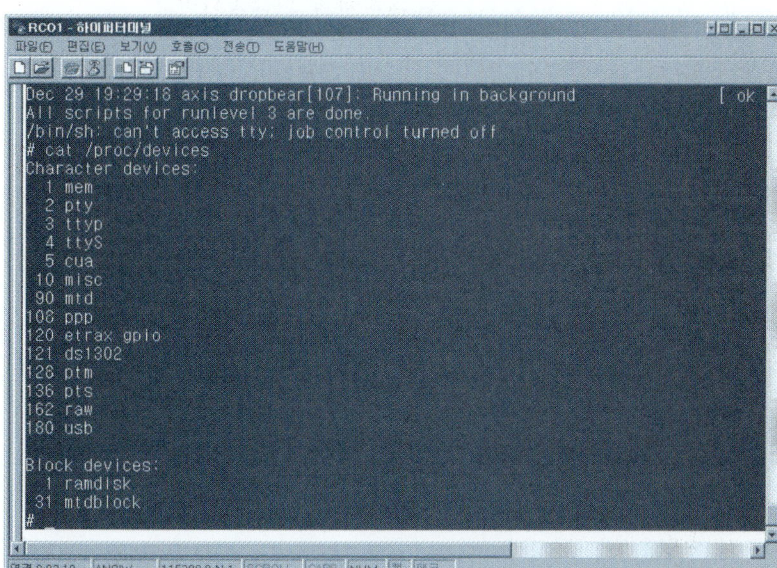
RC01 - 하이퍼터미널
파일(F) 편집(E) 보기(V) 호출(C) 전송(T) 도움말(H)
Dec 29 19:29:18 axis dropbear[107]: Running in background [ok
All scripts for runlevel 3 are done.
/bin/sh: can't access tty; job control turned off
cat /proc/devices
Character devices:
1 mem
2 pty
3 ttyp
4 ttyS
5 cua
10 misc
90 mtd
108 ppp
120 etrax gpio
121 ds1302
128 ptm
136 pts
162 raw
180 usb
Block devices:
1 ramdisk
31 mtdblock
#
연결 0:02:19 ANSIW 115200 8-N-1 SCROLL CAPS NUM

[그림 6-14] /proc/devices에 등록된 디바이스 종류 예

리눅스 시스템에서 모듈을 삭제할 때에는 주번호도 함께 제거해야 한다. cleanup_module함수에서 디바이스 장치 해제함수인 다음의 함수를 사용하면 된다.

```
extern int unregister_chrdev(unsigned int, const char *);
```

- unsigned int : 해제하고자 하는 장치 주번호(Major number)
- const char * : 해제하고자 하는 장치 이름(Device name)

위에서 함수인자로는 제거하고자 하는 주번호와 디바이스 이름이다. 커널은 이 디바이스 이름과 주번호 할당시 등록한 이름을 비교한다. 이름이 서로 다르거나 또는 지정된 드라이버가 없거나, 또한 주번호 경계를 벗어난 값에 대해서는 에러코드인 -einval을 리턴하게 된다.

3. 파일 연산

사용자 프로그램과 디바이스 드라이버는 파일 인터페이스를 통해 액세스된다. 디바이스 드라이버는 자신이 커널에 등록할 때 register_chrdev()함수를 사용하며, 등록 함수의 인자로서 file_operations 구조체를 사용하고 있다.

File_operations구조체는 /linux/fs.h에 정의된 파일 함수 포인터 테이블이다. 먼저 파일을 나타내는 file구조체를 살펴보면 다음과 같다.

[struct file_struct]

```
struct file{
        struct list_head        f_list;
        struct dentry           f_dentry;  /*파일에 대한 디렉터리 엔트리*/
        struct vfsmount         *f_vfsmnt;
        struct file_operations  f_op;  /*다양한 파일 연산 함수 정의*/

        atomic_t f_count;    /*프로세스의 파일 참조 횟수*/
/*access mode, nonblocking, create, append등의 플래그*/
        unsigned int            f_flags;
```

```
        mode_t              f_mode;  /*파일 모드*/
        loff_t              f_pos;   /* 파일의 읽고 쓰는 위치*/
        unsigned long       f_reada,f_ramax,f_raend,f_ralen,f_rawin;

        struct fown_struct  f_owner;
        unsigned int        f_uid,f_gid;  /*파일 사용자 및 그룹 식별자*/
        int                 f_error;
        unsigned long       f_version;
        void                *private_data; /*추가적인 데이터가 필요할 때*/
}
```

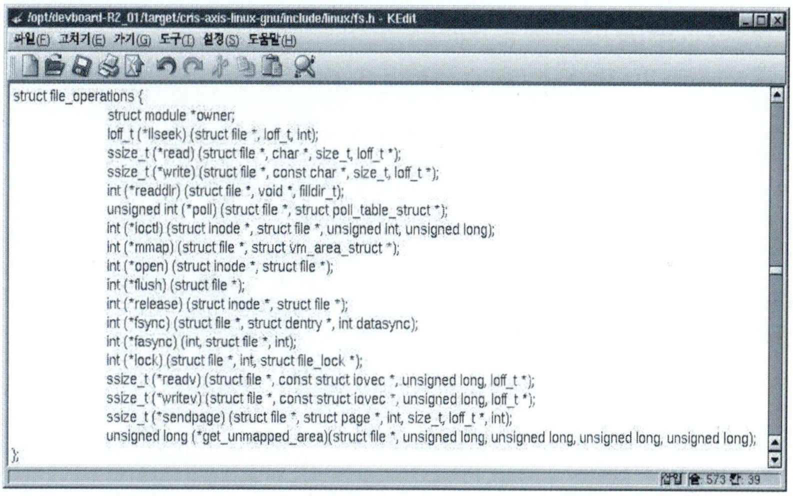
/opt/devboard-R2_01/target/cris-axis-linux-gnu/include/linux/fs.h - KEdit

```
struct file_operations {
        struct module *owner;
        loff_t (*llseek) (struct file *, loff_t, int);
        ssize_t (*read) (struct file *, char *, size_t, loff_t *);
        ssize_t (*write) (struct file *, const char *, size_t, loff_t *);
        int (*readdir) (struct file *, void *, filldir_t);
        unsigned int (*poll) (struct file *, struct poll_table_struct *);
        int (*ioctl) (struct inode *, struct file *, unsigned int, unsigned long);
        int (*mmap) (struct file *, struct vm_area_struct *);
        int (*open) (struct inode *, struct file *);
        int (*flush) (struct file *);
        int (*release) (struct inode *, struct file *);
        int (*fsync) (struct file *, struct dentry *, int datasync);
        int (*fasync) (int, struct file *, int);
        int (*lock) (struct file *, int, struct file_lock *);
        ssize_t (*readv) (struct file *, const struct iovec *, unsigned long, loff_t *);
        ssize_t (*writev) (struct file *, const struct iovec *, unsigned long, loff_t *);
        ssize_t (*sendpage) (struct file *, struct page *, int, size_t, loff_t *, int);
        unsigned long (*get_unmapped_area)(struct file *, unsigned long, unsigned long, unsigned long, unsigned long);
};
```

[그림 6-15] Character Device File Operation 내용

[struct file_operations]

- loff_t (*lseek) (struct file *, loff_t, int);
  - 파일에서 현재 읽고 (read), 쓰는(write) 위치를 이동한다.
- ssize_t (*read) (struct file *, char *, size_t, loff_t *);
  - 디바이스 장치에서 데이터를 읽어들인다.
- ssize_t (*write) (struct file *, const char *, size_t, loff_t *);
  - 디바이스 장치에 데이터를 쓴다.
- int (*readdir) (struct file *, void *, filldir_t);

제 6 장

– 디바이스 장치에서는 사용하지 않고(즉, 디바이스 노드에서는 NULL을 리턴함), 디렉터리에서만 사용하는 함수이다.

- unsigned int (*poll) (struct file *, struct poll_table_struct *);
  – 현 프로세스를 대기 큐에 넣는다.
- int (*ioctl) (struct inode *, struct file *, unsigned int, unsigned long);
  – 디바이스에 종속적인 명령을 만드는 데 사용한다. 즉, 디바이스 장치에 고유한 명령을 사용자가 임의로 만들 수 있다.
- int (*mmap) (struct file *, struct vm_area_struct *);
  – 디바이스 장치의 메모리를 프로세스의 메모리에 매핑시키는 데 사용한다.
- int (*open) (struct inode *, struct file *);
  – 디바이스 장치를 오픈한다.
- int (*release) (struct inode *, struct file *);
  – 디바이스 장치를 종료한다.
- int (*fsync) (struct file *, struct dentry *);
  – 디바이스 장치를 flush한다. 즉, 데이터 중에서 디바이스에 있는 것은 모두 디바이스에 쓴다.
- int (*fasync) (int, struct file *, int);
  – 비동기 통지(Asynchronous notification)를 알려주는 FLAG인 FASYNC flag에 변화가 있는 디바이스를 확인하기 위해 사용한다.
- int (*check_media_change) (kdev_t dev);
  – 플로피 디스크처럼 사용도중에 Media가 변경될 수 있는 블록 디바이스 드라이버에서 사용한다.
- int (*revalidate) (kdev_t dev);
  – 제거 가능한 블록 디바이스에서 버퍼 캐시(buffer cache) 관리를 위해 사용한다.
- int (*lock) (struct file *, int, struct file_lock *);
  – 파일에 lock를 걸기 위해서 사용한다.

File_operations 구조체를 사용하는 문자 디바이스 드라이버의 예는 다음과 같다. 정의되지 않은 것은 NULL로 한다.

```
struct  file_operations device_fops = {
NULL,                       /* seek*/
device_read,                /*read*/
device_write,               /*write*/
NULL,                       /*readdir*/
NULL,                       /*poll*/
NULL,                       /*ioctl*/
NULL,                       /*mmap*/
device_open,                /*open*/
NULL,                       /*flush*/
device_release,             /*release*/
}
```

6.3 블록 디바이스 드라이버

블록 디바이스(block device)는 버퍼 캐시를 통해 랜덤 액세스(random access)가 가능한 장치이다. 데이터를 버퍼 캐시를 통해 블록단위로 입출력하며, 파일 시스템을 구축할 수 있다. 그 종류로는 하드디스크, 플로피디스크, 램디스크, CD-ROM 등이 있다.

블록 디바이스는 문자 디바이스와 같이 외부 사용자 응용 프로그램과는 파일 인터페이스를 통해 액세스되며, 파일 연산을 제공한다. 블록 디바이스 드라이버는 주번호로 구별되며, 문자 디바이스 드라이버와는 별개로 관리되므로 문자 디바이스 드라이버와는 주번호가 중첩되어도 관계 없다. 파일 시스템은 버퍼 캐시를 통해서 블록 디바이스에 액세스된다.

버퍼 캐시를 통한 작업은 일반적인 read/write 동작과는 다르기 때문에 파일 연산의 read/write와 별도로 버퍼 캐시를 통한 read/write를 수행하기 위하여 추가적인 구조체 blk_dev_struct{ }가 존재한다. 이 구조체내에서는 버퍼 캐시를 통해 실질적인 read/write를 수행하는 reguest_fn( )함수를 구현해야 한다. 또한, 블록의 크기, 섹터(sector)의 크기, 전체 크기 등을 따로 블록 장치를 관리하는 전역 변수에 설정해 관리해야 한다

1. 블록 디바이스 등록과 해제

임베디드 리눅스 시스템에서 문자 디바이스 드라이버처럼 블록 디바이스 드라이버는 커널에서 주번호로 식별한다. 블록 디바이스 드라이버를 등록하고 해제하기 위해 사용하는 함수는 다음과 같다.

```
extern int register_blkdev(unsigned int, const char *, struct file_operations *)
```

- unsigned int : Major번호로 만약 '0'값을 주면 Major번호 중 사용하지 않는 번호로 동적 할당한다.

- const char * : 블록 디바이스 이름
- struct file_operations * : 블록 디바이스 장치에 대한 파일 연산 함수
- 리턴 값 : 0이나 양수이면 정상, 음수이면 실패

```
extern int unregister_blkdev(unsigned int, const char *)
```

- unsigned int : 해제하고자 하는 장치 주번호(Major number)
- const char * : 해제하고자 하는 블록 디바이스 이름(Device name)

문자 디바이스 드라이버에서와 마찬가지로 블록 디바이스 장치의 등록 함수 인자는 major로서 등록할 주번호이며, 만일 '0'이면 사용하지 않는 주번호 중에서 선택하여 동적으로 할당된다. name은 블록 디바이스 장치의 이름이다. fops는 블록 디바이스 장치에 대한 파일 연산 함수이다. 리턴 값은 에러 코드이며 리턴 값으로 '0'이나 양수의 값이면 성공적으로 수행되었음을 나타내고, 음수 값이면 에러가 발생했음을 나타낸다.

[그림 6-16]은 블록 디바이스 드라이버 모듈과 커널 사이의 관계를 나타내었다.

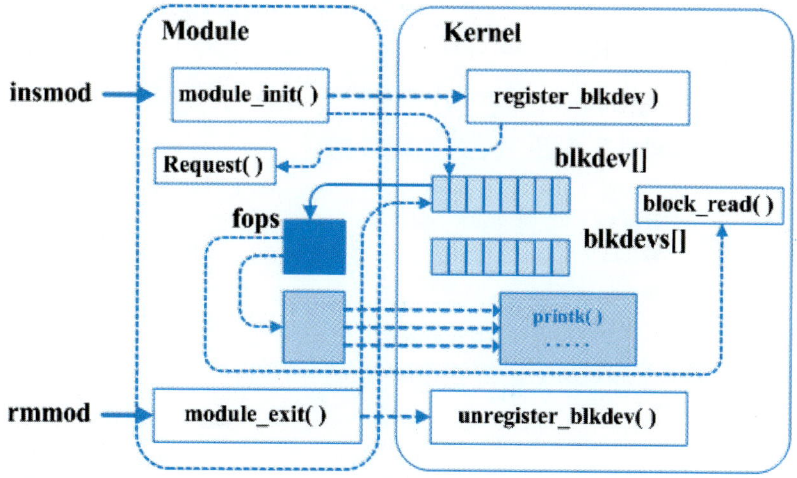

[그림 6-16] 블록 디바이스 드라이버 모듈과 커널

2. 파일 연산

사용자 프로그램과 블록 디바이스 드라이버는 파일 인터페이스를 통해 액세스된다. 그러나 블록 디바이스 드라이버의 파일 연산은 문자 디바이스 드라이버와 조금 차이가 있다. read/write/fsync 함수는 따로 구현할 필요가 없으며, 일반적으로 block_read(), block_write(), block_fsync() 함수를 그대로 사용한다. 그리고 open, release 함수도 문자 디바이스 드라이버에서와 마찬가지로 구현한다.

그러나 ioctl에서는 많이 다르다. 대부분의 블록 디바이스 드라이버가 지원할 것으로 예상되는 수 많은 공통 ioctl 명령이 있으며, 따라서 이들의 대부분은 반드시 지원해 주어야 한다.

내용으로는 먼저 장치의 크기를 섹터의 개수로 리턴하는 BLKGETSIZE, 버퍼 캐시를 flush하는 BLKFLSBUF, 얼마나 미리 읽기(read-ahead)를 할 것인지 미리 읽기값을 획득하는 BLKRAGET, 미리 읽기값을 세트하는 BLKRASET, 블록 디바이스 장치의 읽기 전용 FLAG을 얻어오는 BLKROGET, 변경하는 BLKROSET, 파티션이 있는 장치에서 파티션 테이블을 다시 읽어오는 BLKRRPART, 하드 디스크의 구조를 읽어오는 HDIO_GETGEO가 있다.

그리고 check_media_change는 미디어가 변경될 수 있는 블록 디바이스 장치의 경우 미디어가 변경되었는지 여부를 조사하는 데 사용된다. 미디어가 변경된 경우 '1'을, 변경되지 않은 경우 '0'을 리턴한다. Revalidate는 미디어가 변경된 경우 호출되는 함수이다.

File_operations 구조체를 사용하는 블록 디바이스 드라이버의 예는 다음과 같다. 정의되지 않은 것은 NULL로 한다.

```
struct  file_operations blkdevice_fops = {
NULL,                          /* seek*/
block_read,                    /*read*/
block_write,                   /*write*/
NULL,                          /*readdir*/
NULL,                          /*poll*/
NULL,                          /*ioctl*/
NULL,                          /*mmap*/
block_open,                    /*open*/
NULL,                          /*flush*/
block_release,                 /*release*/
}
```

제7장
응용 실습

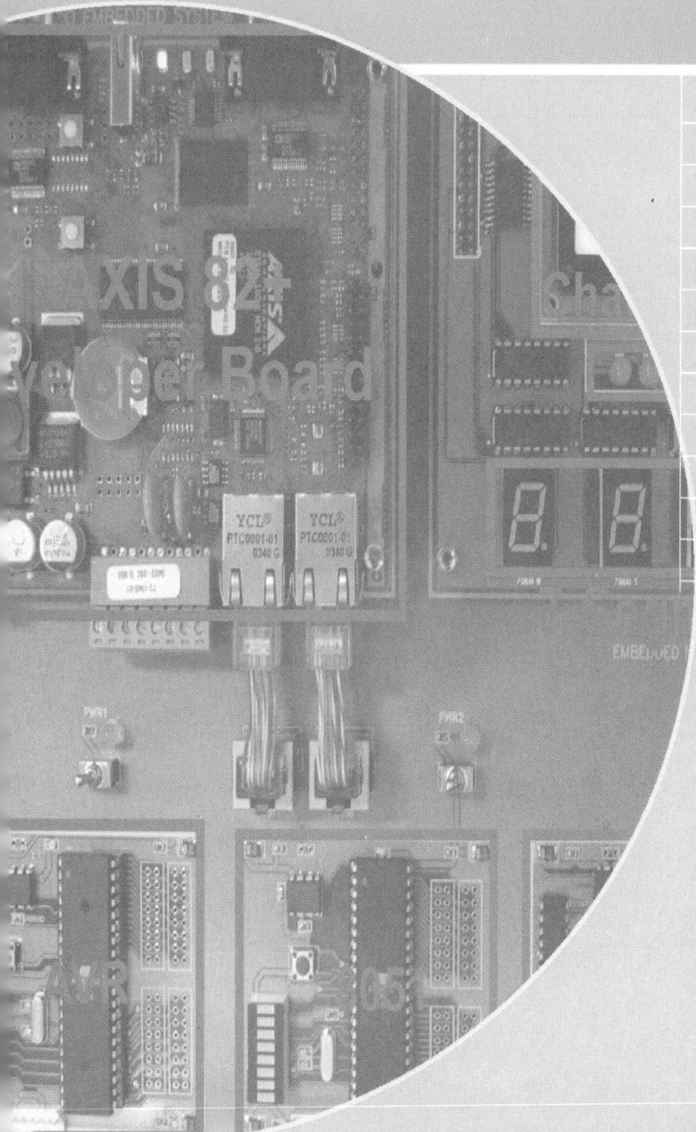

7.1 GPIO 실습

이번 실습은 ETRAX 82+ 개발자 보드의 GPIO와 연결되어 있는 문자(character) LCD, 7-Segment, LED 등을 제어해 보는 것이다.

GPIO(General Purpose Input/Output Pin)은 리셋, 접지, 클록 핀과 같이 어느 특수한 목적으로 할당된 것이 아니라 프로그램에서 어떻게 설정하는가에 따라서 그 기능을 여러 가지 용도로 사용할 수 있는 범용 IO를 말한다.

ETRAX 100LX MCM은 48개의 GPIO를 가지고 있다. 그러나 48개의 GPIO 중에는 USB, I2C 등으로 사용하기 때문에 48개의 핀을 개발자가 모두 사용할 수 있는 것은 아니다.

- 포트 A는 8비트 레지스터
- 포트 B는 8비트 레지스터
- 포트 G는 32비트 레지스터

① 다음 명령을 이용하여 GPIO의 상태를 확인해 본다.

```
# readbits
```

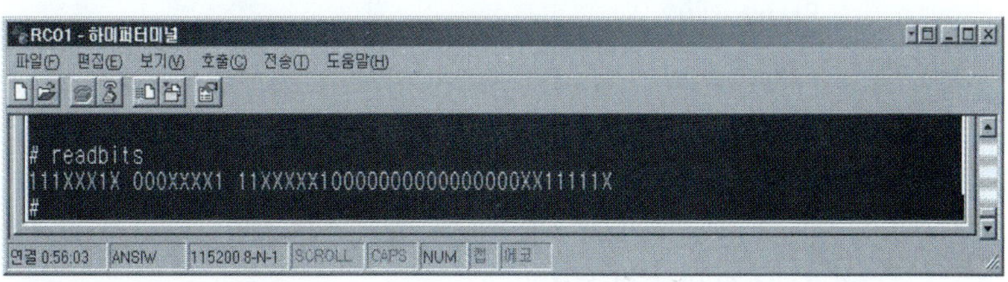
RC01 - 하이퍼터미널
파일(F) 편집(E) 보기(V) 호출(C) 전송(T) 도움말(H)
readbits
111XXX1X 000XXXX1 11XXXXX10000000000000000XX11111X
#
연결 0:56:03 ANSIW 115200 8-N-1 SCROLL CAPS NUM

[그림 7-1] GPIO상태 확인

▶ X는 출력을 나타내며 0과 1은 입력을 나타낸다.

첫번째 8비트는 포트 A의 상태를, 두 번째 8비트는 포트 B의 상태를, 나머지 32비트는 포트 G의 상태를 나타낸다.

```
111XXX1X      000XXXX1      11XXXXX10000000000000000XX11111X
7..........0  7..........0  31...........................................0
- PORT A -    - PORT B -    - PORT G ---------------------------------
```

다음 명령을 이용하면 GPIO를 간단히 제어할 수 있다.

```
#setbits -p [a,b,g] -b [bit number] -s [0,1]
-p : 설정하고 싶은 포트 이름
-b : 설정하고 싶은 비트의 위치
-s : 0 또는 1로 설정
```

위의 명령을 이용하여 타깃보드에 있는 LED를 제어해 본다.

보드의 회로도를 보면 Status LED1이 ETRAX 100LX MCM의 GPIO A(PA2)에 연결되어 있는 것을 알 수 있다. 그리고 LED는 Active Low로 동작하는 것을 알 수 있다.

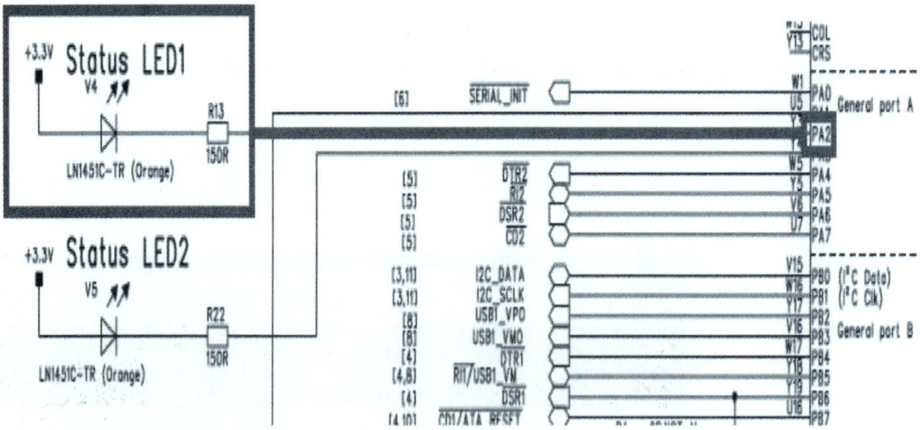

[그림 7-2] 타깃보드의 회로도

② 다음 명령을 이용하여 LED를 ON시킨다.

```
# setbits -p a -b 2 -s 0
```

③ 다음 명령을 이용하여 LED를 OFF시킨다.

```
# setbits -p a -b 2 -s 1
```

RC01 - 하이퍼터미널
파일(F) 편집(E) 보기(V) 호출(C) 전송(T) 도움말(H)
setbits -p a -b 2 -s 0
setbits -p a -b 2 -s 1
#
연결 1:56:45 ANSIW 115200 8-N-1 SCROLL CAPS NUM

[그림 7-3] setbits 명령

– 위의 명령들을 실행시켰을 때 타깃보드의 LED가 동작하는지 확인해 본다.

[그림 7-4] 타깃보드의 LED

④ 이제 GPIO와 연결되어 있는 Character LCD, 7 - Segment, LED 등을 제어하는 실습을 한다.

CD의 apps/GPIO폴더에 있는 iotest.tgz 파일을 /opt/devboard-R2_01/apps폴더에 복사한다.

```
# mount /dev/cdrom /mnt/cdrom
# cd /mnt/cdrom/apps/GPIO/
# cp iotest.tgz /opt/devboard-R2_01/apps/
```

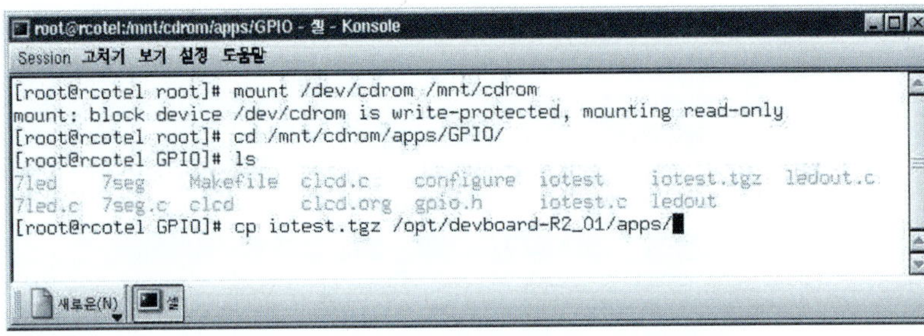
root@rcotel:/mnt/cdrom/apps/GPIO - 셸 - Konsole
Session 고치기 보기 설정 도움말
[root@rcotel root]# mount /dev/cdrom /mnt/cdrom
mount: block device /dev/cdrom is write-protected, mounting read-only
[root@rcotel root]# cd /mnt/cdrom/apps/GPIO/
[root@rcotel GPIO]# ls
7led 7seg Makefile clcd.c configure iotest iotest.tgz ledout.c
7led.c 7seg.c clcd clcd.org gpio.h iotest.c ledout
[root@rcotel GPIO]# cp iotest.tgz /opt/devboard-R2_01/apps/
새로운(N) 셸

[그림 7-5] 파일 복사

⑤ 복사한 파일의 압축을 푼다.

```
# cd /opt/devboard-R2_01/apps/
# tar zxvf iotest.tgz
```

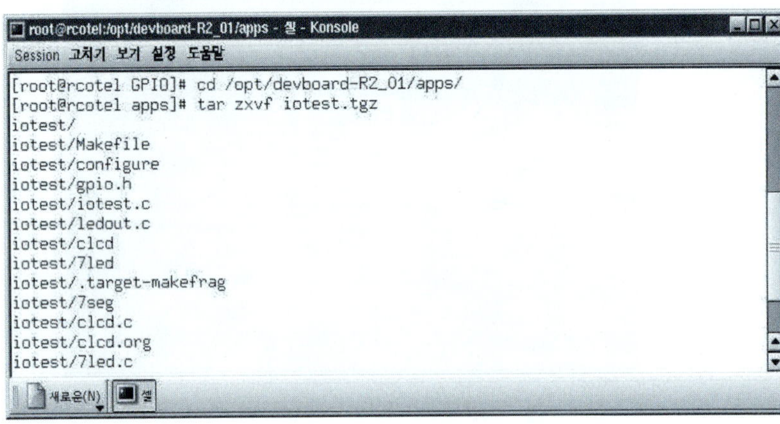
root@rcotel:/opt/devboard-R2_01/apps - 셸 - Konsole
Session 고치기 보기 설정 도움말
[root@rcotel GPIO]# cd /opt/devboard-R2_01/apps/
[root@rcotel apps]# tar zxvf iotest.tgz
iotest/
iotest/Makefile
iotest/configure
iotest/gpio.h
iotest/iotest.c
iotest/ledout.c
iotest/clcd
iotest/7led
iotest/.target-makefrag
iotest/7seg
iotest/clcd.c
iotest/clcd.org
iotest/7led.c
새로운(N) 셸

[그림 7-6] 압축 해제

⑥ 압축을 푼 후 새로 생성된 iotest라는 폴더로 이동한 후 파일들을 확인한다.

```
# cd iotest
# ls
```

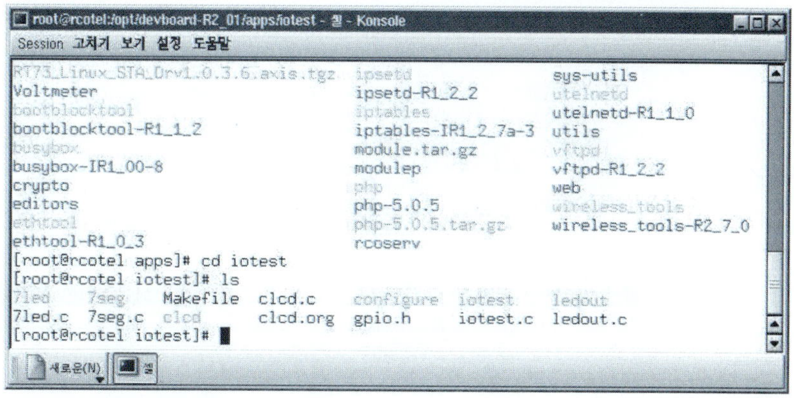
root@rcotel:/opt/devboard-R2_01/apps/iotest - 쉘 - Konsole
Session 고치기 보기 설정 도움말
RT73_Linux_STA_Drv1.0.3.6.axis.tgz ipsetd sys-utils
Voltmeter ipsetd-R1_2_2 utelnetd
bootblocktool iptables utelnetd-R1_1_0
bootblocktool-R1_1_2 iptables-IR1_2_7a-3 utils
busybox module.tar.gz vftpd
busybox-IR1_00-8 modulep vftpd-R1_2_2
crypto php web
editors php-5.0.5 wireless_tools
ethtool php-5.0.5.tar.gz wireless_tools-R2_7_0
ethtool-R1_0_3 rcoserv
[root@rcotel apps]# cd iotest
[root@rcotel iotest]# ls
7led 7seg Makefile clcd.c configure iotest ledout
7led.c 7seg.c clcd clcd.org gpio.h iotest.c ledout.c
[root@rcotel iotest]#
새로운(N) 쉘

[그림 7-7] iotest폴더

⑦ GPIO 테스트 프로그램들을 컴파일하기 위해 /opt/devboard-R2_01폴더로 이동하여 환경설정 파일을 실행시킨 후 다시 apps/iotest폴더로 이동하여 테스트 프로그램들을 컴파일한다.

```
# cd /opt/devboard-R2_01
# . ./init_env
# cd apps/iotest
# make
```

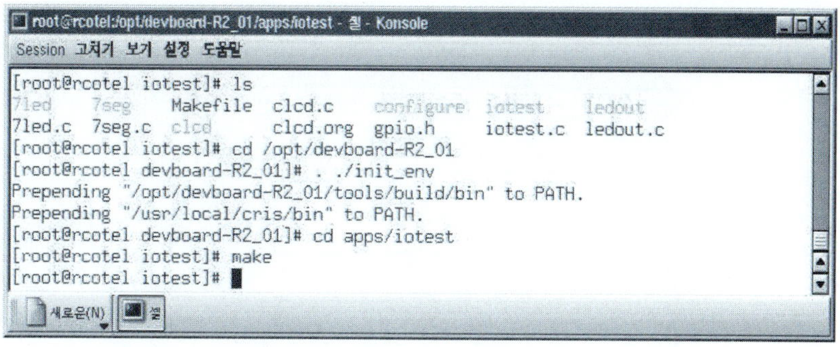
root@rcotel:/opt/devboard-R2_01/apps/iotest - 쉘 - Konsole
Session 고치기 보기 설정 도움말
[root@rcotel iotest]# ls
7led 7seg Makefile clcd.c configure iotest ledout
7led.c 7seg.c clcd clcd.org gpio.h iotest.c ledout.c
[root@rcotel iotest]# cd /opt/devboard-R2_01
[root@rcotel devboard-R2_01]# . ./init_env
Prepending "/opt/devboard-R2_01/tools/build/bin" to PATH.
Prepending "/usr/local/cris/bin" to PATH.
[root@rcotel devboard-R2_01]# cd apps/iotest
[root@rcotel iotest]# make
[root@rcotel iotest]#
새로운(N) 쉘

[그림 7-8] 컴파일 실행 화면

제 7 장

⑧ 실행파일을 타깃보드에 업로드시키기 위해 FTP를 실행시킨다.

```
# ftp 192.168.0.90
Name (182.168.0.90:root): root
Password: pass
```

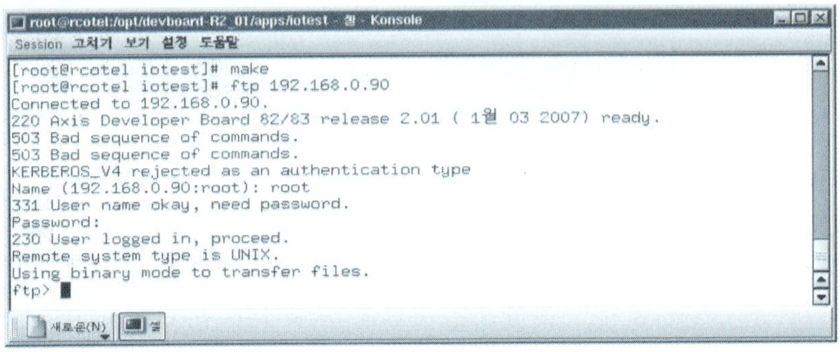
root@rcotel:/opt/devboard-R2_01/apps/iotest - 쉘 - Konsole
Session 고치기 보기 설정 도움말
[root@rcotel iotest]# make
[root@rcotel iotest]# ftp 192.168.0.90
Connected to 192.168.0.90.
220 Axis Developer Board 82/83 release 2.01 (1월 03 2007) ready.
503 Bad sequence of commands.
503 Bad sequence of commands.
KERBEROS_V4 rejected as an authentication type
Name (192.168.0.90:root): root
331 User name okay, need password.
Password:
230 User logged in, proceed.
Remote system type is UNIX.
Using binary mode to transfer files.
ftp>
새로운(N)
쉘

[그림 7-9] FTP 실행 화면

⑨ FTP를 실행시킨 후에는 파일의 업로드가 가능한 /mnt/flash폴더로 이동한다.

```
ftp> cd /mnt/flash
ftp> mput 7led 7seg clcd iotest
```

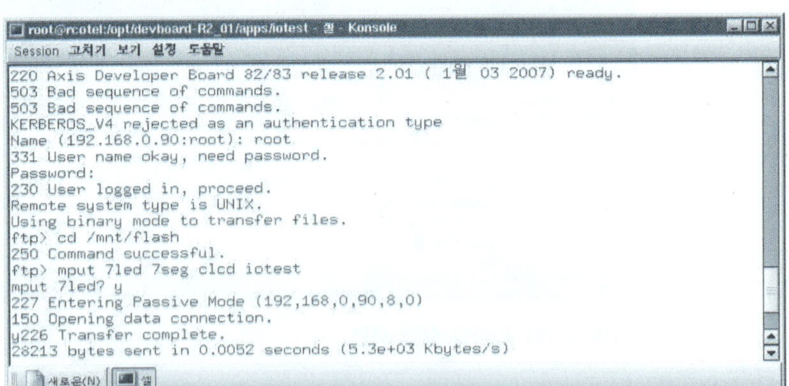
root@rcotel:/opt/devboard-R2_01/apps/iotest - 쉘 - Konsole
Session 고치기 보기 설정 도움말
220 Axis Developer Board 82/83 release 2.01 (1월 03 2007) ready.
503 Bad sequence of commands.
503 Bad sequence of commands.
KERBEROS_V4 rejected as an authentication type
Name (192.168.0.90:root): root
331 User name okay, need password.
Password:
230 User logged in, proceed.
Remote system type is UNIX.
Using binary mode to transfer files.
ftp> cd /mnt/flash
250 Command successful.
ftp> mput 7led 7seg clcd iotest
mput 7led? y
227 Entering Passive Mode (192,168,0,90,8,0)
150 Opening data connection.
y226 Transfer complete.
28213 bytes sent in 0.0052 seconds (5.3e+03 Kbytes/s)
새로운(N)
쉘

[그림 7-10] 파일 업로드 화면

⑩ 하이퍼터미널을 이용하여 타깃보드에 접속한 후 테스트 프로그램들이 실행 가능하도록 퍼미션을 변경시킨다.

```
# cd /mnt/flash
# chmod +x *
```

RC01 - 하이퍼터미널
파일(F) 편집(E) 보기(V) 호출(C) 전송(T) 도움말(H)
#
cd /mnt/flash
ls
7led 7seg clcd etc iotest
chmod +x *
ls
7led 7seg clcd etc iotest
_
연결 3:29:10 ANSIW 115200 8-N-1 SCROLL CAPS NUM

[그림 7-11] 퍼미션 변경

⑪ 테스트 프로그램들을 실행시킨다.

RC01 - 하이퍼터미널
파일(F) 편집(E) 보기(V) 호출(C) 전송(T) 도움말(H)
chmod +x *
ls
7led 7seg clcd etc iotest
./7led 1
./7led 2
./7seg 1
./clcd
_
연결 3:36:11 ANSIW 115200 8-N-1 SCROLL CAPS NUM

[그림 7-12] 테스트 프로그램 실행

- 7개의 LED을 제어하는 프로그램을 실행시킨다. 1을 붙여 실행시키면 LED의 첫 번째 LED만 OFF되는 것을 확인할 수 있다.

```
# ./7led 1
```

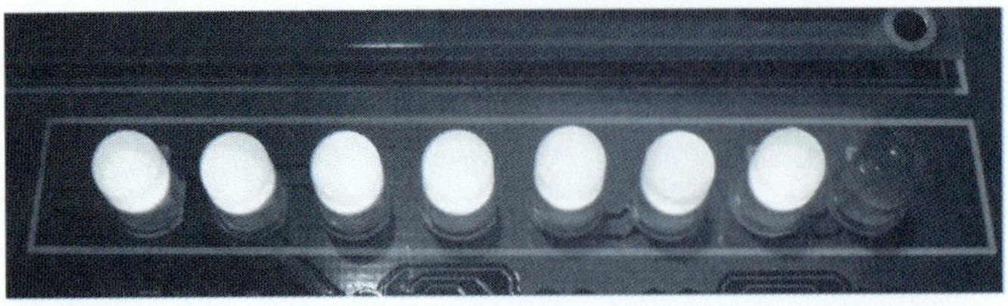

[그림 7-13] LED 화면

– 2를 붙여 실행시키면 LED의 두 번째 LED만 OFF되는 것을 확인할 수 있다.

```
# ./7led 2
```

[그림 7-14] LED 화면

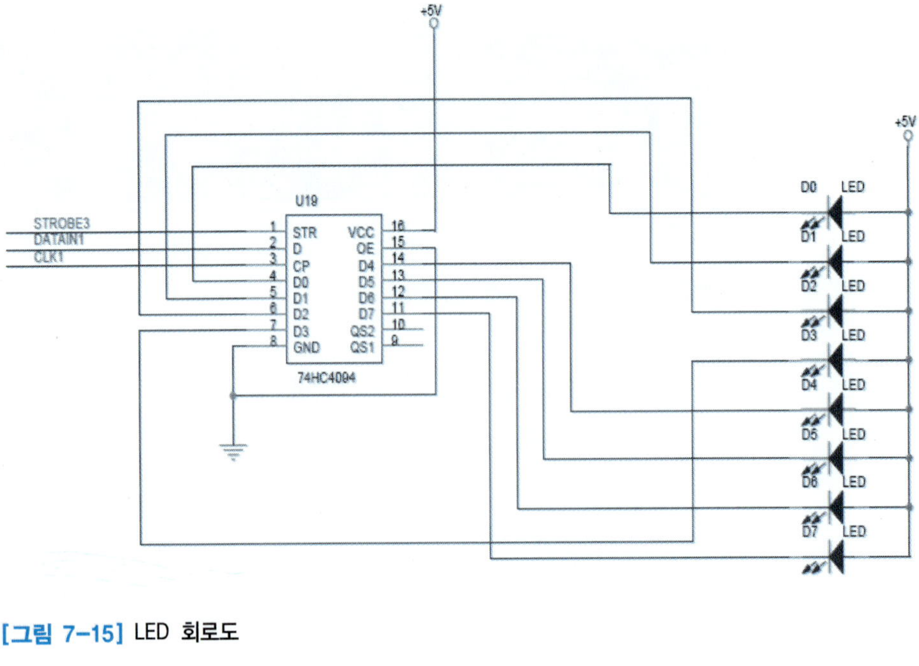

[그림 7-15] LED 회로도

– 7-Segment를 제어하는 프로그램을 실행시킨다.

```
# ./7seg 1
```

[그림 7-16] 7-Segment

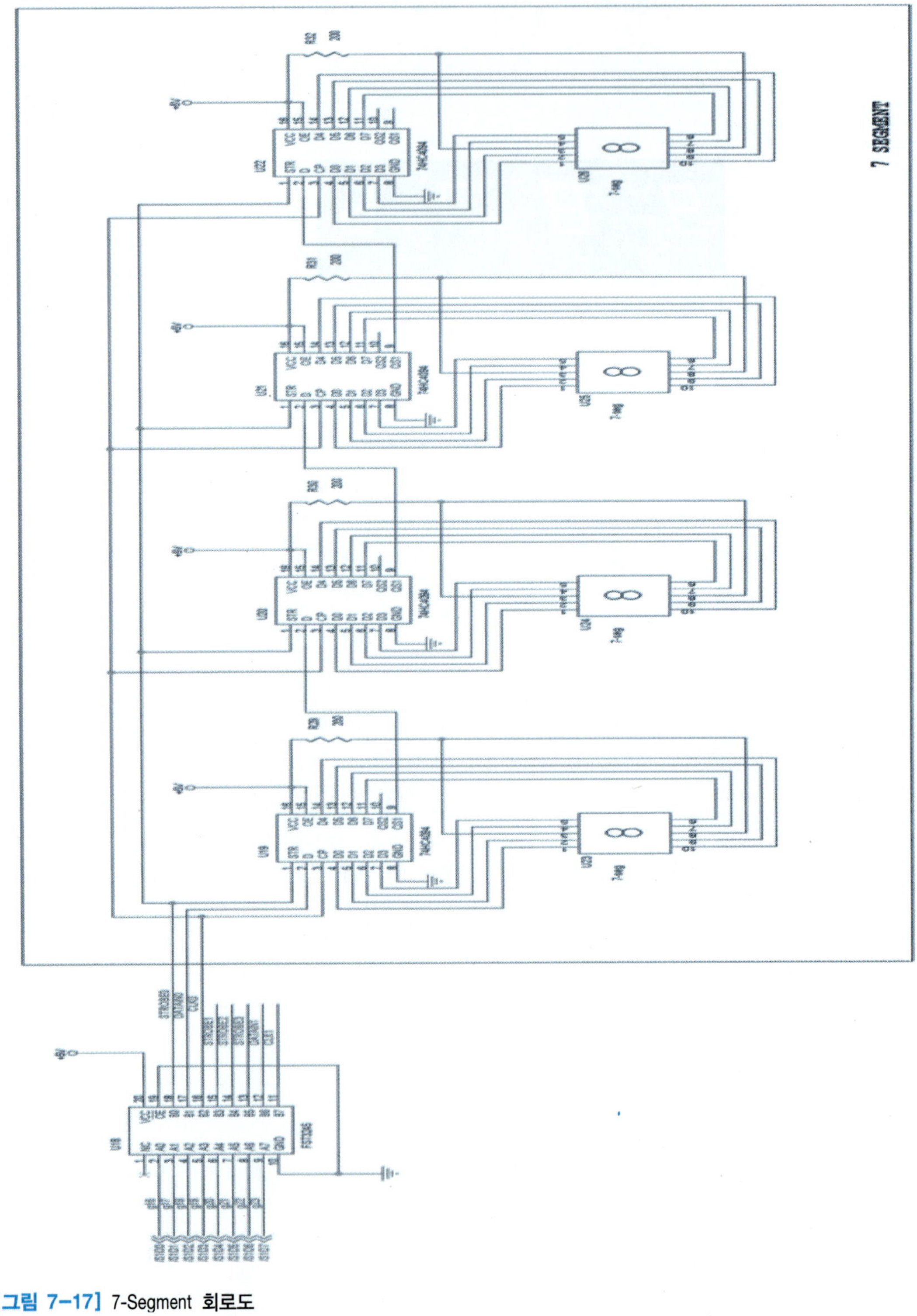

[그림 7-17] 7-Segment 회로도

– 문자 LCD를 제어하는 프로그램을 실행시킨다.

```
# ./clcd
```

[그림 7–18] 문자 LCD

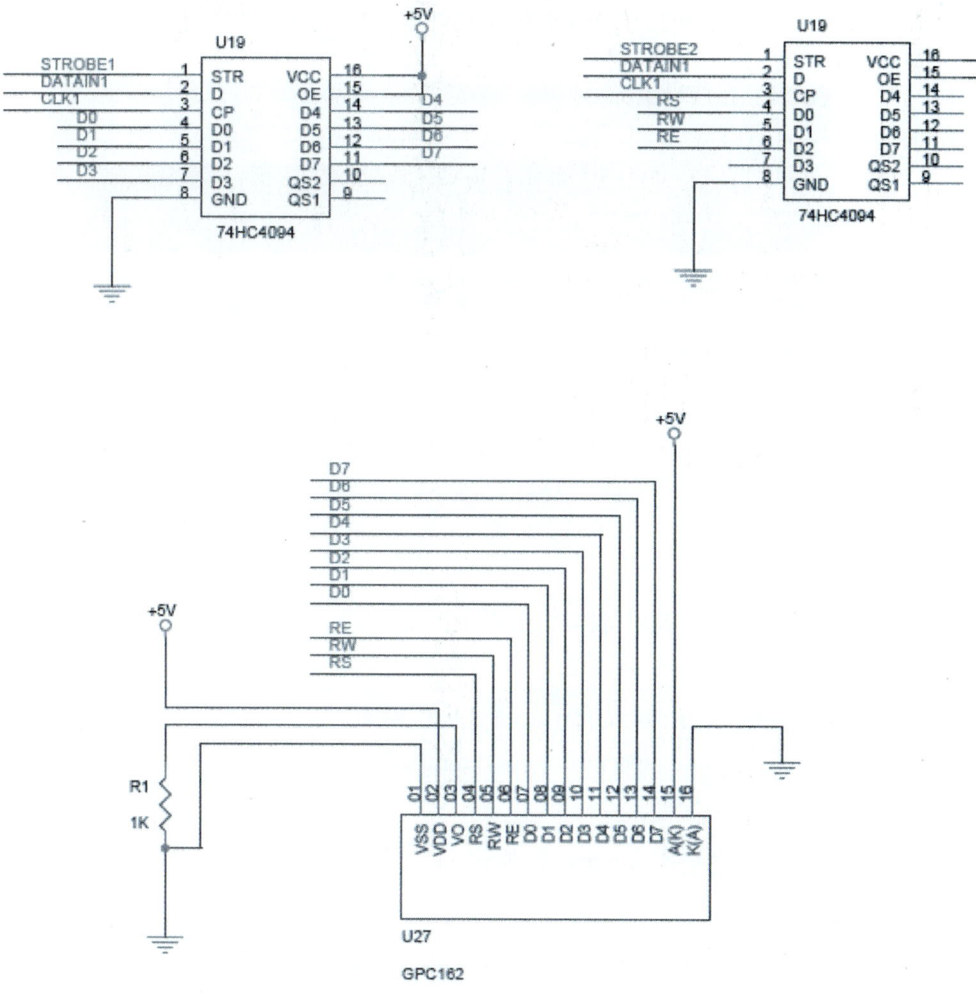

[그림 7–19] 문자 LCD 회로도

▶ GPIO를 제어하는 프로그램들의 소스에서 가장 핵심이 되는 부분은 다음과 같다.

먼저 사용하려고 하는 GPIO를 출력으로 설정해야 한다. 아래의 구문은 포트 G의 16번째 비트부터 8개의 비트를 출력으로 설정하는 구분이다.

```
int bitmask = 0xFF << 16;
ioctl(fd, _IO(GPIO_IOCTYPE, IO_SETOUTPUT),bitmask);
```

위의 구문을 실행시킨 후 GPIO의 상태를 확인해 보면 다음과 같이 포트 G의 16번째 비트부터 8개의 비트가 X로 변경된 것을 알 수 있다.

RC01 - 하이퍼터미널
파일(F) 편집(E) 보기(V) 호출(C) 전송(T) 도움말(H)
./iotest
readbits
111XXX1X 000XXXX1 11XXXXX1XXXXXXXX00000000XX11111X
#
연결 2:07:43 ANSIW 115200 8-N-1 SCROLL CAPS NUM

[그림 7-20] readbits **명령**

```
111XXX1X  000XXXX1  11XXXXX10000000000000000XX11111X(전)
111XXX1X  000XXXX1  11XXXXX1XXXXXXXX00000000XX11111X(후)
7.........0 7.........0 31.......................................0
```

iomask에 해당하는 비트를 1로 set한다.

```
ioctl(fd,_IO(ETRAXGPIO_IOCTYPE,IO_SETBITS),iomask);
// Set the lines specified by the bit mask "iomask" to 1
```

다음 구문은 iomask에 해당하는 비트를 0으로 Set 한다.

```
ioctl(fd,_IO(ETRAXGPIO_IOCTYPE,IO_CLRBITS),iomask);
// Set the lines specified by the bit mask "iomask" to 0
```

7.2 시리얼 포트 실습

이번 실습은 시리얼 포트(serial port)가 제대로 작동하는지 테스트하기 위한 프로그램을 실행시키는 것이다.

① 먼저 apps폴더 밑에 serial이라는 폴더를 만든 후에 CD에 있는 테스트 프로그램을 복사해 넣는다.

```
# mkdir /opt/devboard-R2_01/apps/serial
# mount /dev/cdrom /mnt/cdrom
# cd //mnt/cdrom/apps/Serial/
# cp * /opt/devboard-R2_01/apps/serial/
```

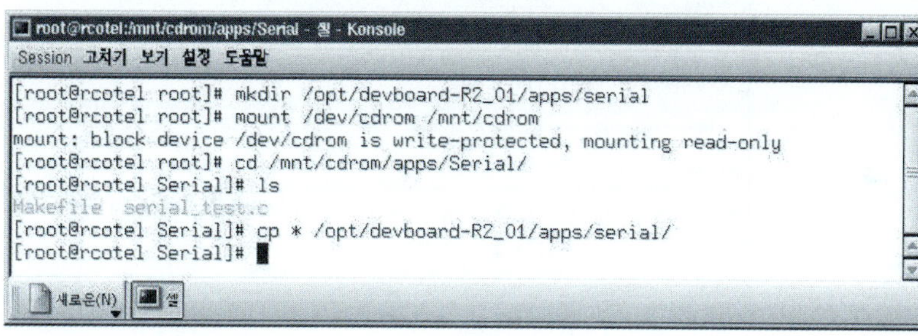
root@rcotel:/mnt/cdrom/apps/Serial - 쉘 - Konsole
Session 고치기 보기 설정 도움말
[root@rcotel root]# mkdir /opt/devboard-R2_01/apps/serial
[root@rcotel root]# mount /dev/cdrom /mnt/cdrom
mount: block device /dev/cdrom is write-protected, mounting read-only
[root@rcotel root]# cd /mnt/cdrom/apps/Serial/
[root@rcotel Serial]# ls
Makefile serial_test.c
[root@rcotel Serial]# cp * /opt/devboard-R2_01/apps/serial/
[root@rcotel Serial]#
새로운(N)
쉘

[그림 7-21] CD에 있는 테스트 프로그램을 복사하는 화면

② 테스트 프로그램을 컴파일하기 위해 환경설정 파일을 실행시킨다.

```
# cd //opt/devboard-R2_01/apps/serial/
# cd /opt/devboard-R2_01
# . ./init_env
```

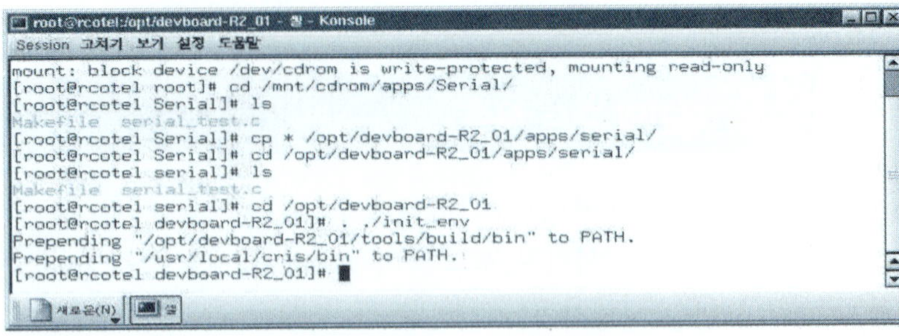
root@rcotel:/opt/devboard-R2_01 - 쉘 - Konsole
Session 고치기 보기 설정 도움말
mount: block device /dev/cdrom is write-protected, mounting read-only
[root@rcotel root]# cd /mnt/cdrom/apps/Serial/
[root@rcotel Serial]# ls
Makefile serial_test.c
[root@rcotel Serial]# cp * /opt/devboard-R2_01/apps/serial/
[root@rcotel Serial]# cd /opt/devboard-R2_01/apps/serial/
[root@rcotel serial]# ls
Makefile serial_test.c
[root@rcotel serial]# cd /opt/devboard-R2_01
[root@rcotel devboard-R2_01]# . ./init_env
Prepending "/opt/devboard-R2_01/tools/build/bin" to PATH.
Prepending "/usr/local/cris/bin" to PATH.
[root@rcotel devboard-R2_01]#
새로운(N) 쉘

[그림 7-22] 환경설정 파일 실행 화면

③ 테스트 프로그램을 컴파일한다.

```
# make cris-axis-linux-gnu
# make
```

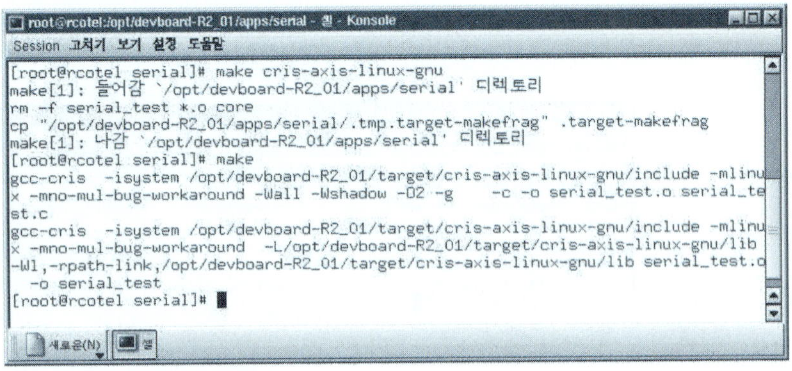
root@rcotel:/opt/devboard-R2_01/apps/serial - 쉘 - Konsole
Session 고치기 보기 설정 도움말
[root@rcotel serial]# make cris-axis-linux-gnu
make[1]: 들어감 `/opt/devboard-R2_01/apps/serial' 디렉토리
rm -f serial_test *.o core
cp "/opt/devboard-R2_01/apps/serial/.tmp.target-makefrag" .target-makefrag
make[1]: 나감 `/opt/devboard-R2_01/apps/serial' 디렉토리
[root@rcotel serial]# make
gcc-cris -isystem /opt/devboard-R2_01/target/cris-axis-linux-gnu/include -mlinux -mno-mul-bug-workaround -Wall -Wshadow -O2 -g -c -o serial_test.o serial_test.c
gcc-cris -isystem /opt/devboard-R2_01/target/cris-axis-linux-gnu/include -mlinux -mno-mul-bug-workaround -L/opt/devboard-R2_01/target/cris-axis-linux-gnu/lib -Wl,-rpath-link,/opt/devboard-R2_01/target/cris-axis-linux-gnu/lib serial_test.o -o serial_test
[root@rcotel serial]#
새로운(N) 쉘

[그림 7-23] 컴파일 실행 화면

④ 실행파일을 타깃보드에 업로드시키기 위해 FTP를 실행시킨다. FTP를 실행시킨 후에는 파일의 업로드가 가능한 /mnt/flash폴더로 이동한다.

```
# ftp 192.168.0.90
Name (182.168.0.90:root): root
Password: pass
ftp> cd /mnt/flash
```

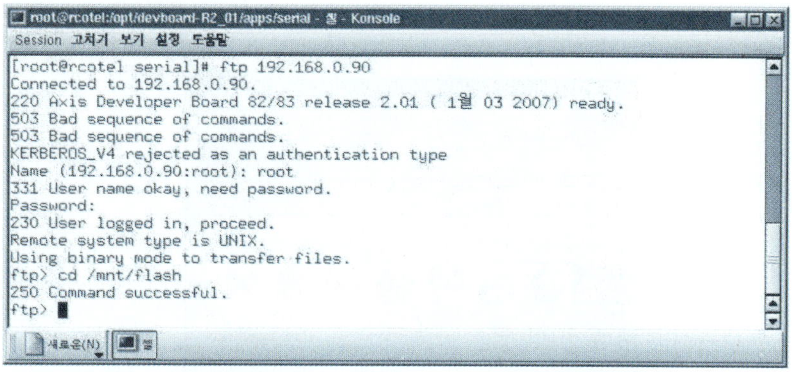
root@rcotel:/opt/devboard-R2_01/apps/serial - 셸 - Konsole
Session 고치기 보기 설정 도움말
[root@rcotel serial]# ftp 192.168.0.90
Connected to 192.168.0.90.
220 Axis Developer Board 82/83 release 2.01 (1월 03 2007) ready.
503 Bad sequence of commands.
503 Bad sequence of commands.
KERBEROS_V4 rejected as an authentication type
Name (192.168.0.90:root): root
331 User name okay, need password.
Password:
230 User logged in, proceed.
Remote system type is UNIX.
Using binary mode to transfer files.
ftp> cd /mnt/flash
250 Command successful.
ftp>
새로운(N) 셸

[그림 7-24] FTP실행 화면

⑤ serial_test 파일을 업로드시킨다.

```
ftp> put serial_test
ftp> close
ftp> quit
```

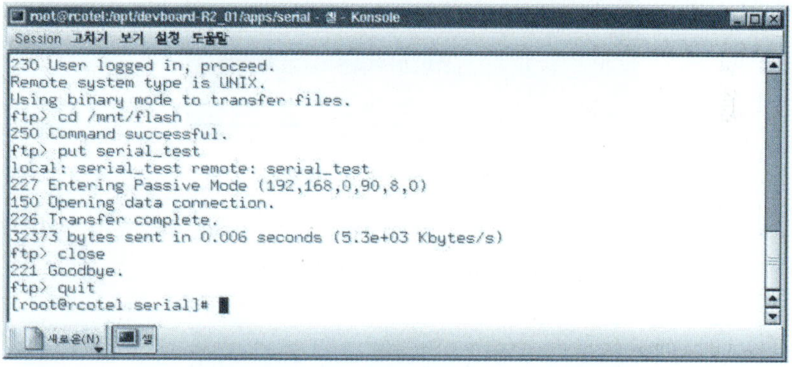
root@rcotel:/opt/devboard-R2_01/apps/serial - 셸 - Konsole
Session 고치기 보기 설정 도움말
230 User logged in, proceed.
Remote system type is UNIX.
Using binary mode to transfer files.
ftp> cd /mnt/flash
250 Command successful.
ftp> put serial_test
local: serial_test remote: serial_test
227 Entering Passive Mode (192,168,0,90,8,0)
150 Opening data connection.
226 Transfer complete.
32373 bytes sent in 0.006 seconds (5.3e+03 Kbytes/s)
ftp> close
221 Goodbye.
ftp> quit
[root@rcotel serial]#
새로운(N) 셸

[그림 7-25] 파일 업로드 화면

⑥ 타깃보드의 다른 시리얼포트와 Host PC의 COM2 포트와 연결한 후 하이퍼 터미널을 실행시킨다.

– 이름에 Serial_test라고 입력한다.

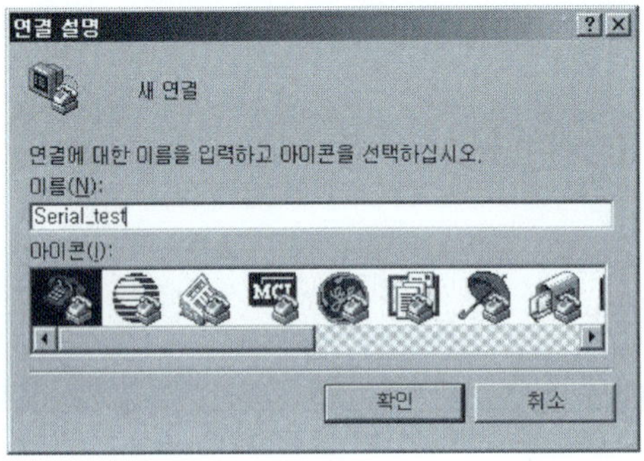

[그림 7-26] 새 연결 창

– COM2를 선택한다.

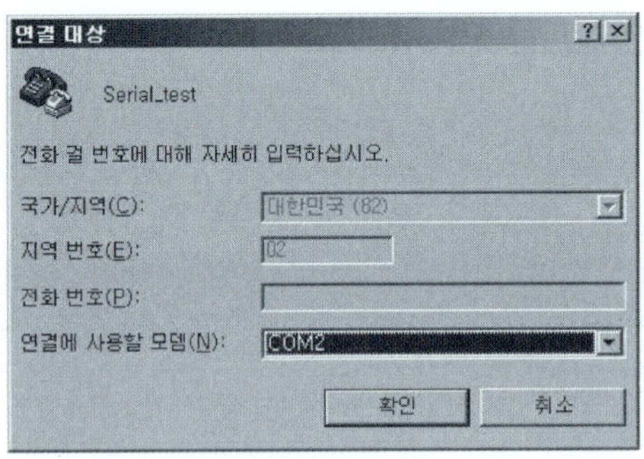

[그림 7-27] 연결 대상 창

– 다음과 같이 설정을 한다.

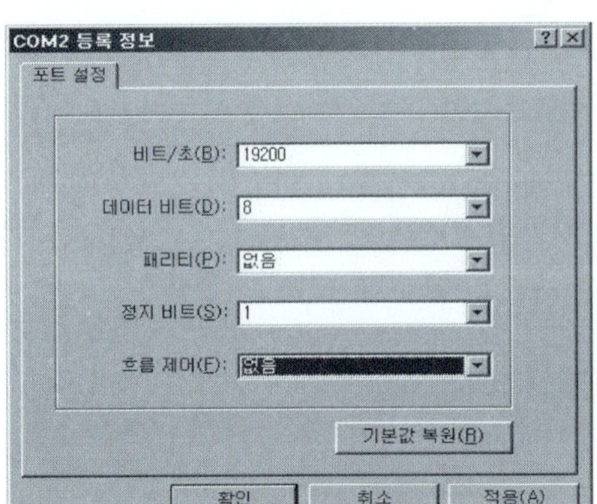

[그림 7-28] COM2 등록 정보 창

⑦ 하이퍼터미널을 이용하여 타깃보드에 접속한 후 serial_test 파일이 실행 가능하도록 퍼미션을 변경시킨다. 그다음 ttyS2의 Baud rate를 19200으로 조정한 후 serial_test 프로그램을 실행시킨다.

```
# cd /mnt/flash/
# chmod +x serial_test
# stty -F /dev/ttyS2 19200
# ./serial_test /dev/ttyS2
```

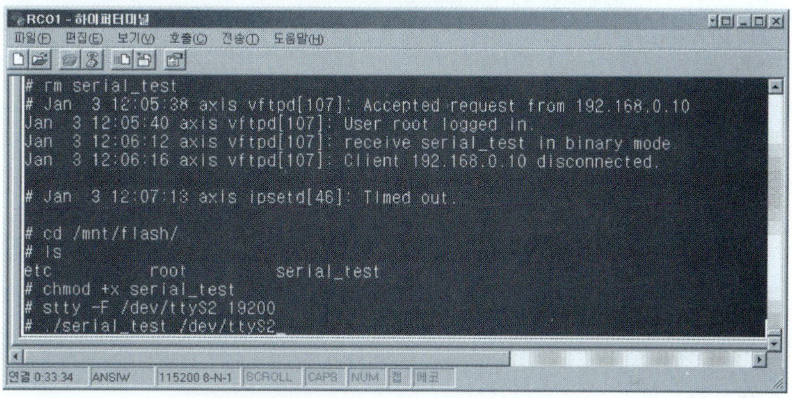
RCO1 - 하이퍼터미널
파일(F) 편집(E) 보기(V) 호출(C) 전송(T) 도움말(H)
rm serial_test
Jan 3 12:05:38 axis vftpd[107]: Accepted request from 192.168.0.10
Jan 3 12:05:40 axis vftpd[107]: User root logged in.
Jan 3 12:06:12 axis vftpd[107]: receive serial_test in binary mode
Jan 3 12:06:16 axis vftpd[107]: Client 192.168.0.10 disconnected.
Jan 3 12:07:13 axis ipsetd[46]: Timed out.
cd /mnt/flash/
ls
etc root serial_test
chmod +x serial_test
stty -F /dev/ttyS2 19200
./serial_test /dev/ttyS2
연결 0:33:34 ANSIW 115200 8-N-1 SCROLL CAPS NUM

[그림 7-29] ttyS2 설정 화면

– RCO1-하이퍼터미널은 Host PC의 COM1에 연결되어 있고, Serial_test-하이퍼터미널은 Host PC의 COM2에 연결되어 있는 상태이다.

Serial_test-하이퍼터미널 창에 커서를 놓은 후 a, b, c, d, e 등을 차례대로 타이핑해 보면 RCO1-하이퍼터미널 창에 a, b, c, d, e 가 제대로 표기가 되면 타깃보드의 두 번째 시리얼포트도 제대로 작동하는 것으로 판단할 수 있다.

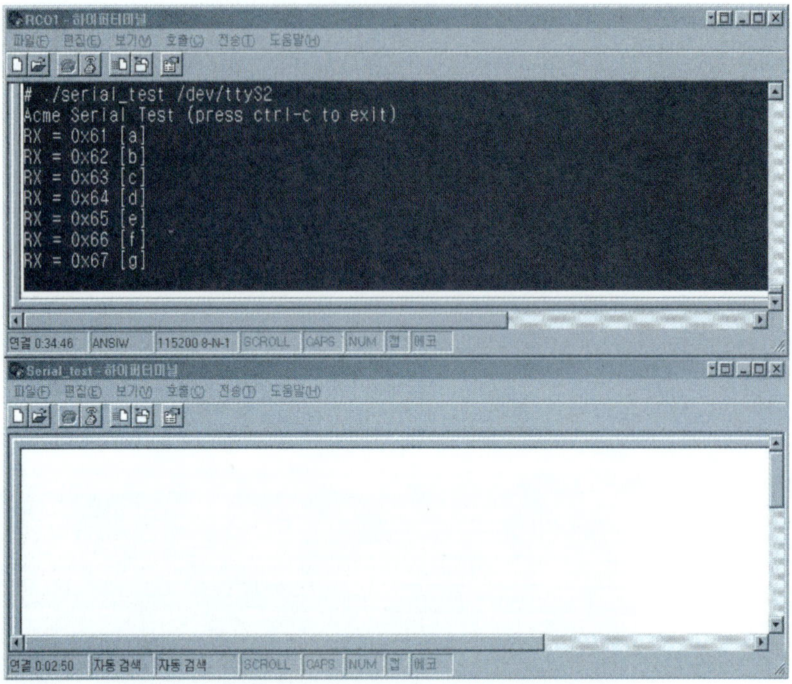
RC01 - 하이퍼터미널
./serial_test /dev/ttyS2
Acme Serial Test (press ctrl-c to exit)
RX = 0x61 [a]
RX = 0x62 [b]
RX = 0x63 [c]
RX = 0x64 [d]
RX = 0x65 [e]
RX = 0x66 [f]
RX = 0x67 [g]
연결 0:34:46
ANSIW
115200 8-N-1
SCROLL
CAPS
NUM
Serial_test - 하이퍼터미널
연결 0:02:50
자동 검색
자동 검색
SCROLL
CAPS
NUM

[그림 7-30] 프로그램 실행 화면

7.3 USB to 시리얼 변환기 접속 실습

1. USB to 시리얼 변환기 실습

ETRAX 82+ 개발자 보드에는 2개의 시리얼 포트를 가지고 있다. 하지만, USB를 시리얼로 변환기를 연결하면 더욱더 많은 시리얼 포트를 사용할 수 있다.

ETRAX 82+ 개발자 보드의 커널은 USB를 시리얼로 변환기를 자체적으로 지원을 한다. 하지만, 지원하는 모델은 한정되어 있다.

[그림 7-31] USB를 시리얼로 변환기

- 커널에서 지원하는 모델 중에 FTDI칩을 사용한 USB to 시리얼 변환기를 실습에 사용한다.

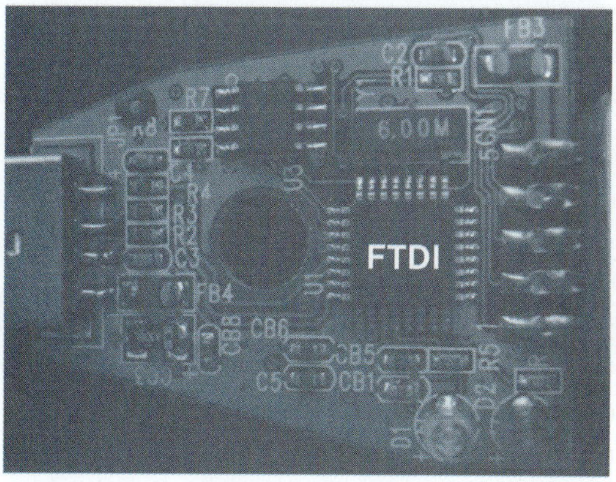

[그림 7-32] USB를 시리얼로 변환기 내부화면

① 초기값으로 설치된 커널은 USB를 시리얼로 변환기를 지원하지 않는다. 그래서 커널이 USB를 시리얼로 변환기를 지원하도록 변경하는 작업이 필요하다. 환경설정 파일을 실행시킨 후 menuconfig설정 화면으로 들어간다.

```
# cd /opt/devboard-R2_01
# . ./init_env
# make -C packages/os/linux-2.4 menuconfig
```

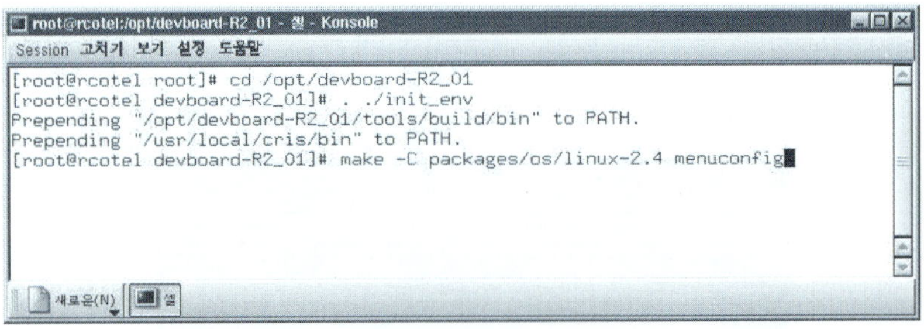
root@rcotel:/opt/devboard-R2_01 - 쉘 - Konsole
Session 고치기 보기 설정 도움말
[root@rcotel root]# cd /opt/devboard-R2_01
[root@rcotel devboard-R2_01]# . ./init_env
Prepending "/opt/devboard-R2_01/tools/build/bin" to PATH.
Prepending "/usr/local/cris/bin" to PATH.
[root@rcotel devboard-R2_01]# make -C packages/os/linux-2.4 menuconfig
새로운(N)
쉘

[그림 7-33] menuconfig 실행 화면

– USB support --->를 선택한다.

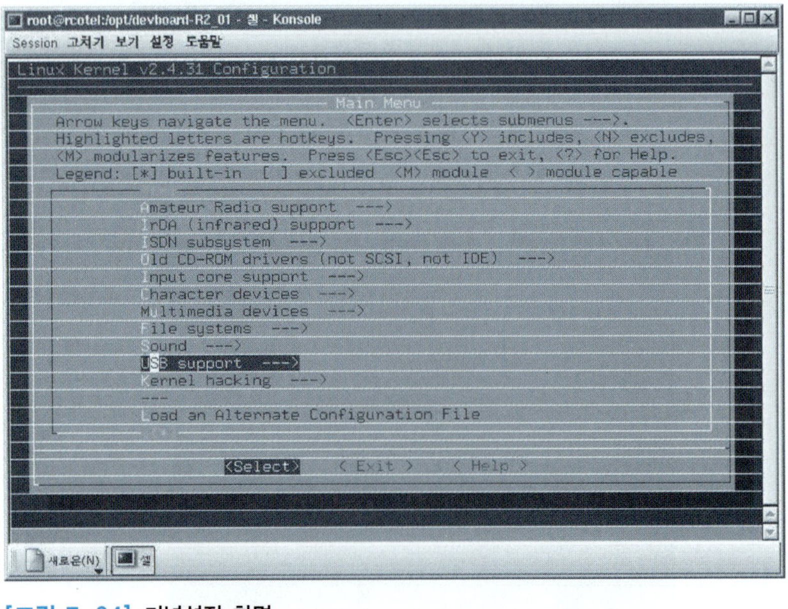
root@rcotel:/opt/devboard-R2_01 - 쉘 - Konsole
Session 고치기 보기 설정 도움말
Linux Kernel v2.4.31 Configuration
Main Menu
Arrow keys navigate the menu. <Enter> selects submenus --->.
Highlighted letters are hotkeys. Pressing <Y> includes, <N> excludes,
<M> modularizes features. Press <Esc><Esc> to exit, <?> for Help.
Legend: [*] built-in [ ] excluded <M> module < > module capable
Amateur Radio support --->
IrDA (infrared) support --->
ISDN subsystem --->
Old CD-ROM drivers (not SCSI, not IDE) --->
Input core support --->
Character devices --->
Multimedia devices --->
File systems --->
Sound --->
USB support --->
Kernel hacking --->
Load an Alternate Configuration File
<Select> < Exit > < Help >
새로운(N)
쉘

[그림 7-34] 커널설정 화면

– USB Serial Converter support --->를 선택한다.

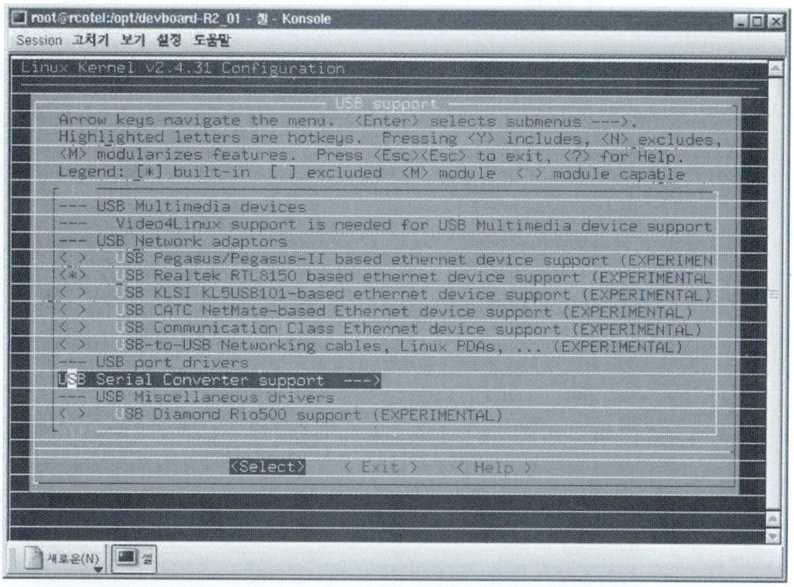
root@rcotel:/opt/devboard-R2_01 - 쉘 - Konsole
Session 고치기 보기 설정 도움말
Linux Kernel v2.4.31 Configuration
USB support
Arrow keys navigate the menu. <Enter> selects submenus --->.
Highlighted letters are hotkeys. Pressing <Y> includes, <N> excludes,
<M> modularizes features. Press <Esc><Esc> to exit, <?> for Help.
Legend: [*] built-in [ ] excluded <M> module < > module capable
--- USB Multimedia devices
--- Video4Linux support is needed for USB Multimedia device support
--- USB Network adaptors
< > USB Pegasus/Pegasus-II based ethernet device support (EXPERIMEN
<*> USB Realtek RTL8150 based ethernet device support (EXPERIMENTAL
< > USB KLSI KL5USB101-based ethernet device support (EXPERIMENTAL)
< > USB CATC NetMate-based Ethernet device support (EXPERIMENTAL)
< > USB Communication Class Ethernet device support (EXPERIMENTAL)
< > USB-to-USB Networking cables, Linux PDAs, ... (EXPERIMENTAL)
--- USB port drivers
USB Serial Converter support --->
--- USB Miscellaneous drivers
< > USB Diamond Rio500 support (EXPERIMENTAL)
<Select> < Exit > < Help >
새로운(N) 쉘

[그림 7-35] 커널설정 화면

– <*> USB Serial Converter support를 선택한다.

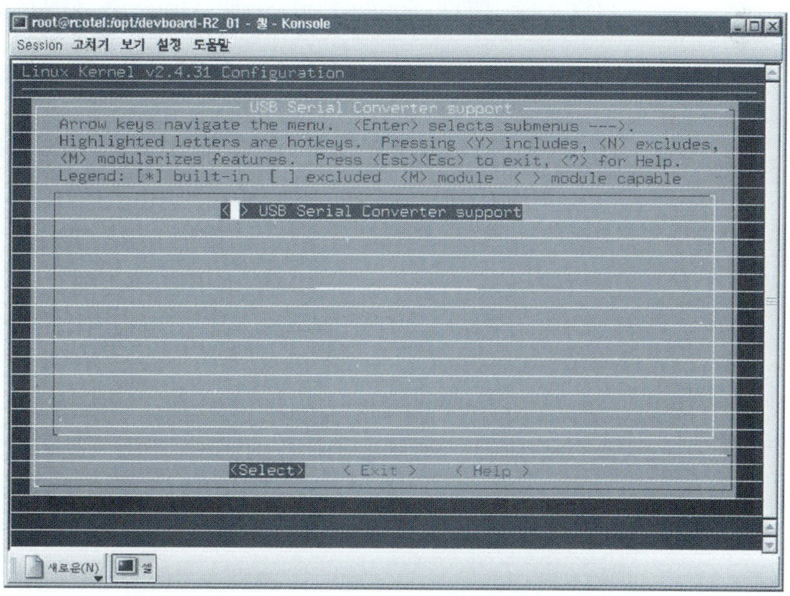
root@rcotel:/opt/devboard-R2_01 - 쉘 - Konsole
Session 고치기 보기 설정 도움말
Linux Kernel v2.4.31 Configuration
USB Serial Converter support
Arrow keys navigate the menu. <Enter> selects submenus --->.
Highlighted letters are hotkeys. Pressing <Y> includes, <N> excludes,
<M> modularizes features. Press <Esc><Esc> to exit, <?> for Help.
Legend: [*] built-in [ ] excluded <M> module < > module capable
< > USB Serial Converter support
<Select> < Exit > < Help >
새로운(N) 쉘

[그림 7-36] 커널설정 화면

제 7 장

– ⟨*⟩ USB Serial Converter support를 선택하면 지원하는 모델들이 표시가 된다.

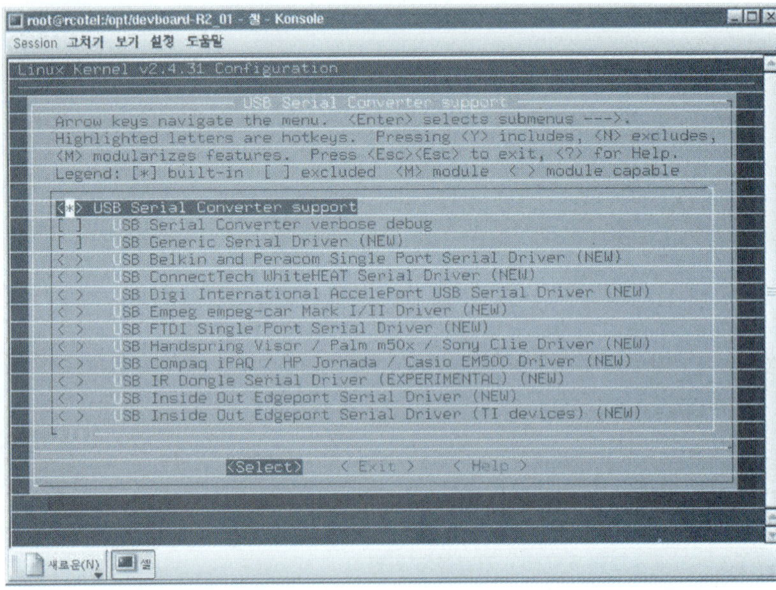
root@rcotel:/opt/devboard-R2_01 - 쉘 - Konsole
Session 고치기 보기 설정 도움말
Linux Kernel v2.4.31 Configuration
USB Serial Converter support
Arrow keys navigate the menu. <Enter> selects submenus --->.
Highlighted letters are hotkeys. Pressing <Y> includes, <N> excludes,
<M> modularizes features. Press <Esc><Esc> to exit, <?> for Help.
Legend: [*] built-in [ ] excluded <M> module < > module capable
<*> USB Serial Converter support
[ ] USB Serial Converter verbose debug
[ ] USB Generic Serial Driver (NEW)
< > USB Belkin and Peracom Single Port Serial Driver (NEW)
< > USB ConnectTech WhiteHEAT Serial Driver (NEW)
< > USB Digi International AccelePort USB Serial Driver (NEW)
< > USB Empeg empeg-car Mark I/II Driver (NEW)
< > USB FTDI Single Port Serial Driver (NEW)
< > USB Handspring Visor / Palm m50x / Sony Clie Driver (NEW)
< > USB Compaq iPAQ / HP Jornada / Casio EM500 Driver (NEW)
< > USB IR Dongle Serial Driver (EXPERIMENTAL) (NEW)
< > USB Inside Out Edgeport Serial Driver (NEW)
< > USB Inside Out Edgeport Serial Driver (TI devices) (NEW)
<Select> < Exit > < Help >
새로운(N) 쉘

[그림 7-37] 커널설정 화면

– ⟨*⟩ USB FTDI Single Port Serial Driver를 선택한다.

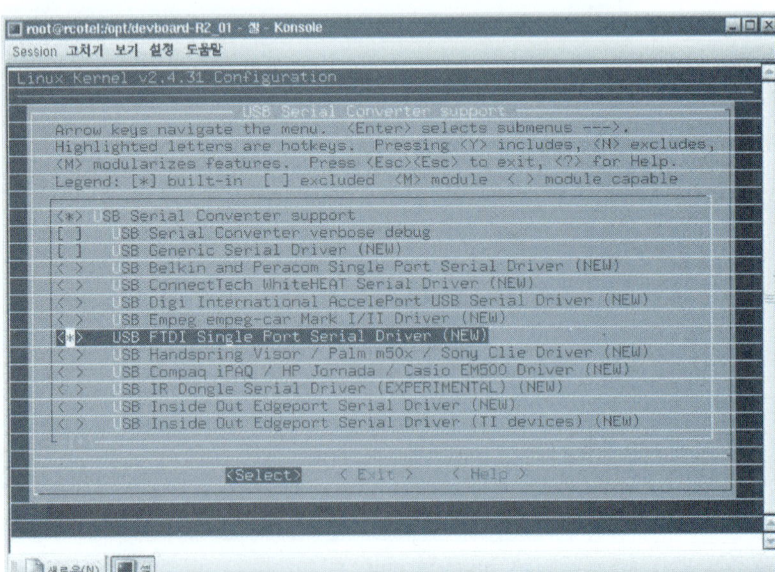
root@rcotel:/opt/devboard-R2_01 - 쉘 - Konsole
Session 고치기 보기 설정 도움말
Linux Kernel v2.4.31 Configuration
USB Serial Converter support
Arrow keys navigate the menu. <Enter> selects submenus --->.
Highlighted letters are hotkeys. Pressing <Y> includes, <N> excludes,
<M> modularizes features. Press <Esc><Esc> to exit, <?> for Help.
Legend: [*] built-in [ ] excluded <M> module < > module capable
<*> USB Serial Converter support
[ ] USB Serial Converter verbose debug
[ ] USB Generic Serial Driver (NEW)
< > USB Belkin and Peracom Single Port Serial Driver (NEW)
< > USB ConnectTech WhiteHEAT Serial Driver (NEW)
< > USB Digi International AccelePort USB Serial Driver (NEW)
< > USB Empeg empeg-car Mark I/II Driver (NEW)
<*> USB FTDI Single Port Serial Driver (NEW)
< > USB Handspring Visor / Palm m50x / Sony Clie Driver (NEW)
< > USB Compaq iPAQ / HP Jornada / Casio EM500 Driver (NEW)
< > USB IR Dongle Serial Driver (EXPERIMENTAL) (NEW)
< > USB Inside Out Edgeport Serial Driver (NEW)
< > USB Inside Out Edgeport Serial Driver (TI devices) (NEW)
<Select> < Exit > < Help >
새로운(N) 쉘

[그림 7-38] 커널설정 화면

– 변경한 설정을 저장하고 빠져나온다.

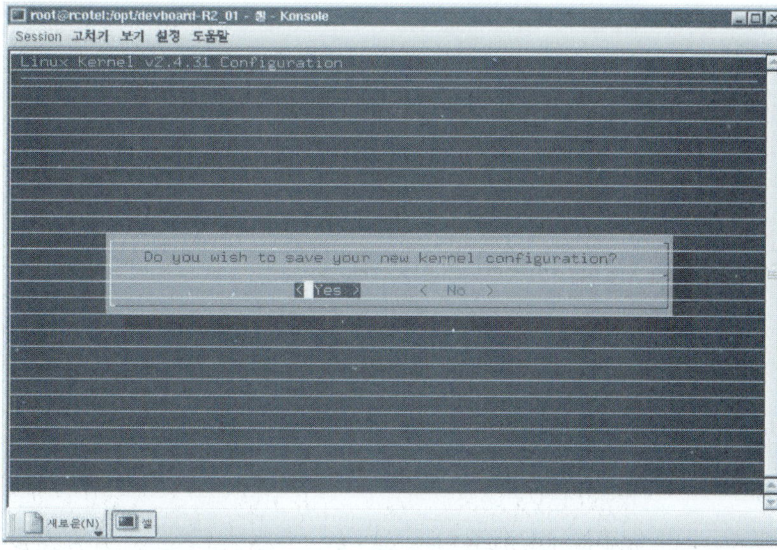
root@rcotel:/opt/devboard-R2_01 - 쉘 - Konsole
Session 고치기 보기 설정 도움말
Linux Kernel v2.4.31 Configuration
Do you wish to save your new kernel configuration?
< Yes >
< No >
새로운(N)
쉘

[그림 7-39] 커널설정 화면

② 커널을 컴파일한다.

```
# make
```

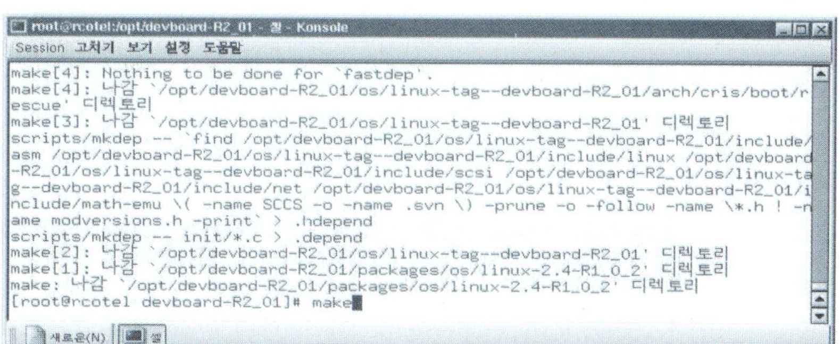
root@rcotel:/opt/devboard-R2_01 - 쉘 - Konsole
Session 고치기 보기 설정 도움말
make[4]: Nothing to be done for `fastdep'.
make[4]: 나감 `/opt/devboard-R2_01/os/linux-tag--devboard-R2_01/arch/cris/boot/r
escue' 디렉토리
make[3]: 나감 `/opt/devboard-R2_01/os/linux-tag--devboard-R2_01' 디렉토리
scripts/mkdep -- `find /opt/devboard-R2_01/os/linux-tag--devboard-R2_01/include/
asm /opt/devboard-R2_01/os/linux-tag--devboard-R2_01/include/linux /opt/devboard
-R2_01/os/linux-tag--devboard-R2_01/include/scsi /opt/devboard-R2_01/os/linux-ta
g--devboard-R2_01/include/net /opt/devboard-R2_01/os/linux-tag--devboard-R2_01/i
nclude/math-emu \(-name SCCS -o -name .svn \) -prune -o -follow -name *.h ! -n
ame modversions.h -print` > .hdepend
scripts/mkdep -- init/*.c > .depend
make[2]: 나감 `/opt/devboard-R2_01/os/linux-tag--devboard-R2_01' 디렉토리
make[1]: 나감 `/opt/devboard-R2_01/packages/os/linux-2.4-R1_0_2' 디렉토리
make: 나감 `/opt/devboard-R2_01/packages/os/linux-2.4-R1_0_2' 디렉토리
[root@rcotel devboard-R2_01]# make
새로운(N)
쉘

[그림 7-40] 컴파일 화면

③ 생성된 이미지를 타보드에 퓨징한다.

```
# ./flashitall
```

제 7 장

root@rcotel:/opt/devboard-R2_01 - 셸 - Konsole
Session 고치기 보기 설정 도움말
partition size is 2752512
partition checksum is 696131928
partition table csum size is 68, sum is 1998
Updated branch-skip offset to 88
rm ptable_dummy.img
cat ptable.img vmlinuz rootfs.img > flash1.img
padflashimage 0x350000 flash1.img
**** Adding 1000782 $ff-bytes as alignment to get 3473408 (0x350000)
Creating fimage
cat rescue.img flash1.img flash2.img > fimage
Adding hardware ID "401" to fimage
Adding checksum "1290408509" to fimage
make[1]: 나감 `/opt/devboard-R2_01' 디렉토리
[root@rcotel devboard-R2_01]# ./flashitall
새로운(N) 셸

[그림 7-41] 이미지 퓨징 화면

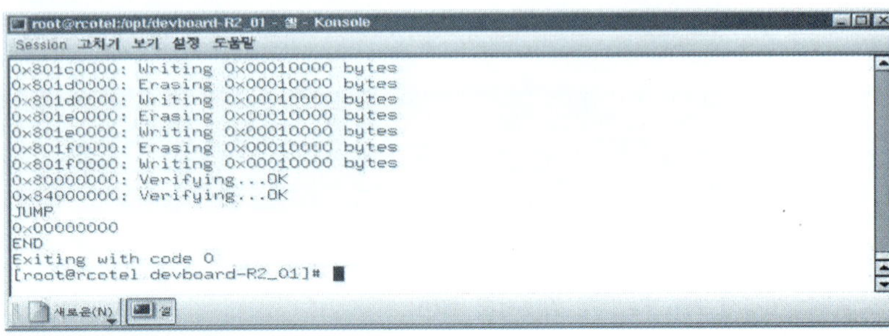
root@rcotel:/opt/devboard-R2_01 - 셸 - Konsole
Session 고치기 보기 설정 도움말
0x801c0000: Writing 0x00010000 bytes
0x801d0000: Erasing 0x00010000 bytes
0x801d0000: Writing 0x00010000 bytes
0x801e0000: Erasing 0x00010000 bytes
0x801e0000: Writing 0x00010000 bytes
0x801f0000: Erasing 0x00010000 bytes
0x801f0000: Writing 0x00010000 bytes
0x80000000: Verifying...OK
0x84000000: Verifying...OK
JUMP
0x00000000
END
Exiting with code 0
[root@rcotel devboard-R2_01]#
새로운(N) 셸

[그림 7-42] 이미지 퓨징 완료 화면

④ 커널 이미지를 다시 퓨징하였기 때문에 테스트 프로그램을 다시 업로드 시켜주어야 한다. 7.2절에서 실습한 시리얼 포트를 테스트해볼 수 있는 프로그램을 타깃보드에 업로드시킨다. 먼저 apps/serial폴더로 이동한다.

```
# cd apps/
# cd serial/
```

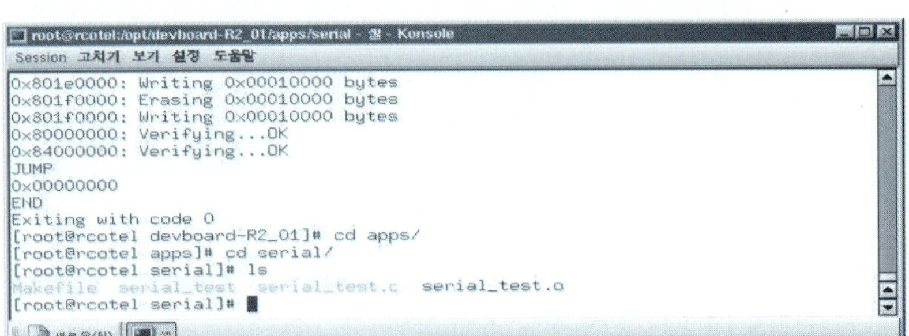
root@rcotel:/opt/devboard-R2_01/apps/serial - 셸 - Konsole
Session 고치기 보기 설정 도움말
0x801e0000: Writing 0x00010000 bytes
0x801f0000: Erasing 0x00010000 bytes
0x801f0000: Writing 0x00010000 bytes
0x80000000: Verifying...OK
0x84000000: Verifying...OK
JUMP
0x00000000
END
Exiting with code 0
[root@rcotel devboard-R2_01]# cd apps/
[root@rcotel apps]# cd serial/
[root@rcotel serial]# ls
Makefile serial_test serial_test.c serial_test.o
[root@rcotel serial]#
새로운(N) 셸

[그림 7-43] apps/serial폴더로 이동한 화면

⑤ FTP를 실행시킨다.

```
# ftp 192.168.0.90
Name (182.168.0.90:root): root
Password: pass
```

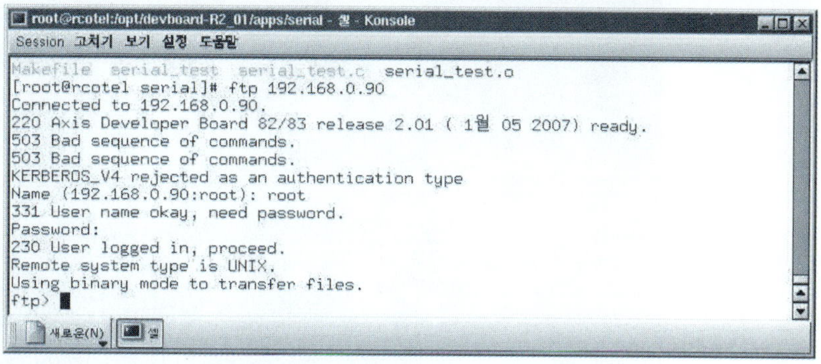
root@rcotel:/opt/devboard-R2_01/apps/serial - 쉘 - Konsole
Session 고치기 보기 설정 도움말
Makefile serial_test serial_test.c serial_test.o
[root@rcotel serial]# ftp 192.168.0.90
Connected to 192.168.0.90.
220 Axis Developer Board 82/83 release 2.01 (1월 05 2007) ready.
503 Bad sequence of commands.
503 Bad sequence of commands.
KERBEROS_V4 rejected as an authentication type
Name (192.168.0.90:root): root
331 User name okay, need password.
Password:
230 User logged in, proceed.
Remote system type is UNIX.
Using binary mode to transfer files.
ftp>
새로운(N)
쉘

[그림 7-44] FTP 실행 화면

⑥ 파일의 업로드가 가능한 /mnt/flash폴더로 이동한 후 serial_test 파일을 업로드시킨다.

```
ftp> cd /mnt/flash
ftp> put serial_test
```

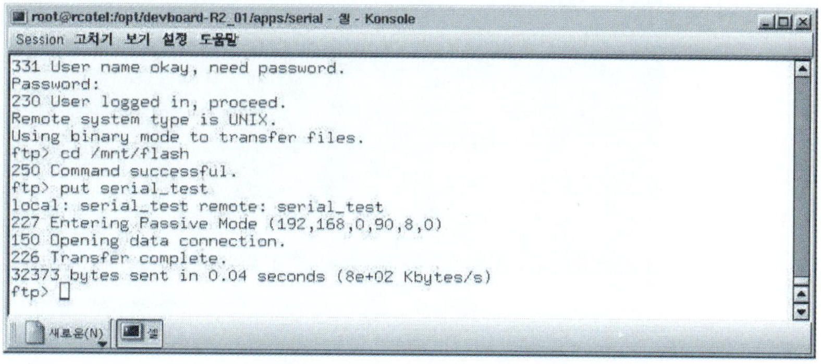
root@rcotel:/opt/devboard-R2_01/apps/serial - 쉘 - Konsole
Session 고치기 보기 설정 도움말
331 User name okay, need password.
Password:
230 User logged in, proceed.
Remote system type is UNIX.
Using binary mode to transfer files.
ftp> cd /mnt/flash
250 Command successful.
ftp> put serial_test
local: serial_test remote: serial_test
227 Entering Passive Mode (192,168,0,90,8,0)
150 Opening data connection.
226 Transfer complete.
32373 bytes sent in 0.04 seconds (8e+02 Kbytes/s)
ftp>
새로운(N)
쉘

[그림 7-45] 파일 업로드 화면

제 7 장

⑦ 2개의 USB를 시리얼로 변환기를 연결하기 위해 USB 허브를 이용한다.

– 먼저 타깃보드에 USB 허브를 먼저 연결한다.

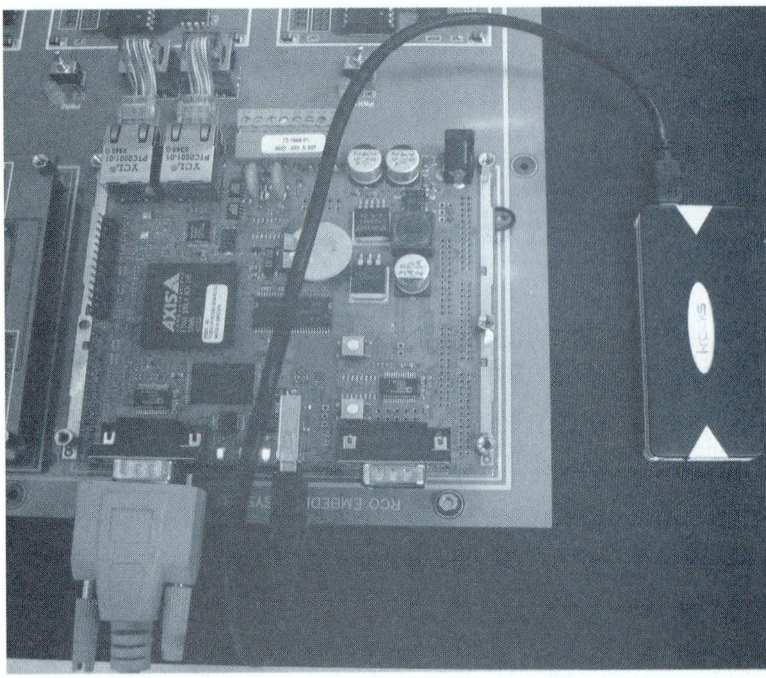

[그림 7-46] USB 허브 화면

– USB 허브를 연결시키면 다음과 같은 화면을 확인할 수 있다.

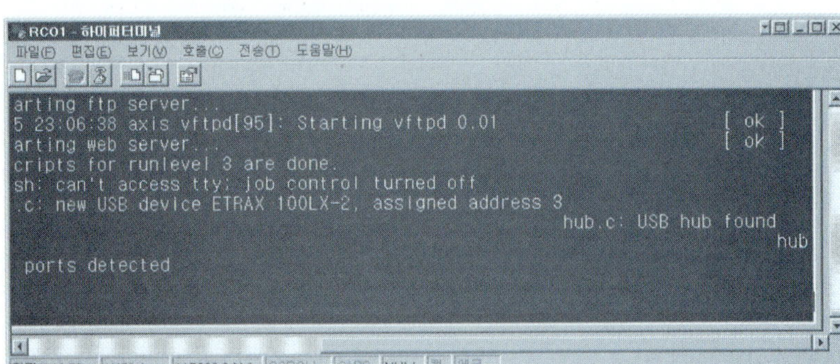
RCO1 - 하이퍼터미널
파일(F) 편집(E) 보기(V) 호출(C) 전송(T) 도움말(H)
arting ftp server...
5 23:06:38 axis vftpd[95]: Starting vftpd 0.01
[ok]
arting web server...
[ok]
cripts for runlevel 3 are done.
sh: can't access tty; job control turned off
.c: new USB device ETRAX 100LX-2, assigned address 3
hub.c: USB hub found
hub
ports detected
연결 5:12:58
ANSIW
115200 8-N-1
SCROLL
CAPS
NUM

[그림 7-47] USB 허브가 연결된 화면

⑧ 이번에는 USB 허브 포트에 먼저 1개의 USB를 시리얼로 변환기를 연결한다.
연결을 하면 아래와 같이 FTDI칩을 사용하고 있는 USB를 시리얼로 변환기가 연결되었음을 알려준다. 연결된 USB를 시리얼로 변환기의 장치명은 ttyUSB0이 된다.

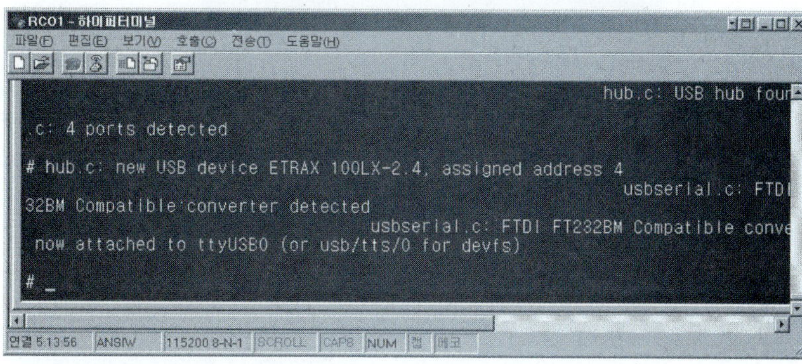
RC01 - 하이퍼터미널
파일(F) 편집(E) 보기(V) 호출(C) 전송(T) 도움말(H)
hub.c: USB hub four
.c: 4 ports detected
hub.c: new USB device ETRAX 100LX-2.4, assigned address 4
usbserial.c: FTDI
32BM Compatible converter detected
usbserial.c: FTDI FT232BM Compatible conve
now attached to ttyUSB0 (or usb/tts/0 for devfs)
_
연결 5:13:56 ANSIW 115200 8-N-1 SCROLL CAPS NUM

[그림 7-48] 변환기 연결 화면

⑨ 이번에는 USB 허브의 다른 포트에 다른 USB를 시리얼로 변환기를 연결한다. 이번에 연결된 USB를 시리얼로 변환기의 장치명은 ttyUSB1이다.

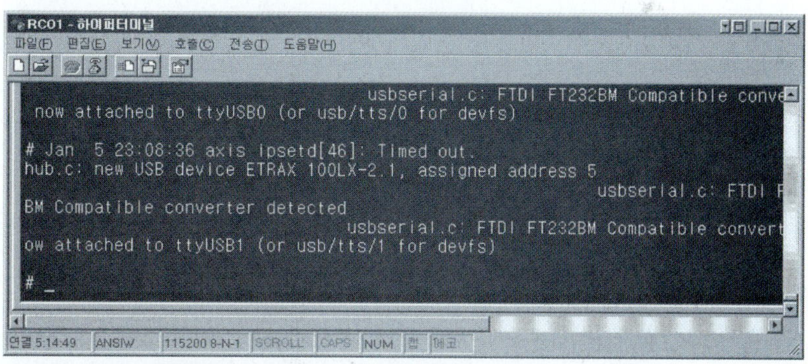
RC01 - 하이퍼터미널
파일(F) 편집(E) 보기(V) 호출(C) 전송(T) 도움말(H)
usbserial.c: FTDI FT232BM Compatible conve
now attached to ttyUSB0 (or usb/tts/0 for devfs)
Jan 5 23:08:36 axis ipsetd[46]: Timed out.
hub.c: new USB device ETRAX 100LX-2.1, assigned address 5
usbserial.c: FTDI F
BM Compatible converter detected
usbserial.c: FTDI FT232BM Compatible convert
ow attached to ttyUSB1 (or usb/tts/1 for devfs)
_
연결 5:14:49 ANSIW 115200 8-N-1 SCROLL CAPS NUM

[그림 7-49] 변환기 연결 화면

제 7 장

⑩ 먼저 host PC의 COM2 포트를 장치명이 ttyUSB0인 USB를 시리얼로 변환기에 연결한다.

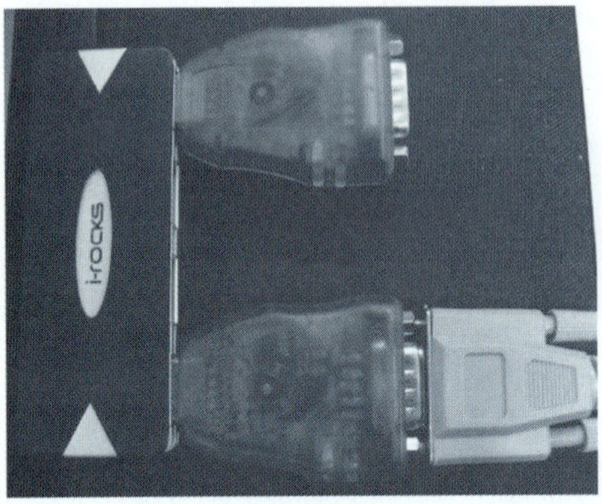

[그림 7-50] COM2 **연결 화면**

⑪ 7.2절에서 실습한 것처럼 테스트 프로그램을 이용하여 ttyUSB0을 테스트한다.

```
# chmod +x serial_test
# stty -F /dev/ttyUSB0 19200
# ./serial_test /dev/ttyUSB0
```

– 7.2절에서 실습한 것처럼 Serial_test-하이퍼터미널 창에 커서를 놓은 후 a, b, c, d, e 등을 차례대로 타이핑해보면 RCO1-하이퍼터미널 창에 a, b, c, d, e 가 제대로 표기가 되면 장치명이 ttyUSB0인 USB를 시리얼로 변환기가 제대로 작동하는 것으로 판단할 수 있다.

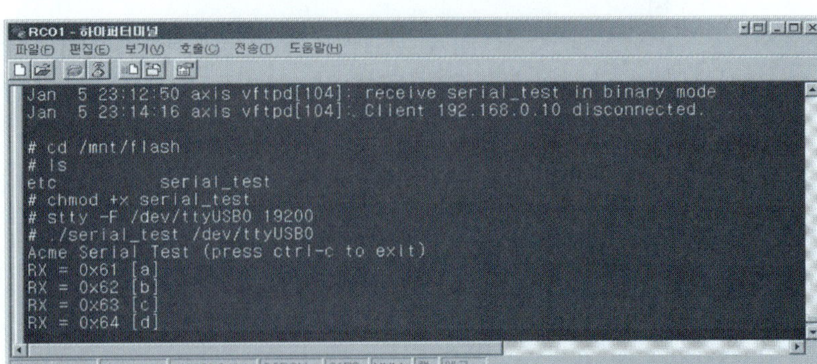
RCO1 - 하이퍼터미널
파일(F) 편집(E) 보기(V) 호출(C) 전송(T) 도움말(H)
Jan 5 23:12:50 axis vftpd[104]: receive serial_test in binary mode
Jan 5 23:14:16 axis vftpd[104]: Client 192.168.0.10 disconnected.
cd /mnt/flash
ls
etc   serial_test
chmod +x serial_test
stty -F /dev/ttyUSB0 19200
./serial_test /dev/ttyUSB0
Acme Serial Test (press ctrl-c to exit)
RX = 0x61 [a]
RX = 0x62 [b]
RX = 0x63 [c]
RX = 0x64 [d]
연결 5:23:10
ANSIW
115200 8-N-1
SCROLL
CAPS
NUM

[그림 7-51] 테스트 화면

⑫ host PC의 COM2 포트를 장치명이 ttyUSB1인 USB를 시리얼로 변환기에 연결한다.

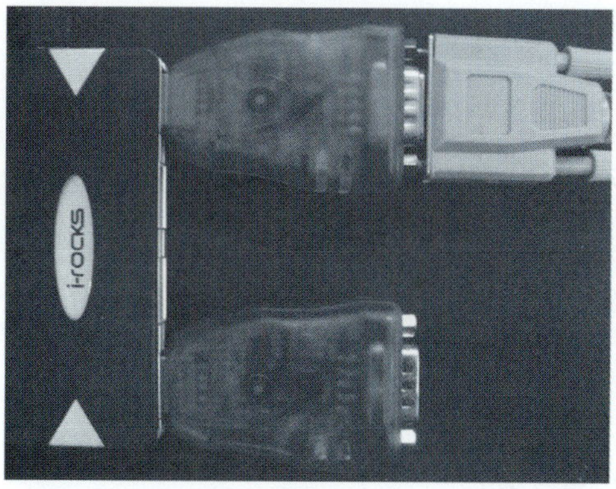
i-rocks

[그림 7-52] COM2 **연결 화면**

⑬ 테스트 프로그램을 이용하여 ttyUSB1을 테스트한다.

```
# cd /mnt/flash/
# stty -F /dev/ttyUSB1 19200
# ./serial_test /dev/ttyUSB1
```

– Serial_test-하이퍼터미널 창에 커서를 놓은 후 a, b, c, d, e 등을 차례대로 타이핑해 보면 RCO1-하이퍼터미널 창에 a, b, c, d, e가 제대로 표기가 되면 장치명이 ttyUSB1인 USB를 시리얼로 변환기가 제대로 작동하는 것으로 판단할 수 있다.

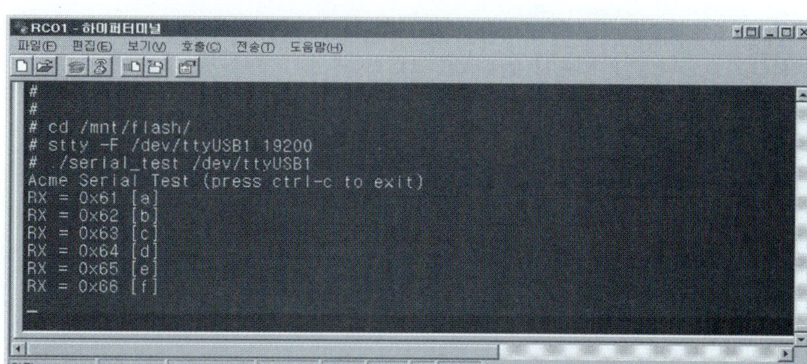
RCO1 - 하이퍼터미널
파일(F) 편집(E) 보기(V) 호출(C) 전송(T) 도움말(H)
#
#
cd /mnt/flash/
stty -F /dev/ttyUSB1 19200
./serial_test /dev/ttyUSB1
Acme Serial Test (press ctrl-c to exit)
RX = 0x61 [a]
RX = 0x62 [b]
RX = 0x63 [c]
RX = 0x64 [d]
RX = 0x65 [e]
RX = 0x66 [f]
연결 0:03:33 ANSIW 115200 8-N-1 SCROLL CAPS NUM

[그림 7-53] 테스트 화면

2. 시리얼 포트를 이용한 원격지 시스템 제어

이번에는 시리얼 포트를 가지고 있는 원격지에 있는 시스템을 LAN이 연결된 시스템을 통하여 제어하는 실습을 해 본다.

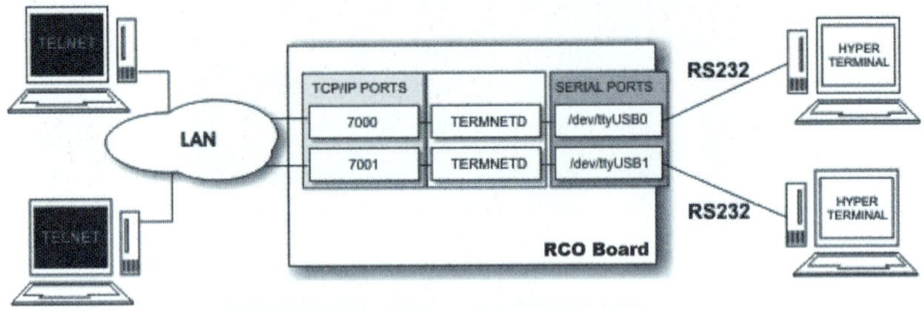
TELNET
LAN
TCP/IP PORTS
7000
7001
TERMNETD
TERMNETD
SERIAL PORTS
/dev/ttyUSB0
/dev/ttyUSB1
RS232
RS232
HYPER TERMINAL
HYPER TERMINAL
RCO Board
TELNET

[그림 7-54] 시스템 구성도

① CD에 있는 termnetd 프로그램을 apps폴더에 복사한다.

```
# mount /dev/cdrom /mnt/cdrom
# cd /mnt/cdrom/apps/termnetd/
# cp * /opt/devboard-R2_01/apps/
```

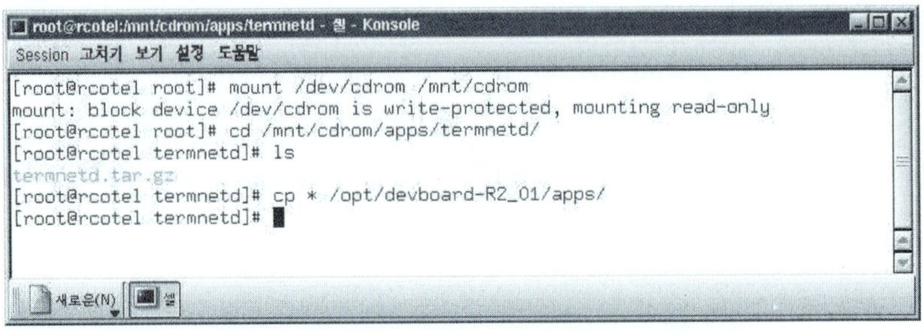
root@rcotel:/mnt/cdrom/apps/termnetd - 쉘 - Konsole
Session 고치기 보기 설정 도움말
[root@rcotel root]# mount /dev/cdrom /mnt/cdrom
mount: block device /dev/cdrom is write-protected, mounting read-only
[root@rcotel root]# cd /mnt/cdrom/apps/termnetd/
[root@rcotel termnetd]# ls
termnetd.tar.gz
[root@rcotel termnetd]# cp * /opt/devboard-R2_01/apps/
[root@rcotel termnetd]#
새로운(N)
쉘

[그림 7-55] termnetd 복사 화면

② 복사한 termnetd.tar.gz 파일의 압축을 푼다.

```
# cd /opt/devboard-R2_01/apps/
# tar xvfz termnetd.tar.gz
```

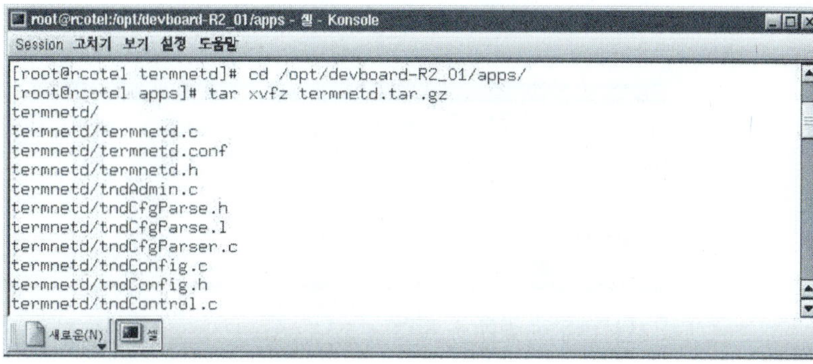
root@rcotel:/opt/devboard-R2_01/apps - 셸 - Konsole
Session 고치기 보기 설정 도움말
[root@rcotel termnetd]# cd /opt/devboard-R2_01/apps/
[root@rcotel apps]# tar xvfz termnetd.tar.gz
termnetd/
termnetd/termnetd.c
termnetd/termnetd.conf
termnetd/termnetd.h
termnetd/tndAdmin.c
termnetd/tndCfgParse.h
termnetd/tndCfgParse.l
termnetd/tndCfgParser.c
termnetd/tndConfig.c
termnetd/tndConfig.h
termnetd/tndControl.c
새로운(N)
셸

[그림 7-56] 압축 해제 화면

③ vi 에디터를 이용하여 설정파일을 편집한다.

```
# cd termnetd
# vi termnetd.conf
```

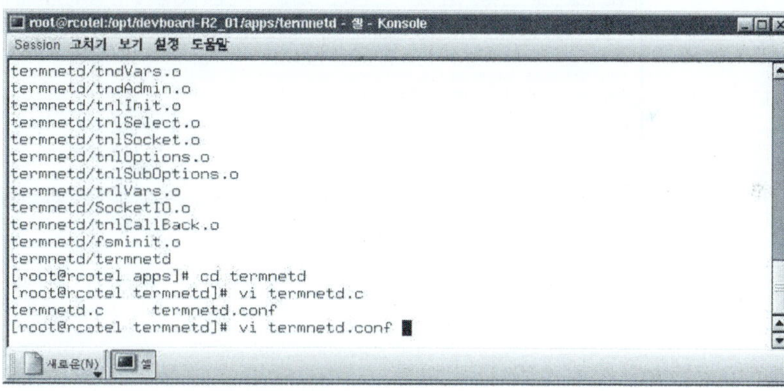
root@rcotel:/opt/devboard-R2_01/apps/termnetd - 셸 - Konsole
Session 고치기 보기 설정 도움말
termnetd/tndVars.o
termnetd/tndAdmin.o
termnetd/tnlInit.o
termnetd/tnlSelect.o
termnetd/tnlSocket.o
termnetd/tnlOptions.o
termnetd/tnlSubOptions.o
termnetd/tnlVars.o
termnetd/SocketIO.o
termnetd/tnlCallBack.o
termnetd/fsminit.o
termnetd/termnetd
[root@rcotel apps]# cd termnetd
[root@rcotel termnetd]# vi termnetd.c
termnetd.c termnetd.conf
[root@rcotel termnetd]# vi termnetd.conf
새로운(N)
셸

[그림 7-57] vi 에디터 실행 화면

– 아래 화면은 편집하기 전 화면이다.

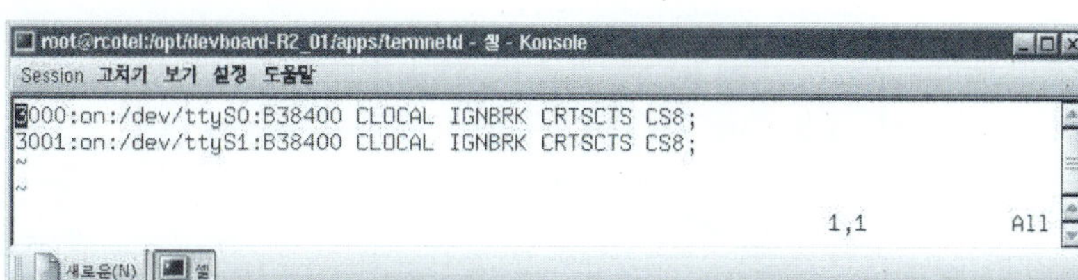
root@rcotel:/opt/devboard-R2_01/apps/termnetd - 셸 - Konsole
Session 고치기 보기 설정 도움말
3000:on:/dev/ttyS0:B38400 CLOCAL IGNBRK CRTSCTS CS8;
3001:on:/dev/ttyS1:B38400 CLOCAL IGNBRK CRTSCTS CS8;
~
~
1,1 All
새로운(N)
셸

[그림 7-58] 편집 전 화면

제 7 장

– 아래와 같이 설정파일을 편집한다.

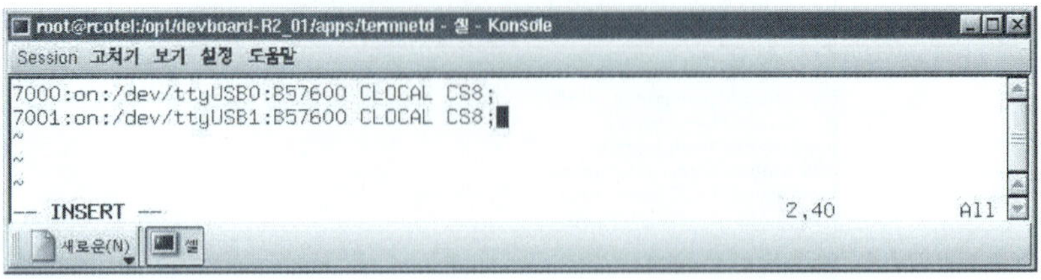
root@rcotel:/opt/devboard-R2_01/apps/termnetd - 셸 - Konsole
Session 고치기 보기 설정 도움말
7000:on:/dev/ttyUSB0:B57600 CLOCAL CS8;
7001:on:/dev/ttyUSB1:B57600 CLOCAL CS8;
-- INSERT --
2,40
All
새로운(N)
셸

[그림 7-59] 편집 후 화면

④ 환경설정 파일을 실행시킨 후 apps/termnetd폴더로 이동한다.

```
# cd /opt/devboard-R2_01
# . ./init_env
# cd apps/termnetd
```

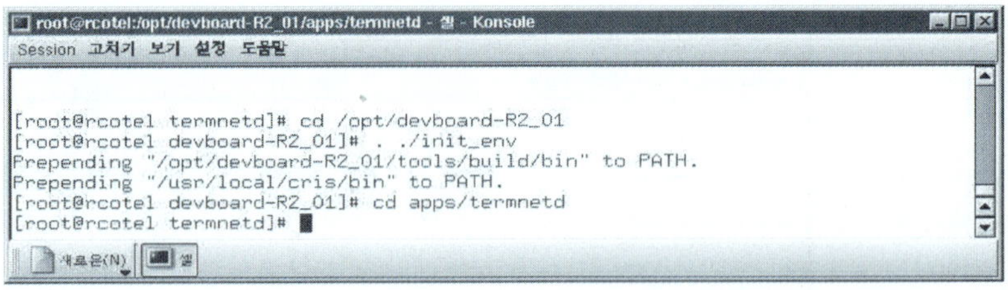
root@rcotel:/opt/devboard-R2_01/apps/termnetd - 셸 - Konsole
Session 고치기 보기 설정 도움말
[root@rcotel termnetd]# cd /opt/devboard-R2_01
[root@rcotel devboard-R2_01]# . ./init_env
Prepending "/opt/devboard-R2_01/tools/build/bin" to PATH.
Prepending "/usr/local/cris/bin" to PATH.
[root@rcotel devboard-R2_01]# cd apps/termnetd
[root@rcotel termnetd]#
새로운(N)
셸

[그림 7-60] apps/termnetd폴더로 이동한 화면

⑤ 컴파일한다.

```
# make cris-axis-linux-gnu
# make
```

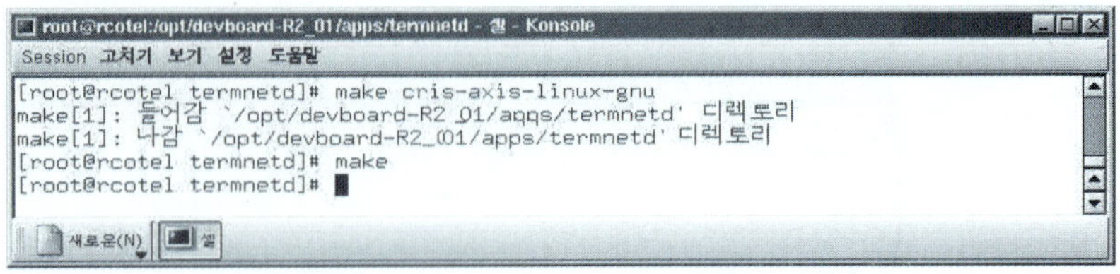
root@rcotel:/opt/devboard-R2_01/apps/termnetd - 셸 - Konsole
Session 고치기 보기 설정 도움말
[root@rcotel termnetd]# make cris-axis-linux-gnu
make[1]: 들어감 `/opt/devboard-R2_01/apps/termnetd' 디렉토리
make[1]: 나감 `/opt/devboard-R2_01/apps/termnetd' 디렉토리
[root@rcotel termnetd]# make
[root@rcotel termnetd]#
새로운(N)
셸

[그림 7-61] 컴파일 화면

⑥ FTP를 실행시킨다.

```
# ftp 192.168.0.90
Name (182.168.0.90:root): root
Password: pass
```

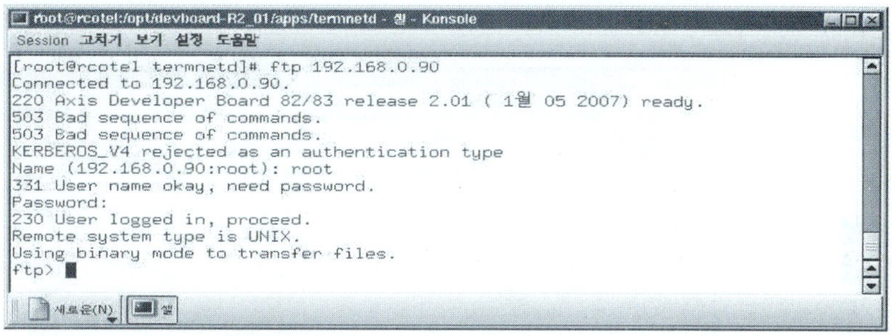
root@rcotel:/opt/devboard-R2_01/apps/termnetd - 쉘 - Konsole
Session 고치기 보기 설정 도움말
[root@rcotel termnetd]# ftp 192.168.0.90
Connected to 192.168.0.90.
220 Axis Developer Board 82/83 release 2.01 (1월 05 2007) ready.
503 Bad sequence of commands.
503 Bad sequence of commands.
KERBEROS_V4 rejected as an authentication type
Name (192.168.0.90:root): root
331 User name okay, need password.
Password:
230 User logged in, proceed.
Remote system type is UNIX.
Using binary mode to transfer files.
ftp>
새로운(N)
셸

[그림 7-62] FTP 실행 화면

⑦ 먼저 타깃보드의 /etc폴더에 설정파일인 termnetd.conf 파일을 업로드시킨다.

```
ftp> cd /etc
ftp> put termnetd.conf
```

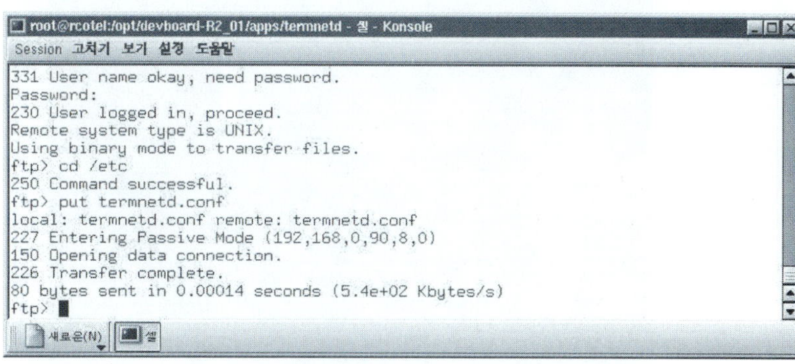
root@rcotel:/opt/devboard-R2_01/apps/termnetd - 쉘 - Konsole
Session 고치기 보기 설정 도움말
331 User name okay, need password.
Password:
230 User logged in, proceed.
Remote system type is UNIX.
Using binary mode to transfer files.
ftp> cd /etc
250 Command successful.
ftp> put termnetd.conf
local: termnetd.conf remote: termnetd.conf
227 Entering Passive Mode (192,168,0,90,8,0)
150 Opening data connection.
226 Transfer complete.
80 bytes sent in 0.00014 seconds (5.4e+02 Kbytes/s)
ftp>
새로운(N)
셸

[그림 7-63] termnetd.conf 파일 업로드

제 7 장

⑧ 이번에는 타깃보드의 /mnt/flash폴더에 실행파일인 termnetd 파일을 업로드시킨다.

```
ftp> cd /mnt/flash
ftp> put termnetd
ftp> quit
```

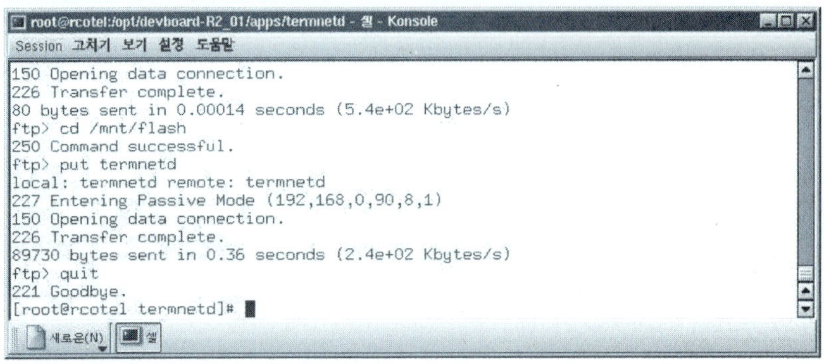
root@rcotel:/opt/devboard-R2_01/apps/termnetd - 쉘 - Konsole
Session 고치기 보기 설정 도움말
150 Opening data connection.
226 Transfer complete.
80 bytes sent in 0.00014 seconds (5.4e+02 Kbytes/s)
ftp> cd /mnt/flash
250 Command successful.
ftp> put termnetd
local: termnetd remote: termnetd
227 Entering Passive Mode (192,168,0,90,8,1)
150 Opening data connection.
226 Transfer complete.
89730 bytes sent in 0.36 seconds (2.4e+02 Kbytes/s)
ftp> quit
221 Goodbye.
[root@rcotel termnetd]#
새로운(N)
쉘

[그림 7-64] termnetd 파일 업로드

⑨ host PC의 COM2 포트를 USB to 시리얼 변환기에 연결한 후 하이퍼터미널을 실행시킨다.

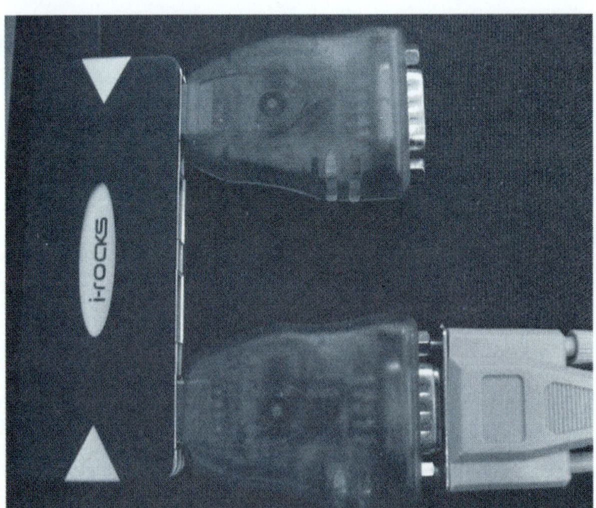
i-rocks

[그림 7-65] COM2 연결 화면

– 하이퍼터미널을 실행시킨 후 새 연결 이름에 termnetd라고 입력한다.

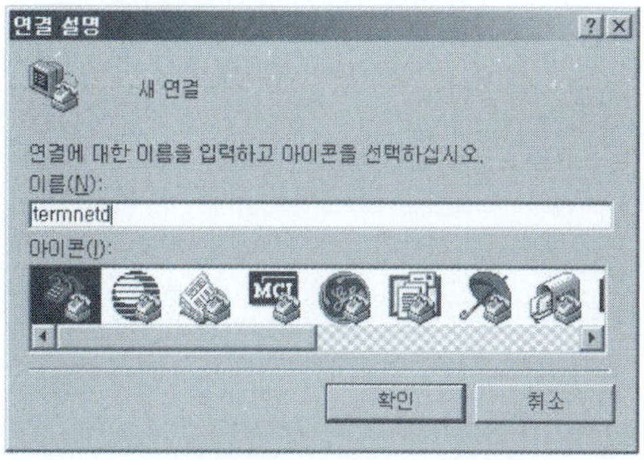

[그림 7-66] 새 연결 창

– COM2를 선택한다.

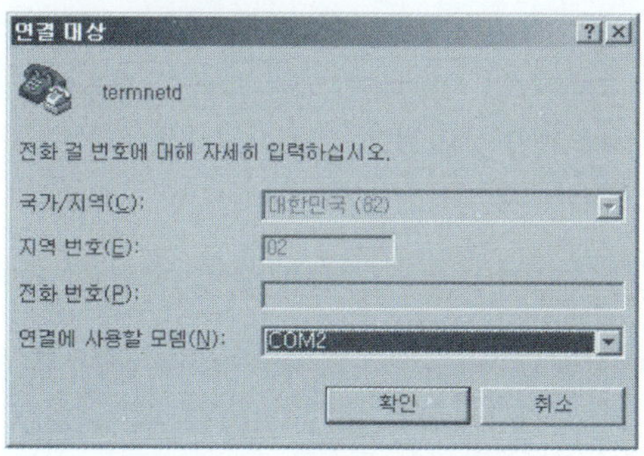

[그림 7-67] 연결 대상 창

– 다음과 같이 설정을 한다.

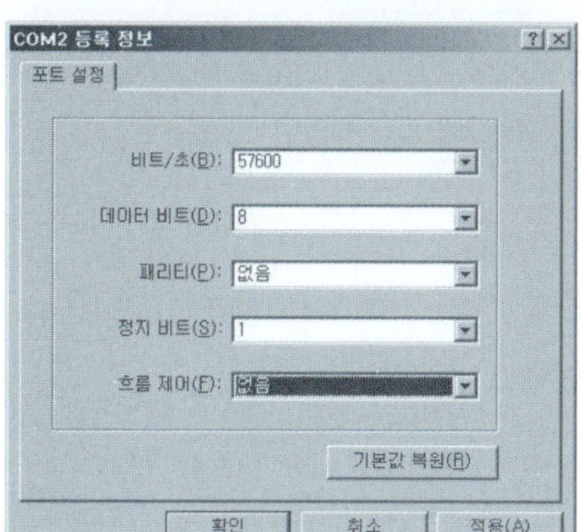

[그림 7-68] COM2 등록 정보 창

⑩ COM1에 연결된 RCO1-하이퍼터미널을 이용하여 타깃보드에 접속한 후 termnetd 파일이 실행 가능하도록 퍼미션을 변경시킨다. 그 다음 설정파일인 termnetd.conf 파일을 적용시켜 termnetd 프로그램을 실행시킨다.

```
# cd /mnt/flash
# chmod +x termnetd
# ./termnetd -c /etc/termnetd.conf
```

RCO1 - 하이퍼터미널
파일(F) 편집(E) 보기(V) 호출(C) 전송(T) 도움말(H)
#
#
cd /mnt/flash
ls
etc serial_test termnetd
chmod +x termnetd
./termnetd -c /etc/termnetd.conf _
연결 0:31:40 ANSIW 115200 8-N-1 SCROLL CAPS NUM

[그림 7-69] termnetd 파일 실행 화면

– 다음 화면은 termnetd 프로그램이 동작 중임을 나타낸다.

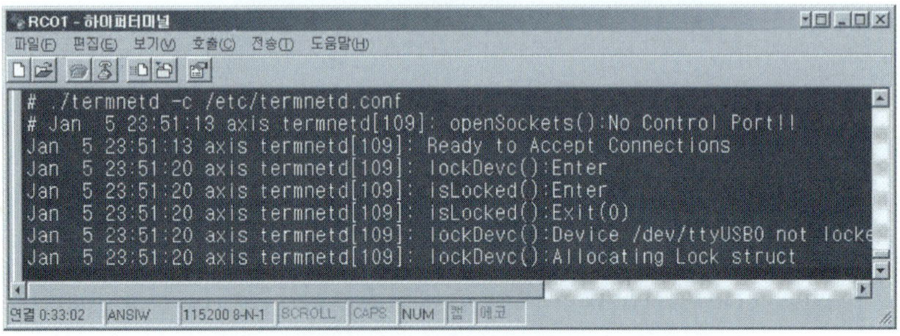
RCO1 - 하이퍼터미널
파일(F) 편집(E) 보기(V) 호출(C) 전송(T) 도움말(H)
./termnetd -c /etc/termnetd.conf
Jan 5 23:51:13 axis termnetd[109]: openSockets():No Control Port!!
Jan 5 23:51:13 axis termnetd[109]: Ready to Accept Connections
Jan 5 23:51:20 axis termnetd[109]: lockDevc():Enter
Jan 5 23:51:20 axis termnetd[109]: isLocked():Enter
Jan 5 23:51:20 axis termnetd[109]: isLocked():Exit(0)
Jan 5 23:51:20 axis termnetd[109]: lockDevc():Device /dev/ttyUSB0 not locke
Jan 5 23:51:20 axis termnetd[109]: lockDevc():Allocating Lock struct
연결 0:33:02 ANSIW 115200 8-N-1 SCROLL CAPS NUM

[그림 7-70] termnetd 프로그램 동작 화면

⑪ telnet을 이용하여 타깃보드의 7000포트에 접속을 한다.

```
# telnet 192.168.0.90 7000
```

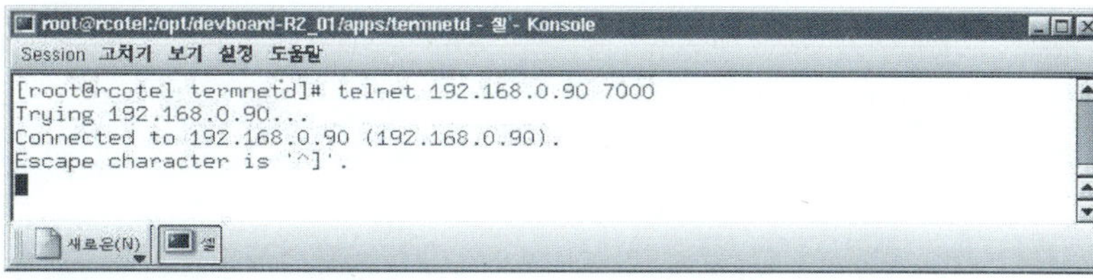
root@rcotel:/opt/devboard-R2_01/apps/termnetd - 쉘 - Konsole
Session 고치기 보기 설정 도움말
[root@rcotel termnetd]# telnet 192.168.0.90 7000
Trying 192.168.0.90...
Connected to 192.168.0.90 (192.168.0.90).
Escape character is '^]'.
새로운(N)
쉘

[그림 7-71] telnet 실행 화면

⑫ telnet에서 “abcded RCO System”이라는 문구를 입력한다.

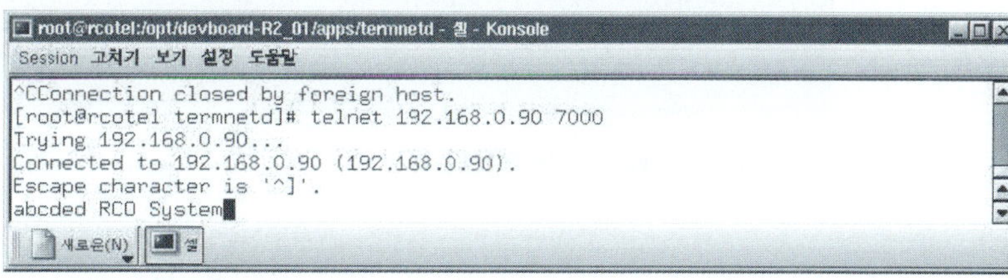
root@rcotel:/opt/devboard-R2_01/apps/termnetd - 쉘 - Konsole
Session 고치기 보기 설정 도움말
^CConnection closed by foreign host.
[root@rcotel termnetd]# telnet 192.168.0.90 7000
Trying 192.168.0.90...
Connected to 192.168.0.90 (192.168.0.90).
Escape character is '^]'.
abcded RCO System
새로운(N)
쉘

[그림 7-72] 문구 입력 화면

⑬ COM2에 연결된 termnetd-하이퍼터미널에 ‘abcded RCO System’이라는 문구를 확인할 수 있다.

termnetd - 하이퍼터미널
파일(F) 편집(E) 보기(V) 호출(C) 전송(T) 도움말(H)
abcded RCO System_
연결 0:14:10
자동 검색
57600 8-N-1
SCROLL
CAPS
NUM

[그림 7-73] 결과 표시 화면

7.4 WiFi USB 어댑터 실습

ETRAX 82+ 개발자 보드에 WiFi USB 어댑터를 연결시키면 무선랜을 이용할 수 있다.

ZIOSHOT
GOOD DESIGN
Wireless G 54Mbps
USB Adapter

[그림 7-74] WiFi USB 어댑터 화면

① CD에 있는 WiFi 드라이버를 apps/폴더에 복사한다.

```
# mount /dev/cdrom /mnt /cdrom/
# cd //mnt/cdrom/apps/WiFi/
# cp * /opt/devboard-R2_01/apps/
```

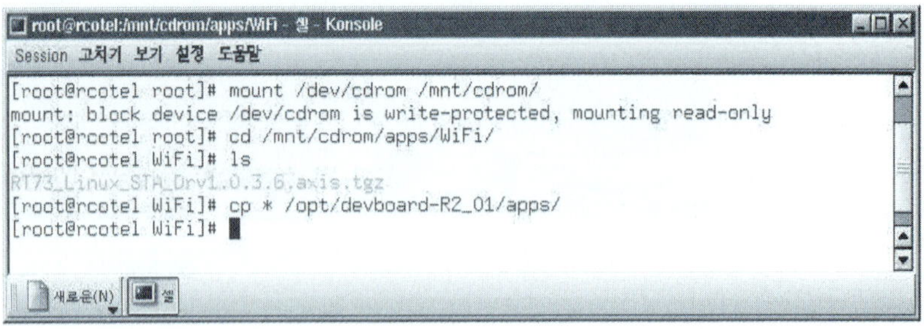
root@rcotel:/mnt/cdrom/apps/WiFi - 쉘 - Konsole
Session 고치기 보기 설정 도움말
[root@rcotel root]# mount /dev/cdrom /mnt/cdrom/
mount: block device /dev/cdrom is write-protected, mounting read-only
[root@rcotel root]# cd /mnt/cdrom/apps/WiFi/
[root@rcotel WiFi]# ls
RT73_Linux_STA_Drv1.0.3.6.axis.tgz
[root@rcotel WiFi]# cp * /opt/devboard-R2_01/apps/
[root@rcotel WiFi]#
새로운(N) 쉘

[그림 7-75] 드라이브 복사하는 화면

② 복사한 드라이버 파일의 압축을 푼다.

```
# cd /opt/devboard-R2_01/apps/
# tar xvfz RT73_Linux_STA_Drv1.0.3.6.axis.tgz
```

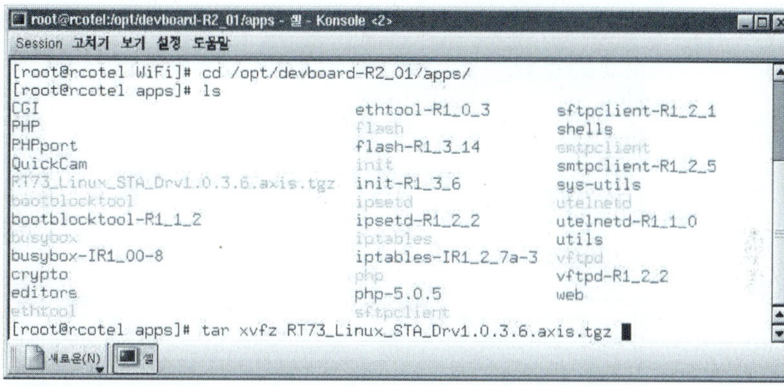
root@rcotel:/opt/devboard-R2_01/apps - 쉘 - Konsole <2>
Session 고치기 보기 설정 도움말
[root@rcotel WiFi]# cd /opt/devboard-R2_01/apps/
[root@rcotel apps]# ls
CGI ethtool-R1_0_3 sftpclient-R1_2_1
PHP flash shells
PHPport flash-R1_3_14 smtpclient
QuickCam init smtpclient-R1_2_5
RT73_Linux_STA_Drv1.0.3.6.axis.tgz init-R1_3_6 sys-utils
bootblocktool ipsetd utelnetd
bootblocktool-R1_1_2 ipsetd-R1_2_2 utelnetd-R1_1_0
busybox iptables utils
busybox-IR1_00-8 iptables-IR1_2_7a-3 vftpd
crypto php vftpd-R1_2_2
editors php-5.0.5 web
ethtool sftpclient
[root@rcotel apps]# tar xvfz RT73_Linux_STA_Drv1.0.3.6.axis.tgz
새로운(N) 쉘

[그림 7-76] 압축 해제 화면

③ 압축을 푼 후 RT73_Linux_STA_Drv1.0.3.6..axis라는 폴더가 생성되었는지 확인한다.

```
# ls
```

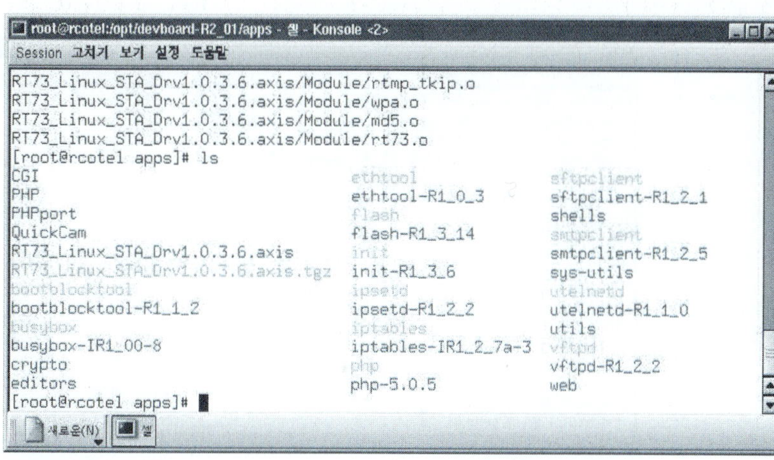
root@rcotel:/opt/devboard-R2_01/apps - 쉘 - Konsole <2>
Session 고치기 보기 설정 도움말
RT73_Linux_STA_Drv1.0.3.6.axis/Module/rtmp_tkip.o
RT73_Linux_STA_Drv1.0.3.6.axis/Module/wpa.o
RT73_Linux_STA_Drv1.0.3.6.axis/Module/md5.o
RT73_Linux_STA_Drv1.0.3.6.axis/Module/rt73.o
[root@rcotel apps]# ls
CGI ethtool sftpclient
PHP ethtool-R1_0_3 sftpclient-R1_2_1
PHPport flash shells
QuickCam flash-R1_3_14 smtpclient
RT73_Linux_STA_Drv1.0.3.6.axis init smtpclient-R1_2_5
RT73_Linux_STA_Drv1.0.3.6.axis.tgz init-R1_3_6 sys-utils
bootblocktool ipsetd utelnetd
bootblocktool-R1_1_2 ipsetd-R1_2_2 utelnetd-R1_1_0
busybox iptables utils
busybox-IR1_00-8 iptables-IR1_2_7a-3 vftpd
crypto php vftpd-R1_2_2
editors php-5.0.5 web
[root@rcotel apps]#
새로운(N) 쉘

[그림 7-77] apps폴더 내용 화면

④ /opt/devboard-R2_01폴더로 이동한 후 환경설정 파일을 실행시킨다.

```
# cd..
# . ./init_env
```

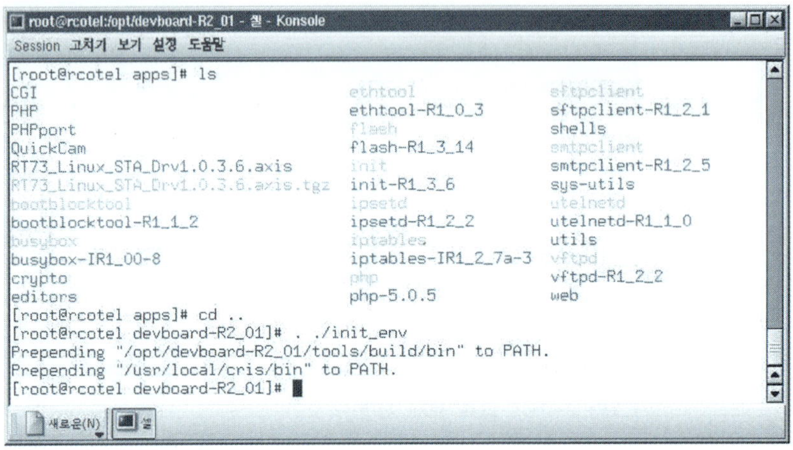
root@rcotel:/opt/devboard-R2_01 - 쉘 - Konsole
Session 고치기 보기 설정 도움말
[root@rcotel apps]# ls
CGI ethtool sftpclient
PHP ethtool-R1_0_3 sftpclient-R1_2_1
PHPport flash shells
QuickCam flash-R1_3_14 smtpclient
RT73_Linux_STA_Drv1.0.3.6.axis init smtpclient-R1_2_5
RT73_Linux_STA_Drv1.0.3.6.axis.tgz init-R1_3_6 sys-utils
bootblocktool ipsetd utelnetd
bootblocktool-R1_1_2 ipsetd-R1_2_2 utelnetd-R1_1_0
busybox iptables utils
busybox-IR1_00-8 iptables-IR1_2_7a-3 vftpd
crypto php vftpd-R1_2_2
editors php-5.0.5 web
[root@rcotel apps]# cd ..
[root@rcotel devboard-R2_01]# . ./init_env
Prepending "/opt/devboard-R2_01/tools/build/bin" to PATH.
Prepending "/usr/local/cris/bin" to PATH.
[root@rcotel devboard-R2_01]#
새로운(N) 쉘

[그림 7-78] 환경설정 파일 실행 화면

⑤ RT73_Linux_STA_Drv1.0.3.6.axis/Module/폴더로 이동한다.

```
# cd apps/RT73_Linux_STA_Drv1.0.3.6.axis/Module/
```

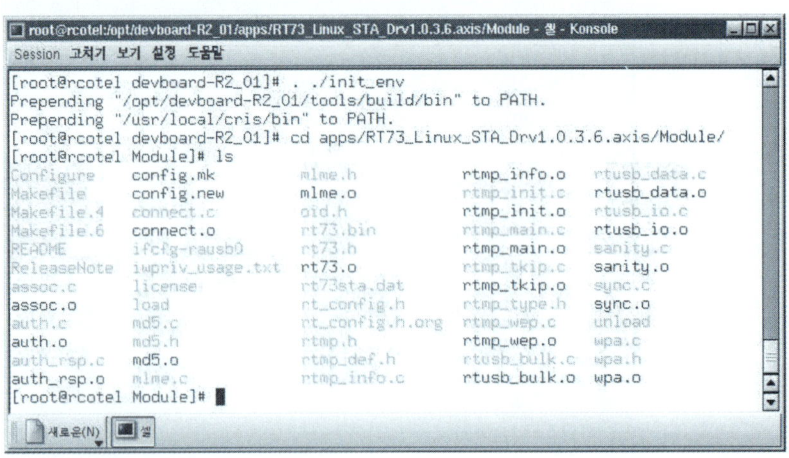
root@rcotel:/opt/devboard-R2_01/apps/RT73_Linux_STA_Drv1.0.3.6.axis/Module - 쉘 - Konsole
Session 고치기 보기 설정 도움말
[root@rcotel devboard-R2_01]# . ./init_env
Prepending "/opt/devboard-R2_01/tools/build/bin" to PATH.
Prepending "/usr/local/cris/bin" to PATH.
[root@rcotel devboard-R2_01]# cd apps/RT73_Linux_STA_Drv1.0.3.6.axis/Module/
[root@rcotel Module]# ls
Configure config.mk mlme.h rtmp_info.o rtusb_data.c
Makefile config.new mlme.o rtmp_init.c rtusb_data.o
Makefile.4 connect.c oid.h rtmp_init.o rtusb_io.c
Makefile.6 connect.o rt73.bin rtmp_main.c rtusb_io.o
README ifcfg-rausb0 rt73.h rtmp_main.o sanity.c
ReleaseNote iwpriv_usage.txt rt73.o rtmp_tkip.c sanity.o
assoc.c license rt73sta.dat rtmp_tkip.o sync.c
assoc.o load rt_config.h rtmp_type.h sync.o
auth.c md5.c rt_config.h.org rtmp_wep.c unload
auth.o md5.h rtmp.h rtmp_wep.o wpa.c
auth_rsp.c md5.o rtmp_def.h rtusb_bulk.c wpa.h
auth_rsp.o mlme.c rtmp_info.c rtusb_bulk.o wpa.o
[root@rcotel Module]#
새로운(N) 쉘

[그림 7-79] Module폴더 내용 화면

⑥ Makefile.4 파일로 컴파일한다.

```
# make -f Makefile.4
```

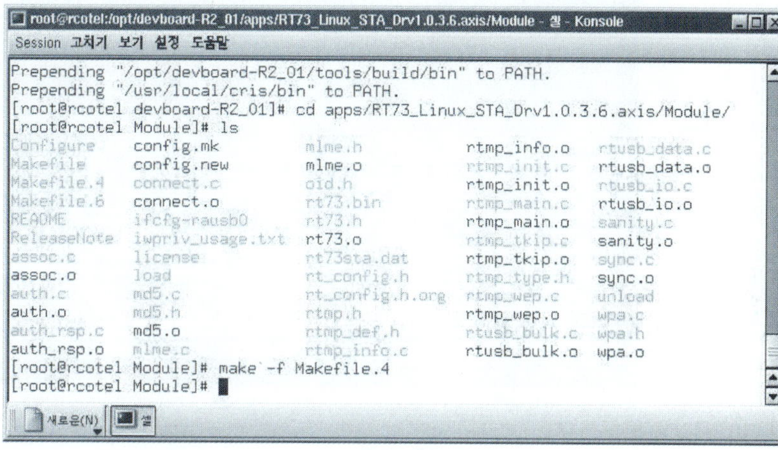

[그림 7-80] 컴파일 화면

⑦ WiFi USB 어댑터를 사용하기 위해서는 커널에서 무선 LAN을 지원해 주어야 한다.

```
# make -C /opt/devboard-R2_01/packages/os/linux-2.4 menuconfig
```

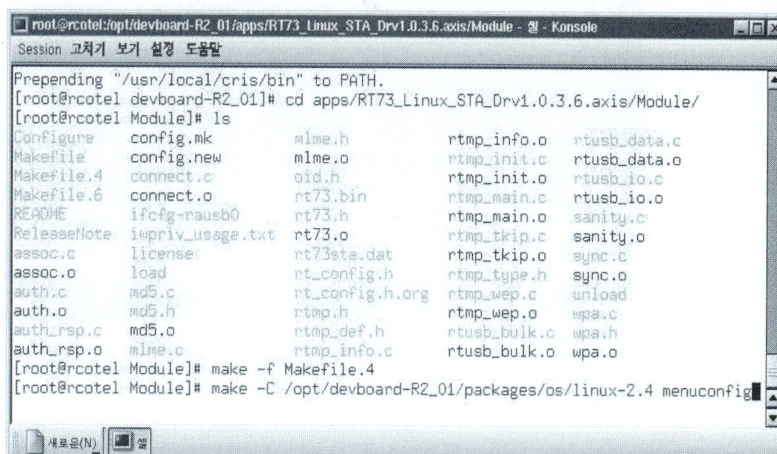

[그림 7-81] menuconfig 실행

– Network device support --->를 선택한다.

[그림 7-82] 커널 설정 화면

– Wireless LAN --->를 선택한다.

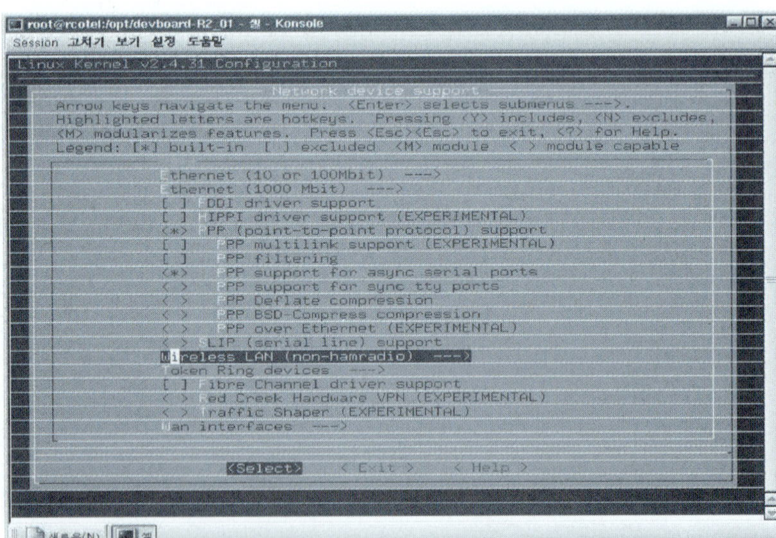

[그림 7-83] 커널 설정 화면

– [*] Wireless LAN(non-hamradio)를 선택한다.

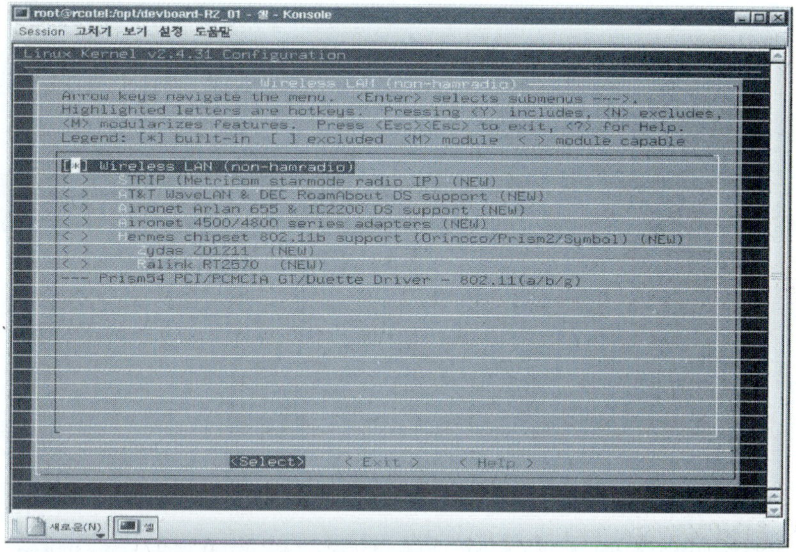

[그림 7-84] 커널 설정 화면

– 변경한 설정을 저장하고 빠져나온다.

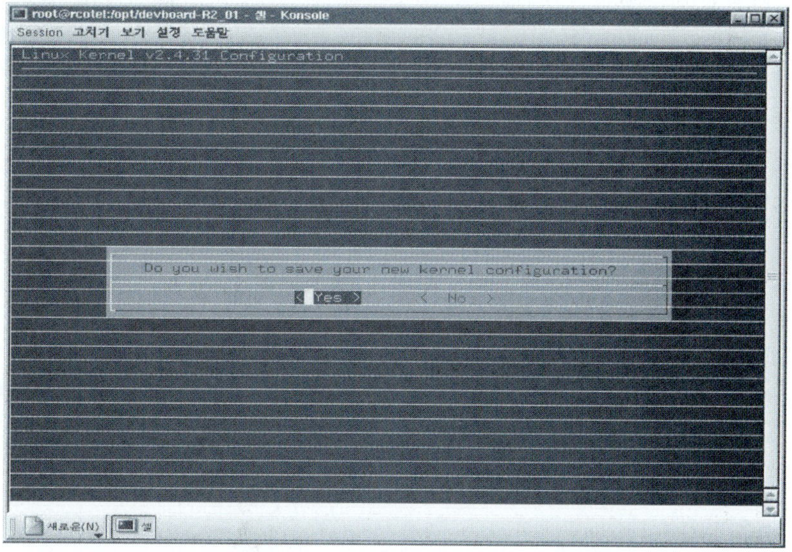

[그림 7-85] 커널 설정 화면

⑧ 변경된 커널을 컴파일한다.

```
# ./configure
# make
```

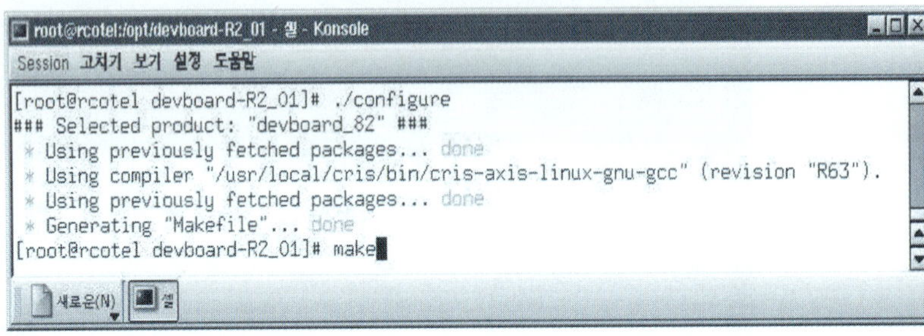
root@rcotel:/opt/devboard-R2_01 - 쉘 - Konsole
Session 고치기 보기 설정 도움말
[root@rcotel devboard-R2_01]# ./configure
Selected product: "devboard_82"
* Using previously fetched packages... done
* Using compiler "/usr/local/cris/bin/cris-axis-linux-gnu-gcc" (revision "R63").
* Using previously fetched packages... done
* Generating "Makefile"... done
[root@rcotel devboard-R2_01]# make
새로운(N)
쉘

[그림 7-86] **컴파일 화면**

⑨ 생성된 이미지를 퓨징한다.

```
# ./flashitall
```

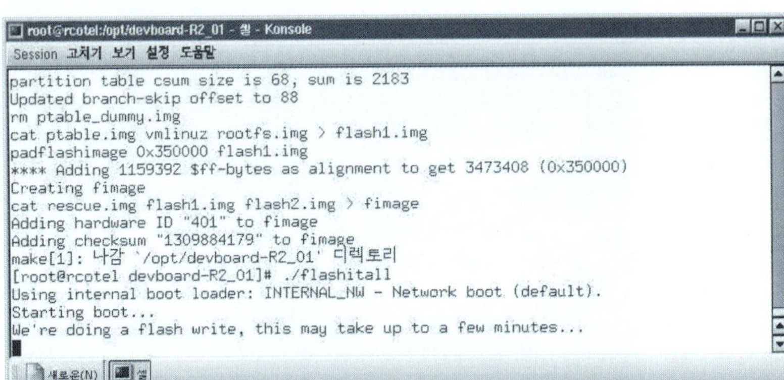
root@rcotel:/opt/devboard-R2_01 - 쉘 - Konsole
Session 고치기 보기 설정 도움말
partition table csum size is 68, sum is 2183
Updated branch-skip offset to 88
rm ptable_dummy.img
cat ptable.img vmlinuz rootfs.img > flash1.img
padflashimage 0x350000 flash1.img
**** Adding 1159392 $ff-bytes as alignment to get 3473408 (0x350000)
Creating fimage
cat rescue.img flash1.img flash2.img > fimage
Adding hardware ID "401" to fimage
Adding checksum "1309884179" to fimage
make[1]: 나감 `/opt/devboard-R2_01' 디렉토리
[root@rcotel devboard-R2_01]# ./flashitall
Using internal boot loader: INTERNAL_NW - Network boot (default).
Starting boot...
We're doing a flash write, this may take up to a few minutes...
새로운(N)
쉘

[그림 7-87] **이미지 퓨징 화면**

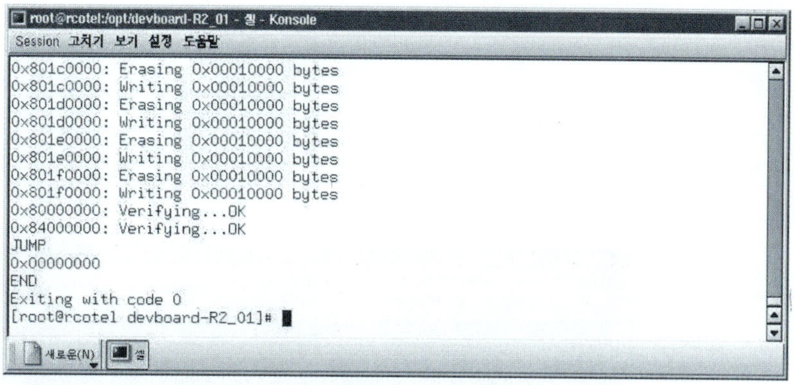
root@rcotel:/opt/devboard-R2_01 - 쉘 - Konsole
Session 고치기 보기 설정 도움말
0x801c0000: Erasing 0x00010000 bytes
0x801c0000: Writing 0x00010000 bytes
0x801d0000: Erasing 0x00010000 bytes
0x801d0000: Writing 0x00010000 bytes
0x801e0000: Erasing 0x00010000 bytes
0x801e0000: Writing 0x00010000 bytes
0x801f0000: Erasing 0x00010000 bytes
0x801f0000: Writing 0x00010000 bytes
0x80000000: Verifying...OK
0x84000000: Verifying...OK
JUMP
0x00000000
END
Exiting with code 0
[root@rcotel devboard-R2_01]#
새로운(N)
쉘

[그림 7-88] 이미지 퓨징 완료화면

⑩ FTP를 실행시켜 타깃보드의 /mnt/flash폴더에 rt73.o 파일을 업로드시킨다.

```
# ftp 192.168.0.90
Name (182.168.0.90:root): root
Password: pass
ftp> cd /mnt/flash
ftp> put rt73.o
```

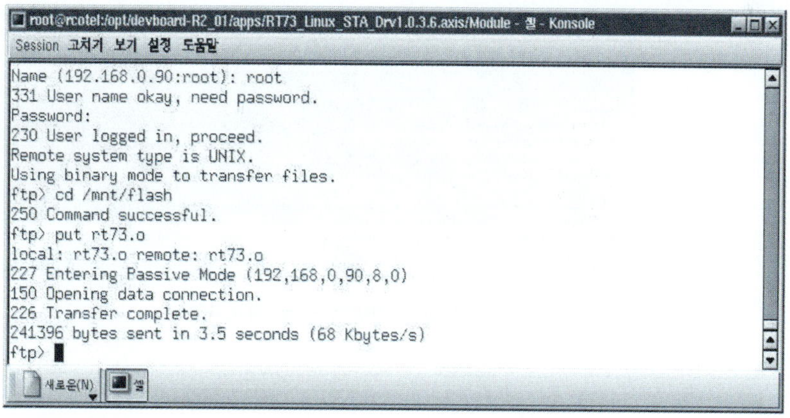
root@rcotel:/opt/devboard-R2_01/apps/RT73_Linux_STA_Drv1.0.3.6.axis/Module - 쉘 - Konsole
Session 고치기 보기 설정 도움말
Name (192.168.0.90:root): root
331 User name okay, need password.
Password:
230 User logged in, proceed.
Remote system type is UNIX.
Using binary mode to transfer files.
ftp> cd /mnt/flash
250 Command successful.
ftp> put rt73.o
local: rt73.o remote: rt73.o
227 Entering Passive Mode (192,168,0,90,8,0)
150 Opening data connection.
226 Transfer complete.
241396 bytes sent in 3.5 seconds (68 Kbytes/s)
ftp>
새로운(N)
쉘

[그림 7-89] FTP 실행 화면

제 7 장

⑪ 하이퍼터미널을 이용하여 타깃보드에 접속하여 /mnt/flash폴더로 이동한다.

```
# cd /mnt/flash
# ls
```

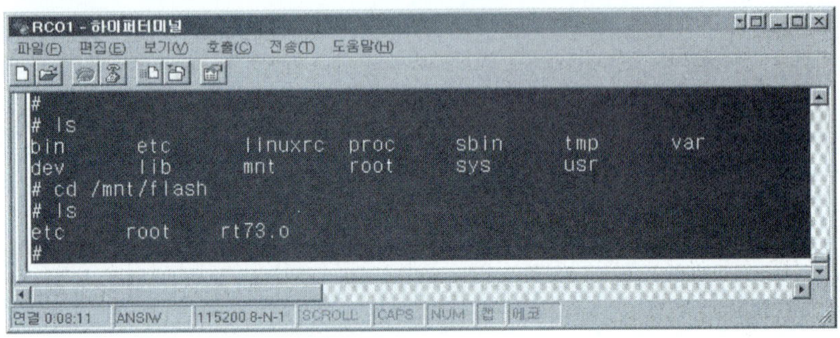
RC01 - 하이퍼터미널
파일(F) 편집(E) 보기(V) 호출(C) 전송(T) 도움말(H)
#
ls
bin etc linuxrc proc sbin tmp var
dev lib mnt root sys usr
cd /mnt/flash
ls
etc root rt73.o
#
연결 0:08:11 ANSIW 115200 8-N-1 SCROLL CAPS NUM

[그림 7-90] /mnt/flash폴더 내용 화면

⑫ insmod라는 명령을 이용하여 디바이스 드라이버 모듈을 커널에 적재한다.

```
# insmod rt73.o
```

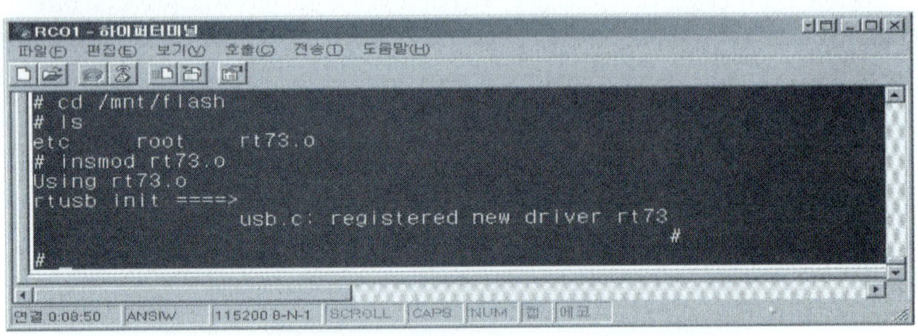
RC01 - 하이퍼터미널
파일(F) 편집(E) 보기(V) 호출(C) 전송(T) 도움말(H)
cd /mnt/flash
ls
etc root rt73.o
insmod rt73.o
Using rt73.o
rtusb init ====>
usb.c: registered new driver rt73
#
#
연결 0:08:50 ANSIW 115200 8-N-1 SCROLL CAPS NUM

[그림 7-91] 디바이스 드라이버 모듈 적재화면

⑬ 모듈이 커널에 잘 적재가 되었는지 확인한다.

```
# lsmod
```

RC01 - 하이퍼터미널
파일(F) 편집(E) 보기(V) 호출(C) 전송(T) 도움말(H)
insmod rt73.o
Using rt73.o
rtusb init ====>
usb.c: registered new driver rt73
#
lsmod
Module Size Used by
rt73 186084 0 (unused)
#
연결 0:09:13 ANSIW 115200 8-N-1 SCROLL CAPS NUM

[그림 7-92] 커널에 적재된 모듈 리스트 화면

⑭ WiFi USB 어댑터를 USB포트에 연결한다.

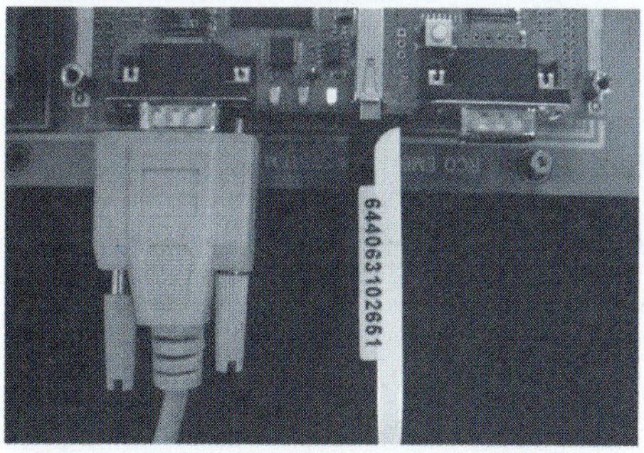
644063102661

[그림 7-93] WiFi USB 어댑터 연결화면

– WiFi USB 어댑터를 연결하면 아래와 같은 화면을 확인할 수 있다.

RC01 - 하이퍼터미널
파일(F) 편집(E) 보기(V) 호출(C) 전송(T) 도움말(H)
#
lsmod
Module Size Used by
rt73 186084 0 (unused)
hub.c: new USB device ETRAX 100LX-2, assigned address 3
idVendor
oduct = 0x2573
#
연결 0:10:44 ANSIW 115200 8-N-1 SCROLL CAPS NUM

[그림 7-94] WiFi USB 어댑터 연결 화면

제 7 장

⑮ WiFi USB 어댑터가 WLAN AP에 접속하기 위해서는 WLAN AP의 IP를 알아야 한다. 그래서 WLAN을 지원하는 노트북을 이용하여 WLAN AP의 IP를 알아내기 위한 작업을 진행한다.

노트북이 WLAN을 사용 중인 상태로 만든 후에 노트북의 네트워크 연결로 들어간다.

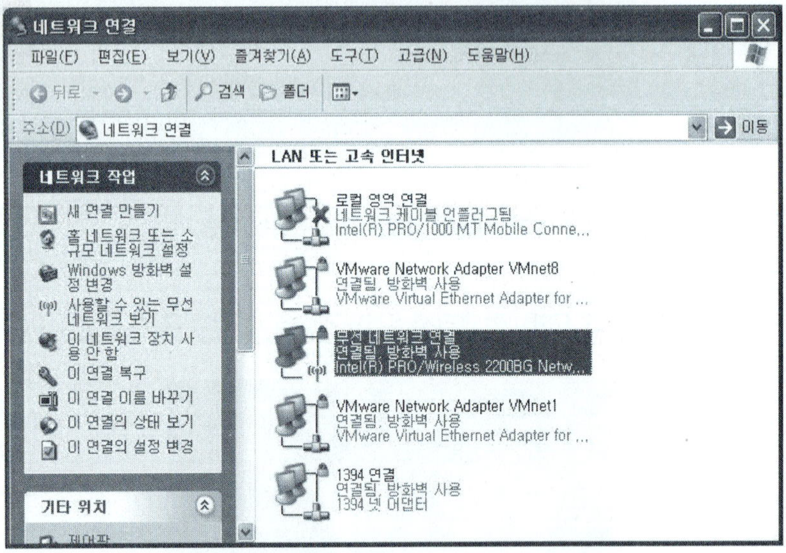

[그림 7-95] 네트워크 연결 화면

– 오른쪽 마우스 버튼을 이용하여 속성을 선택한다.

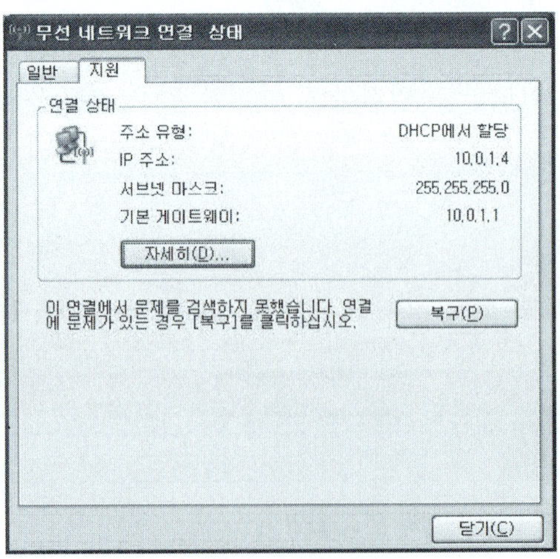

[그림 7-96] 무선 네트워크 연결 상태 화면

⑯ 위에서 확인한 노트북의 WLAN이 사용 중인 IP에서 끝자리 수만 다르게 하여 WiFi USB 어댑터에 IP를 할당하고 넷마스크로 255.255.255.0을 할당한다. 할당한 후에는 다시 한 번 할당된 IP를 확인한다.

```
# ifconfig rausb0 inet 10.0.1.10 netmask 255.255.255.0 up
# ifconfig rausb0
```

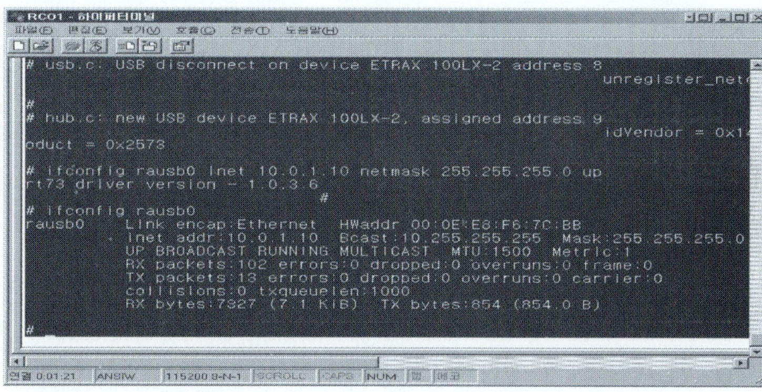

usb.c: USB disconnect on device ETRAX 100LX-2 address 8
unregister_netc
#
# hub.c: new USB device ETRAX 100LX-2, assigned address 9
idVendor = 0x1
oduct = 0x2573
# ifconfig rausb0 inet 10.0.1.10 netmask 255.255.255.0 up
rt73 driver version - 1.0.3.6
#
ifconfig rausb0
rausb0 Link encap:Ethernet HWaddr 00:0E:E8:F6:7C:BB
inet addr:10.0.1.10 Bcast:10.255.255.255 Mask:255.255.255.0
UP BROADCAST RUNNING MULTICAST MTU:1500 Metric:1
RX packets:102 errors:0 dropped:0 overruns:0 frame:0
TX packets:13 errors:0 dropped:0 overruns:0 carrier:0
collisions:0 txqueuelen:1000
RX bytes:7327 (7.1 KiB) TX bytes:854 (854.0 B)
#

[그림 7-97] IP할당 화면

⑰ 노트북의 브라우저 주소창에 WiFi USB 어댑터에 할당된 IP를 치면 타깃보드의 웹서버에 접속할 수 있다.

```
http://10.0.1.10/
```

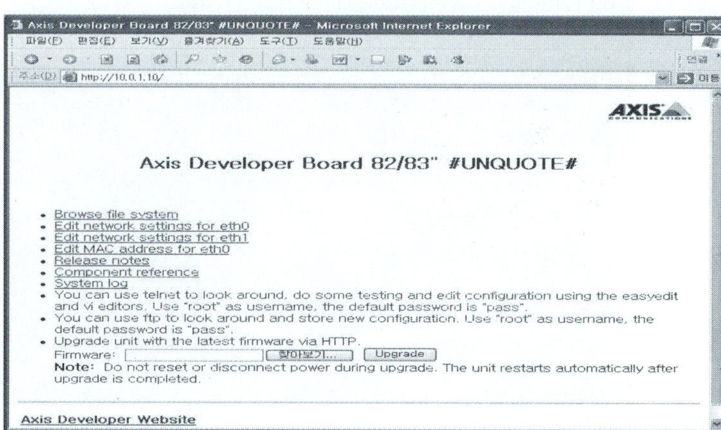

Axis Developer Board 82/83" #UNQUOTE# - Microsoft Internet Explorer
http://10.0.1.10/
AXIS
Axis Developer Board 82/83" #UNQUOTE#
Browse file system
Edit network settings for eth0
Edit network settings for eth1
Edit MAC address for eth0
Release notes
Component reference
System log
You can use telnet to look around, do some testing and edit configuration using the easyedit and vi editors. Use "root" as username, the default password is "pass".
You can use ftp to look around and store new configuration. Use "root" as username, the default password is "pass".
Upgrade unit with the latest firmware via HTTP.
Firmware:
Upgrade
Note: Do not reset or disconnect power during upgrade. The unit restarts automatically after upgrade is completed.
Axis Developer Website
Internet

[그림 7-98] 정상적으로 연결된 화면

7.5 USB 메모리 스틱 실습

ETRAX 82+ 개발자 보드는 요즘 우리들이 많이 사용하고 있는 USB 메모리스틱의 사용을 지원한다. 특별한 작업 없이 바로 USB 메모리스틱을 이용할 수 있다.

① 먼저 윈도우즈 탐색기를 이용하여 USB 메모리스틱의 내용을 확인한다.

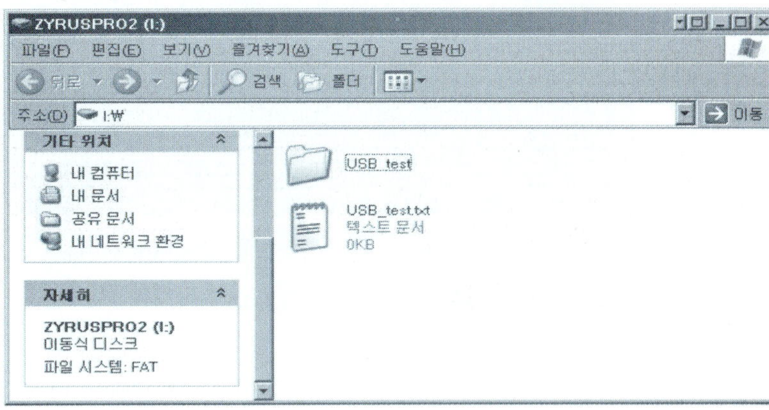
ZYRUSPRO2 (I:)
파일(F) 편집(E) 보기(V) 즐겨찾기(A) 도구(T) 도움말(H)
뒤로 검색 폴더
주소(D) I:₩
이동
기타 위치
내 컴퓨터
내 문서
공유 문서
내 네트워크 환경
자세히
ZYRUSPRO2 (I:)
이동식 디스크
파일 시스템: FAT
USB_test
USB_test.txt
텍스트 문서
0KB

[그림 7-99] 탐색기 화면

② ETRAX 82+ 개발자 보드에 USB 메모리스틱을 연결한다.

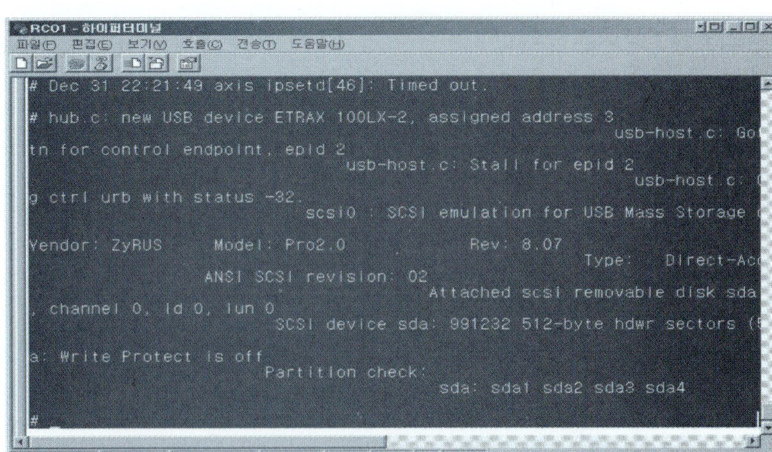
RC01 - 하이퍼터미널
파일(F) 편집(E) 보기(V) 호출(C) 전송(T) 도움말(H)
Dec 31 22:21:49 axis ipsetd[46]: Timed out.
hub.c: new USB device ETRAX 100LX-2, assigned address 3
usb-host.c: Go
tn for control endpoint, epid 2
usb-host.c: Stall for epid 2
usb-host.c:
g ctrl urb with status -32.
scsi0 : SCSI emulation for USB Mass Storage
Vendor: ZyRUS Model: Pro2.0 Rev: 8.07
Type: Direct-Ac
ANSI SCSI revision: 02
Attached scsi removable disk sda
, channel 0, id 0, lun 0
SCSI device sda: 991232 512-byte hdwr sectors (
a: Write Protect is off
Partition check:
sda: sda1 sda2 sda3 sda4
#
ANSIW
115200 8-N-1
SCROLL
CAPS
NUM

[그림 7-100] USB 메모리스틱 연결 화면

③ USB 메모리스틱을 사용하기 위해 /mnt/flash폴더에 USB 메모리스틱을 마운트시킨다. 윈도우즈 탐색기를 이용하여 확인한 USB 메모리스틱의 내용과 동일하다는 것을 확인할 수 있다.

```
# mount -t vfat /dev/sda /mnt/flash
# ls /mnt/flash/
```

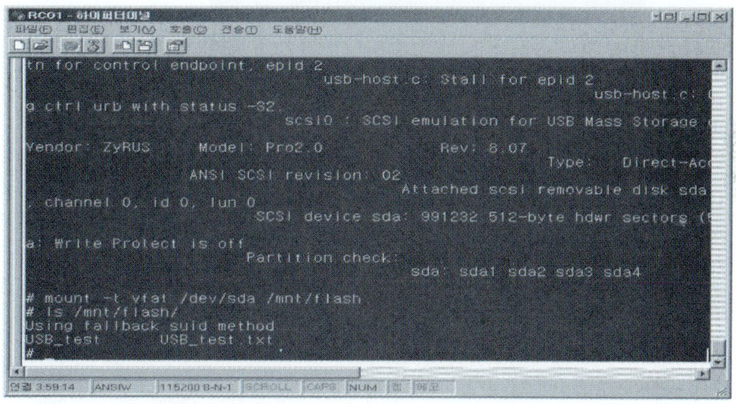
RC01 - 하이퍼터미널
tn for control endpoint, epid 2
usb-host.c: Stall for epid 2
usb-host.c:
g ctrl urb with status -32.
scsi0 : SCSI emulation for USB Mass Storage
Vendor: ZyRUS Model: Pro2.0 Rev: 8.07
Type: Direct-Acc
ANSI SCSI revision: 02
Attached scsi removable disk sda
, channel 0, id 0, lun 0
SCSI device sda: 991232 512-byte hdwr sectors (
a: Write Protect is off
Partition check:
sda: sda1 sda2 sda3 sda4
mount -t vfat /dev/sda /mnt/flash
ls /mnt/flash/
Using fallback suid method
USB_test USB_test.txt
#

[그림 7-101] 마운트 화면

④ USB 메모리스틱의 사용이 끝났으면 USB 메모리스틱을 umount시킨 후 USB 메모리스틱을 제거한다.

```
# umount /mnt/flash/
```

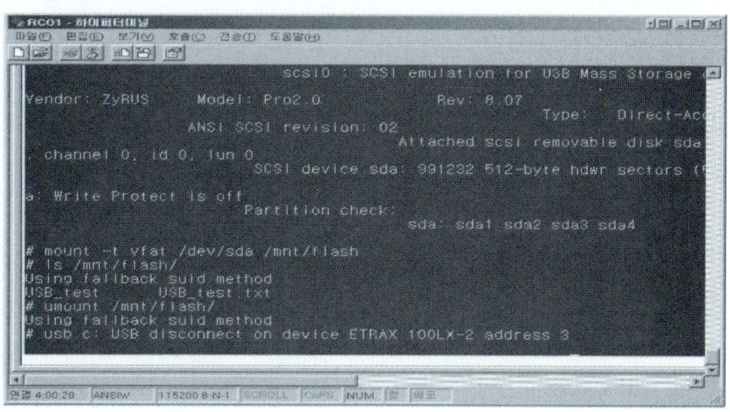
RC01 - 하이퍼터미널
scsi0 : SCSI emulation for USB Mass Storage
Vendor: ZyRUS Model: Pro2.0 Rev: 8.07
Type: Direct-Acc
ANSI SCSI revision: 02
Attached scsi removable disk sda
, channel 0, id 0, lun 0
SCSI device sda: 991232 512-byte hdwr sectors (
a: Write Protect is off
Partition check:
sda: sda1 sda2 sda3 sda4
mount -t vfat /dev/sda /mnt/flash
ls /mnt/flash/
Using fallback suid method
USB_test USB_test.txt
umount /mnt/flash/
Using fallback suid method
usb.c: USB disconnect on device ETRAX 100LX-2 address 3

[그림 7-102] 언마운트 화면

7.6 RTC 실습

ETRAX 82+ 개발자 보드는 필립스에서 개발한 마이크로 컨트롤러용 저속 시리얼 버스 프로토콜인 I2C를 사용하는 RTC(Real Time Clock)를 포함하고 있다.

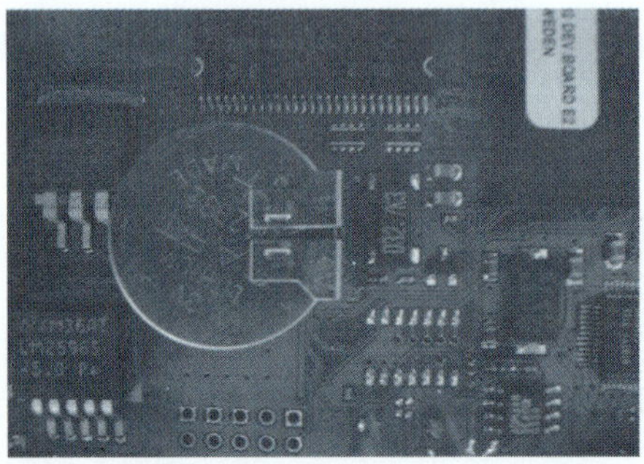

[그림 7-103] RTC 화면

① RTC에 정확한 시각을 한 번도 설정하지 않았다면 다음과 같이 시각이 맞지 않는 것을 알 수 있다.

```
# dmesg
```

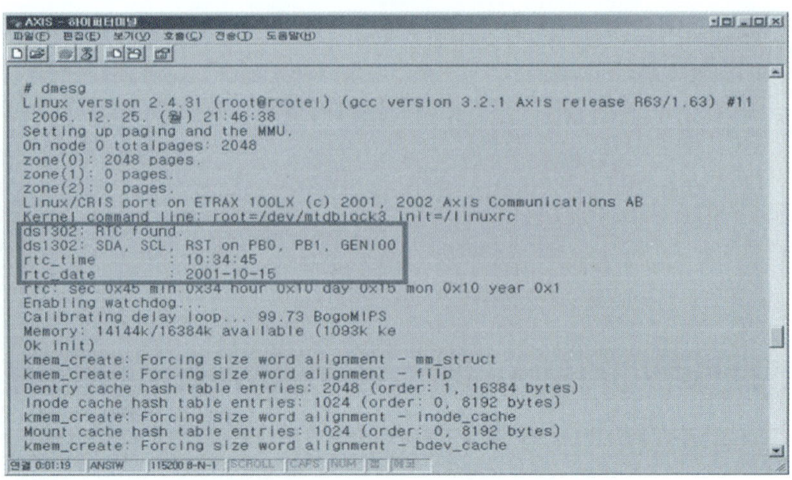

AXIS - 하이퍼터미널
dmesg
Linux version 2.4.31 (root@rcotel) (gcc version 3.2.1 Axis release R63/1.63) #11
2006. 12. 25. (월) 21:46:38
Setting up paging and the MMU.
On node 0 totalpages: 2048
zone(0): 2048 pages.
zone(1): 0 pages.
zone(2): 0 pages.
Linux/CRIS port on ETRAX 100LX (c) 2001, 2002 Axis Communications AB
Kernel command line: root=/dev/mtdblock3 init=/linuxrc
ds1302: RTC found.
ds1302: SDA, SCL, RST on PB0, PB1, GENIO0
rtc_time : 10:34:45
rtc_date : 2001-10-15
rtc: sec 0x45 min 0x34 hour 0x10 day 0x15 mon 0x10 year 0x1
Enabling watchdog...
Calibrating delay loop... 99.73 BogoMIPS
Memory: 14144k/16384k available (1093k ke
0k init)
kmem_create: Forcing size word alignment - mm_struct
kmem_create: Forcing size word alignment - filp
Dentry cache hash table entries: 2048 (order: 1, 16384 bytes)
Inode cache hash table entries: 1024 (order: 0, 8192 bytes)
kmem_create: Forcing size word alignment - inode_cache
Mount cache hash table entries: 1024 (order: 0, 8192 bytes)
kmem_create: Forcing size word alignment - bdev_cache

[그림 7-104] dmesg 실행 화면

② date 명령을 이용하여 현재 시각을 확인해 본다.

```
# date
```

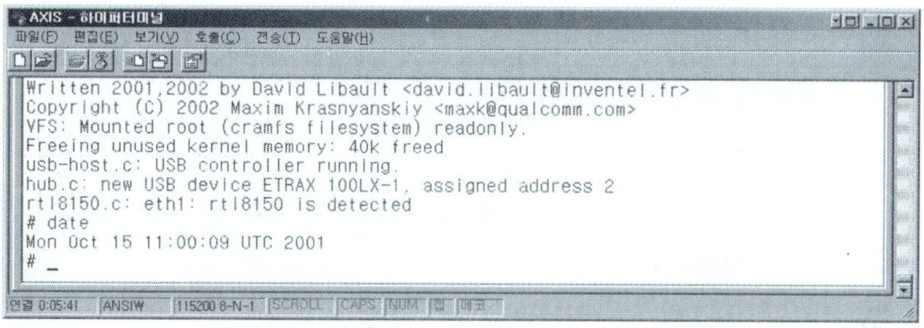
AXIS - 하이퍼터미널
파일(F) 편집(E) 보기(V) 호출(C) 전송(T) 도움말(H)
Written 2001,2002 by David Libault <david.libault@inventel.fr>
Copyright (C) 2002 Maxim Krasnyanskiy <maxk@qualcomm.com>
VFS: Mounted root (cramfs filesystem) readonly.
Freeing unused kernel memory: 40k freed
usb-host.c: USB controller running.
hub.c: new USB device ETRAX 100LX-1, assigned address 2
rtl8150.c: eth1: rtl8150 is detected
date
Mon Oct 15 11:00:09 UTC 2001
_
연결 0:05:41 ANSIW 115200 8-N-1 SCROLL CAPS NUM

[그림 7-105] date 실행 화면

③ 정확한 현재 시각을 설정한다. date 명령을 보면 앞의 MM은 달을 나타내며, DD는 날짜를 나타내고, HH는 시간을, MM은 분을 나타내고 YYYY는 년을 나타낸다. 현재 시각 설정했으면 hwclock -w 명령을 이용하여 변경한 시각을 RTC에 저장한다.

```
# date MMDDHHMMYYYY
# hwclock -w
```

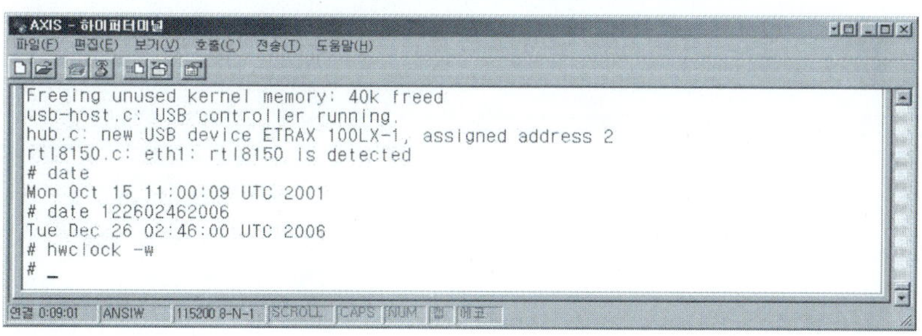
AXIS - 하이퍼터미널
파일(F) 편집(E) 보기(V) 호출(C) 전송(T) 도움말(H)
Freeing unused kernel memory: 40k freed
usb-host.c: USB controller running.
hub.c: new USB device ETRAX 100LX-1, assigned address 2
rtl8150.c: eth1: rtl8150 is detected
date
Mon Oct 15 11:00:09 UTC 2001
date 122602462006
Tue Dec 26 02:46:00 UTC 2006
hwclock -w
_
연결 0:09:01 ANSIW 115200 8-N-1 SCROLL CAPS NUM

[그림 7-106] RTC 설정 화면

7.7 네트워크 캠(Network Cam) 실습

이번 실습은 ETRAX 82+ 개발자 보드에 웹캠을 연결하여 웹상에서 카메라의 화면을 확인하는 것이다.

① 먼저 /opt/devboard-R2_01폴더에 CD에 있는 웹캠의 드라이버 파일을 복사한다.

```
# mount /dev/cdrom /mnt/cdrom
# cd /mnt/cdrom/apps/QuickCam/
# cp * /opt/devboard-R2_01
```

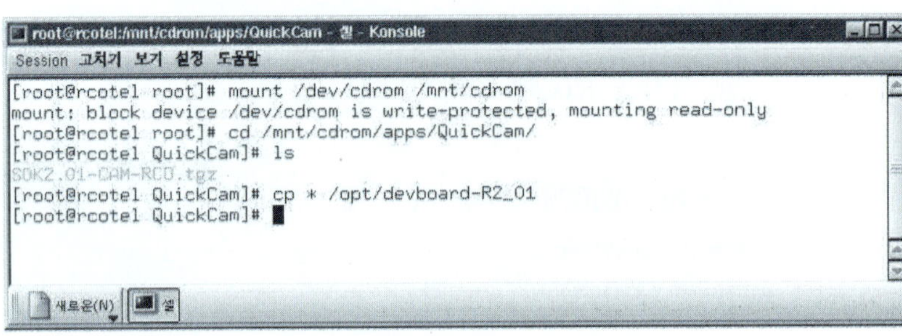
root@rcotel:/mnt/cdrom/apps/QuickCam - 쉘 - Konsole
Session 고치기 보기 설정 도움말
[root@rcotel root]# mount /dev/cdrom /mnt/cdrom
mount: block device /dev/cdrom is write-protected, mounting read-only
[root@rcotel root]# cd /mnt/cdrom/apps/QuickCam/
[root@rcotel QuickCam]# ls
SDK2.01-CAM-RCD.tgz
[root@rcotel QuickCam]# cp * /opt/devboard-R2_01
[root@rcotel QuickCam]#
새로운(N)
쉘

[그림 7-107] CD에 있는 웹캠 드라이버를 복사하는 화면

② /opt/devboard-R2_01폴더로 이동한 후 환경설정 파일을 실행시킨다.

```
# cd /opt/devboard-R2_01
# . ./init_env
```

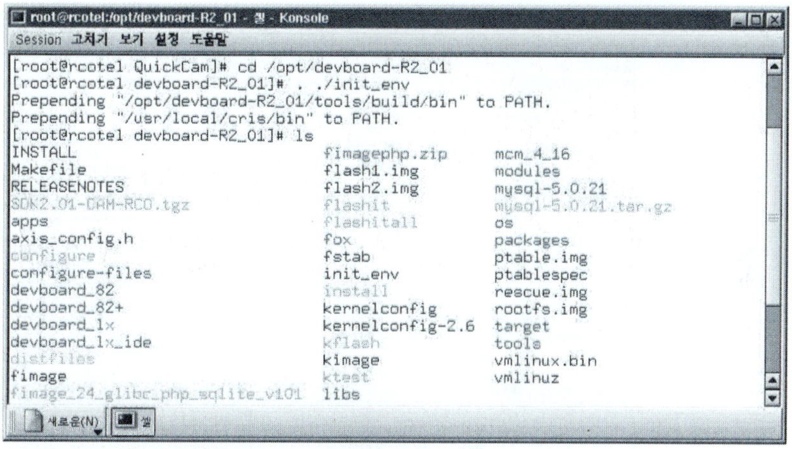
root@rcotel:/opt/devboard-R2_01 - 쉘 - Konsole
Session 고치기 보기 설정 도움말
[root@rcotel QuickCam]# cd /opt/devboard-R2_01
[root@rcotel devboard-R2_01]# . ./init_env
Prepending "/opt/devboard-R2_01/tools/build/bin" to PATH.
Prepending "/usr/local/cris/bin" to PATH.
[root@rcotel devboard-R2_01]# ls
INSTALL fimagephp.zip mcm_4_16
Makefile flash1.img modules
RELEASENOTES flash2.img mysql-5.0.21
SDK2.01-CAM-RCO.tgz flashit mysql-5.0.21.tar.gz
apps flashitall os
axis_config.h fox packages
configure fstab ptable.img
configure-files init_env ptablespec
devboard_82 install rescue.img
devboard_82+ kernelconfig rootfs.img
devboard_1x kernelconfig-2.6 target
devboard_1x_ide kflash tools
distfiles kimage vmlinux.bin
fimage ktest vmlinuz
fimage_24_glibc_php_sqlite_v101 libs
새로운(N) 쉘

[그림 7-108] 환경설정 파일 실행 화면

③ SDK2.01-CAM-RCO.tgz 파일의 압축을 푼다.

```
# tar zxvf SDK2.01-CAM-RCO.tgz
```

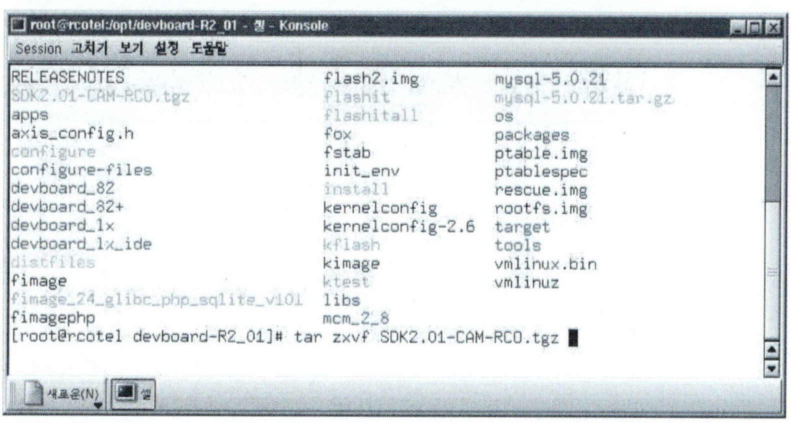
root@rcotel:/opt/devboard-R2_01 - 쉘 - Konsole
Session 고치기 보기 설정 도움말
RELEASENOTES flash2.img mysql-5.0.21
SDK2.01-CAM-RCO.tgz flashit mysql-5.0.21.tar.gz
apps flashitall os
axis_config.h fox packages
configure fstab ptable.img
configure-files init_env ptablespec
devboard_82 install rescue.img
devboard_82+ kernelconfig rootfs.img
devboard_1x kernelconfig-2.6 target
devboard_1x_ide kflash tools
distfiles kimage vmlinux.bin
fimage ktest vmlinuz
fimage_24_glibc_php_sqlite_v101 libs
fimagephp mcm_2_8
[root@rcotel devboard-R2_01]# tar zxvf SDK2.01-CAM-RCO.tgz
새로운(N) 쉘

[그림 7-109] 압축 해제 화면

제 7 장

④ os/linux/drivers/usb/spca5xx 라는 폴더를 생성한다.

```
# ls
# mkdir os/linux/drivers/usb/spca5xx
```

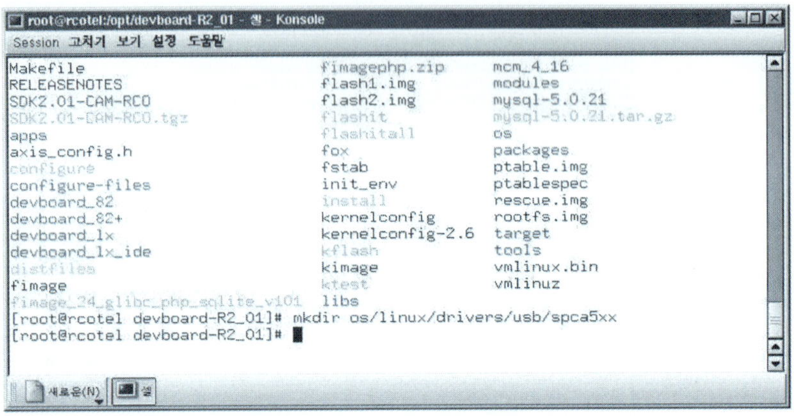
root@rcotel:/opt/devboard-R2_01 - 쉘 - Konsole
Session 고치기 보기 설정 도움말
Makefile fimagephp.zip mcm_4_16
RELEASENOTES flash1.img modules
SDK2.01-CAM-RCO flash2.img mysql-5.0.21
SDK2.01-CAM-RCO.tgz flashit mysql-5.0.21.tar.gz
apps flashitall os
axis_config.h fox packages
configure fstab ptable.img
configure-files init_env ptablespec
devboard_82 install rescue.img
devboard_82+ kernelconfig rootfs.img
devboard_lx kernelconfig-2.6 target
devboard_lx_ide kflash tools
distfiles kimage vmlinux.bin
fimage ktest vmlinuz
fimage_24_glibc_php_sqlite_v101 libs
[root@rcotel devboard-R2_01]# mkdir os/linux/drivers/usb/spca5xx
[root@rcotel devboard-R2_01]#
새로운(N) 쉘

[그림 7-110] 폴더 생성 화면

⑤ SDK2.01-CAM-RCO폴더로 이동한 후 spca_core.c 라는 파일을 조금 전에 생성한 os/linux/drivers/usb/spca5xx폴더로 복사한다.

```
# cd SDK2.01-CAM-RCO
# cp ./spca_core.c ../os/linux/drivers/usb/spca5xx/
```

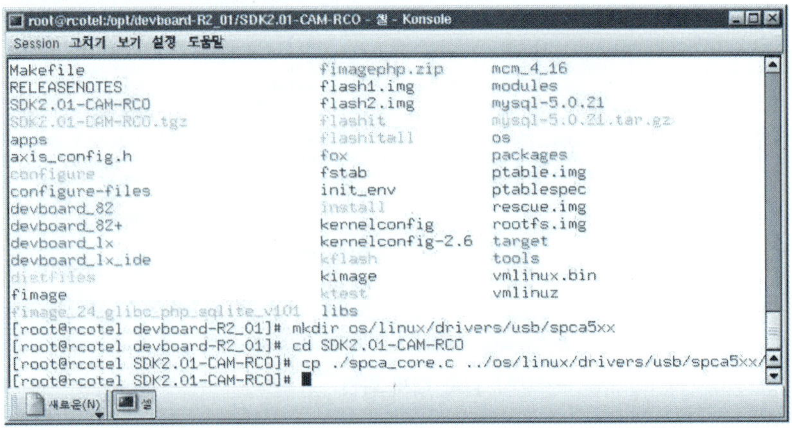
root@rcotel:/opt/devboard-R2_01/SDK2.01-CAM-RCO - 쉘 - Konsole
Session 고치기 보기 설정 도움말
Makefile fimagephp.zip mcm_4_16
RELEASENOTES flash1.img modules
SDK2.01-CAM-RCO flash2.img mysql-5.0.21
SDK2.01-CAM-RCO.tgz flashit mysql-5.0.21.tar.gz
apps flashitall os
axis_config.h fox packages
configure fstab ptable.img
configure-files init_env ptablespec
devboard_82 install rescue.img
devboard_82+ kernelconfig rootfs.img
devboard_lx kernelconfig-2.6 target
devboard_lx_ide kflash tools
distfiles kimage vmlinux.bin
fimage ktest vmlinuz
fimage_24_glibc_php_sqlite_v101 libs
[root@rcotel devboard-R2_01]# mkdir os/linux/drivers/usb/spca5xx
[root@rcotel devboard-R2_01]# cd SDK2.01-CAM-RCO
[root@rcotel SDK2.01-CAM-RCO]# cp ./spca_core.c ../os/linux/drivers/usb/spca5xx/
[root@rcotel SDK2.01-CAM-RCO]#
새로운(N) 쉘

[그림 7-111] 파일 복사 화면

⑥ 인스톨한다.

```
# ./install
```

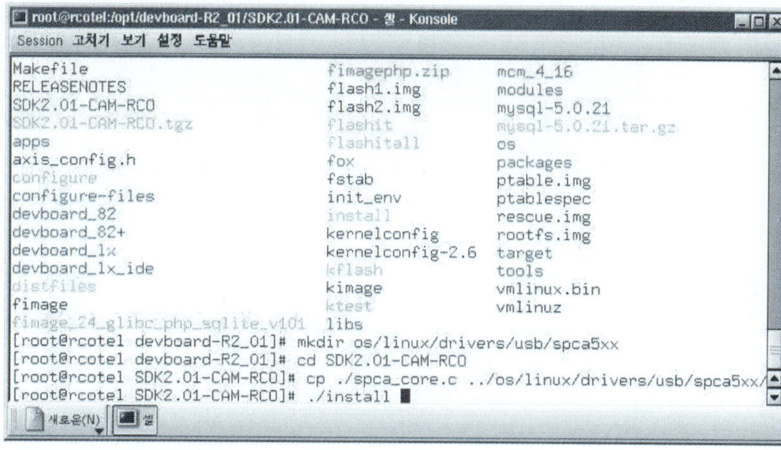
root@rcotel:/opt/devboard-R2_01/SDK2.01-CAM-RCO - 쉘 - Konsole
Session 고치기 보기 설정 도움말
Makefile fimagephp.zip mcm_4_16
RELEASENOTES flash1.img modules
SDK2.01-CAM-RCO flash2.img mysql-5.0.21
SDK2.01-CAM-RCO.tgz flashit mysql-5.0.21.tar.gz
apps flashitall os
axis_config.h fox packages
configure fstab ptable.img
configure-files init_env ptablespec
devboard_82 install rescue.img
devboard_82+ kernelconfig rootfs.img
devboard_lx kernelconfig-2.6 target
devboard_lx_ide kflash tools
distfiles kimage vmlinux.bin
fimage ktest vmlinuz
fimage_24_glibc_php_sqlite_v101 libs
[root@rcotel devboard-R2_01]# mkdir os/linux/drivers/usb/spca5xx
[root@rcotel devboard-R2_01]# cd SDK2.01-CAM-RCO
[root@rcotel SDK2.01-CAM-RCO]# cp ./spca_core.c ../os/linux/drivers/usb/spca5xx/
[root@rcotel SDK2.01-CAM-RCO]# ./install
새로운(N)
쉘

[그림 7-112] 인스톨 화면

⑦ /opt/devboard-R2_01폴더로 이동한 후 configure를 실행시킨다.

```
# cd ..
# ./configure
```

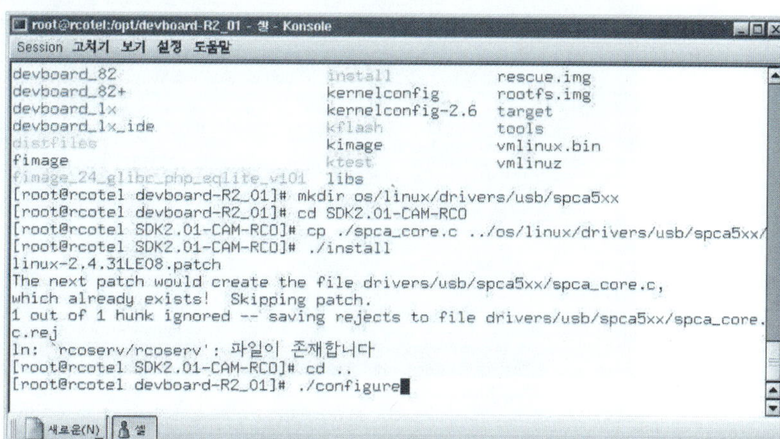
root@rcotel:/opt/devboard-R2_01 - 쉘 - Konsole
Session 고치기 보기 설정 도움말
devboard_82 install rescue.img
devboard_82+ kernelconfig rootfs.img
devboard_lx kernelconfig-2.6 target
devboard_lx_ide kflash tools
distfiles kimage vmlinux.bin
fimage ktest vmlinuz
fimage_24_glibc_php_sqlite_v101 libs
[root@rcotel devboard-R2_01]# mkdir os/linux/drivers/usb/spca5xx
[root@rcotel devboard-R2_01]# cd SDK2.01-CAM-RCO
[root@rcotel SDK2.01-CAM-RCO]# cp ./spca_core.c ../os/linux/drivers/usb/spca5xx/
[root@rcotel SDK2.01-CAM-RCO]# ./install
linux-2.4.31LE08.patch
The next patch would create the file drivers/usb/spca5xx/spca_core.c,
which already exists! Skipping patch.
1 out of 1 hunk ignored -- saving rejects to file drivers/usb/spca5xx/spca_core.
c.rej
ln: `rcoserv/rcoserv': 파일이 존재합니다
[root@rcotel SDK2.01-CAM-RCO]# cd ..
[root@rcotel devboard-R2_01]# ./configure
새로운(N)
쉘

[그림 7-113] configure 실행 화면

제
7
장

⑧ 웹캠을 사용하기 위해서는 커널이 웹캠을 지원하도록 수정이 필요하다.

```
# make -C packages/os/linux-2.4 menuconfig
```

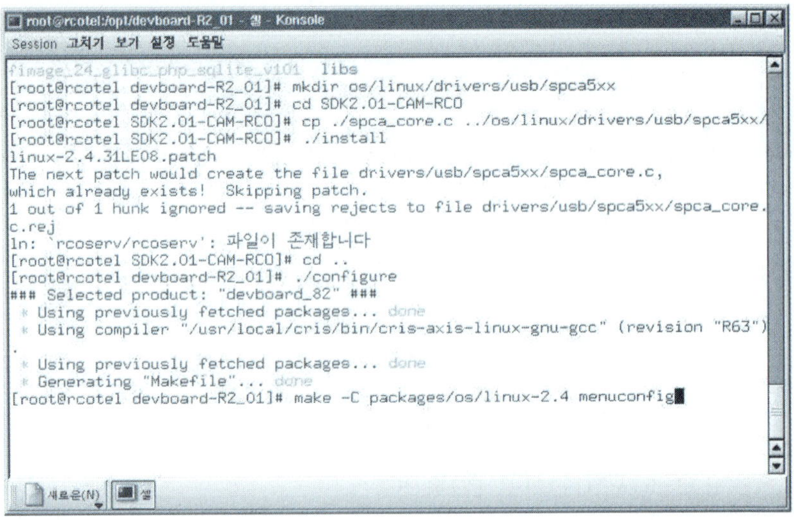
root@rcotel:/opt/devboard-R2_01 - 셸 - Konsole
Session 고치기 보기 설정 도움말
[root@rcotel devboard-R2_01]# mkdir os/linux/drivers/usb/spca5xx
[root@rcotel devboard-R2_01]# cd SDK2.01-CAM-RCO
[root@rcotel SDK2.01-CAM-RCO]# cp ./spca_core.c ../os/linux/drivers/usb/spca5xx/
[root@rcotel SDK2.01-CAM-RCO]# ./install
linux-2.4.31LE08.patch
The next patch would create the file drivers/usb/spca5xx/spca_core.c,
which already exists! Skipping patch.
1 out of 1 hunk ignored -- saving rejects to file drivers/usb/spca5xx/spca_core.
c.rej
ln: `rcoserv/rcoserv': 파일이 존재합니다
[root@rcotel SDK2.01-CAM-RCO]# cd ..
[root@rcotel devboard-R2_01]# ./configure
Selected product: "devboard_82"
* Using previously fetched packages... done
* Using compiler "/usr/local/cris/bin/cris-axis-linux-gnu-gcc" (revision "R63")
* Using previously fetched packages... done
* Generating "Makefile"... done
[root@rcotel devboard-R2_01]# make -C packages/os/linux-2.4 menuconfig
새로운(N) 셸

[그림 7-114] menuconfig 실행 화면

– Multimedia devices --->를 선택한다.

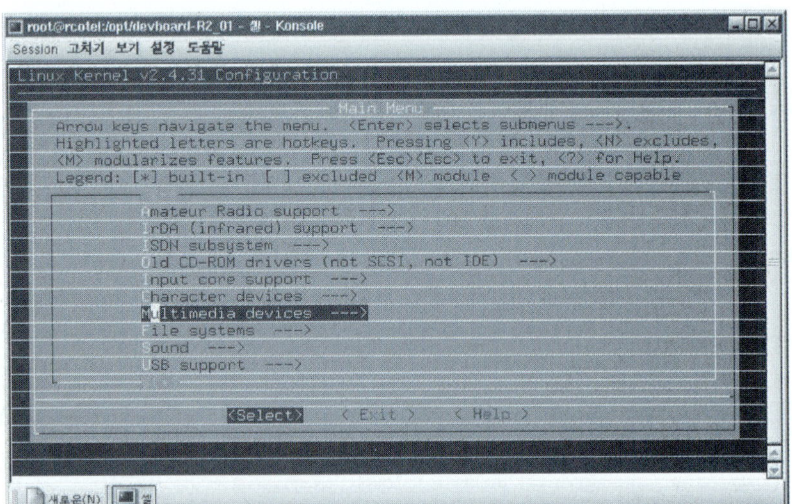
root@rcotel:/opt/devboard-R2_01 - 셸 - Konsole
Session 고치기 보기 설정 도움말
Linux Kernel v2.4.31 Configuration
Main Menu
Arrow keys navigate the menu. <Enter> selects submenus --->.
Highlighted letters are hotkeys. Pressing <Y> includes, <N> excludes,
<M> modularizes features. Press <Esc><Esc> to exit, <?> for Help.
Legend: [*] built-in [ ] excluded <M> module < > module capable
Amateur Radio support --->
IrDA (infrared) support --->
ISDN subsystem --->
Old CD-ROM drivers (not SCSI, not IDE) --->
Input core support --->
Character devices --->
Multimedia devices --->
File systems --->
Sound --->
USB support --->
<Select> < Exit > < Help >
새로운(N) 셸

[그림 7-115] 커널 설정 화면

– 〈M〉 Video For Linux을 선택한다. 꼭 〈M〉으로 선택해야 한다.

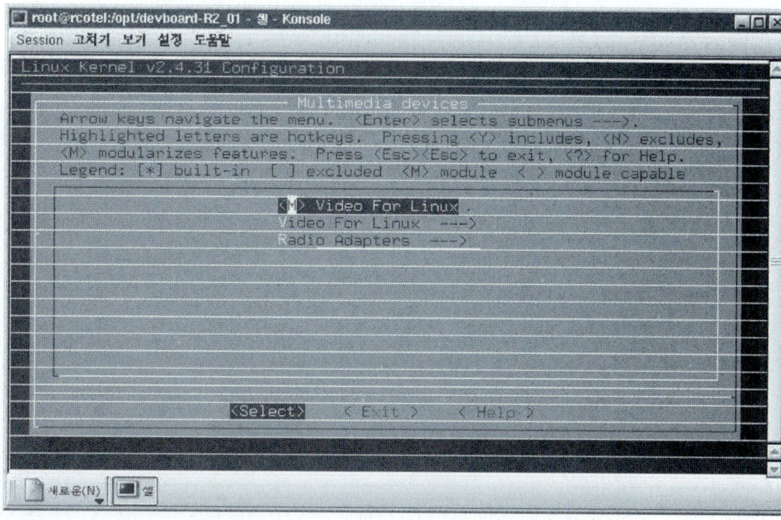
root@rcotel:/opt/devboard-R2_01 - 셸 - Konsole
Session 고치기 보기 설정 도움말
Linux Kernel v2.4.31 Configuration
Multimedia devices
Arrow keys navigate the menu. <Enter> selects submenus --->.
Highlighted letters are hotkeys. Pressing <Y> includes, <N> excludes,
<M> modularizes features. Press <Esc><Esc> to exit, <?> for Help.
Legend: [*] built-in [ ] excluded <M> module < > module capable
<M> Video For Linux
Video For Linux --->
Radio Adapters --->
<Select> < Exit > < Help >
새로운(N) 셸

[그림 7-116] 커널 설정 화면

– 다시 Main Menu로 나와 USB support --->를 선택한다.

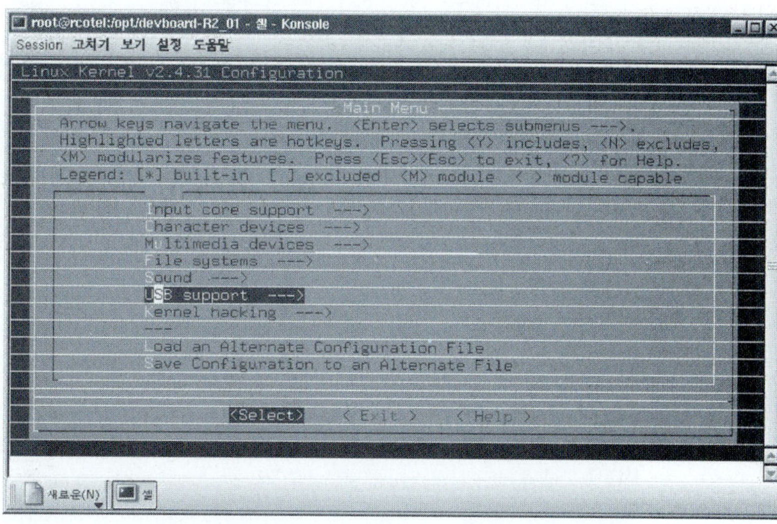
root@rcotel:/opt/devboard-R2_01 - 셸 - Konsole
Session 고치기 보기 설정 도움말
Linux Kernel v2.4.31 Configuration
Main Menu
Arrow keys navigate the menu. <Enter> selects submenus --->.
Highlighted letters are hotkeys. Pressing <Y> includes, <N> excludes,
<M> modularizes features. Press <Esc><Esc> to exit, <?> for Help.
Legend: [*] built-in [ ] excluded <M> module < > module capable
Input core support --->
Character devices --->
Multimedia devices --->
File systems --->
Sound --->
USB support --->
Kernel hacking --->

Load an Alternate Configuration File
Save Configuration to an Alternate File
<Select> < Exit > < Help >
새로운(N) 셸

[그림 7-117] 커널 설정 화면

제 7 장

– 〈M〉 USB SPCA5XX Sunplus Vimicro Sonix Cameras를 선택한다. 마찬가지로 꼭 〈M〉으로 선택하여야 한다.

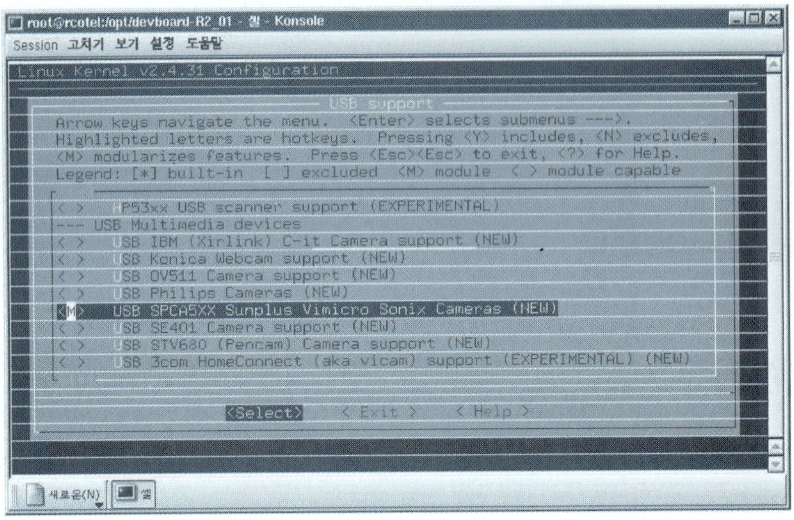
root@rcotel:/opt/devboard-R2_01 - 셸 - Konsole
Session 고치기 보기 설정 도움말
Linux Kernel v2.4.31 Configuration
USB support
Arrow keys navigate the menu. <Enter> selects submenus --->.
Highlighted letters are hotkeys. Pressing <Y> includes, <N> excludes,
<M> modularizes features. Press <Esc><Esc> to exit, <?> for Help.
Legend: [*] built-in [ ] excluded <M> module < > module capable
< > HP53xx USB scanner support (EXPERIMENTAL)
--- USB Multimedia devices
< > USB IBM (Xirlink) C-it Camera support (NEW)
< > USB Konica Webcam support (NEW)
< > USB OV511 Camera support (NEW)
< > USB Philips Cameras (NEW)
<M> USB SPCA5XX Sunplus Vimicro Sonix Cameras (NEW)
< > USB SE401 Camera support (NEW)
< > USB STV680 (Pencam) Camera support (NEW)
< > USB 3com HomeConnect (aka vicam) support (EXPERIMENTAL) (NEW)
<Select> < Exit > < Help >
새로운(N) 셸

[그림 7-118] 커널 설정 화면

– 변경한 설정을 저장하고 빠져나온다.

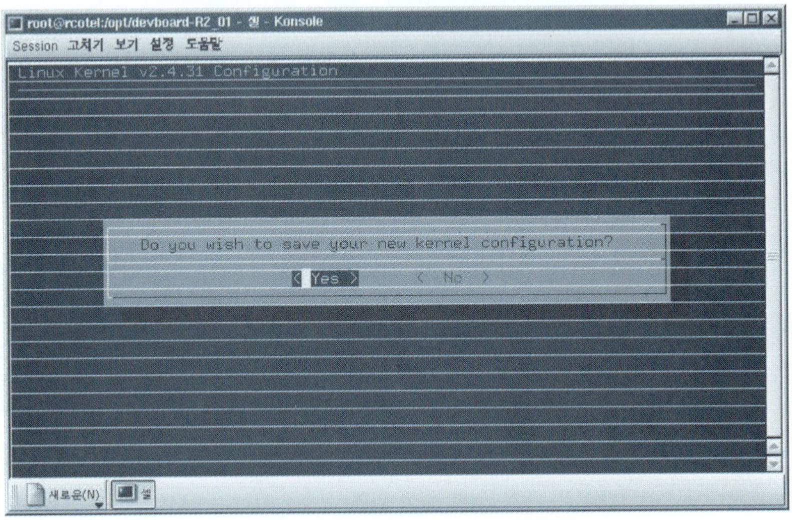
root@rcotel:/opt/devboard-R2_01 - 셸 - Konsole
Session 고치기 보기 설정 도움말
Linux Kernel v2.4.31 Configuration
Do you wish to save your new kernel configuration?
< Yes > < No >
새로운(N) 셸

[그림 7-119] 커널 설정 화면

⑨ 변경된 커널을 컴파일한다.

```
# make
```

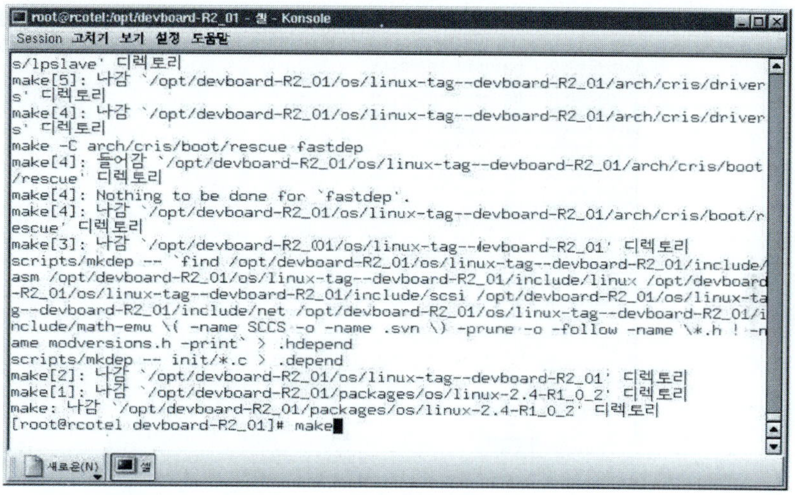
root@rcotel:/opt/devboard-R2_01 - 쉘 - Konsole
Session 고치기 보기 설정 도움말
s/lpslave' 디렉토리
make[5]: 나감 `/opt/devboard-R2_01/os/linux-tag--devboard-R2_01/arch/cris/driver
s' 디렉토리
make[4]: 나감 `/opt/devboard-R2_01/os/linux-tag--devboard-R2_01/arch/cris/driver
s' 디렉토리
make -C arch/cris/boot/rescue fastdep
make[4]: 들어감 `/opt/devboard-R2_01/os/linux-tag--devboard-R2_01/arch/cris/boot
/rescue' 디렉토리
make[4]: Nothing to be done for `fastdep'.
make[4]: 나감 `/opt/devboard-R2_01/os/linux-tag--devboard-R2_01/arch/cris/boot/r
escue' 디렉토리
make[3]: 나감 `/opt/devboard-R2_01/os/linux-tag--devboard-R2_01' 디렉토리
scripts/mkdep -- `find /opt/devboard-R2_01/os/linux-tag--devboard-R2_01/include/
asm /opt/devboard-R2_01/os/linux-tag--devboard-R2_01/include/linux /opt/devboard
-R2_01/os/linux-tag--devboard-R2_01/include/scsi /opt/devboard-R2_01/os/linux-ta
g--devboard-R2_01/include/net /opt/devboard-R2_01/os/linux-tag--devboard-R2_01/i
nclude/math-emu \(-name SCCS -o -name .svn \) -prune -o -follow -name *.h ! -n
ame modversions.h -print` > .hdepend
scripts/mkdep -- init/*.c > .depend
make[2]: 나감 `/opt/devboard-R2_01/os/linux-tag--devboard-R2_01' 디렉토리
make[1]: 나감 `/opt/devboard-R2_01/packages/os/linux-2.4-R1_0_2' 디렉토리
make: 나감 `/opt/devboard-R2_01/packages/os/linux-2.4-R1_0_2' 디렉토리
[root@rcotel devboard-R2_01]# make
새로운(N) 쉘

[그림 7-120] 컴파일 화면

⑩ 생성된 이미지를 퓨징한다.

```
# boot_linux -F -i fimage
```

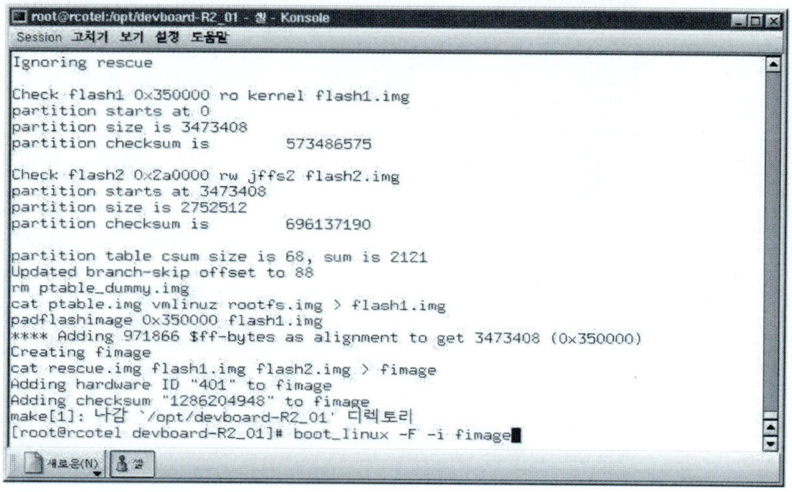
root@rcotel:/opt/devboard-R2_01 - 쉘 - Konsole
Session 고치기 보기 설정 도움말
Ignoring rescue
Check flash1 0x350000 ro kernel flash1.img
partition starts at 0
partition size is 3473408
partition checksum is 573486575
Check flash2 0x2a0000 rw jffs2 flash2.img
partition starts at 3473408
partition size is 2752512
partition checksum is 696137190
partition table csum size is 68, sum is 2121
Updated branch-skip offset to 88
rm ptable_dummy.img
cat ptable.img vmlinuz rootfs.img > flash1.img
padflashimage 0x350000 flash1.img
**** Adding 971866 $ff-bytes as alignment to get 3473408 (0x350000)
Creating fimage
cat rescue.img flash1.img flash2.img > fimage
Adding hardware ID "401" to fimage
Adding checksum "1286204948" to fimage
make[1]: 나감 `/opt/devboard-R2_01' 디렉토리
[root@rcotel devboard-R2_01]# boot_linux -F -i fimage
새로운(N) 쉘

[그림 7-121] 이미지 퓨징 화면

⑪ 이미지 퓨징이 끝났으면 SDK2.01-CAM-RCO폴더로 이동한다.

```
# cd SDK2.01-CAM-RCO
```

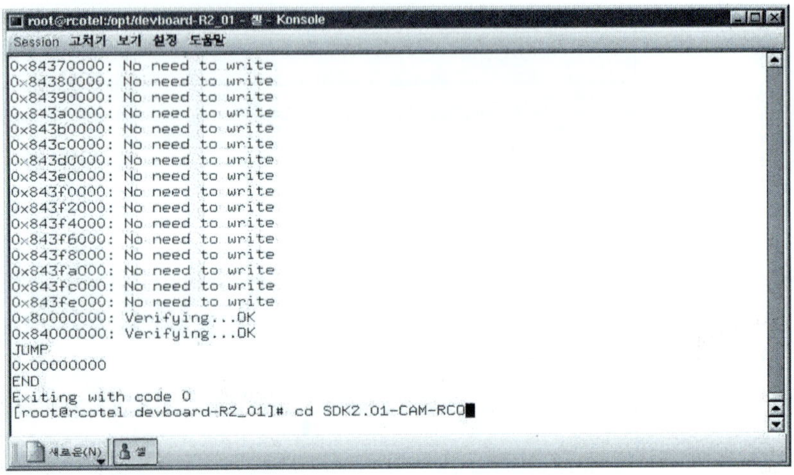
root@rcotel:/opt/devboard-R2_01 - 쉘 - Konsole
Session 고치기 보기 설정 도움말
0x84370000: No need to write
0x84380000: No need to write
0x84390000: No need to write
0x843a0000: No need to write
0x843b0000: No need to write
0x843c0000: No need to write
0x843d0000: No need to write
0x843e0000: No need to write
0x843f0000: No need to write
0x843f2000: No need to write
0x843f4000: No need to write
0x843f6000: No need to write
0x843f8000: No need to write
0x843fa000: No need to write
0x843fc000: No need to write
0x843fe000: No need to write
0x80000000: Verifying...OK
0x84000000: Verifying...OK
JUMP
0x00000000
END
Exiting with code 0
[root@rcotel devboard-R2_01]# cd SDK2.01-CAM-RCO
새로운(N)
쉘

[그림 7-122] 폴더 이동 화면

⑫ 다시 camhtml/폴더로 이동한다.

```
# cd camhtml/
```

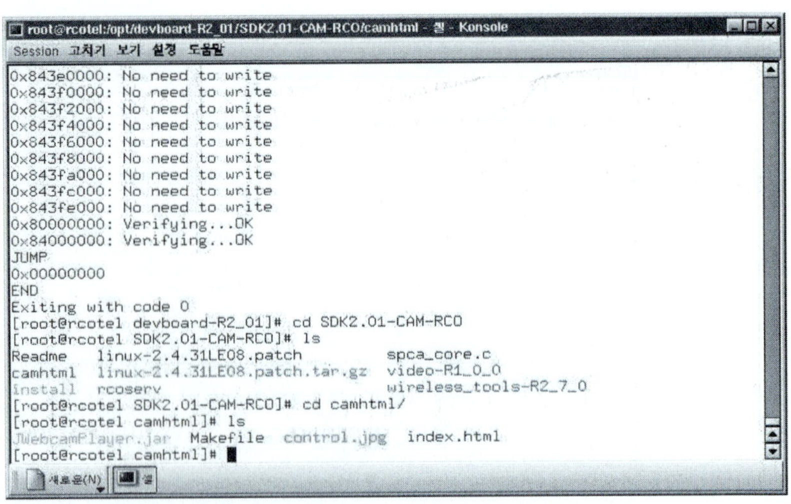
root@rcotel:/opt/devboard-R2_01/SDK2.01-CAM-RCO/camhtml - 쉘 - Konsole
Session 고치기 보기 설정 도움말
0x843e0000: No need to write
0x843f0000: No need to write
0x843f2000: No need to write
0x843f4000: No need to write
0x843f6000: No need to write
0x843f8000: No need to write
0x843fa000: No need to write
0x843fc000: No need to write
0x843fe000: No need to write
0x80000000: Verifying...OK
0x84000000: Verifying...OK
JUMP
0x00000000
END
Exiting with code 0
[root@rcotel devboard-R2_01]# cd SDK2.01-CAM-RCO
[root@rcotel SDK2.01-CAM-RCO]# ls
Readme linux-2.4.31LE08.patch spca_core.c
camhtml linux-2.4.31LE08.patch.tar.gz video-R1_0_0
install rcoserv wireless_tools-R2_7_0
[root@rcotel SDK2.01-CAM-RCO]# cd camhtml/
[root@rcotel camhtml]# ls
JWebcamPlayer.jar Makefile control.jpg index.html
[root@rcotel camhtml]#
새로운(N)
쉘

[그림 7-123] camhtml폴더 화면

⑬ FTP를 실행시킨다.

```
# ftp 192.168.0.90
Name (182.168.0.90:root): root
Password: pass
```

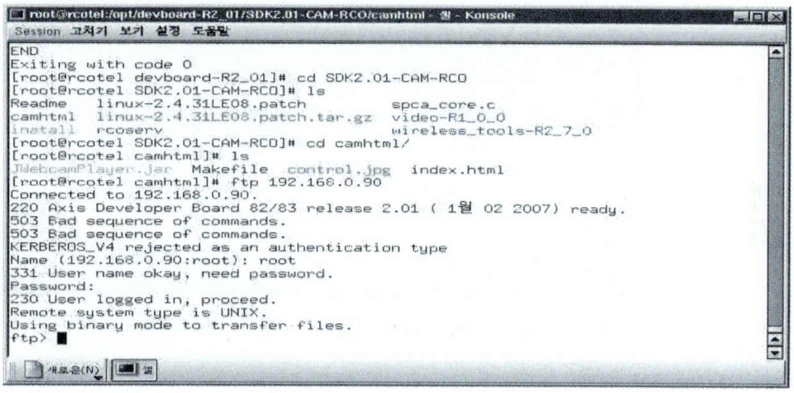
root@rcotel:/opt/devboard-R2_01/SDK2.01-CAM-RCO/camhtml - 쉘 - Konsole
Session 고치기 보기 설정 도움말
END
Exiting with code 0
[root@rcotel devboard-R2_01]# cd SDK2.01-CAM-RCO
[root@rcotel SDK2.01-CAM-RCO]# ls
Readme linux-2.4.31LE08.patch spca_core.c
camhtml linux-2.4.31LE08.patch.tar.gz video-R1_0_0
install rcoserv wireless_tools-R2_7_0
[root@rcotel SDK2.01-CAM-RCO]# cd camhtml/
[root@rcotel camhtml]# ls
JWebcamPlayer.jar Makefile control.jpg index.html
[root@rcotel camhtml]# ftp 192.168.0.90
Connected to 192.168.0.90.
220 Axis Developer Board 82/83 release 2.01 (1월 02 2007) ready.
503 Bad sequence of commands.
503 Bad sequence of commands.
KERBEROS_V4 rejected as an authentication type
Name (192.168.0.90:root): root
331 User name okay, need password.
Password:
230 User logged in, proceed.
Remote system type is UNIX.
Using binary mode to transfer files.
ftp>
새로운(N) 쉘

[그림 7-124] FTP 실행 화면

⑭ 타깃보드의 /usr/html/local폴더로 Host PC의 camhtml폴더 내의 모든 파일을 업로드시킨다.

```
ftp> cd /usr/html/local
ftp> mput *
```

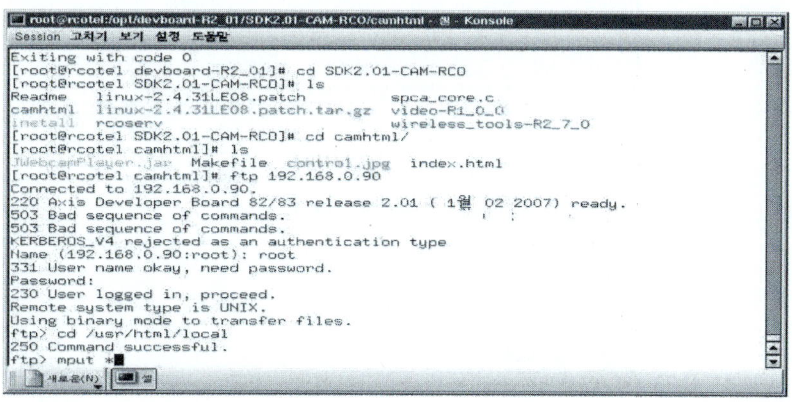
root@rcotel:/opt/devboard-R2_01/SDK2.01-CAM-RCO/camhtml - 쉘 - Konsole
Session 고치기 보기 설정 도움말
Exiting with code 0
[root@rcotel devboard-R2_01]# cd SDK2.01-CAM-RCO
[root@rcotel SDK2.01-CAM-RCO]# ls
Readme linux-2.4.31LE08.patch spca_core.c
camhtml linux-2.4.31LE08.patch.tar.gz video-R1_0_0
install rcoserv wireless_tools-R2_7_0
[root@rcotel SDK2.01-CAM-RCO]# cd camhtml/
[root@rcotel camhtml]# ls
JWebcamPlayer.jar Makefile control.jpg index.html
[root@rcotel camhtml]# ftp 192.168.0.90
Connected to 192.168.0.90.
220 Axis Developer Board 82/83 release 2.01 (1월 02 2007) ready.
503 Bad sequence of commands.
503 Bad sequence of commands.
KERBEROS_V4 rejected as an authentication type
Name (192.168.0.90:root): root
331 User name okay, need password.
Password:
230 User logged in, proceed.
Remote system type is UNIX.
Using binary mode to transfer files.
ftp> cd /usr/html/local
250 Command successful.
ftp> mput *
새로운(N) 쉘

[그림 7-125] 파일 업로드 화면

⑮ 모두 y를 선택한다.

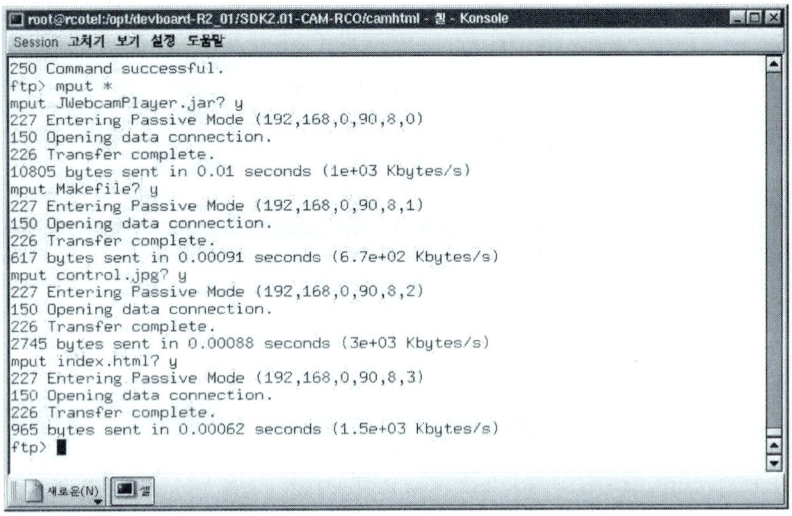
root@rcotel:/opt/devboard-R2_01/SDK2.01-CAM-RCO/camhtml - 셸 - Konsole
Session 고치기 보기 설정 도움말
250 Command successful.
ftp> mput *
mput JWebcamPlayer.jar? y
227 Entering Passive Mode (192,168,0,90,8,0)
150 Opening data connection.
226 Transfer complete.
10805 bytes sent in 0.01 seconds (1e+03 Kbytes/s)
mput Makefile? y
227 Entering Passive Mode (192,168,0,90,8,1)
150 Opening data connection.
226 Transfer complete.
617 bytes sent in 0.00091 seconds (6.7e+02 Kbytes/s)
mput control.jpg? y
227 Entering Passive Mode (192,168,0,90,8,2)
150 Opening data connection.
226 Transfer complete.
2745 bytes sent in 0.00088 seconds (3e+03 Kbytes/s)
mput index.html? y
227 Entering Passive Mode (192,168,0,90,8,3)
150 Opening data connection.
226 Transfer complete.
965 bytes sent in 0.00062 seconds (1.5e+03 Kbytes/s)
ftp>
새로운(N) 셸

[그림 7-126] 파일 업로드 화면

⑯ FTP를 종료한다.

```
ftp> close
ftp> quit
```

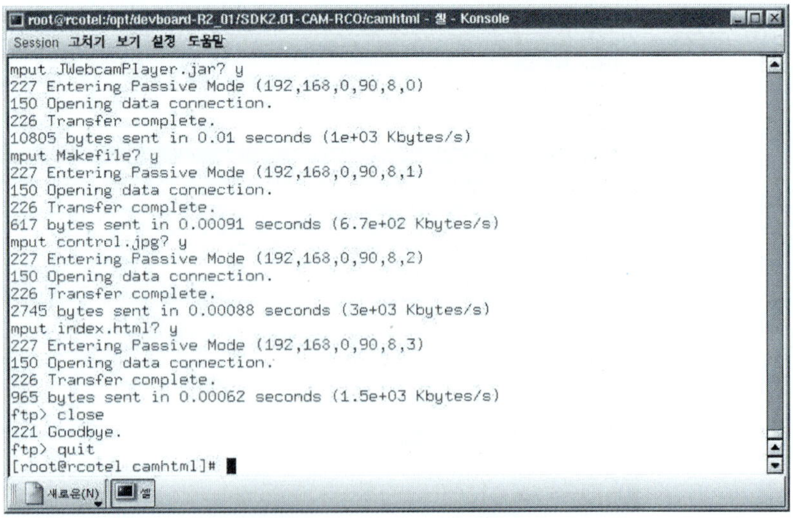
root@rcotel:/opt/devboard-R2_01/SDK2.01-CAM-RCO/camhtml - 셸 - Konsole
Session 고치기 보기 설정 도움말
mput JWebcamPlayer.jar? y
227 Entering Passive Mode (192,168,0,90,8,0)
150 Opening data connection.
226 Transfer complete.
10805 bytes sent in 0.01 seconds (1e+03 Kbytes/s)
mput Makefile? y
227 Entering Passive Mode (192,168,0,90,8,1)
150 Opening data connection.
226 Transfer complete.
617 bytes sent in 0.00091 seconds (6.7e+02 Kbytes/s)
mput control.jpg? y
227 Entering Passive Mode (192,168,0,90,8,2)
150 Opening data connection.
226 Transfer complete.
2745 bytes sent in 0.00088 seconds (3e+03 Kbytes/s)
mput index.html? y
227 Entering Passive Mode (192,168,0,90,8,3)
150 Opening data connection.
226 Transfer complete.
965 bytes sent in 0.00062 seconds (1.5e+03 Kbytes/s)
ftp> close
221 Goodbye.
ftp> quit
[root@rcotel camhtml]#
새로운(N) 셸

[그림 7-127] FTP 종료 화면

⑰ insmod라는 명령을 이용하여 디바이스 드라이버 모듈을 커널에 적재한다.

```
# insmod videodev
# insmod spca5xx
```

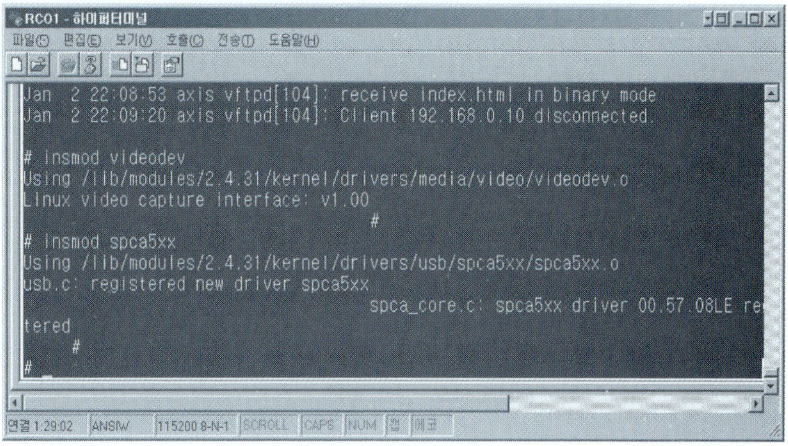
RC01 - 하이퍼터미널
파일(F) 편집(E) 보기(V) 호출(C) 전송(T) 도움말(H)
Jan 2 22:08:53 axis vftpd[104]: receive index.html in binary mode
Jan 2 22:09:20 axis vftpd[104]: Client 192.168.0.10 disconnected.
insmod videodev
Using /lib/modules/2.4.31/kernel/drivers/media/video/videodev.o
Linux video capture interface: v1.00
#
insmod spca5xx
Using /lib/modules/2.4.31/kernel/drivers/usb/spca5xx/spca5xx.o
usb.c: registered new driver spca5xx
spca_core.c: spca5xx driver 00.57.08LE re
tered
#
#
연결 1:29:02 ANSIW 115200 8-N-1 SCROLL CAPS NUM

[그림 7-128] 디바이스 드라이버 모듈 적재화면

⑱ ETRAX 82+ 개발자 보드에 웹캠을 연결한다.

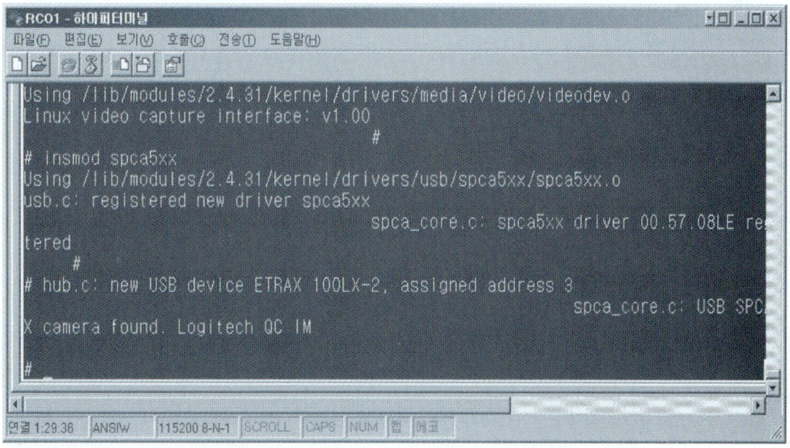
RC01 - 하이퍼터미널
파일(F) 편집(E) 보기(V) 호출(C) 전송(T) 도움말(H)
Using /lib/modules/2.4.31/kernel/drivers/media/video/videodev.o
Linux video capture interface: v1.00
#
insmod spca5xx
Using /lib/modules/2.4.31/kernel/drivers/usb/spca5xx/spca5xx.o
usb.c: registered new driver spca5xx
spca_core.c: spca5xx driver 00.57.08LE re
tered
#
hub.c: new USB device ETRAX 100LX-2, assigned address 3
spca_core.c: USB SPC
X camera found. Logitech QC IM
#
연결 1:29:36 ANSIW 115200 8-N-1 SCROLL CAPS NUM

[그림 7-129] 웹캠 연결 화면

⑲ dmesg 명령을 실행시켜 연결 상태를 다시 한 번 확인한다.

```
# dmesg
```

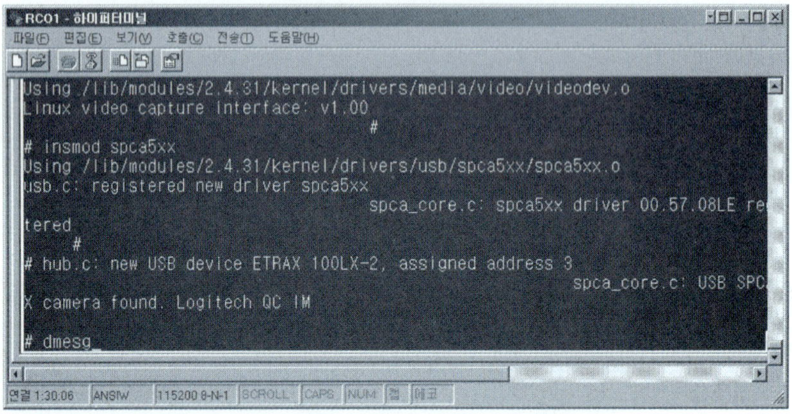
RC01 - 하이퍼터미널
파일(F) 편집(E) 보기(V) 호출(C) 전송(T) 도움말(H)
Using /lib/modules/2.4.31/kernel/drivers/media/video/videodev.o
Linux video capture interface: v1.00
#
insmod spca5xx
Using /lib/modules/2.4.31/kernel/drivers/usb/spca5xx/spca5xx.o
usb.c: registered new driver spca5xx
spca_core.c: spca5xx driver 00.57.08LE re
tered
#
hub.c: new USB device ETRAX 100LX-2, assigned address 3
spca_core.c: USB SPC
X camera found. Logitech QC IM
dmesg_
연결 1:30:06 ANSIW 115200 8-N-1 SCROLL CAPS NUM 캡 에코

[그림 7-130] dmesg 실행 화면

⑳ 웹캠 서버 프로그램을 실행시킨다.

```
# rcoserv -s 320x240 -w 7070
```

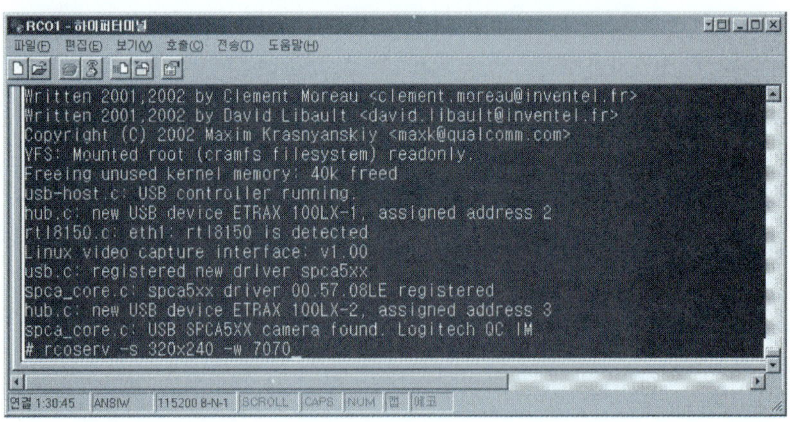
RC01 - 하이퍼터미널
파일(F) 편집(E) 보기(V) 호출(C) 전송(T) 도움말(H)
Written 2001,2002 by Clement Moreau <clement.moreau@inventel.fr>
Written 2001,2002 by David Libault <david.libault@inventel.fr>
Copyright (C) 2002 Maxim Krasnyanskiy <maxk@qualcomm.com>
VFS: Mounted root (cramfs filesystem) readonly.
Freeing unused kernel memory: 40k freed
usb-host.c: USB controller running.
hub.c: new USB device ETRAX 100LX-1, assigned address 2
rtl8150.c: eth1: rtl8150 is detected
Linux video capture interface: v1.00
usb.c: registered new driver spca5xx
spca_core.c: spca5xx driver 00.57.08LE registered
hub.c: new USB device ETRAX 100LX-2, assigned address 3
spca_core.c: USB SPCA5XX camera found. Logitech QC IM
rcoserv -s 320x240 -w 7070_
연결 1:30:45 ANSIW 115200 8-N-1 SCROLL CAPS NUM 캡 에코

[그림 7-131] 서버 프로그램 실행 화면

– 서버 프로그램이 실행 중이다.

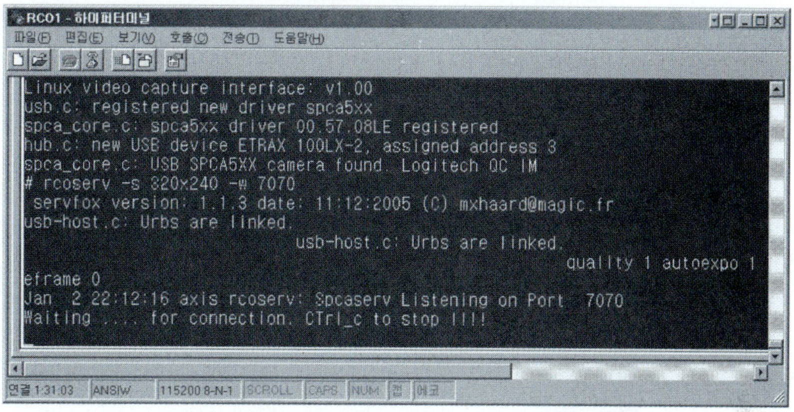
RCO1 - 하이퍼터미널
파일(F) 편집(E) 보기(V) 호출(C) 전송(T) 도움말(H)
Linux video capture interface: v1.00
usb.c: registered new driver spca5xx
spca_core.c: spca5xx driver 00.57.08LE registered
hub.c: new USB device ETRAX 100LX-2, assigned address 3
spca_core.c: USB SPCA5XX camera found. Logitech QC IM
rcoserv -s 320x240 -w 7070
servfox version: 1.1.3 date: 11:12:2005 (C) mxhaard@magic.fr
usb-host.c: Urbs are linked.
usb-host.c: Urbs are linked.
quality 1 autoexpo 1
eframe 0
Jan 2 22:12:16 axis rcoserv: Spcaserv Listening on Port 7070
Waiting .... for connection. CTrl_c to stop !!!!
연결 1:31:03 ANSIW 115200 8-N-1 SCROLL CAPS NUM 캡 에코

[그림 7-132] 서버 프로그램 실행 화면

㉑ Java Runtime 프로그램의 설치가 쉬운 윈도우즈의 브라우저를 이용하여 타깃보드에 접속한다.

```
http://192.168.0.90/local/index.html
```

– 그러나 다음과 같은 화면이 나타나게 되면 실습하는 컴퓨터에 꼭 필요한 Java Runtime 프로그램이 설치되어 있지 않은 경우이다.

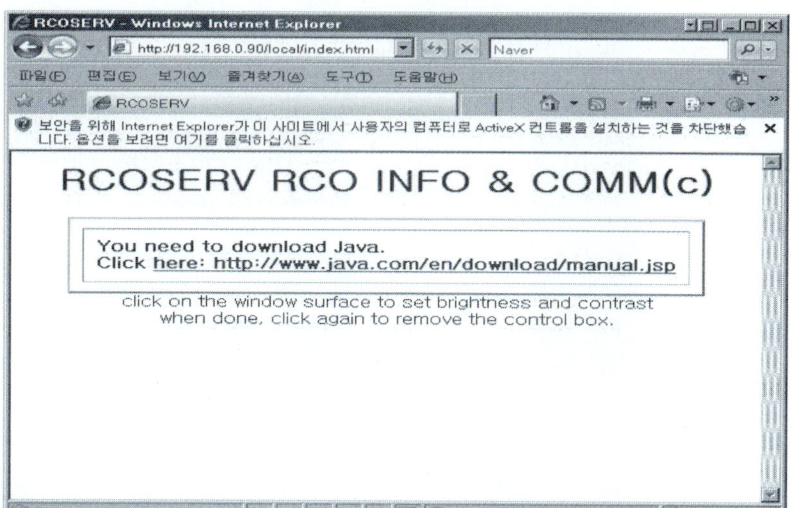
RCOSERV - Windows Internet Explorer
http://192.168.0.90/local/index.html
Naver
파일(F) 편집(E) 보기(V) 즐겨찾기(A) 도구(T) 도움말(H)
RCOSERV
보안을 위해 Internet Explorer가 이 사이트에서 사용자의 컴퓨터로 ActiveX 컨트롤을 설치하는 것을 차단했습니다. 옵션을 보려면 여기를 클릭하십시오.
RCOSERV RCO INFO & COMM(c)
You need to download Java.
Click here: http://www.java.com/en/download/manual.jsp
click on the window surface to set brightness and contrast
when done, click again to remove the control box.
인터넷
100%

[그림 7-133] 타깃보드에 접속한 화면

제 7 장

– Java Runtime 프로그램이 설치되어 있지 않은 경우 Java 홈페이지에 접속하여 프로그램을 설치한다.

http://www.java.com/ko/

[그림 7-134] Java 홈페이지 화면

– 다운로드 시작을 누른다.

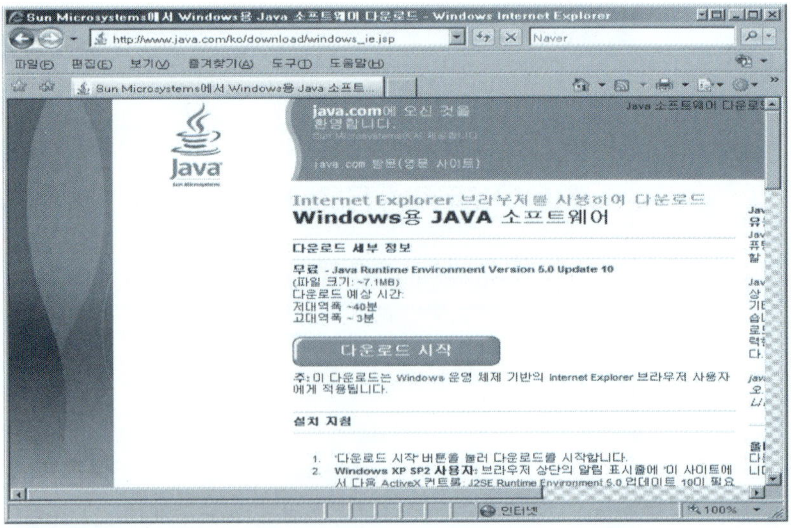

[그림 7-135] Java 홈페이지 화면

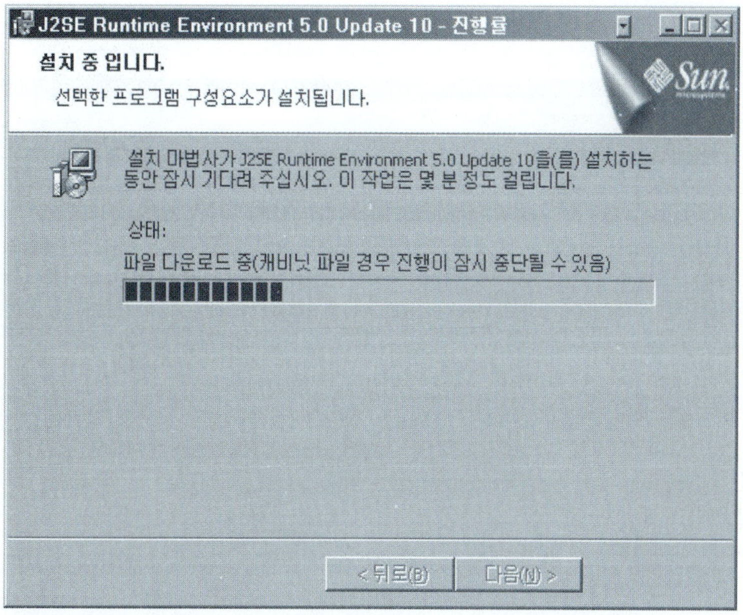

[그림 7-136] Java Runtime 설치 화면

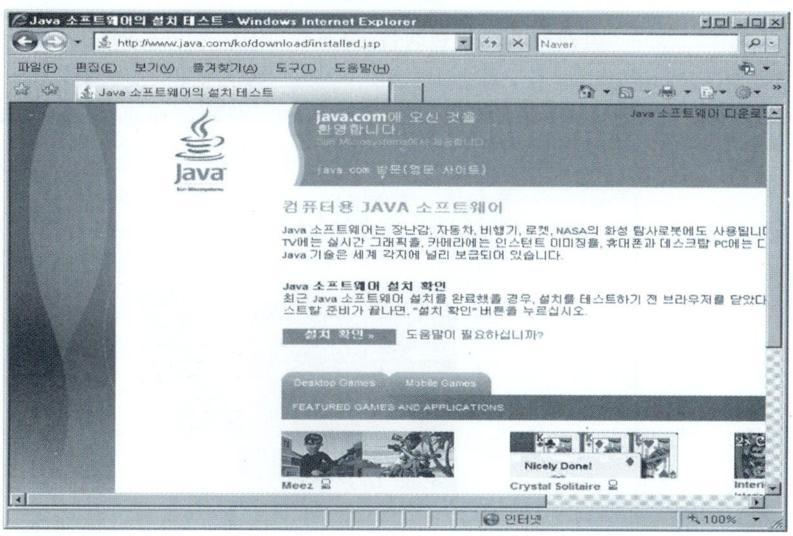

[그림 7-137] Java Runtime 설치 완료

㉒ 다시 타깃보드에 접속한다.

```
http://192.168.0.90/local/index.html
```

– 실행을 누른다.

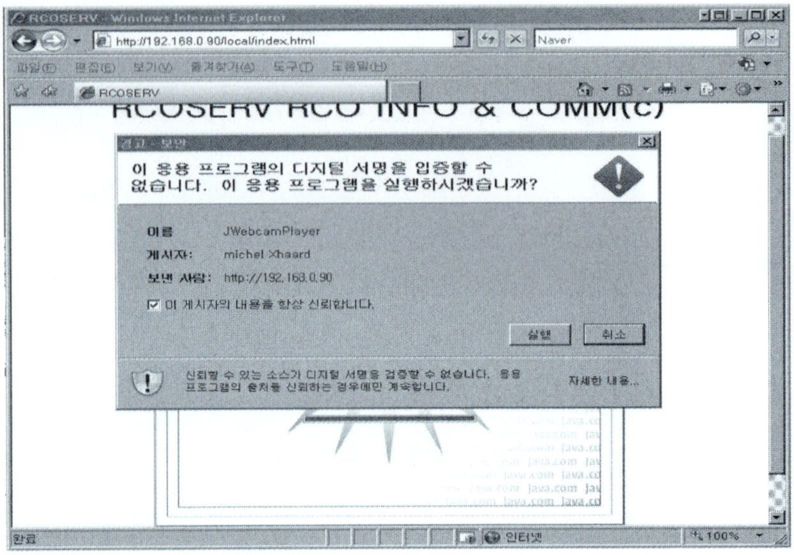
RCOSERV - Windows Internet Explorer
http://192.168.0.90/local/index.html
RCOSERV
이 응용 프로그램의 디지털 서명을 입증할 수 없습니다. 이 응용 프로그램을 실행하시겠습니까?
이름 JWebcamPlayer
게시자: michel Xhaard
보낸 사람: http://192.168.0.90
이 게시자의 내용을 항상 신뢰합니다.
실행
취소

[그림 7-138] 타깃보드에 접속한 화면

– 아래와 같이 웹캠을 통하여 전송되는 동영상을 볼 수 있을 것이다.

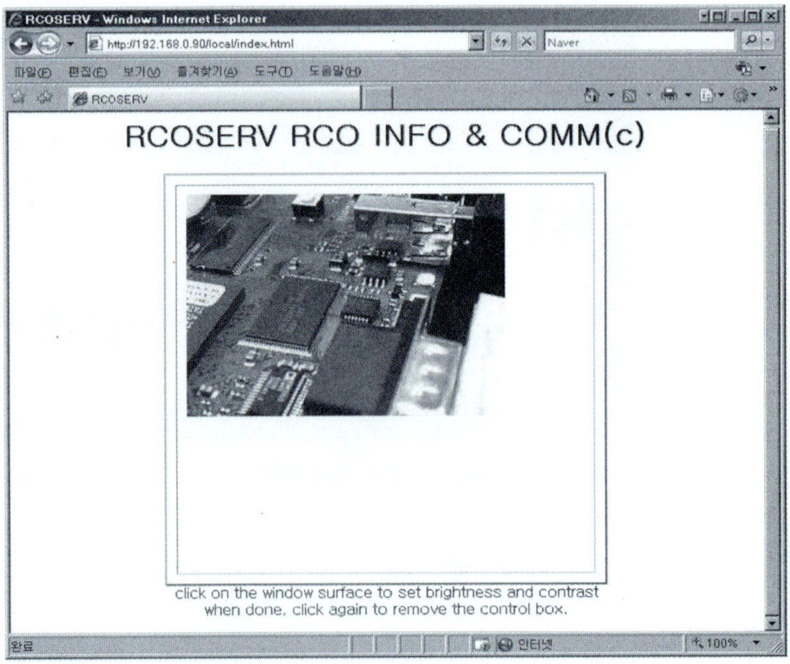
RCOSERV - Windows Internet Explorer
http://192.168.0.90/local/index.html
RCOSERV RCO INFO & COMM(c)
click on the window surface to set brightness and contrast
when done, click again to remove the control box.

[그림 7-139] 웹캠을 통하여 전송되는 동영상

7.8 PHP 프로그램 실습

PHP(HyperText Preprocessor)는 HTML에 내장되어 동작하는 스크립트 언어로서, 사용자가 HTML 폼을 통해 입력한 값을 웹 서버상에서 처리한 후 그 결과를 브라우저에 전달하는 스크립트 언어다. ASP처럼 HTML 코드와 함께 프로그래밍할 수 있다. 또한, C와 JAVA, PERL 등으로부터 많은 문장 형식을 빌리고 있으며, 몇 가지는 고유한 것도 있다. 이 언어의 목적은 웹 개발자들이 동적인 웹 문서를 빠르고 쉽게 작성할 수 있도록 하는 것이다.

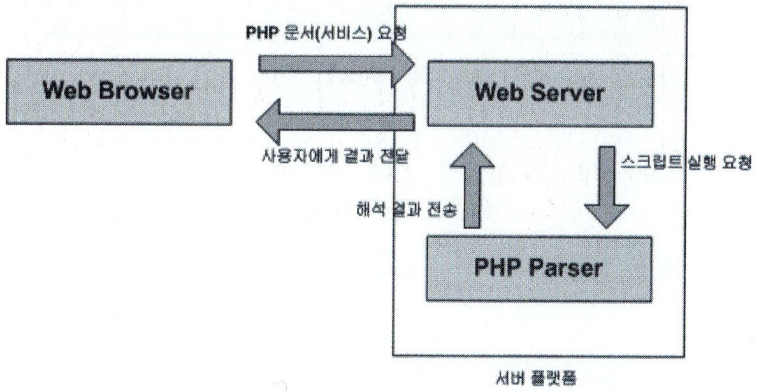

[그림 7-140] PHP의 작동원리

PHP의 작동원리는 우선 클라이언트가 웹 서버에게 PHP로 만들어진 스크립트 문서를 요청하면, 웹 서버는 요청받은 PHP 스크립트 문서를 확인하고 PHP Parser에게 보낸다. 그리고 PHP Parser는 해당 코드를 해석해서 그 결과를 다시 웹 서버로 보내게 되고, 웹 서버는 전달받은 결과를 클라이언트로 전달해 준다. 즉, 웹 서버는 PHP Parser로부터 번역, 가공된 HTML 문서를 다시 사용자의 브라우저에 전송함으로써 사용자들은 그 결과를 웹 페이지 형식으로 볼 수 있게 된다.

① CD에 있는 PHP 프로그램을 /opt/devboard-R2_01/apps폴더에 복사한다.

```
# mount /dev/cdrom /mnt/cdrom/
# cd /mnt/cdrom/apps/PHP/
# cp * /opt/devboard-R2_01/apps/
```

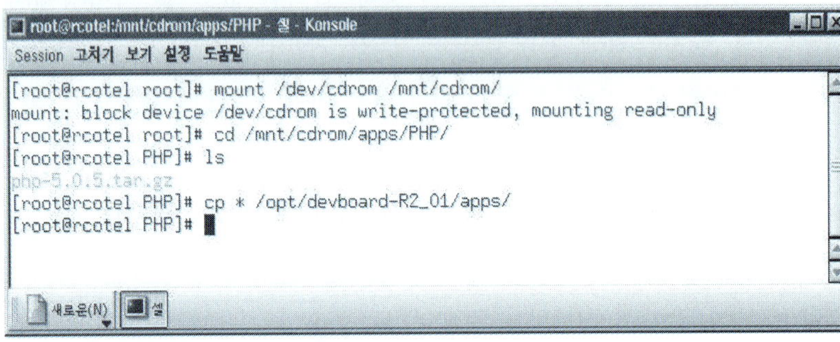
root@rcotel:/mnt/cdrom/apps/PHP - 셸 - Konsole
Session 고치기 보기 설정 도움말
[root@rcotel root]# mount /dev/cdrom /mnt/cdrom/
mount: block device /dev/cdrom is write-protected, mounting read-only
[root@rcotel root]# cd /mnt/cdrom/apps/PHP/
[root@rcotel PHP]# ls
php-5.0.5.tar.gz
[root@rcotel PHP]# cp * /opt/devboard-R2_01/apps/
[root@rcotel PHP]#
새로운(N)
셸

[그림 7-141] PHP 프로그램 복사화면

② 복사한 파일의 압축을 푼다.

```
# tar xvfz php-5.0.5.tar.gz
```

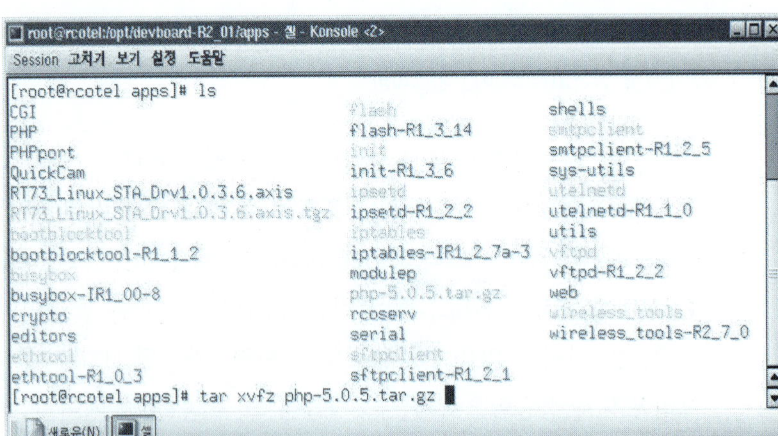
root@rcotel:/opt/devboard-R2_01/apps - 셸 - Konsole <2>
Session 고치기 보기 설정 도움말
[root@rcotel apps]# ls
CGI
PHP
PHPport
QuickCam
RT73_Linux_STA_Drv1.0.3.6.axis
RT73_Linux_STA_Drv1.0.3.6.axis.tgz
bootblocktool
bootblocktool-R1_1_2
busybox
busybox-IR1_00-8
crypto
editors
ethtool
ethtool-R1_0_3
flash
flash-R1_3_14
init
init-R1_3_6
ipsetd
ipsetd-R1_2_2
iptables
iptables-IR1_2_7a-3
modulep
php-5.0.5.tar.gz
rcoserv
serial
sftpclient
sftpclient-R1_2_1
shells
smtpclient
smtpclient-R1_2_5
sys-utils
utelnetd
utelnetd-R1_1_0
utils
vftpd
vftpd-R1_2_2
web
wireless_tools
wireless_tools-R2_7_0
[root@rcotel apps]# tar xvfz php-5.0.5.tar.gz
새로운(N)
셸

[그림 7-142] 압축 해제 화면

③ php이라는 이름으로 php-5.0.5폴더의 심벌릭 링크를 만든다.

```
# ln -s php-5.0.5 php
```

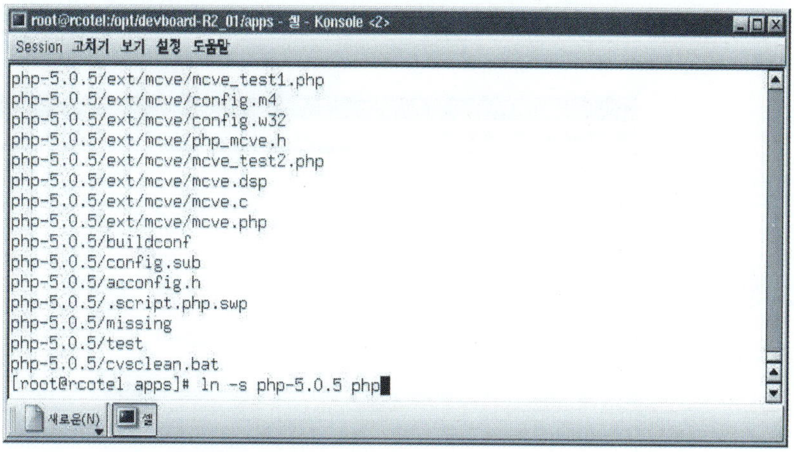
root@rcotel:/opt/devboard-R2_01/apps - 셸 - Konsole <2>
Session 고치기 보기 설정 도움말
php-5.0.5/ext/mcve/mcve_test1.php
php-5.0.5/ext/mcve/config.m4
php-5.0.5/ext/mcve/config.w32
php-5.0.5/ext/mcve/php_mcve.h
php-5.0.5/ext/mcve/mcve_test2.php
php-5.0.5/ext/mcve/mcve.dsp
php-5.0.5/ext/mcve/mcve.c
php-5.0.5/ext/mcve/mcve.php
php-5.0.5/buildconf
php-5.0.5/config.sub
php-5.0.5/acconfig.h
php-5.0.5/.script.php.swp
php-5.0.5/missing
php-5.0.5/test
php-5.0.5/cvsclean.bat
[root@rcotel apps]# ln -s php-5.0.5 php
새로운(N)
셸

[그림 7-143] 심벌릭 링크 생성 화면

④ /opt/devboard-R2_01폴더로 이동한 후 환경설정 파일을 실행시킨다.

```
# cd ..
# . ./init_env
```

root@rcotel:/opt/devboard-R2_01 - 셸 - Konsole
Session 고치기 보기 설정 도움말
[root@rcotel apps]# cd ..
[root@rcotel devboard-R2_01]# . ./init_env
Prepending "/opt/devboard-R2_01/tools/build/bin" to PATH.
Prepending "/usr/local/cris/bin" to PATH.
[root@rcotel devboard-R2_01]#
새로운(N)
셸

[그림 7-144] 환경설정 파일 실행 화면

⑤ apps/php폴더로 이동하여 PHP 프로그램을 컴파일한다.

```
# cd apps/php
# make cris-axis-linux-gnu
# make
```

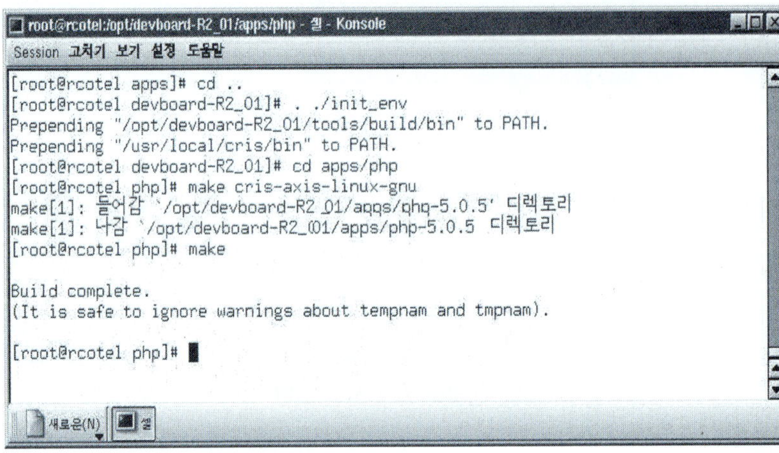
root@rcotel:/opt/devboard-R2_01/apps/php - 쉘 - Konsole
Session 고치기 보기 설정 도움말
[root@rcotel apps]# cd ..
[root@rcotel devboard-R2_01]# . ./init_env
Prepending "/opt/devboard-R2_01/tools/build/bin" to PATH.
Prepending "/usr/local/cris/bin" to PATH.
[root@rcotel devboard-R2_01]# cd apps/php
[root@rcotel php]# make cris-axis-linux-gnu
make[1]: 들어감 `/opt/devboard-R2_01/apps/php-5.0.5' 디렉토리
make[1]: 나감 `/opt/devboard-R2_01/apps/php-5.0.5 디렉토리
[root@rcotel php]# make
Build complete.
(It is safe to ignore warnings about tempnam and tmpnam).
[root@rcotel php]#
새로운(N)
쉘

[그림 7-145] 컴파일 화면

⑥ cris-strip를 이용하여 php파일의 심벌을 제거한다.

```
# cris-strip sapi/cgi/php
```

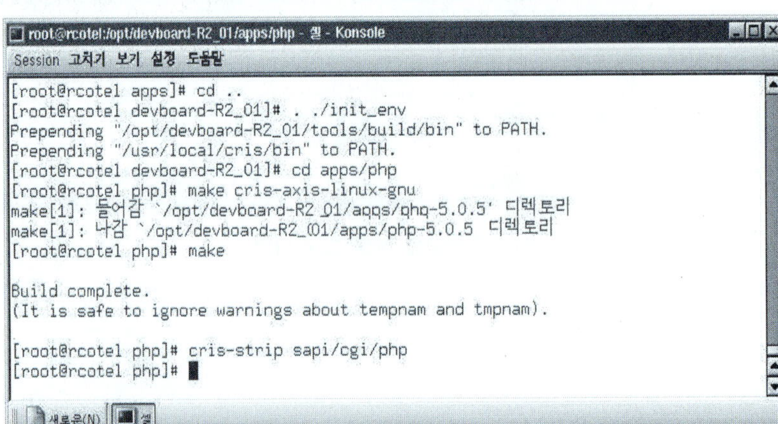
root@rcotel:/opt/devboard-R2_01/apps/php - 쉘 - Konsole
Session 고치기 보기 설정 도움말
[root@rcotel apps]# cd ..
[root@rcotel devboard-R2_01]# . ./init_env
Prepending "/opt/devboard-R2_01/tools/build/bin" to PATH.
Prepending "/usr/local/cris/bin" to PATH.
[root@rcotel devboard-R2_01]# cd apps/php
[root@rcotel php]# make cris-axis-linux-gnu
make[1]: 들어감 `/opt/devboard-R2_01/apps/php-5.0.5' 디렉토리
make[1]: 나감 `/opt/devboard-R2_01/apps/php-5.0.5 디렉토리
[root@rcotel php]# make
Build complete.
(It is safe to ignore warnings about tempnam and tmpnam).
[root@rcotel php]# cris-strip sapi/cgi/php
[root@rcotel php]#
새로운(N)
쉘

[그림 7-146] cris-strip 실행 화면

⑦ 심벌을 제거한 php파일을 /target/cris-axis-linux-gnu/usr/bin폴더에 복사한다.

```
# cp sapi/cgi/php ../../target/cris-axis-linux-gnu/usr/bin/
```

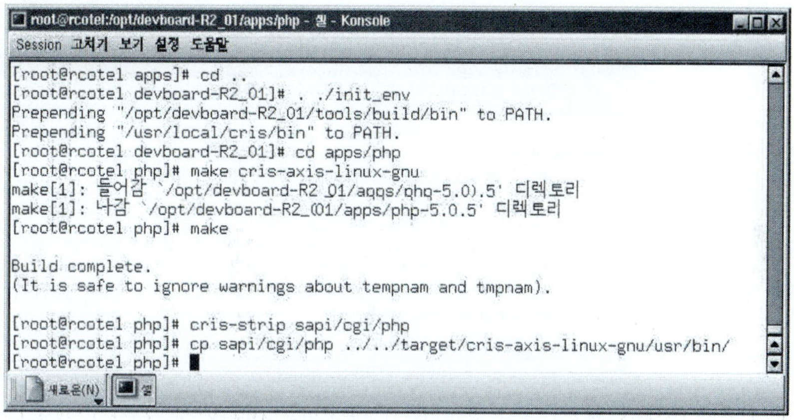
root@rcotel:/opt/devboard-R2_01/apps/php - 쉘 - Konsole
Session 고치기 보기 설정 도움말
[root@rcotel apps]# cd ..
[root@rcotel devboard-R2_01]# . ./init_env
Prepending "/opt/devboard-R2_01/tools/build/bin" to PATH.
Prepending "/usr/local/cris/bin" to PATH.
[root@rcotel devboard-R2_01]# cd apps/php
[root@rcotel php]# make cris-axis-linux-gnu
[root@rcotel php]# make
Build complete.
(It is safe to ignore warnings about tempnam and tmpnam).
[root@rcotel php]# cris-strip sapi/cgi/php
[root@rcotel php]# cp sapi/cgi/php ../../target/cris-axis-linux-gnu/usr/bin/
[root@rcotel php]#

[그림 7-147] 파일 복사 화면

⑧ php.ini-recommended라는 설정 파일을 target/cris-axis-linux-gnu/etc폴더에 php.ini라는 이름으로 복사한다.

```
# cp php.ini-recommended ../../target/cris-axis-linux-gnu/etc/php.ini
```

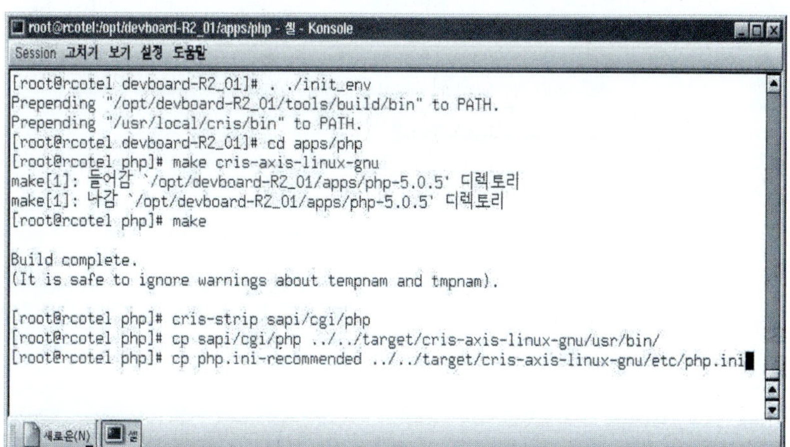
root@rcotel:/opt/devboard-R2_01/apps/php - 쉘 - Konsole
Session 고치기 보기 설정 도움말
[root@rcotel devboard-R2_01]# . ./init_env
Prepending "/opt/devboard-R2_01/tools/build/bin" to PATH.
Prepending "/usr/local/cris/bin" to PATH.
[root@rcotel devboard-R2_01]# cd apps/php
[root@rcotel php]# make cris-axis-linux-gnu
make[1]: 들어감 `/opt/devboard-R2_01/apps/php-5.0.5' 디렉토리
make[1]: 나감 `/opt/devboard-R2_01/apps/php-5.0.5' 디렉토리
[root@rcotel php]# make
Build complete.
(It is safe to ignore warnings about tempnam and tmpnam).
[root@rcotel php]# cris-strip sapi/cgi/php
[root@rcotel php]# cp sapi/cgi/php ../../target/cris-axis-linux-gnu/usr/bin/
[root@rcotel php]# cp php.ini-recommended ../../target/cris-axis-linux-gnu/etc/php.ini

[그림 7-148] 파일 복사 화면

⑨ /opt/devboard-R2_01/target/cris-axis-linux-gnu/etc폴더로 이동한 후 vi 에디터를 이용하여 php.ini 파일을 수정한다.

```
# cd /opt/devboard-R2_01/target/cris-axis-linux-gnu/etc/
# vi php.ini
```

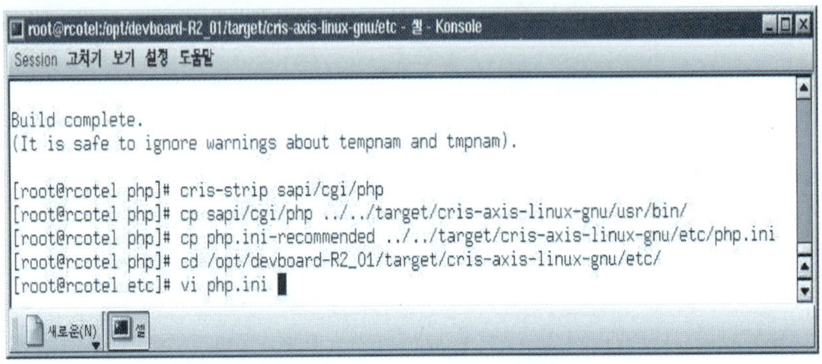
root@rcotel:/opt/devboard-R2_01/target/cris-axis-linux-gnu/etc - 쉘 - Konsole
Session 고치기 보기 설정 도움말
Build complete.
(It is safe to ignore warnings about tempnam and tmpnam).
[root@rcotel php]# cris-strip sapi/cgi/php
[root@rcotel php]# cp sapi/cgi/php ../../target/cris-axis-linux-gnu/usr/bin/
[root@rcotel php]# cp php.ini-recommended ../../target/cris-axis-linux-gnu/etc/php.ini
[root@rcotel php]# cd /opt/devboard-R2_01/target/cris-axis-linux-gnu/etc/
[root@rcotel etc]# vi php.ini
새로운(N)
쉘

[그림 7-149] vi 에디터 실행 화면

– 다음과 같이 수정한다.

```
doc_root ="/mnt/flash/root"
```

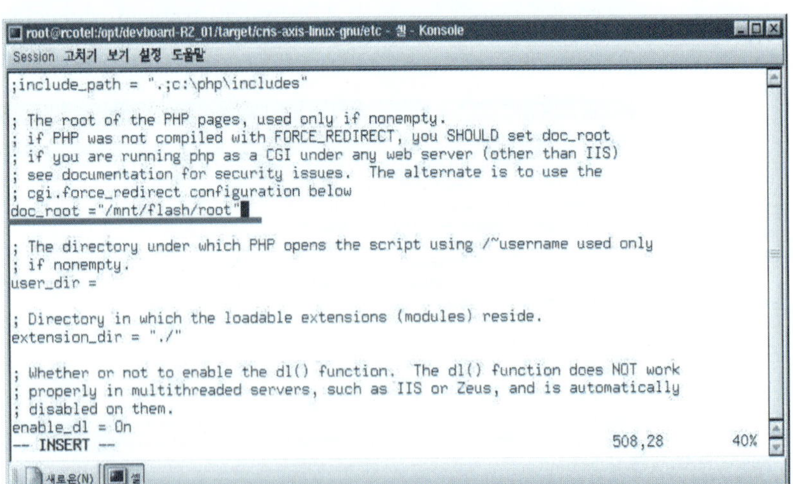
root@rcotel:/opt/devboard-R2_01/target/cris-axis-linux-gnu/etc - 쉘 - Konsole
Session 고치기 보기 설정 도움말
;include_path = ".;c:\php\includes"
; The root of the PHP pages, used only if nonempty.
; if PHP was not compiled with FORCE_REDIRECT, you SHOULD set doc_root
; if you are running php as a CGI under any web server (other than IIS)
; see documentation for security issues. The alternate is to use the
; cgi.force_redirect configuration below
doc_root ="/mnt/flash/root"
; The directory under which PHP opens the script using /~username used only
; if nonempty.
user_dir =
; Directory in which the loadable extensions (modules) reside.
extension_dir = "./"
; Whether or not to enable the dl() function. The dl() function does NOT work
; properly in multithreaded servers, such as IIS or Zeus, and is automatically
; disabled on them.
enable_dl = On
-- INSERT --
508,28
40%
새로운(N)
쉘

[그림 7-150] php.ini 파일 화면

⑩ 이번에는 httped/conf/폴더로 이동하여 vi 에디터를 이용하여 boa.conf 이라는 파일을 수정한다.

```
# cd httped/conf/
# vi boa.conf
```

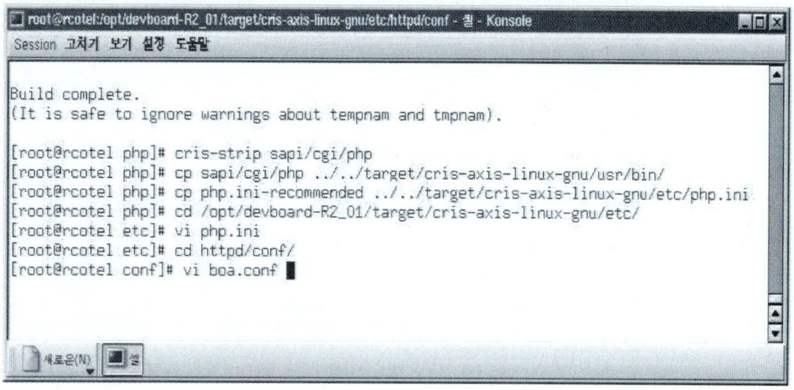
root@rcotel:/opt/devboard-R2_01/target/cris-axis-linux-gnu/etc/httpd/conf - 쉘 - Konsole
Session 고치기 보기 설정 도움말
Build complete.
(It is safe to ignore warnings about tempnam and tmpnam).
[root@rcotel php]# cris-strip sapi/cgi/php
[root@rcotel php]# cp sapi/cgi/php ../../target/cris-axis-linux-gnu/usr/bin/
[root@rcotel php]# cp php.ini-recommended ../../target/cris-axis-linux-gnu/etc/php.ini
[root@rcotel php]# cd /opt/devboard-R2_01/target/cris-axis-linux-gnu/etc/
[root@rcotel etc]# vi php.ini
[root@rcotel etc]# cd httpd/conf/
[root@rcotel conf]# vi boa.conf
새로운(N)
쉘

[그림 7-151] vi 에디터 실행 화면

– 다음 화면은 수정하기 전 파일의 내용이다.

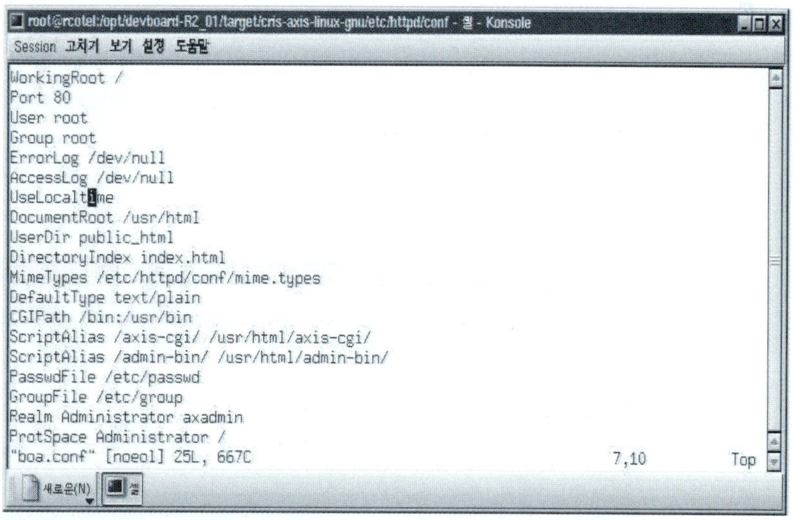
root@rcotel:/opt/devboard-R2_01/target/cris-axis-linux-gnu/etc/httpd/conf - 쉘 - Konsole
Session 고치기 보기 설정 도움말
WorkingRoot /
Port 80
User root
Group root
ErrorLog /dev/null
AccessLog /dev/null
UseLocaltime
DocumentRoot /usr/html
UserDir public_html
DirectoryIndex index.html
MimeTypes /etc/httpd/conf/mime.types
DefaultType text/plain
CGIPath /bin:/usr/bin
ScriptAlias /axis-cgi/ /usr/html/axis-cgi/
ScriptAlias /admin-bin/ /usr/html/admin-bin/
PasswdFile /etc/passwd
GroupFile /etc/group
Realm Administrator axadmin
ProtSpace Administrator /
"boa.conf" [noeol] 25L, 667C 7,10 Top
새로운(N)
쉘

[그림 7-152] 수정하기 전 화면

제 7 장

– 다음과 같이 파일을 수정한다.

```
DocumentRoot /mnt/flash/root
AddType application/x-httped-cgi php
```

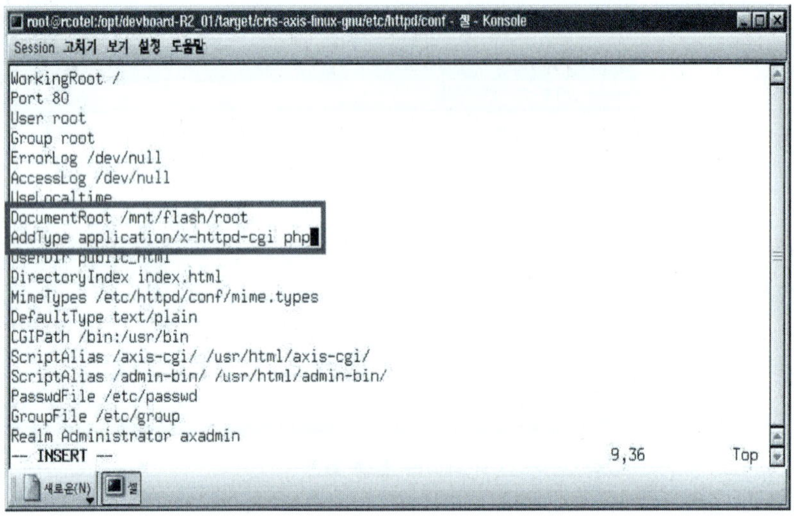
root@rcotel:/opt/devboard-R2_01/target/cris-axis-linux-gnu/etc/httpd/conf - 쉘 - Konsole
Session 고치기 보기 설정 도움말
WorkingRoot /
Port 80
User root
Group root
ErrorLog /dev/null
AccessLog /dev/null
DocumentRoot /mnt/flash/root
AddType application/x-httpd-cgi php
DirectoryIndex index.html
MimeTypes /etc/httpd/conf/mime.types
DefaultType text/plain
CGIPath /bin:/usr/bin
ScriptAlias /axis-cgi/ /usr/html/axis-cgi/
ScriptAlias /admin-bin/ /usr/html/admin-bin/
PasswdFile /etc/passwd
GroupFile /etc/group
Realm Administrator axadmin
-- INSERT --
9,36
Top
새로운(N)
쉘

[그림 7-153] 수정 후 화면

⑪ /opt/devboard-R2_01폴더로 이동하여 이미지 파일을 생성한다.

```
# cd /opt/devboard-R2_01
# make images
```

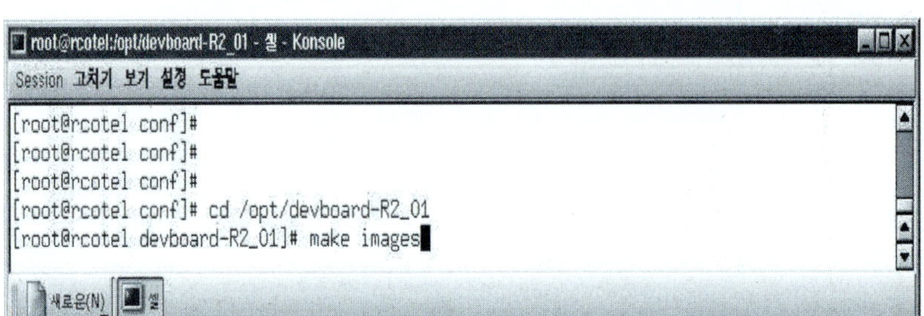
root@rcotel:/opt/devboard-R2_01 - 쉘 - Konsole
Session 고치기 보기 설정 도움말
[root@rcotel conf]#
[root@rcotel conf]#
[root@rcotel conf]#
[root@rcotel conf]# cd /opt/devboard-R2_01
[root@rcotel devboard-R2_01]# make images
새로운(N)
쉘

[그림 7-154] 이미지 파일 생성 화면

⑫ 생성된 이미지를 퓨징한다.

```
# ./flashitall
```

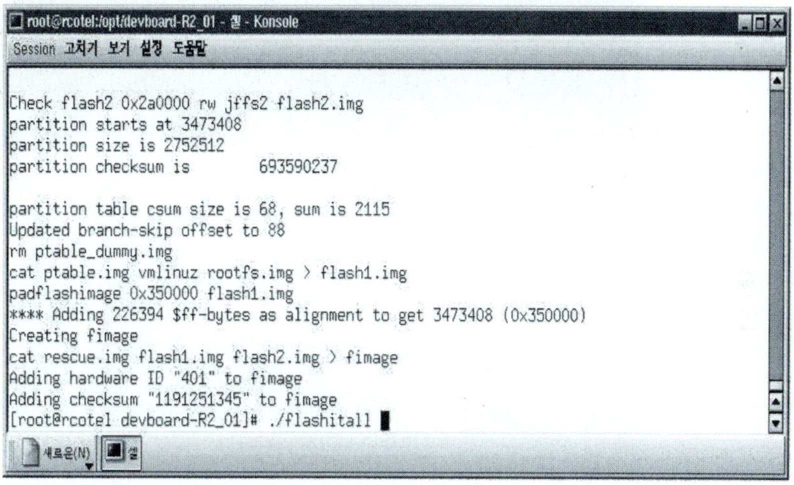
root@rcotel:/opt/devboard-R2_01 - 쉘 - Konsole
Session 고치기 보기 설정 도움말
Check flash2 0x2a0000 rw jffs2 flash2.img
partition starts at 3473408
partition size is 2752512
partition checksum is 693590237
partition table csum size is 68, sum is 2115
Updated branch-skip offset to 88
rm ptable_dummy.img
cat ptable.img vmlinuz rootfs.img > flash1.img
padflashimage 0x350000 flash1.img
**** Adding 226394 $ff-bytes as alignment to get 3473408 (0x350000)
Creating fimage
cat rescue.img flash1.img flash2.img > fimage
Adding hardware ID "401" to fimage
Adding checksum "1191251345" to fimage
[root@rcotel devboard-R2_01]# ./flashitall
새로운(N)
쉘

[그림 7-155] 이미지 퓨징 화면

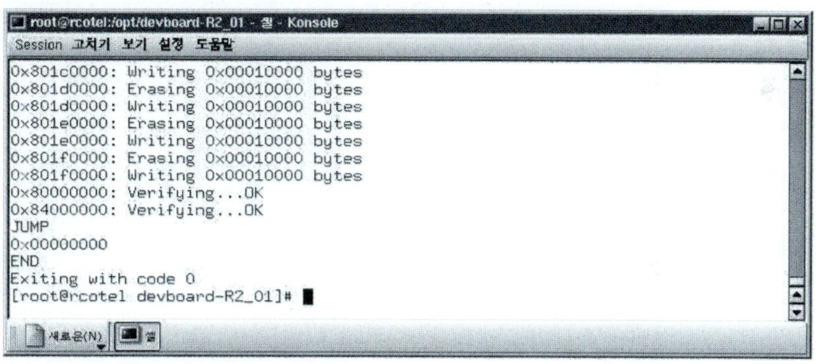
root@rcotel:/opt/devboard-R2_01 - 쉘 - Konsole
Session 고치기 보기 설정 도움말
0x801c0000: Writing 0x00010000 bytes
0x801d0000: Erasing 0x00010000 bytes
0x801d0000: Writing 0x00010000 bytes
0x801e0000: Erasing 0x00010000 bytes
0x801e0000: Writing 0x00010000 bytes
0x801f0000: Erasing 0x00010000 bytes
0x801f0000: Writing 0x00010000 bytes
0x80000000: Verifying...OK
0x84000000: Verifying...OK
JUMP
0x00000000
END
Exiting with code 0
[root@rcotel devboard-R2_01]#
새로운(N)
쉘

[그림 7-156] 이미지 퓨징 완료 화면

⑬ 하이퍼터미널을 이용하여 타깃보드에 접속한 후 /mnt/flash폴더에 root라는 폴더를 만든다.

```
# mkdir /mnt/flash/root
# cd /mnt/flash/root
```

제 7 장

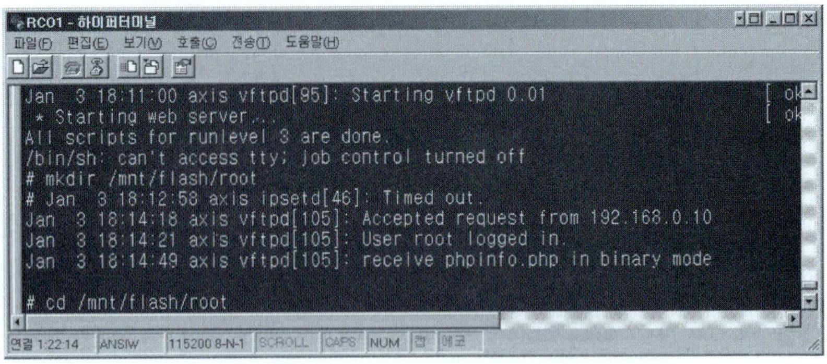
RC01 - 하이퍼터미널
파일(F) 편집(E) 보기(V) 호출(C) 전송(T) 도움말(H)
Jan 3 18:11:00 axis vftpd[85]: Starting vftpd 0.01
* Starting web server...
All scripts for runlevel 3 are done.
/bin/sh: can't access tty; job control turned off
mkdir /mnt/flash/root
Jan 3 18:12:58 axis ipsetd[46]: Timed out.
Jan 3 18:14:18 axis vftpd[105]: Accepted request from 192.168.0.10
Jan 3 18:14:21 axis vftpd[105]: User root logged in.
Jan 3 18:14:49 axis vftpd[105]: receive phpinfo.php in binary mode
cd /mnt/flash/root
연결 1:22:14 ANSIW 115200 8-N-1 SCROLL CAPS NUM

[그림 7-157] 폴더 생성 화면

⑭ apps/php폴더로 이동한 후 FTP를 실행시킨다.

```
# cd apps/php
# ftp 192.168.0.90
Name (182.168.0.90:root): root
Password: pass
```

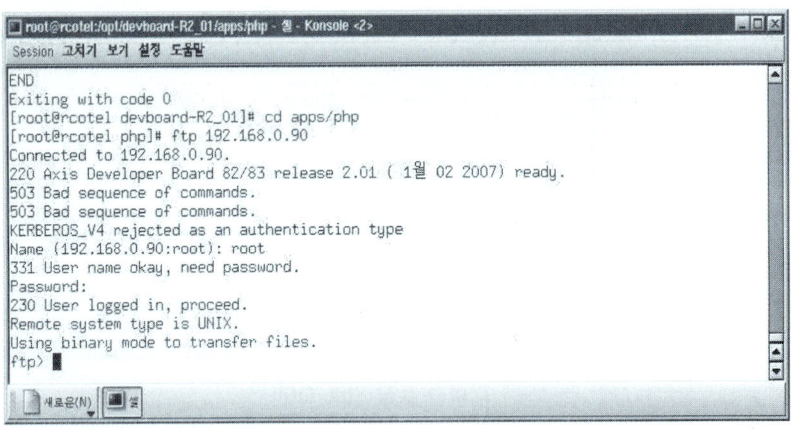
root@rcotel:/opt/devboard-R2_01/apps/php - 쉘 - Konsole <2>
Session 고치기 보기 설정 도움말
END
Exiting with code 0
[root@rcotel devboard-R2_01]# cd apps/php
[root@rcotel php]# ftp 192.168.0.90
Connected to 192.168.0.90.
220 Axis Developer Board 82/83 release 2.01 (1월 02 2007) ready.
503 Bad sequence of commands.
503 Bad sequence of commands.
KERBEROS_V4 rejected as an authentication type
Name (192.168.0.90:root): root
331 User name okay, need password.
Password:
230 User logged in, proceed.
Remote system type is UNIX.
Using binary mode to transfer files.
ftp>
새로운(N) 쉘

[그림 7-158] FTP 실행 화면

⑮ 위에서 만든 /mnt/flash/root폴더로 이동한 후 phpinfo.php를 업로드시킨다.

```
ftp> cd /mnt/flash/root
ftp> put phpinfo.php
```

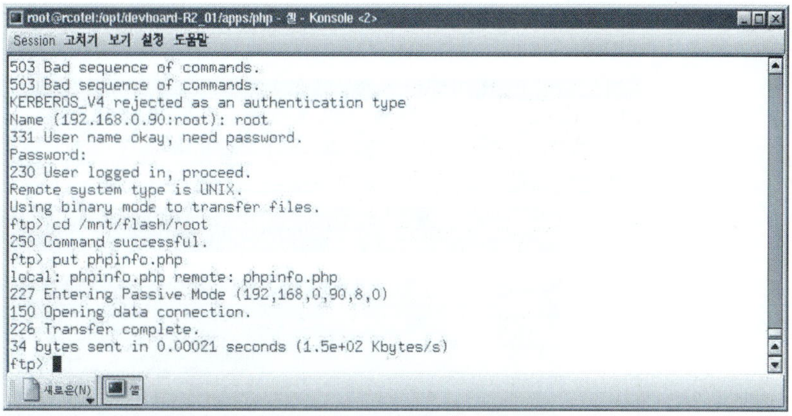
root@rcotel:/opt/devboard-R2_01/apps/php - 쉘 - Konsole <2>
Session 고치기 보기 설정 도움말
503 Bad sequence of commands.
503 Bad sequence of commands.
KERBEROS_V4 rejected as an authentication type
Name (192.168.0.90:root): root
331 User name okay, need password.
Password:
230 User logged in, proceed.
Remote system type is UNIX.
Using binary mode to transfer files.
ftp> cd /mnt/flash/root
250 Command successful.
ftp> put phpinfo.php
local: phpinfo.php remote: phpinfo.php
227 Entering Passive Mode (192,168,0,90,8,0)
150 Opening data connection.
226 Transfer complete.
34 bytes sent in 0.00021 seconds (1.5e+02 Kbytes/s)
ftp>
새로운(N)
쉘

[그림 7-159] 파일 업로드 화면

⑯ 실행이 가능하도록 phpinfo.php의 퍼미션을 조정한다.

```
# chmod +x phpinfo.php
```

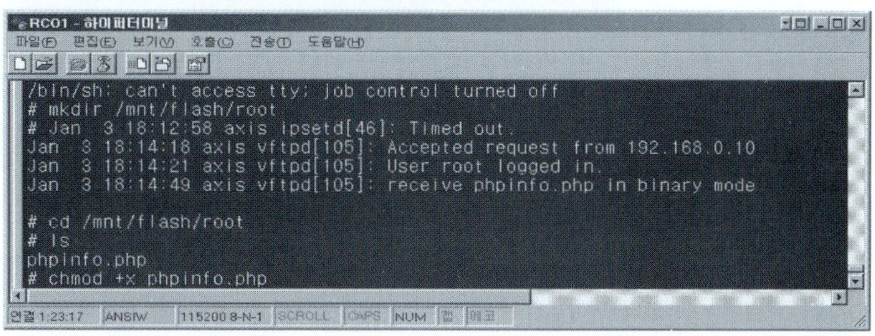
RC01 - 하이퍼터미널
파일(F) 편집(E) 보기(V) 호출(C) 전송(T) 도움말(H)
/bin/sh: can't access tty; job control turned off
mkdir /mnt/flash/root
Jan 3 18:12:58 axis ipsetd[46]: Timed out.
Jan 3 18:14:18 axis vftpd[105]: Accepted request from 192.168.0.10
Jan 3 18:14:21 axis vftpd[105]: User root logged in.
Jan 3 18:14:49 axis vftpd[105]: receive phpinfo.php in binary mode
cd /mnt/flash/root
ls
phpinfo.php
chmod +x phpinfo.php
연결 1:23:17 ANSIW 115200 8-N-1 SCROLL CAPS NUM

[그림 7-160] 퍼미션 조정 화면

⑰ 리눅스의 브라우저를 이용하여 타깃보드에 접속한다.

```
http://192.168.0.90/phpinfo.php
```

제 7 장

- 아래와 같이 타깃보드에 설치된 php의 정보를 볼 수 있다.

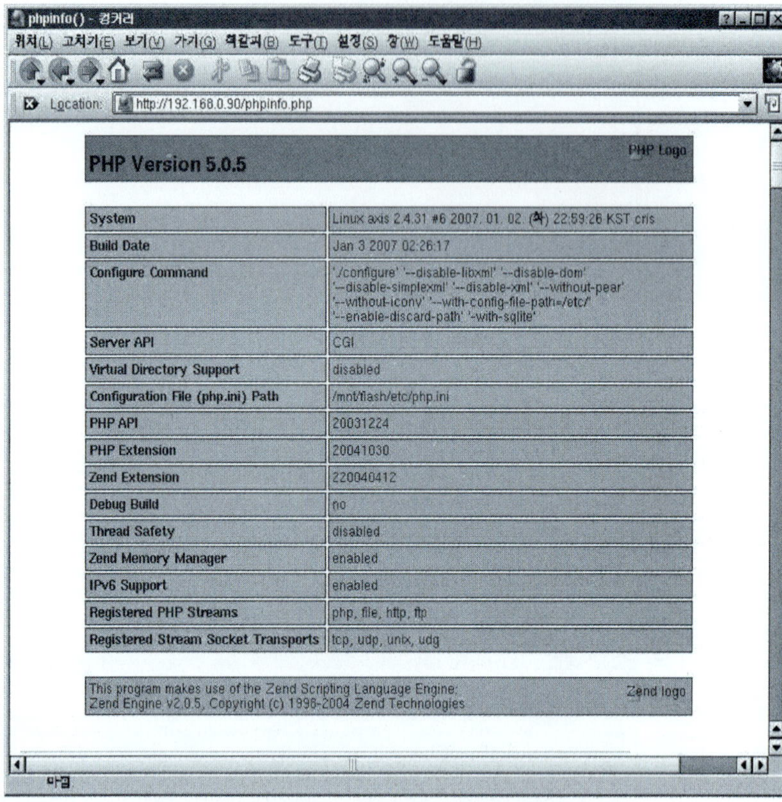

[그림 7-161] 설치된 php의 정보 화면

- phpinfo.php 파일의 내용을 보면 다음과 같다. 타깃보드에 설치된 php의 정보를 출력하는 간단한 php 프로그램이다.

```
#!/usr/bin/php

<?
        phpinfo();
?>
```

7.9 MySQL 실습

MySQL은 표준 데이터베이스 언어인 SQL(Structured Query Language)을 사용하는 개방소스의 관계형 데이터베이스 관리 시스템(RDBMS)을 말하며, 매우 빠르고, 유연하며, 사용하기 쉬운 것이 특징이다. 또한, 다중 사용자, 다중 스레드를 지원하고, C, C++, Eiffel, 자바, 펄, PHP, Python 스크립트 등을 위한 응용 프로그램 인터페이스(API)를 제공한다. 유닉스나 리눅스, 윈도우즈 운영 체제 등에서 사용할 수 있으며, 리눅스 운영체제와 Apache 서버 프로그램, MySQL, PHP 스크립트 언어 구성은 상호 연동이 잘되면서도 오픈소스로 개발되는 무료 프로그램이어서 홈페이지나 쇼핑몰 등 일반적인 웹 개발에 널리 이용되고 있다.

이번 실습은 RCO Board에 MySQL C client API를 사용하여 외부장치의 상황, 즉 LED의 점등유무, 스위치의 개폐유무 등의 값을 서버의 MySQL의 DB에 저장하는 것이다.

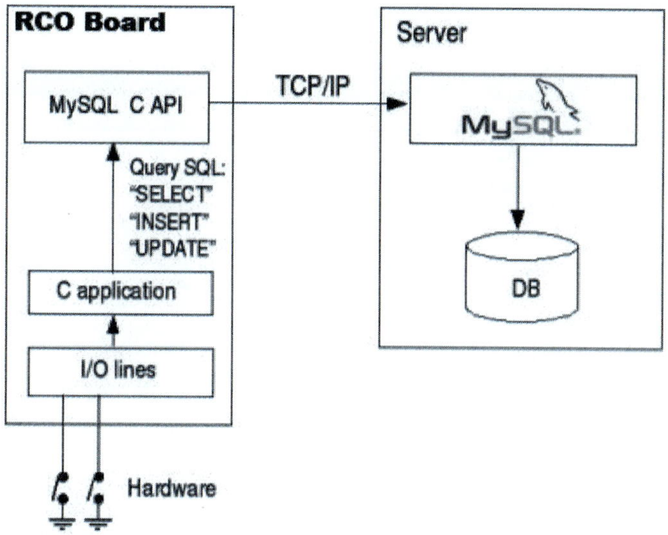

[그림 7-162] 시스템 구성도

① CD를 마운트시킨 후 /mnt/cdrom/apps/MySQL폴더로 이동한다.

```
# mount /dev/cdrom /mnt/cdrom/
# cd /mnt/cdrom/apps/MySQL/
```

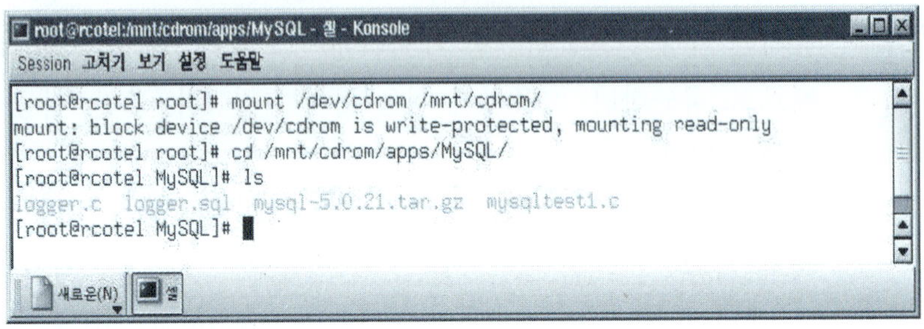
root@rcotel:/mnt/cdrom/apps/MySQL - 쉘 - Konsole
Session 고치기 보기 설정 도움말
[root@rcotel root]# mount /dev/cdrom /mnt/cdrom/
mount: block device /dev/cdrom is write-protected, mounting read-only
[root@rcotel root]# cd /mnt/cdrom/apps/MySQL/
[root@rcotel MySQL]# ls
logger.c logger.sql mysql-5.0.21.tar.gz mysqltest1.c
[root@rcotel MySQL]#
새로운(N) 쉘

[그림 7-163] 마운트 화면

② mysql-5.0.21.tar.gz 파일을 /opt/devboard-R2_01폴더에 복사한다.

```
# cp mysql-5.0.21.tar.gz /opt/devboard-R2_01
# cd /opt/devboard-R2_01
```

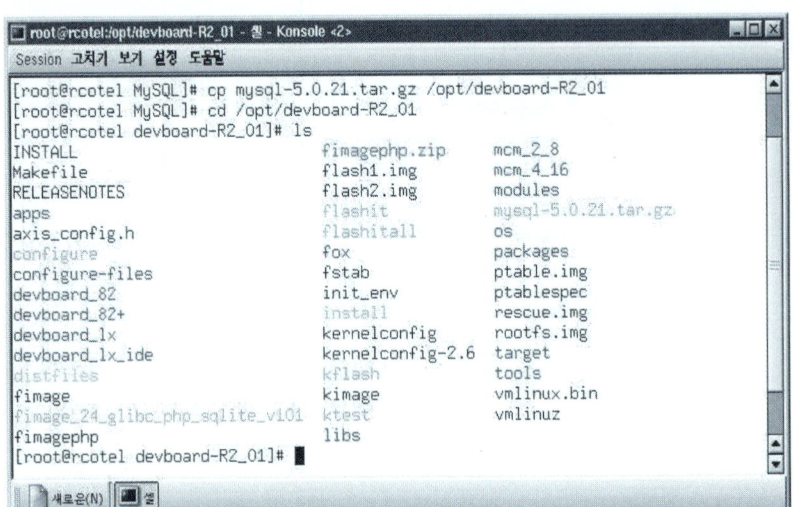
root@rcotel:/opt/devboard-R2_01 - 쉘 - Konsole <2>
Session 고치기 보기 설정 도움말
[root@rcotel MySQL]# cp mysql-5.0.21.tar.gz /opt/devboard-R2_01
[root@rcotel MySQL]# cd /opt/devboard-R2_01
[root@rcotel devboard-R2_01]# ls
INSTALL fimagephp.zip mcm_2_8
Makefile flash1.img mcm_4_16
RELEASENOTES flash2.img modules
apps flashit mysql-5.0.21.tar.gz
axis_config.h flashitall os
configure fox packages
configure-files fstab ptable.img
devboard_82 init_env ptablespec
devboard_82+ install rescue.img
devboard_lx kernelconfig rootfs.img
devboard_lx_ide kernelconfig-2.6 target
distfiles kflash tools
fimage kimage vmlinux.bin
fimage_24_glibc_php_sqlite_v101 ktest vmlinuz
fimagephp libs
[root@rcotel devboard-R2_01]#
새로운(N) 쉘

[그림 7-164] 파일 복사 화면

③ mysql-5.0.21.tar.gz 파일의 압축을 푼다.

```
# tar xvfz mysql-5.0.21.tar.gz
```

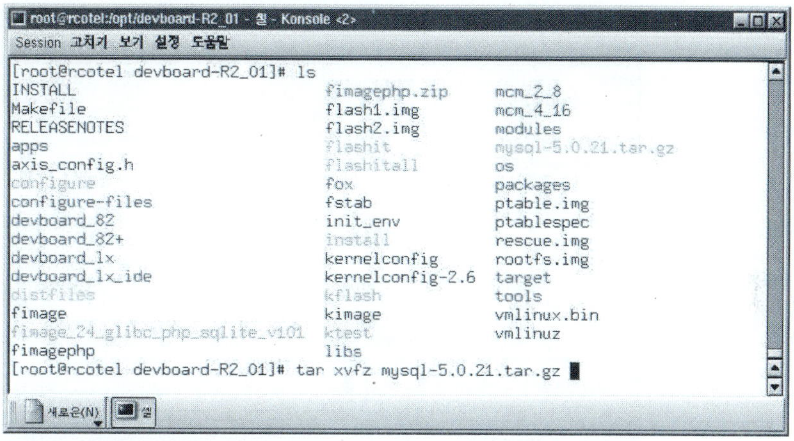
root@rcotel:/opt/devboard-R2_01 - 쉘 - Konsole <2>
Session 고치기 보기 설정 도움말
[root@rcotel devboard-R2_01]# ls
INSTALL fimagephp.zip mcm_2_8
Makefile flash1.img mcm_4_16
RELEASENOTES flash2.img modules
apps flashit mysql-5.0.21.tar.gz
axis_config.h flashitall os
configure fox packages
configure-files fstab ptable.img
devboard_82 init_env ptablespec
devboard_82+ install rescue.img
devboard_lx kernelconfig rootfs.img
devboard_lx_ide kernelconfig-2.6 target
distfiles kflash tools
fimage kimage vmlinux.bin
fimage_24_glibc_php_sqlite_v101 ktest vmlinuz
fimagephp libs
[root@rcotel devboard-R2_01]# tar xvfz mysql-5.0.21.tar.gz
새로운(N) 쉘

[그림 7-165] 압축 해제 화면

④ mysql-5.0.21폴더가 생성되었는지 확인한다.

```
# ls
```

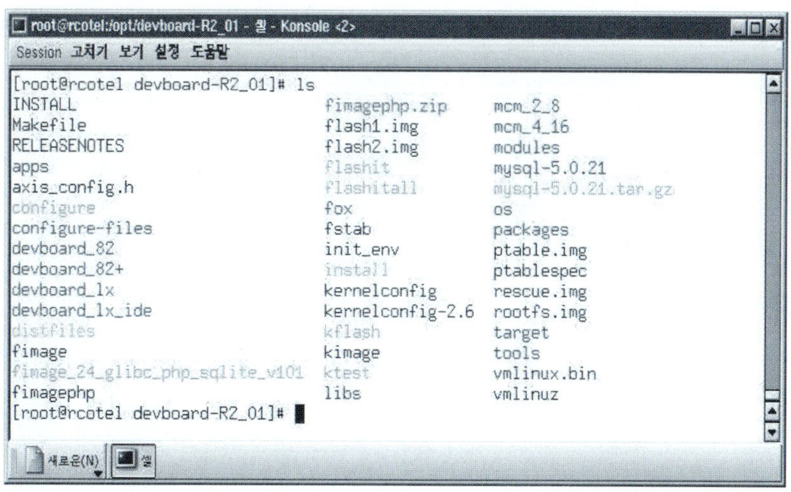
root@rcotel:/opt/devboard-R2_01 - 쉘 - Konsole <2>
Session 고치기 보기 설정 도움말
[root@rcotel devboard-R2_01]# ls
INSTALL fimagephp.zip mcm_2_8
Makefile flash1.img mcm_4_16
RELEASENOTES flash2.img modules
apps flashit mysql-5.0.21
axis_config.h flashitall mysql-5.0.21.tar.gz
configure fox os
configure-files fstab packages
devboard_82 init_env ptable.img
devboard_82+ install ptablespec
devboard_lx kernelconfig rescue.img
devboard_lx_ide kernelconfig-2.6 rootfs.img
distfiles kflash target
fimage kimage tools
fimage_24_glibc_php_sqlite_v101 ktest vmlinux.bin
fimagephp libs vmlinuz
[root@rcotel devboard-R2_01]#
새로운(N) 쉘

[그림 7-166] 폴더 내용 확인 화면

제 7 장

⑤ 환경설정 파일을 실행시킨다.

```
# . ./init_env
```

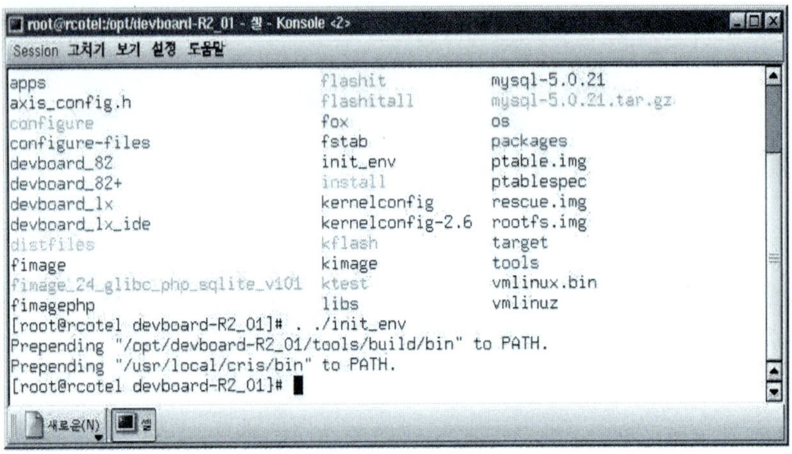
root@rcotel:/opt/devboard-R2_01 - 셸 - Konsole <2>
Session 고치기 보기 설정 도움말
apps flashit mysql-5.0.21
axis_config.h flashitall mysql-5.0.21.tar.gz
configure fox os
configure-files fstab packages
devboard_82 init_env ptable.img
devboard_82+ install ptablespec
devboard_lx kernelconfig rescue.img
devboard_lx_ide kernelconfig-2.6 rootfs.img
distfiles kflash target
fimage kimage tools
fimage_24_glibc_php_sqlite_v101 ktest vmlinux.bin
fimagephp libs vmlinuz
[root@rcotel devboard-R2_01]# . ./init_env
Prepending "/opt/devboard-R2_01/tools/build/bin" to PATH.
Prepending "/usr/local/cris/bin" to PATH.
[root@rcotel devboard-R2_01]#
새로운(N) 셸

[그림 7-167] 환경설정 파일 실행 화면

⑥ mysql-5.0.21폴더로 이동한다.

```
# cd mysql-5.0.21
```

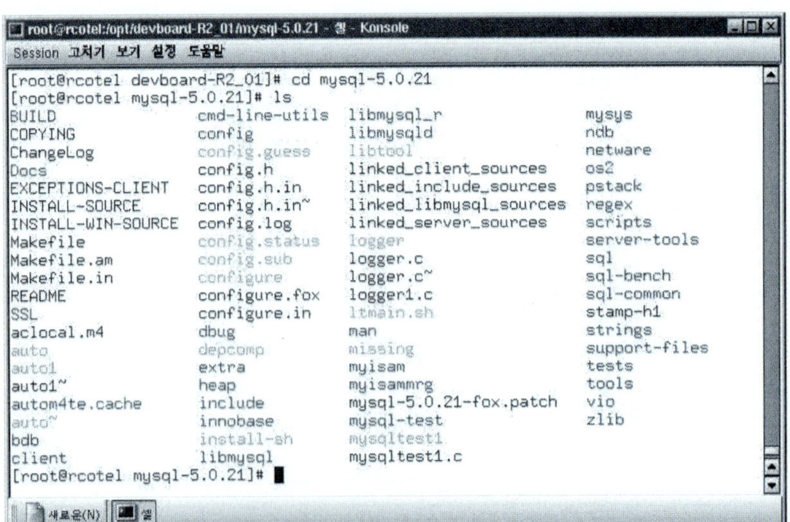
root@rcotel:/opt/devboard-R2_01/mysql-5.0.21 - 셸 - Konsole
Session 고치기 보기 설정 도움말
[root@rcotel devboard-R2_01]# cd mysql-5.0.21
[root@rcotel mysql-5.0.21]# ls
BUILD cmd-line-utils libmysql_r mysys
COPYING config libmysqld ndb
ChangeLog config.guess libtool netware
Docs config.h linked_client_sources os2
EXCEPTIONS-CLIENT config.h.in linked_include_sources pstack
INSTALL-SOURCE config.h.in~ linked_libmysql_sources regex
INSTALL-WIN-SOURCE config.log linked_server_sources scripts
Makefile config.status logger server-tools
Makefile.am config.sub logger.c sql
Makefile.in configure logger.c~ sql-bench
README configure.fox logger1.c sql-common
SSL configure.in ltmain.sh stamp-h1
aclocal.m4 dbug man strings
auto depcomp missing support-files
auto1 extra myisam tests
auto1~ heap myisammrg tools
autom4te.cache include mysql-5.0.21-fox.patch vio
auto~ innobase mysql-test zlib
bdb install-sh mysqltest1
client libmysql mysqltest1.c
[root@rcotel mysql-5.0.21]#
새로운(N) 셸

[그림 7-168] mysql-5.0.21폴더 화면

⑦ vi 에디터를 이용하여 mysqltest1.c 파일을 작성한다.

```
# vi mysqltest1.c
```

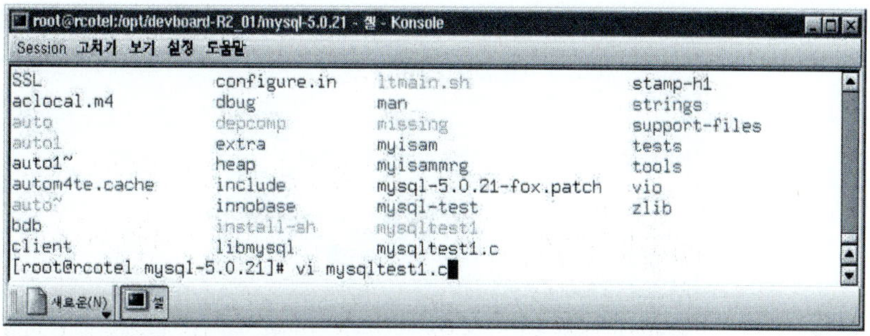
root@rcotel:/opt/devboard-R2_01/mysql-5.0.21 - 셸 - Konsole
Session 고치기 보기 설정 도움말
SSL configure.in ltmain.sh stamp-h1
aclocal.m4 dbug man strings
auto depcomp missing support-files
auto1 extra myisam tests
auto1~ heap myisammrg tools
autom4te.cache include mysql-5.0.21-fox.patch vio
auto~ innobase mysql-test zlib
bdb install-sh mysqltest1
client libmysql mysqltest1.c
[root@rcotel mysql-5.0.21]# vi mysqltest1.c
새로운(N) 셸

[그림 7-169] vi 에디터 실행 화면

– 다음은 mysqltest1.c 파일의 내용으로 MySQL Client의 정보를 표시하는 간단한 프로그램이다.

```
#include "stdio.h"

        int main()
        {
          printf("%s₩n", mysql_get_client_info());
          return 0;
        }
```

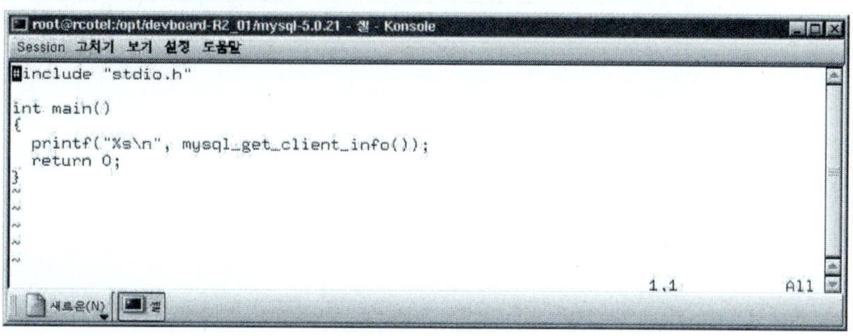
root@rcotel:/opt/devboard-R2_01/mysql-5.0.21 - 셸 - Konsole
Session 고치기 보기 설정 도움말
#include "stdio.h"
int main()
{
printf("%s\n", mysql_get_client_info());
return 0;
}
1,1 All
새로운(N) 셸

[그림 7-170] mysqltest1.c 파일 화면

⑧ 위에서 작성한 프로그램을 컴파일하기 위한 스크립트 파일을 만든다.

```
# vi auto
```

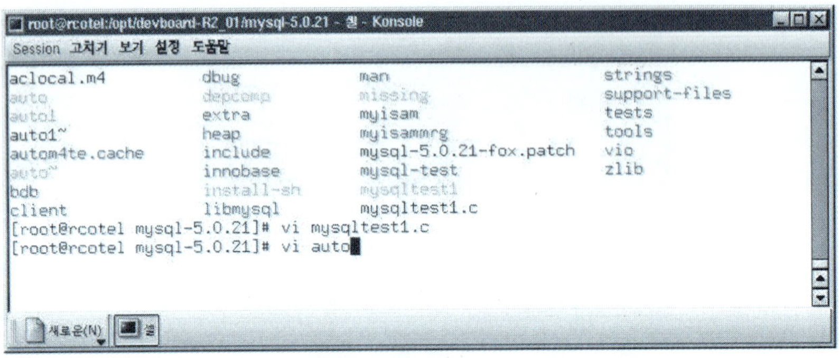
root@rcotel:/opt/devboard-R2_01/mysql-5.0.21 - 쉘 - Konsole
Session 고치기 보기 설정 도움말
aclocal.m4 dbug man strings
auto depcomp missing support-files
auto1 extra myisam tests
auto1~ heap myisammrg tools
autom4te.cache include mysql-5.0.21-fox.patch vio
auto~ innobase mysql-test zlib
bdb install-sh mysqltest1
client libmysql mysqltest1.c
[root@rcotel mysql-5.0.21]# vi mysqltest1.c
[root@rcotel mysql-5.0.21]# vi auto
새로운(N) 쉘

[그림 7-171] vi 에디터 실행 화면

– 다음은 auto 스크립트 파일의 내용이다.

```
#!/bin/sh

gcc-cris -mlinux -isystem /opt/devboard-R2_01/target/cris-axis-linux-gnu/ -lm
-o mysqltest1  mysqltest1.c
/opt/devboard-R2_01/mysql-5.0.21/libmysql/.libs/libmysqlclient.a  /opt/devb
oard-R2_01/mysql-5.0.21/zlib/.libs/libz.a
```

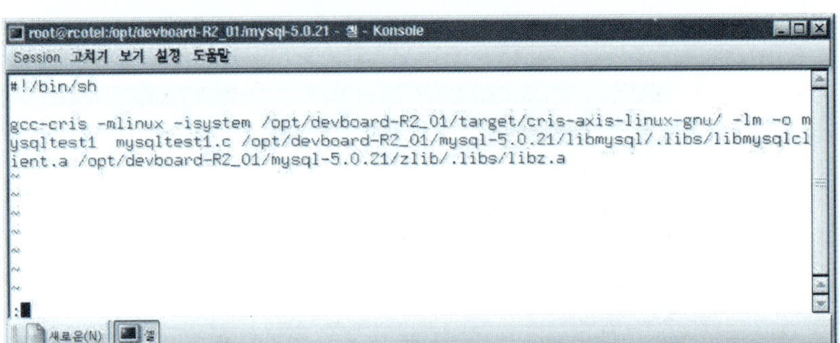
root@rcotel:/opt/devboard-R2_01/mysql-5.0.21 - 쉘 - Konsole
Session 고치기 보기 설정 도움말
#!/bin/sh
gcc-cris -mlinux -isystem /opt/devboard-R2_01/target/cris-axis-linux-gnu/ -lm -o m
ysqltest1 mysqltest1.c /opt/devboard-R2_01/mysql-5.0.21/libmysql/.libs/libmysqlcl
ient.a /opt/devboard-R2_01/mysql-5.0.21/zlib/.libs/libz.a
새로운(N) 쉘

[그림 7-172] auto 파일 화면

⑨ auto 스크립트 파일을 실행시킨다.

```
# ./auto
```

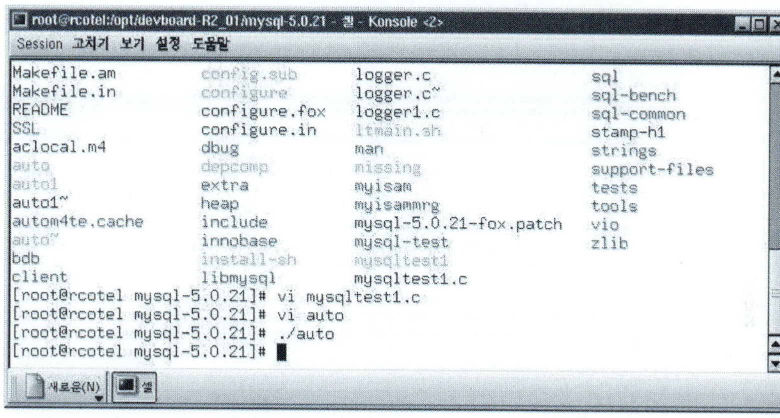
root@rcotel:/opt/devboard-R2_01/mysql-5.0.21 - 쉘 - Konsole <2>
Session 고치기 보기 설정 도움말
Makefile.am config.sub logger.c sql
Makefile.in configure logger.c~ sql-bench
README configure.fox logger1.c sql-common
SSL configure.in ltmain.sh stamp-h1
aclocal.m4 dbug man strings
auto depcomp missing support-files
auto1 extra myisam tests
auto1~ heap myisammrg tools
autom4te.cache include mysql-5.0.21-fox.patch vio
auto~ innobase mysql-test zlib
bdb install-sh mysqltest1
client libmysql mysqltest1.c
[root@rcotel mysql-5.0.21]# vi mysqltest1.c
[root@rcotel mysql-5.0.21]# vi auto
[root@rcotel mysql-5.0.21]# ./auto
[root@rcotel mysql-5.0.21]#
새로운(N) 쉘

[그림 7-173] auto 실행 화면

– mysqltest1이라는 실행파일이 생성되었는지 확인한다.

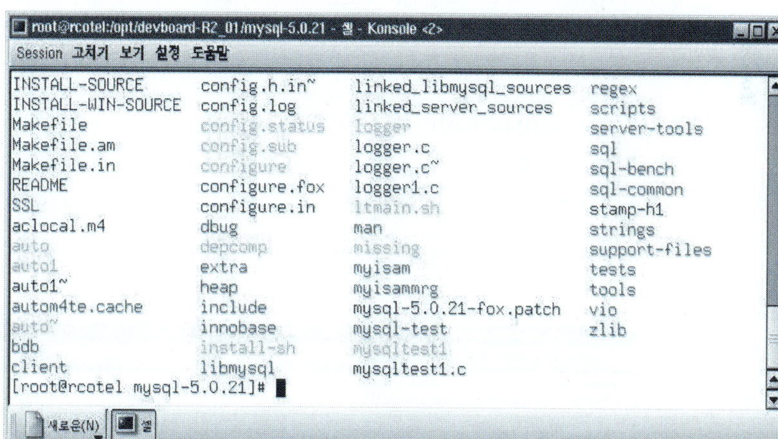
root@rcotel:/opt/devboard-R2_01/mysql-5.0.21 - 쉘 - Konsole <2>
Session 고치기 보기 설정 도움말
INSTALL-SOURCE config.h.in~ linked_libmysql_sources regex
INSTALL-WIN-SOURCE config.log linked_server_sources scripts
Makefile config.status logger server-tools
Makefile.am config.sub logger.c sql
Makefile.in configure logger.c~ sql-bench
README configure.fox logger1.c sql-common
SSL configure.in ltmain.sh stamp-h1
aclocal.m4 dbug man strings
auto depcomp missing support-files
auto1 extra myisam tests
auto1~ heap myisammrg tools
autom4te.cache include mysql-5.0.21-fox.patch vio
auto~ innobase mysql-test zlib
bdb install-sh mysqltest1
client libmysql mysqltest1.c
[root@rcotel mysql-5.0.21]#
새로운(N) 쉘

[그림 7-174] mysqltest1 생성 화면

제 7 장

⑩ FTP를 실행시킨다.

```
# ftp 192.168.0.90
Name (182.168.0.90:root): root
Password: pass
```

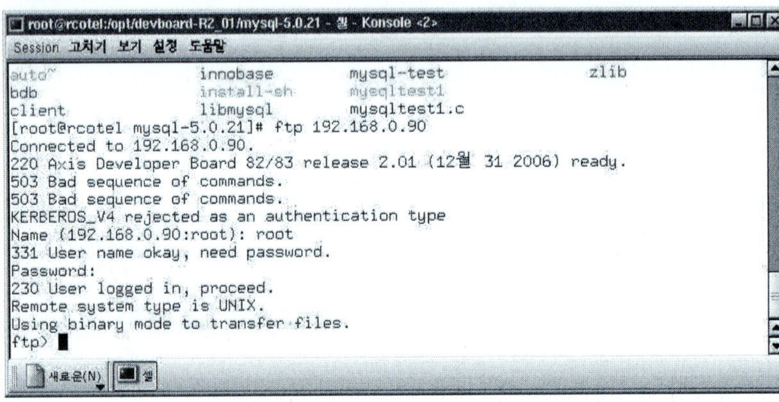
root@rcotel:/opt/devboard-R2_01/mysql-5.0.21 - 쉘 - Konsole <2>
Session 고치기 보기 설정 도움말
auto~ innobase mysql-test zlib
bdb install-sh mysqltest1
client libmysql mysqltest1.c
[root@rcotel mysql-5.0.21]# ftp 192.168.0.90
Connected to 192.168.0.90.
220 Axis Developer Board 82/83 release 2.01 (12월 31 2006) ready.
503 Bad sequence of commands.
503 Bad sequence of commands.
KERBEROS_V4 rejected as an authentication type
Name (192.168.0.90:root): root
331 User name okay, need password.
Password:
230 User logged in, proceed.
Remote system type is UNIX.
Using binary mode to transfer files.
ftp>
새로운(N)
쉘

[그림 7-175] FTP 실행 화면

⑪ 타깃보드의 /mnt/flash폴더에 mysqltest1 파일을 업로드시킨다.

```
ftp> cd /mnt/flash
ftp> put mysqltest1
ftp> close
ftp> quit
```

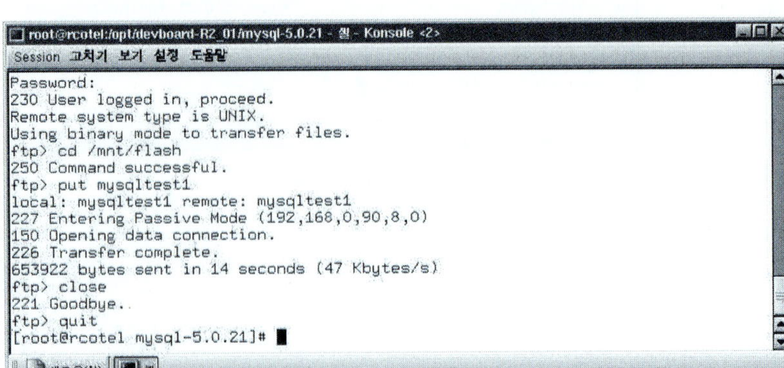
root@rcotel:/opt/devboard-R2_01/mysql-5.0.21 - 쉘 - Konsole <2>
Session 고치기 보기 설정 도움말
Password:
230 User logged in, proceed.
Remote system type is UNIX.
Using binary mode to transfer files.
ftp> cd /mnt/flash
250 Command successful.
ftp> put mysqltest1
local: mysqltest1 remote: mysqltest1
227 Entering Passive Mode (192,168,0,90,8,0)
150 Opening data connection.
226 Transfer complete.
653922 bytes sent in 14 seconds (47 Kbytes/s)
ftp> close
221 Goodbye.
ftp> quit
[root@rcotel mysql-5.0.21]#
새로운(N)
쉘

[그림 7-176] 파일 업로드 화면

⑫ 하이퍼터미널을 이용하여 타깃보드에 접속하여 /mnt/flash폴더로 이동한다. mysqltest1 파일이 실행 가능하도록 퍼미션을 변경시킨 후 실행시킨다.

```
# cd /mnt/flash/
# chmod +x mysqltest1
# ./mysqltest1
```

다음과 같이 타깃보드에 설치된 MySQL의 버전을 표시한다.

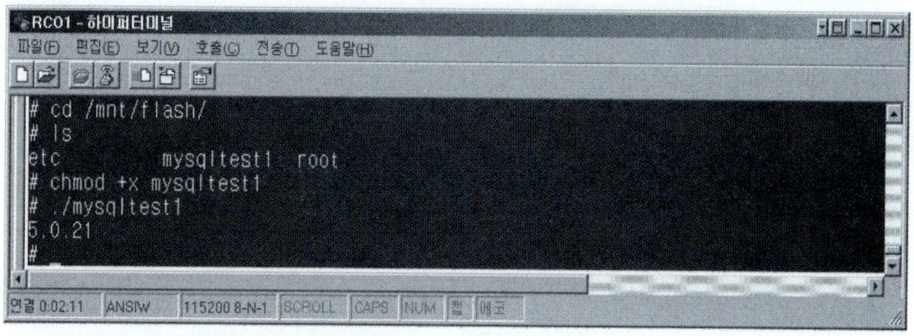
RC01 - 하이퍼터미널
파일(F) 편집(E) 보기(V) 호출(C) 전송(T) 도움말(H)
cd /mnt/flash/
ls
etc mysqltest1 root
chmod +x mysqltest1
./mysqltest1
5.0.21
#
연결 0:02:11 ANSIW 115200 8-N-1 SCROLL CAPS NUM

[그림 7-177] mysqltest1 실행 화면

☞ 이제 MySQL Server와 연동하는 실습을 해 본다.

① /mnt/cdrom/apps/MySQL폴더로 이동하여 loggersql 파일을 /opt/devboard- R2_01/mysql-5.0.21폴더에 복사한다.

```
# cd /mnt/cdrom/apps/MySQL/
# cp logger.sql /opt/devboard-R2_01/mysql-5.0.21
```

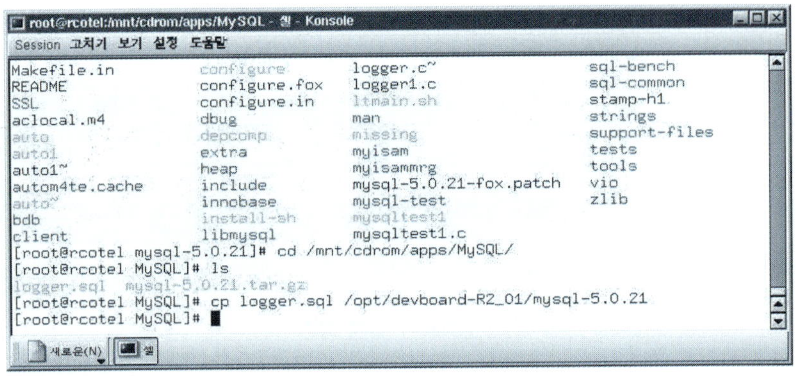
root@rcotel:/mnt/cdrom/apps/MySQL - 쉘 - Konsole
Session 고치기 보기 설정 도움말
Makefile.in configure logger.c~ sql-bench
README configure.fox logger1.c sql-common
SSL configure.in ltmain.sh stamp-h1
aclocal.m4 dbug man strings
auto depcomp missing support-files
auto1 extra myisam tests
auto1~ heap myisammrg tools
autom4te.cache include mysql-5.0.21-fox.patch vio
auto~ innobase mysql-test zlib
bdb install-sh mysqltest1
client libmysql mysqltest1.c
[root@rcotel mysql-5.0.21]# cd /mnt/cdrom/apps/MySQL/
[root@rcotel MySQL]# ls
logger.sql mysql-5.0.21.tar.gz
[root@rcotel MySQL]# cp logger.sql /opt/devboard-R2_01/mysql-5.0.21
[root@rcotel MySQL]#
새로운(N) 쉘

[그림 7-178] 파일 복사 화면

② vi 에디터를 이용하여 이미 작성된 logger.c 이라는 파일의 내용을 살펴본다.

```
# vi logger.c
```

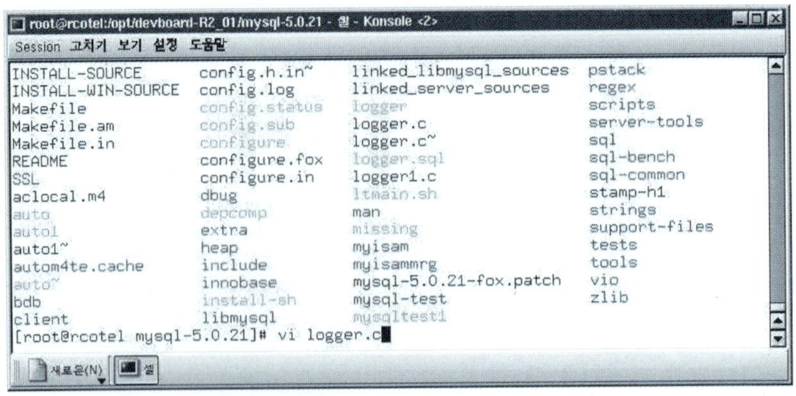
root@rcotel:/opt/devboard-R2_01/mysql-5.0.21 - 쉘 - Konsole <2>
Session 고치기 보기 설정 도움말
INSTALL-SOURCE config.h.in~ linked_libmysql_sources pstack
INSTALL-WIN-SOURCE config.log linked_server_sources regex
Makefile config.status logger scripts
Makefile.am config.sub logger.c server-tools
Makefile.in configure logger.c~ sql
README configure.fox logger.sql sql-bench
SSL configure.in logger1.c sql-common
aclocal.m4 dbug ltmain.sh stamp-h1
auto depcomp man strings
auto1 extra missing support-files
auto1~ heap myisam tests
autom4te.cache include myisammrg tools
auto~ innobase mysql-5.0.21-fox.patch vio
bdb install-sh mysql-test zlib
client libmysql mysqltest1
[root@rcotel mysql-5.0.21]# vi logger.c
새로운(N) 쉘

[그림 7-179] vi 에디터 실행 화면

– logger.c 파일의 내용을 살펴보면 다음과 같다.

```
#define def_host_name    "192.168.0.10" //접속할 host PC의 IP
#define def_user_name    "root" //접속할 때 사용할 ID
#define def_password     "" //접속할 때 사용할 비밀번호
#define def_db_name      "testdatabase" //접속할 DB명
```

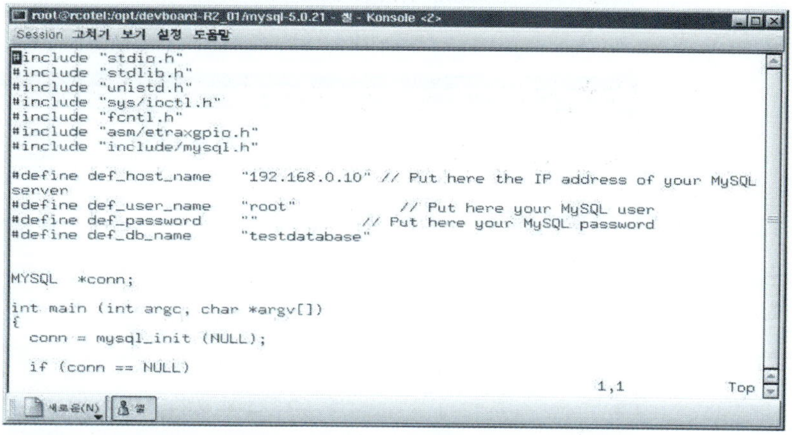
root@rcotel:/opt/devboard-R2_01/mysql-5.0.21 - 셸 - Konsole <2>
Session 고치기 보기 설정 도움말
#include "stdio.h"
#include "stdlib.h"
#include "unistd.h"
#include "sys/ioctl.h"
#include "fcntl.h"
#include "asm/etraxgpio.h"
#include "include/mysql.h"
#define def_host_name "192.168.0.10" // Put here the IP address of your MySQL server
#define def_user_name "root" // Put here your MySQL user
#define def_password "" // Put here your MySQL password
#define def_db_name "testdatabase"
MYSQL *conn;
int main (int argc, char *argv[])
{
conn = mysql_init (NULL);
if (conn == NULL)
1,1 Top
새로운(N)
셸

[그림 7-180] logger.c 화면

③ 위에서 작성한 프로그램을 컴파일하기 위한 스크립트 파일을 작성한다.

```
# vi auto1
```

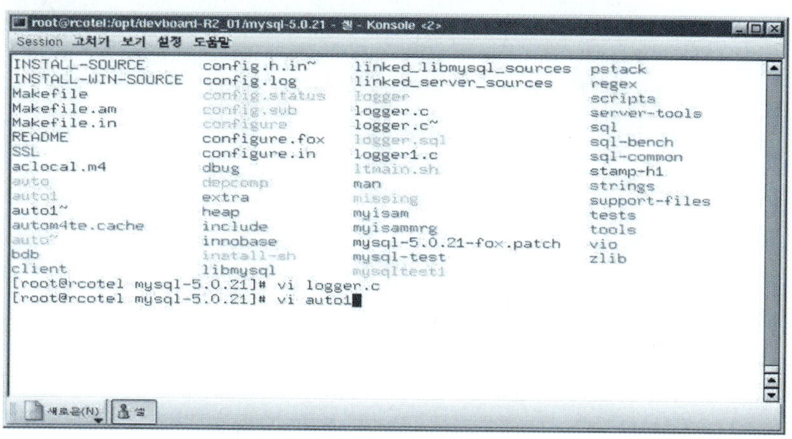
root@rcotel:/opt/devboard-R2_01/mysql-5.0.21 - 셸 - Konsole <2>
Session 고치기 보기 설정 도움말
INSTALL-SOURCE config.h.in~ linked_libmysql_sources pstack
INSTALL-WIN-SOURCE config.log linked_server_sources regex
Makefile config.status logger scripts
Makefile.am config.sub logger.c server-tools
Makefile.in configure logger.c~ sql
README configure.fox logger.sql sql-bench
SSL configure.in logger1.c sql-common
aclocal.m4 dbug ltmain.sh stamp-h1
auto depcomp man strings
auto1 extra missing support-files
auto1~ heap myisam tests
autom4te.cache include myisammrg tools
auto~ innobase mysql-5.0.21-fox.patch vio
bdb install-sh mysql-test zlib
client libmysql mysqltest1
[root@rcotel mysql-5.0.21]# vi logger.c
[root@rcotel mysql-5.0.21]# vi auto1
새로운(N)
셸

[그림 7-181] vi 에디터 실행 화면

제 7 장

– 다음은 auto1 스크립트 파일의 내용이다.

```
#!/bin/sh

gcc-cris -mlinux -isystem /opt/devboard-R2_01/target/cris-axis-linux-gnu/ -l
m -o logger  logger.c
/opt/devboard-R2_01/mysql-5.0.21/libmysql/.libs/libmysqlclient.a  /opt/dev
board-R2_01/mysql-5.0.21/zlib/.libs/libz.a
```

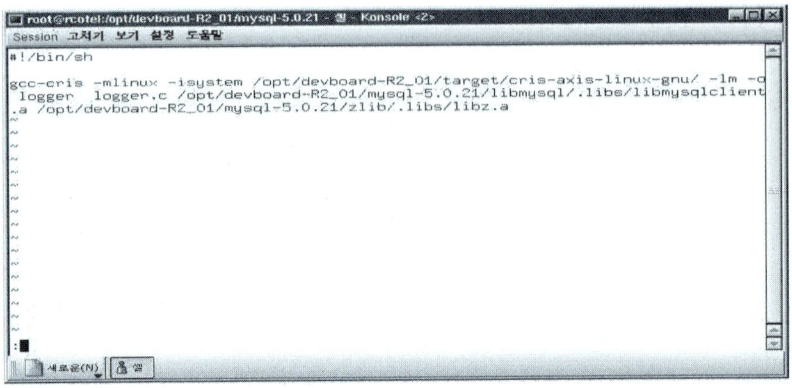

[그림 7-182] auto 파일 화면

④ auto1 스크립트 파일을 실행시킨다.

```
# ./auto1
```

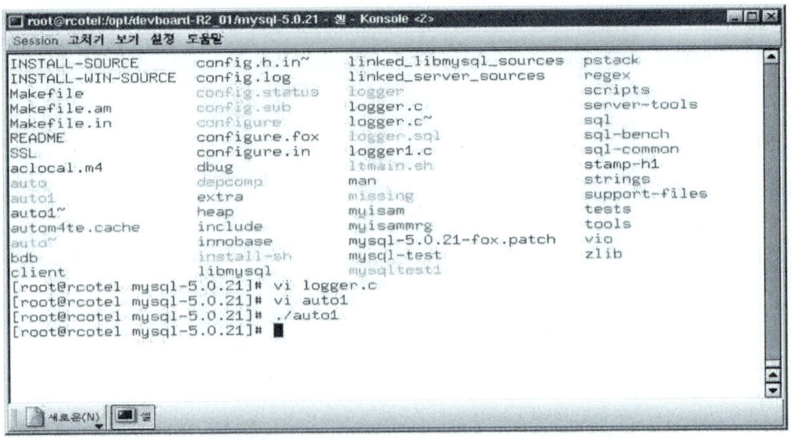

[그림 7-183] auto 실행 화면

⑤ FTP를 실행시킨다.

```
# ftp 192.168.0.90
Name (182.168.0.90:root): root
Password: pass
```

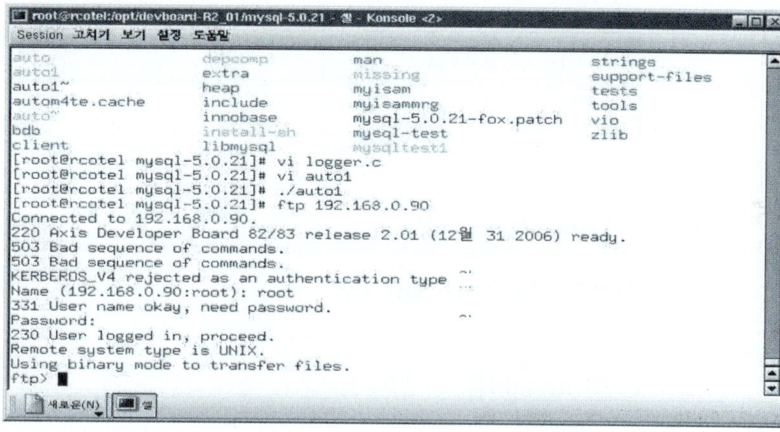
root@rcotel:/opt/devboard-R2_01/mysql-5.0.21 - 쉘 - Konsole <2>
Session 고치기 보기 설정 도움말
auto depcomp man strings
autol extra missing support-files
auto1~ heap myisam tests
autom4te.cache include myisammrg tools
auto~ innobase mysql-5.0.21-fox.patch vio
bdb install-sh mysql-test zlib
client libmysql mysqltest1
[root@rcotel mysql-5.0.21]# vi logger.c
[root@rcotel mysql-5.0.21]# vi auto1
[root@rcotel mysql-5.0.21]# ./auto1
[root@rcotel mysql-5.0.21]# ftp 192.168.0.90
Connected to 192.168.0.90.
220 Axis Developer Board 82/83 release 2.01 (12월 31 2006) ready.
503 Bad sequence of commands.
503 Bad sequence of commands.
KERBEROS_V4 rejected as an authentication type
Name (192.168.0.90:root): root
331 User name okay, need password.
Password:
230 User logged in, proceed.
Remote system type is UNIX.
Using binary mode to transfer files.
ftp>
새로운(N) 쉘

[그림 7-184] FTP 실행 화면

⑥ 타깃보드의 /mnt/flash폴더에 실행파일인 logger 파일을 업로드시킨다.

```
ftp> cd /mnt/flash
ftp> put logger
```

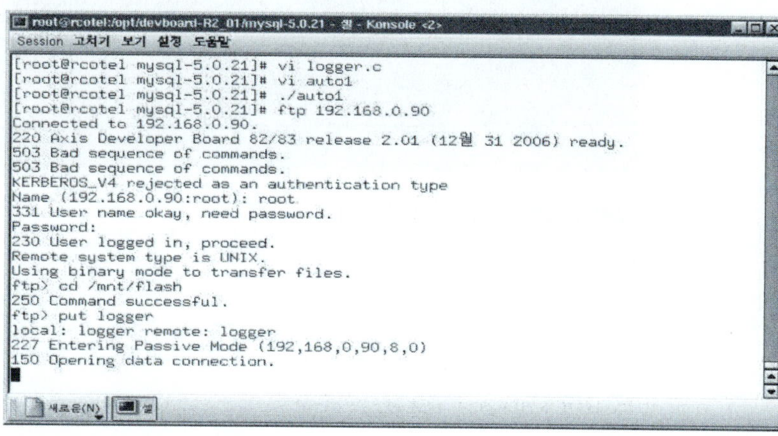
root@rcotel:/opt/devboard-R2_01/mysql-5.0.21 - 쉘 - Konsole <2>
Session 고치기 보기 설정 도움말
[root@rcotel mysql-5.0.21]# vi logger.c
[root@rcotel mysql-5.0.21]# vi auto1
[root@rcotel mysql-5.0.21]# ./auto1
[root@rcotel mysql-5.0.21]# ftp 192.168.0.90
Connected to 192.168.0.90.
220 Axis Developer Board 82/83 release 2.01 (12월 31 2006) ready.
503 Bad sequence of commands.
503 Bad sequence of commands.
KERBEROS_V4 rejected as an authentication type
Name (192.168.0.90:root): root
331 User name okay, need password.
Password:
230 User logged in, proceed.
Remote system type is UNIX.
Using binary mode to transfer files.
ftp> cd /mnt/flash
250 Command successful.
ftp> put logger
local: logger remote: logger
227 Entering Passive Mode (192,168,0,90,8,0)
150 Opening data connection.
새로운(N) 쉘

[그림 7-185] 파일 업로드 화면

⑦ host PC에서 MySQL에 관련된 시스템 서비스가 부팅시에 자동으로 시작하도록 설정하기 위해서 ntsysv 명령을 실행시킨다.

```
# cd /usr/sbin/
# ntsysv
```

[그림 7-186] ntsysv 실행 화면

– [*] mysqld를 선택한다.

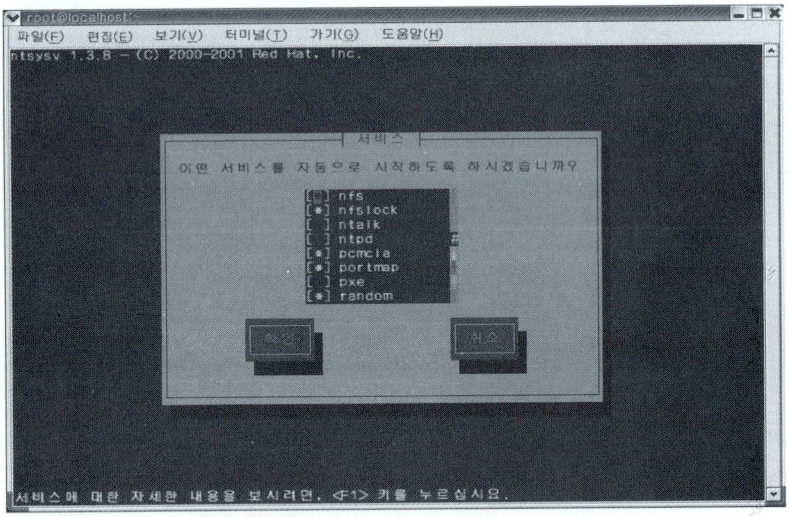

[그림 7-187] ntsysv 실행 화면

⑧ vi 에디터를 이용하여 test.sql 파일을 작성한다.

```
# vi test.sql
```

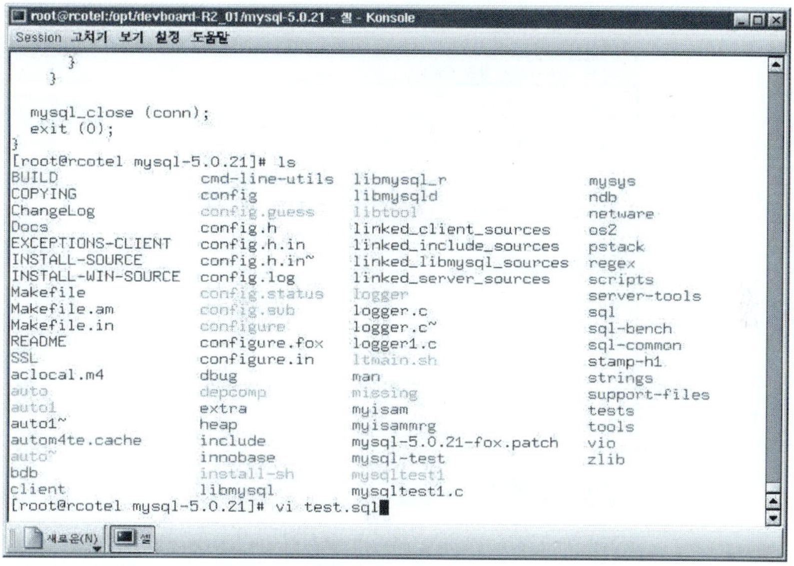

[그림 7-188] vi 에디터 실행 화면

– test.sql 파일에 우리가 사용할 testdatabase라는 이름의 database을 생성하라는 내용을 입력한다.

```
create database testdatabase;
```

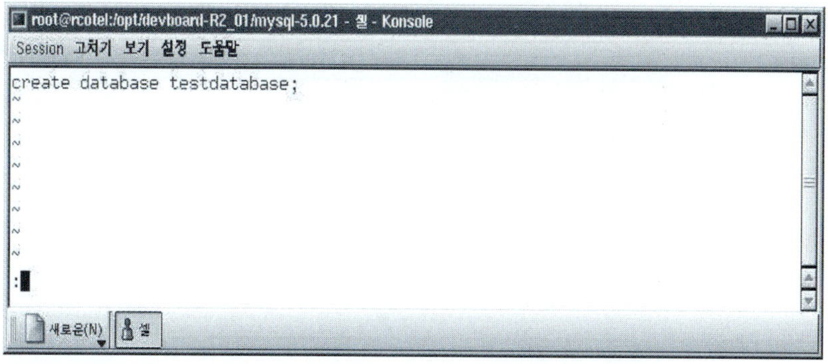

[그림 7-189] test.sql 파일 화면

⑨ MySQL 서비스를 재시작하도록 한다.

```
# service mysqld stop
# service mysqld start
```

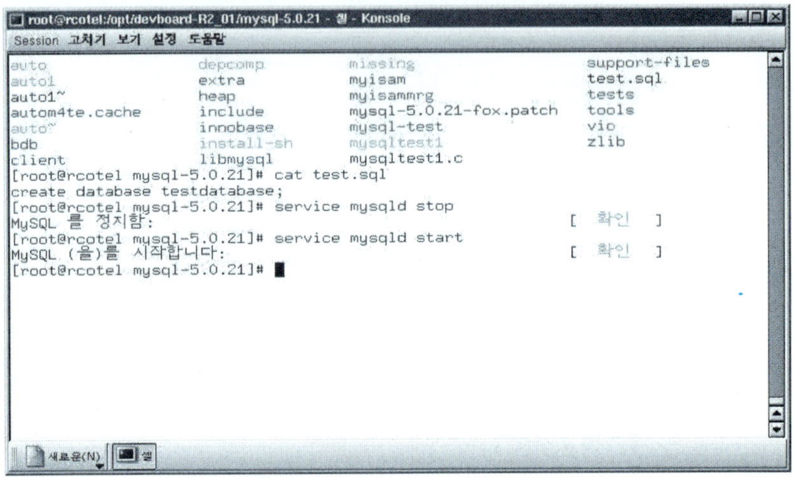
root@rcotel:/opt/devboard-R2_01/mysql-5.0.21 - 셸 - Konsole
Session 고치기 보기 설정 도움말
auto depcomp missing support-files
auto1 extra myisam test.sql
auto1~ heap myisammrg tests
autom4te.cache include mysql-5.0.21-fox.patch tools
auto~ innobase mysql-test vio
bdb install-sh mysqltest1 zlib
client libmysql mysqltest1.c
[root@rcotel mysql-5.0.21]# cat test.sql
create database testdatabase;
[root@rcotel mysql-5.0.21]# service mysqld stop
MySQL 를 정지함: [확인]
[root@rcotel mysql-5.0.21]# service mysqld start
MySQL (을)를 시작합니다: [확인]
[root@rcotel mysql-5.0.21]#
새로운(N) 셸

[그림 7-190] MySQL 서비스 재시작

⑩ 우리가 사용할 testdatabase라는 이름의 database을 생성시키고자 test.sql 파일을 셸프롬프트상에서 실행시킨다. 비밀번호는 사용하지 않기 때문에 Enter 키를 누른다.

```
# mysql -u root -p < test.sql
Enter password: ↲
```

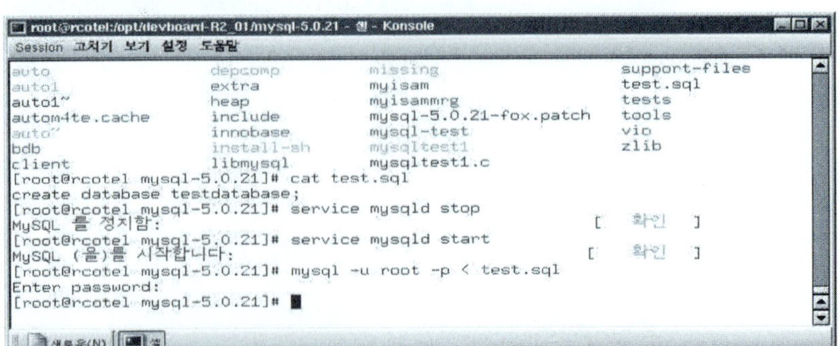
root@rcotel:/opt/devboard-R2_01/mysql-5.0.21 - 셸 - Konsole
Session 고치기 보기 설정 도움말
auto depcomp missing support-files
auto1 extra myisam test.sql
auto1~ heap myisammrg tests
autom4te.cache include mysql-5.0.21-fox.patch tools
auto~ innobase mysql-test vio
bdb install-sh mysqltest1 zlib
client libmysql mysqltest1.c
[root@rcotel mysql-5.0.21]# cat test.sql
create database testdatabase;
[root@rcotel mysql-5.0.21]# service mysqld stop
MySQL 를 정지함: [확인]
[root@rcotel mysql-5.0.21]# service mysqld start
MySQL (을)를 시작합니다: [확인]
[root@rcotel mysql-5.0.21]# mysql -u root -p < test.sql
Enter password:
[root@rcotel mysql-5.0.21]#
새로운(N) 셸

[그림 7-191] test.sql 실행 화면

⑪ 결과를 좀더 정확히 확인해 보기 위하여 mysql이라는 데이터베이스로 접속하여 testdatabase라는 이름의 데이터베이스가 생성이 되었는가를 확인해 본다.

```
# mysql -u root -p mysql
Enter password: ↲
```

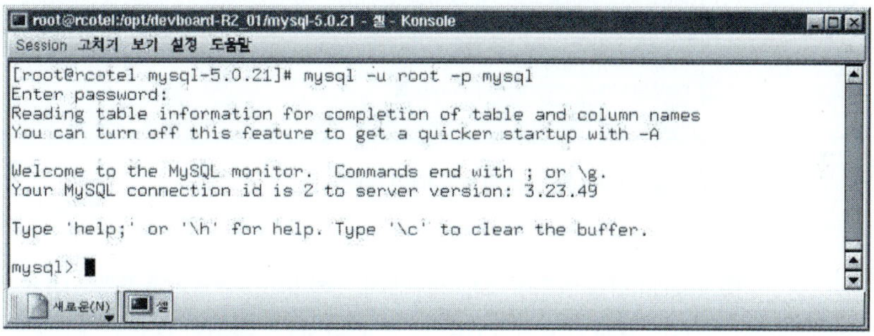
root@rcotel:/opt/devboard-R2_01/mysql-5.0.21 - 셸 - Konsole
Session 고치기 보기 설정 도움말
[root@rcotel mysql-5.0.21]# mysql -u root -p mysql
Enter password:
Reading table information for completion of table and column names
You can turn off this feature to get a quicker startup with -A
Welcome to the MySQL monitor. Commands end with ; or \g.
Your MySQL connection id is 2 to server version: 3.23.49
Type 'help;' or '\h' for help. Type '\c' to clear the buffer.
mysql>
새로운(N)
셸

[그림 7-192] mysql에 접속 화면

⑫ show databases 명령어로 testdatabase라는 이름의 데이터베이스가 존재하고 있는가를 확인한다.

```
mysql> show databases;
```

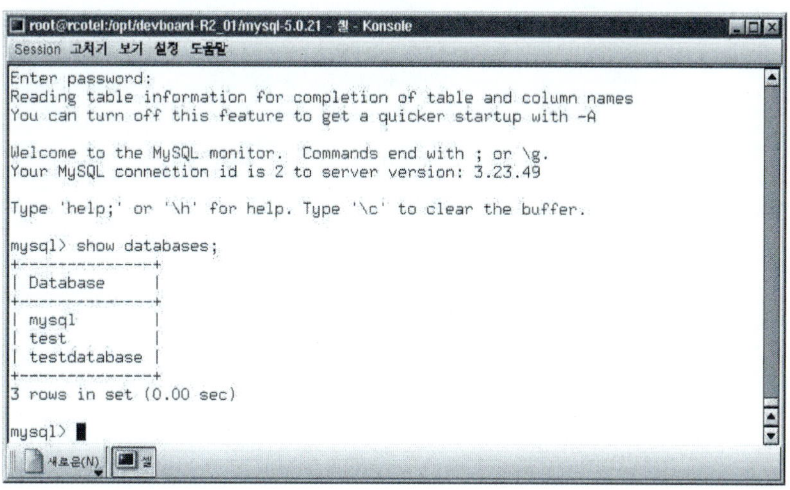
root@rcotel:/opt/devboard-R2_01/mysql-5.0.21 - 셸 - Konsole
Session 고치기 보기 설정 도움말
Enter password:
Reading table information for completion of table and column names
You can turn off this feature to get a quicker startup with -A
Welcome to the MySQL monitor. Commands end with ; or \g.
Your MySQL connection id is 2 to server version: 3.23.49
Type 'help;' or '\h' for help. Type '\c' to clear the buffer.
mysql> show databases;
+--------------+
| Database |
+--------------+
| mysql |
| test |
| testdatabase |
+--------------+
3 rows in set (0.00 sec)
mysql>
새로운(N)
셸

[그림 7-193] Databases 화면

⑬ 이번에는 필드를 만드는 logger.sql 파일을 살펴본다.

```
# cat logger.sql
```

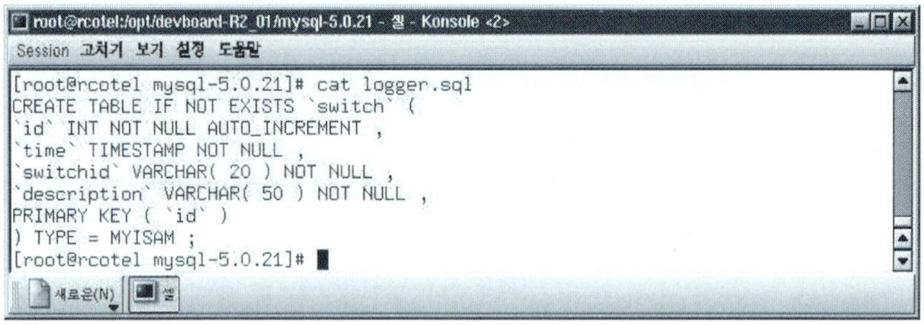
root@rcotel:/opt/devboard-R2_01/mysql-5.0.21 - 셸 - Konsole <2>
Session 고치기 보기 설정 도움말
[root@rcotel mysql-5.0.21]# cat logger.sql
CREATE TABLE IF NOT EXISTS `switch` (
`id` INT NOT NULL AUTO_INCREMENT ,
`time` TIMESTAMP NOT NULL ,
`switchid` VARCHAR(20) NOT NULL ,
`description` VARCHAR(50) NOT NULL ,
PRIMARY KEY (`id`)
) TYPE = MYISAM ;
[root@rcotel mysql-5.0.21]#
새로운(N) 셸

[그림 7-194] logger.sql **파일 화면**

⑭ testdatabase라는 데이터베이스에 logger.sql에 있는 내용을 실행시킨다. 이 파일을 실행시키고 나면 switch이라는 테이블이 testdatabase내에 생성이 된다.

```
# mysql -u root -p testdatabase < logger.sql
Enter password: ↲
```

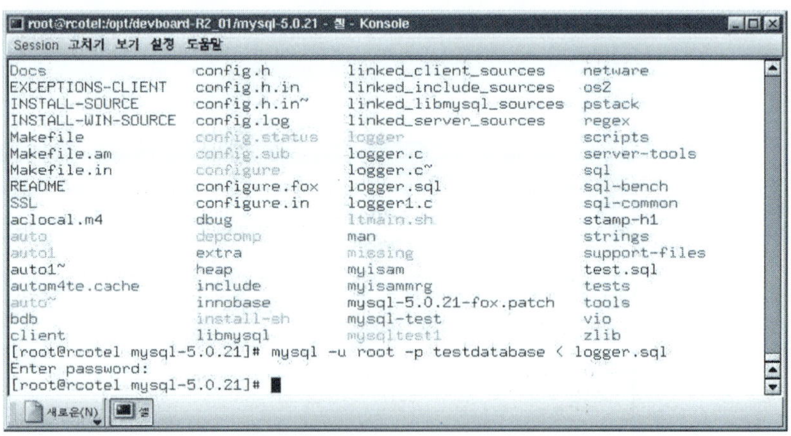
root@rcotel:/opt/devboard-R2_01/mysql-5.0.21 - 셸 - Konsole
Session 고치기 보기 설정 도움말
Docs config.h linked_client_sources netware
EXCEPTIONS-CLIENT config.h.in linked_include_sources os2
INSTALL-SOURCE config.h.in~ linked_libmysql_sources pstack
INSTALL-WIN-SOURCE config.log linked_server_sources regex
Makefile config.status logger scripts
Makefile.am config.sub logger.c server-tools
Makefile.in configure logger.c~ sql
README configure.fox logger.sql sql-bench
SSL configure.in logger1.c sql-common
aclocal.m4 dbug ltmain.sh stamp-h1
auto depcomp man strings
auto1 extra missing support-files
auto1~ heap myisam test.sql
autom4te.cache include myisammrg tests
auto~ innobase mysql-5.0.21-fox.patch tools
bdb install-sh mysql-test vio
client libmysql mysqltest1 zlib
[root@rcotel mysql-5.0.21]# mysql -u root -p testdatabase < logger.sql
Enter password:
[root@rcotel mysql-5.0.21]#
새로운(N) 셸

[그림 7-195] logger.sql **실행 화면**

⑮ 확인을 위해 testdatabase라는 데이터베이스에 접속한다.

```
# mysql -u root -p testdatabase
Enter password: ↵
```

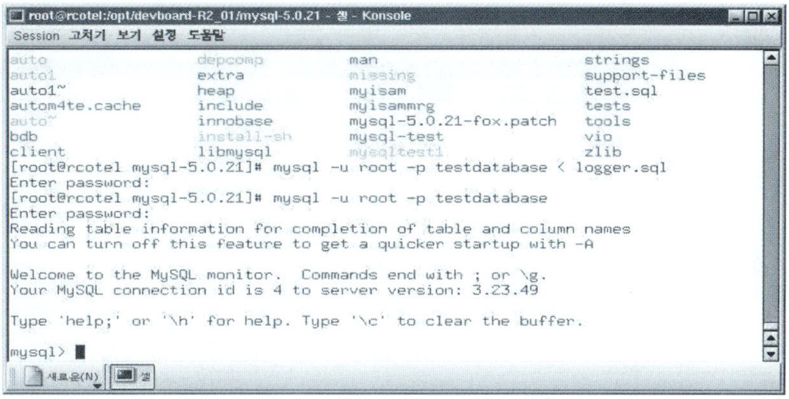
root@rcotel:/opt/devboard-R2_01/mysql-5.0.21 - 쉘 - Konsole
Session 고치기 보기 설정 도움말
auto depcomp man strings
auto1 extra missing support-files
auto1~ heap myisam test.sql
autom4te.cache include myisammrg tests
auto~ innobase mysql-5.0.21-fox.patch tools
bdb install-sh mysql-test vio
client libmysql mysqltest1 zlib
[root@rcotel mysql-5.0.21]# mysql -u root -p testdatabase < logger.sql
Enter password:
[root@rcotel mysql-5.0.21]# mysql -u root -p testdatabase
Enter password:
Reading table information for completion of table and column names
You can turn off this feature to get a quicker startup with -A
Welcome to the MySQL monitor. Commands end with ; or \g.
Your MySQL connection id is 4 to server version: 3.23.49
Type 'help;' or '\h' for help. Type '\c' to clear the buffer.
mysql>
새로운(N) 쉘

[그림 7-196] testdatabase 접속 화면

⑯ show tables 명령어로 생성된 테이블들을 확인한다.

switch라는 테이블을 볼 수 있다. switch라는 테이블의 구조를 살펴본다.

```
mysql> show tables;
mysql> desc switch;
```

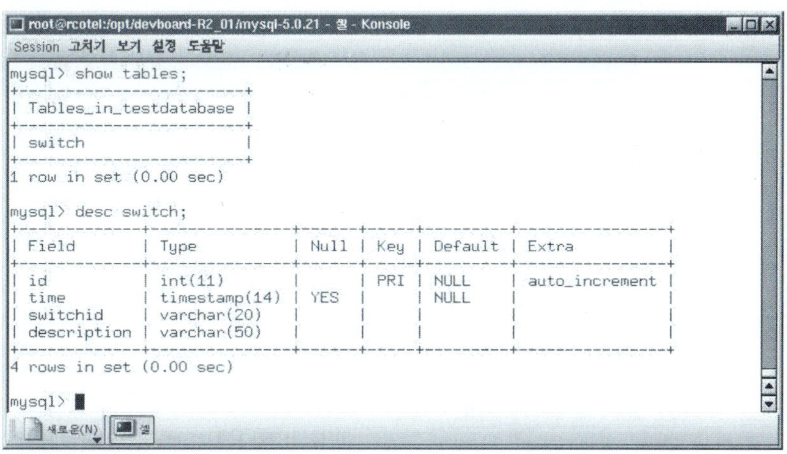
root@rcotel:/opt/devboard-R2_01/mysql-5.0.21 - 쉘 - Konsole
Session 고치기 보기 설정 도움말
mysql> show tables;
+------------------------+
| Tables_in_testdatabase |
+------------------------+
| switch |
+------------------------+
1 row in set (0.00 sec)
mysql> desc switch;
Field	Type	Null	Key	Default	Extra
id	int(11)		PRI	NULL	auto_increment
time	timestamp(14)	YES		NULL	
switchid	varchar(20)				
description	varchar(50)				
4 rows in set (0.00 sec)
mysql>
새로운(N) 쉘

[그림 7-197] switch 테이블 화면

제 7 장

⑰ 타깃보드에서 Host PC의 MySQL 서버에 원격접속이 가능하도록 설정한다. 먼저 MySQL 서버에 root 유저로 접속한다.

```
# mysql -u root mysql
Enter password: ↵
```

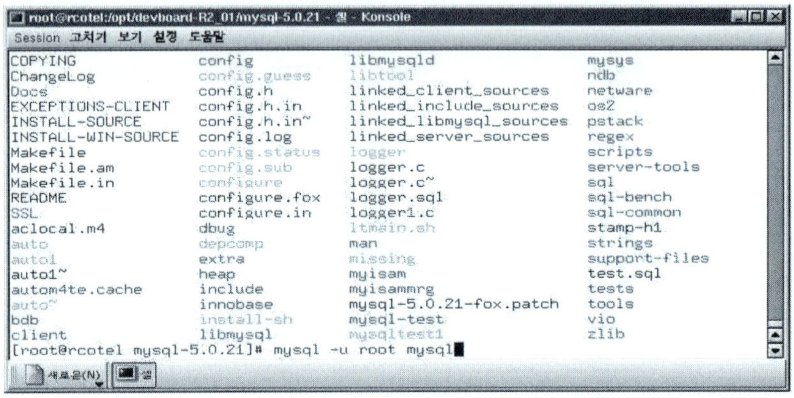
root@rcotel:/opt/devboard-R2_01/mysql-5.0.21 - 쉘 - Konsole
Session 고치기 보기 설정 도움말
COPYING config libmysqld mysys
ChangeLog config.guess libtool ndb
Docs config.h linked_client_sources netware
EXCEPTIONS-CLIENT config.h.in linked_include_sources os2
INSTALL-SOURCE config.h.in~ linked_libmysql_sources pstack
INSTALL-WIN-SOURCE config.log linked_server_sources regex
Makefile config.status logger scripts
Makefile.am config.sub logger.c server-tools
Makefile.in configure logger.c~ sql
README configure.fox logger.sql sql-bench
SSL configure.in logger1.c sql-common
aclocal.m4 dbug ltmain.sh stamp-h1
auto depcomp man strings
auto1 extra missing support-files
auto1~ heap myisam test.sql
autom4te.cache include myisammrg tests
auto~ innobase mysql-5.0.21-fox.patch tools
bdb install-sh mysql-test vio
client libmysql mysqltest1 zlib
[root@rcotel mysql-5.0.21]# mysql -u root mysql
새로운(N) 쉘

[그림 7-198] MySQL 접속 화면

⑱ 접속할 사용자를 생성하고, testdatabase라는 데이터베이스의 접속권한을 준다.

```
mysql> use mysql
mysql> insert into user (host,user,password)values('%','root',password(''));
mysql> insert into db values('%','testdatabase','root','y','y','y','y','y','y','y','y','y','y');
```

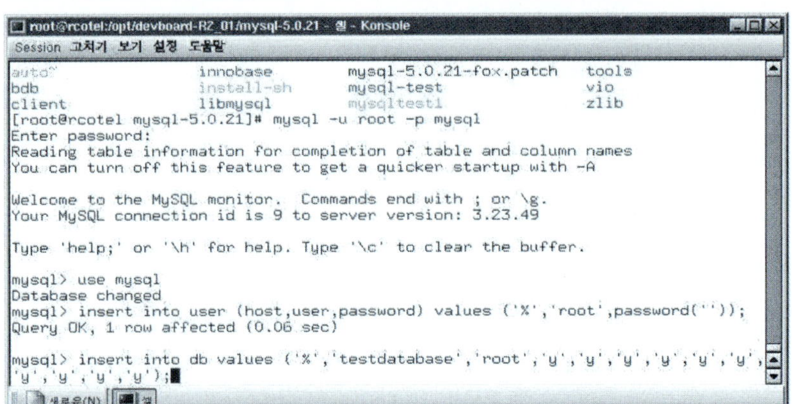
root@rcotel:/opt/devboard-R2_01/mysql-5.0.21 - 쉘 - Konsole
Session 고치기 보기 설정 도움말
auto~ innobase mysql-5.0.21-fox.patch tools
bdb install-sh mysql-test vio
client libmysql mysqltest1 zlib
[root@rcotel mysql-5.0.21]# mysql -u root -p mysql
Enter password:
Reading table information for completion of table and column names
You can turn off this feature to get a quicker startup with -A
Welcome to the MySQL monitor. Commands end with ; or \g.
Your MySQL connection id is 9 to server version: 3.23.49
Type 'help;' or '\h' for help. Type '\c' to clear the buffer.
mysql> use mysql
Database changed
mysql> insert into user (host,user,password) values ('%','root',password(''));
Query OK, 1 row affected (0.06 sec)
mysql> insert into db values ('%','testdatabase','root','y','y','y','y','y','y',
'y','y','y','y');
새로운(N) 쉘

[그림 7-199] 접속할 사용자 생성 화면

⑲ 정보를 커밋한다.

```
mysql> flush privileges;
mysql> show databases;
```

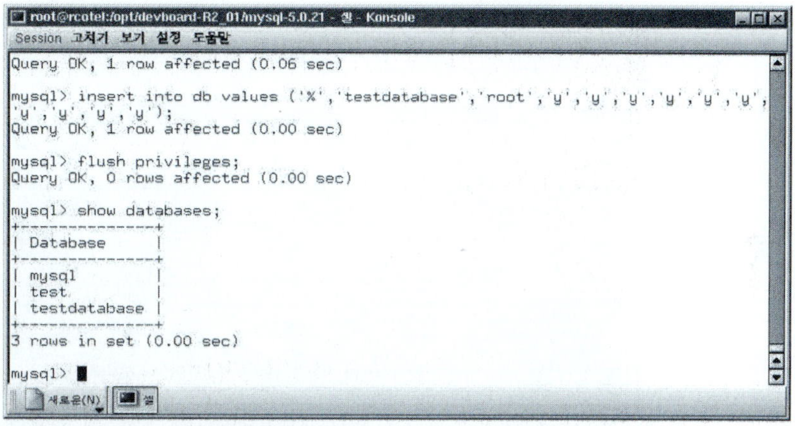
root@rcotel:/opt/devboard-R2_01/mysql-5.0.21 - 쉘 - Konsole
Session 고치기 보기 설정 도움말
Query OK, 1 row affected (0.06 sec)
mysql> insert into db values ('%','testdatabase','root','y','y','y','y','y','y','y','y','y','y');
Query OK, 1 row affected (0.00 sec)
mysql> flush privileges;
Query OK, 0 rows affected (0.00 sec)
mysql> show databases;
| Database |
| mysql |
| test |
| testdatabase |
3 rows in set (0.00 sec)
mysql>
새로운(N)
쉘

[그림 7-200] 설정 완료 화면

⑳ testdatabase를 사용하도록 선택하고 testdatabase의 테이블을 표시한다.

```
mysql> use testdatabase;
mysql> show tables;
```

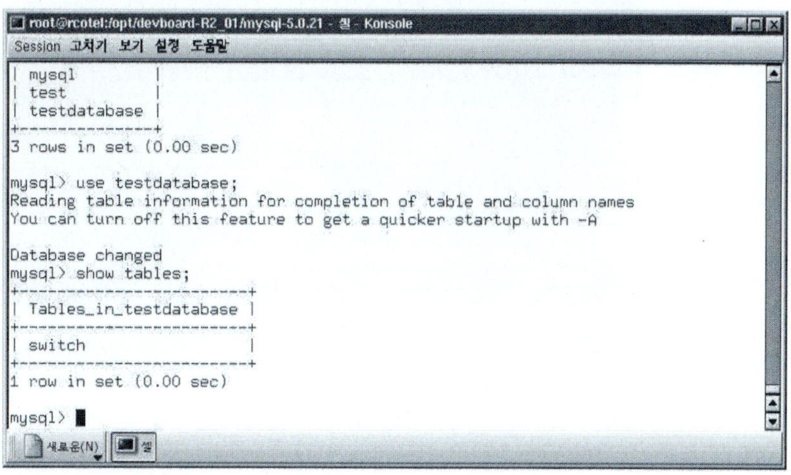
root@rcotel:/opt/devboard-R2_01/mysql-5.0.21 - 쉘 - Konsole
Session 고치기 보기 설정 도움말
| mysql |
| test |
| testdatabase |
3 rows in set (0.00 sec)
mysql> use testdatabase;
Reading table information for completion of table and column names
You can turn off this feature to get a quicker startup with -A
Database changed
mysql> show tables;
| Tables_in_testdatabase |
| switch |
1 row in set (0.00 sec)
mysql>
새로운(N)
쉘

[그림 7-201] 테이블 표시 화면

제 7 장

㉑ 타깃보드에 접속한 후 logger 파일이 실행 가능하도록 퍼미션을 변경시킨 후 logger 파일을 실행시킨다.

```
# cd /mnt/flash
# chmod +x logger
# ./logger
```

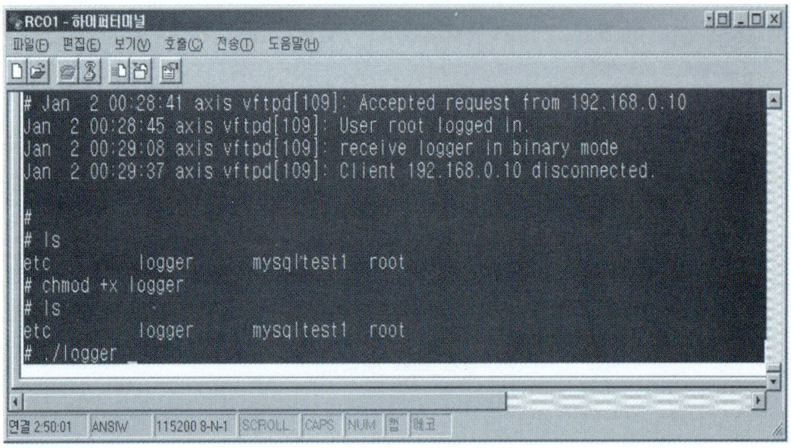

[그림 7-202] logger **실행 화면**

– 다음과 같이 MySQL 서버로 데이터가 전송되고 있음을 알 수 있다.

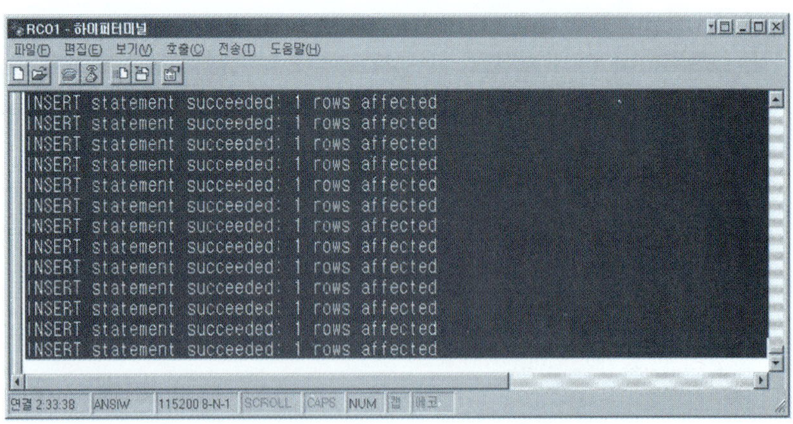

[그림 7-203] logger **실행 화면**

㉒ switch 테이블을 조회한다.

```
mysql> select * from switch;
```

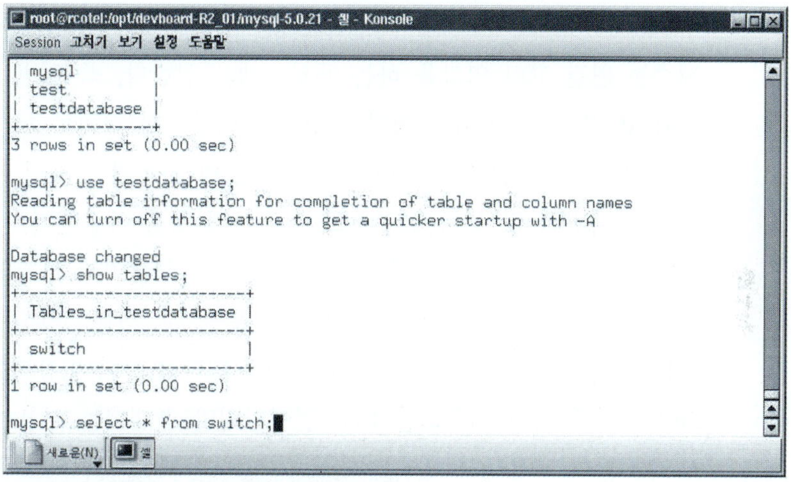
root@rcotel:/opt/devboard-R2_01/mysql-5.0.21 - 셸 - Konsole
Session 고치기 보기 설정 도움말
| mysql |
| test |
| testdatabase |
+--------------+
3 rows in set (0.00 sec)
mysql> use testdatabase;
Reading table information for completion of table and column names
You can turn off this feature to get a quicker startup with -A
Database changed
mysql> show tables;
+------------------------+
| Tables_in_testdatabase |
+------------------------+
| switch |
+------------------------+
1 row in set (0.00 sec)
mysql> select * from switch;
새로운(N)
셸

[그림 7-204] switch 조회 화면

– 다음과 같이 IOG16 Switch가 눌렸다는 정보를 타깃보드에서 Host PC의 MySQL 서버로 전송하고 있음을 확인할 수 있다.

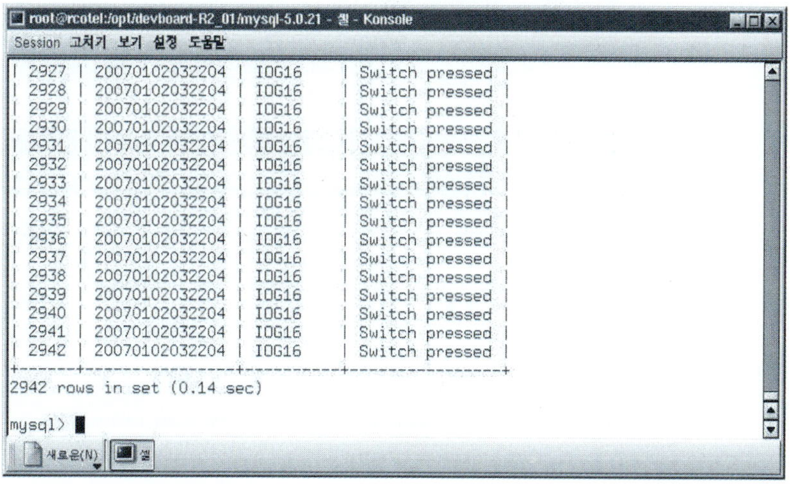
root@rcotel:/opt/devboard-R2_01/mysql-5.0.21 - 셸 - Konsole
Session 고치기 보기 설정 도움말
2927	20070102032204	IOG16	Switch pressed
2928	20070102032204	IOG16	Switch pressed
2929	20070102032204	IOG16	Switch pressed
2930	20070102032204	IOG16	Switch pressed
2931	20070102032204	IOG16	Switch pressed
2932	20070102032204	IOG16	Switch pressed
2933	20070102032204	IOG16	Switch pressed
2934	20070102032204	IOG16	Switch pressed
2935	20070102032204	IOG16	Switch pressed
2936	20070102032204	IOG16	Switch pressed
2937	20070102032204	IOG16	Switch pressed
2938	20070102032204	IOG16	Switch pressed
2939	20070102032204	IOG16	Switch pressed
2940	20070102032204	IOG16	Switch pressed
2941	20070102032204	IOG16	Switch pressed
2942	20070102032204	IOG16	Switch pressed
+------+----------------+----------+----------------+
2942 rows in set (0.14 sec)
mysql>
새로운(N)
셸

[그림 7-205] 결과 화면

7.10 CGI 프로그래밍 실습

CGI(Common Gateway Interface)는 웹으로 접속하는 사용자와 서버를 연결해주는 연결 고리 역할을 하는 프로그램을 말한다. 즉 일반 사용자의 웹브라우저와 웹서버 사이에서 특정한 요청을 받아들여서 서버로 보내고 서버에서 처리된 결과를 다시 웹브라우저에 뿌려줌으로써 기존의 정적인 HTML 문서에서 사용자와 서버 간의 보다 유연하고 동적인 환경을 제공한다.

CGI는 특정한 언어를 지칭하는 것이 아니어서 여러 가지의 프로그래밍 언어로 구현할 수 있으며, 일반적으로 사용될 수 있는 언어로는 C, C++, Perl, Tcl/TK, JAVA, PHP, ASP, Visual Basic, 델파이 등이 이용되고 있으며 기존에는 Perl이 가장 많이 이용되는 CGI 언어였지만 현재에는 사용하기가 쉬운 PHP와 ASP가 많이 사용되고 있습니다.

① CD에 있는 CGI관련 파일을 /opt/devboard-R2_01/apps폴더에 복사한다.

```
# mount /dev/cdrom /mnt/cdrom
# cd /mnt/cdrom/apps/CGI/
# cp CGI.tar.gz /opt/devboard-R2_01/apps/
```

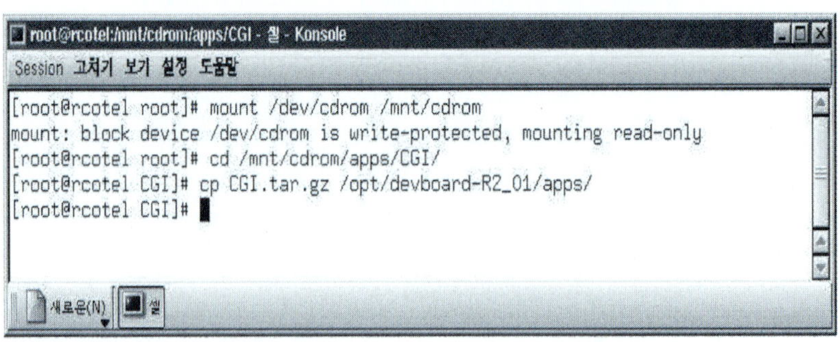
root@rcotel:/mnt/cdrom/apps/CGI - 셸 - Konsole
Session 고치기 보기 설정 도움말
[root@rcotel root]# mount /dev/cdrom /mnt/cdrom
mount: block device /dev/cdrom is write-protected, mounting read-only
[root@rcotel root]# cd /mnt/cdrom/apps/CGI/
[root@rcotel CGI]# cp CGI.tar.gz /opt/devboard-R2_01/apps/
[root@rcotel CGI]#
새로운(N)
셸

[그림 7-206] 파일 복사 화면

② /opt/devboard-R2_01폴더로 이동한 후 환경설정 파일을 실행시킨 후 다시 apps/CGI폴더로 이동한다.

```
# cd /opt/devboard-R2_01
# . ./init_env
# cd apps/CGI/
```

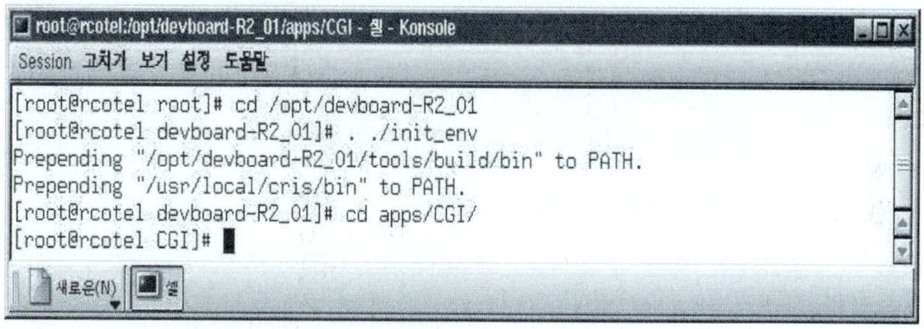
root@rcotel:/opt/devboard-R2_01/apps/CGI - 쉘 - Konsole
Session 고치기 보기 설정 도움말
[root@rcotel root]# cd /opt/devboard-R2_01
[root@rcotel devboard-R2_01]# . ./init_env
Prepending "/opt/devboard-R2_01/tools/build/bin" to PATH.
Prepending "/usr/local/cris/bin" to PATH.
[root@rcotel devboard-R2_01]# cd apps/CGI/
[root@rcotel CGI]#
새로운(N)
쉘

[그림 7-207] 환경설정 파일 실행 화면

③ pitagoric.c 파일을 컴파일한다.

```
# make cris-axis-linux-gnu
```

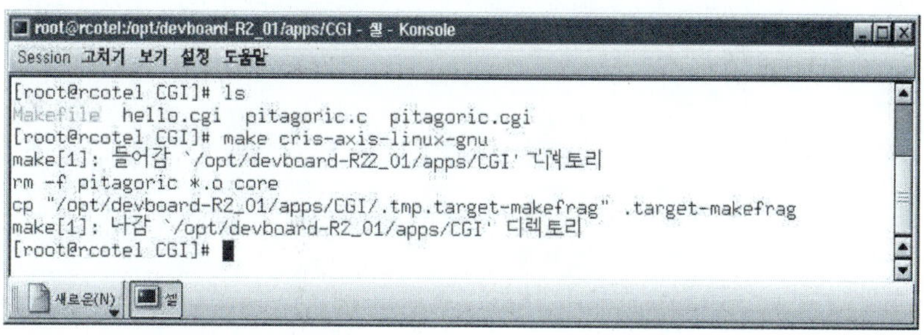
root@rcotel:/opt/devboard-R2_01/apps/CGI - 쉘 - Konsole
Session 고치기 보기 설정 도움말
[root@rcotel CGI]# ls
Makefile hello.cgi pitagoric.c pitagoric.cgi
[root@rcotel CGI]# make cris-axis-linux-gnu
make[1]: 들어감 `/opt/devboard-R22_01/apps/CGI' 디렉토리
rm -f pitagoric *.o core
cp "/opt/devboard-R2_01/apps/CGI/.tmp.target-makefrag" .target-makefrag
make[1]: 나감 `/opt/devboard-R2_01/apps/CGI' 디렉토리
[root@rcotel CGI]#
새로운(N)
쉘

[그림 7-208] 컴파일 화면

제 7 장

④ pitagoric.c 파일을 컴파일한다.

```
# make
```

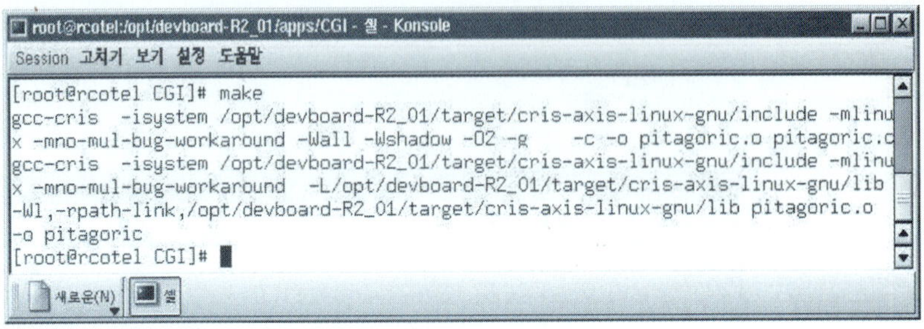
root@rcotel:/opt/devboard-R2_01/apps/CGI - 쉘 - Konsole
Session 고치기 보기 설정 도움말
[root@rcotel CGI]# make
gcc-cris -isystem /opt/devboard-R2_01/target/cris-axis-linux-gnu/include -mlinu
x -mno-mul-bug-workaround -Wall -Wshadow -O2 -g -c -o pitagoric.o pitagoric.c
gcc-cris -isystem /opt/devboard-R2_01/target/cris-axis-linux-gnu/include -mlinu
x -mno-mul-bug-workaround -L/opt/devboard-R2_01/target/cris-axis-linux-gnu/lib
-Wl,-rpath-link,/opt/devboard-R2_01/target/cris-axis-linux-gnu/lib pitagoric.o
-o pitagoric
[root@rcotel CGI]#
새로운(N)
쉘

[그림 7-209] 컴파일 화면

⑤ 실행파일이 생성되었는지 확인한다.

```
# ls -l
```

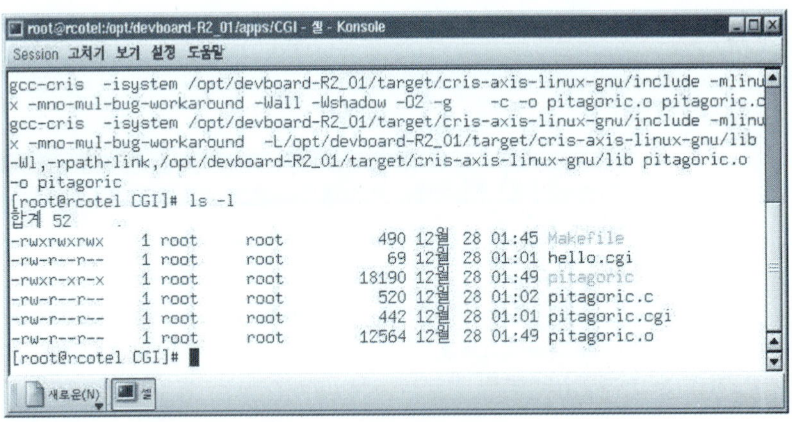
root@rcotel:/opt/devboard-R2_01/apps/CGI - 쉘 - Konsole
Session 고치기 보기 설정 도움말
gcc-cris -isystem /opt/devboard-R2_01/target/cris-axis-linux-gnu/include -mlinu
x -mno-mul-bug-workaround -Wall -Wshadow -O2 -g -c -o pitagoric.o pitagoric.c
gcc-cris -isystem /opt/devboard-R2_01/target/cris-axis-linux-gnu/include -mlinu
x -mno-mul-bug-workaround -L/opt/devboard-R2_01/target/cris-axis-linux-gnu/lib
-Wl,-rpath-link,/opt/devboard-R2_01/target/cris-axis-linux-gnu/lib pitagoric.o
-o pitagoric
[root@rcotel CGI]# ls -l
합계 52
-rwxrwxrwx 1 root root 490 12월 28 01:45 Makefile
-rw-r--r-- 1 root root 69 12월 28 01:01 hello.cgi
-rwxr-xr-x 1 root root 18190 12월 28 01:49 pitagoric
-rw-r--r-- 1 root root 520 12월 28 01:02 pitagoric.c
-rw-r--r-- 1 root root 442 12월 28 01:01 pitagoric.cgi
-rw-r--r-- 1 root root 12564 12월 28 01:49 pitagoric.o
[root@rcotel CGI]#
새로운(N)
쉘

[그림 7-210] CGI폴더 화면

⑥ 하이퍼터미널을 이용하여 타깃보드에 접속한 후 /usr/html/local/cgi-bin폴더를 생성한다.

```
# mkdir /usr/html/local/cgi-bin/
```

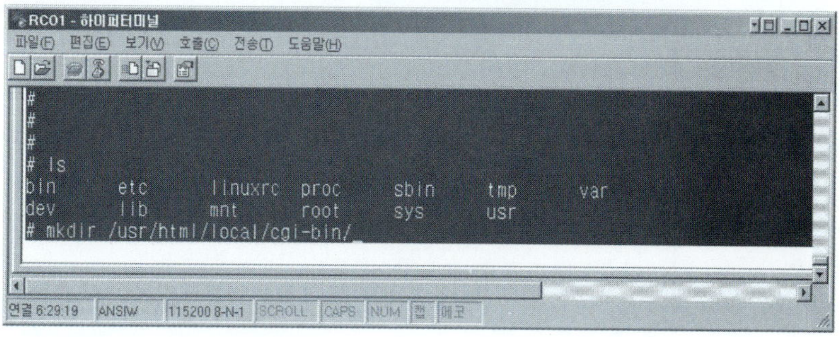
RC01 - 하이퍼터미널
파일(F) 편집(E) 보기(V) 호출(C) 전송(T) 도움말(H)
#
#
#
ls
bin etc linuxrc proc sbin tmp var
dev lib mnt root sys usr
mkdir /usr/html/local/cgi-bin/
연결 6:29:19 ANSIW 115200 8-N-1 SCROLL CAPS NUM

[그림 7-211] 폴더 생성 화면

⑦ FTP를 실행시킨다.

```
# ftp 192.168.0.90
Name (182.168.0.90:root): root
Password: pass
```

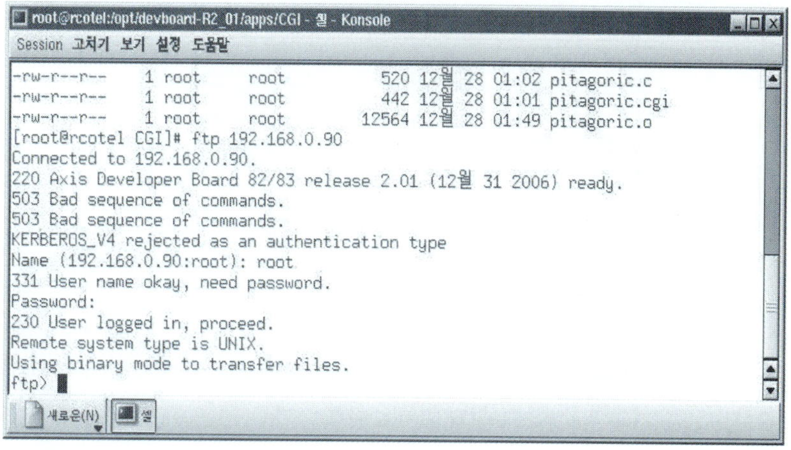
root@rcotel:/opt/devboard-R2_01/apps/CGI - 쉘 - Konsole
Session 고치기 보기 설정 도움말
-rw-r--r-- 1 root root 520 12월 28 01:02 pitagoric.c
-rw-r--r-- 1 root root 442 12월 28 01:01 pitagoric.cgi
-rw-r--r-- 1 root root 12564 12월 28 01:49 pitagoric.o
[root@rcotel CGI]# ftp 192.168.0.90
Connected to 192.168.0.90.
220 Axis Developer Board 82/83 release 2.01 (12월 31 2006) ready.
503 Bad sequence of commands.
503 Bad sequence of commands.
KERBEROS_V4 rejected as an authentication type
Name (192.168.0.90:root): root
331 User name okay, need password.
Password:
230 User logged in, proceed.
Remote system type is UNIX.
Using binary mode to transfer files.
ftp>
새로운(N) 쉘

[그림 7-212] FTP 실행 화면

⑧ /usr/html/local/cgi-bin폴더로 이동한다.

```
ftp> cd /usr/html/local/cgi-bin
```

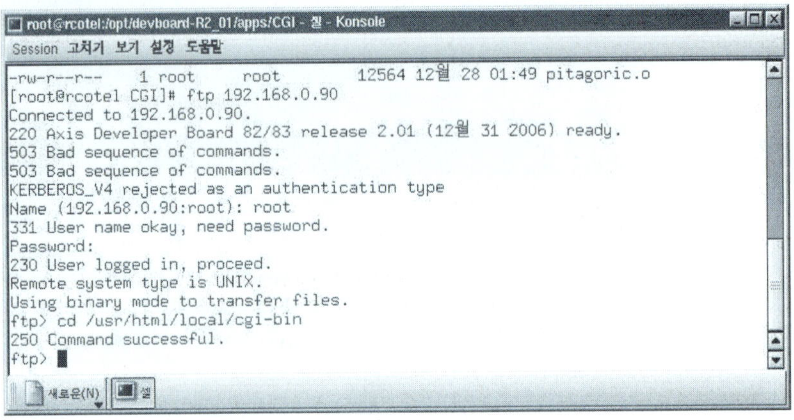
root@rcotel:/opt/devboard-R2_01/apps/CGI - 셸 - Konsole
Session 고치기 보기 설정 도움말
-rw-r--r-- 1 root root 12564 12월 28 01:49 pitagoric.o
[root@rcotel CGI]# ftp 192.168.0.90
Connected to 192.168.0.90.
220 Axis Developer Board 82/83 release 2.01 (12월 31 2006) ready.
503 Bad sequence of commands.
503 Bad sequence of commands.
KERBEROS_V4 rejected as an authentication type
Name (192.168.0.90:root): root
331 User name okay, need password.
Password:
230 User logged in, proceed.
Remote system type is UNIX.
Using binary mode to transfer files.
ftp> cd /usr/html/local/cgi-bin
250 Command successful.
ftp>
새로운(N)
셸

[그림 7-213] FTP 실행 화면

⑨ hello.cgi pitagoric pitagoric.cgi 등을 업로드시킨다.

```
# mput hello.cgi pitagoric pitagoric.cgi
```

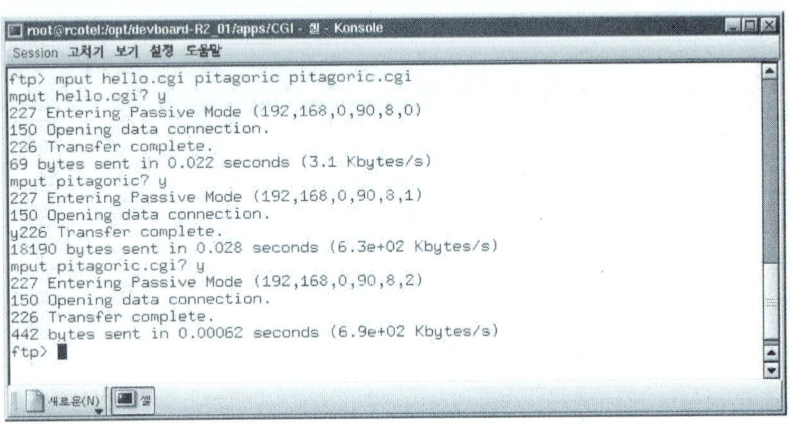
root@rcotel:/opt/devboard-R2_01/apps/CGI - 셸 - Konsole
Session 고치기 보기 설정 도움말
ftp> mput hello.cgi pitagoric pitagoric.cgi
mput hello.cgi? y
227 Entering Passive Mode (192,168,0,90,8,0)
150 Opening data connection.
226 Transfer complete.
69 bytes sent in 0.022 seconds (3.1 Kbytes/s)
mput pitagoric? y
227 Entering Passive Mode (192,168,0,90,8,1)
150 Opening data connection.
y226 Transfer complete.
18190 bytes sent in 0.028 seconds (6.3e+02 Kbytes/s)
mput pitagoric.cgi? y
227 Entering Passive Mode (192,168,0,90,8,2)
150 Opening data connection.
226 Transfer complete.
442 bytes sent in 0.00062 seconds (6.9e+02 Kbytes/s)
ftp>
새로운(N)
셸

[그림 7-214] 파일 업로드 화면

⑩ 하이퍼터미널을 이용하여 타깃보드에 접속한 후 /usr/html/local/cgi-bin폴더로 이동한다.

```
# cd /usr/html/local/cgi-bin/
# ls -al
```

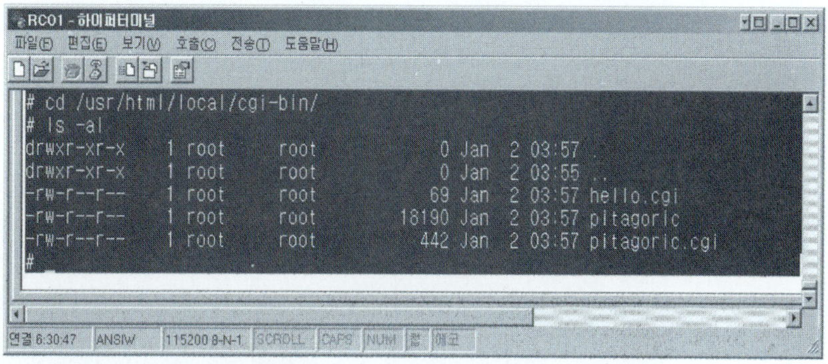
RC01 - 하이퍼터미널
파일(F) 편집(E) 보기(V) 호출(C) 전송(T) 도움말(H)
cd /usr/html/local/cgi-bin/
ls -al
drwxr-xr-x 1 root root 0 Jan 2 03:57 .
drwxr-xr-x 1 root root 0 Jan 2 03:55 ..
-rw-r--r-- 1 root root 69 Jan 2 03:57 hello.cgi
-rw-r--r-- 1 root root 18190 Jan 2 03:57 pitagoric
-rw-r--r-- 1 root root 442 Jan 2 03:57 pitagoric.cgi
#
연결 6:30:47 ANSIW 115200 8-N-1 SCROLL CAPS NUM

[그림 7-215] cgi-bin 폴더 화면

⑪ 실행이 가능하도록 업로드한 파일들의 퍼미션을 변경한다.

```
# chmod +x *
# ls -al
```

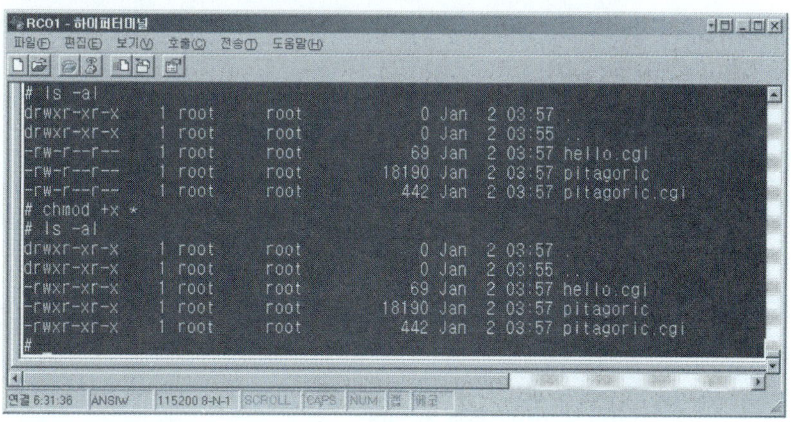
RC01 - 하이퍼터미널
파일(F) 편집(E) 보기(V) 호출(C) 전송(T) 도움말(H)
ls -al
drwxr-xr-x 1 root root 0 Jan 2 03:57 .
drwxr-xr-x 1 root root 0 Jan 2 03:55 ..
-rw-r--r-- 1 root root 69 Jan 2 03:57 hello.cgi
-rw-r--r-- 1 root root 18190 Jan 2 03:57 pitagoric
-rw-r--r-- 1 root root 442 Jan 2 03:57 pitagoric.cgi
chmod +x *
ls -al
drwxr-xr-x 1 root root 0 Jan 2 03:57 .
drwxr-xr-x 1 root root 0 Jan 2 03:55 ..
-rwxr-xr-x 1 root root 69 Jan 2 03:57 hello.cgi
-rwxr-xr-x 1 root root 18190 Jan 2 03:57 pitagoric
-rwxr-xr-x 1 root root 442 Jan 2 03:57 pitagoric.cgi
#
연결 6:31:36 ANSIW 115200 8-N-1 SCROLL CAPS NUM

[그림 7-216] cgi-bin 폴더 화면

제 7 장

⑫ BOA 웹 서버의 설정파일을 수정한다.

임베디드 시스템에서 웹 서버를 구동하게 될 경우 아파치와 같은 대형 웹 서버를 크로스 컴파일하려면 여러 가지 라이브러리와 설정 등에 있어서 문제가 있을 수 있으며 시스템 성능에도 영향을 주므로 경량의 웹 서버를 사용해야 한다. 여기서 경량의 웹 서버 중 하나가 BOA 웹 서버다.

```
# vi /etc/httpd/conf/boa.conf
```

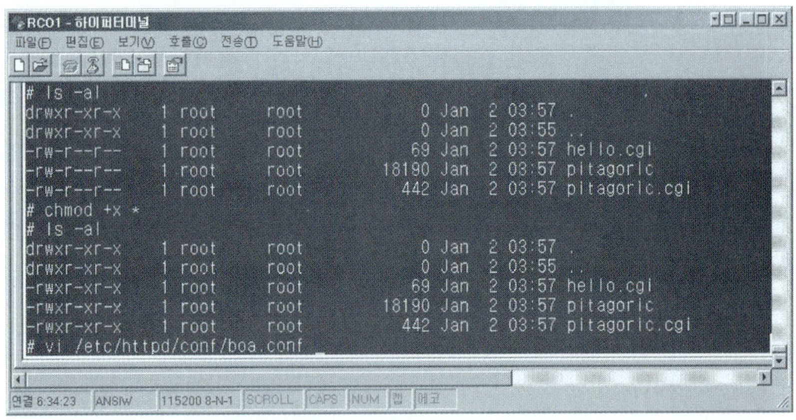
RC01 - 하이퍼터미널
파일(F) 편집(E) 보기(V) 호출(C) 전송(T) 도움말(H)
ls -al
drwxr-xr-x 1 root root 0 Jan 2 03:57 .
drwxr-xr-x 1 root root 0 Jan 2 03:55 ..
-rw-r--r-- 1 root root 69 Jan 2 03:57 hello.cgi
-rw-r--r-- 1 root root 18190 Jan 2 03:57 pitagoric
-rw-r--r-- 1 root root 442 Jan 2 03:57 pitagoric.cgi
chmod +x *
ls -al
drwxr-xr-x 1 root root 0 Jan 2 03:57 .
drwxr-xr-x 1 root root 0 Jan 2 03:55 ..
-rwxr-xr-x 1 root root 69 Jan 2 03:57 hello.cgi
-rwxr-xr-x 1 root root 18190 Jan 2 03:57 pitagoric
-rwxr-xr-x 1 root root 442 Jan 2 03:57 pitagoric.cgi
vi /etc/httpd/conf/boa.conf
연결 6:34:23 ANSIW 115200 8-N-1 SCROLL CAPS NUM

[그림 7-217] vi 에디터 실행 화면

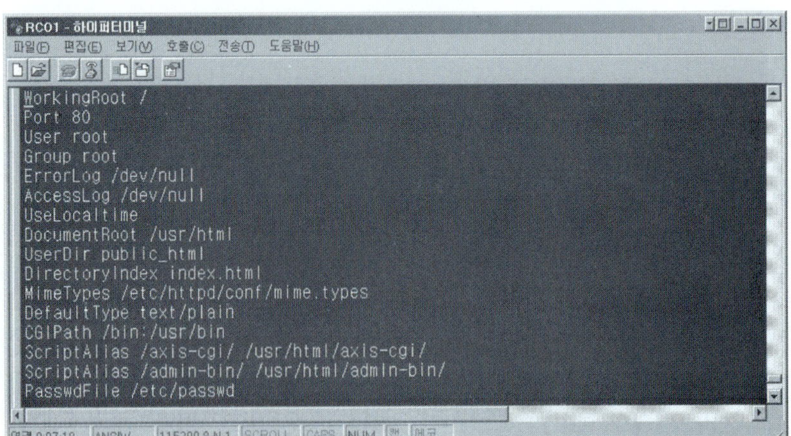
RC01 - 하이퍼터미널
파일(F) 편집(E) 보기(V) 호출(C) 전송(T) 도움말(H)
WorkingRoot /
Port 80
User root
Group root
ErrorLog /dev/null
AccessLog /dev/null
UseLocaltime
DocumentRoot /usr/html
UserDir public_html
DirectoryIndex index.html
MimeTypes /etc/httpd/conf/mime.types
DefaultType text/plain
CGIPath /bin:/usr/bin
ScriptAlias /axis-cgi/ /usr/html/axis-cgi/
ScriptAlias /admin-bin/ /usr/html/admin-bin/
PasswdFile /etc/passwd
연결 0:07:18 ANSIW 115200 8-N-1 SCROLL CAPS NUM

[그림 7-218] 수정 전 화면

– 다음과 같은 내용을 추가한다.

```
ScriptAlias /cgi-bin/ /usr/html/local/cgi-bin/
```

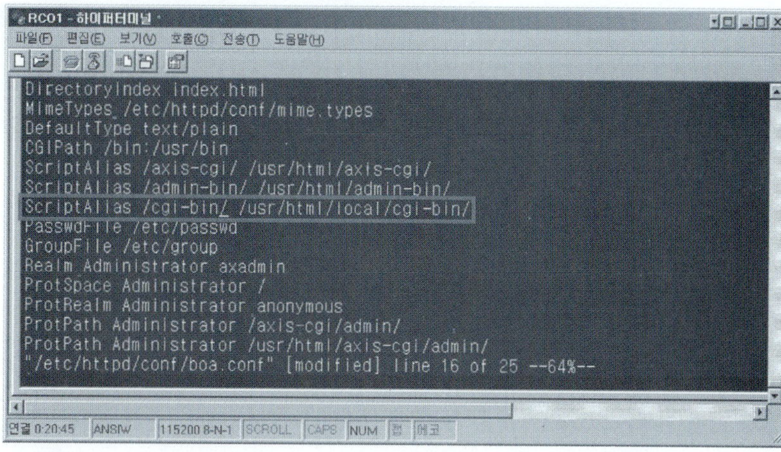
RC01 - 하이퍼터미널
파일(F) 편집(E) 보기(V) 호출(C) 전송(T) 도움말(H)
DirectoryIndex index.html
MimeTypes /etc/httpd/conf/mime.types
DefaultType text/plain
CGIPath /bin:/usr/bin
ScriptAlias /axis-cgi/ /usr/html/axis-cgi/
ScriptAlias /admin-bin/ /usr/html/admin-bin/
ScriptAlias /cgi-bin/ /usr/html/local/cgi-bin/
PasswdFile /etc/passwd
GroupFile /etc/group
Realm Administrator axadmin
ProtSpace Administrator /
ProtRealm Administrator anonymous
ProtPath Administrator /axis-cgi/admin/
ProtPath Administrator /usr/html/axis-cgi/admin/
"/etc/httpd/conf/boa.conf" [modified] line 16 of 25 --64%--
연결 0:20:45 ANSIW 115200 8-N-1 SCROLL CAPS NUM

[그림 7-219] 수정 후 화면

⑬ 웹 서버를 재시작하도록 한다.

```
# /etc/init.d/httpd restart
```

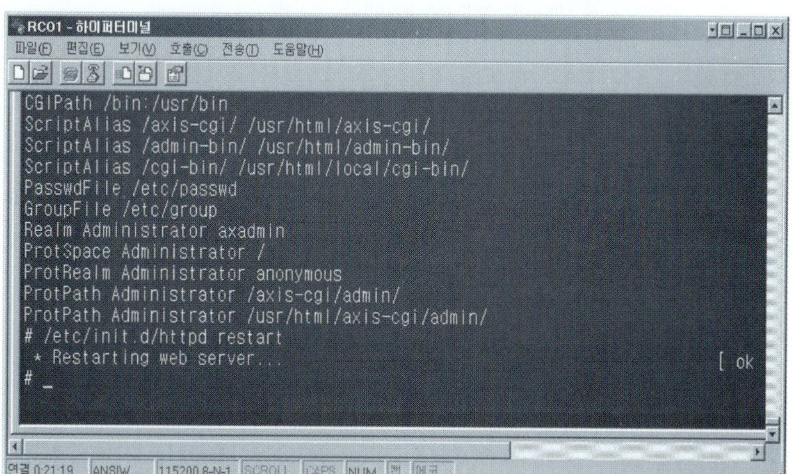
RC01 - 하이퍼터미널
파일(F) 편집(E) 보기(V) 호출(C) 전송(T) 도움말(H)
CGIPath /bin:/usr/bin
ScriptAlias /axis-cgi/ /usr/html/axis-cgi/
ScriptAlias /admin-bin/ /usr/html/admin-bin/
ScriptAlias /cgi-bin/ /usr/html/local/cgi-bin/
PasswdFile /etc/passwd
GroupFile /etc/group
Realm Administrator axadmin
ProtSpace Administrator /
ProtRealm Administrator anonymous
ProtPath Administrator /axis-cgi/admin/
ProtPath Administrator /usr/html/axis-cgi/admin/
/etc/init.d/httpd restart
* Restarting web server... [ok
# _
연결 0:21:19 ANSIW 115200 8-N-1 SCROLL CAPS NUM

[그림 7-220] 웹 서버 재시작 화면

제 7 장

⑭ 리눅스의 브라우저를 이용하여 타깃보드에 접속한다.

```
http://192.168.0.90/cgi-bin/hello.cgi
```

[그림 7-221] hello.cgi 실행 화면

– hello.cgi 파일의 내용은 다음과 같다.

```
#!/bin/sh
echo "Content-type: text/html₩n₩n"
echo "Hello World !₩n"
```

⑮ 리눅스의 브라우저를 이용하여 타깃보드에 접속한다.

```
http://192.168.0.90/cgi-bin/pitagoric.cgi
```

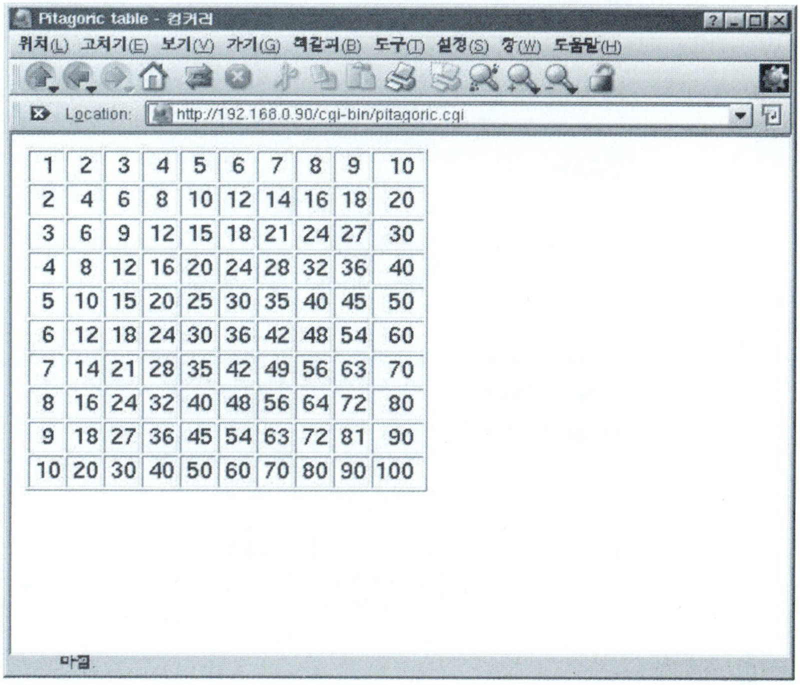

[그림 7-222] pitagoric.cgi 실행 화면

– pitagoric.cgi 파일의 내용은 다음과 같다.

```
#!/bin/sh
echo "Content-type: text/html₩n₩n"
echo "〈html〉";
echo "〈head〉";
echo "〈title〉Pitagoric table〈/title〉";
echo "〈/head〉";
echo "〈body〉";
echo "〈table border='1'〉";

y=1
while [ $y -lt 11 ]
do
```

제 7 장

```
  echo "<tr>";
   x=1
  while [ $x -lt 11 ]
  do
    echo "<td align='right'>";
    echo `expr $x '*' $y`
    x=`expr $x + 1`
    echo "</td>";
  done
  y=`expr $y + 1`
  echo "</tr>";
done

echo "</table>";
echo "</body>";
echo "</html>";
```

⑯ 리눅스의 브라우저를 이용하여 타깃보드에 접속한다.

pitagoric 파일은 pitagoric.c 파일을 컴파일하여 만들어진 파일이다.

```
http://192.168.0.90/cgi-bin/pitagoric
```

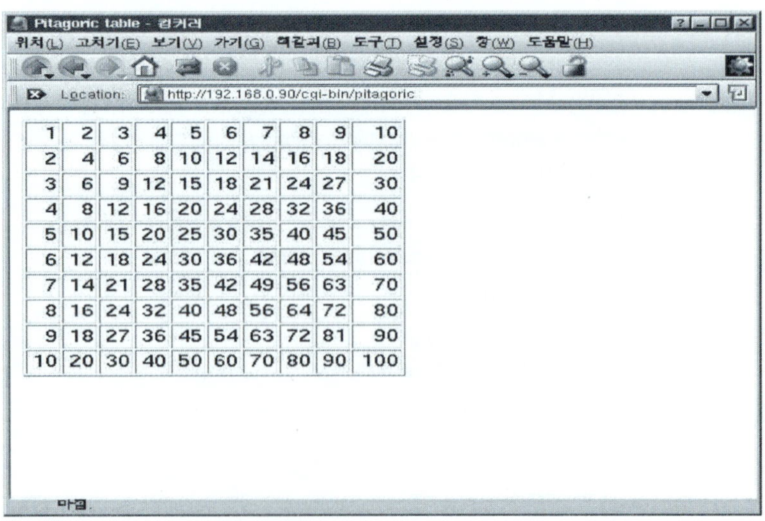

1	2	3	4	5	6	7	8	9	10
2	4	6	8	10	12	14	16	18	20
3	6	9	12	15	18	21	24	27	30
4	8	12	16	20	24	28	32	36	40
5	10	15	20	25	30	35	40	45	50
6	12	18	24	30	36	42	48	54	60
7	14	21	28	35	42	49	56	63	70
8	16	24	32	40	48	56	64	72	80
9	18	27	36	45	54	63	72	81	90
10	20	30	40	50	60	70	80	90	100

[그림 7-223] pitagoric 실행 화면

– pitagoric.c 파일의 내용은 다음과 같다.

```
#include <stdio.h>

int main(int argc, char **argv) {
  int x,y;

  puts("Content-type: text/html₩n₩n");
  puts("<html>");
  puts("<head>");
  puts("<title>Pitagoric table</title>");
  puts("</head>");
  puts("<body>");
  puts("<table border='1'>");
  y=1;
  while (y<11) {

   puts("<tr>");
    x=1;
    while (x<11) {
      puts("<td align='right'>");
      printf("%d",x*y);
      x++;
      puts("</td>");
    }
    y++;
    puts("</tr>");
  }

 puts("</table>");
 puts("</body>");
 puts("</html>");
}
```

7.11 플래시를 이용한 원격 제어 실습

이번 실습은 플래시로 만든 가상의 버튼으로 타깃보드를 제어하는 것이다. 이번 실습을 응용하면 웹상에서 원격지에 있는 타깃보드를 쉽게 비주얼하게 제어할 수가 있다.

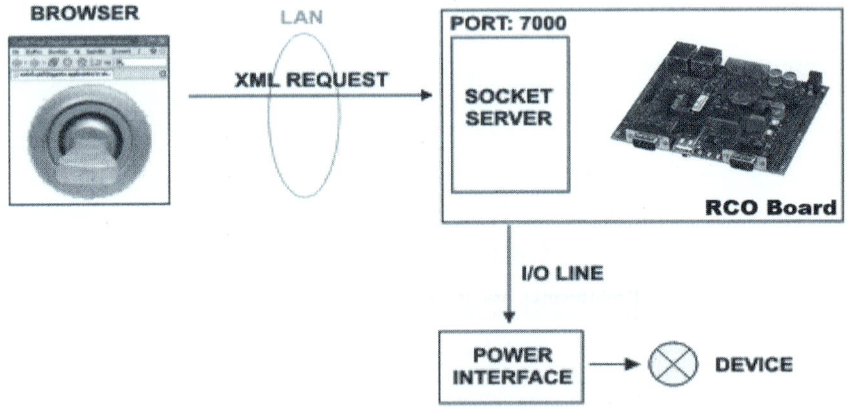
BROWSER
LAN
XML REQUEST
PORT: 7000
SOCKET SERVER
RCO Board
I/O LINE
POWER INTERFACE
DEVICE

[그림 7-224] 시스템 구성도

① CD를 mount한 후 /mnt/cdrom/apps/Flash폴더로 이동한다.

```
# mount /dev/cdrom /mnt/cdrom/
# cd /mnt/cdrom/apps/Flash/
```

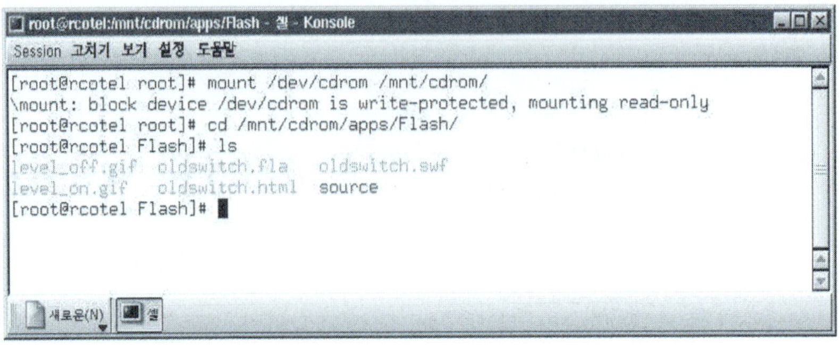
root@rcotel:/mnt/cdrom/apps/Flash - 셸 - Konsole
Session 고치기 보기 설정 도움말
[root@rcotel root]# mount /dev/cdrom /mnt/cdrom/
\mount: block device /dev/cdrom is write-protected, mounting read-only
[root@rcotel root]# cd /mnt/cdrom/apps/Flash/
[root@rcotel Flash]# ls
level_off.gif oldswitch.fla oldswitch.swf
level_on.gif oldswitch.html source
[root@rcotel Flash]#
새로운(N)
셸

[그림 7-225] 마운트 화면

② CD에 있는 oldswitch.swf와 oldswitch.html 파일을 /opt/devboard-R2_01/target/cris-axis-linux-gnu/usr/html폴더에 복사한다.

타깃보드의 /usr/html폴더에는 파일의 업로드가 불가능하기 때문에 host PC의 /target/cris-axis-linux-gnu/usr/html폴더에 파일을 복사한 후 다시 이미지 파일을 만들어 줌으로써 이미지 파일 자체에 우리가 필요로 한 파일을 적재하는 것이다.

```
# cd /mnt/cdrom/apps/Flash/
# cp oldswitch.swf oldswitch.html
/opt/devboard-R2_01/target/cris-axis-linux-gnu/usr/html/
# cd /opt/devboard-R2_01/target/cris-axis-linux-gnu/usr/html/
```

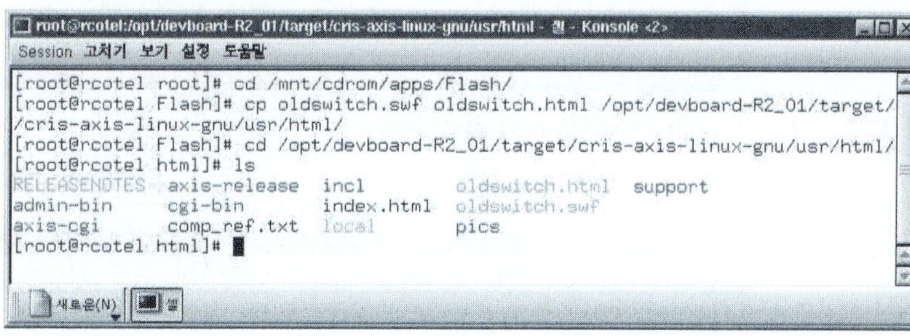
root@rcotel:/opt/devboard-R2_01/target/cris-axis-linux-gnu/usr/html - 쉘 - Konsole <2>
Session 고치기 보기 설정 도움말
[root@rcotel root]# cd /mnt/cdrom/apps/Flash/
[root@rcotel Flash]# cp oldswitch.swf oldswitch.html /opt/devboard-R2_01/target/
/cris-axis-linux-gnu/usr/html/
[root@rcotel Flash]# cd /opt/devboard-R2_01/target/cris-axis-linux-gnu/usr/html/
[root@rcotel html]# ls
RELEASENOTES axis-release incl oldswitch.html support
admin-bin cgi-bin index.html oldswitch.swf
axis-cgi comp_ref.txt local pics
[root@rcotel html]#
새로운(N) 쉘

[그림 7-226] 파일 복사 화면

③ /opt/devboard-R2_01폴더로 이동한 후 환경설정 파일을 실행시킨다. 그다음 이미지 파일을 생성한다.

```
# cd /opt/devboard-R2_01
# . ./init_env
# make fimage
```

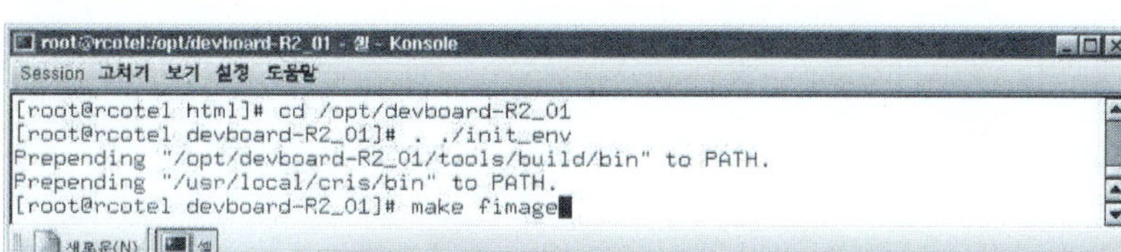
root@rcotel:/opt/devboard-R2_01 - 쉘 - Konsole
Session 고치기 보기 설정 도움말
[root@rcotel html]# cd /opt/devboard-R2_01
[root@rcotel devboard-R2_01]# . ./init_env
Prepending "/opt/devboard-R2_01/tools/build/bin" to PATH.
Prepending "/usr/local/cris/bin" to PATH.
[root@rcotel devboard-R2_01]# make fimage
새로운(N) 쉘

[그림 7-227] 이미지 파일 생성

제 7 장

④ 이미지 파일이 생성되었다면 이미지 파일을 퓨징한다.

```
# ./flashitall
```

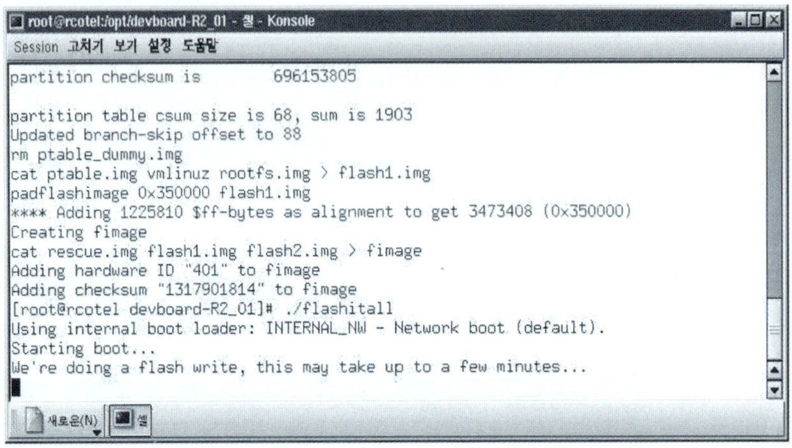
root@rcotel:/opt/devboard-R2_01 - 쉘 - Konsole
Session 고치기 보기 설정 도움말
partition checksum is 696153805
partition table csum size is 68, sum is 1903
Updated branch-skip offset to 88
rm ptable_dummy.img
cat ptable.img vmlinuz rootfs.img > flash1.img
padflashimage 0x350000 flash1.img
**** Adding 1225810 $ff-bytes as alignment to get 3473408 (0x350000)
Creating fimage
cat rescue.img flash1.img flash2.img > fimage
Adding hardware ID "401" to fimage
Adding checksum "1317901814" to fimage
[root@rcotel devboard-R2_01]# ./flashitall
Using internal boot loader: INTERNAL_NW - Network boot (default).
Starting boot...
We're doing a flash write, this may take up to a few minutes...
새로운(N)
쉘

[그림 7-228] 이미지 파일 퓨징

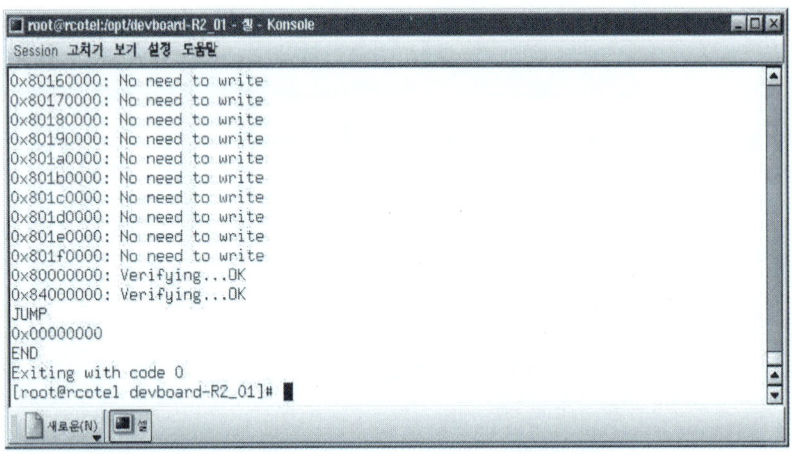
root@rcotel:/opt/devboard-R2_01 - 쉘 - Konsole
Session 고치기 보기 설정 도움말
0x80160000: No need to write
0x80170000: No need to write
0x80180000: No need to write
0x80190000: No need to write
0x801a0000: No need to write
0x801b0000: No need to write
0x801c0000: No need to write
0x801d0000: No need to write
0x801e0000: No need to write
0x801f0000: No need to write
0x80000000: Verifying...OK
0x84000000: Verifying...OK
JUMP
0x00000000
END
Exiting with code 0
[root@rcotel devboard-R2_01]#
새로운(N)
쉘

[그림 7-229] 이미지 파일 퓨징 완료

⑤ FTP를 실행시킨다.

```
# cd /mnt/cdrom/apps/Flash/source/
# ftp 192.168.0.90
Name (182.168.0.90:root): root
Password: pass
```

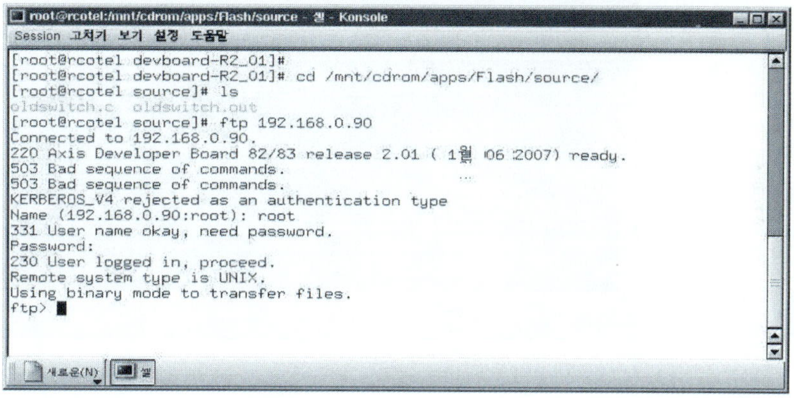

[그림 7-230] FTP 실행 화면

⑥ 타깃보드의 /mnt/flash폴더에 oldswitch.out 파일을 업로드시킨다.

```
ftp> cd /mnt/flash
ftp> put oldswitch.out
ftp> quit
```

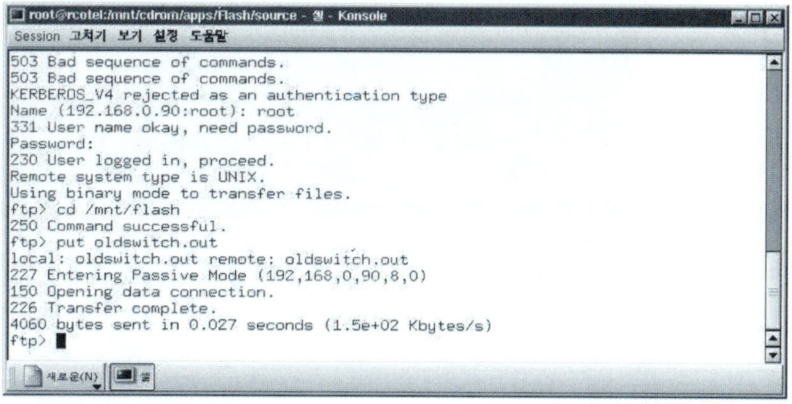

[그림 7-231] 파일 업로드 화면

제 7 장

⑦ 하이퍼터미널을 이용하여 타깃보드에 접속한 후 /usr/html폴더에 oldswitch. swf와 oldswitch.html 파일이 잘 적재되어 있는지 확인한다.

```
# cd /usr/html/
# ls
```

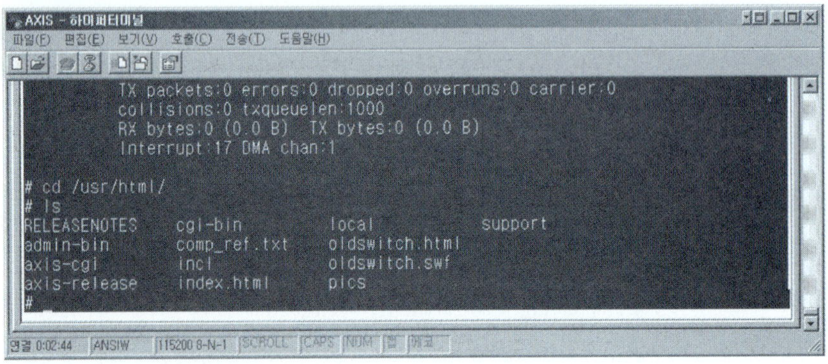

[그림 7-232] /usr/html폴더

⑧ oldswitch.out 파일이 실행 가능하도록 퍼미션을 변경시킨 후 oldswitch. out 파일을 실행시킨다.

```
# cd /mnt/flash/
# chmod +x oldswitch.out
# ./oldswitch.out
```

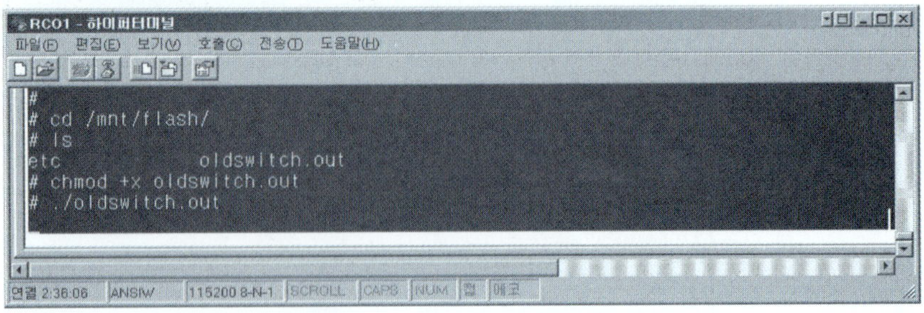

[그림 7-233] oldswitch.out 실행

⑨ 플래시 파일이 원활하게 동작하는 윈도우즈 브라우저를 이용하여 타깃보드에 접속한다.

```
http://192.168.0.90/
```

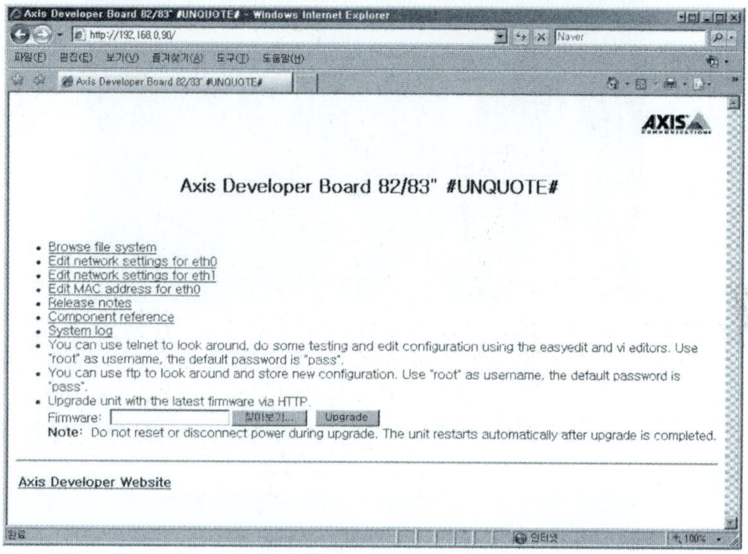

[그림 7-234] 타깃보드에 접속한 화면

⑩ 이미지 파일에 적재한 파일을 실행시킨 후 스위치를 클릭하여 작동시켜 본다.

```
http://192.168.0.90/oldswitch.html
```

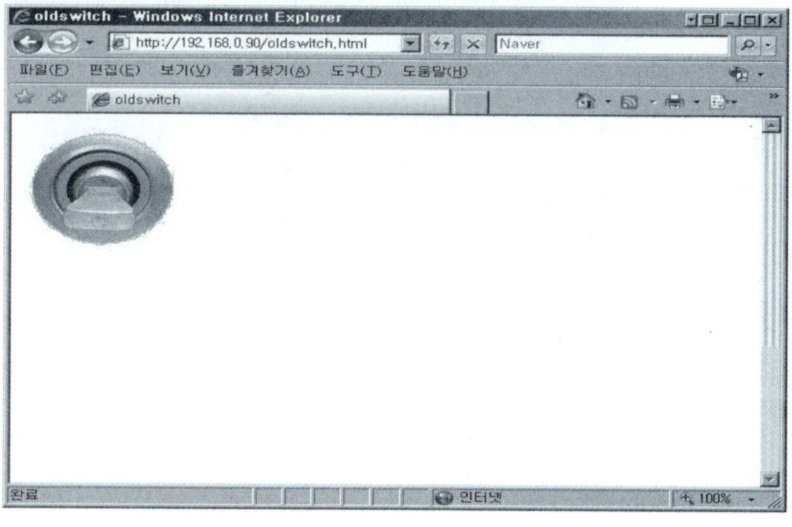

[그림 7-235] oldswitch.html 화면

– 스위치를 ON시키면 타깃보드의 LED가 점등되는 것을 확인할 수 있다.

[그림 7-236] 타깃보드의 LED

– 하이퍼터미널을 통하여 스위치의 ON/OFF 상태를 확인할 수 있다.

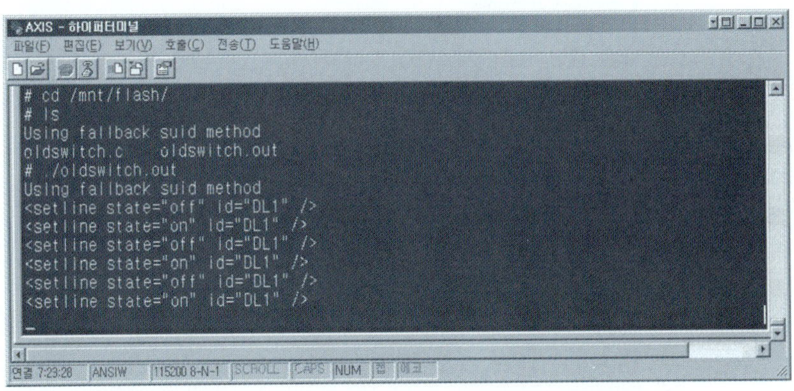

[그림 7-237] 스위치의 ON/OFF 상태 확인

☞ 이번 실습은 타깃보드와 동기화되어 작동하는 플래시스위치를 직접 만들어 보는 것이다.

– http://www.adobe.com/downloads로 접속한 후 Flash Professional 8 평가판을 내려받도록 한다.

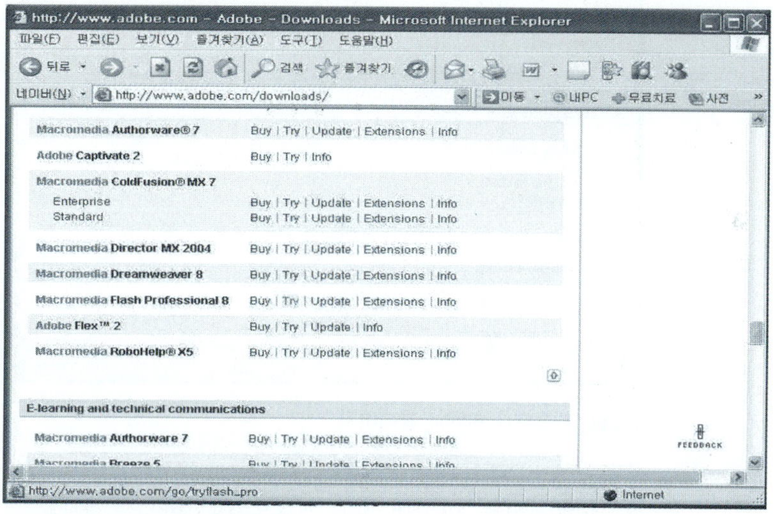

[그림 7-238] Adobe 홈페이지

– 평가판을 다운받기 위해서는 Adobe 홈페이지에 등록을 해야 한다.

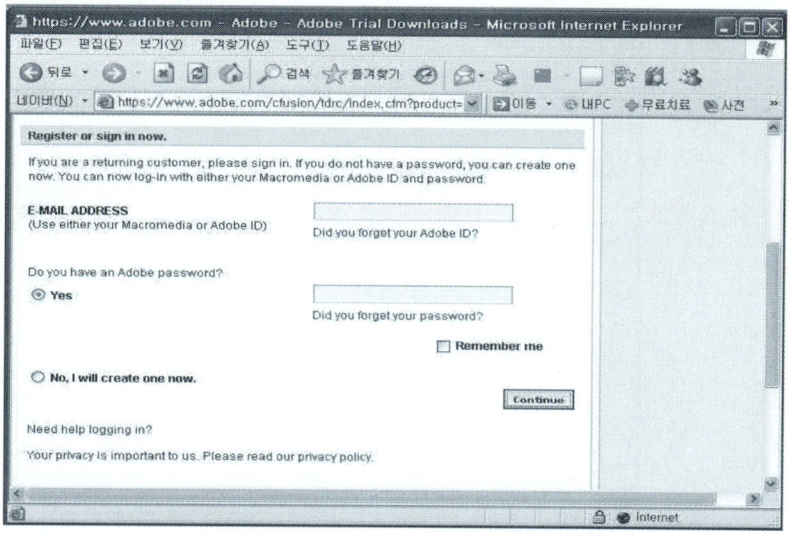

[그림 7-239] Adobe 홈페이지

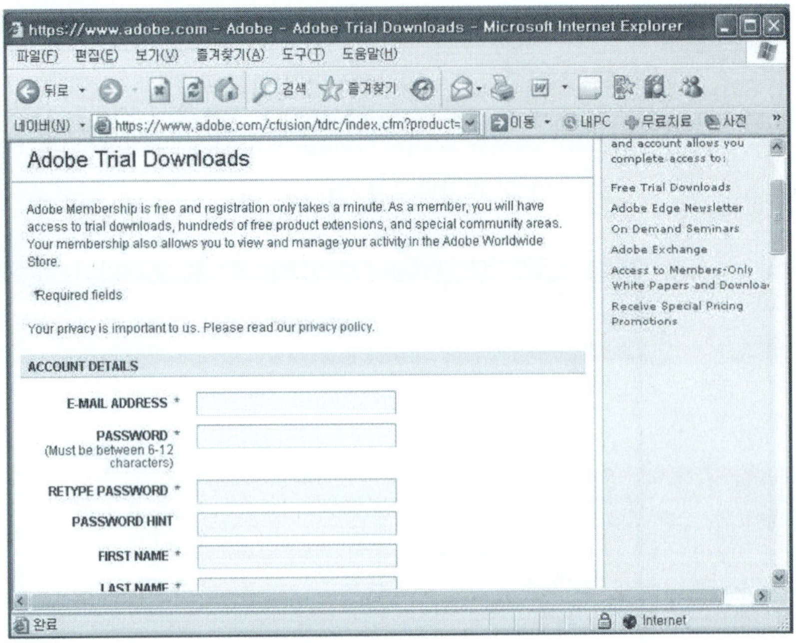

[그림 7-240] Adobe 홈페이지

– 등록절차를 마치면 프로그램을 내려받도록 한다.

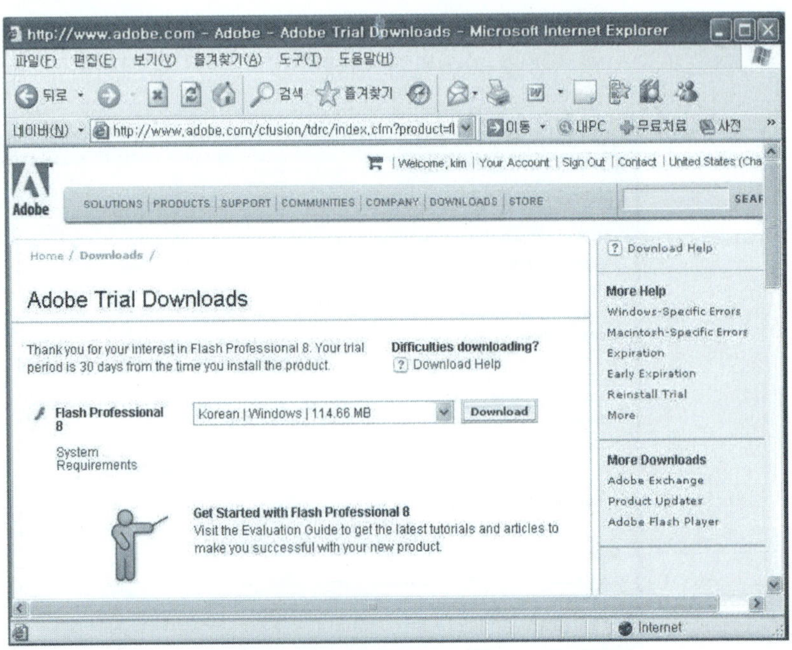

[그림 7-241] Adobe 홈페이지

– 이제 플래시를 설치하도록 한다.

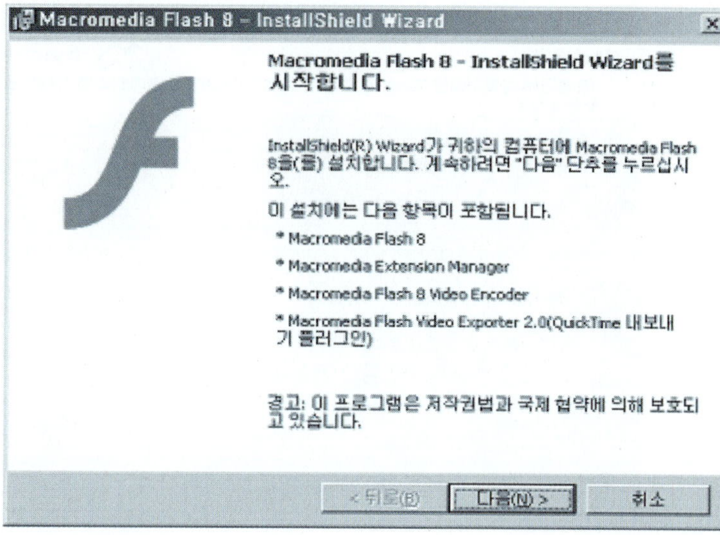
Macromedia Flash 8 - InstallShield Wizard
Macromedia Flash 8 - InstallShield Wizard를 시작합니다.
InstallShield(R) Wizard가 귀하의 컴퓨터에 Macromedia Flash 8을(를) 설치합니다. 계속하려면 "다음" 단추를 누르십시오.
이 설치에는 다음 항목이 포함됩니다.
* Macromedia Flash 8
* Macromedia Extension Manager
* Macromedia Flash 8 Video Encoder
* Macromedia Flash Video Exporter 2.0(QuickTime 내보내기 플러그인)
경고: 이 프로그램은 저작권법과 국제 협약에 의해 보호되고 있습니다.
< 뒤로(B)
다음(N) >
취소

[그림 7-242] Flash **설치**

– 사용권 계약서의 조건에 동의함을 선택한다.

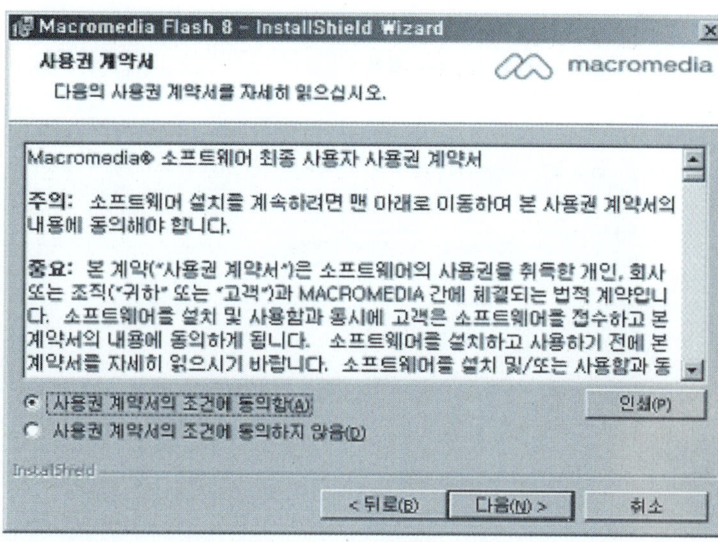
Macromedia Flash 8 - InstallShield Wizard
사용권 계약서
다음의 사용권 계약서를 자세히 읽으십시오.
macromedia
Macromedia® 소프트웨어 최종 사용자 사용권 계약서
주의: 소프트웨어 설치를 계속하려면 맨 아래로 이동하여 본 사용권 계약서의 내용에 동의해야 합니다.
중요: 본 계약("사용권 계약서")은 소프트웨어의 사용권을 취득한 개인, 회사 또는 조직("귀하" 또는 "고객")과 MACROMEDIA 간에 체결되는 법적 계약입니다. 소프트웨어를 설치 및 사용함과 동시에 고객은 소프트웨어를 접수하고 본 계약서의 내용에 동의하게 됩니다. 소프트웨어를 설치하고 사용하기 전에 본 계약서를 자세히 읽으시기 바랍니다. 소프트웨어를 설치 및/또는 사용함과 동
사용권 계약서의 조건에 동의함(A)
사용권 계약서의 조건에 동의하지 않음(D)
인쇄(P)
InstallShield
< 뒤로(B)
다음(N) >
취소

[그림 7-243] Flash **설치**

제 7 장

– 플래시를 설치할 디렉터리를 선택해 준다.

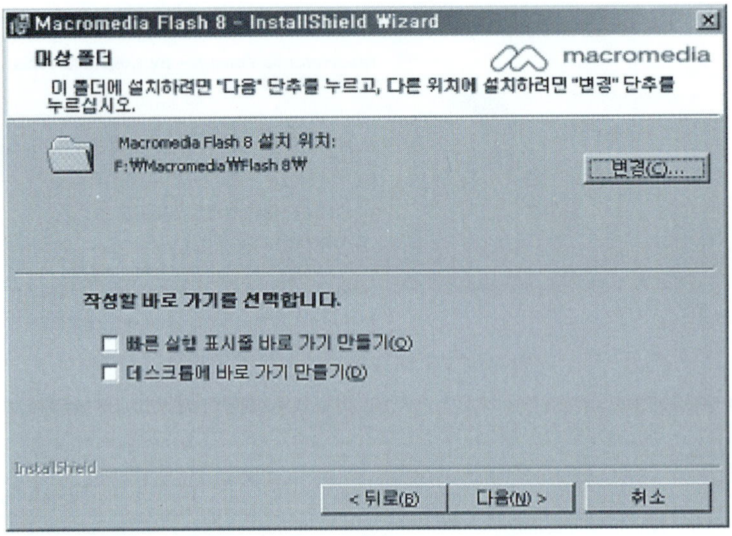

[그림 7-244] Flash **설치**

– 설치에 체크를 한 후 다음을 누른다.

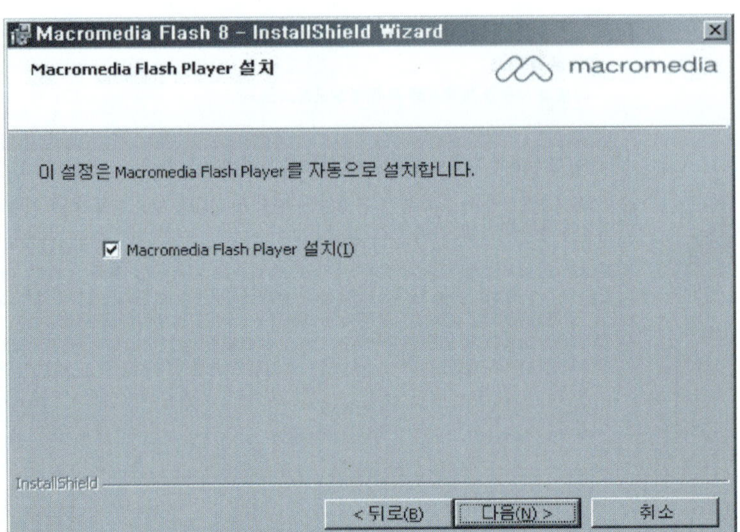

[그림 7-245] Flash **설치**

– 설치를 누른다.

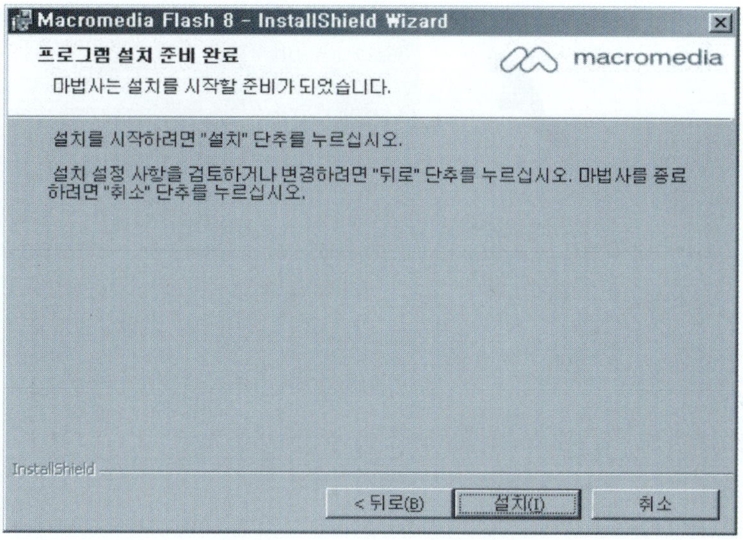
Macromedia Flash 8 - InstallShield Wizard
프로그램 설치 준비 완료
마법사는 설치를 시작할 준비가 되었습니다.
macromedia
설치를 시작하려면 "설치" 단추를 누르십시오.
설치 설정 사항을 검토하거나 변경하려면 "뒤로" 단추를 누르십시오. 마법사를 종료하려면 "취소" 단추를 누르십시오.
InstallShield
< 뒤로(B)
설치(I)
취소

[그림 7-246] Flash **설치**

– 설치가 완료되었으면 마침을 누른다.

Macromedia Flash 8 - InstallShield Wizard
InstallShield 완료
InstallShield Wizard가 Macromedia Flash 8을(를) 성공적으로 설치했습니다. 마법사를 종료하려면 "마침" 단추를 누르십시오.
readme 파일을 표시합니다.
< 뒤로(B)
마침(F)
취소

[그림 7-247] Flash **설치**

제 7 장

– 시험판 모드를 선택한다.

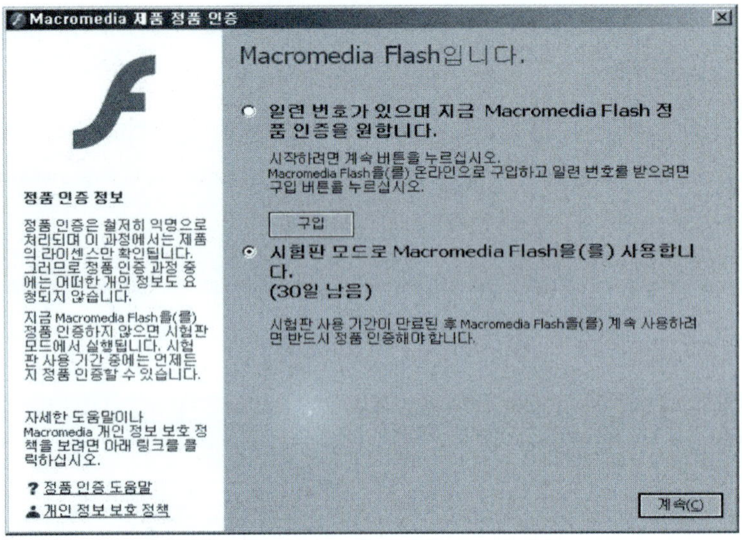
Macromedia 제품 정품 인증
Macromedia Flash입니다.
일련 번호가 있으며 지금 Macromedia Flash 정품 인증을 원합니다.
시작하려면 계속 버튼을 누르십시오.
Macromedia Flash을(를) 온라인으로 구입하고 일련 번호를 받으려면 구입 버튼을 누르십시오.
구입
시험판 모드로 Macromedia Flash을(를) 사용합니다.
(30일 남음)
시험판 사용 기간이 만료된 후 Macromedia Flash을(를) 계속 사용하려면 반드시 정품 인증해야 합니다.
정품 인증 정보
정품 인증은 철저히 익명으로 처리되며 이 과정에서는 제품의 라이센스만 확인됩니다. 그러므로 정품 인증 과정 중에는 어떠한 개인 정보도 요청되지 않습니다.
지금 Macromedia Flash을(를) 정품 인증하지 않으면 시험판 모드에서 실행됩니다. 시험판 사용 기간 중에는 언제든지 정품 인증할 수 있습니다.
자세한 도움말이나 Macromedia 개인 정보 보호 정책을 보려면 아래 링크를 클릭하십시오.
정품 인증 도움말
개인 정보 보호 정책
계속(C)

[그림 7-248] Flash **설치**

– Flash Professional 8을 선택한다.

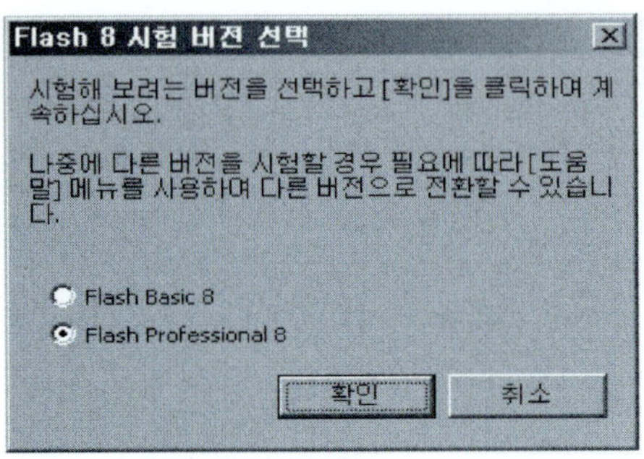
Flash 8 시험 버전 선택
시험해 보려는 버전을 선택하고 [확인]을 클릭하여 계속하십시오.
나중에 다른 버전을 시험할 경우 필요에 따라 [도움말] 메뉴를 사용하여 다른 버전으로 전환할 수 있습니다.
Flash Basic 8
Flash Professional 8
확인
취소

[그림 7-249] Flash **설치**

– 플래시를 실행시킨다.

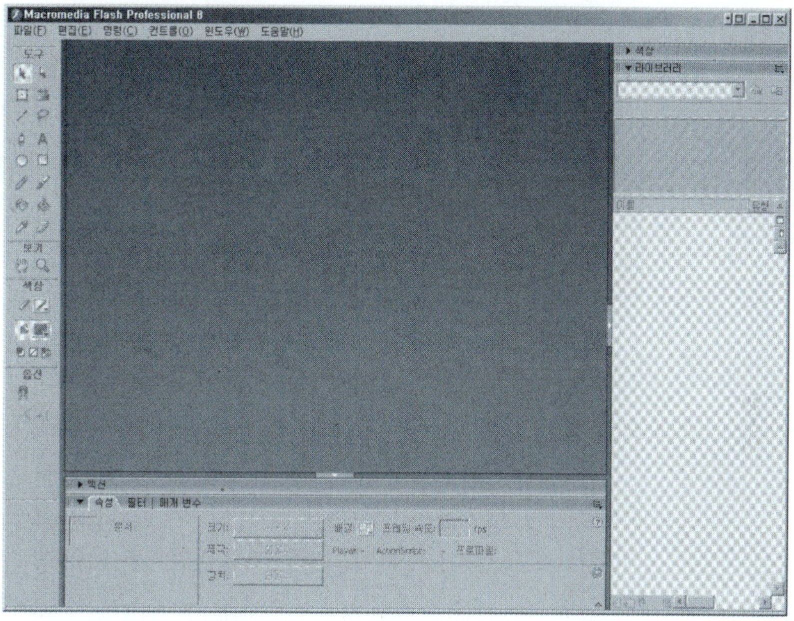

[그림 7-250] Flash 실행

– 메뉴에서 파일(F) → 새로 만들기(N)를 선택한 후 플래시 문서를 선택한 후 확인을 누른다.

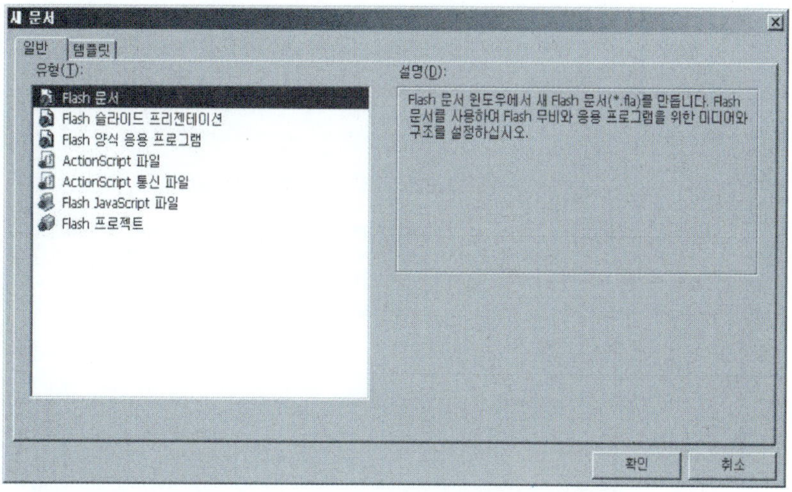

[그림 7-251] 새 문서

– 플래시 문서를 선택하고 확인을 누르면 다음과 같이 새로운 문서가 생성된다.

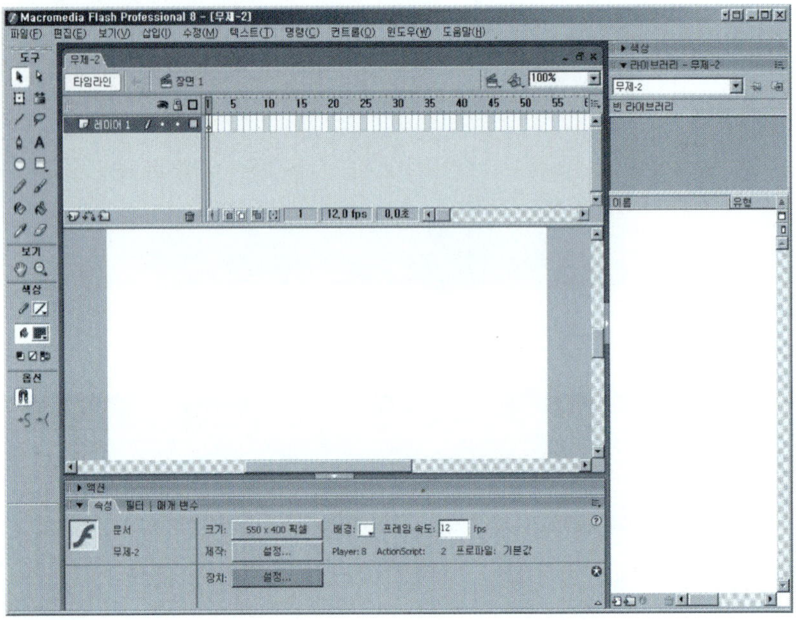

[그림 7-252] Flash 문서

– 메뉴에서 삽입(I) → 새 심벌(N)을 선택한 후 이름에 OldSwitch라고 입력한다.

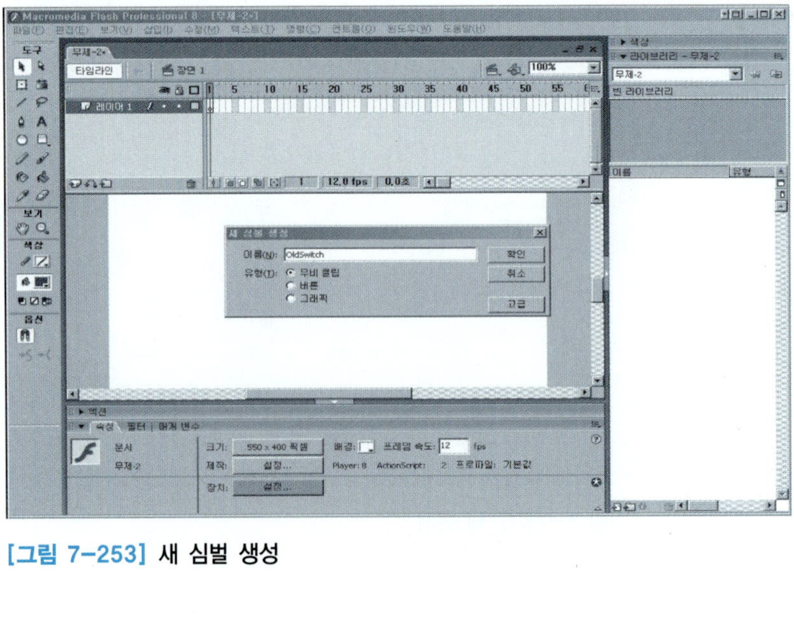

[그림 7-253] 새 심벌 생성

– 메뉴에서 파일(F) → 가져오기(I) → 스테이지로 가져오기(I)을 선택한 후 CD에 있는 스위치 그림 파일(level_off.gif)을 선택한다.

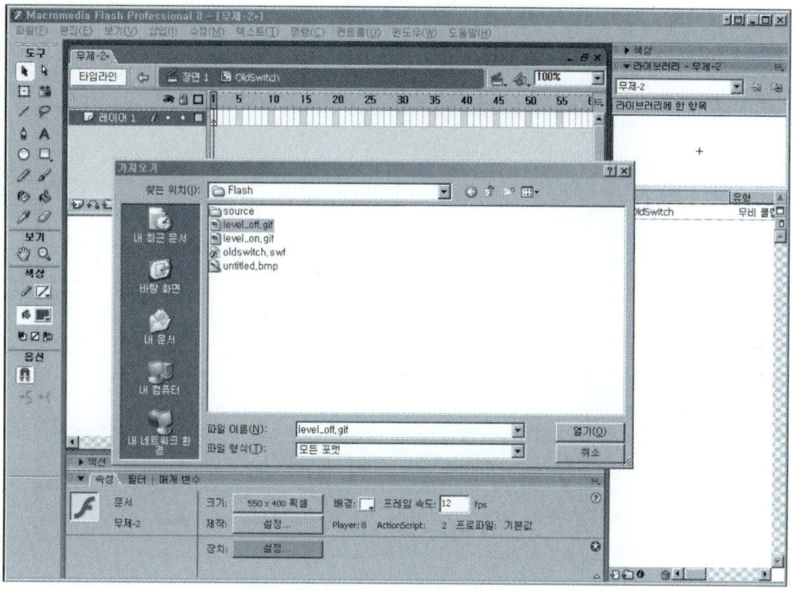

[그림 7-254] level_off 그림 선택

– level_off 그림을 선택하면 다음과 같이 OFF상태인 스위치 그림이 나타난다.

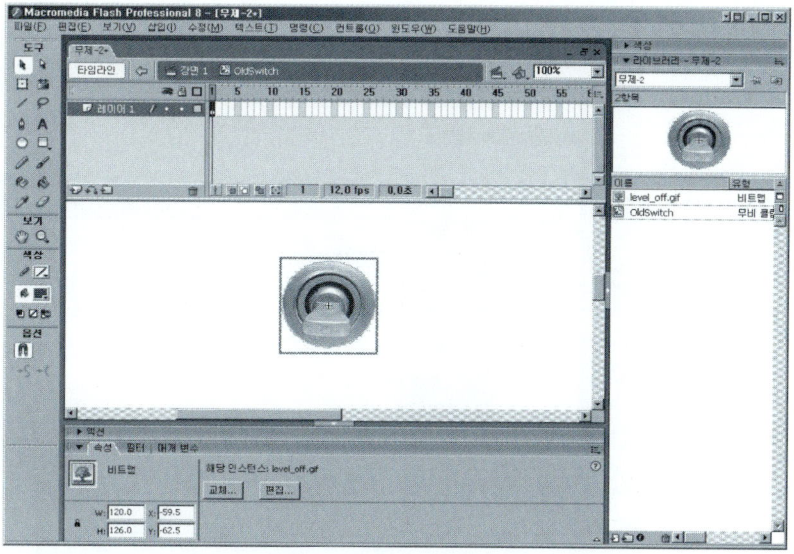

[그림 7-255] OFF 상태인 스위치 그림

– 타임라인에서 두 번째 프레임을 선택한 후 오른쪽 마우스 버튼을 누른 후 빈 키프레임 삽입을 선택한다.

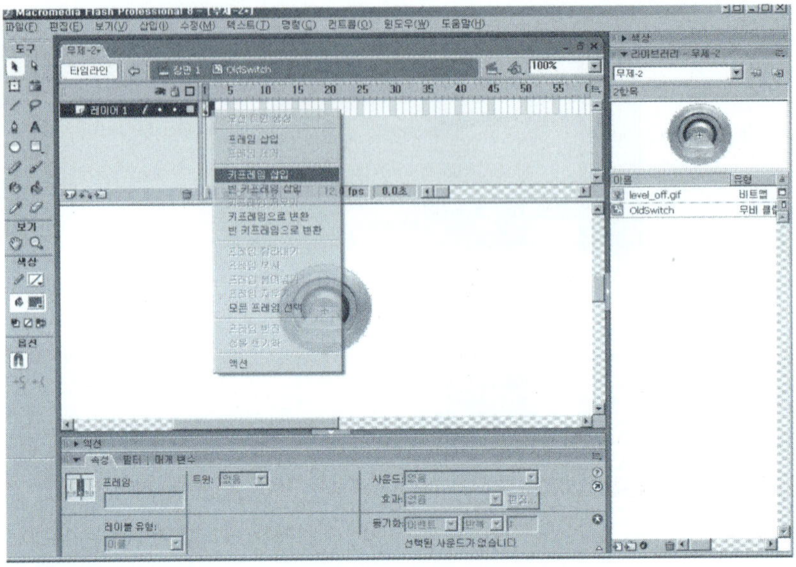

[그림 7-256] 빈 키프레임 삽입

– 이번에는 메뉴에서 파일(F) → 가져오기(I) → 스테이지로 가져오기(I)을 선택한 후 CD에 있는 스위치 그림 파일(level_on.gif)을 선택한다.

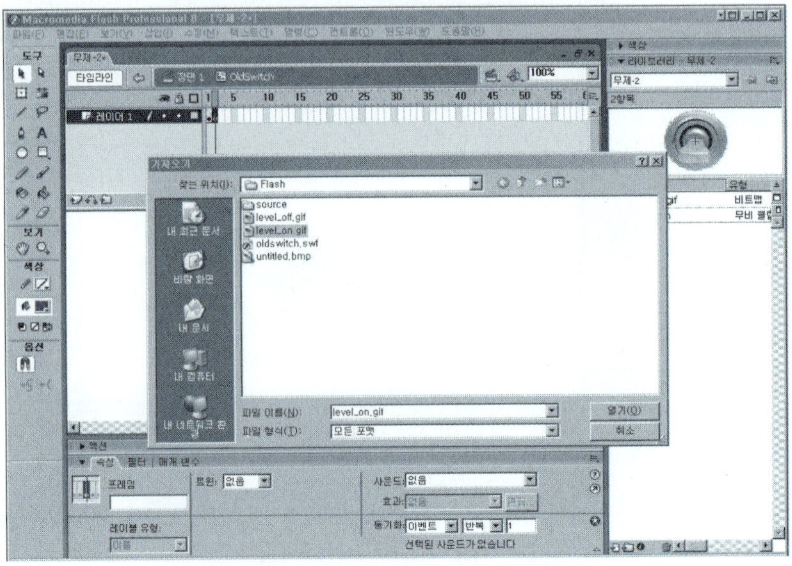

[그림 7-257] Flash 화면

– 타임라인에서 첫 번째 프레임을 선택한 후 아래쪽에 있는 액션을 누른 후 stop(); 이라고 입력한다.

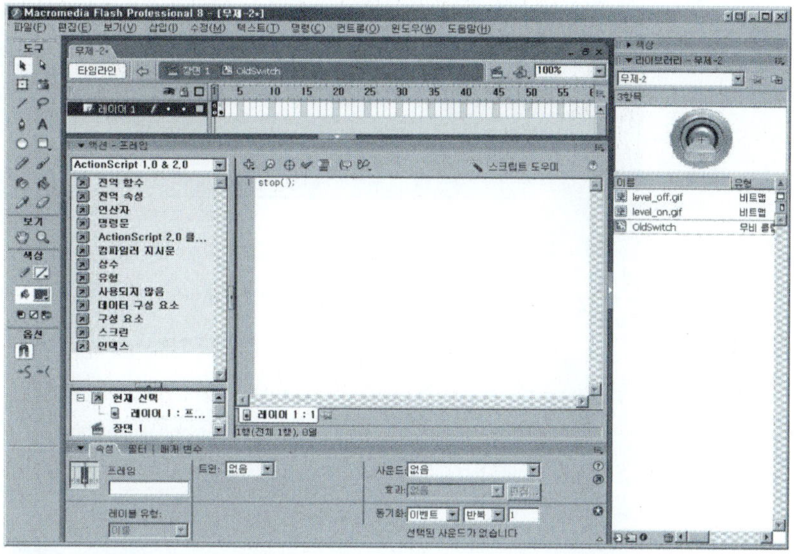

[그림 7-258] 액션 – 프레임

– 마찬가지로 타임라인에서 두 번째 프레임을 선택한 후 아래쪽에 있는 액션을 누른 후 stop(); 이라고 입력한다.

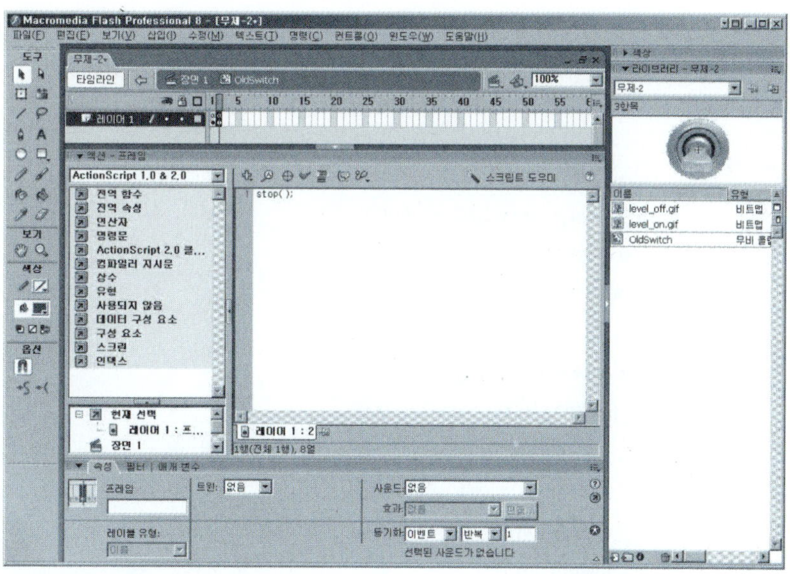

[그림 7-259] 액션 – 프레임

– 장면 1을 누른 후 오른쪽에 있는 라이브러리에서 OldSwitch를 선택한 후 드래그하여 화면 가운데에 위치시킨다.

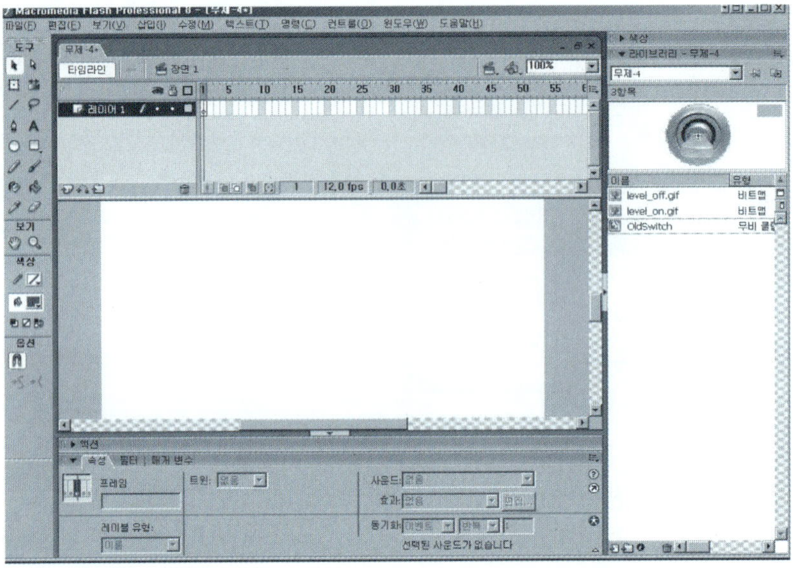

[그림 7-260] Flash 화면

– 타임라인에서 첫 번째 프레임을 선택한 후 아래쪽의 액션-프레임을 선택한다. 그 다음 CD에 있는 oldswitch.as 파일의 내용을 입력한다.

다음은 oldswitch.as 파일의 내용이다.

```
XML.prototype.ignoreWhite = true;
socket = new XMLSocket();
socket.onConnect = myOnConnect;
isConnect=0;

if (ip==undefined) {
  ip="192.168.0.90";
}

if (lineid==undefined) {
  lineid="DL1";
```

```
}

if (port==undefined) {
  port=7000;
}

function myOnConnect(success) {
  if (success) {
    // Connection succeeded
    var myXML = new XML();
    var myLogin = myXML.createElement("setline");
    myLogin.attributes.id = _root.lineid;

    if (_root.OldSwitch._currentFrame==1) {
      _root.OldSwitch.gotoAndStop(2);
      myLogin.attributes.state = "on";
      myXML.appendChild(myLogin);
      _root.socket.send(myXML);
    } else {
      _root.OldSwitch.gotoAndStop(1);
      myLogin.attributes.state = "off";
      myXML.appendChild(myLogin);
      _root.socket.send(myXML);
    }
  }
  _root.socket.close();
  _root.isConnect=0;
}

OldSwitch.onPress = function () {
  if (_root.isdemo=="yes") {
    if (_root.OldSwitch._currentFrame==1) {
      _root.OldSwitch.gotoAndStop(2);
    } else {
      _root.OldSwitch.gotoAndStop(1);
    }
```

```
}

 if (_root.isConnect==1) {
  return;
 }
 _root.isConnect=1;
 if (!_root.socket.connect(_root.ip,_root.port)) {
  return;
 }
}
```

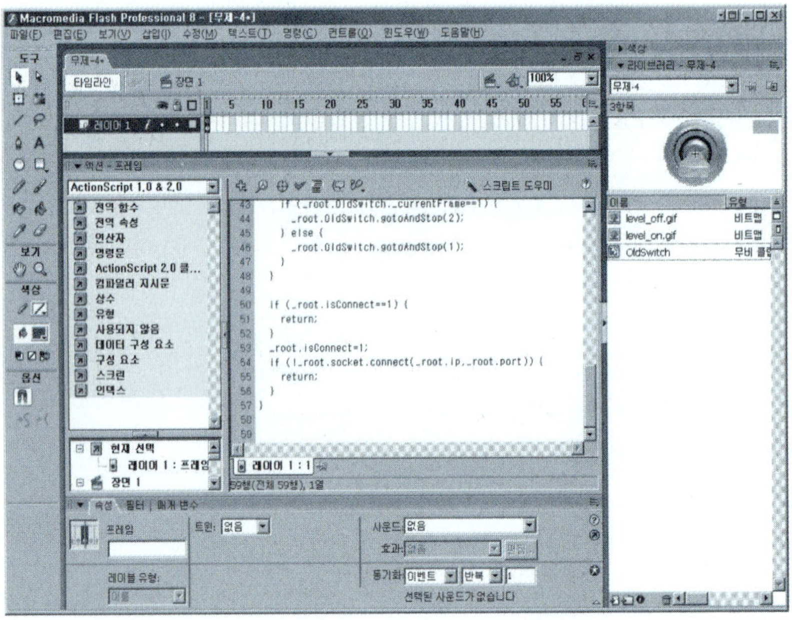

[그림 7-261] oldswitch.as 소스입력

– 작업창에서 마우스 오른쪽 버튼을 누른 후 속성을 누른다.

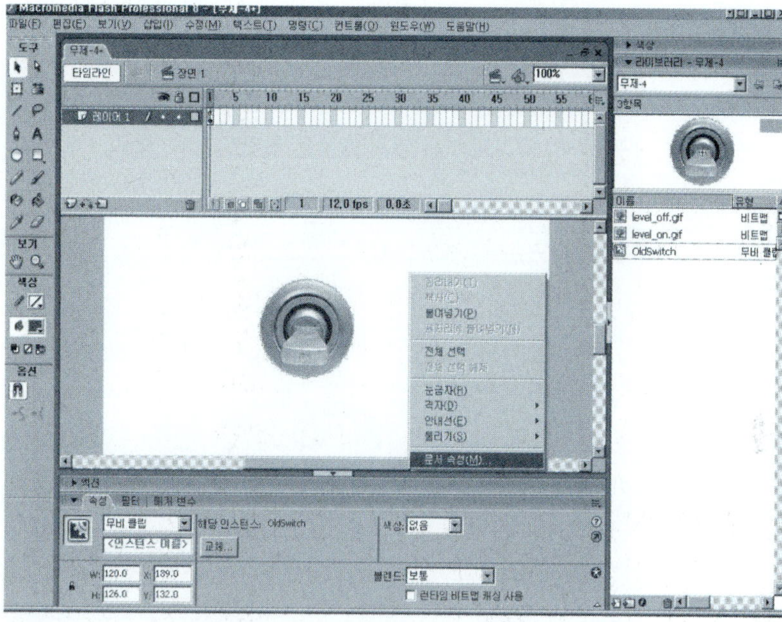

[그림 7-262] 문서속성

– 크기를 125(폭) × 125(높이)로 조절한다.

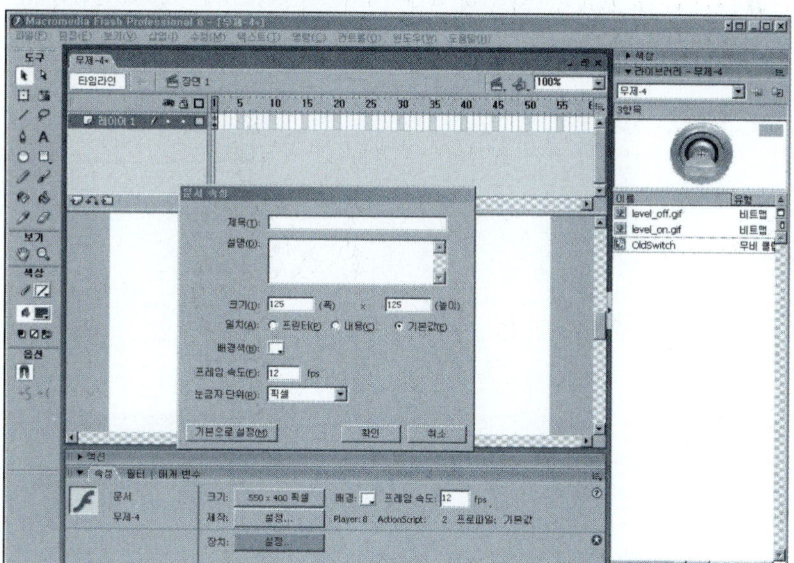

[그림 7-263] 문서속성

– 125(폭) × 125(높이) 크기의 작업창에 스위치 그림을 드래그하여 위치시킨다.

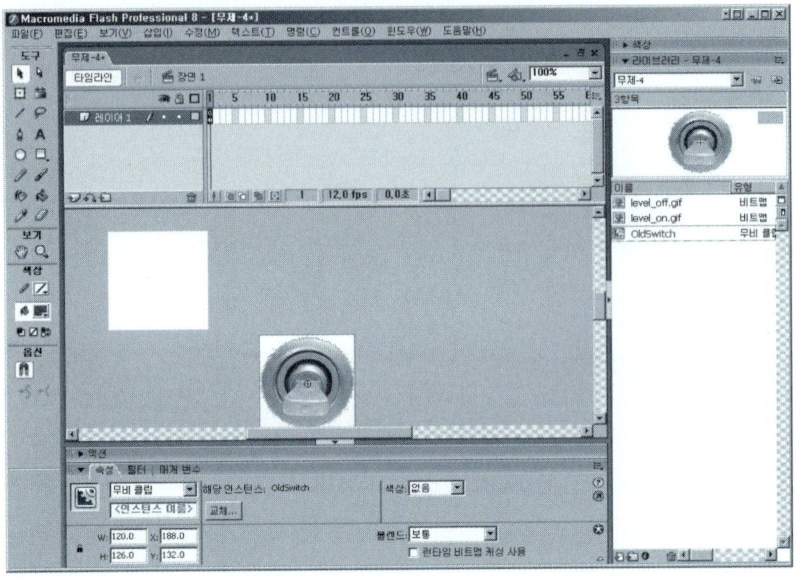

[그림 7-264] Flash 화면

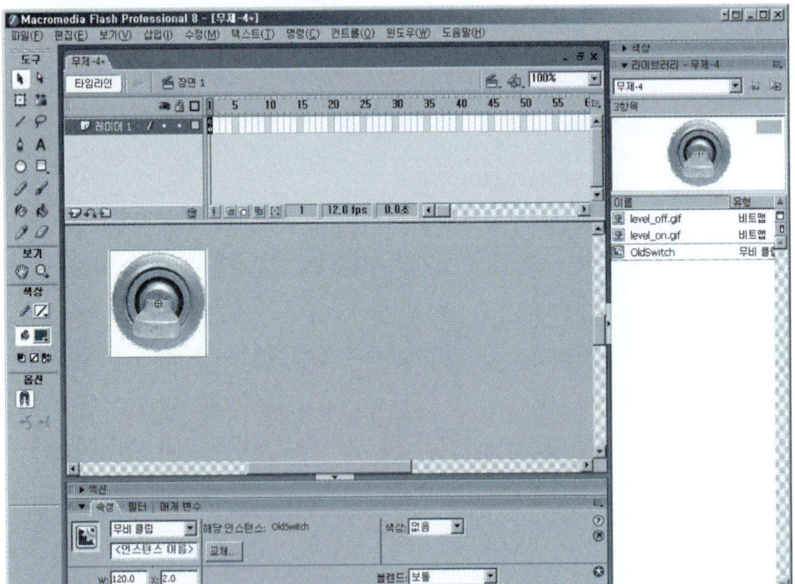

[그림 7-265] Flash 화면

– 지금까지 작업한 내용을 oldswitch.fla 이름으로 저장한다.

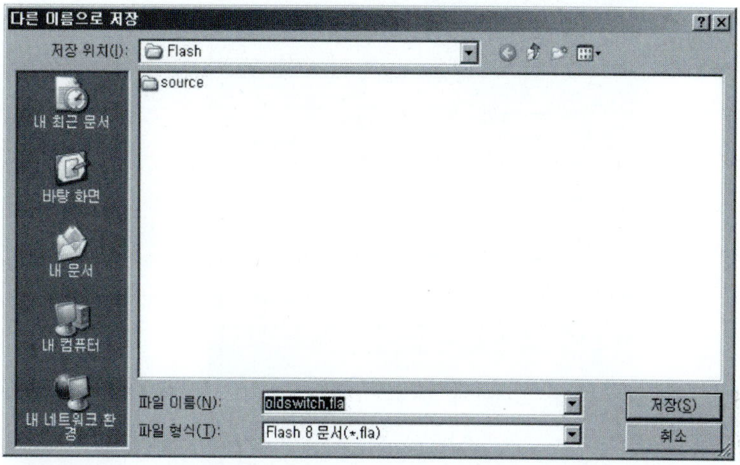

[그림 7-266] 작업한 내용 저장

– 메뉴에서 파일(F) → 제작 설정(G)를 선택한다.

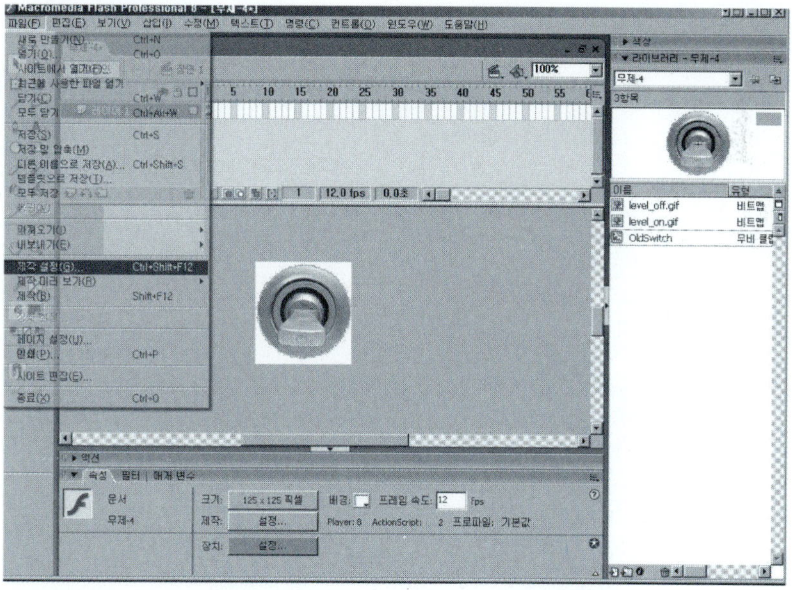

[그림 7-267] 제작 설정

– 플래시 메뉴에서 다음과 같이 설정한다.

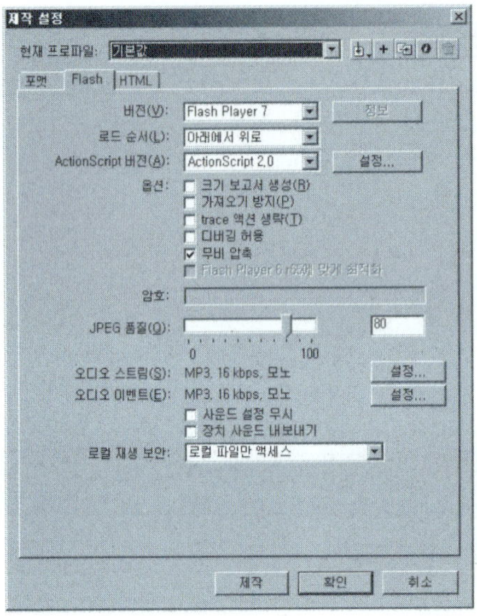

[그림 7-268] **제작 설정**

– HTML메뉴에서 다음과 같이 설정한다.

확인 버튼을 누르면 oldswitch.swf와 oldswitch.html 파일이 생성되어 있을 것이다.

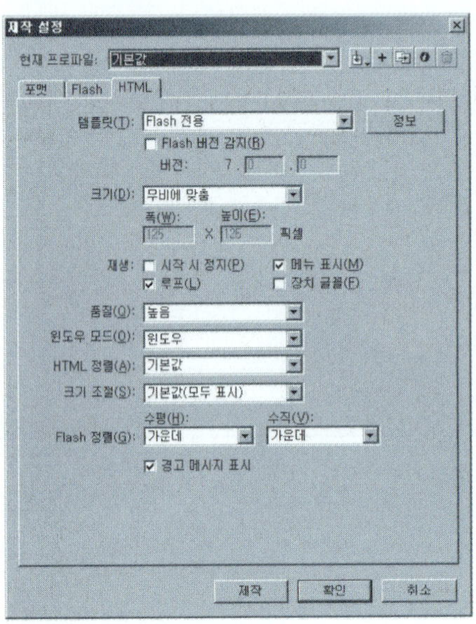

[그림 7-269] **제작 설정**

7.12 플래시를 이용한 전압기 제어 실습

이번 실습은 타깃보드의 상태를 플래시로 만들어진 웹페이지에 표시되도록 하는 것이다.

다음과 같은 I2C를 이용하여 A/D 컨버터(Philips PCF8591P)를 타깃보드의 포트에 연결한다.

[그림 7-270] 필립스 PCF8591

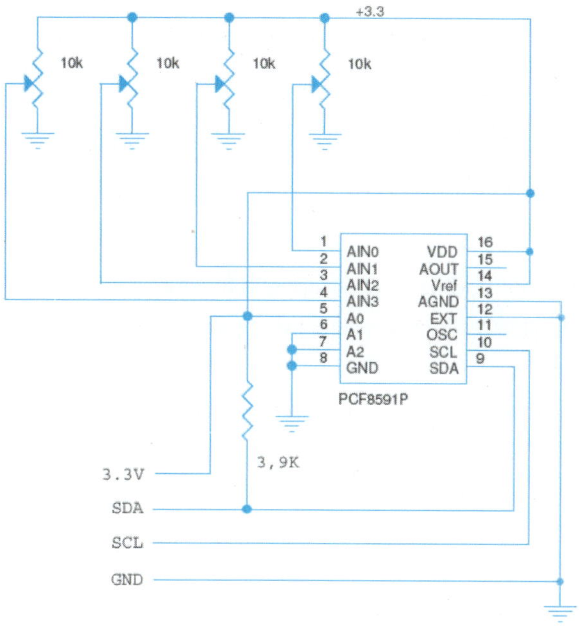

[그림 7-271] 필립스 PCF8591와 타깃보드 사이의 회로도

① /opt/devboard-R2_01/apps/Voltmeter폴더를 만든 후 CD에 있는 voltmeter 관련 파일들을 복사한다.

```
# mount /dev/cdrom /mnt/cdrom
# cd /mnt/cdrom/apps/Voltmeter/
# mkdir /opt/devboard-R2_01/apps/Voltmeter
# cp * /opt/devboard-R2_01/apps/Voltmeter/
```

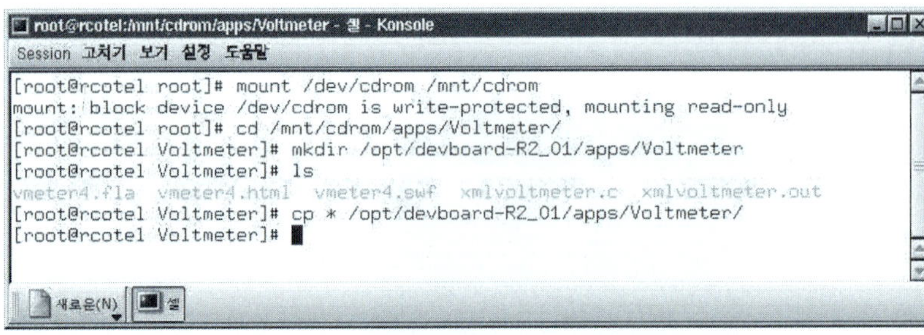
root@rcotel:/mnt/cdrom/apps/Voltmeter - 셸 - Konsole
Session 고치기 보기 설정 도움말
[root@rcotel root]# mount /dev/cdrom /mnt/cdrom
mount: block device /dev/cdrom is write-protected, mounting read-only
[root@rcotel root]# cd /mnt/cdrom/apps/Voltmeter/
[root@rcotel Voltmeter]# mkdir /opt/devboard-R2_01/apps/Voltmeter
[root@rcotel Voltmeter]# ls
vmeter4.fla vmeter4.html vmeter4.swf xmlvoltmeter.c xmlvoltmeter.out
[root@rcotel Voltmeter]# cp * /opt/devboard-R2_01/apps/Voltmeter/
[root@rcotel Voltmeter]#
새로운(N)
셸

[그림 7-272] 관련 파일 복사

② CD에 있는 vmeter4.swf와 vmeter4.html 파일을 /opt/devboard-R2_01/target/cris-axis-linux-gnu/usr/html폴더에 복사한다.

타깃보드의 /usr/html폴더에는 파일의 업로드가 불가능하기 때문에 host PC의 /target/cris-axis-linux-gnu/usr/html폴더에 파일을 복사한 후 다시 이미지 파일을 만들어 줌으로써 이미지 파일 자체에 우리가 필요로 한 파일을 적재하는 것이다.

```
# cd /opt/devboard-R2_01/apps/Voltmeter/
# cp vmeter4.html vmeter4.swf /opt/devboard-R2_01/target/cris-axis-linux-gnu
/usr/html/
# cd /opt/devboard-R2_01/target/cris-axis-linux-gnu/usr/html/
```

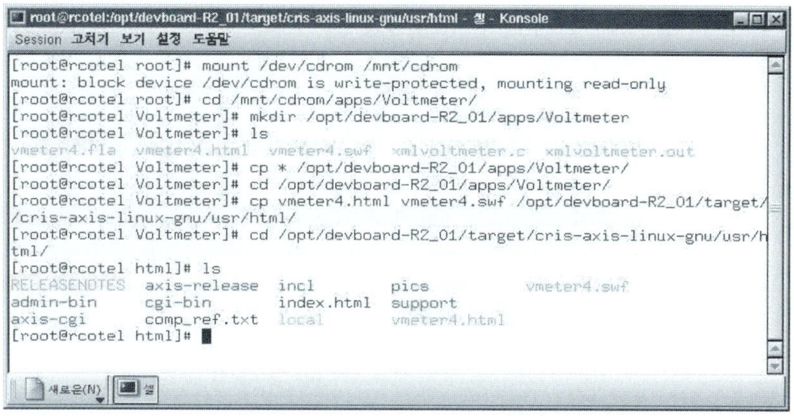
root@rcotel:/opt/devboard-R2_01/target/cris-axis-linux-gnu/usr/html - 쉘 - Konsole
Session 고치기 보기 설정 도움말
[root@rcotel root]# mount /dev/cdrom /mnt/cdrom
mount: block device /dev/cdrom is write-protected, mounting read-only
[root@rcotel root]# cd /mnt/cdrom/apps/Voltmeter/
[root@rcotel Voltmeter]# mkdir /opt/devboard-R2_01/apps/Voltmeter
[root@rcotel Voltmeter]# ls
vmeter4.fla vmeter4.html vmeter4.swf xmlvoltmeter.c xmlvoltmeter.out
[root@rcotel Voltmeter]# cp * /opt/devboard-R2_01/apps/Voltmeter/
[root@rcotel Voltmeter]# cd /opt/devboard-R2_01/apps/Voltmeter/
[root@rcotel Voltmeter]# cp vmeter4.html vmeter4.swf /opt/devboard-R2_01/target/cris-axis-linux-gnu/usr/html/
[root@rcotel Voltmeter]# cd /opt/devboard-R2_01/target/cris-axis-linux-gnu/usr/html/
[root@rcotel html]# ls
RELEASENOTES axis-release incl pics vmeter4.swf
admin-bin cgi-bin index.html support
axis-cgi comp_ref.txt local vmeter4.html
[root@rcotel html]#
새로운(N) 쉘

[그림 7-273] 파일 복사 화면

③ /opt/devboard-R2_01폴더로 이동한 후 환경설정 파일을 실행시킨다. 그다음 이미지 파일을 만들어 준다.

```
# cd /opt/devboard-R2_01
# . ./init_env
# make fimage
```

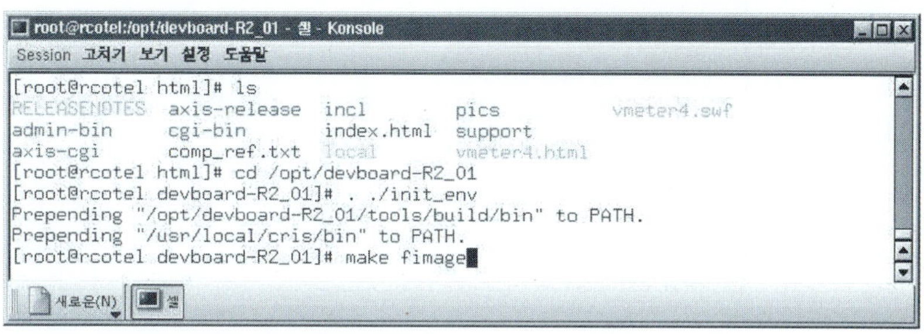
root@rcotel:/opt/devboard-R2_01 - 쉘 - Konsole
Session 고치기 보기 설정 도움말
[root@rcotel html]# ls
RELEASENOTES axis-release incl pics vmeter4.swf
admin-bin cgi-bin index.html support
axis-cgi comp_ref.txt local vmeter4.html
[root@rcotel html]# cd /opt/devboard-R2_01
[root@rcotel devboard-R2_01]# . ./init_env
Prepending "/opt/devboard-R2_01/tools/build/bin" to PATH.
Prepending "/usr/local/cris/bin" to PATH.
[root@rcotel devboard-R2_01]# make fimage
새로운(N) 쉘

[그림 7-274] 이미지 파일 생성

제 7 장

④ 이미지 파일이 생성되었다면 이미지 파일을 퓨징한다.

```
# ./flashitall
```

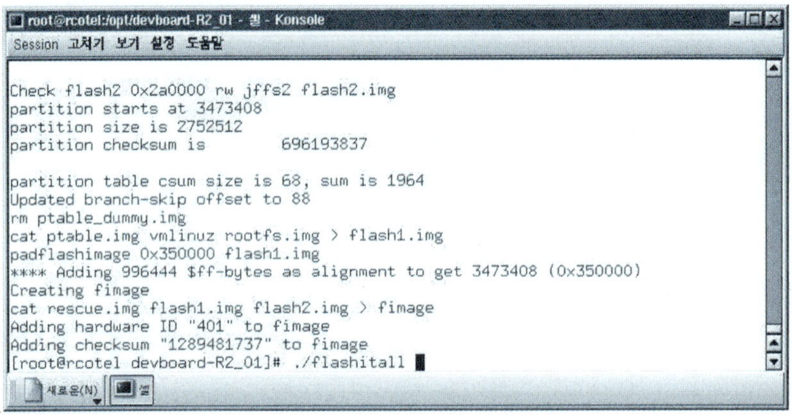
root@rcotel:/opt/devboard-R2_01 - 쉘 - Konsole
Session 고치기 보기 설정 도움말
Check flash2 0x2a0000 rw jffs2 flash2.img
partition starts at 3473408
partition size is 2752512
partition checksum is 696193837
partition table csum size is 68, sum is 1964
Updated branch-skip offset to 88
rm ptable_dummy.img
cat ptable.img vmlinuz rootfs.img > flash1.img
padflashimage 0x350000 flash1.img
**** Adding 996444 $ff-bytes as alignment to get 3473408 (0x350000)
Creating fimage
cat rescue.img flash1.img flash2.img > fimage
Adding hardware ID "401" to fimage
Adding checksum "1289481737" to fimage
[root@rcotel devboard-R2_01]# ./flashitall
새로운(N)

[그림 7-275] 이미지 파일 퓨징

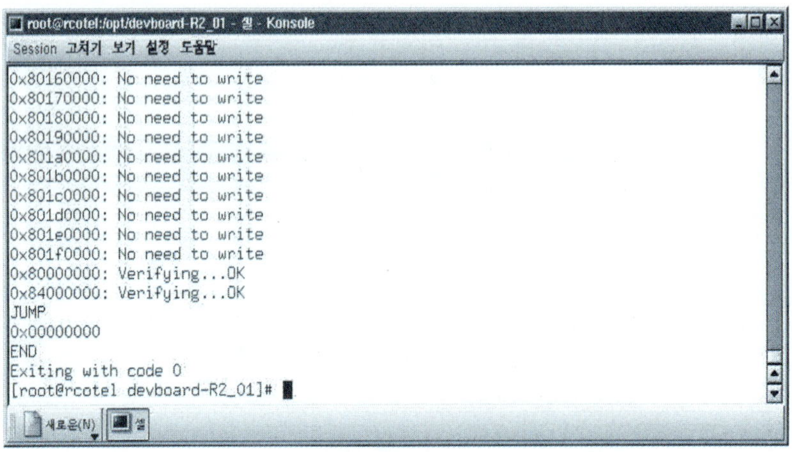
root@rcotel:/opt/devboard-R2_01 - 쉘 - Konsole
Session 고치기 보기 설정 도움말
0x80160000: No need to write
0x80170000: No need to write
0x80180000: No need to write
0x80190000: No need to write
0x801a0000: No need to write
0x801b0000: No need to write
0x801c0000: No need to write
0x801d0000: No need to write
0x801e0000: No need to write
0x801f0000: No need to write
0x80000000: Verifying...OK
0x84000000: Verifying...OK
JUMP
0x00000000
END
Exiting with code 0
[root@rcotel devboard-R2_01]#
새로운(N)

[그림 7-276] 이미지 파일 퓨징 완료

⑤ FTP를 실행시킨다.

```
# ftp 192.168.0.90
Name (182.168.0.90:root): root
Password: pass
```

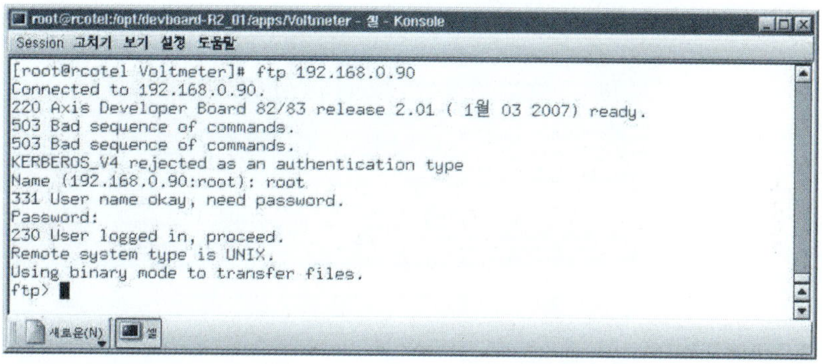
root@rcotel:/opt/devboard-R2_01/apps/Voltmeter - 셸 - Konsole
Session 고치기 보기 설정 도움말
[root@rcotel Voltmeter]# ftp 192.168.0.90
Connected to 192.168.0.90.
220 Axis Developer Board 82/83 release 2.01 (1월 03 2007) ready.
503 Bad sequence of commands.
503 Bad sequence of commands.
KERBEROS_V4 rejected as an authentication type
Name (192.168.0.90:root): root
331 User name okay, need password.
Password:
230 User logged in, proceed.
Remote system type is UNIX.
Using binary mode to transfer files.
ftp>
새로운(N)
셸

[그림 7-277] FTP 실행 화면

⑥ 타깃보드의 /mnt/flashv폴더에 xmlvoltmeter.out 파일을 업로드시킨다.

```
ftp> cd /mnt/flash
ftp> put xmlvoltmeter.out
ftp> quit
```

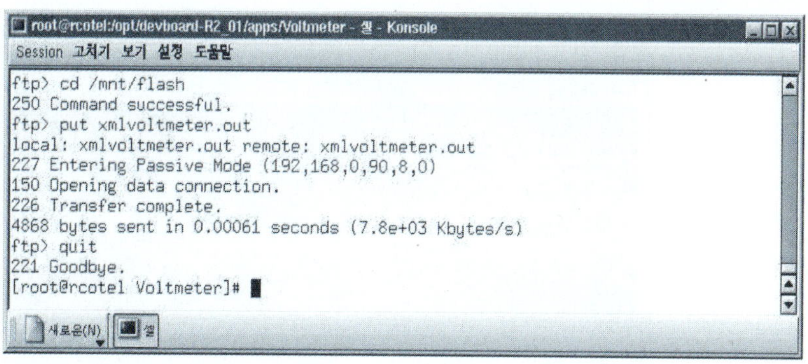
root@rcotel:/opt/devboard-R2_01/apps/Voltmeter - 셸 - Konsole
Session 고치기 보기 설정 도움말
ftp> cd /mnt/flash
250 Command successful.
ftp> put xmlvoltmeter.out
local: xmlvoltmeter.out remote: xmlvoltmeter.out
227 Entering Passive Mode (192,168,0,90,8,0)
150 Opening data connection.
226 Transfer complete.
4868 bytes sent in 0.00061 seconds (7.8e+03 Kbytes/s)
ftp> quit
221 Goodbye.
[root@rcotel Voltmeter]#
새로운(N)
셸

[그림 7-278] 파일 업로드 화면

제 7 장

⑦ 하이퍼터미널을 이용하여 타깃보드에 접속한 후 /usr/html폴더에 vmeter4.swf와 vmeter4.html 파일이 잘 적재되어 있는지 확인한다.

```
# cd /user
# cd html/
```

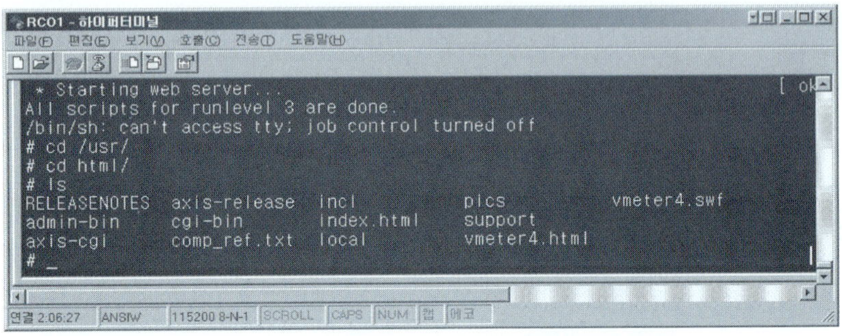
RC01 - 하이퍼터미널
파일(F) 편집(E) 보기(V) 호출(C) 전송(T) 도움말(H)
* Starting web server...
All scripts for runlevel 3 are done.
/bin/sh: can't access tty; job control turned off
cd /usr/
cd html/
ls
RELEASENOTES axis-release incl pics vmeter4.swf
admin-bin cgi-bin index.html support
axis-cgi comp_ref.txt local vmeter4.html
_
연결 2:06:27 ANSIW 115200 8-N-1 SCROLL CAPS NUM

[그림 7-279] /usr/html폴더

⑧ xmlvoltmeter.out 파일이 실행 가능하도록 퍼미션을 변경시킨 후 xmlvoltmeter.out 파일을 실행시킨다.

```
# cd /mnt/flash
# chmod +x xmlvoltmeter.out
# ./xmlvoltmeter.out
```

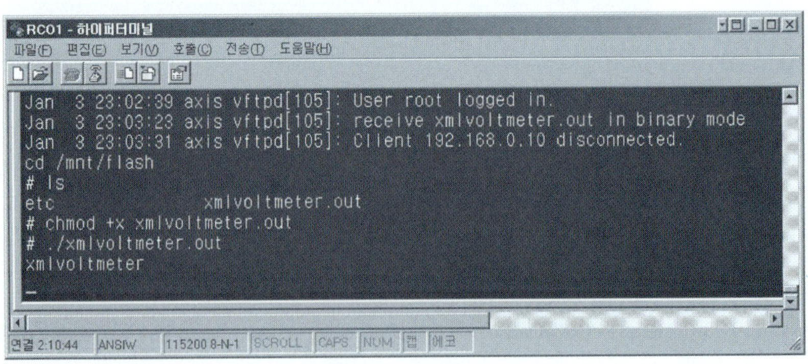
RC01 - 하이퍼터미널
파일(F) 편집(E) 보기(V) 호출(C) 전송(T) 도움말(H)
Jan 3 23:02:39 axis vftpd[105]: User root logged in.
Jan 3 23:03:23 axis vftpd[105]: receive xmlvoltmeter.out in binary mode
Jan 3 23:03:31 axis vftpd[105]: Client 192.168.0.10 disconnected.
cd /mnt/flash
ls
etc xmlvoltmeter.out
chmod +x xmlvoltmeter.out
./xmlvoltmeter.out
xmlvoltmeter
_
연결 2:10:44 ANSIW 115200 8-N-1 SCROLL CAPS NUM

[그림 7-280] xmlvoltmeter.out 실행

⑨ 플래시 파일이 원활하게 동작하는 윈도우즈 브라우저를 이용하여 타깃보드에 접속한다.

```
http://192.168.0.90/vmeter4.html
```

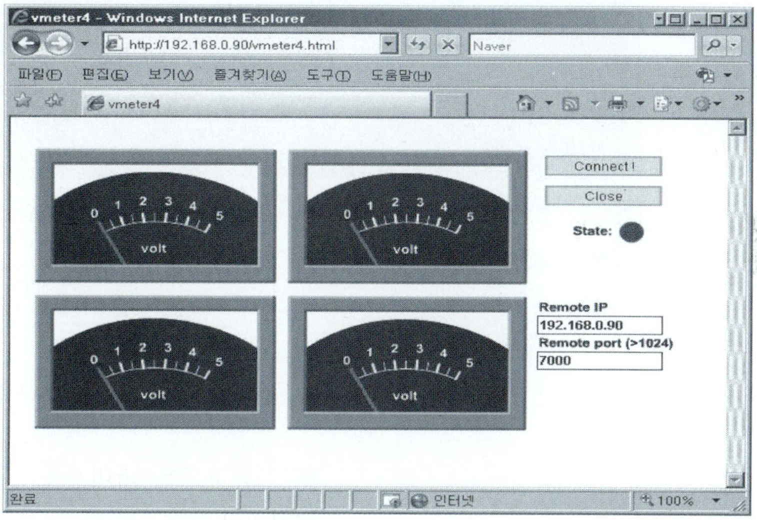

[그림 7-281] vmeter4.html 화면

⑩ Connect! 버튼을 누른다. Connect!을 누르면 State에 녹색불이 들어온다.

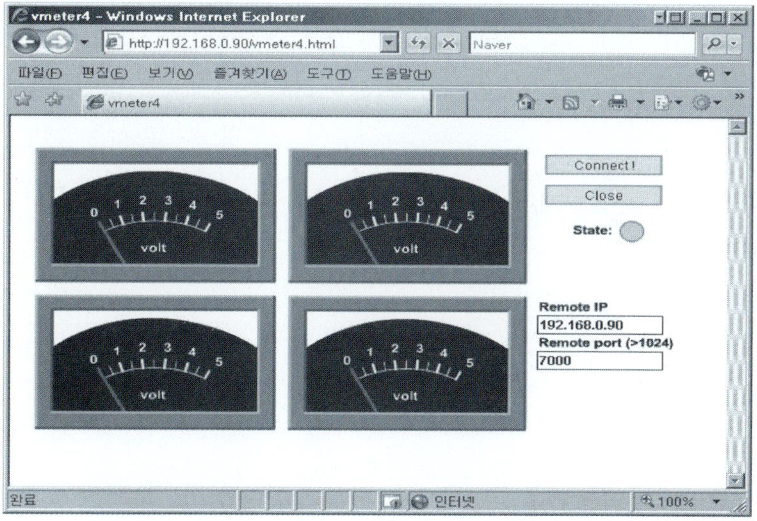

[그림 7-282] vmeter4.html 화면

제 7 장

실제로 A/D 컨버터를 연결하지 않아 변환값이 0으로 나오지만 하이퍼터미널을 통하여 A/D 변환값을 확인할 수 있다.

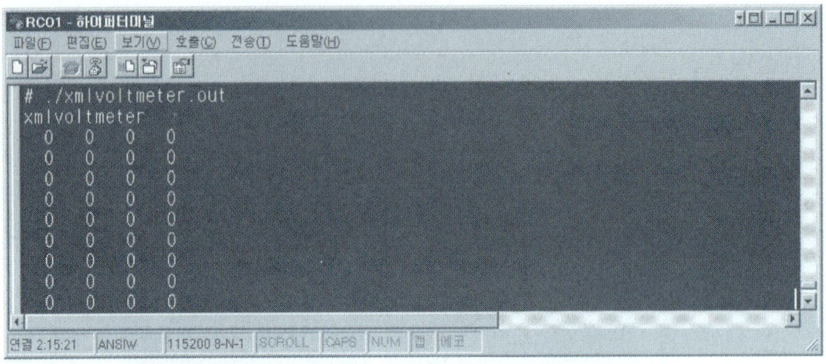

[그림 7-283] A/D 변환값 확인

제8장
마이컴 제어 실습

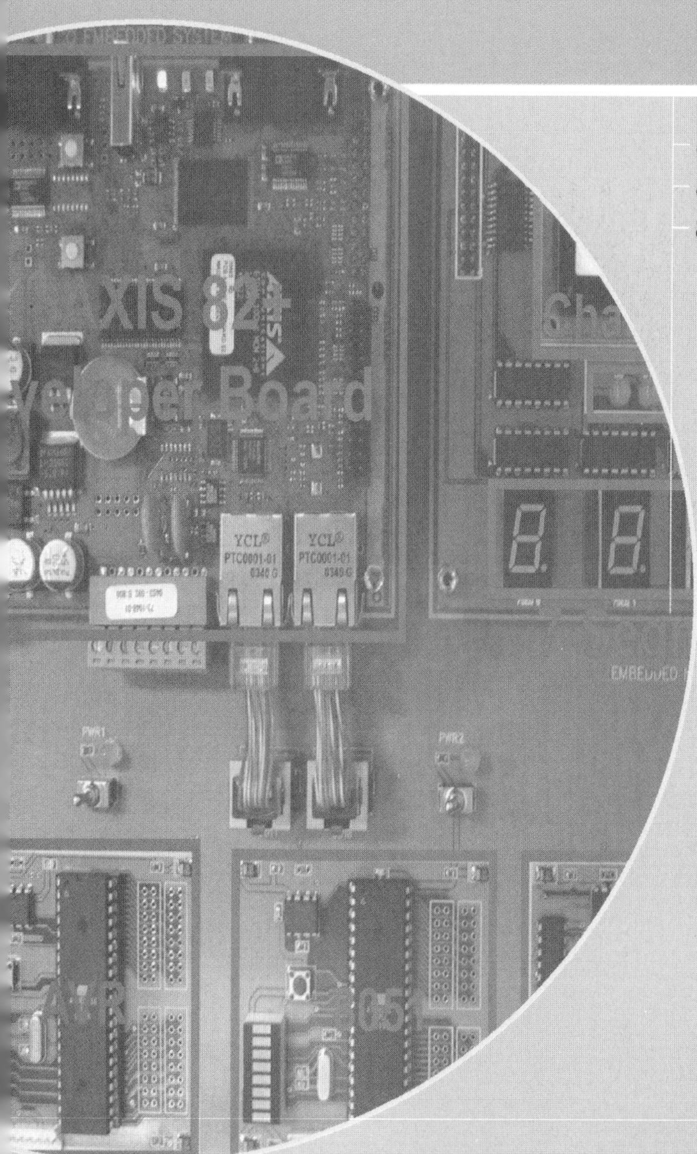

8.1 AVR 제어 실습

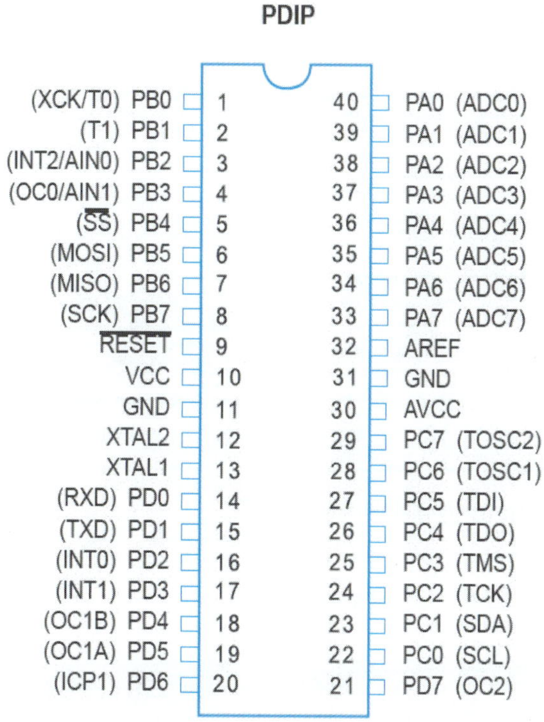

[그림 8-1] PIN 배열도

① http://www.hpinfotech.html/download.htm로 접속하여 CodeVision 평가판을 내려 받는다.

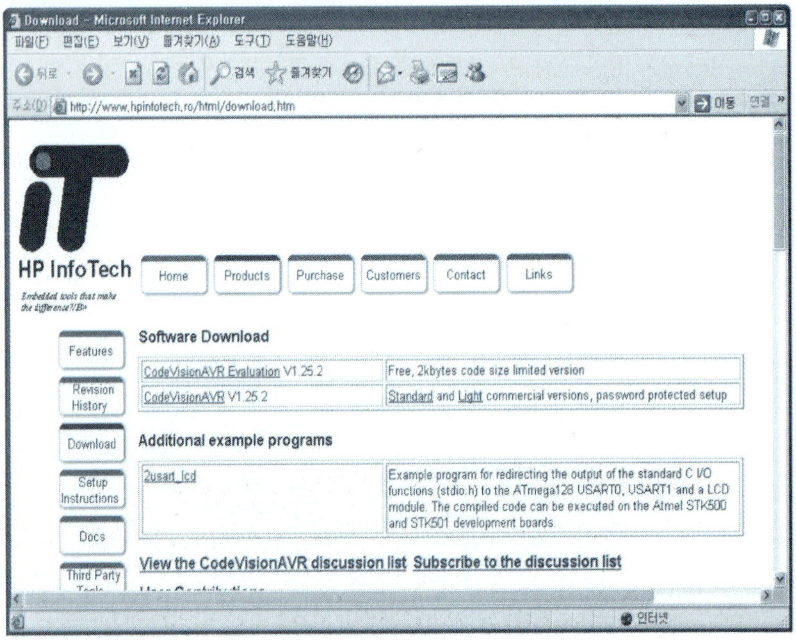

[그림 8-2] http://www.hpinfotech.html **홈페이지**

② 압축 파일을 컴퓨터에 저장한다.

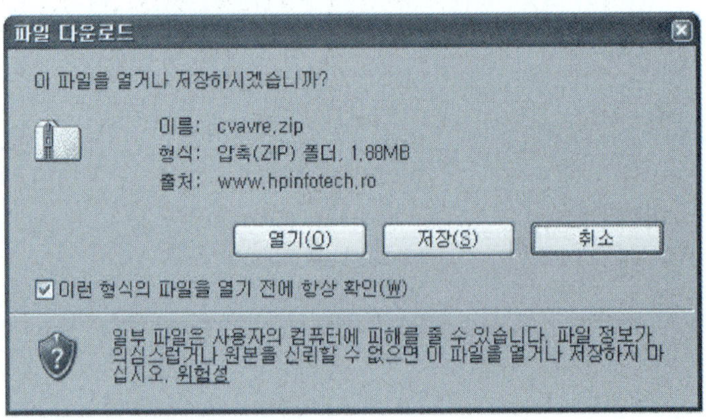

[그림 8-3] **압축파일 다운로드**

③ 내려 받은 설치파일을 실행시킨다.

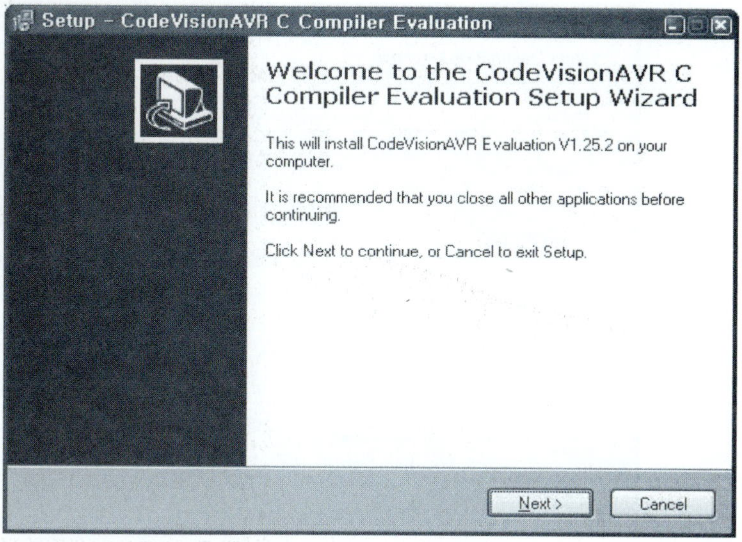
Setup - CodeVisionAVR C Compiler Evaluation
Welcome to the CodeVisionAVR C Compiler Evaluation Setup Wizard
This will install CodeVisionAVR Evaluation V1.25.2 on your computer.
It is recommended that you close all other applications before continuing.
Click Next to continue, or Cancel to exit Setup.
Next >
Cancel

[그림 8-4] [그림 8-] SETUP

④ 동의한 후 Next를 누른다.

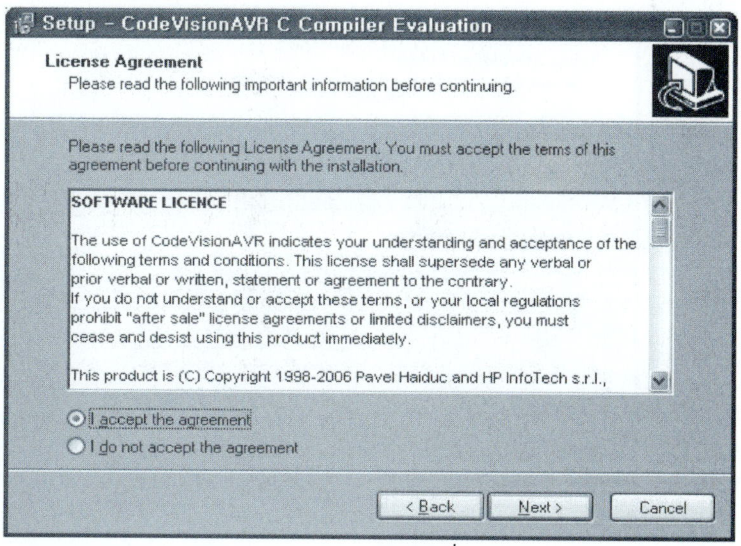
Setup - CodeVisionAVR C Compiler Evaluation
License Agreement
Please read the following important information before continuing.
Please read the following License Agreement. You must accept the terms of this agreement before continuing with the installation.
SOFTWARE LICENCE
The use of CodeVisionAVR indicates your understanding and acceptance of the following terms and conditions. This license shall supersede any verbal or prior verbal or written, statement or agreement to the contrary.
If you do not understand or accept these terms, or your local regulations prohibit "after sale" license agreements or limited disclaimers, you must cease and desist using this product immediately.
This product is (C) Copyright 1998-2006 Pavel Haiduc and HP InfoTech s.r.l.,
I accept the agreement
I do not accept the agreement
< Back
Next >
Cancel

[그림 8-5] SETUP

⑤ CodeVisionAVR을 설치할 디렉터리를 선택해준다.

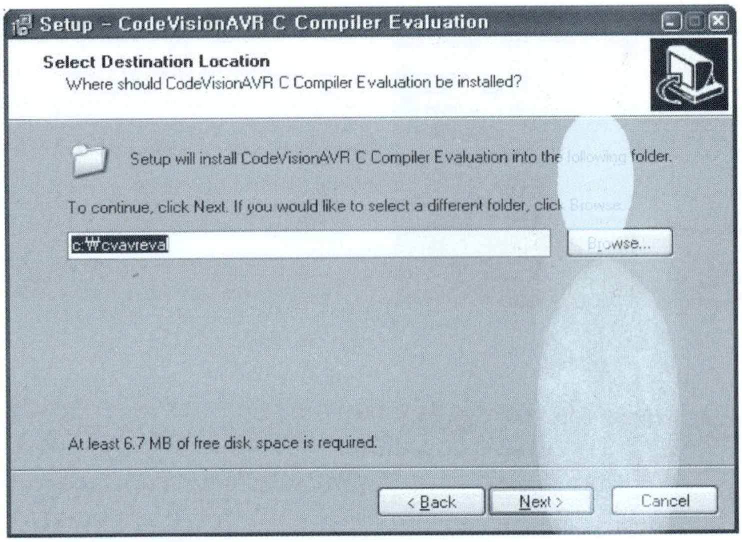
Setup - CodeVisionAVR C Compiler Evaluation
Select Destination Location
Where should CodeVisionAVR C Compiler Evaluation be installed?
Setup will install CodeVisionAVR C Compiler Evaluation into the folder.
To continue, click Next. If you would like to select a different folder, click
c:₩cvavreval
Browse...
At least 6.7 MB of free disk space is required.
< Back
Next >
Cancel

[그림 8-6] SETUP

⑥ 프로그램의 그룹명을 지정해준다.

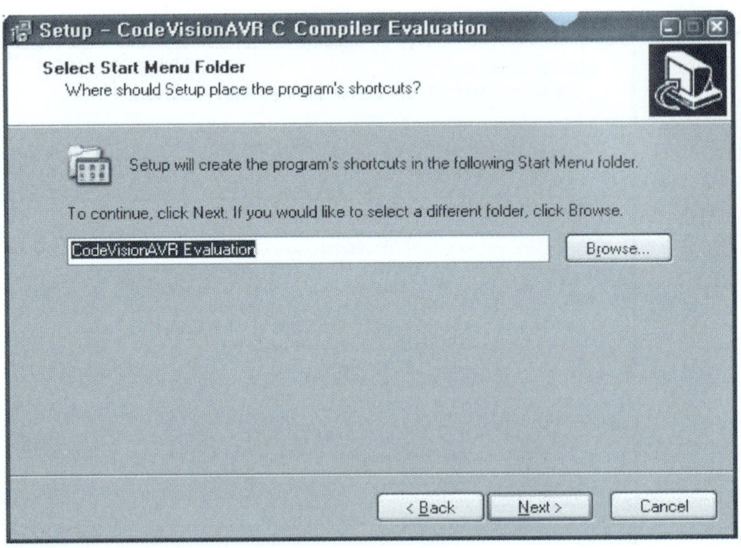
Setup - CodeVisionAVR C Compiler Evaluation
Select Start Menu Folder
Where should Setup place the program's shortcuts?
Setup will create the program's shortcuts in the following Start Menu folder.
To continue, click Next. If you would like to select a different folder, click Browse.
CodeVisionAVR Evaluation
Browse...
< Back
Next >
Cancel

[그림 8-7] SETUP

⑦ Install을 누른다.

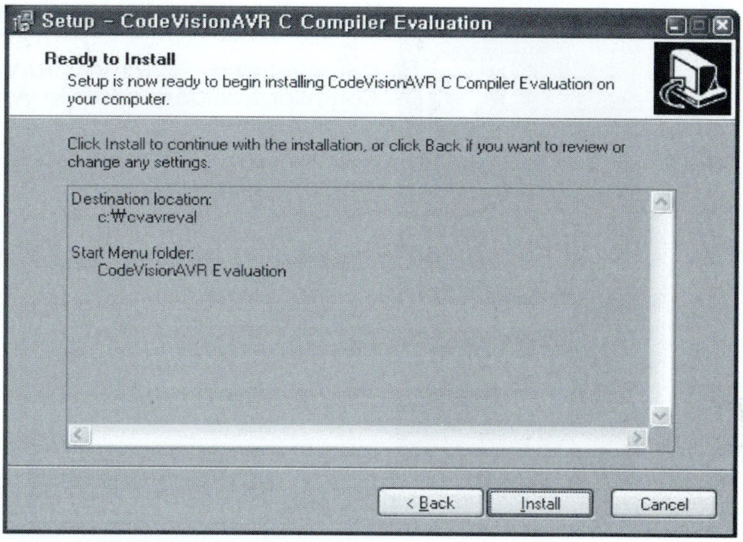
Setup - CodeVisionAVR C Compiler Evaluation
Ready to Install
Setup is now ready to begin installing CodeVisionAVR C Compiler Evaluation on your computer.
Click Install to continue with the installation, or click Back if you want to review or change any settings.
Destination location:
c:₩cvavreval
Start Menu folder:
CodeVisionAVR Evaluation
< Back
Install
Cancel

[그림 8-8] SETUP

⑧ Next를 누른다.

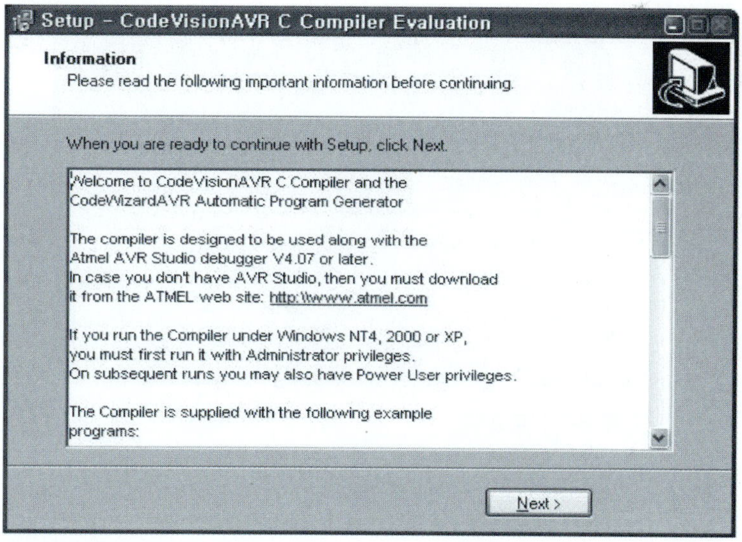
Setup - CodeVisionAVR C Compiler Evaluation
Information
Please read the following important information before continuing.
When you are ready to continue with Setup, click Next.
Welcome to CodeVisionAVR C Compiler and the
CodeWizardAVR Automatic Program Generator
The compiler is designed to be used along with the
Atmel AVR Studio debugger V4.07 or later.
In case you don't have AVR Studio, then you must download
it from the ATMEL web site: http:\\www.atmel.com
If you run the Compiler under Windows NT4, 2000 or XP,
you must first run it with Administrator privileges.
On subsequent runs you may also have Power User privileges.
The Compiler is supplied with the following example
programs:
Next >

[그림 8-9] SETUP

⑨ 설치가 완료되면 CodeVisionAVR을 실행시킨다.

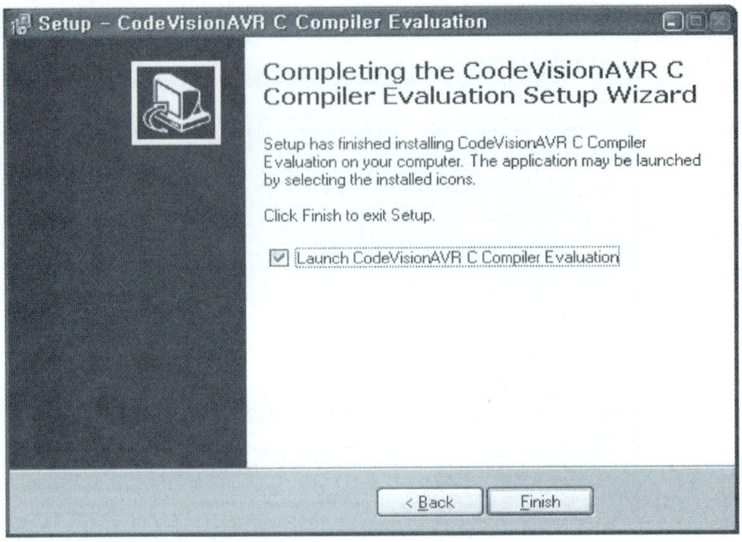
Setup - CodeVisionAVR C Compiler Evaluation
Completing the CodeVisionAVR C Compiler Evaluation Setup Wizard
Setup has finished installing CodeVisionAVR C Compiler Evaluation on your computer. The application may be launched by selecting the installed icons.
Click Finish to exit Setup.
Launch CodeVisionAVR C Compiler Evaluation
< Back
Finish

[그림 8-10] SETUP

⑩ CodeVisionAVR 실행화면

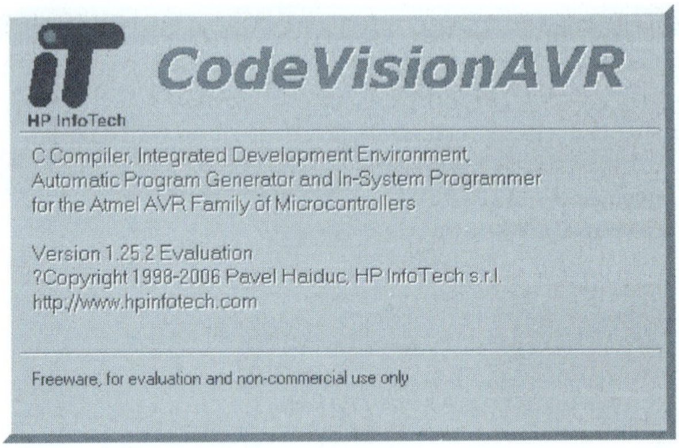
CodeVisionAVR
HP InfoTech
C Compiler, Integrated Development Environment,
Automatic Program Generator and In-System Programmer
for the Atmel AVR Family of Microcontrollers
Version 1.25.2 Evaluation
?Copyright 1998-2006 Pavel Haiduc, HP InfoTech s.r.l.
http://www.hpinfotech.com
Freeware, for evaluation and non-commercial use only

[그림 8-11] 로고

⑪ 메뉴에서 Settings → Programmer을 선택한 후 AVR Chip Programmer Type에서 Kanda Systems STK200+/300을 선택한다.

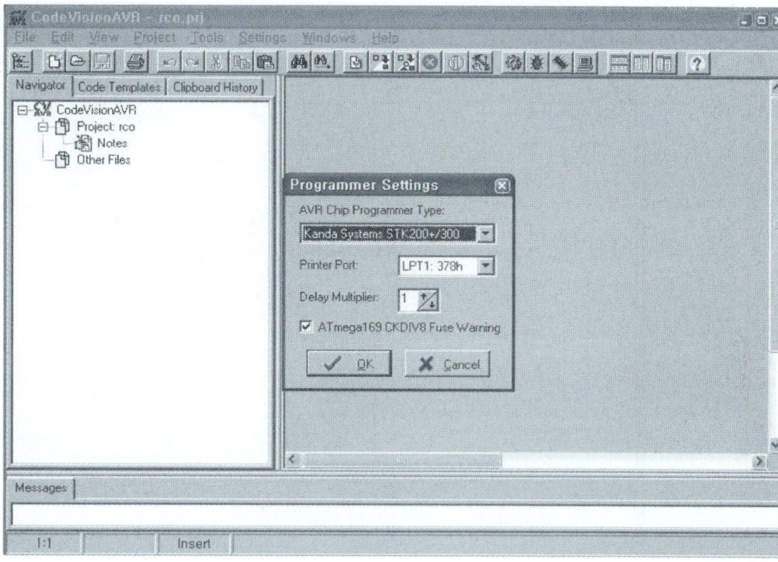

[그림 8-12] Programmer Settings

⑫ 메뉴에서 File → New를 선택한 후 Project 생성을 선택한다.

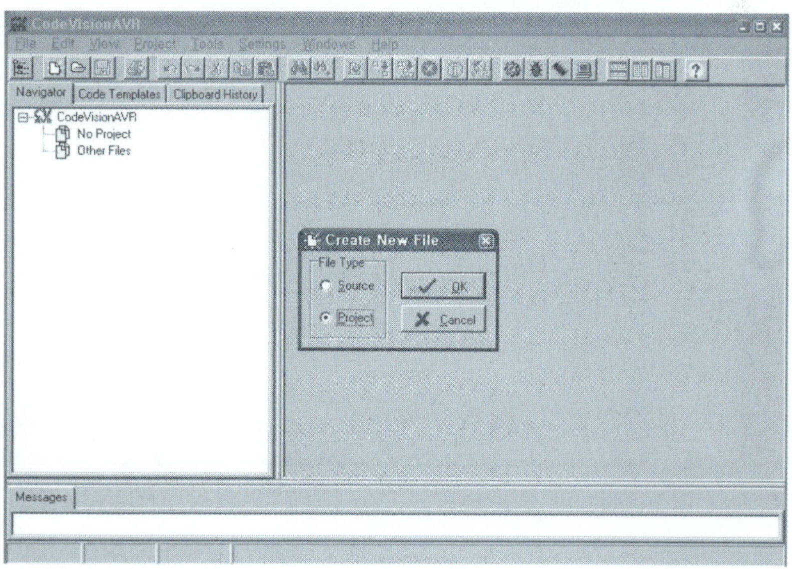

[그림 8-13] Create New File

⑬ CodeWizardAVR은 코드를 알아서 작성해주는 편리한 도구이다. 그러나 지금은 일단 No를 선택한다.

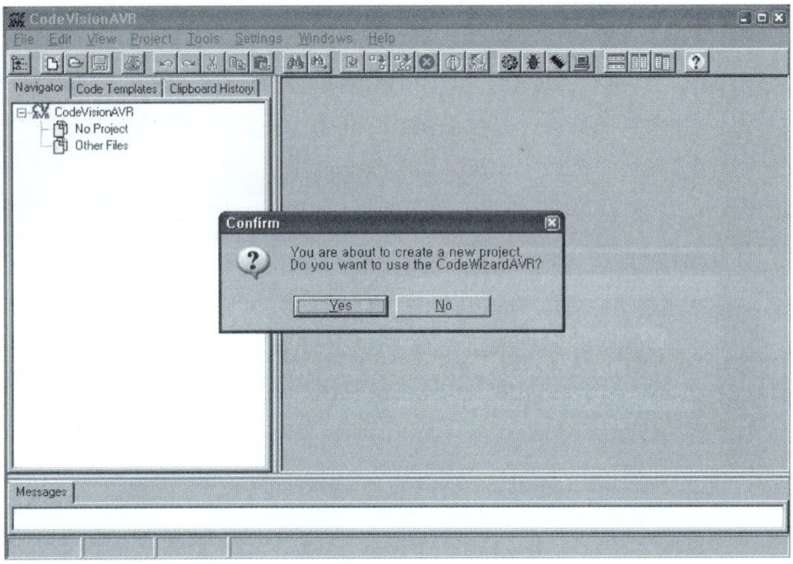

[그림 8-14] CodeWizardAVR

⑭ 프로젝트명을 입력한다.

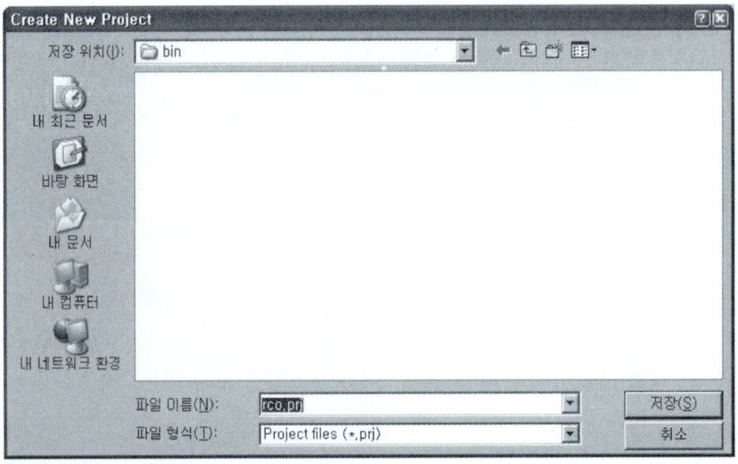

[그림 8-15] 프로젝트명

⑮ Files 탭을 선택한 후 Add를 눌러 파일을 프로젝트에 추가시킨다.

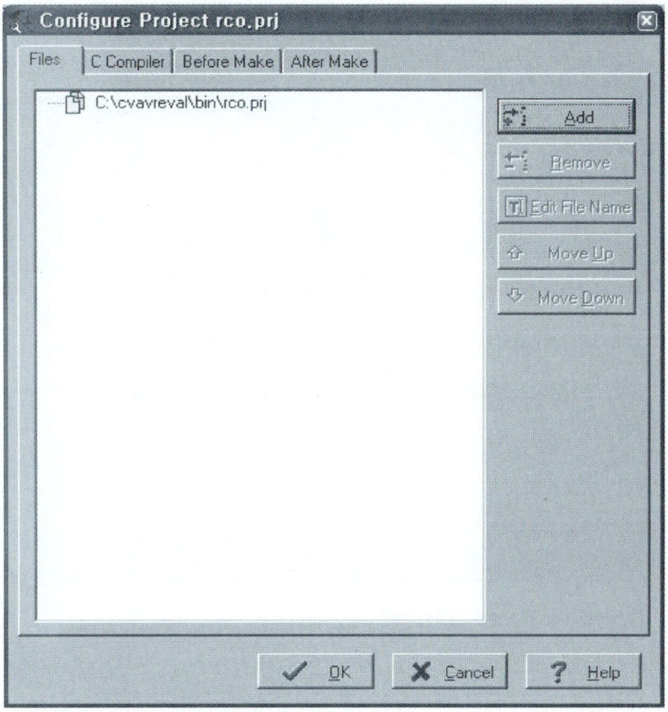

[그림 8-16] Configure Project

⑯ LED를 제어하는 프로그램을 추가시킨다.

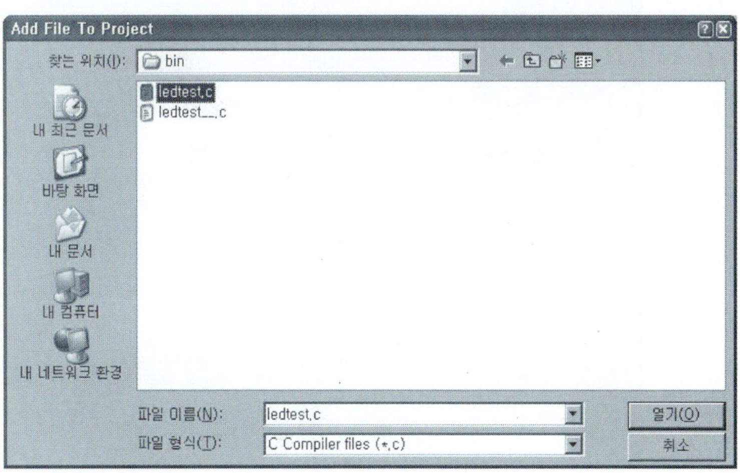

[그림 8-17] 파일추가

⑰ C Compiler 탭을 선택한 후 다음과 같이 설정해준다.

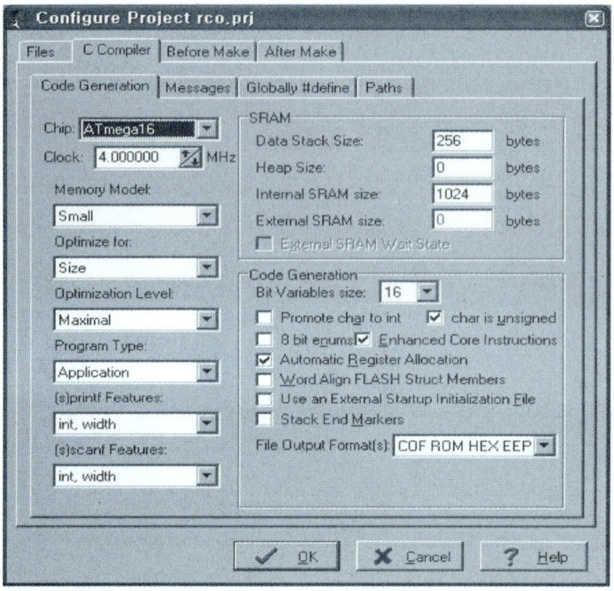

[그림 8-18] Configure Project

⑱ After Make 탭을 선택한 후 다음과 같이 설정해준다.

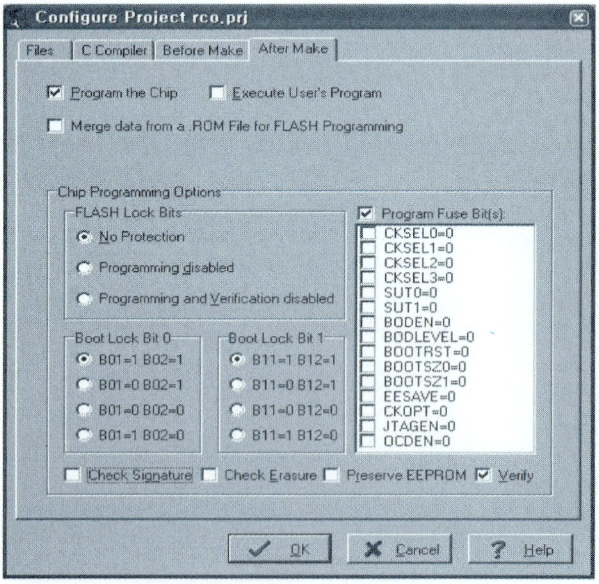

[그림 8-19] Configure Project

⑲ 설정이 끝나면 OK를 누른다.

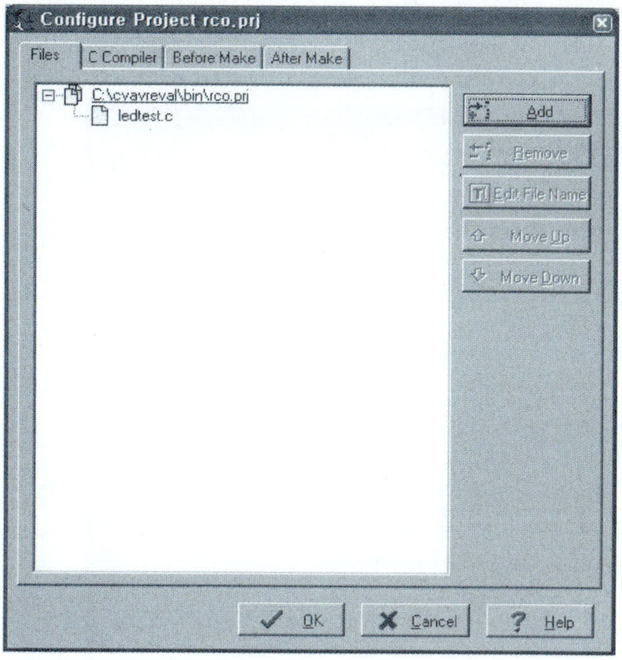

[그림 8-20] Configure Project

⑳ 다음과 같이 위에서 선택한 소스파일이 작업창에 나타난다.

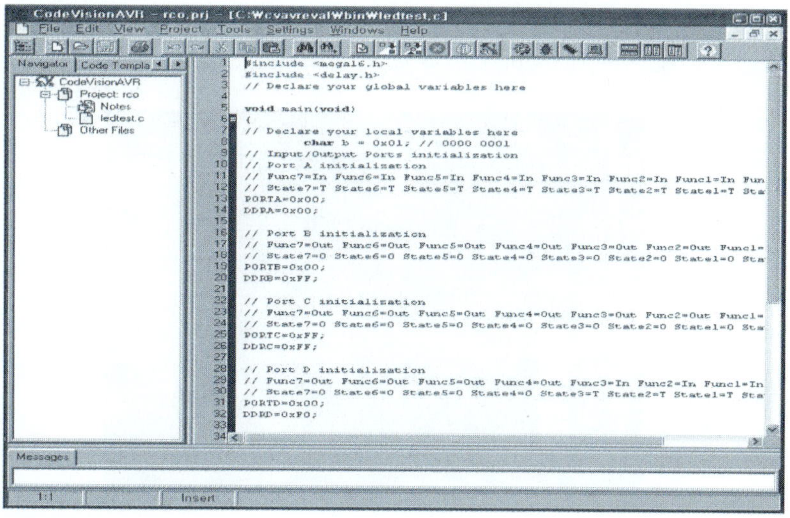

[그림 8-21] 작업창

㉑ 메뉴에서 Project → Compile과 Make를 수행시킨다.

작성된 소스코드에 오류가 없으면 Program the chip을 눌러 생성된 HEX파일을 AVR에 다운로드시킨다.

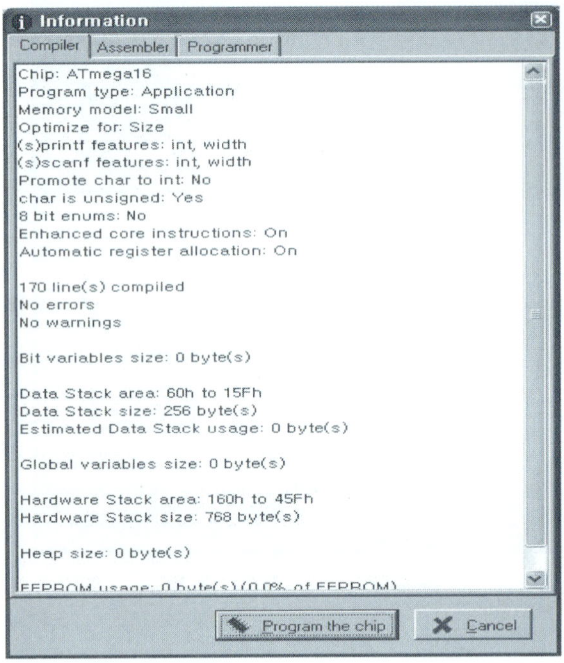

[그림 8-22] Make 완료

㉒ LED가 작동하는 모습을 확인할 수 있다.

[그림 8-23] LED 동작

8.2 8051 제어 실습

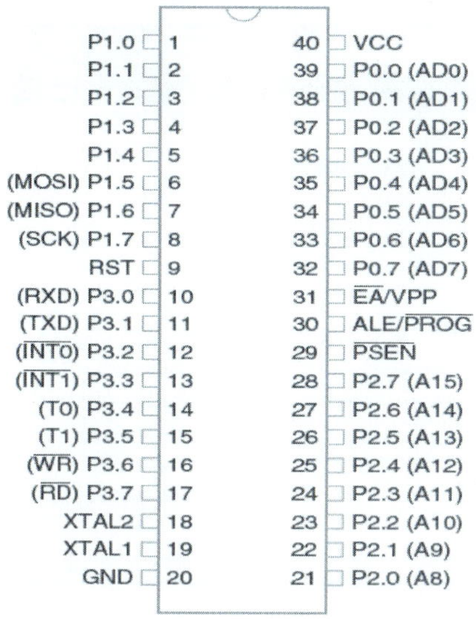

[그림 8-24] PIN 배열도

① http://www.raisonance.com/download/index.php 로 접속하여 RIDE51 평가판을 내려 받는다.

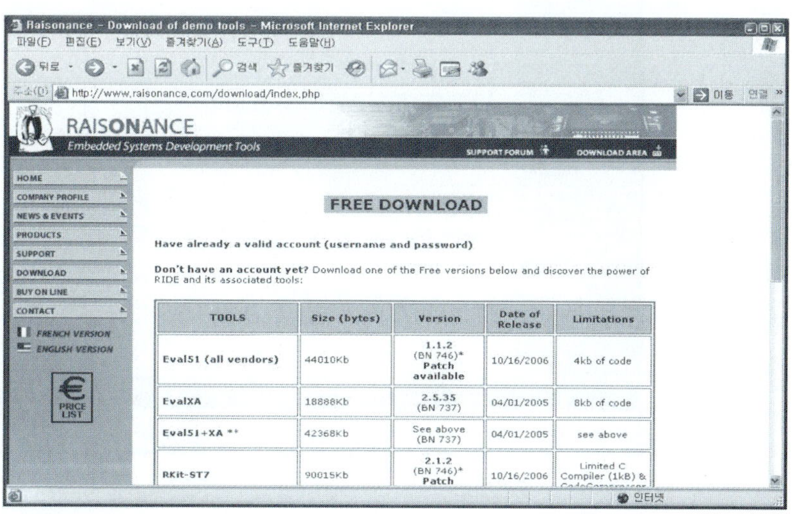

[그림 8-25] http://www.Laisonance.com 홈페이지

제 8 장

② 평가판을 내려받기 위해서는 등록이 필요하다.

비밀번호를 E-Mail로 보내주기 때문에 정확한 E-Mail 주소를 입력한다.

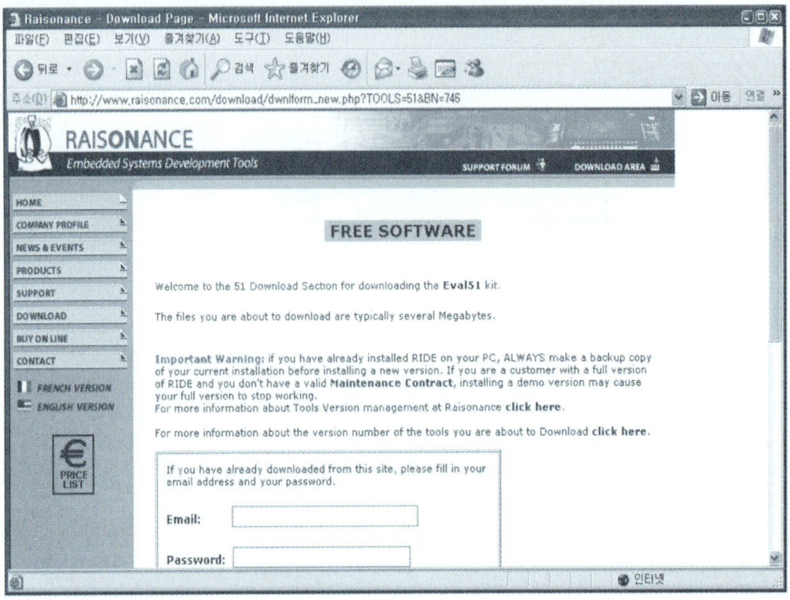
Raisonance - Download Page - Microsoft Internet Explorer
http://www.raisonance.com/download/dwnlform_new.php?TOOLS=51&BN=746
RAISONANCE
Embedded Systems Development Tools
SUPPORT FORUM
DOWNLOAD AREA
HOME
COMPANY PROFILE
NEWS & EVENTS
PRODUCTS
SUPPORT
DOWNLOAD
BUY ON LINE
CONTACT
FRENCH VERSION
ENGLISH VERSION
PRICE LIST
FREE SOFTWARE
Welcome to the 51 Download Section for downloading the Eval51 kit.
The files you are about to download are typically several Megabytes.
Important Warning: if you have already installed RIDE on your PC, ALWAYS make a backup copy of your current installation before installing a new version. If you are a customer with a full version of RIDE and you don't have a valid Maintenance Contract, installing a demo version may cause your full version to stop working.
For more information about Tools Version management at Raisonance click here.
For more information about the version number of the tools you are about to Download click here.
If you have already downloaded from this site, please fill in your email address and your password.
Email:
Password:

[그림 8-26] 등록절차

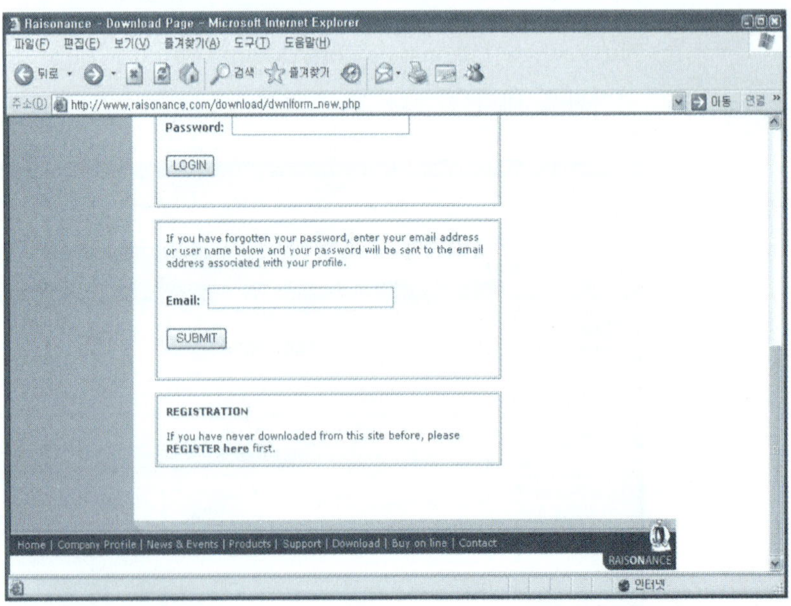
Raisonance - Download Page - Microsoft Internet Explorer
http://www.raisonance.com/download/dwnlform_new.php
Password:
LOGIN
If you have forgotten your password, enter your email address or user name below and your password will be sent to the email address associated with your profile.
Email:
SUBMIT
REGISTRATION
If you have never downloaded from this site before, please REGISTER here first.
Home | Company Profile | News & Events | Products | Support | Download | Buy on line | Contact
RAISONANCE

[그림 8-27] 등록절차

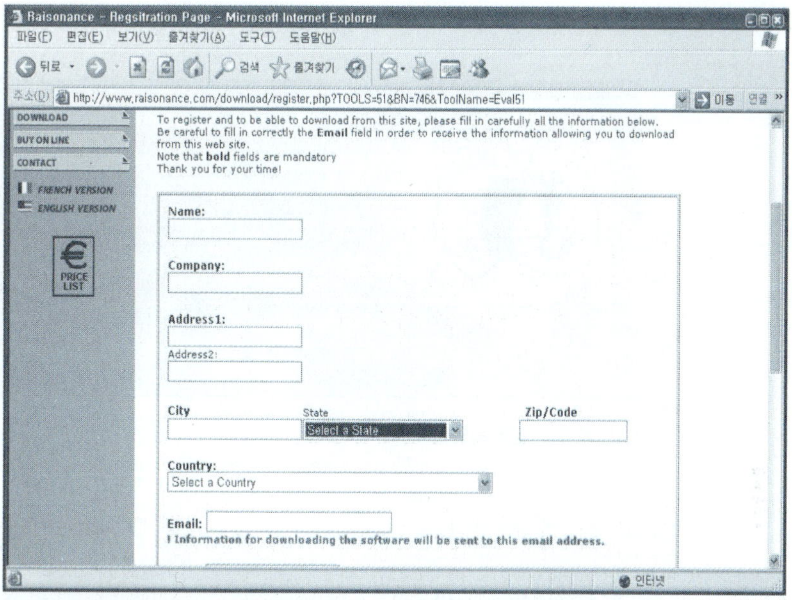
Raisonance - Regsitration Page - Microsoft Internet Explorer
http://www.raisonance.com/download/register.php?TOOLS=51&BN=746&ToolName=Eval51
DOWNLOAD
BUY ON LINE
CONTACT
FRENCH VERSION
ENGLISH VERSION
PRICE LIST
To register and to be able to download from this site, please fill in carefully all the information below.
Be careful to fill in correctly the Email field in order to receive the information allowing you to download from this web site.
Note that bold fields are mandatory
Thank you for your time!
Name:
Company:
Address1:
Address2:
City
State
Select a State
Zip/Code
Country:
Select a Country
Email:
! Information for downloading the software will be sent to this email address.

[그림 8-28] 등록절차

③ 등록을 마쳤으면 RIDE51을 내려받는다.

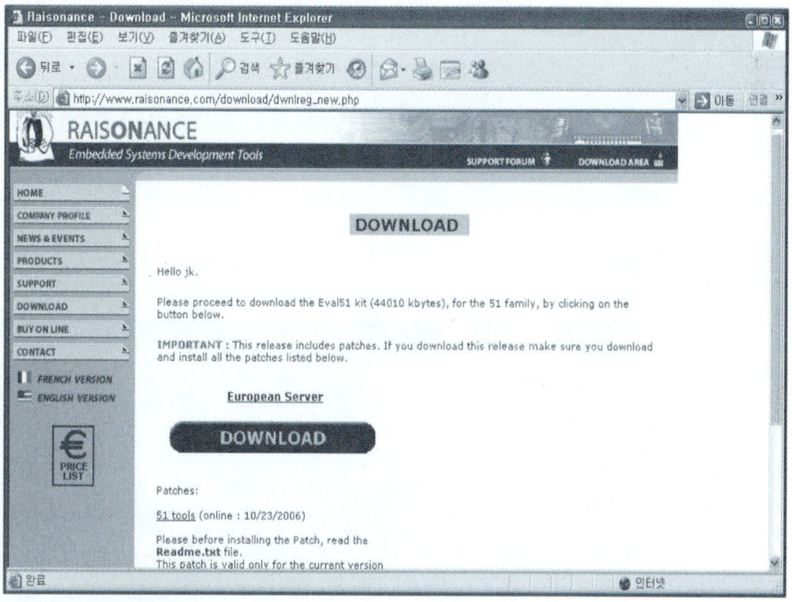
Raisonance - Download - Microsoft Internet Explorer
http://www.raisonance.com/download/dwnlreg_new.php
RAISONANCE
Embedded Systems Development Tools
SUPPORT FORUM
DOWNLOAD AREA
HOME
COMPANY PROFILE
NEWS & EVENTS
PRODUCTS
SUPPORT
DOWNLOAD
BUY ON LINE
CONTACT
FRENCH VERSION
ENGLISH VERSION
PRICE LIST
DOWNLOAD
Hello jk.
Please proceed to download the Eval51 kit (44010 kbytes), for the 51 family, by clicking on the button below.
IMPORTANT : This release includes patches. If you download this release make sure you download and install all the patches listed below.
European Server
DOWNLOAD
Patches:
51 tools (online : 10/23/2006)
Please before installing the Patch, read the Readme.txt file.
This patch is valid only for the current version

[그림 8-29] 다운로드

제 8 장

④ 내려받은 설치파일을 실행시킨다.

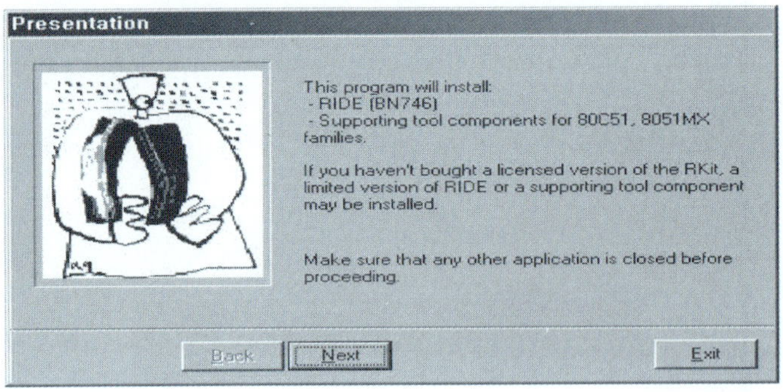
Presentation
This program will install:
- RIDE (BN746)
- Supporting tool components for 80C51, 8051MX families.
If you haven't bought a licensed version of the RKit, a limited version of RIDE or a supporting tool component may be installed.
Make sure that any other application is closed before proceeding.
Back
Next
Exit

[그림 8-30] 설치화면

⑤ Accept를 누른다.

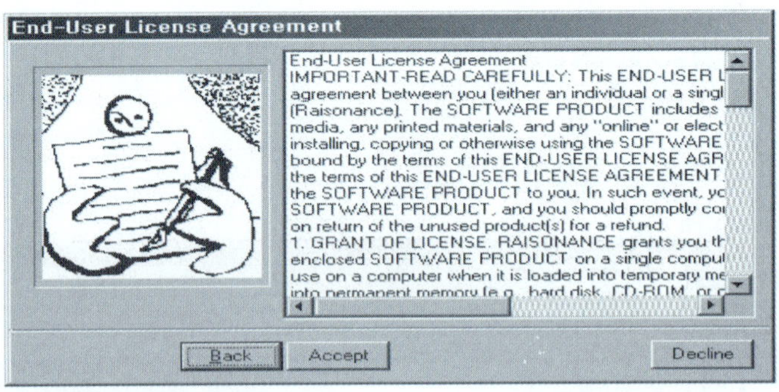
End-User License Agreement
End-User License Agreement
IMPORTANT-READ CAREFULLY: This END-USER L
agreement between you (either an individual or a singl
(Raisonance). The SOFTWARE PRODUCT includes
media, any printed materials, and any "online" or elect
installing, copying or otherwise using the SOFTWARE
bound by the terms of this END-USER LICENSE AGR
the terms of this END-USER LICENSE AGREEMENT
the SOFTWARE PRODUCT to you. In such event, yo
SOFTWARE PRODUCT, and you should promptly co
on return of the unused product(s) for a refund.
1. GRANT OF LICENSE. RAISONANCE grants you th
enclosed SOFTWARE PRODUCT on a single compu
use on a computer when it is loaded into temporary me
Back
Accept
Decline

[그림 8-31] 설치화면

⑥ Next를 누른다.

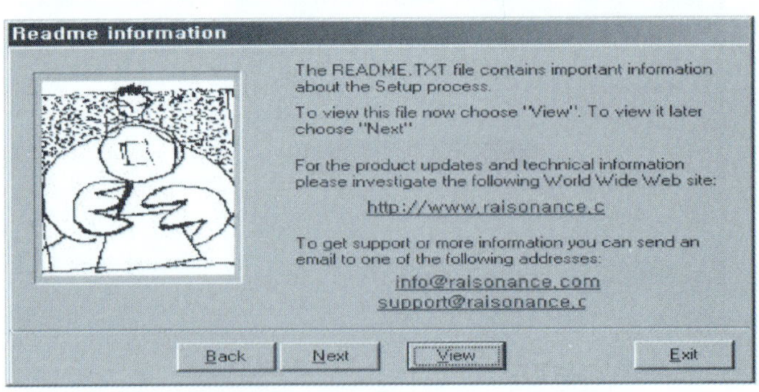
Readme information
The README.TXT file contains important information about the Setup process.
To view this file now choose "View". To view it later choose "Next"
For the product updates and technical information please investigate the following World Wide Web site:
http://www.raisonance.c
To get support or more information you can send an email to one of the following addresses:
info@raisonance.com
support@raisonance.c
Back
Next
View
Exit

[그림 8-32] 설치화면

⑦ Evaluation version를 선택한다.

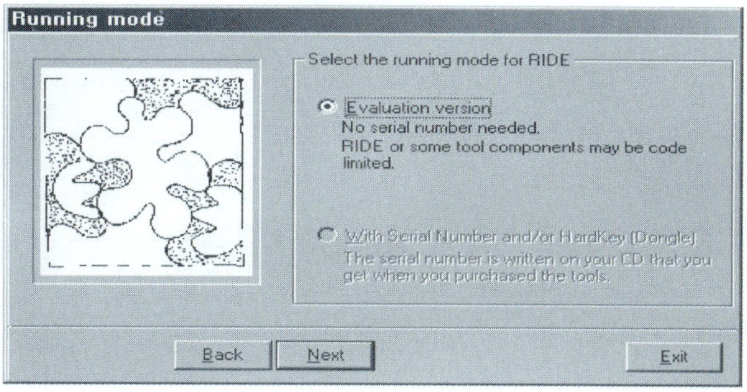

[그림 8-33] 설치화면

⑧ RIDE51을 설치할 디렉터리를 선택해 준다.

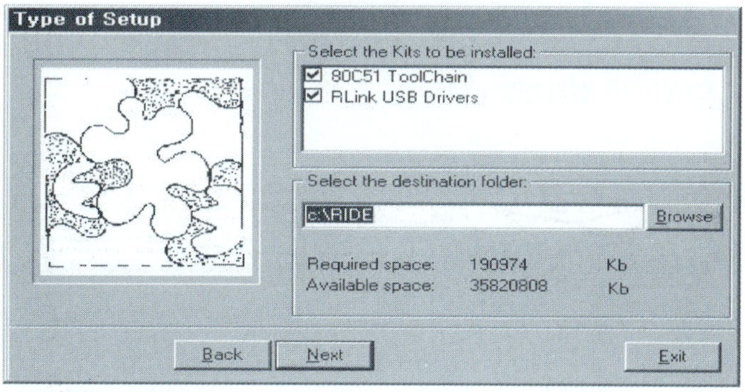

[그림 8-34] 설치화면

⑨ 설치가 진행된다.

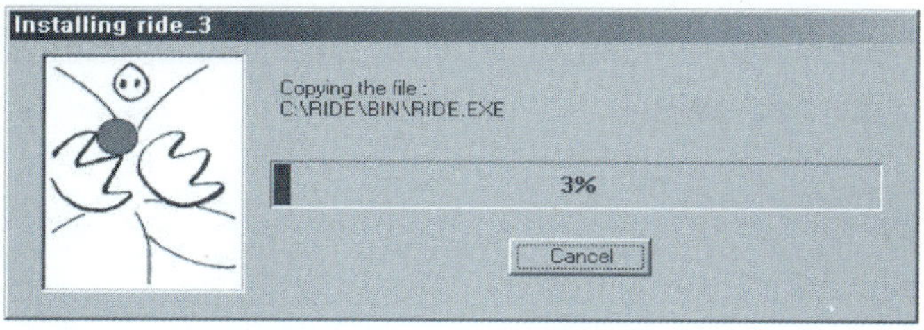

[그림 8-35] 설치화면

⑩ USB Driver가 필요 없기 때문에 취소를 누른다.

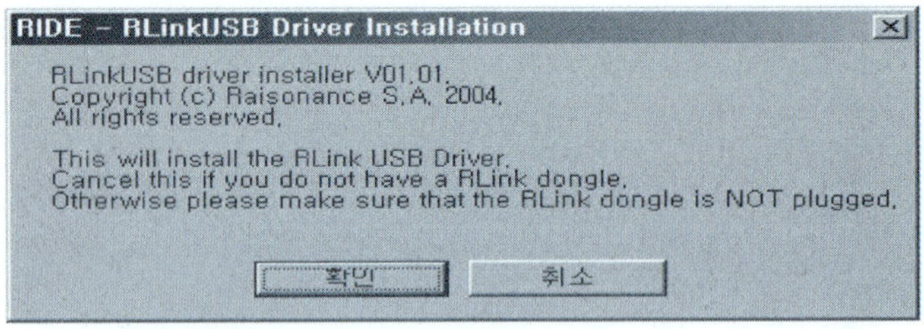
RIDE - RLinkUSB Driver Installation
RLinkUSB driver installer V01.01.
Copyright (c) Raisonance S.A. 2004.
All rights reserved.
This will install the RLink USB Driver.
Cancel this if you do not have a RLink dongle.
Otherwise please make sure that the RLink dongle is NOT plugged.
확인
취소

[그림 8-36] 설치화면

⑪ 확인을 누른다.

RIDE - RLinkUSB Driver Installation
Installation canceled.
RLinkUSB Driver NOT installed.
확인

[그림 8-37] 설치화면

⑫ Finish를 누른다.

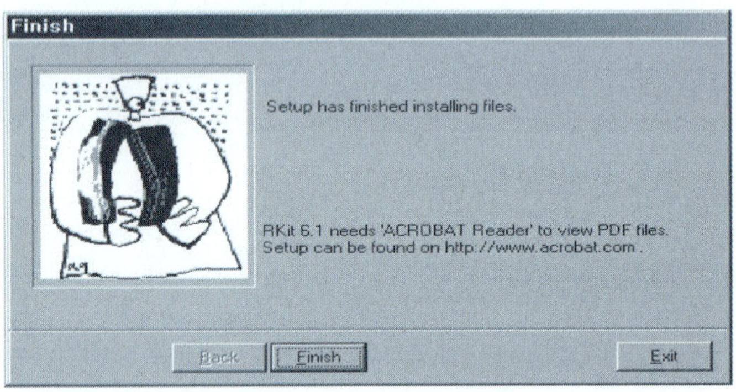
Finish
Setup has finished installing files.
RKit 6.1 needs 'ACROBAT Reader' to view PDF files.
Setup can be found on http://www.acrobat.com .
Back
Finish
Exit

[그림 8-38] 설치화면

⑬ 설치가 완료되면 RIDE51을 실행시킨다.

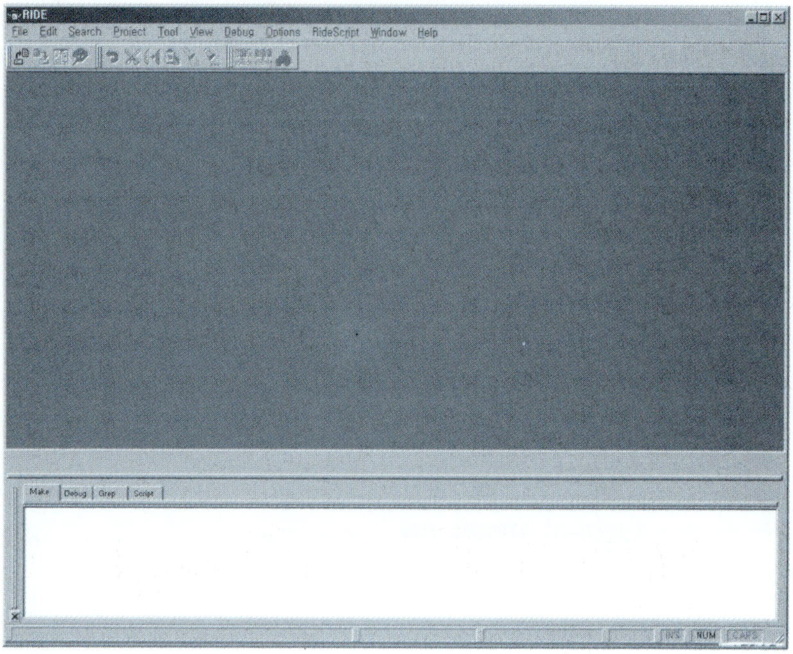

[그림 8-39] RIDE 실행

⑭ 메뉴에서 Project → New를 선택한 후 Application Name을 입력하고 Target family에는 80C51을 선택한다.

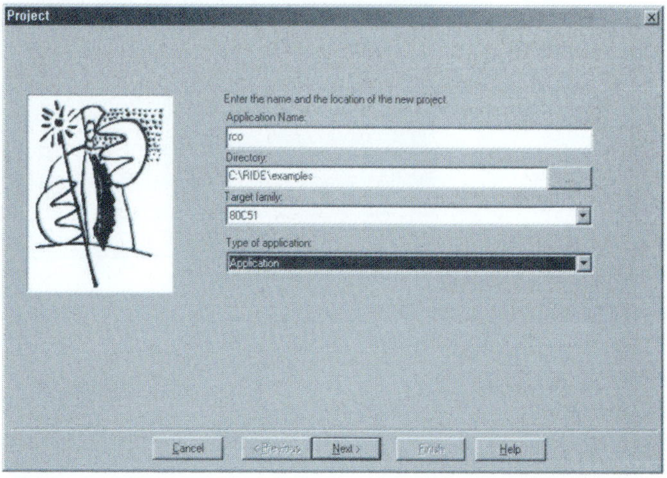

[그림 8-40] Project 생성

⑮ AT89S51를 선택한다.

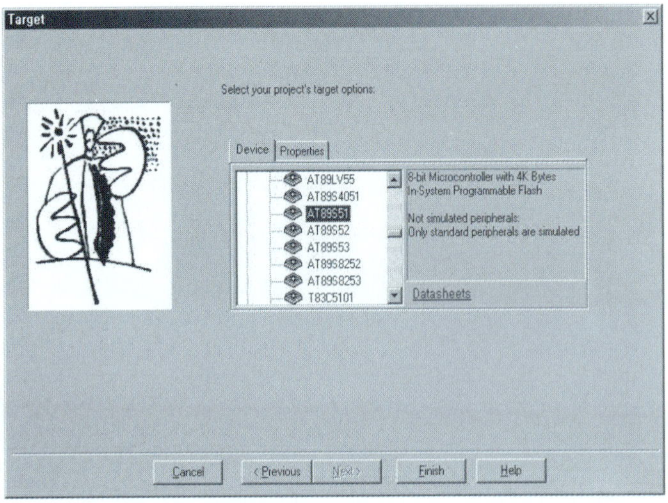

[그림 8-41] AT89S51 **선택**

⑯ 메뉴에서 Project → Add node Source/Application을 선택한다.

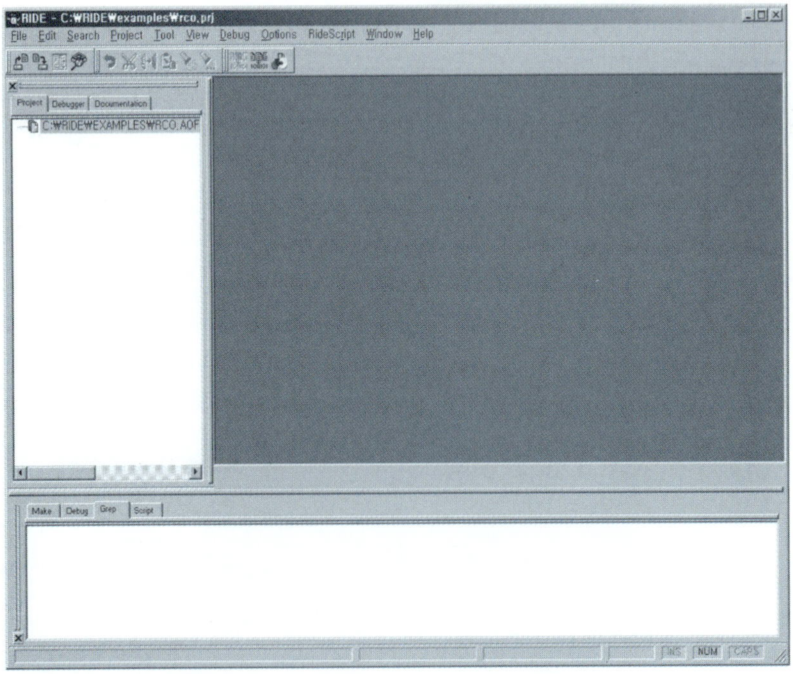

[그림 8-42] Add node Soruce/Application

⑰ LED를 제어하는 프로그램을 추가시킨다.

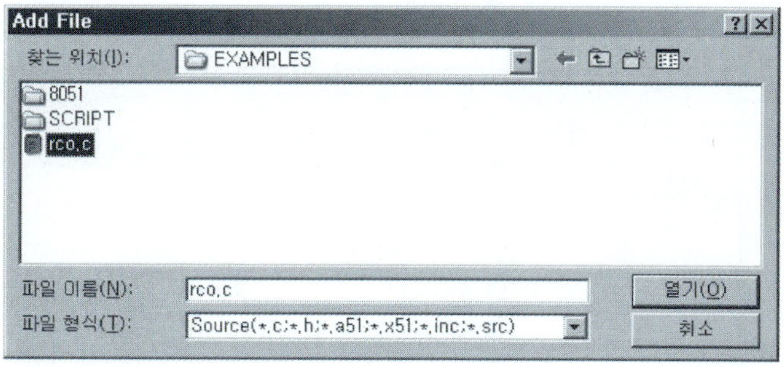

[그림 8-43] 파일추가

⑱ 위에서 선택한 소스파일이 다음과 같이 작업창에 나타난다.

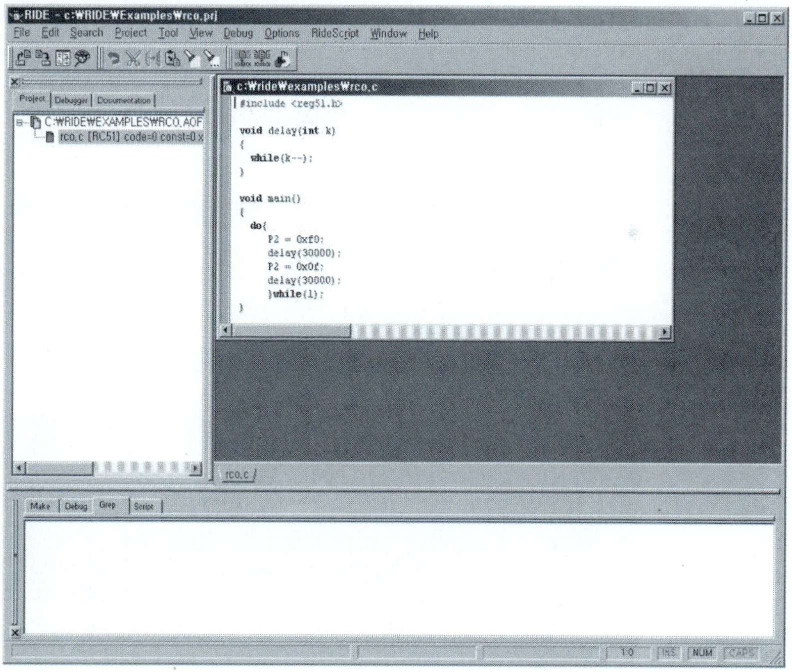

[그림 8-44] 작업창

⑲ 메뉴에서 Project → Make all을 선택한다. 작성된 소스코드에 오류가 없으면 HEX파일이 만들어진다.

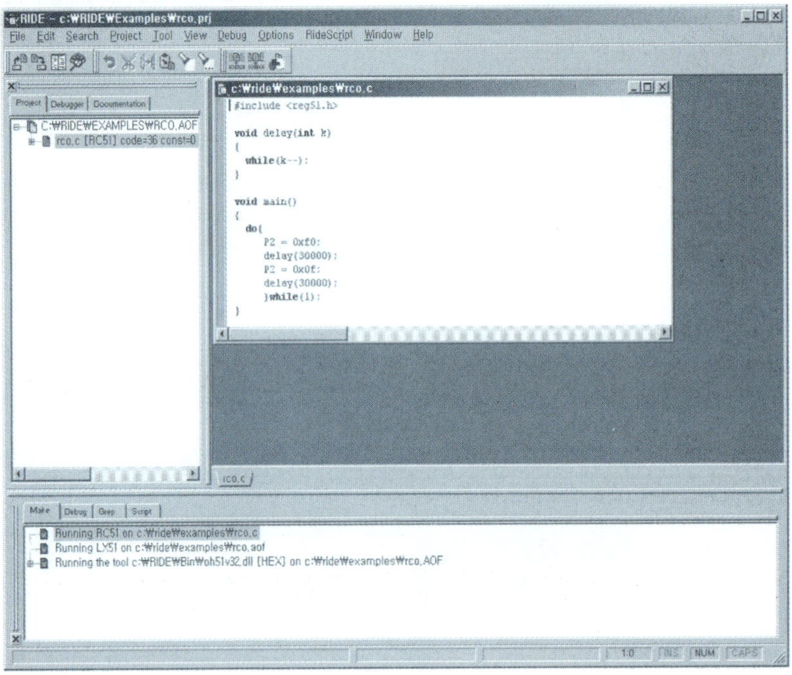

[그림 8-45] Make all

⑳ CD에 들어있는 ISP Programmer를 실행시킨다.

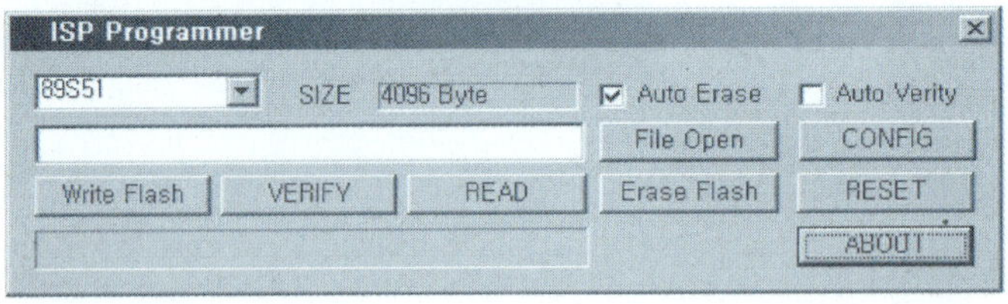

[그림 8-46] ISP Programmer

㉑ RIDE51에서 만든 HEX파일을 선택한다.

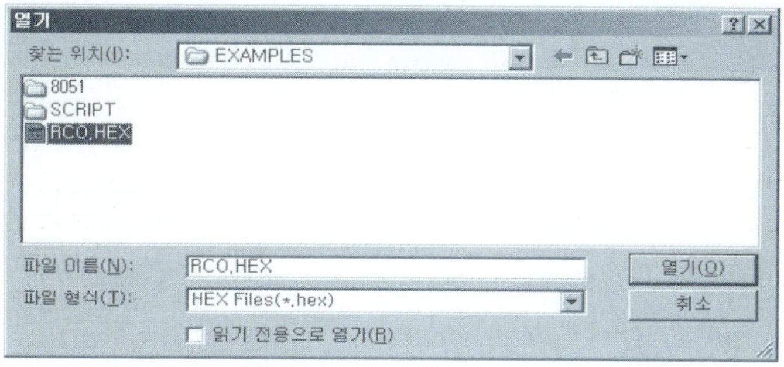

[그림 8-47] HEX파일 선택

㉒ Write Flash를 선택한다.

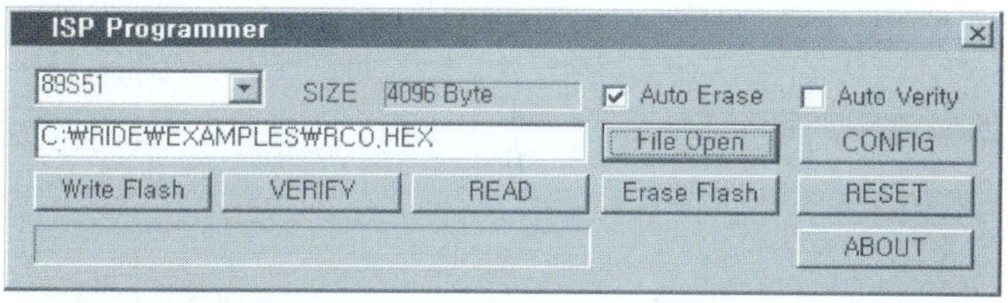

[그림 8-48] Write Flash

㉓ LED가 작동하는 모습을 확인할 수 있다.

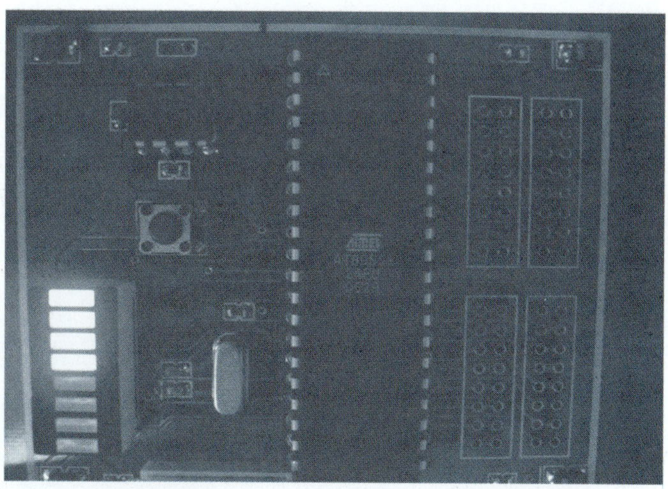

[그림 8-49] LED 동작

8.3 PIC 제어 실습

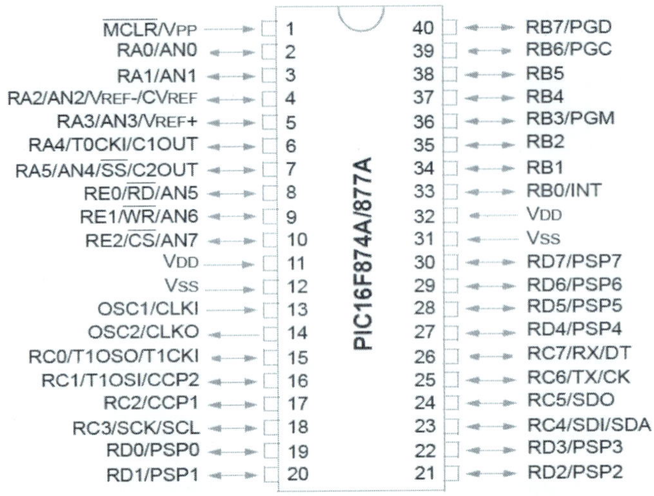

[그림 8-50] PIN 배열도

① http://www.ccsinfo.com/로 접속하여 CCS-C 평가판을 내려 받는다. 먼저 하단에 있는 FREE DEMO 〉〉를 누른다.

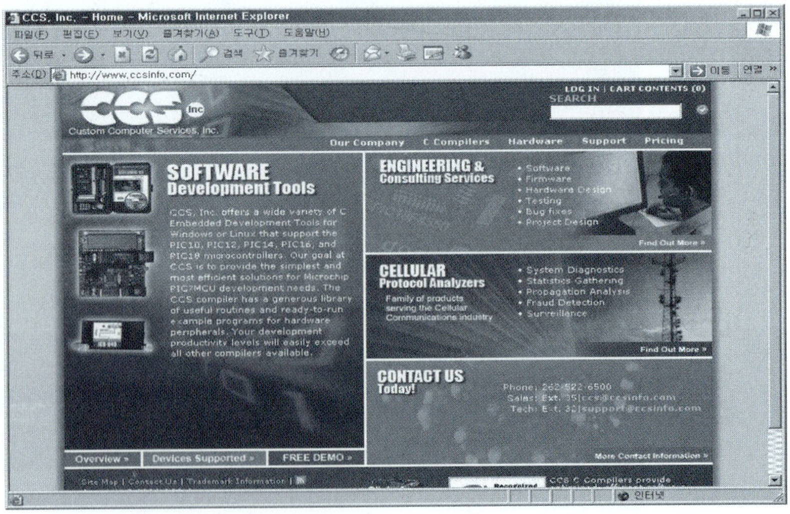

[그림 8-51] http://www.ccsinfo.com/

② 이름을 입력하고 CCS-C 평가판을 내려 받는다.

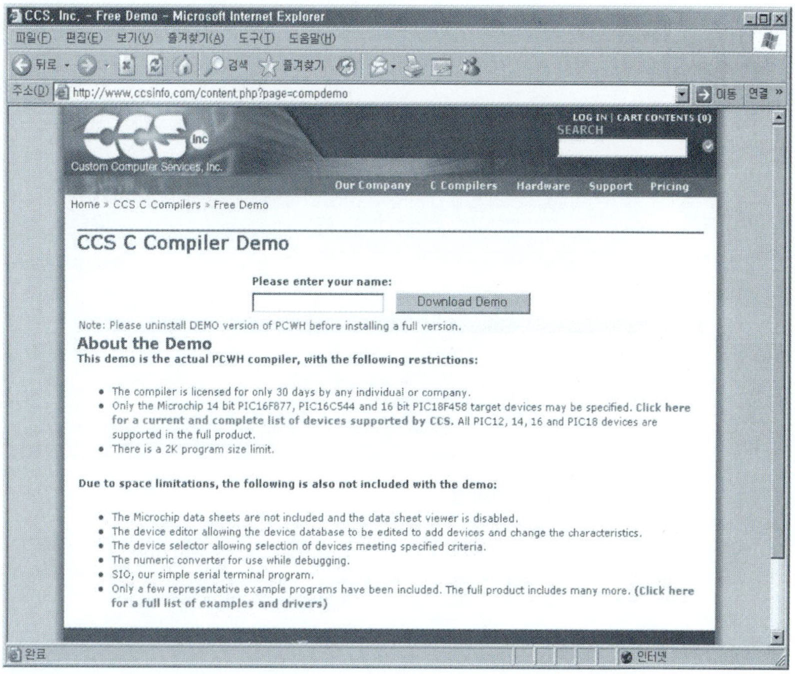
CCS, Inc. - Free Demo - Microsoft Internet Explorer
파일(F) 편집(E) 보기(V) 즐겨찾기(A) 도구(T) 도움말(H)
http://www.ccsinfo.com/content.php?page=compdemo
LOG IN | CART CONTENTS (0)
SEARCH
Custom Computer Services, Inc.
Our Company C Compilers Hardware Support Pricing
Home » CCS C Compilers » Free Demo
CCS C Compiler Demo
Please enter your name:
Download Demo
Note: Please uninstall DEMO version of PCWH before installing a full version.
About the Demo
This demo is the actual PCWH compiler, with the following restrictions:
The compiler is licensed for only 30 days by any individual or company.
Only the Microchip 14 bit PIC16F877, PIC16C544 and 16 bit PIC18F458 target devices may be specified. Click here for a current and complete list of devices supported by CCS. All PIC12, 14, 16 and PIC18 devices are supported in the full product.
There is a 2K program size limit.
Due to space limitations, the following is also not included with the demo:
The Microchip data sheets are not included and the data sheet viewer is disabled.
The device editor allowing the device database to be edited to add devices and change the characteristics.
The device selector allowing selection of devices meeting specified criteria.
The numeric converter for use while debugging.
SIO, our simple serial terminal program.
Only a few representative example programs have been included. The full product includes many more. (Click here for a full list of examples and drivers)
완료
인터넷

[그림 8-52] http://www.ccsinfo.com/

③ 내려 받은 설치파일을 실행시킨다.

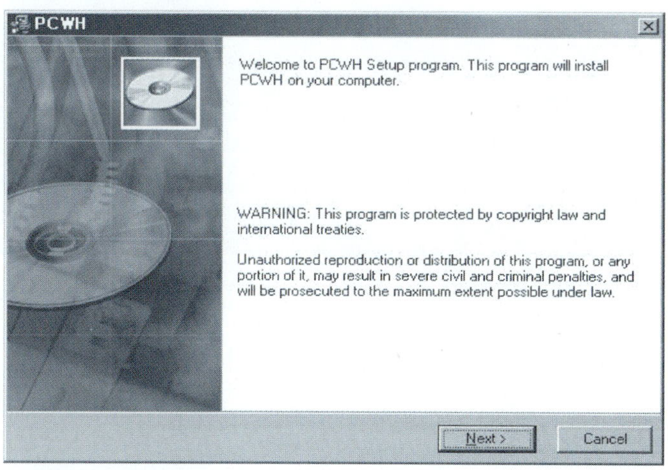
PCWH
Welcome to PCWH Setup program. This program will install PCWH on your computer.
WARNING: This program is protected by copyright law and international treaties.
Unauthorized reproduction or distribution of this program, or any portion of it, may result in severe civil and criminal penalties, and will be prosecuted to the maximum extent possible under law.
Next >
Cancel

[그림 8-53] 설치화면

④ Next를 누른다.

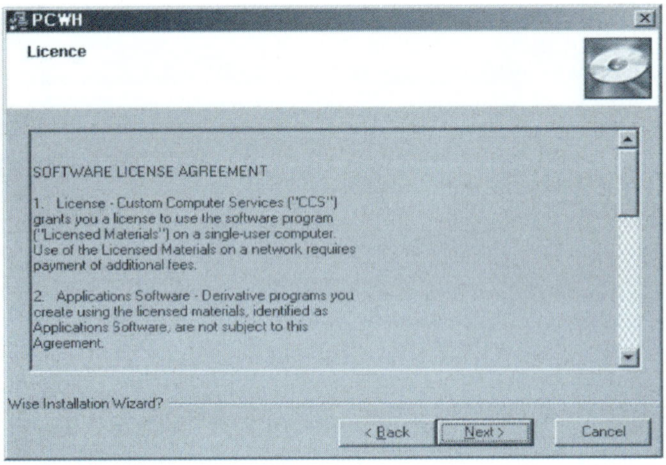
PCWH
Licence
SOFTWARE LICENSE AGREEMENT
1. License - Custom Computer Services ("CCS") grants you a license to use the software program ("Licensed Materials") on a single-user computer. Use of the Licensed Materials on a network requires payment of additional fees.
2. Applications Software - Derivative programs you create using the licensed materials, identified as Applications Software, are not subject to this Agreement.
Wise Installation Wizard?
< Back
Next >
Cancel

[그림 8-54] 설치화면

⑤ CCS-C를 설치할 디렉터리를 선택해 준다.

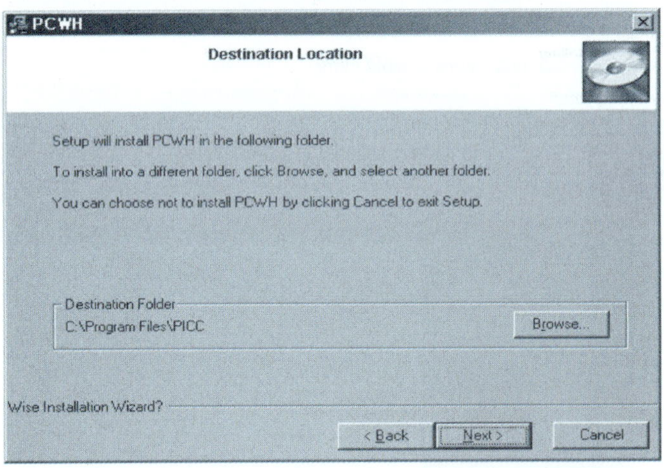
PCWH
Destination Location
Setup will install PCWH in the following folder.
To install into a different folder, click Browse, and select another folder.
You can choose not to install PCWH by clicking Cancel to exit Setup.
Destination Folder
C:\Program Files\PICC
Browse...
Wise Installation Wizard?
< Back
Next >
Cancel

[그림 8-55] 설치화면

⑥ Next를 누른다.

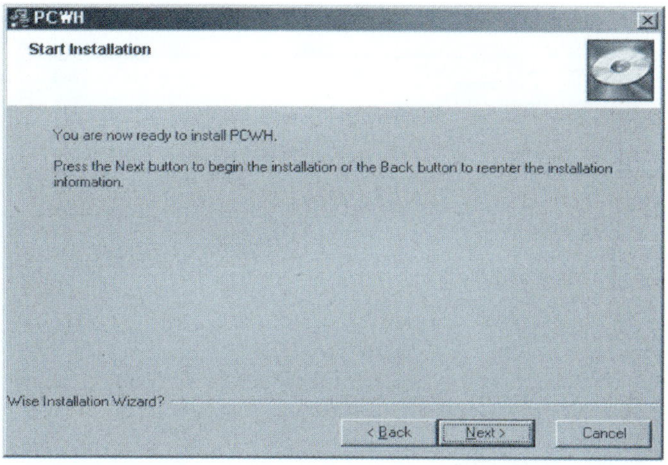

[그림 8-56] 설치화면

⑦ 설치가 진행된다.

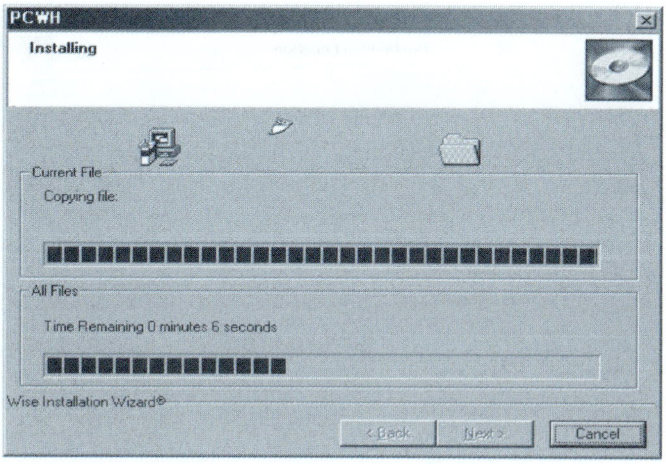

[그림 8-57] 설치화면

⑧ Next를 누른다.

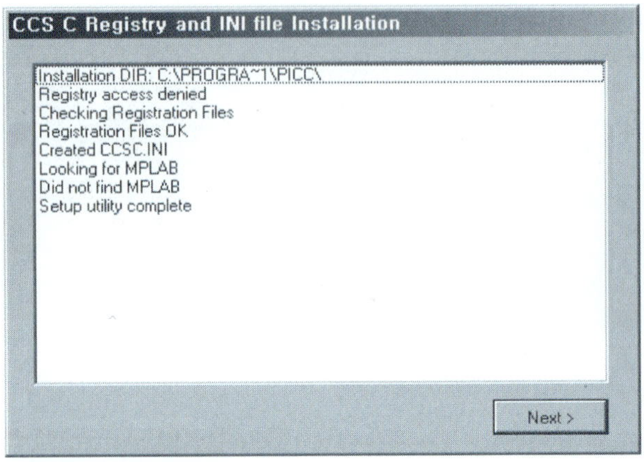

[그림 8-58] **설치화면**

⑨ 설치가 완료되면 CCS-C를 실행시킨다.

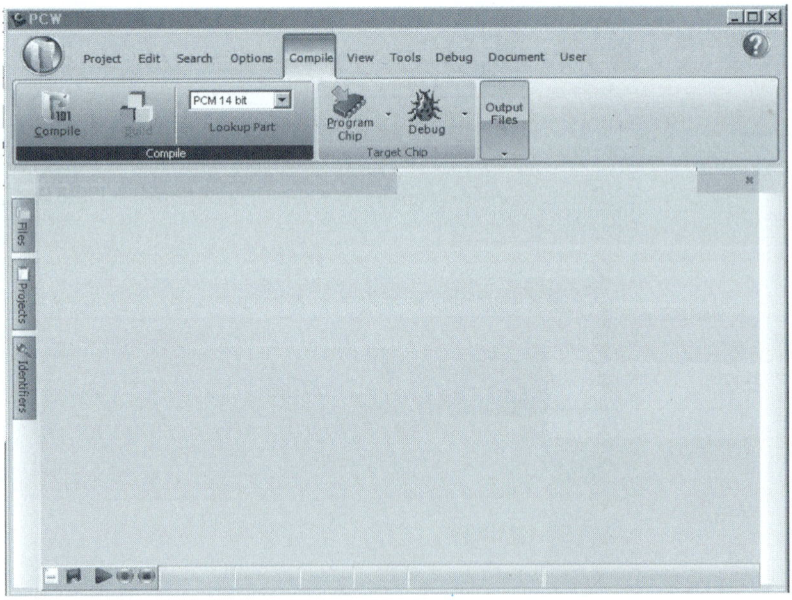

[그림 8-59] CCS-C

⑩ 메뉴에서 Project → Create을 선택한다.

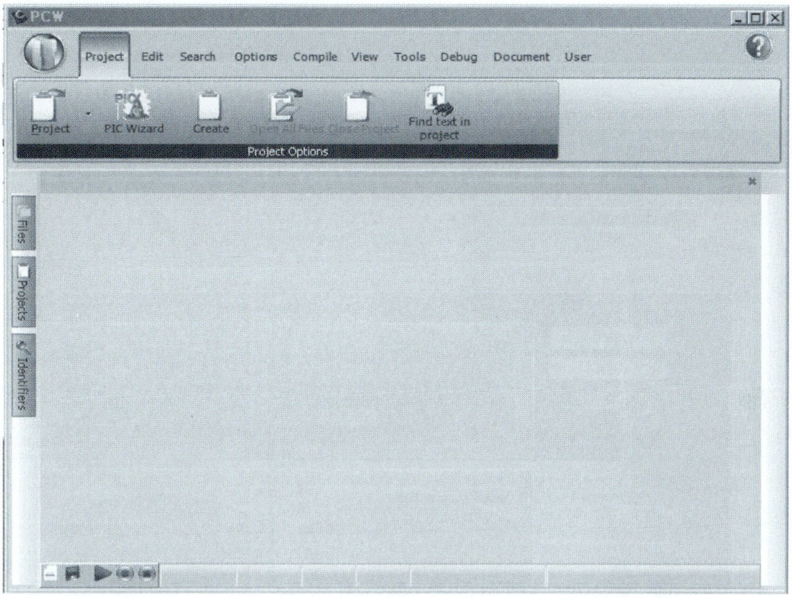

[그림 8-60] CCS-C

⑪ 프로젝트에 추가할 소스파일을 선택한다.

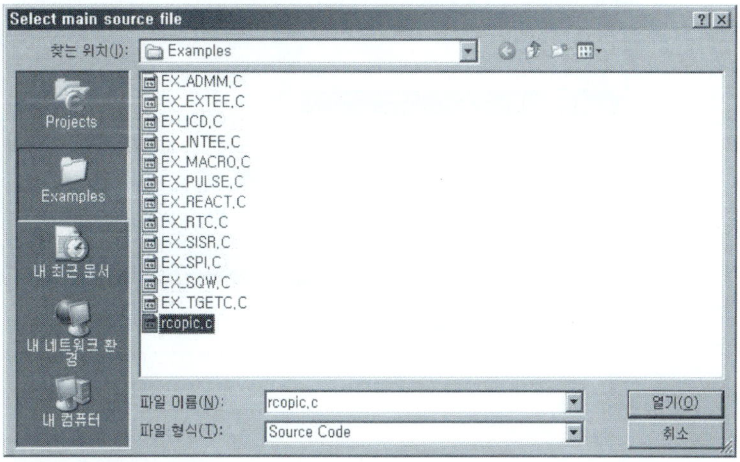

[그림 8-61] 파일추가

⑫ Target에서 PIC16F877A를 선택한 후 Apply를 누른다.

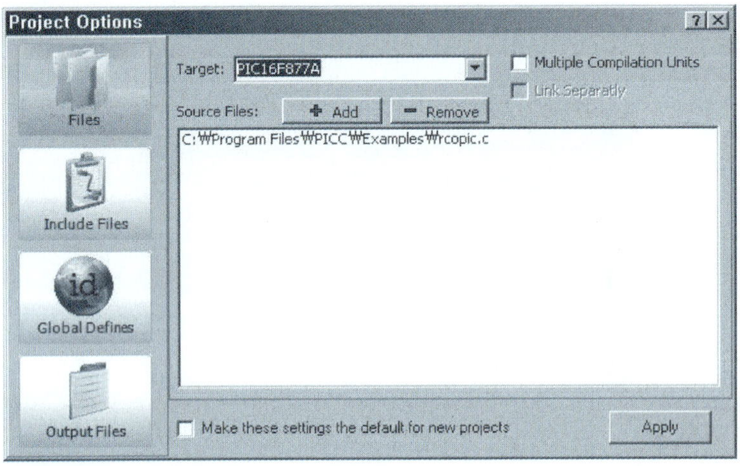

[그림 8-62] Project Options

⑬ 작업할 디렉터리를 선택해 준다.

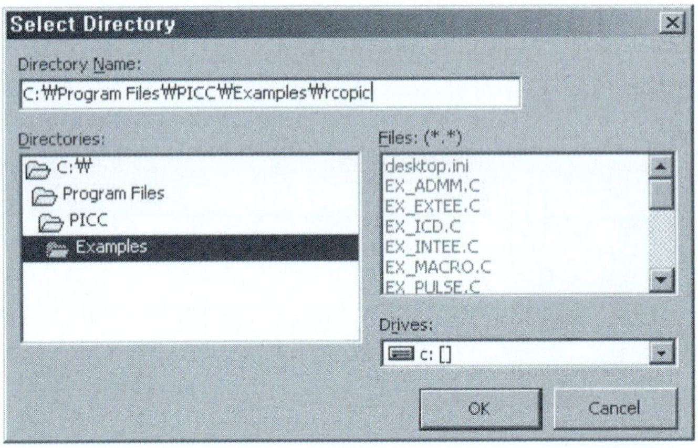

[그림 8-63] Select Directory

⑭ 다음과 같이 위에서 선택한 소스파일이 작업창에 나타난다.

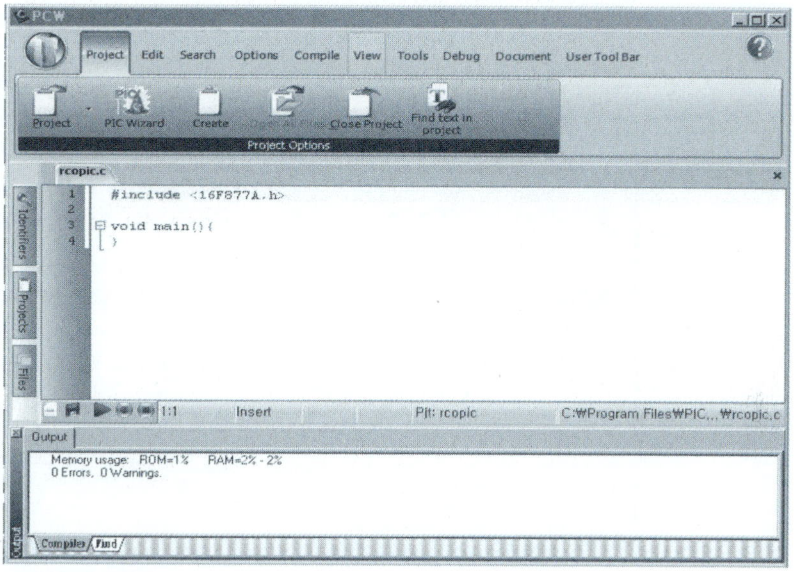

[그림 8-64] 작업창

⑮ 메뉴에서 Compile을 선택한 후 Compile과 Build를 수행시킨다. 작성된 소스코드에 오류가 없으면 HEX파일이 만들어진다.

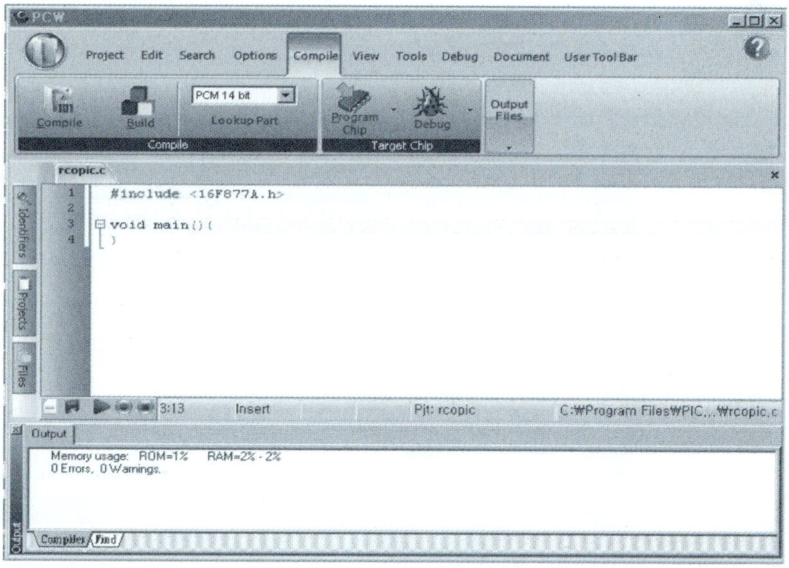

[그림 8-65] 작업창

⑯ http://www.etteam.com/download.html 로 접속하여 WinPic800을 내려받는다.

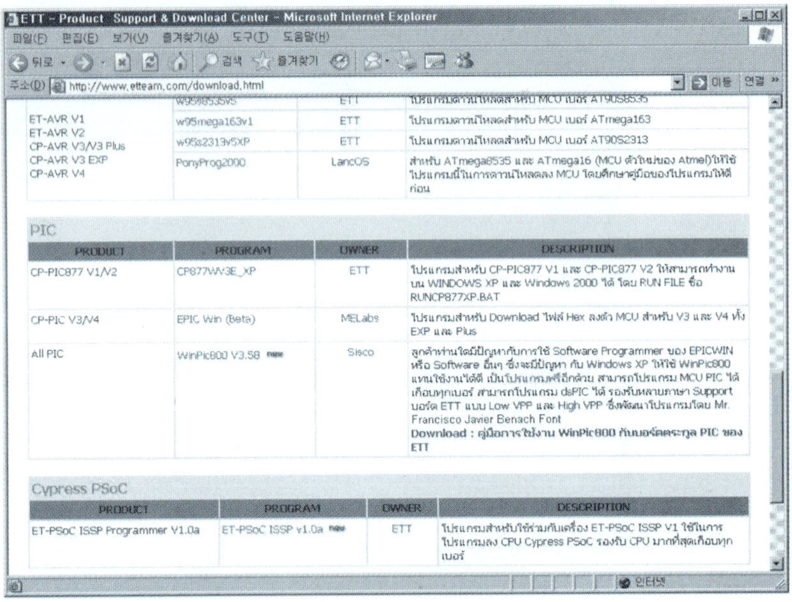

[그림 8-66] http://www.etteam.com/

⑰ 압축파일을 해제하고 WinPic800를 실행시킨다.

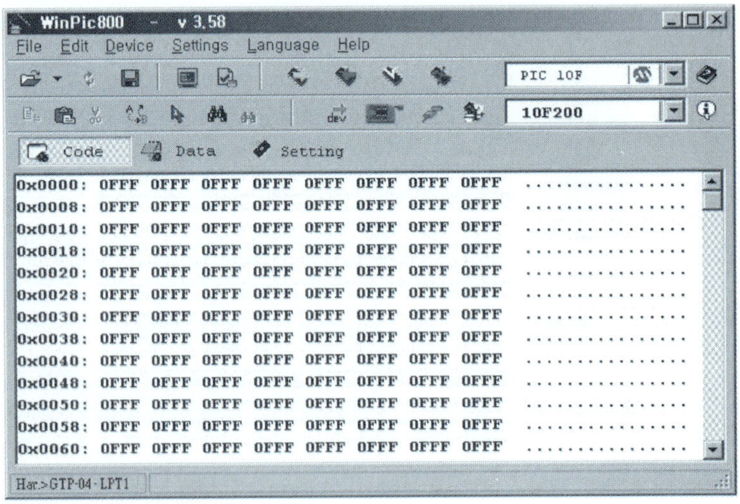

[그림 8-67] WinPic800

⑱ 메뉴에서 Language → English를 선택한다.

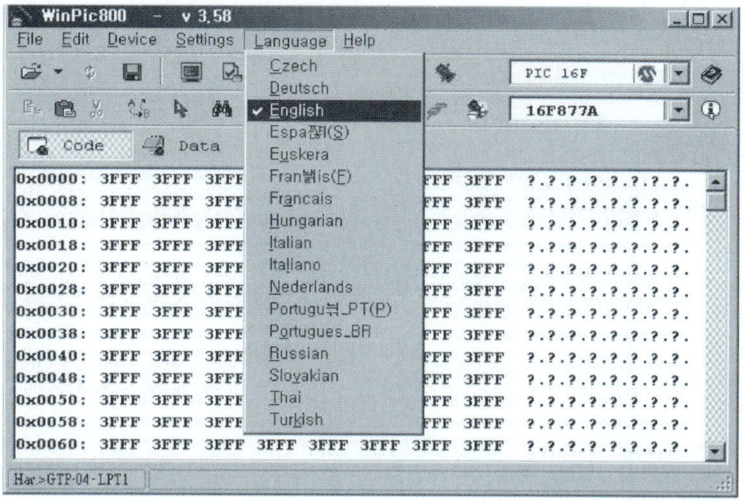

[그림 8-68] WinPic800

⑲ PIC 16F와 16F877A로 선택한다.

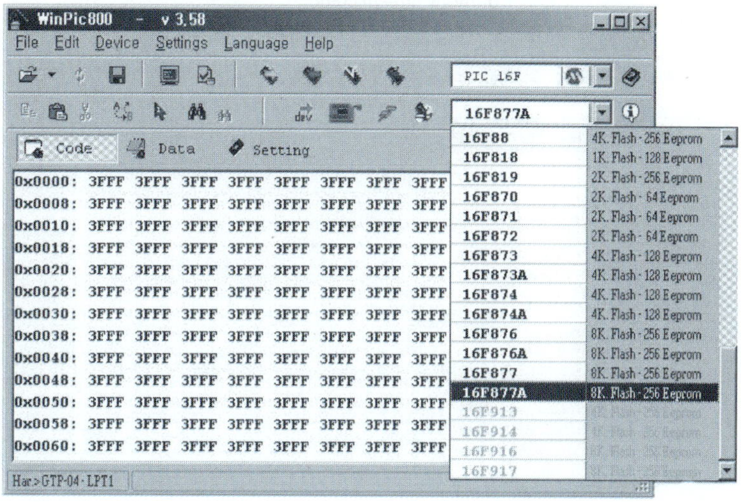

[그림 8-69] WinPic800

⑳ 메뉴에서 Settings → Hardware을 선택한다.

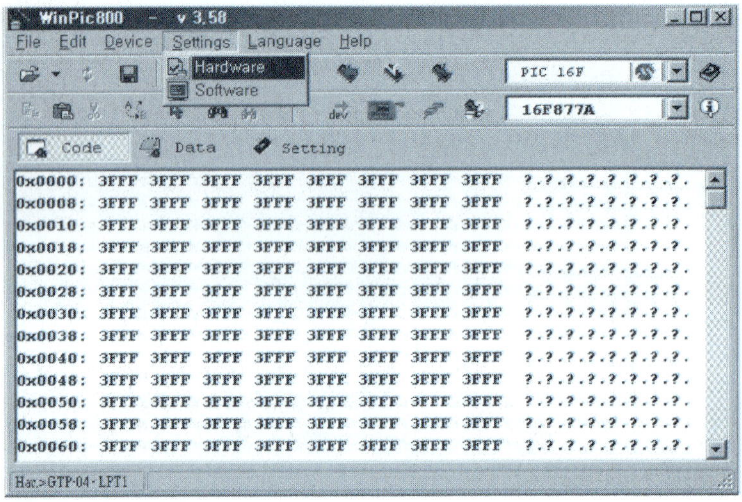

[그림 8-70] WinPic800

㉑ ETT-LOW VPP ICSP를 선택한다.

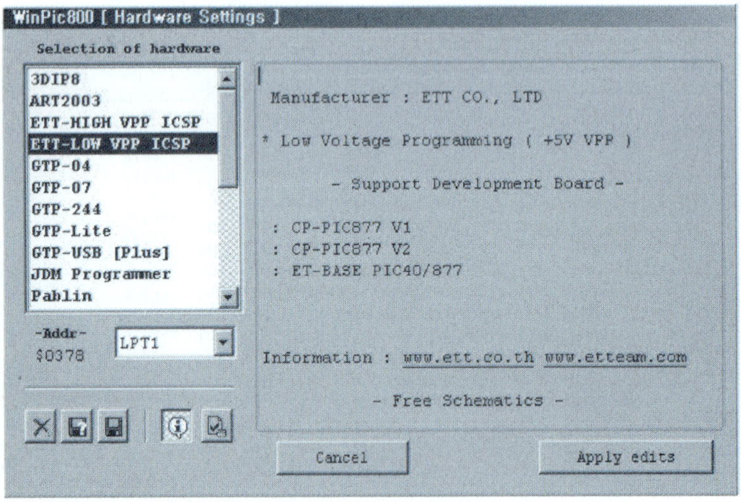

[그림 8-71] WinPic800

㉒ 메뉴에서 File → Open을 선택한다.

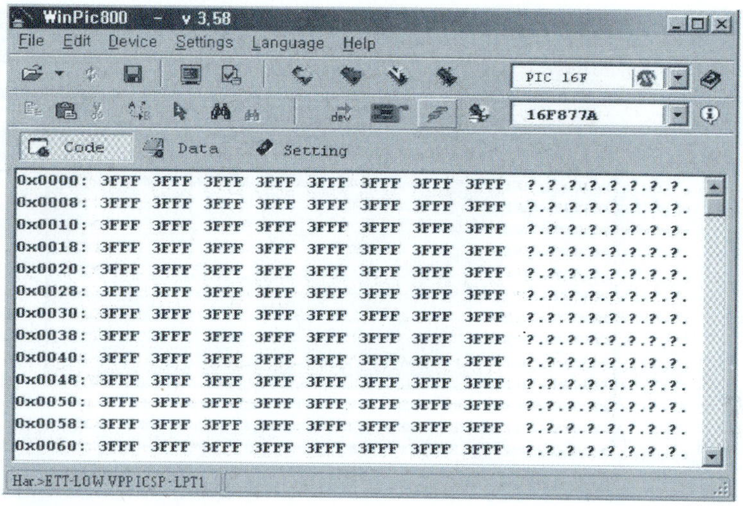

[그림 8-72] WinPic800

㉓ CCS-C에서 만든 HEX파일을 선택한다.

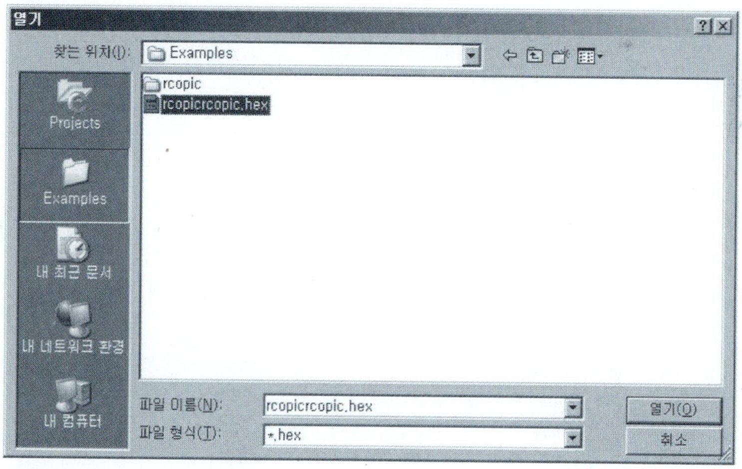

[그림 8-73] HEX파일 선택

㉔ 메뉴에서 Device → Program All을 선택한다.

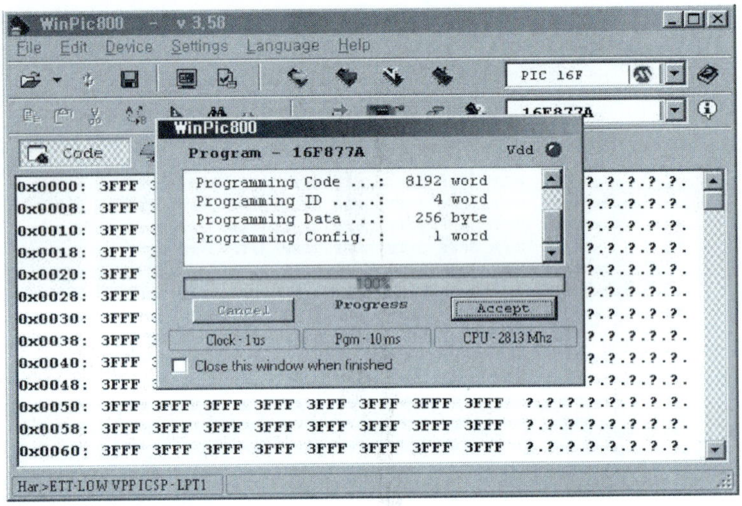

[그림 8-74] WinPic800

찾아보기

저자 약력

남 상 엽

- 공학박사
- 삼성종합기술원 정보시스템 연구소 근무
- 모토로라 반도체통신(주) 기술연구소 근무
- (현) 국제대학 정보통신과 교수

윤 종 호

- 한국과학기술원 전기 및 전자공학과 공학박사
- (현) 한국이더넷포럼 부의장
- (현) 한국항공대학교 항공전자 및 정보통신공학부 교수

정 영 준

- 서울대학교 전기공학과 졸업(BS)
- 미국 University of Kansas, 컴퓨터공학과 공학석사(MS)
- 미국 University of Kansas, 컴퓨터공학과 공학박사(Ph.D)
- 국방과학연구소 연구원 근무
- 미국 캔사스지질연구소 연구원 근무
- 미국 RANPAC연구소, 개발부장 근무
- (현) 강원대학교 중앙교육연구전산원 원장
- (현) 강원대학교 컴퓨터과학과 교수

하 기 종

- (현) 강릉영동대학 정보통신과 교수

손 정 만

- (현) 강릉영동대학 디지털영상광고과 교수

임베디드 솔루션

2007년 3월 5일 1판 1쇄 발행

저 자 남상엽 · 윤종호 · 정영준
하기종 · 손정만

발행인 남 승 우

발행처 도서출판 상尙 학學 당堂

서울특별시 동작구 사당3동 220-43
TEL : 02) 595-1692~4
FAX : 02) 595-1394
E-mail : namdoo6@unitel.co.kr
신고 : 2-155호 (1968. 11. 29)

(CD 포함) **정가 23,000원**

ISBN 978-89-85437-47-9 93560